面向“十二五”高职高专规划教材·计算机系列

InDesign 平面排版技术应用

（第 2 版）

马增友　郭　磊　李静竹　孙小艳　编著

清 华 大 学 出 版 社
北京交通大学出版社
·北京·

内 容 简 介

本教材选用最新的Adobe InDesign CS6版本，以平面排版工作岗位人员的工作过程为依据，围绕平面排版过程中经常涉及的文字操作、颜色设置、图形绘制、图片编辑、表格处理、页面处理和输出等环节精心组织内容。教材内容贴近职业教育实际，并按照工作主线设计不同的能力目标，分配到16个不同的训练模块中，主要培养学生在平面出版物的设计排版工作中分析问题、解决问题的能力。

本教材打破一贯单一叙述方式，采用任务引领模式，每一个模块由完整的学习任务、实践任务和自学任务组成，各任务相互关联，尽量体现职业活动的完整性。根据教师和学生的实际需求，本教材提供练习素材、教学大纲、教案、课件等教学资料，以便于教师授课和学生上机训练，请与出版社或作者联系。

本教材既可作为高职高专电子出版、平面设计类专业的职业技术课教材，也可作为各层次学历教育和短期培训的选用教材，还可作为平面排版工作人员的参考用书。

图书在版编目（CIP）数据

Indesign平面排版技术应用／马增友编著. —2版. —北京：清华大学出版社；北京交通大学出版社，2014.1（2017.1重印）
（面向“十二五”高职高专规划教材·计算机系列）
ISBN 978-7-5121-1657-3

Ⅰ. ①I… Ⅱ. ①马… Ⅲ. ①排版-应用软件-高等职业教育-教材 Ⅳ. ①TS803.23

中国版本图书馆CIP数据核字（2013）第222410号

责任编辑：谭文芳　　特邀编辑：尹　红
出版发行：清 华 大 学 出 版 社　　邮编：100084　　电话：010-62776969　　http://www.tup.com.cn
　　　　　北京交通大学出版社　　邮编：100044　　电话：010-51686414　　http://www.bjtup.com.cn
印 刷 者：北京泽宇印刷有限公司
经　　销：全国新华书店
开　　本：185×260　　印张：26　　字数：666千字
版　　次：2014年1月第2版　　2017年1月第2次印刷
书　　号：ISBN 978-7-5121-1657-3/TS·25
印　　数：3 001～4 500册　　定价：46.00元

本书如有质量问题，请向北京交通大学出版社质监组反映。对您的意见和批评，我们表示欢迎和感谢。
投诉电话：010-51686043，51686008；传真：010-62225406；E-mail：press@bjtu.edu.cn。

第 2 版前言

编写背景：

本套丛书是在“北京市高等职业教育示范校评估”的大背景下编写的。无论是中职教育还是高职教育，对学生的“职业化”培养目标和理念是一致的。笔者所在的院校为北京市示范性高等职业教育院校，多年的校企合作教学经验告诉我们，职业院校培养学生的核心职业能力目标应是：用所学的职业技能，解决工作中遇到的实际问题。基于此，所有的与教学有关的环节都得围绕这个核心进行改革或优化，让我们培养的毕业生真正成为一个“职业人”。

2009 年 9 月份，本书第一版上市发行，以其实用性、典型性、系统性、可行性的编写特色和对职业教育教学规律的遵循与体现，受到了许多来自职业院校教师、学生，以及平面排版公司职员的欢迎，并对本书提出了宝贵的意见，强烈呼吁尽快对教材进行版本的升级。本版教材我们将选择最新版本的 Adobe InDesign CS6 工具软件进行升级。

InDesign 是目前世界上最优秀的桌面排版软件，应用最广泛，使用人群最多，是平面设计、排版、多媒体出版物制作最专业的应用软件。InDesign 为报纸、杂志、书籍等出版物提供了优秀的技术平台，它允许置入多种格式的图形与图像，以及置入 Word、Excel 等格式的文档，集强大的排版功能与图像处理功能于一身。此外，InDesign 还支持一系列的文件格式与最新软件技术，如 XML，是基于新的、开放的面向对象体系，可以实现高度的扩展性。InDesign 可以将文档直接导出为 Adobe 的 PDF 格式，而且有多语言支持。它也是第一个支持 Unicode 文本处理的主流 DTP应用程序，率先使用新型 OpenType字体、高级透明性能、图层样式、自定义裁切等功能。它基于 JavaScript 特性，与兄弟软件Illustrator、Photoshop 等的完美结合、界面的一致性等特点都受到了用户的青睐。

教材特点：

1．遵循职业教育规律，知识点、技能点及实践案例的选择符合高职院校教学组织形式，符合学生知识层次，由简入难，循序渐进，案例真实，切近实战。

2．配套教学课件、大纲和教案，均体现高等职业教育示范校建设成果，为教师教学和学生学习提供便利。

3．本教材以培养学生软件应用能力为目标，以真实职业活动为导向，以任务为载体，突出岗位技能要求，突出工作经验获取，着重训练学生解决实际问题的能力和自学能力，采用模块化的方法组织内容，每个模块对知识目标和能力目标均提出明确具体的要求。

4．基于平面排版人员的工作过程精心组织内容，改变了传统的以工具、功能介绍为重点的教材编写模式。从平面排版工作本身出发，以经常涉及的文字操作、颜色设置、图形绘制、图片编辑、表格处理、页面处理和输出等环节为核心组织案例和软件技能点，确保工作中用到什么，我们就训练什么。力求体现实用性和覆盖性。

根据教师和学生的实际需求，本教材提供练习素材、教学大纲、教案、课件等教学资料，以便于教师授课和学生上机训练。相关教学资料可在出版社网站上下载，或直接与作者联系。

本书由马增友、郭磊、李静竹、孙小艳编写，同时参与编写和资料整理的还有李亚奇、赵俊俏、昝懿洋、高卉垚、王晓寒、叶婷、付谊萍、程艳波、张艳慧、凡慢。

本教材的编写还得到了首都师范大学科德学院、中国高校创新教育网、青岛港湾职业技术学院等单位的大力支持，在此一并表示感谢。

如果您在学习本教材的过程中遇到问题，可以通过电子邮件与我们取得联系，邮箱地址为 48103886@qq.com。水平有限，疏漏之处恳请指正。

编　者

2013 年 6 月

目　录

模块 1　认识 InDesign CS6

能力目标

1. 了解 Adobe 各软件如何分工协作
2. 了解 InDesign 的核心功能
3. 掌握版面设计的基础知识

知识目标

1. Photoshop、Illustrator 和 InDesign 的相似与不同
2. InDesign 文字、图像、图形、样式、页面和输出等主要功能的作用
3. 版面的结构介绍
4. 版面的专业名词解释

课时安排

4 课时讲解

任务一　Adobe 软件的协作

任务背景

Adobe 公司的 Photoshop、Illustrator 和 InDesign 软件无缝集成，它们拥有相似的界面不同的作用，它们被分派在设计工作的各个环节中，既有分工又有协作，能够高效地完成工作。使用 Photoshop 创建或编辑位图图像，使用 Illustrator 创建和编辑矢量图形，然后将 Photoshop 生成的图像和 Illustrator 生成的矢量图送至 InDesign 中进行组装成为印刷品或交互式 PDF 文档、数字杂志。InDesign 可以直接输出成 PDF 格式，接着用 Acrobat 查看和审阅，并发布到 Web 或直接印刷输出。

任务要求

了解 Photoshop、Illustrator 和 InDesign 这 3 个软件的作用。

操作步骤详解

（1）用 Photoshop 软件打开一张位图图像，如图 1-1 所示。

图 1-1 图像素材

（2）用【图像大小】对话框查看图像的大小和分辨率，如图 1-2 所示。

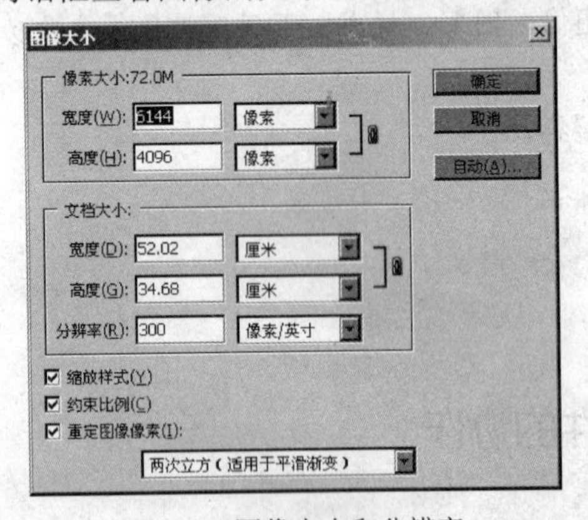

图 1-2 图像大小和分辨率

（3）双击“缩放工具”检查图像清晰度，如图 1-3 所示。

图 1-3 图像清晰度

（4）确认图像符合印刷要求后，使用【曲线】对话框调整图像颜色，如图 1-4 所示。

图 1-4　曲线调整

（5）调整完成后保存文件，如图 1-5 所示。

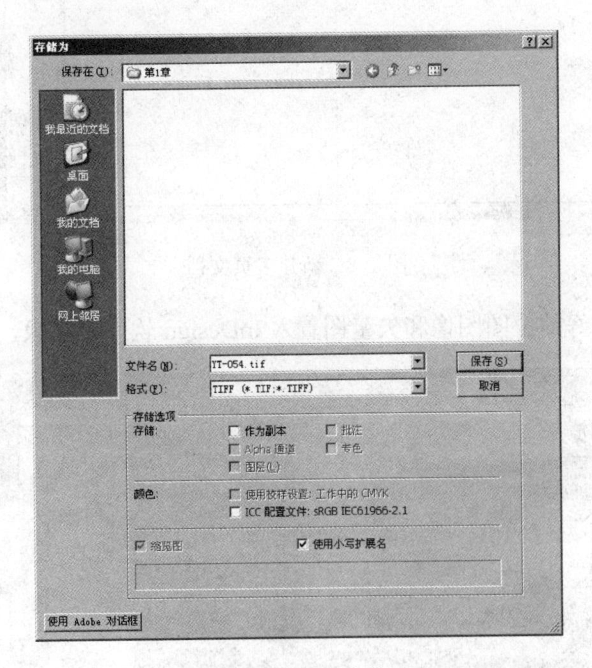

图 1-5　保存文件

（6）打开 Illustrator 软件，用“钢笔工具”或“画笔工具”绘制矢量图，如图 1-6 所示。

（7）绘制完成后保存文件，如图 1-7 所示。

图 1-6 绘制矢量图

图 1-7 保存文件

（8）打开 InDesign 软件，新建多页文档，如图 1-8 所示。

图 1-8 新建多页文档

（9）将前面制作好的位图图像和矢量图置入 InDesign 软件中组版，如图 1-9 所示。

图 1-9 置入

（10）排版完成后进行输出前的检查，如图 1-10 所示。

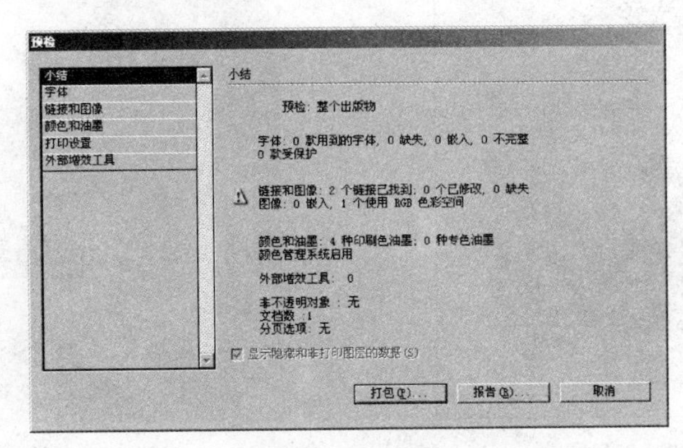

图 1-10　输出前检查

（11）检查无误后输出 PDF 格式，如图 1-11 所示。

图 1-11　输出 PDF 格式

任务相关知识讲解

矢量图与位图

一般情况下，图像分为矢量图和位图两种，这两种图像的构成有很大的不同。

矢量图又称向量图，是用一系列计算机指令来描述和记录一幅图，一幅图可以分解为一系列由点、线、面等组成的子图，它所记录的是对象的几何形状、线条粗细和色彩等（如图 1-12 所示）。其基本的组成单元是节点和路径。矢量图在缩放时边缘都是平滑的、所以图像不会失真，特别适用于文字设计、图案设计、版式设计、标志设计、计算机辅助设计（CAD）、工艺美术设计、插图等，且生成的矢量图文件存储量很小，放大后的矢量图如图 1-13 所示。

矢量图主要是依靠设计软件生成。矢量图的缺点在于不容易制作色彩丰富的图像，无法像位图那样精确的绘制出各种绚丽、真实的效果。

图 1-12　矢量图

图 1-13　放大矢量图

位图又称点阵图或像素图，计算机屏幕上的图是由屏幕上的发光点（即像素）构成的，每个点用二进制数据来描述其颜色与亮度等信息，这些点是离散的，类似于点阵。多个像素的色彩组合就形成了图像，称为位图（如图 1-14 所示）。位图可以通过数字相机、扫描仪或 PhotoCD 获得，也可以通过其他设计软件生成。

位图的主要优点在于表现力强、细腻、层次多、细节多，可以十分容易地模拟出像照片一样的真实效果。由于是对图像中的像素进行编辑，所以在对图像进行拉伸、放大或缩小等处理时，其清晰度和光滑度会受到影响，放大位图如图 1-15 所示。

图 1-14　位图

图 1-15　放大位图

任务二　InDesign CS6 的核心功能

任务背景

InDesign 是功能极为强大的专业排版设计和制作软件，本任务将通过实例演示，了解 InDesign 都能做些什么工作。

任务要求

通过 InDesign 核心功能的介绍，对 InDesign 有初步的认识。

任务参考效果图

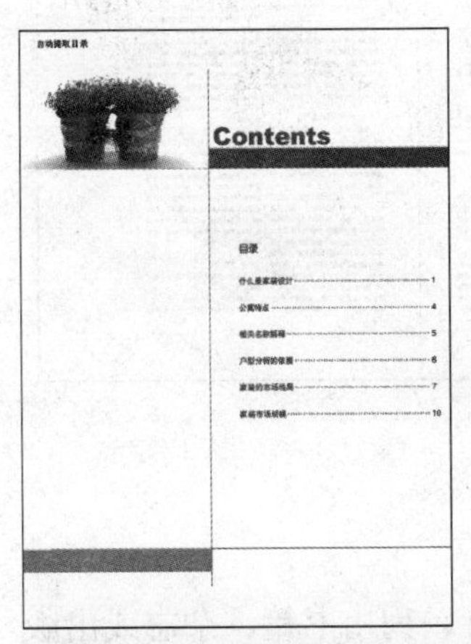
Contents
目录

AUTO SHOW CHINA
第60届全国汽车展销会
2009
中国·上海

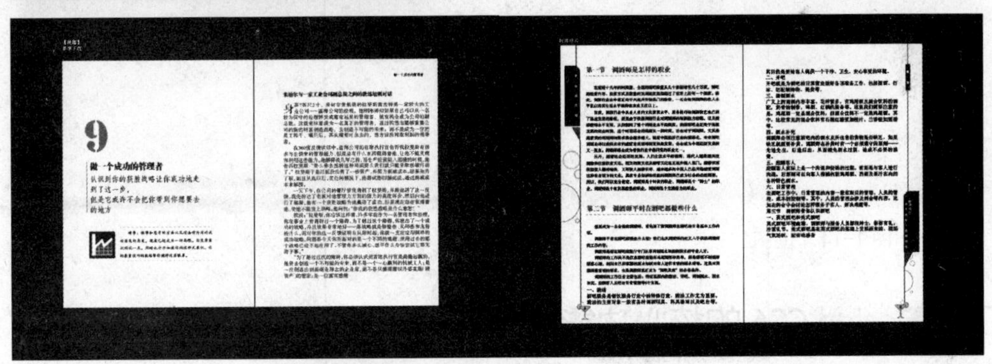
9
做一个成功的管理者

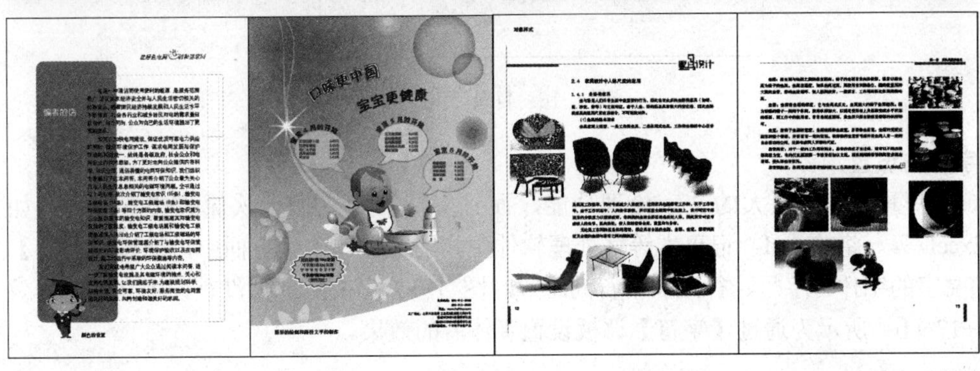
口味更中国
宝宝更健康

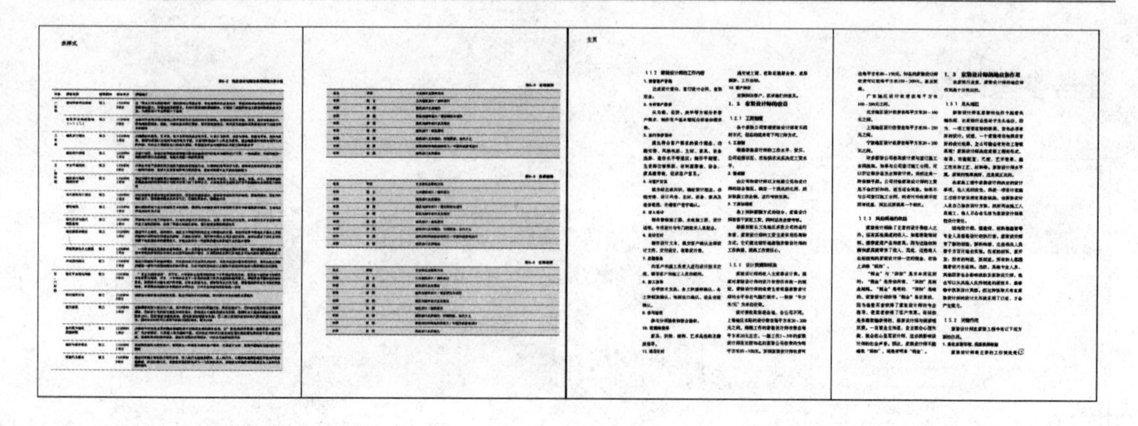

任务相关知识讲解

1．自动提取目录

在制作出版物时，其中必不可少的一项就是目录。目录中可以列出书籍、杂志或出版物的其他内容，也可以包含有助于读者在文档或书籍文件中查找的信息。创建目录样式时首先要有应用于目录样式的段落样式，如一级标题和二级标题等。如果在每页的标题中都应用样式，那么通过创建目录样式就能够自动生成目录，如图 1-16 所示。

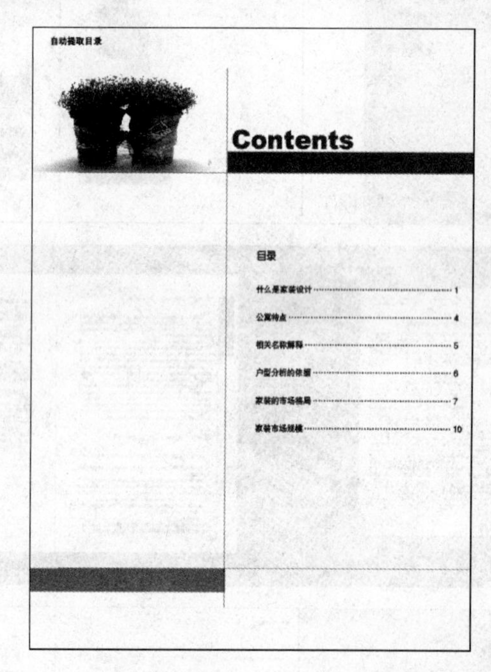

图 1-16　目录

2．字符的设置

InDesign 不仅具有强大的文字处理功能，而且支持多种字处理软件的文本格式，如 Word、Excel 等。将 Word、记事本等字处理软件生成的文件置入到页面中，通过【字符】调板调整文字的字体、字号、行距和字符间距等。图 1-17（a）所示为没有设置字体前的效果，图 1-17（b）所示为通过【字符】调板设置字体后的效果。

（a）设置字体前

（b）设置字体后

图 1-17　字符的设置

3．串接文本

当一段较长的文字需要放置在多个文本框中，并需要保持它们的先后关系时，可以通过 InDesign CS6 的串接文本功能来实现。图 1-18（a）所示为文字没有完全容纳在文本框中而出现的溢流文本情况，图 1-18（b）所示为设置串接文本后的效果。

（a）溢流文本

（b）串接文本后

图 1-18　串接文本

4．分行缩排

分行缩排设置可以将同一行中的几个文字分行缩小排放在一起，通常在广告语、古文注释中用到。从图 1-19 中可看到“针织服装”为设置分行缩排后的效果。用“文字工具”选择“棉麻围巾”，然后单击【字符】调板右侧的下拉按钮，在弹出的下拉菜单中选择【分行缩排设置】选项，设置分行缩排，得到的效果如图 1-20 所示。

5．首字下沉

为使每篇文章突出显示，可以使用首字下沉功能。一般是每篇文章开头第一个文字设置首字下沉。通过【段落】调板可以实现该效果，首字下沉效果如图 1-21 所示。InDesign 的【段落】调板具有段落设置对齐、段落缩进、段落间距、标点挤压和避头尾等功能。

6．段落样式

InDesign 拥有一个提高工作效率的好方法，那就是样式功能。样式的用途在于它能最快最准确地改变文字或段落的格式。先把每级标题和正文的字符段落属性设置好，如图 1-22 所示。然后将每级标题和正文定义为段落样式并起好名称，再为每个相同级别的标题和正文应用样式，如图 1-23 所示。

图 1-19 分行缩排前

图 1-20 分行缩排后

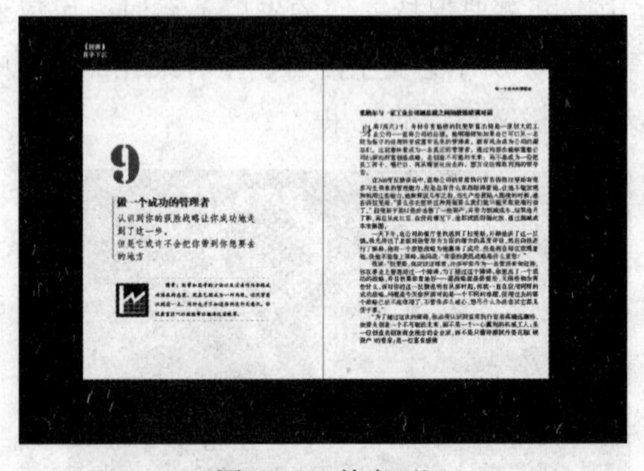

图 1-21 首字下沉

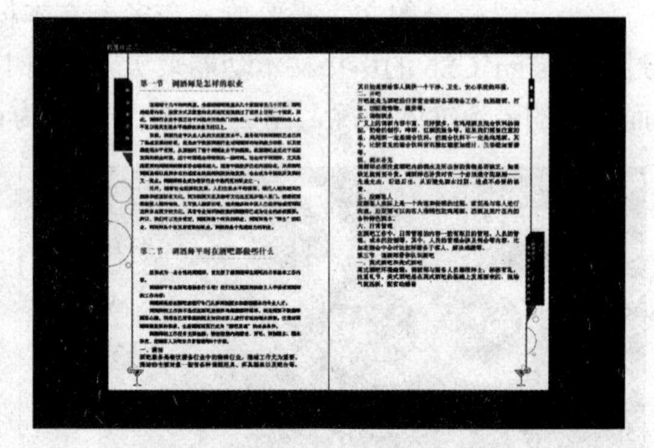

图 1-22 字符段落

7. 颜色的设置

颜色是版面设计中必不可少的元素之一。在设置用于印刷的文件的颜色时，建议使用【色板】调板创建颜色，色板类似于段落样式和字符样式，对色板所做的任何更改将影响应用该色板的所有对象。使用色板无需定位和调节每个单独的对象，从而使得修改颜色方案变得更加容易。设置颜色后的效果如图 1-24 所示。

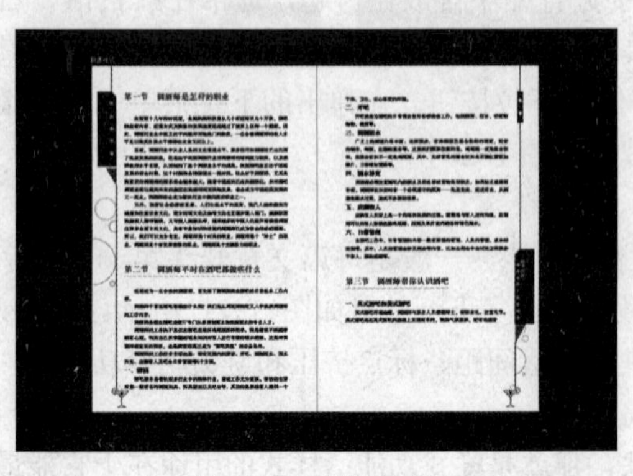

图 1-23 应用样式

图 1-24 设置颜色后的效果

8．图形的绘制和路径文字的制作

Illustrator 的一些绘图功能，在 InDesign 中也能实现。例如，使用“钢笔工具”、“铅笔工具”、“直线工具”、“矩形工具”和“椭圆形工具”绘制一些简单的图形，通过【路径查找器】功能创建组合图形，还能制作各种形状的路径文字效果，如图 1-25 所示。

9．对象样式

就像使用段落和字符样式快速设置文本格式一样，可以使用对象样式快速设置图形和框架的格式。对象样式包括描边、颜色、透明度、投影、段落样式、文本绕排等设置，可以为对象填色、描边和为文本指定其他透明度效果。先将图片设置需要的效果，如图 1-26 所示。然后创建对象样式，再将对象样式应用到其他图片上，如图 1-27 所示。

图 1-25　路径文字效果

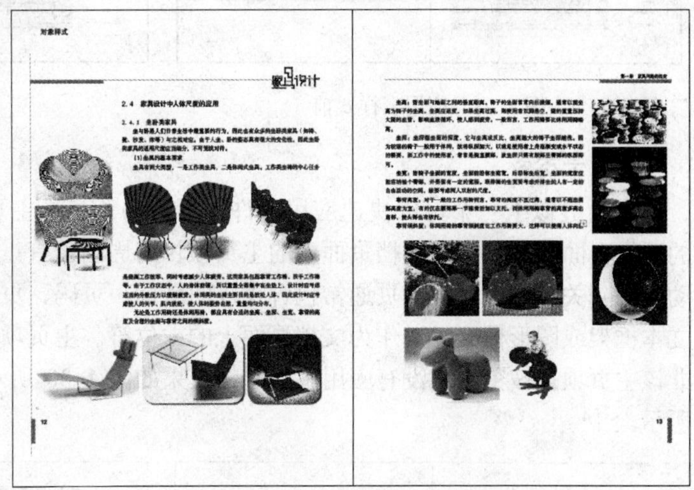

图 1-26　需要的效果

图 1-27　应用对象样式

10．表样式

表样式就像使用段落样式和字符样式设置文本的格式一样，是可以在一个单独的步骤中应用的一系列表格式属性（如表边框、行线、列线等）的集合。图 1-28 所示为没有使用表样式之前的效果，通过快速应用表样式后，得到的效果如图 1-29 所示。

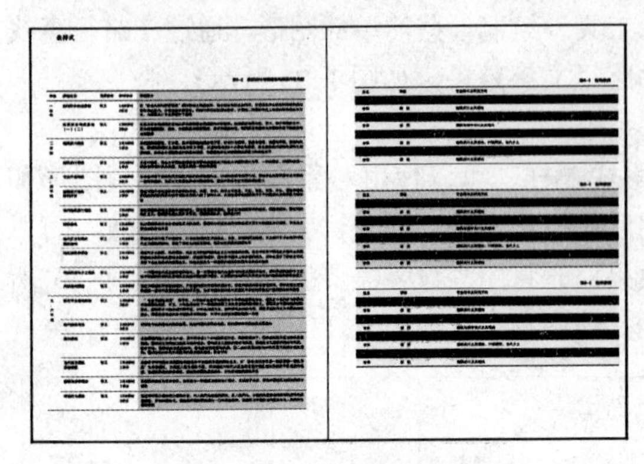

图 1-28　应用表样式前

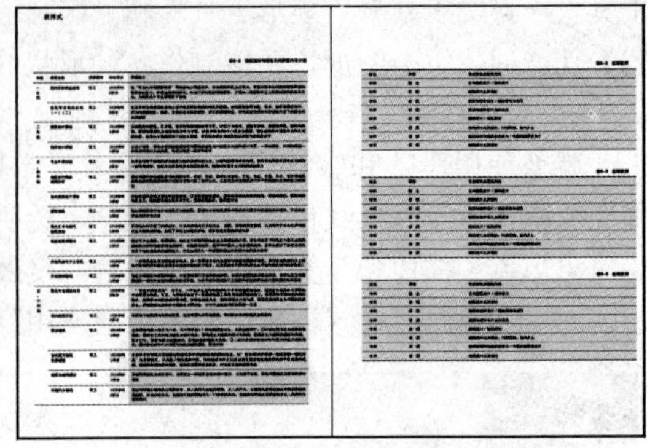

图 1-29　应用表样式后

11．主页

主页类似于一个可以快速应用到许多页面的背景。主页上的对象将显示在应用该主页的所有页面上。显示在文档页面中的主页项目的周围带有点线边框。对主页进行的更改将自动应用到关联的页面。主页通常包含重复的徽标、页码、页眉和页脚。主页还可以包含空的文本框架或图形框架，以作为文档页面上的占位符。主页项目在文档页面上无法被选定，除非该主页项目被覆盖。没有应用主页时的效果如图 1-30 所示，应用主页后的效果如图 1-31 所示。

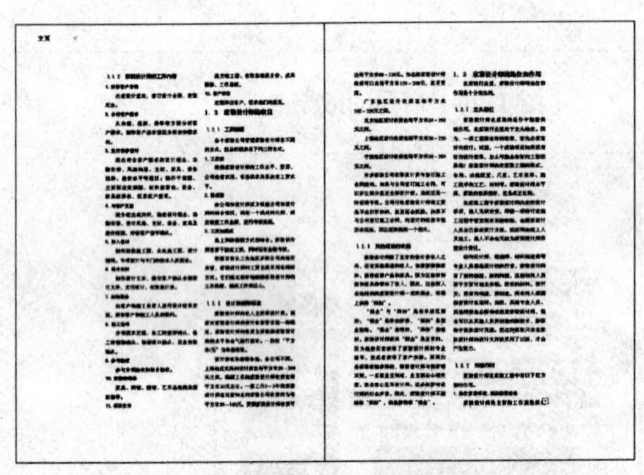

图 1-30　应用主页前

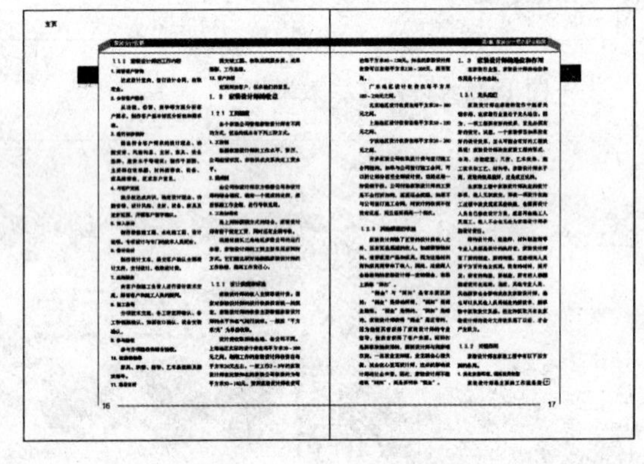

图 1-31　应用主页后

任务三　版面设计的基础知识

任务背景

版面是指已经印有图文且呈现一定平面结构的书页页面，其平面结构的组成成分包括图文排式及版心、周空、书眉（或中缝）、页码等。

任务要求

了解版面结构和各部分的名称，以及各部分的作用。了解版面各部分是通过 InDesign 的哪些功能制作出来的。

操作步骤详解

一个完整的书刊版面是由各种成分有机结合构成的。从宏观上看，版面包括版心和周空；从微观上分析，则每个部分又都由一些更小的成分组成，如图 1-32 所示。

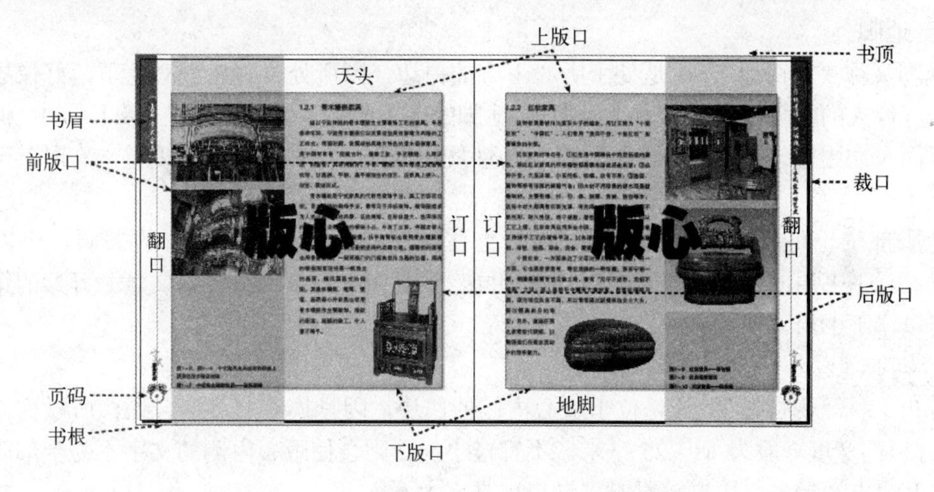

图 1-32　书刊版面

1．版心

版心是版面上容纳文字图表的部位。任何版心都有一定的高度和宽度，其具体尺寸取决于版面幅度大小和周空所占宽度。即使版面尺寸相同，其版心的大小也可以按照书刊的性质或类型通过对周空的不同设计而自由设定。版心的组成包括文字、图表、空间和线条等。

2．版口

版口是指版心周围的边沿。版心中第一行字的字身上线为上版口，最后一行字的字身下线为下版口，版心最左第一个字的字身左线为前版口，最后一个字的字身右线为后版口。

3．周空

周空是指从版口至页面边沿的 4 块狭长矩形空白。这 4 块空白习称“天头”、“地脚”、“订口”和“翻口”。它们也是版面平面结构的组成部分。

1）天头

天头又称“上白边”。这是处于版心上方的白边，因所处位置在版心之上，好像居于天顶，又好像人的头部，所以称为“天头”。天头如果印有书眉，一般高 25 毫米左右；如果保持空白，则可以小一些。但是，这并非是固定不变的，进行版式设计时，可以根据书刊的性质和类型作适当调整。

天头部位可以印上一些文字。由于这些文字居于版心之上，好像版面的“眉毛”，所以称为“书眉”。通常左侧页面天头排印的书眉文字，级别应该比右侧页面的高一级。例如，左侧页面上印书刊名称（期刊一般还包括年、月、期、卷等顺序编号），右侧页面上就印卷名（或篇名、章名、文章名或栏目名）；左侧页面上印章名（栏目名），右侧页面上就印节名（文章名），等等。但是辞书的书眉有所不同，一般是列出本页面上的全部字头或讫字头（单词），而没有级别高低之分。书眉一般应该用“书眉线”与版心相隔，文字或居中或偏外侧，所用字级应该小于正文主体文字，字体则不限。

图书各章（或各篇文章）开始的第一面上，一般不印书眉。期刊（尤其是学术性期刊）各篇文章的开始页面上，可以保留表示期刊名称及其年、月、期、卷等顺序编号的书眉。

2）地脚

地脚又称“下白边”。这是处于版心下方的白边，因所处位置在版心之下，好像居于地面，又好像人的腿脚，所以称为“地脚”。地脚的高一般略小于天头，呈 1∶1.4 的比例，这样的版面布局比较匀称。但是，根据书刊的性质和类型，地脚的高也可调整，有时甚至可以大于天头。

地脚部位也可以印上一些文字。由于这些文字好像搬到版心下方的书眉，所以称为“下书眉”。下书眉的排式特点与书眉基本相同，只是图书各章（或各篇文章）开始的第一面上也可以印下书眉。

3）订口

订口又称“内白边”。这是位于版心内侧的白边，因紧挨着书页订合处，所以称为“订口”。订口的宽度一般为 18～25 毫米，不宜过小，否则会使版心内侧的文字不易全部清楚展现，尤其当书页较多、图书较厚时，订口更是宜大不宜小。

4）翻口

翻口又称“外白边”。这是位于版心外侧的白边，因沿着这条边可以翻动书页，所以称为“翻口”。翻口的宽度一般也为 18～25 毫米，不过，由于翻口宽度的大小不会影响到书页文字的充分展现，所以也可适当缩小，但以能够让版心位置显得比较匀称为宜。

任务相关知识讲解

版心、版口、订口、页码和书眉等都能通过 InDesign 相应的功能制作完成。下面主要介绍 InDesign 的界面、菜单、工具箱和浮动调板。

1．操作界面

InDesign 的操作界面主要由标题栏、菜单栏、工具箱、状态栏、抽屉式调板、浮动调板和文档编辑窗口组成，如图 1-33 所示。

2．菜单栏

下面将通过版面结构介绍【文件】菜单、【编辑】菜单、【版面】菜单、【文字】菜单、【对象】菜单、【表】菜单、【视图】菜单、【窗口】菜单和【帮助】菜单的作用。

1）【文件】菜单

一个完整的版面包括版口和周空，在 InDesign 中是通过【文件】菜单制作的，如

图 1-34 所示。

图 1-33　InDesign 的操作界面

图 1-34　InDesign 的【文件】菜单

2）【编辑】菜单

【编辑】菜单主要有复制、粘贴、查找/替换、键盘快捷键和首选项等功能。

3）【版面】菜单

版心大小的调整，页码的设置都通过【版面】菜单进行操作，如图 1-35 所示。

图 1-35 版面菜单

4)【文字】菜单

版心内的文字设置，主要包括字体、字号、字距和行距等，所有对文字的设置都通过【文字】菜单进行操作，如图 1-36 所示。

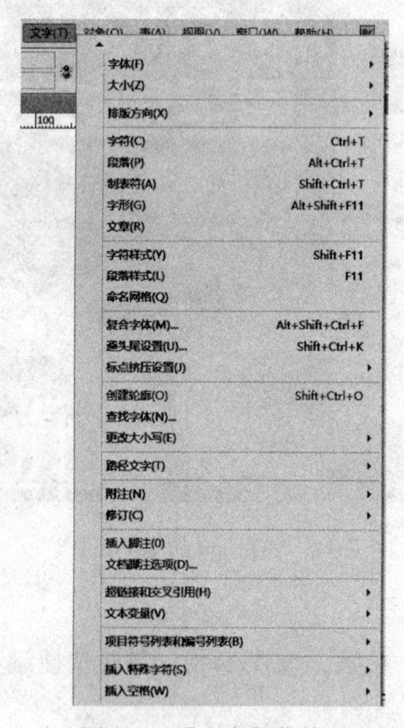

图 1-36 【文字】菜单

5）【对象】菜单

对版心中的图形、图像添加效果和对象的叠放次序都通过【对象】菜单进行操作，如图 1-37 所示。

6）【表】菜单

版心中的表格都通过【表】菜单进行操作，如图 1-38 所示。

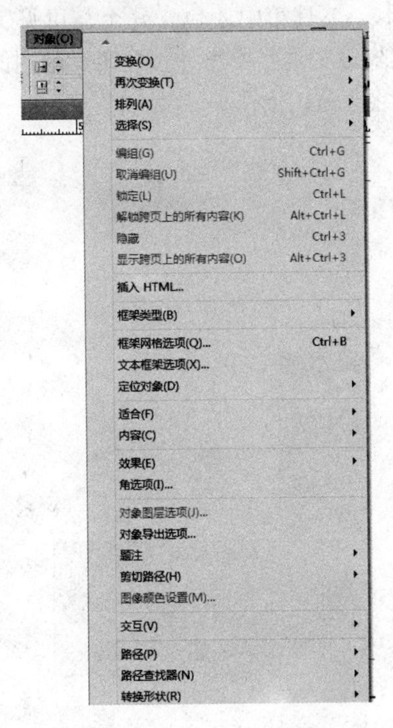

图 1-37 【对象】菜单

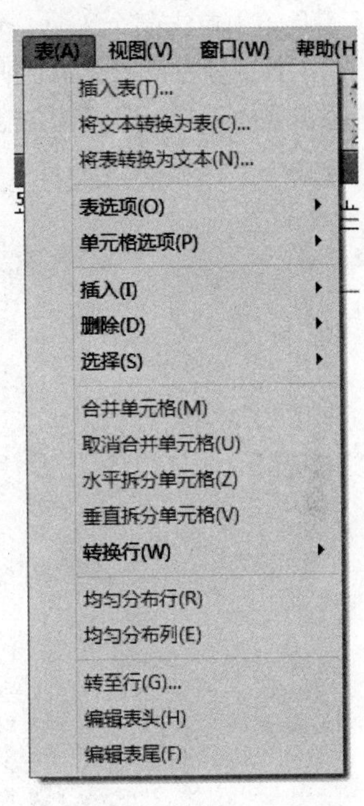

图 1-38 【表】菜单

7）【视图】菜单

【视图】菜单可以调整是否显示文档中的参考线、框架边缘、基线网格、文档网格、版面网格、框架网格和栏参考线等。

8）【窗口】菜单

【窗口】菜单主要用于打开各种选项的调板。如果在界面中找不到需要的调板则可以在【窗口】菜单中找到。

9）【帮助】菜单

对于 Adobe 产品软件中不明白的命令、选项或使用方法都可通过【帮助】菜单得到解答。

3．控制调板

通过控制调板可以快速访问与选择当前页面的项目或与对象有关的选项、命令及其他调板，如图 1-39 所示。在默认情况下，控制调板停放在文档窗口的顶部，但是也可以将它停放在此窗口的底部，或者将它转换为浮动面板，或者完全隐藏起来。

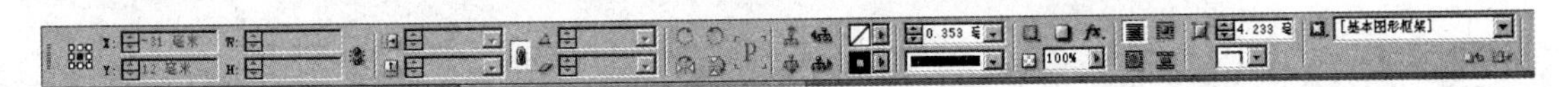

图 1-39　控制调板

4．工具箱

工具箱中的一些工具用于选择、编辑和创建页面元素，而另一些工具用于选择文字、形状、线条和渐变，如图 1-40 所示。在默认情况下，工具箱显示为垂直方向的两列工具，也可以将其设置为单列或单行。但是，不能重排工具箱中各个工具的位置，要移动工具箱，请拖曳其标题栏来移动它。

在默认工具箱中单击某个工具，可以将其选中。工具箱中还包含几个与可见工具相关的隐藏工具。工具图标右侧的箭头表明此工具下有隐藏工具。单击并按住工具箱内的当前工具，然后选择需要的工具，即可选定隐藏工具，如图 1-41 所示。

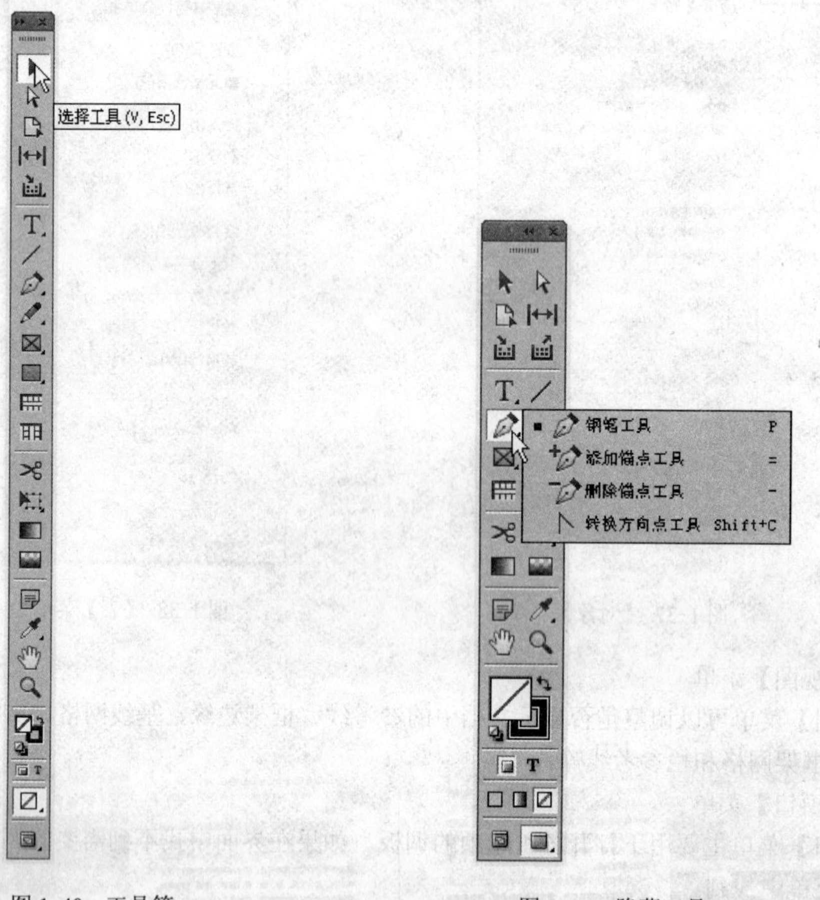

图 1-40 工具箱　　图 1-41 隐藏工具

当指针位于工具上时，将出现工具名称和它的键盘快捷键，如图 1-42 所示。

工具箱底部的模式按钮可以调整文档窗口的可视性，也可以通过执行【视图】|【屏幕模式】命令选择视图模式。当工具箱成单栏显示时，可通过单击当前模式按钮并从显示的菜单中选择不同的模式来选择视图模式，如图 1-43 所示。

- **正常模式** 在标准窗口中显示版面及所有可见网格、参考线、非打印对象、空白粘贴板等，如图 1-44 所示。
- **预览模式** 完全按照最终输出显示图片，所有非打印元素（网格、参考线、非打印对象等）都被禁止，如图 1-45 所示。

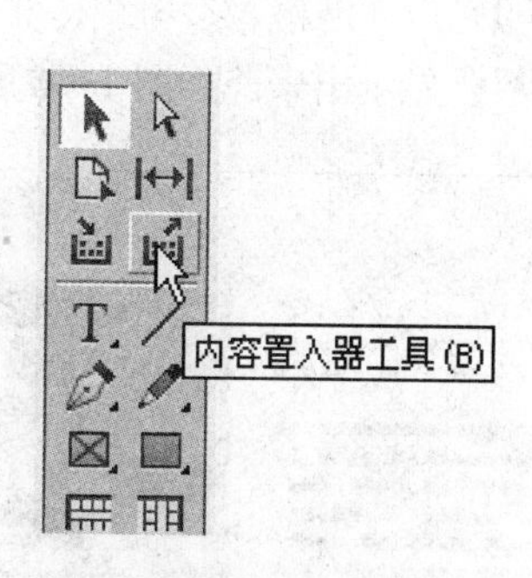

图 1-42　名称及快捷键

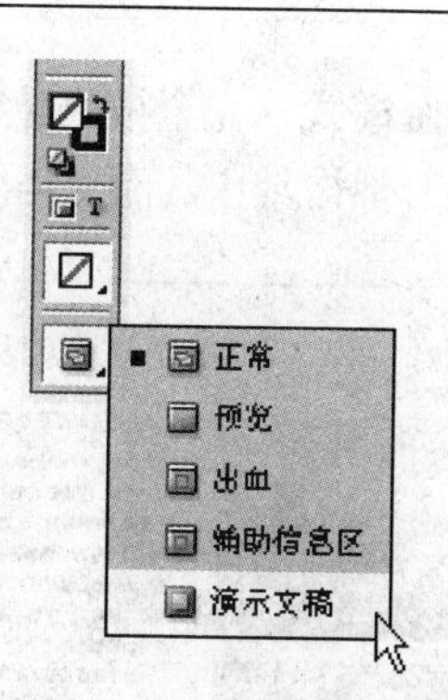

图 1-43　视图模式

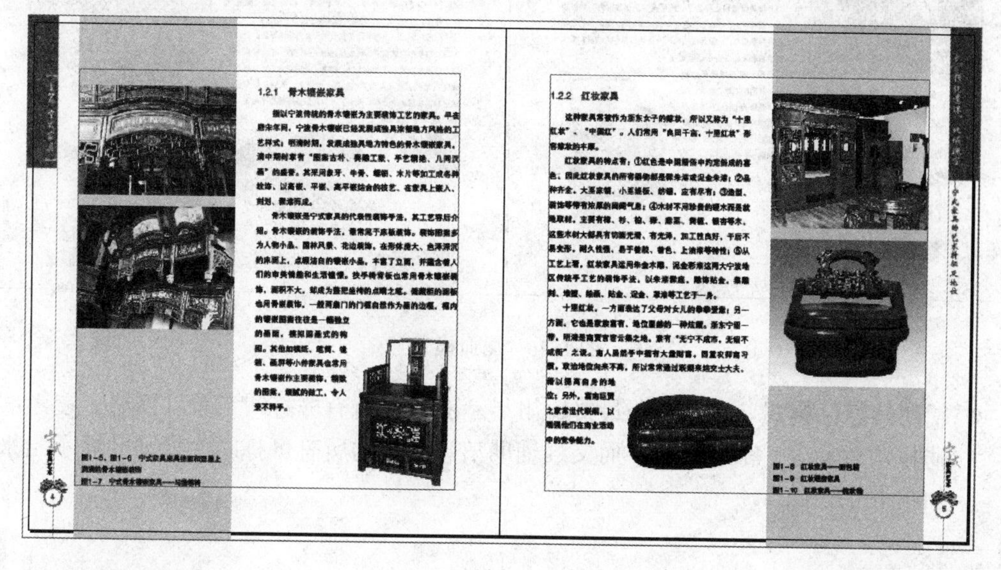

图 1-44　正常模式

图 1-45　预览模式

● **出血模式**　完全按照最终输出显示图片，所有非打印元素（网格、参考线、非打印对象等）都被禁止，而文档出血区内的所有可打印元素都会显示出来，如图 1-46 所示。

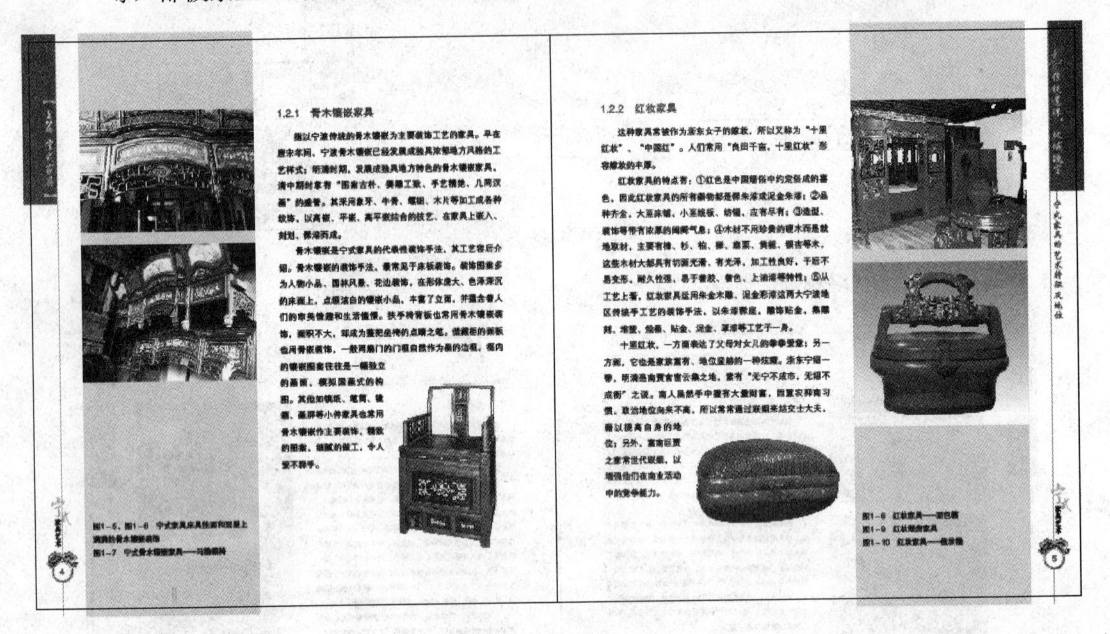

图 1-46　出血模式

● **辅助信息区模式**　完全按照最终输出显示图片，所有非打印元素（网格、参考线、非打印对象等）都被禁止，而文档辅助信息区内的所有可打印元素都会显示出来，如图 1-47 所示。

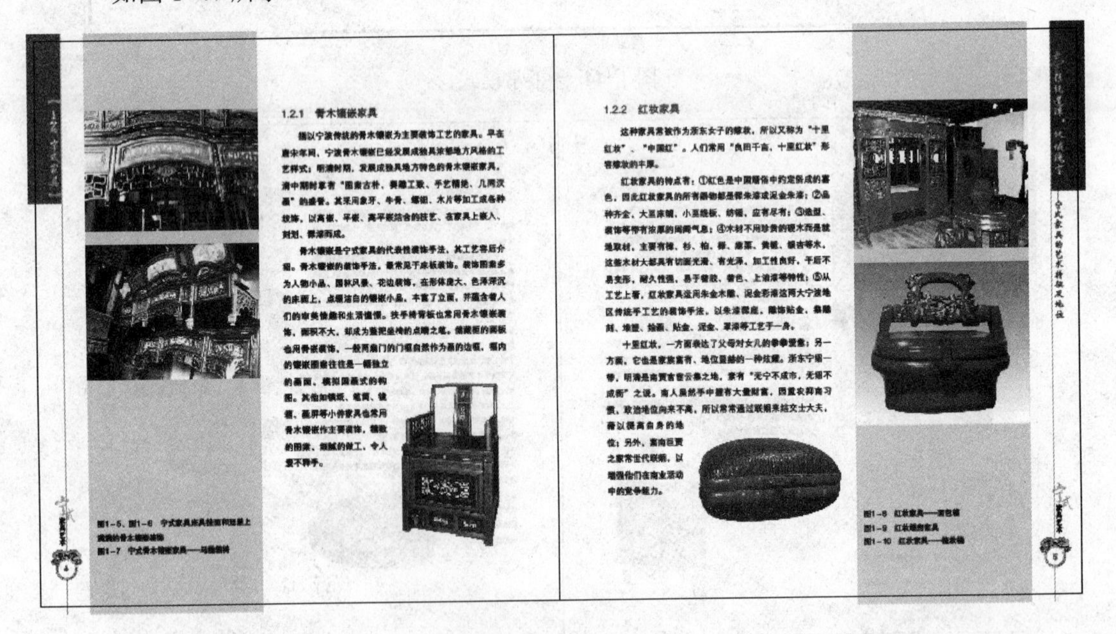

图 1-47　辅助信息区模式

● **演示文稿模式**　文档自动全屏并以演示文稿的形式显示。在演示文稿模式下，应用程序菜单、面板、参考线，以及框架边缘都是隐藏的，如图 1-48 所示。

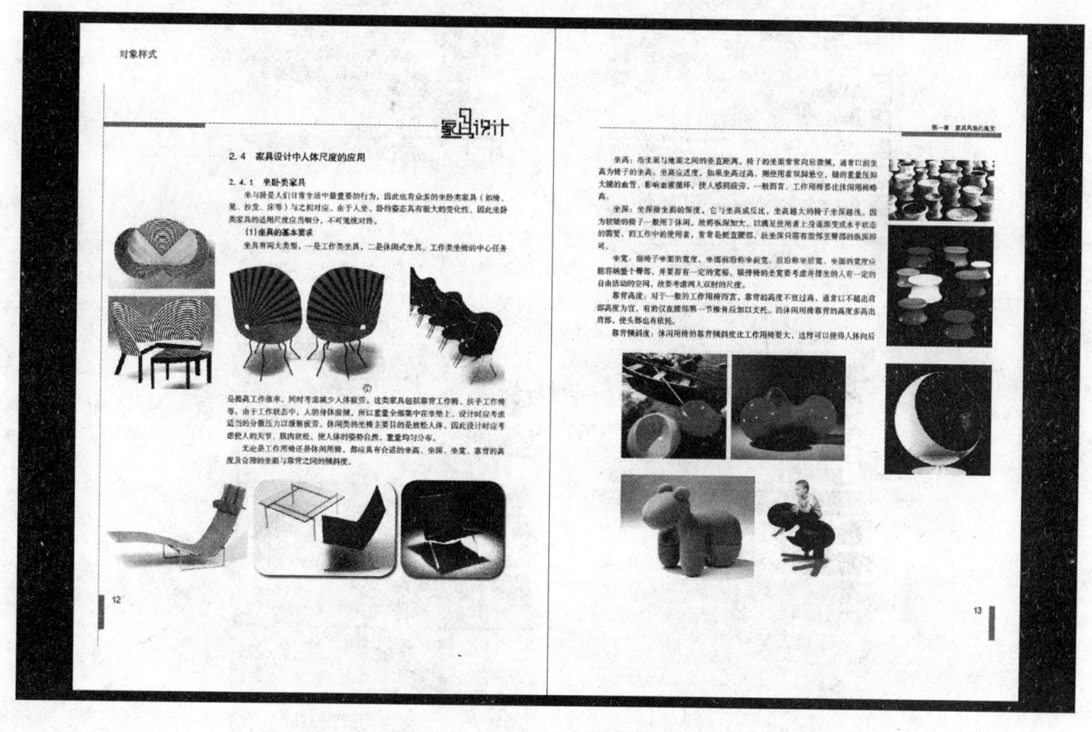

图 1-48　演示文稿模式

5．状态栏

状态栏（在文档窗口的左下方）显示关于文件状态的信息，如图 1-49 所示。可通过状态栏更改文档缩放比例或转到另一页。

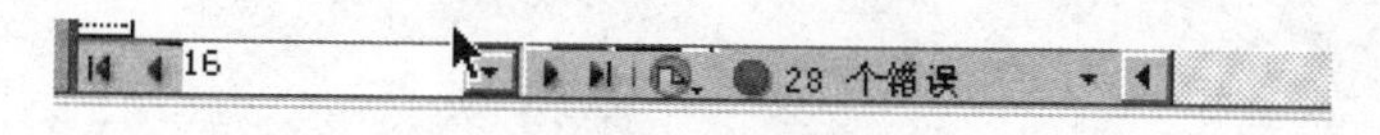

图 1-49　状态栏

6．调板

启动 InDesign CS6 时，会有若干组调板缩进在界面的一侧，仅显示出选项卡，即为抽屉式调板，如图 1-50 所示。抽屉式调板大大地节省了在界面中所占的空间，使用户浏览视图更方便。抽屉式调板能任意拖曳并组合，可以把经常用到的调板组合在一起，然后存储工作区。

用鼠标拖曳选项卡将多个调板组合成为浮动调板，如图 1-51（a）所示。还可使两个或多个调板首尾相连，将一个调板拖到另一个调板底部，当出现黑色粗线框时松开鼠标，如图 1-51（b）所示。浮动调板分为三种视图：普通视图、简化视图和折叠视图，反复双击选项卡可完成三种视图的操作，如图 1-51（c）所示。

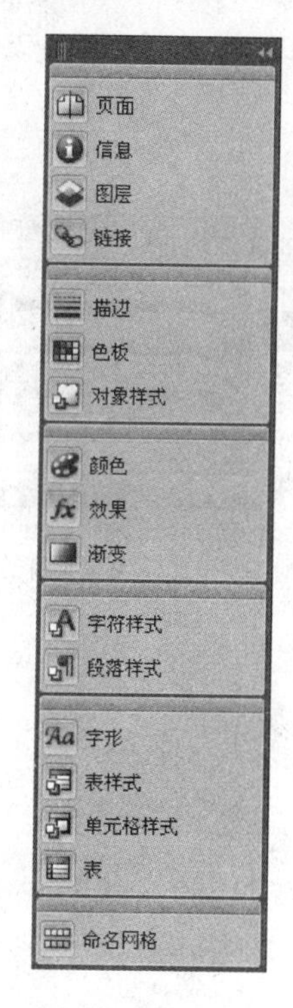

图 1-50　调板（1）

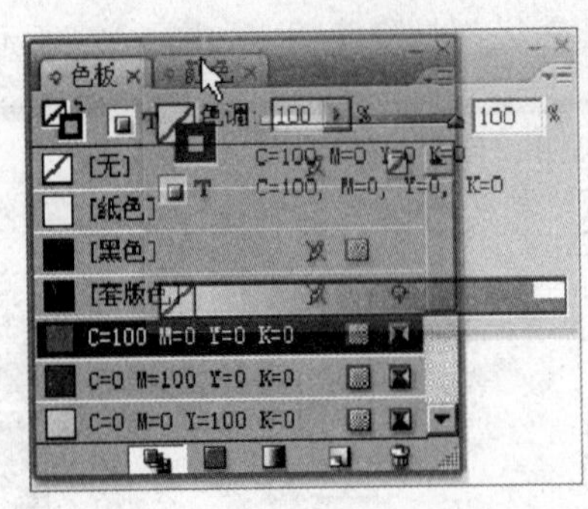

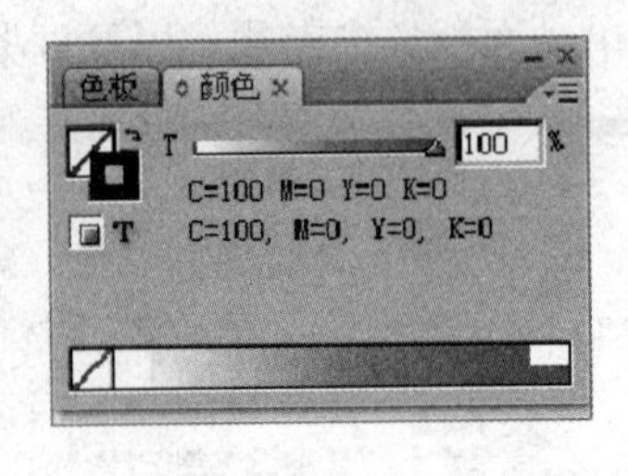

（a）浮动调板

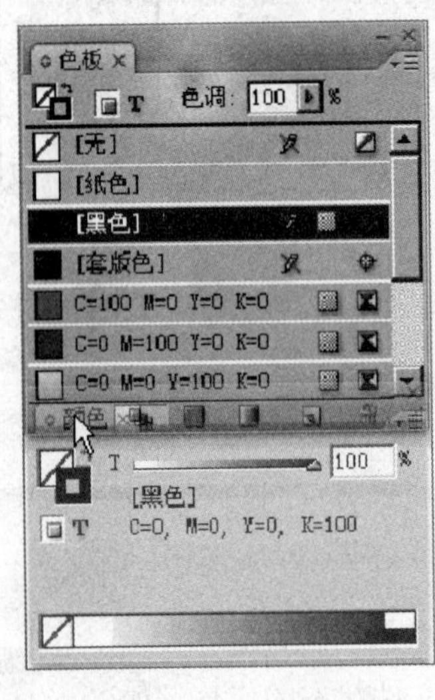

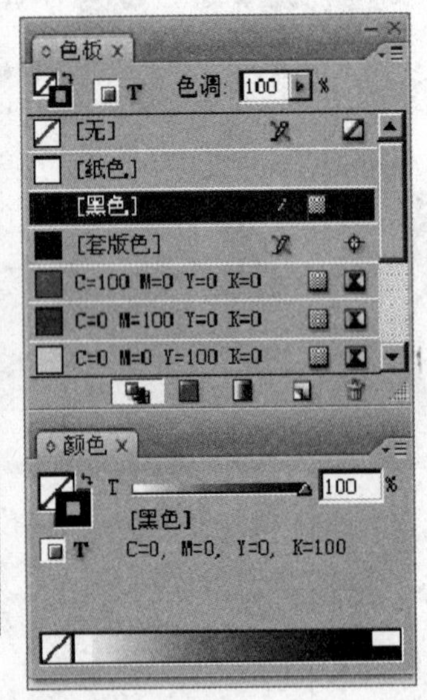

（b）调板首尾相连

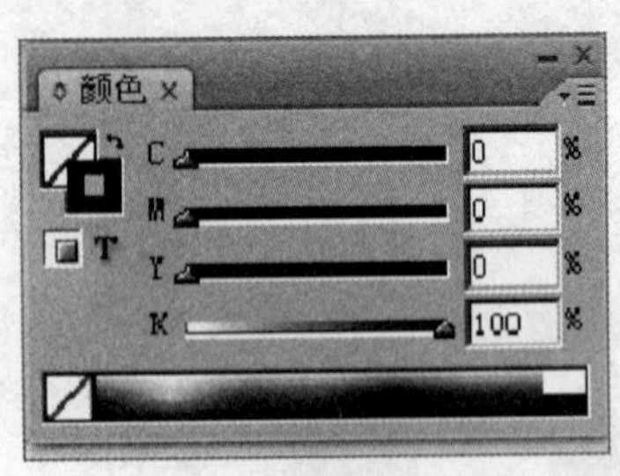

普通视图

简化视图

折叠视图

（c）浮动调板的三种视图

图 1-51　调板（2）

模块 2　文字的基本操作

能力目标

1. 掌握 InDesign 文字的创建方法
2. 能够对文字进行字体、字号的设置
3. 熟悉文字常用选项的各种操作

知识目标

1. 熟练使用文字框
2. 了解【字符】调板各项功能的作用
3. 能够用复合字体功能设置字体

课时安排

3 课时讲解，1 课时实践

任务一　设计制作“第 60 届全国汽车展销会”的海报

任务背景

2009 年要在上海举办一场汽车展销会，现在需要制作一张预告海报，提前宣传展销会的活动。客户要求海报画面简洁、突出举办时间和地点，海报内容有各主办单位的联系方式、各厂商布展时间等，并且在两天内完成设计。

任务要求

本例提供半成品文件，同学们需要在海报上面添加举办地点，主办单位联系方式，通过【字符】调板为文字设置字体、字号、行距和复合字体等操作。

海报成品尺寸为 600 mm × 470 mm。

任务素材

任务参考效果图

制作步骤分析

1. 使用“文字工具”绘制文本框。
2. 使用【字符】调板设置文字的字体字号。
3. 使用【文件】|【置入】命令，置入 Word 文档。
4. 使用【复合字体】设置文字。

参考制作流程

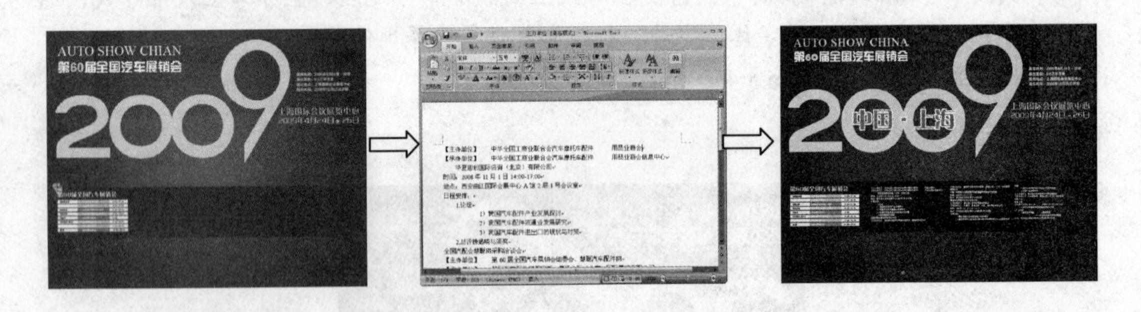

操作步骤详解

1. 创建文本框和输入文字

（1）打开素材，选择“模块 2\第 60 届全国汽车展销会.indd”文件，如图 2-1 所示。

（2）在工具箱中选择“文字工具”，在页面内文字起点处按住鼠标左键沿对角线方向拖曳，绘制一个矩形框，光标自动插入到文本框内，如图 2-2 所示。

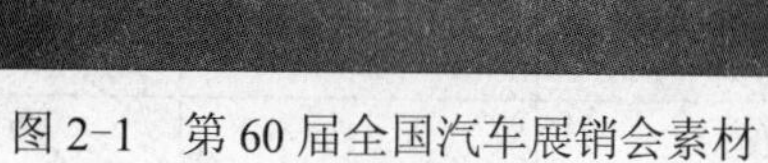

图 2-1　第 60 届全国汽车展销会素材

图 2-2　绘制文本框

（3）在文本框内输入“中国上海”，如图 2-3 所示。

2．设置字体字号

（1）用“文字工具”选择文字，打开界面右侧的【字符】调板，如图 2-4 所示。

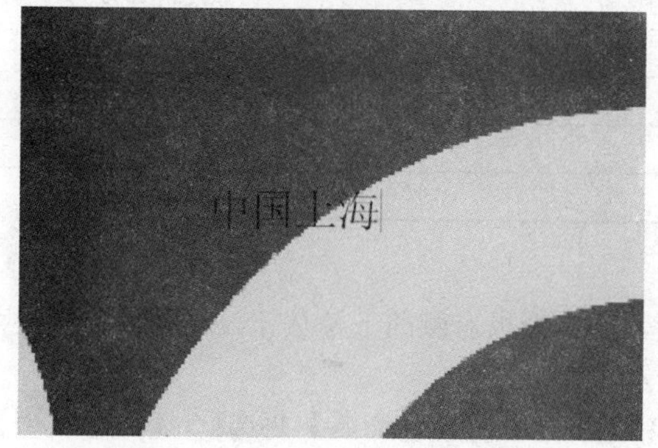

图 2-3　输入文字

图 2-4　【字符】调板

（2）在“字体”下拉列表框中选择“方正粗倩简体”，在“字号”数值框中输入“110 点”，按回车键，得到的效果如图 2-5 所示。

小知识：字级大小不同，在版面上会产生不同的效果。字级大，可造成视觉上的强烈冲击感；字级小，则能造成视觉上的连续吸引感，构成的版面整体性强。

图 2-5　字体与字号调整

小知识：由于级数制采用的规格尺寸与号数制、点数制不同，所以照相字与铅字在尺寸大小上并不存在精确的对应关系，仅仅互相近似，如表 2-1 所示（其中的“毫米值”表示字的宽度与高度）。

表 2-1　印刷汉字尺寸近似对应表

铅　字				照　相　字	
号　数	点　数	毫 米 值	说　明	级　数	毫 米 值
初号	36.0	12.600	小五号字的 4 倍	50	12.50
一号	28.0	9.800	四号字的 2 倍	40	10.00
小一号	24.0	8.400	七号字的 4 倍	34	8.50
二号	21.0	7.350	五号字的 2 倍	30	7.50
小二号	18.0	6.300	小五号字的 2 倍	26	6.50
三号	16.0	5.600	六号字的 2 倍	22	5.50
四号	14.0	4.900		20	5.00
小四号	12.0	4.200	七号字的 2 倍	17	4.25
五号	10.5	3.675		15	3.75
小五号	9.0	3.150		13	3.25
六号	8.0	2.800		11	2.75
七号	6.0	2.100		8	2.00

3．设置字体颜色和描边

（1）继续选择文字，打开【色板】调板，单击调板右侧的下拉按钮，在弹出的下拉菜单中选择【新建颜色色板】，如图 2-6 所示。

（2）在弹出的【新建颜色色板】对话框中选择【以颜色值命名】复选框，【颜色类型】为“印刷色”，【颜色模式】为“CMYK”，颜色色值为 C=50，M=100，Y=100，K=0，如图 2-7 所示。

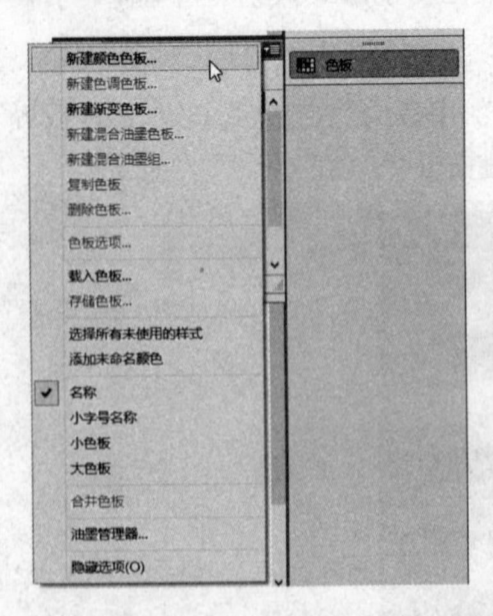

图 2-6　选择【新建颜色色板】命令

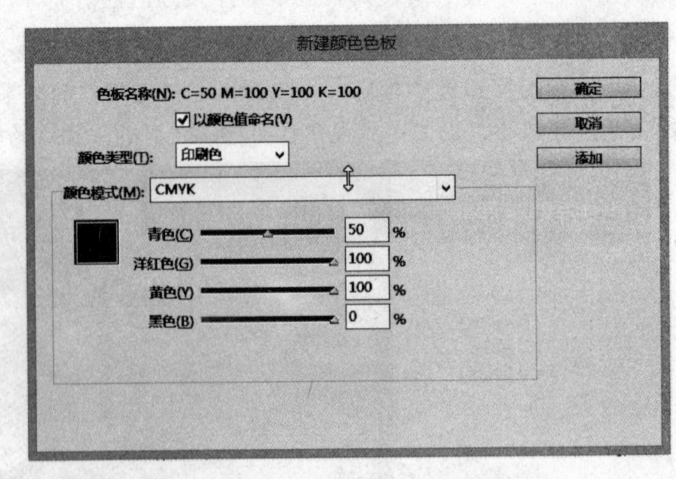

图 2-7　设置【新建颜色色板】对话框

（3）单击【确定】按钮，完成字体颜色的设置，得到的效果如图 2-8 所示。

（4）用“文字工具”继续选择字体，打开【描边】调板，在【粗细】下拉列表框中选择“2 毫米”，如图 2-9 所示。再打开【色板】调板，将【描边】按钮置于上方，选择描边色为“纸色”，如图 2-10 所示。

图 2-8　完成字体颜色设置

图 2-9　描边粗细

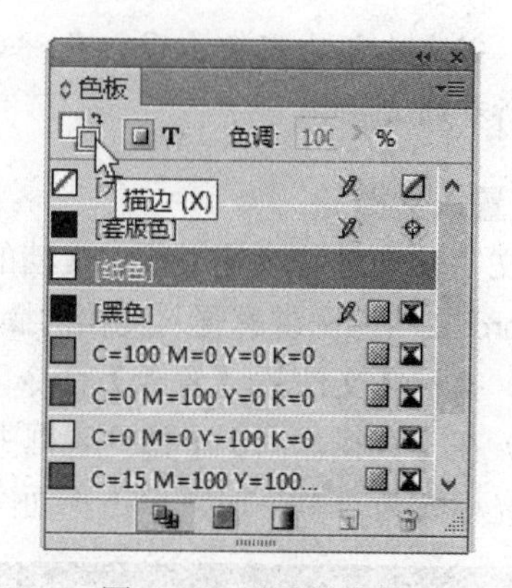

图 2-10　设置描边色

（5）设置字体颜色和描边得到的效果如图 2-11 所示。

（6）将文字光标插入到“中国”与“上海”的中间，执行【文字】|【字形】命令，弹出【字形】调板，如图 2-12 所示。双击符号“▪”，插入此符号到文本框中，如图 2-13 所示。

图 2-11　设置字体颜色和描边的效果

图 2-12 【字形】调板

图 2-13　插入符号

注：若文本框右下角出现红色“+”，用“选择工具”拖曳文本框的控制点，使文本框能容纳所有的文字。

4．置入文档

当文字较多时可以使用置入文档的操作，【置入】是添加文字最常使用的方法。下面以置入 Word 文档为例讲解置入文档的操作方法。

（1）执行【文件】|【置入】命令，弹出【置入】对话框，如图 2-14 所示。

（2）在【查找范围】下拉列表框中选择“模块 2|主办单位.doc”文件，单击【打开】按钮，当光标变为“ ”时，单击页面空白处，则完成置入文档的操作，如图 2-15 所示。

图 2-14 【置入】对话框　　　　图 2-15　完成置入文档

（3）单击文本框右下角的红色“+”，当光标变为“ ”时，在文本框的右侧拖曳鼠标，绘制一个新的文本框。按照此方法再绘制一个文本框，直至红色“+”没有为止，得到的效果如图 2-16 所示。

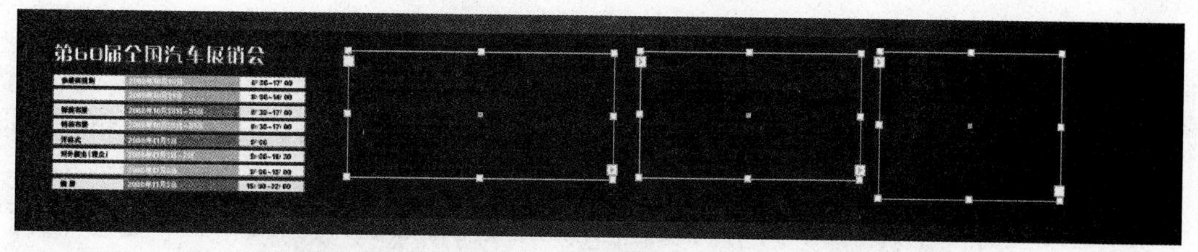

图 2-16　绘制新的文本框

（4）在【色板】调板中，给文字填充“纸色”，得到的效果如图 2-17 所示。

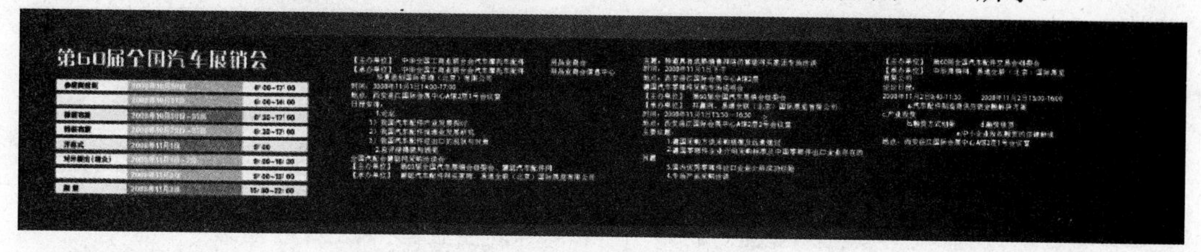

图 2-17　文字填充“纸色”效果

（5）在文本框中插入文字光标，按住 Ctrl+A 键全选文字，在【字符】调板中，设置【行距】为“14 点”，得到的效果如图 2-18 所示。

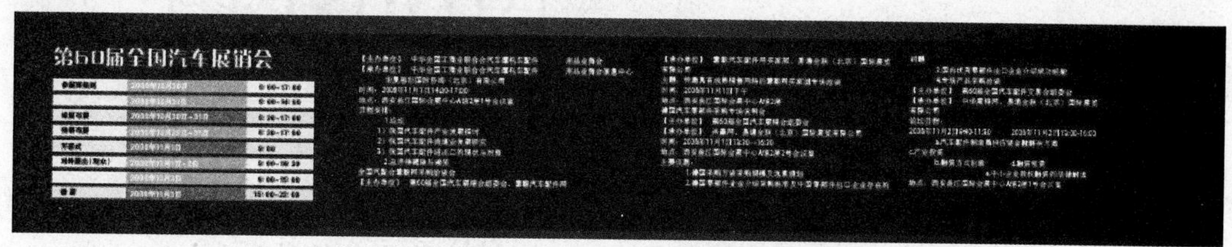

图 2-18　调整行距后效果

5．设置复合字体

（1）执行【文字】|【复合字体】命令，弹出【复合字体编辑器】对话框，如图 2-19 所示。

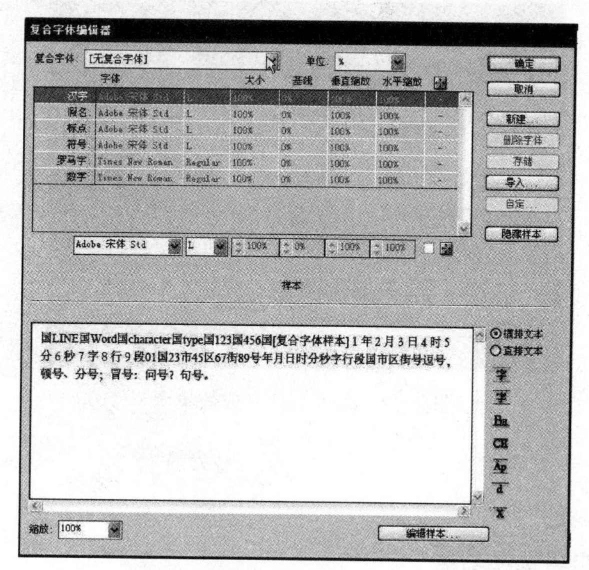

图 2-19　【复合字体编辑器】对话框

（2）单击【新建】按钮，在弹出的【新建复合字体】对话框中输入名称为“方正书宋+ Times New Roman”，单击【确定】按钮。单击【汉字】字符，在【汉字】的【字体】下拉列表中选择“方正书宋简体”，【假名】、【标点】和【符号】都与【汉字】的字体相同，如图 2-20 所示。

（3）在【复合字体编辑器】对话框的左下角，设置【缩放】为“800%”，单击【样式】右边的“全角字框”按钮，调整文字基线。【罗马字】字符的基线为“2%”，【数字】字符的基线为“2%”，如图 2-21 所示。

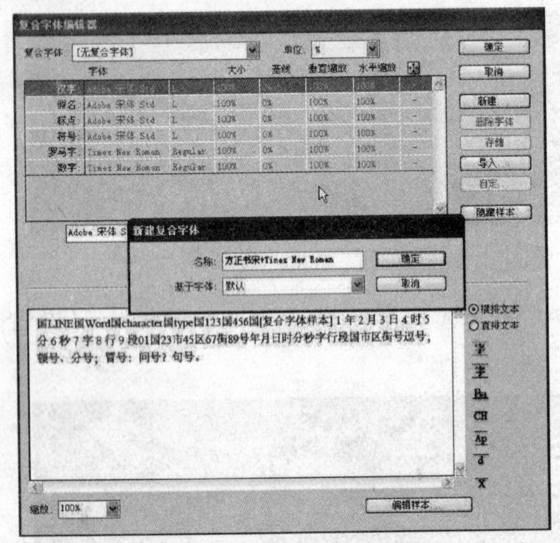

图 2-20 复合字体编辑（1）

图 2-21 复合字体编辑（2）

（4）单击【存储】按钮，再单击【确定】按钮，完成复合字体的设置。

（5）全选文本框的文字，然后在【字符】调板中应用前面设置好的复合字体“方正书宋+ Times New Roman”。

（6）“第 60 届全国汽车展销会”的海报制作完毕，最终效果如图 2-22 所示。

图 2-22 海报制作完成效果图

任务相关知识讲解

1.【置入】对话框各选项功能

在执行置入命令时，【置入】对话框的下方有 4 个选项，分别是【显示导入选项】、【应用网格格式】、【替换所选项目】和【创建静态题注】，下面分别介绍。

（1）【显示导入选项】：在置入文档前选择该选项，单击【确定】按钮后会弹出【显示导入选项】对话框，置入的文档不同，弹出对话框的选项也不相同。

当置入纯文本时，弹出【文本导入选项】对话框，如图 2-23 所示。

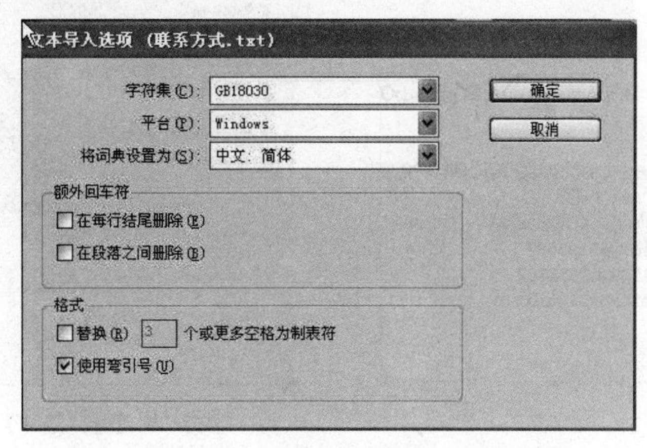

图 2-23 【文本导入选项】对话框

- **字符集**　指定用于创建文本文件的计算机语言字符集（如 ANSI、Unicode、Shift JIS 或 Chinese Big5）。默认选择是与 InDesign 或 InCopy 的默认语言对应的字符集。
- **平台**　指定文件是在 Windows 还是在 Mac OS 中创建文件。
- **将词典设置为**　指定导入的文本使用的词典。
- **额外回车符**　指定如何导入额外的段落回车符。选择“在每行结尾删除”或“在段落之间删除”。
- **替换**　用制表符替换指定数目的空格。
- **使用弯引号**　确保导入的文本包含左右弯引号（“”）和弯单引号（’），而不包含直双引号（""）和直单引号（'）。

小知识：在置入文字时设置了不正确的字符集，就会出现文字乱码，如图 2-24 所示。重新置入时选中【显示导入选项】复选框，然后在弹出的对话框中将字符集改为 GB2312 即可解决出现乱码的问题。GB2312、GB18030 支持简体中文，中文 Big5 支持繁体中文。在简体中文排版时通常设置字符集为 GB2312。

当置入 Word 文档时，弹出【Microsoft Word 导入选项】对话框，如图 2-25 所示。

- **目录文本**　将目录作为文本的一部分导入到文章中。这些条目作为纯文本导入。
- **索引文本**　将索引作为文本的一部分导入到文章中。这些条目作为纯文本导入。
- **脚注**　导入 Word 脚注。脚注和引用是保留的，但根据文档的脚注设置重新排列。
- **尾注**　将尾注作为文本的一部分导入到文章的末尾。
- **使用弯引号**　确保导入的文本包含左右弯引号（“”）和弯单引号（’），而不包含直双引号（""）和直单引号（'）。
- **移去文本和表的样式和格式**　从导入的文本（包括表中的文本）移去格式，如字体、文字颜色和文字样式。如果选中该选项，则不导入段落样式和随文图。

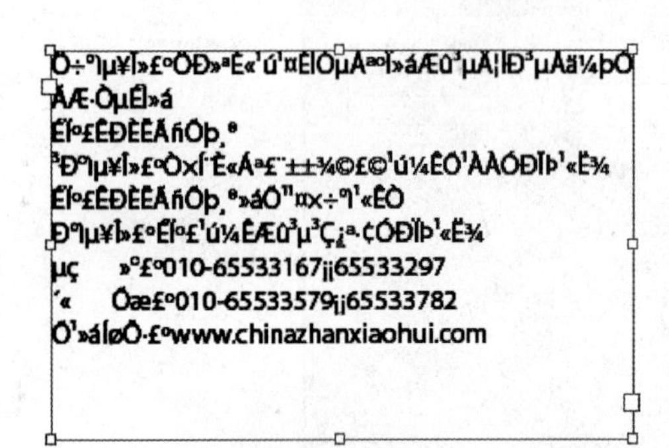

图 2-24 文字乱码

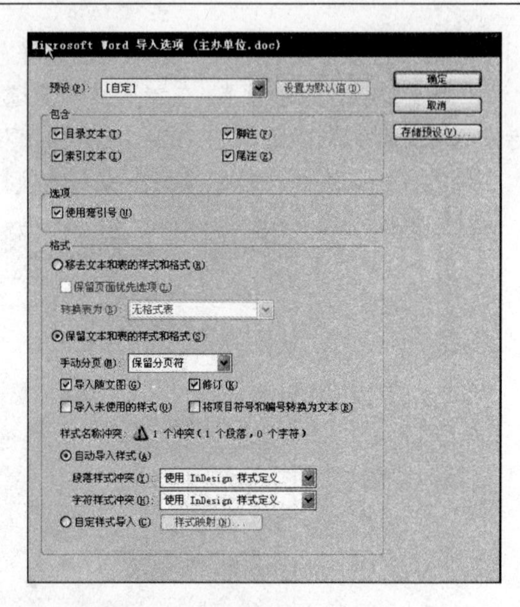

图 2-25 【导入选项】对话框

- **转换表为** 选择移去文本、表的样式和格式时，可将表转换为无格式表或无格式的制表符分隔的文本。如果希望导入无格式文本和格式表，则先导入无格式文本，然后将表从 Word 粘贴到 InDesign。
- **保留文本和表的样式和格式** 在 InDesign 或 InCopy 文档中保留 Word 文档的格式。可使用【格式】部分中的其他选项来确定保留样式和格式的方式。
- **手动分页** 确定 Word 文件中的分页在 InDesign 或 InCopy 中的格式设置方式。选择【保留分页符】可使用 Word 中用到的同一分页符，或者选择【转换为分栏符】或【不换行】。
- **导入随文图** 在 InDesign 中保留 Word 文档的随文图。
- **导入未使用的样式** 导入 Word 文档的所有样式，即使未应用于文本的样式也导入。
- **将项目符号和编号转换为文本** 将项目符号和编号作为实际字符导入，保留段落的外观。但在编号列表中，不会在更改列表项目时自动更新编号。
- **修订** 如选择该选项，则在打开【修订】的情况下在 InCopy 中编辑导入文本时，会显示突出显示和删除线；如取消选择该选项，会将所有导入文本突出显示为添加的单个文本，可以在 InCopy 中查看【修订】，但在 InDesign 中则不能。
- **自动导入样式** 将 Word 文档的样式导入到 InDesign 或 InCopy 文档中。如果【样式名称冲突】旁出现黄色警告三角形，则表明 Word 文档的一个或多个段落或字符样式与 InDesign CS6 样式同名。要确定解决这些样式名称冲突的解决方法，请从【段落样式冲突】和【字符样式冲突】菜单中选择一个选项。选择【使用 InDesign 样式定义】，可使导入的样式文本基于 InDesign 样式来进行格式设置。选择【重新定义 InDesign 样式】，可使导入的样式文本基于 Word 样式来进行格式设置，并更改用该样式设置格式的现有 InDesign 文本。选择【自动重命名】，可重命名导入的 Word 样式。例如，如果 InDesign 和 Word 具有 Subheading 样式，则在选中【自动重命名】时，导入的 Word 样式会重命名为 Subheading_wrd_1。

注：InDesign 会转换段落和字符样式，但不会转换列表样式。

- **自定样式导入**　该选项允许使用【样式映射】对话框来选择对导入的文档中的每个 Word 样式应使用哪一个 InDesign 样式。
- **存储预设**　存储当前的 Word 导入选项以便以后重复使用。指定导入选项，单击【存储预设】，输入预设的名称，并单击【确定】按钮。下次导入 Word 样式时，可从【预设】菜单中选择创建的预设。如果希望所选的预设用作将来导入 Word 文档的默认值，可选择【设置为默认值】。

当置入 Excel 表格时，弹出【Microsoft Excel 导入选项】对话框，如图 2-26 所示。

- **工作表**　指定要导入的工作表。
- **视图**　指定是导入任何存储的自定或个人视图，还是忽略这些视图。
- **单元格范围**　指定单元格的范围，使用冒号（:）来指定范围（如 A1:G15）。如果工作表中存在指定的范围，则在“单元格范围”菜单中将显示这些名称。
- **导入视图中未保存的隐藏单元格**　包括格式化为 Excel 电子表格中的隐藏单元格的任何单元格。
- **表**　指定电子表格信息在文档中显示的方式。
- **有格式的表**　虽然可能不会保留单元格中的文本格式，但 InDesign 将尝试保留 Excel 中用到的相同格式。如果电子表格是链接的而不是嵌入的，则更新链接会覆盖应用于 InDesign 中的表的所有格式。
- **无格式的表**　从电子表格导入表时不包含任何格式，且即使更新链接的表，也会使用 InDesign 格式。如果选择此选项，可以将表样式应用于导入的表。
- **无格式制表符分隔文本**　表导入为制表符分隔文本，然后可以在 InDesign 或 InCopy 中将其转换为表。
- **仅设置一次格式**　InDesign 保留初次导入时 Excel 中使用的相同格式。只要更新指向表的链接，在链接表中就会忽略对电子表格格式所做的任何更改。该选项在 InCopy 中不可用。
- **表样式**　将指定的表样式应用于导入的文档。仅当选中【无格式的表】时该选项才可用。
- **单元格对齐方式**　指定导入文档的单元格对齐方式。
- **包含随文图**　在 InDesign 中保留 Excel 文档的随文图。
- **包含的小数位数**　指定电子表格中数字的小数位数。
- **使用弯引号**　确保导入的文本包含左右弯引号（“ ”）和弯单引号（’），而不包含直双引号（" "）和直单引号（'）。

（2）【应用网格格式】：在置入文档前选择【应用网格格式】复选框，则置入的文本框带网格，如图 2-27 所示。

小知识：【应用网格格式】适用于报纸和机关刊物等对版式要求比较严谨的印刷品。限定行数和字数时就可用这个功能。

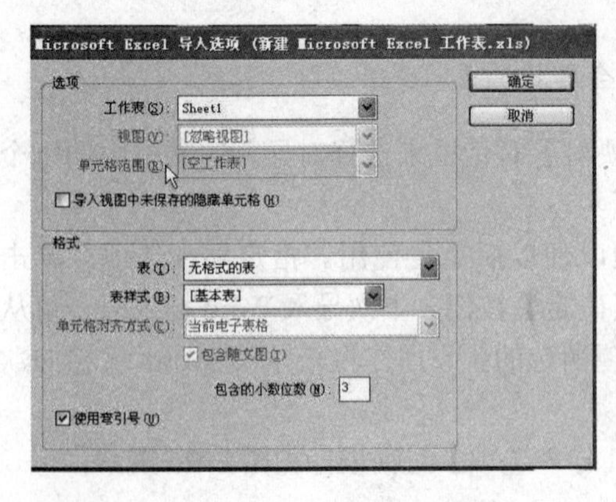

图 2-26　文本导入选项对话框

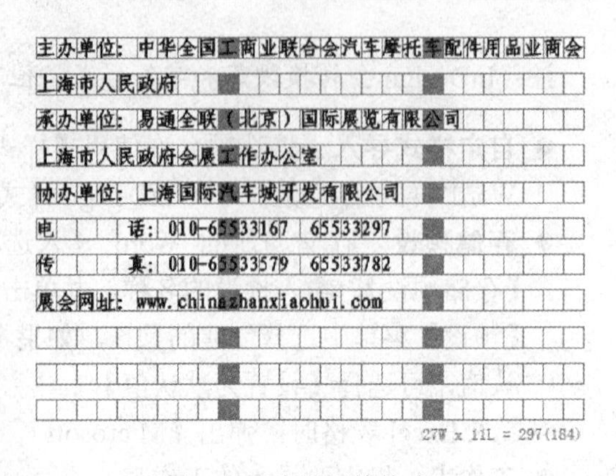

图 2-27　应用网格格式

（3）【替换所选项目】：如果希望导入的文件能替换所选框架的内容、替换所选文本或添加到文本框架的插入点，则选择【替换所选项目】。图 2-28 所示为版面中选择的对象，图 2-29 所示为执行置入操作后替换了原来选中的对象。

图 2-28　替换所选项目

图 2-29　置入操作后的效果

（4）【创建静态题注】：题注是显示在图像下方的描述性文本。InDesign 提供了多种方法，可用来创建显示所指定的图像元数据的题注。InDesign 提供了一种特殊的题注变量，用来显示指定的图像元数据。如果包含该变量的文本框架与某个图像相邻或成组，则该变量会显示此图像的元数据。您可以通过现有图像生成题注，或在置入图像时，创建一个包含题注变量的文本框架。

如果要在置入图像时生成静态题注，可在“置入”对话框中，选择“创建静态题注”，然后在置入图像后置入题注文本框架。

2．串接文本

当一段较长的文字需要放置在多个文本框中，并需要保持它们的先后关系时，读者可以使用 InDesign CS6 的串接文本功能来实现。在框架之间连接文本的过程成为串接文本。

每个文本框都包含一个入口和一个出口，这些端口用来与其他文本框进行连接。空的入口或出口分别表示文章的开头或结尾，如图 2-30 所示。端口中的箭头表示该框架链接到另一框架，如图 2-31 所示。出口中的红色加号 (+) 表示该文章中有更多要置入的文本，但没有更多的文本框架可放置文本。这些剩余的不可见文本称为溢流文本，如图 2-32 所示。

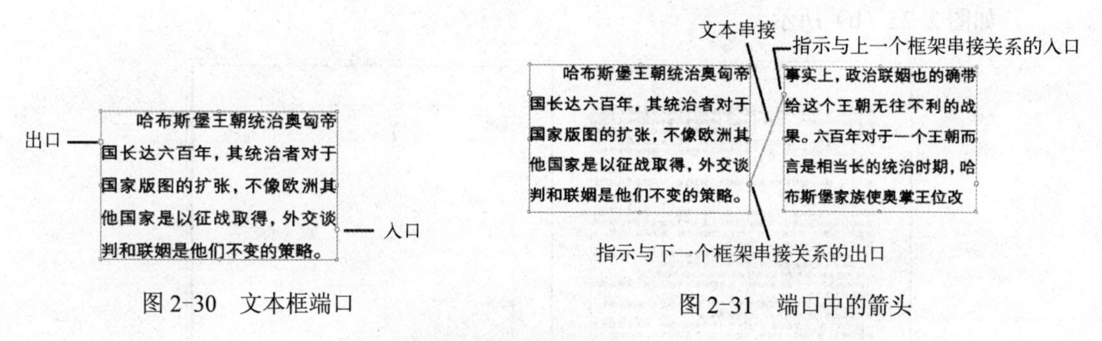

图 2-30　文本框端口　　　　图 2-31　端口中的箭头

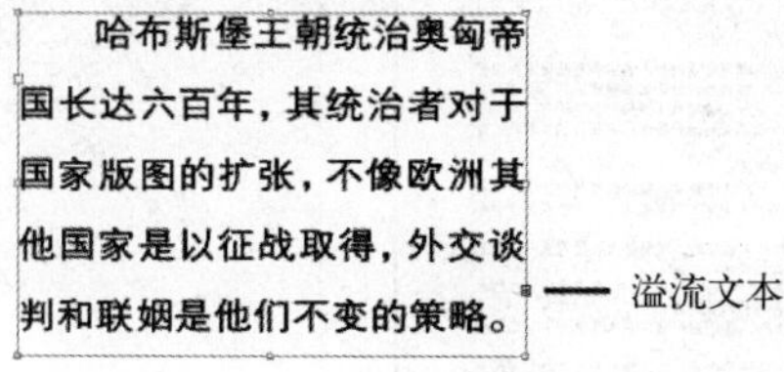

图 2-32　溢流文本

1）自动文本串接

- **全自动排入**　执行【文件】|【置入】命令，选择置入的文档，单击【打开】按钮，按住 Shift 键，当光标变为“”时，单击页面，则文字自动灌入页面中，如图 2-33 所示。

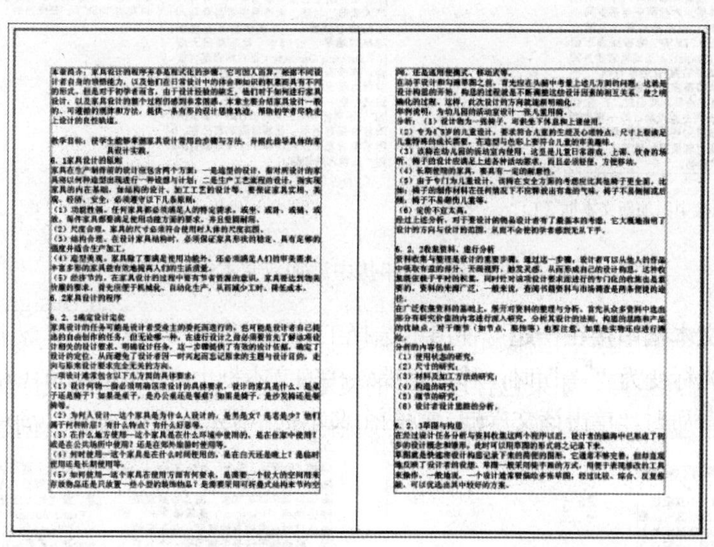

图 2-33　全自动排入

- **半自动排入**　执行【文件】|【置入】命令，选择置入的文档，单击【打开】按钮，按住 Shift 键，当光标变为“”时，单击且只排入当前页面，若文字没有全部排完，则继续单击下一页面，如图 2-34 所示。

2）手动文本串接

- **向串接中添加新文本框**　使用“选择工具”，选择一个文本框，然后单击出口或入口，如图 2-35（a）所示。当光标变为"▤"时，拖曳鼠标以绘制一个新的文本框，如图 2-35（b）所示。

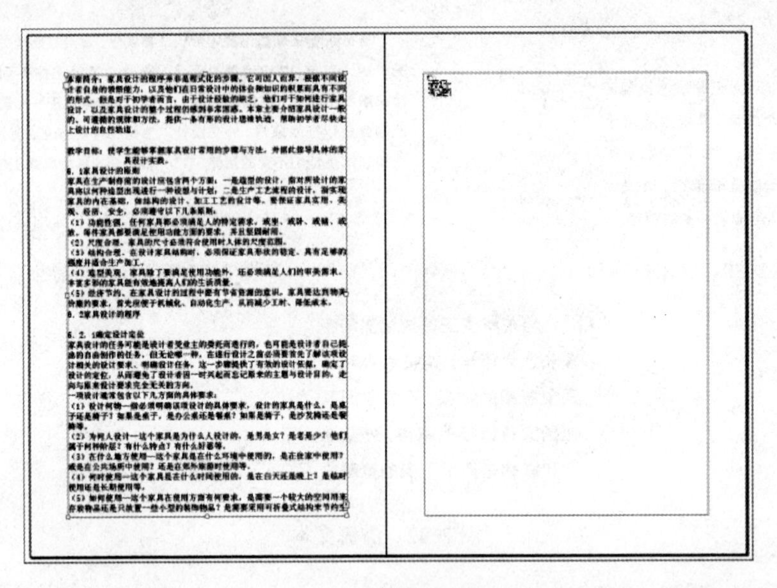

图 2-34　半自动排入

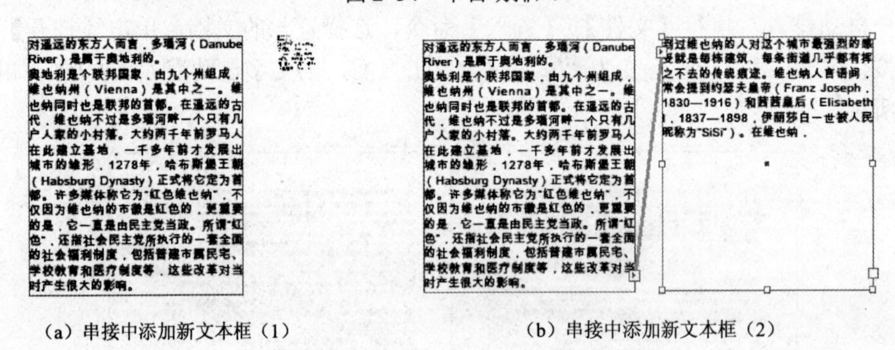

（a）串接中添加新文本框（1）　　（b）串接中添加新文本框（2）

图 2-35　向串接中添加新文本框

● **使两个文本框串接在一起**　使用"选择工具"，选择一个文本框，然后单击出口或入口，当光标变为"▤"时，移动需要连接的文本框上，如图 2-36（a）所示。当光标变为"🔗"时，单击该文本框，则两个文本框串接在一起，如图 2-36（b）所示。

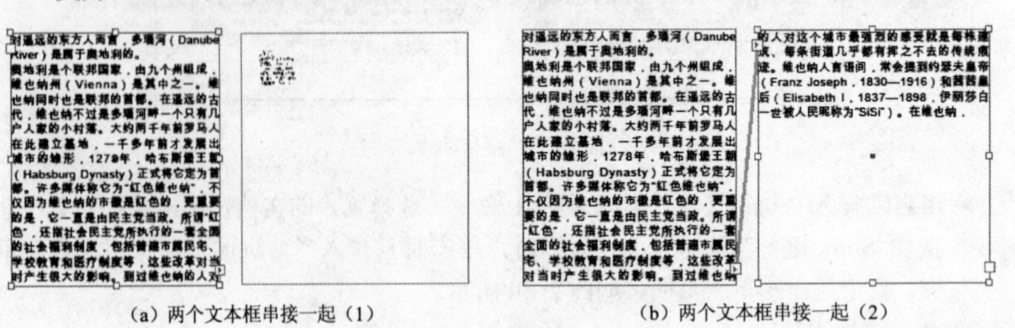

（a）两个文本框串接一起（1）　　（b）两个文本框串接一起（2）

图 2-36　两个文本框串接一起

- **断开两个文本框之间的串接**：双击前一个文本框的出口或后一个文本框的入口。两个文本框架间的线会被除去，后一个文本框的文本都会被抽出并作为前一个文本框的溢流文本，图 2-37（a）所示为串接的两个文本框，图 2-37（b）所示为断开串接的效果。

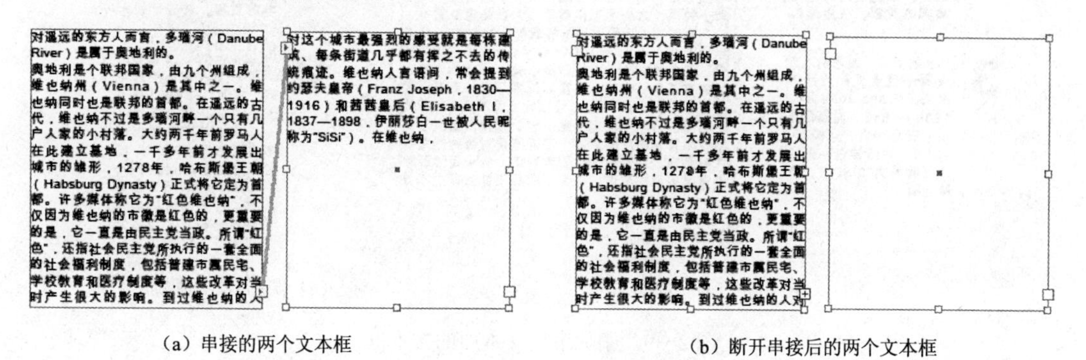

（a）串接的两个文本框　　（b）断开串接后的两个文本框

图 2-37　断开文本框间串接

- **在两个串接文本框中插入另一个文本框**　单击第一个文本框的出口，然后用文字光标拖曳出一个新的文本框，如图 2-38（a）所示。将会形成新的文本串接顺序，如图 2-38（b）所示。

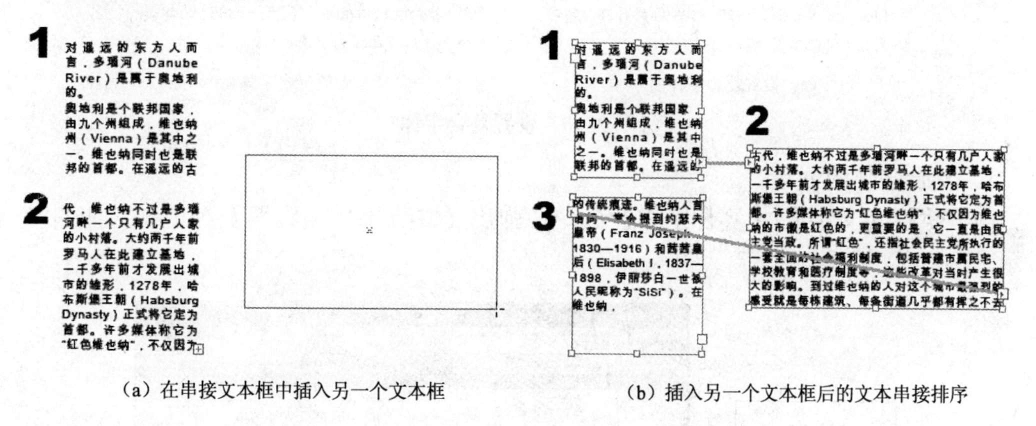

（a）在串接文本框中插入另一个文本框　　（b）插入另一个文本框后的文本串接排序

图 2-38　串接文本框中插入另一个文本框

- **删除串接文本中的一个文本框**　选择文本框 2，按 Delete 键删除，文本框 1 和文本框 3 自动串接，文本内容保持不变，图 2-39（a）所示为没有删除文本框之前的连接关系，图 2-39（b）为删除文本框后的效果。

3．复合字体

将不同字体的不同部分混合在一起，即为复合字体。通常用这种方法混合罗马字体与中、日、韩文字体。在中文字体中的英文处理功能不够完善，所以在中英文混排时，为使版面美观，以及避免出错，通常对中文使用中文字体，英文使用英文字体，作为一种复合字体来使用。图 2-40（a）所示为设置复合字体之前的效果，图 2-40（b）所示为设置复合字体之后的效果。

1
2
3
1
2

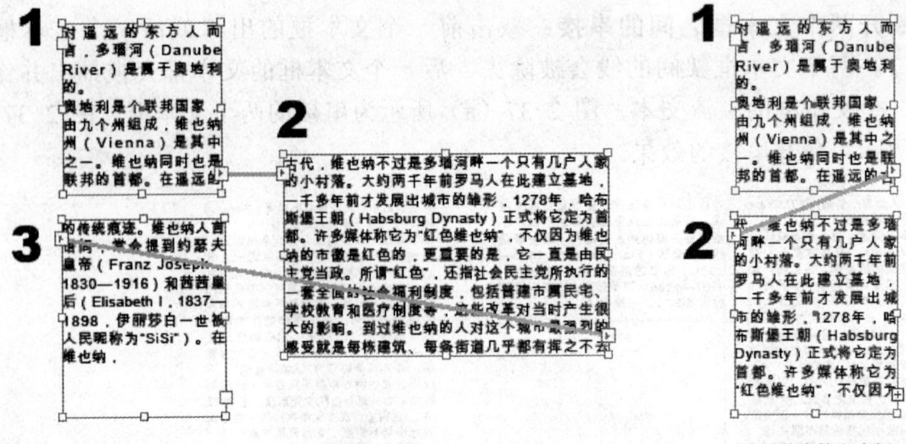

（a）删除文本框2　　　　（b）删除后的串接文本框

图2-39　删除串接文本中的文本框

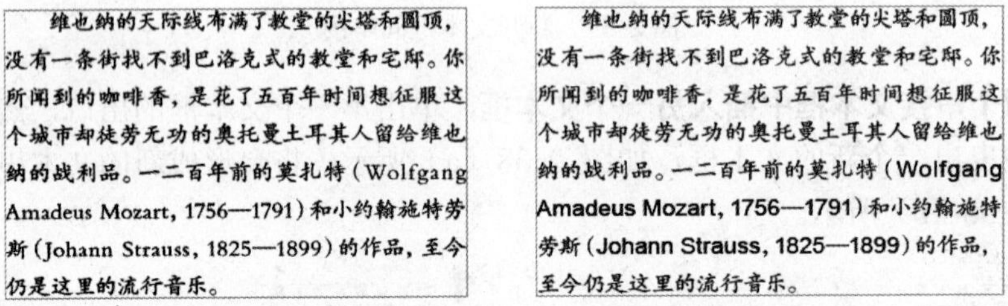

维也纳的天际线布满了教堂的尖塔和圆顶，没有一条街找不到巴洛克式的教堂和宅邸。你所闻到的咖啡香，是花了五百年时间想征服这个城市却徒劳无功的奥托曼土耳其人留给维也纳的战利品。一二百年前的莫扎特（Wolfgang Amadeus Mozart, 1756—1791）和小约翰施特劳斯（Johann Strauss, 1825—1899）的作品，至今仍是这里的流行音乐。
维也纳的天际线布满了教堂的尖塔和圆顶，没有一条街找不到巴洛克式的教堂和宅邸。你所闻到的咖啡香，是花了五百年时间想征服这个城市却徒劳无功的奥托曼土耳其人留给维也纳的战利品。一二百年前的莫扎特（Wolfgang Amadeus Mozart, 1756—1791）和小约翰施特劳斯（Johann Strauss, 1825—1899）的作品，至今仍是这里的流行音乐。

（a）设置复合字体前　　　　（b）设置复合字体后

图2-40　设置复合字体

1）复合字体的创建

（1）执行【文字】|【复合字体】命令，弹出【复合字体编辑器】对话框，如图2-41所示。

字符类别
每个类别更改的输入菜单
复合字体编辑器
复合字体:
单位:
确定
取消
新建
存储
导入...
隐藏样本
样本
横排文本
直排文本
缩放:
编辑样本

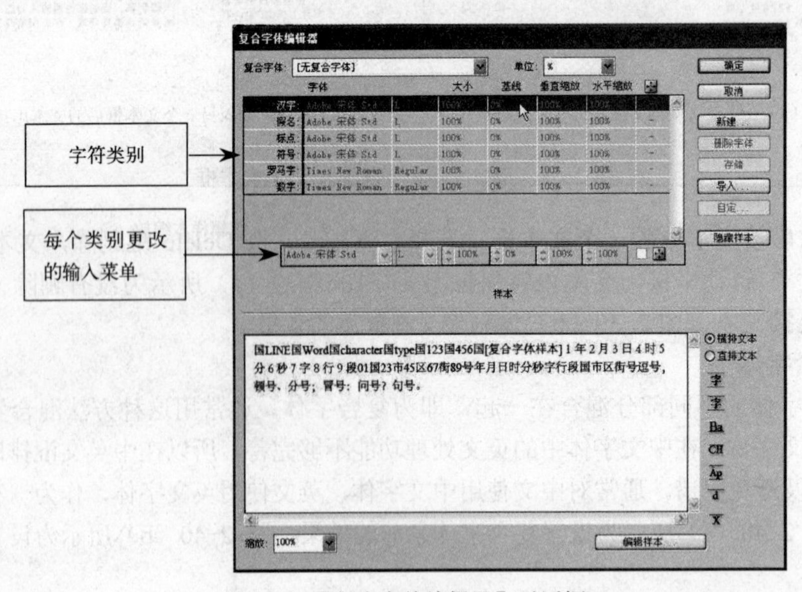

图2-41　【复合字体编辑器】对话框

（2）单击【新建】按钮，创建一个复合字体。在弹出【新建复合字体】的对话框中输入名称为“复合字体 01”，如图 2-42 所示。单击【确定】按钮，完成创建复合字体的操作。下面进行汉字、假名、标点、符号、罗马字和数字的设置。

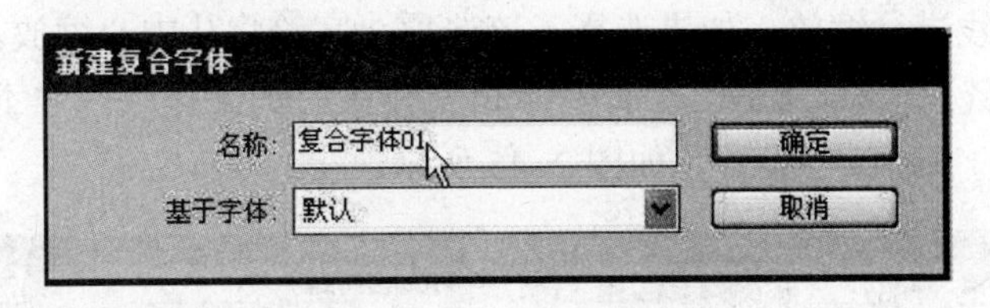

图 2-42　新建复合字体

- **汉字（或韩文）**　汉字字符在日文和中文中使用。韩文字符在朝鲜语中使用。这里无法编辑汉字或韩文的大小、基线、垂直缩放和水平缩放。
- **假名**　指定用于日文平假名和片假名的字体。使用日文以外的语言创建复合字体时，请对假名使用与基本字体相同的字体。
- **标点**　指定用于标点的字体。这里无法编辑标点的大小、垂直缩放或水平缩放。
- **全角符号**　指定用于符号的字体。这里无法编辑符号的大小、垂直缩放或水平缩放。
- **罗马字**　指定用于半角罗马字的字体。它通常是罗马字体。
- **数字**　指定用于半角数字的字体。它通常是罗马字体。

（3）对复合字体进行的设置都可以通过【编辑样本】看到效果，并可对样本进行编辑。单击【编辑样本】按钮，在弹出的【编辑样本】对话框中输入内容即可，如图 2-43（a）所示。还可以设置【缩放】调整样本显示的大小，如图 2-43（b）所示。

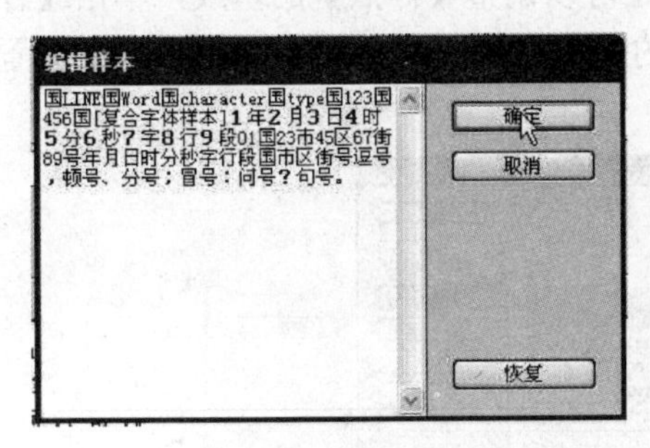

（a）编辑样本

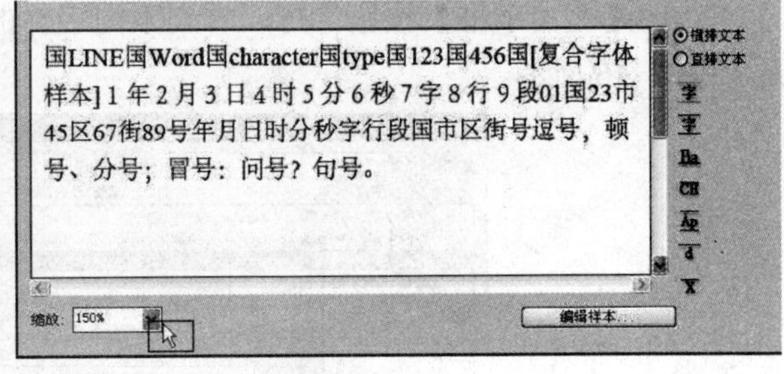

（b）编辑样本缩放

图 2-43　编辑样本

（4）单击【汉字】字符，然后在【汉字】的输入菜单中可以看到大小、基线、垂直缩放和水平缩放都显示为灰色，表示不能对其进行设置，只能对【汉字】选择字体，本例使用“汉仪中等线简”，如图 2-44 所示。

- **单位**　选择用于字体属性设置的单位。
- **大小**　设置与用于输入的字体大小相关的大小。即使使用相同的字体大小，这个大小也可能会因字体的不同而有所差异。可以根据复合字体所用字体调整该大小。
- **基线**　设置每种字体的基线。

- **垂直缩放和水平缩放** 在垂直方向和水平方向缩放字体。这些设置仅能用于假名、半角罗马字和数字。
- **从字符中心放大|缩小** 设置在编辑假名的垂直缩放和水平缩放时是从字符中心还是从罗马字基线进行缩放。如果选择了该选项，字符将从中心缩放。

（5）单击【假名】字符，【假名】针对于日文排版，如果排版内容不涉及日文，可以选择与【汉字】相同的字体或不设置，如图 2-45 所示。

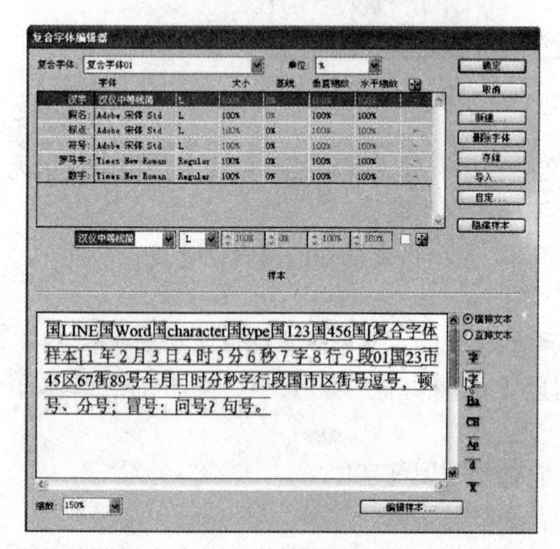

图 2-44 【汉字】字符

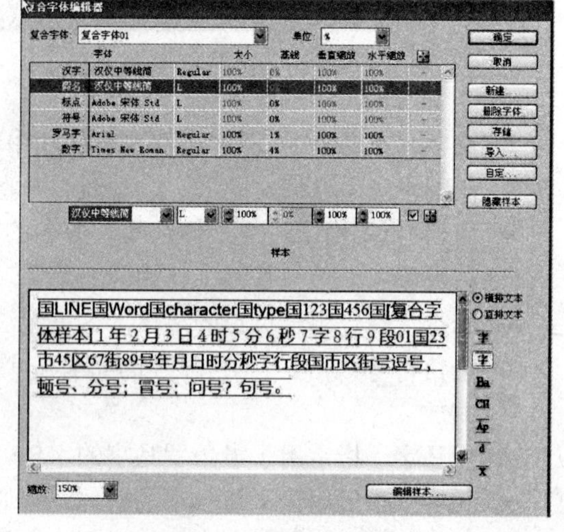

图 2-45 【假名】字符

（6）单击【标点】一栏，然后在下方的字体选择列表中选择字体。一般选择较为圆滑的中文标点，在本例中选择“汉仪中宋简”。另外，还可以调整【标点】的基线，单击【样本】右边的【全角字框】按钮，可以看到不同字体的基线位置并且它们不在同一水平位置上，如图 2-46 所示。

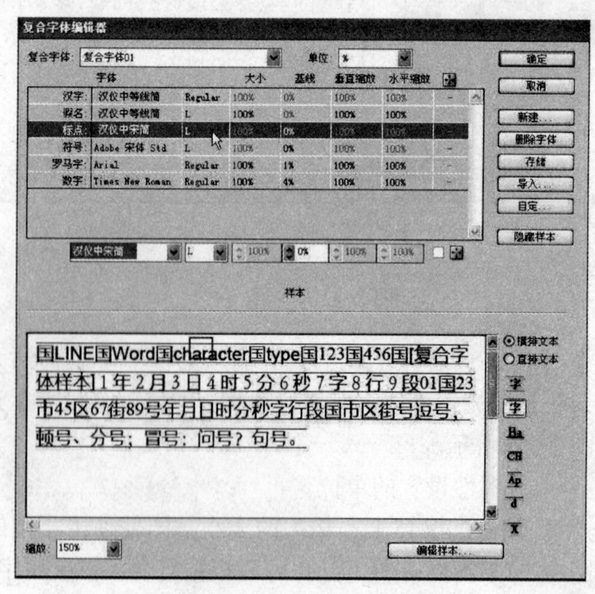

图 2-46 全角字框

（7）单击【符号】一栏，然后在符号下方的字体选择列表中选择字体，在本例讲解中选择与【标点】相同的字体，如图 2-47 所示。

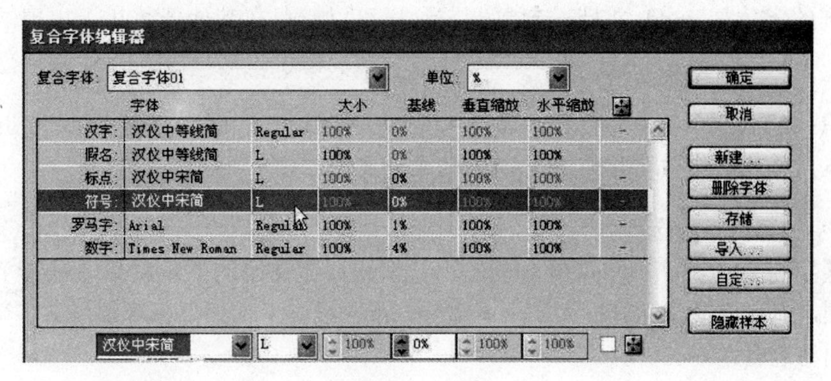

图 2-47　符号

（8）单击【罗马字】一栏，然后在罗马字下方的字体选择列表中选择字体，在本例讲解中选择“Arial”。设计师可以从【样本】文本框中看到罗马字与汉字的基线不在同一水平线上，需要调整罗马字的基线，使罗马字与汉字基线对齐。在【基线】数值框中输入数值，调整到与汉字基线对齐的位置上即可，如图 2-48 所示。

（9）单击【数字】一栏，然后在数字下方的字体选择列表中选择字体，在本例讲解中选择“Arial”。在【样本】文本中可以看到数字与汉字的基线也是不对齐的，用调整罗马字的方法调整数字的基线，如图 2-49 所示。

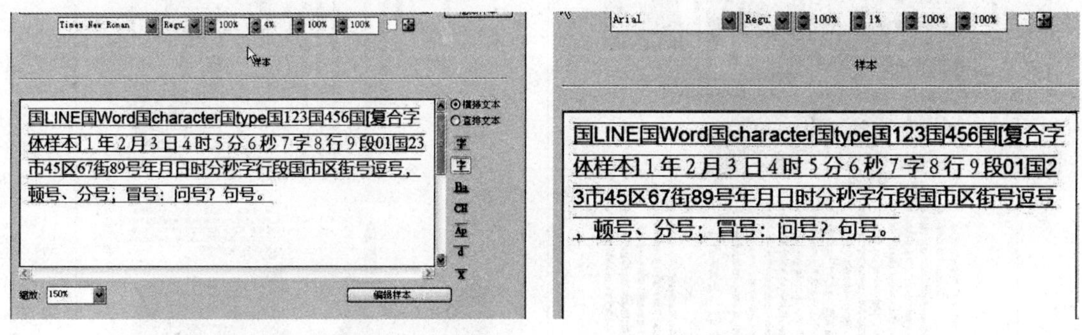

图 2-48　调整基线　　　　图 2-49　调整数字基线

（10）设置完成后，单击【存储】按钮，保存复合字体。然后单击【确定】按钮，完成复合字体的操作。如果继续设置下一个复合字体，可以单击【新建】按钮，然后在弹出的【新建复合字体】对话框中，【基于字体】下拉列表框选择上一个复合字体，这样可以基于上一个复合字体进行设置，如图 2-50 所示。

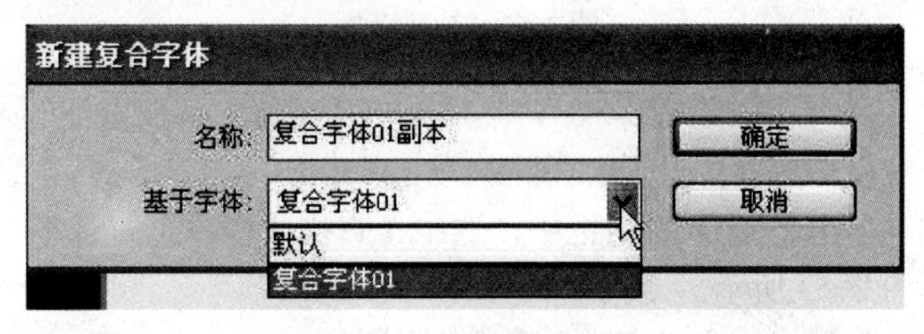

图 2-50　新建复合字体

2）复合字体的提取

设计师将带有复合字体的 indd 文档到出片公司或在另一台计算机修改时，需要将复合字体中用到的字体与 indd 文档一起复制，这样可以避免在其他计算机上出现缺失字体的情况。

小知识：Windows 字体的存放路径。在 C:\WINDOWS\Fonts 文件夹下找到 indd 文件中用到的字体，并复制粘贴到 indd 文件所在的文件夹中。

4．文字的其他常用选项

打开【字符】调板，单击调板右侧的下拉按钮，在弹出的下拉菜单中是【字符】调板的隐藏选项，直排内横排、分行缩排、着重号、下画线、上标和下标等都是文字设置的常用选项，下面将进行详细的讲解。

1）直排内横排

在进行竖排版时可以看到数字或英文都是倒置的，这会影响读者的阅读。可以通过【直排内横排设置】选项进行调整，将数字或英文横置。

（1）打开素材，选择“素材\模块 2\直排内横排.indd 文件”，如图 2-51 所示。

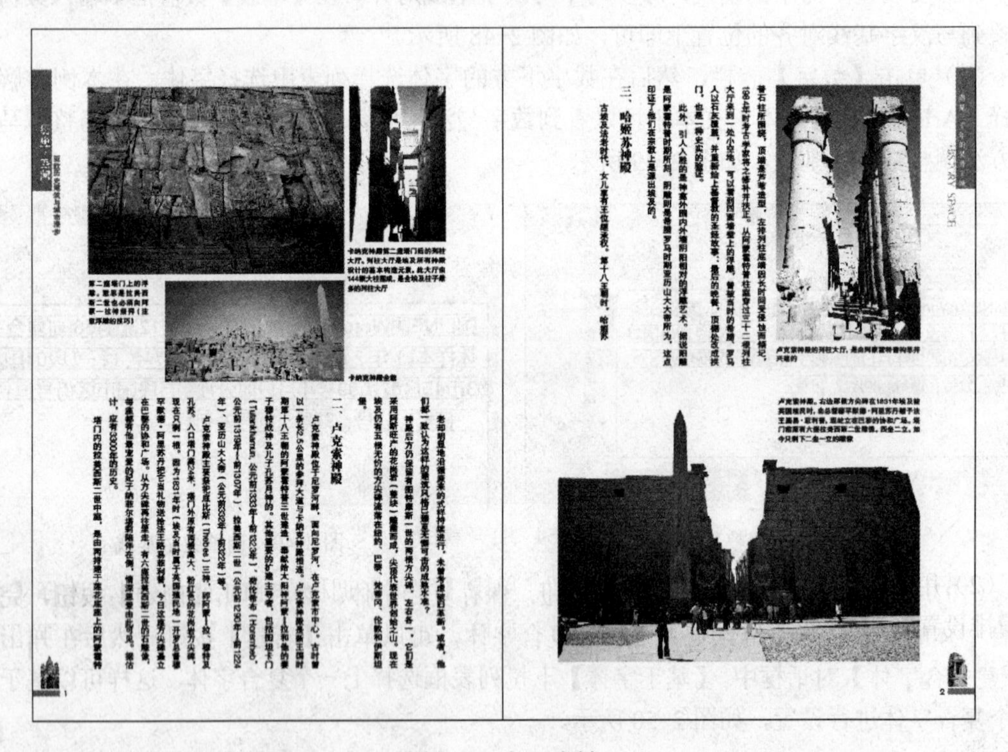

图 2-51　打开素材

（2）用“文字工具”选中数字“2.5”，然后单击【字符】调板右侧的下拉按钮，在弹出的下拉菜单中选择【直排内横排设置】，如图 2-52 所示。

（3）在【直排内横排设置】对话框中，选中【直排内横排】复选框，然后调整字符上下左右的位置，如图 2-53 所示。

（4）单击【确定】按钮，完成直排内横排的设置。

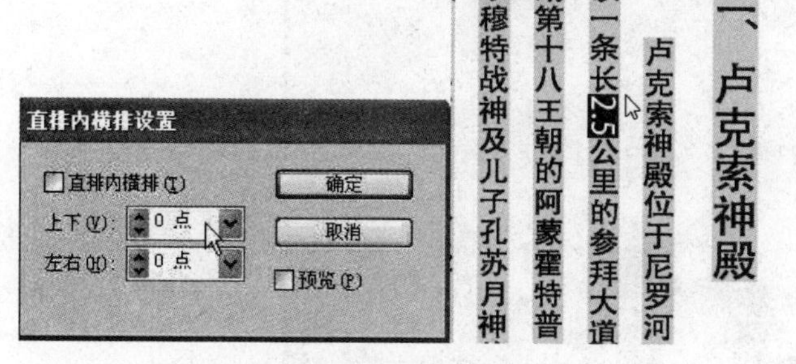

图 2-52　直排内横排设置

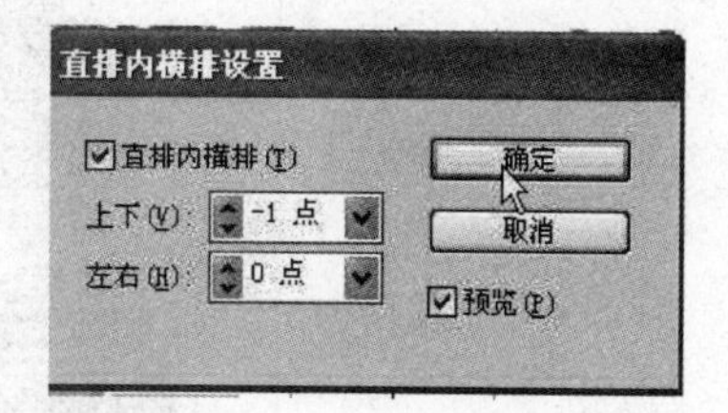

图 2-53　进行直排内横排设置

2）分行缩排

分行缩排设置可以将同一行中的几个文字分行缩小排放在一起，通常在广告语、古文注释中用到。

（1）打开素材，选择“素材\模块 2\分行缩排.indd 文件”，如图 2-54 所示。

图 2-54　打开素材

（2）用“文字工具”选择“针织服装”，单击【字符】调板右侧的下拉按钮，选择【分行缩排设置】，在弹出的【分行缩排设置】对话框中，选中【分行缩排】复选框，分行行数设为 2 行，分行缩排大小为原来的 50%，对齐方式为居中，如图 2-55 所示。

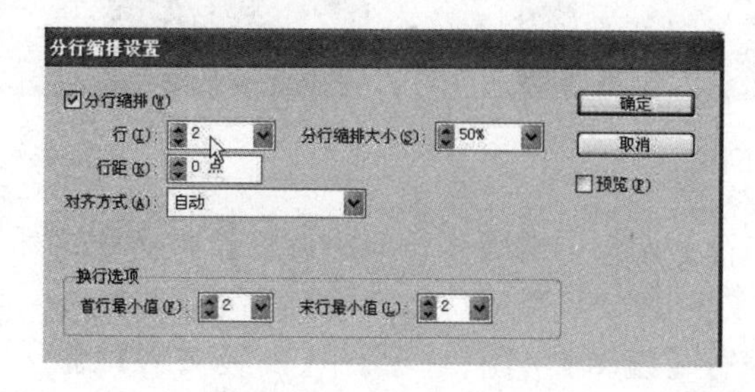

图 2-55　分行缩排设置

（3）单击【确定】按钮，然后再选中“棉麻围巾”，设置与上一步相同，最后得到的效果如图 2-56 所示。

图 2-56　设置完成

3）上标和下标

InDesign CS6 的【上标】和【下标】功能，能够很好地实现对数学公式的排版。

（1）选择“文字工具”拖曳一个文本框，输入“a23”。然后选择“2”，单击【字符】调板右侧的下拉按钮，在弹出的下拉菜单中选择【下标】，如图 2-57 所示。

（2）选择数字“3”，单击字符调板右侧的下拉按钮，在弹出的下拉菜单中选择【上标】，如图 2-58 所示。

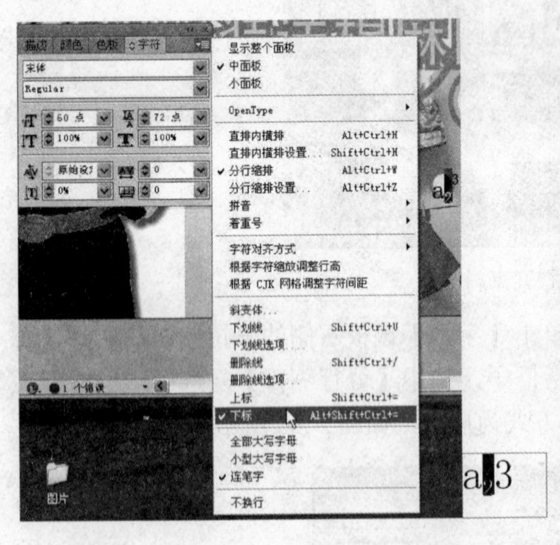

图 2-57　下标

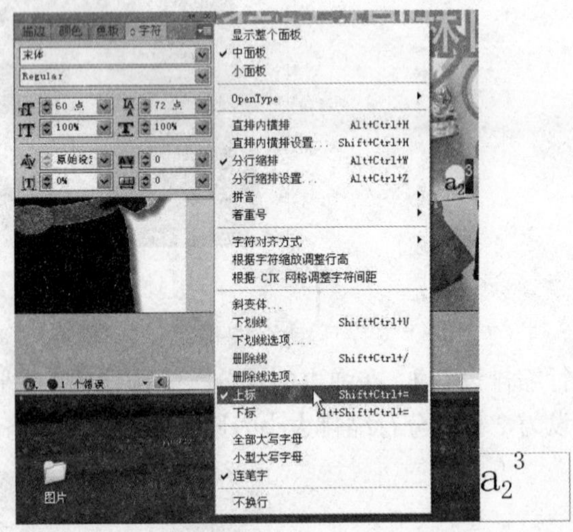

图 2-58　上标

（3）还可通过【字符】调板中的【字符间距调整】调整“2”和“3”之间的距离，如图 2-59 所示。

另外，还可通过执行【编辑】|【首选项】|【高级文字】命令，指定【上标】和【下标】的移动量，如图 2-60 所示。

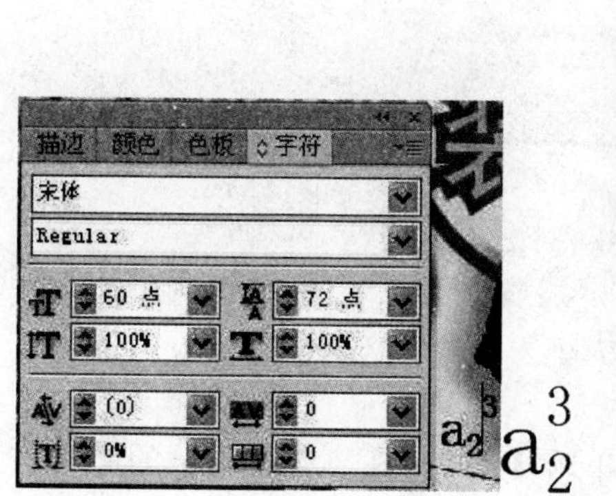

图 2-59　字符间距调整

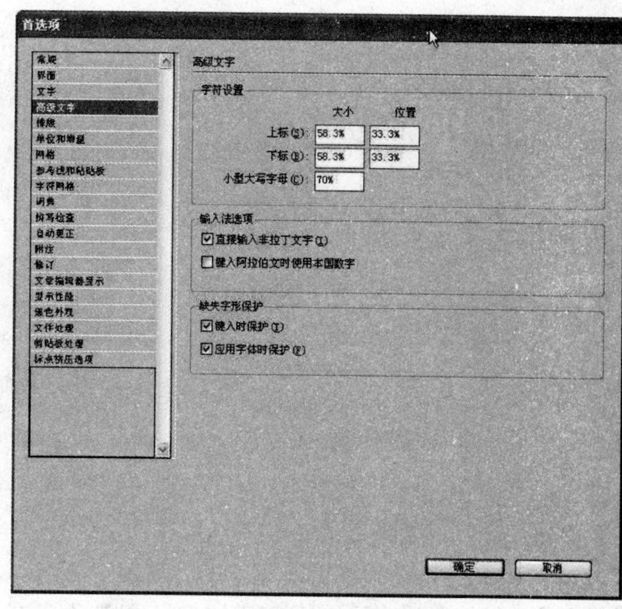

图 2-60　移动量

4）着重号

着重号的作用是醒目提示、重点突出文章中重要的内容。

（1）打开素材，选择“素材\模块 2\着重号.indd 文件”，如图 2-61 所示。

第一章　家装设计师的职业秘密　1

第一章

家装设计师的职业秘密

家装设计是家装的关键，这项工作理所当然由家装设计师来承担。由于家装被社会持续关注，家装设计师这个职业也被人们普遍关注。家装设计师在家装过程中毫无疑问处于龙头地位，他的素质、能力、水平、信誉、职业道德尤其被家装业主和全社会所重视。作为一个专业性很强的职业，其工作方式、内容、收益、职业前景也被愿意投身这个行业的人士普遍关心——

1.1　家装设计师的工作方式和内容

1.1.1　家装设计师的工作方式

家装设计师在家装设计行业执业有很多工作方式，最常见的方式有以下三种：

1. 纯设计

家装设计师单纯地接受业主的设计委托，不涉及项目的施工，收费上只收设计费。

家装设计师经常遇到这样的工作委托，尤其是独立家装设计师、专营设计的家装设计师和知名的家装设计师。这种工作方式要求设计完美、周全，每个细节都要表达清楚。

纯设计项目交付时，设计师要向业主和其委托的施工负责人进行一次综合技术交底，把一切需要说明的问题交代清楚。

事实上，由于家装工程程序复杂，细节繁多，一次交底不可能解决问题，被交底的对象也记不住家装设计师的所有技术交代。因此，在施工阶段，业主和施工人员还会经常来向家装设计师咨询相关设计问题。

纯设计项目由于只收取设计费，所以设计师一般不会到施工现场查看设计的执行情况。也由于这个原因，家装设计师的设计意图常常被曲解，造成设计的走样。最后的施工效果往往不能达到家装设计师的要求。

2. 设计并指导施工

这种工作方式把设计与施工连成一体，能够保障设计的顺利实施，达到设计师的理想效果。

这是家装设计师常常遇到并乐于接受的工作方式，但这种方式对家装设计师的精力牵制很大，家装设计师在施工阶段也要投入相当的时间。因此，在收取设计费的同时，还要向业主收取一笔施工指导费。

3. 家装设计师=项目经理

在家装公司，设计师的地位和作用十分突出。许多家装公司采用“设计师负责制”。这样，家装设计师就成为了项目经理，他不但要负责设计，还要保证设计的实现。预算人员、材料员、施工人员都要服从家装设计师的领导，在工程实施时就不会有扯皮推诿的现象发生，设计效果也能得到完整地实施。这种工作方式现在已被越来越多的家装公司所采用。

独立的家装设计师也有采用这样的方式开展工作的。这时家装设计师等于包工头。有的家装设计师还有自己的施工班子，有配合密切的各路施工人员。当然，这样的工作模式家装设计师承担的责任多了，得到的利益也就大大高于前两种工作方式。

图 2-61　着重号素材

（2）用“文字工具”选择正文的紫色文字，打开【字符】调板，然后单击调板右侧的下拉按钮，在弹出的下拉菜单中选择【着重号】|【着重号】，打开【着重号】对话框，如图 2-62 所示。

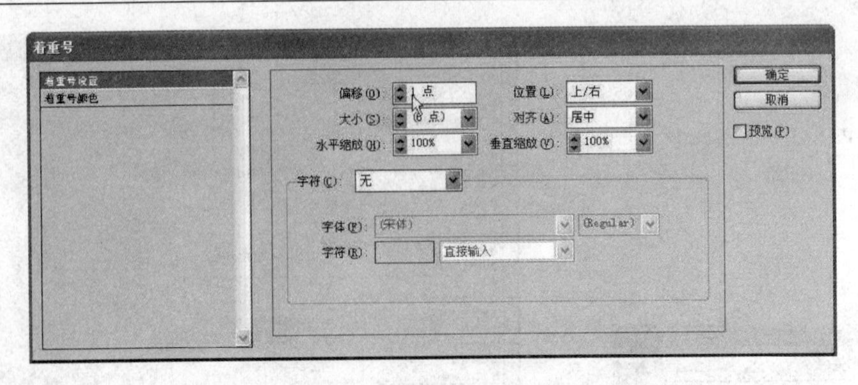

图 2-62 【着重号】对话框

（3）在【字符】下拉列表框中选择“实心小圆点”，然后调整字符的位置、大小、对齐方式。在本例中，设置字符偏移为 1 点、位置下/左，大小为 4 点，对齐为居中，单击【确定】按钮，得到的效果如图 2-63 所示。

（4）着重号设置完毕后，还可以为其添加颜色。单击【着重号】对话框左边的【着重号颜色】，在此调板中可对字符设置颜色和描边。在本例中，设置色调为蓝色（C=100，M=0，Y=0，K=0），描边为品红（C=0，M=100，Y=0，K=0），粗细为 0.1 毫米，如图 2-64 所示。

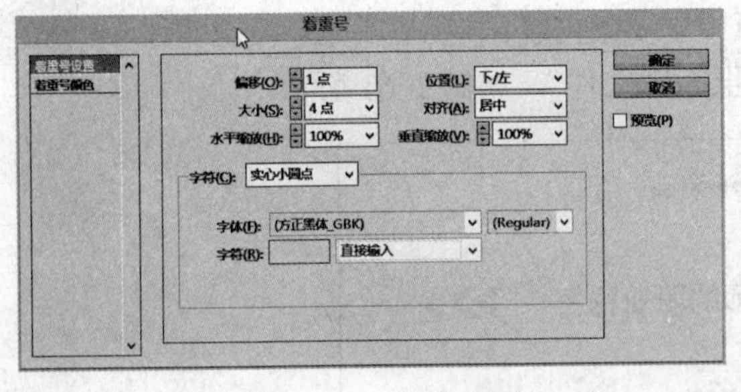

图 2-63　设置着重号

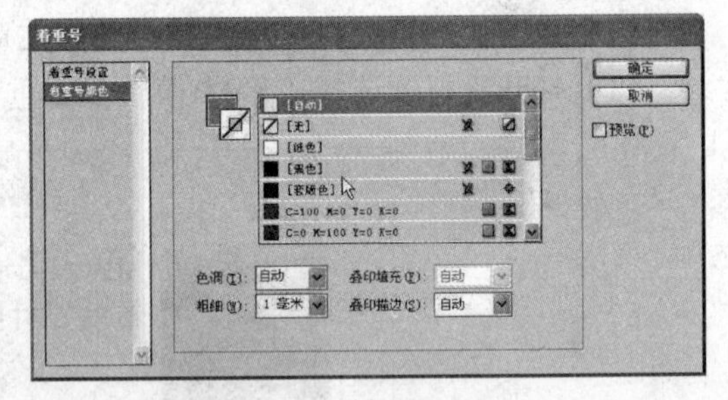

图 2-64　着重号颜色

（5）单击【确定】按钮，最后得到的效果如图 2-65 所示。

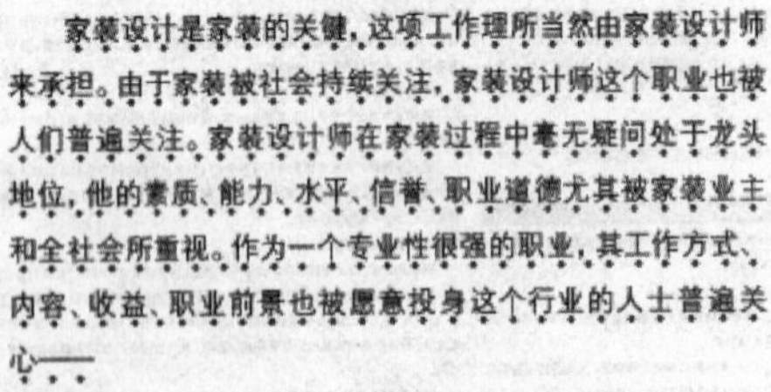

家装设计是家装的关键，这项工作理所当然由家装设计师来承担。由于家装被社会持续关注，家装设计师这个职业也被人们普遍关注。家装设计师在家装过程中毫无疑问处于龙头地位，他的素质、能力、水平、信誉、职业道德尤其被家装业主和全社会所重视。作为一个专业性很强的职业，其工作方式、内容、收益、职业前景也被愿意投身这个行业的人士普遍关心——

图 2-65　设置完成

任务二　学生的个性名片

任务背景

一年级新生入学，大家做一张自己的个性名片互相交流一下吧！

任务要求

本例提供半成品文件，同学们需要输入自己的姓名和联系方式。通过所学内容，练习使用【字符】调板设置文字的字体和字号等操作。

任务素材

任务分析

1. 用【文字工具】拖曳一个文本框，然后输入名字、职位和联系方式。
2. 在【字符】调板中设置文字的字体和字号。名片面积较小，所以在设置字体的时候注意字号不要太大，名字在 8～10 pt 即可，职位和联系方式在 6～8 pt 即可。
3. 在【色板】调板中设置文字的填充颜色。

任务参考效果图

任务三　自学部分

目的

了解【段落】调板各选项的名称及其位置，掌握各功能的使用。

学生预习

1. 了解【段落】调板中有几种对齐方式。
2. 了解【段落】调板有哪些调整段落的功能。
3. 了解【段落】调板有哪些隐藏选项。

学生练习

同学们可以使用素材中模块 3 的素材，练习段落的对齐方式、段前间距、段后间距、首字下沉行数、首字下沉字数和段落线等设置原始素材，如图 2-66 所示。进行段落设置后的效果如图 2-67 所示，可作为同学们练习的参考。

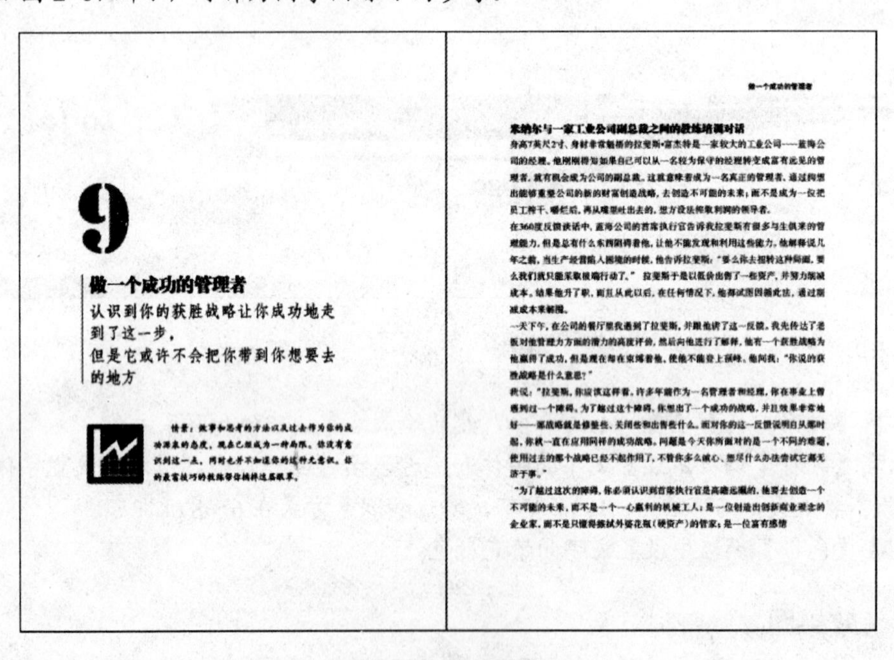

9

做一个成功的管理者

认识到你的获胜战略让你成功地走到了这一步，
但是它或许不会把你带到你想要去的地方

情景：做事和思考的方法以及过去作为你的成功源泉的态度，现在已经成为一种局限。你没有意识到这一点，同时也并不知道你的这种无意识。你的最富技巧的教练帮你揭开这层帐幕。

做一个成功的管理者

来纳尔与一家工业公司副总裁之间的教练培训对话

身高7英尺2寸、身材非常魁梧的拉斐斯·富杰特是一家较大的工业公司——蓝海公司的经理。他刚刚得知如果自己可以从一名较为保守的经理转变成富有远见的管理者，就有机会成为公司的副总裁。这就意味着成为一名真正的管理者，通过构想出能够重塑公司的新的财富创造战略，去创造不可能的未来；而不是成为一位把员工榨干、嚼烂后，再从嘴里吐出去的，想方设法榨取利润的领导者。

在360度反馈谈话中，蓝海公司的首席执行官告诉我拉斐斯有很多与生俱来的管理能力，但是总有什么东西阻碍着他，让他不能发现和利用这些能力。他解释说几年之前，当生产经营陷入困境的时候，他告诉拉斐斯："要么你去扭转这种局面，要么我们就只能采取极端行动了。" 拉斐斯于是以低价出售了一些资产，并努力削减成本。结果他升了职，而且从此以后，在任何情况下，他都试图因循此法，通过削减成本来解围。

一天下午，在公司的餐厅里我遇到了拉斐斯，并跟他讲了这一反馈。我先传达了老板对他管理力方面的潜力的高度评价，然后向他进行了解释，他有一个获胜战略为他赢得了成功，但是现在却在束缚着他，使他不能登上顶峰。他问我："你说的获胜战略是什么意思？"

我说："拉斐斯，你应该这样看，许多年前作为一名管理者和经理，你在事业上曾遇到过一个障碍，为了越过这个障碍，你想出了一个成功的战略，并且效果非常地好——那战略就是修整些、关闭些和出售些什么。面对你的这一反馈说明自从那时起，你就一直在应用同样的成功战略。问题是今天你所面对的是一个不同的难题，使用过去的那个战略已经不起作用了，不管你多么诚心、想尽什么办法尝试它都无济于事。"

"为了越过这次的障碍，你必须认识到首席执行官是高瞻远瞩的，他要去创造一个不可能的未来，而不是一个一心赢利的机械工人；是一位创造出创新商业理念的企业家，而不是只懂得擦拭外婆花瓶（硬资产）的管家；是一位富有感情

图 2-66 原始素材

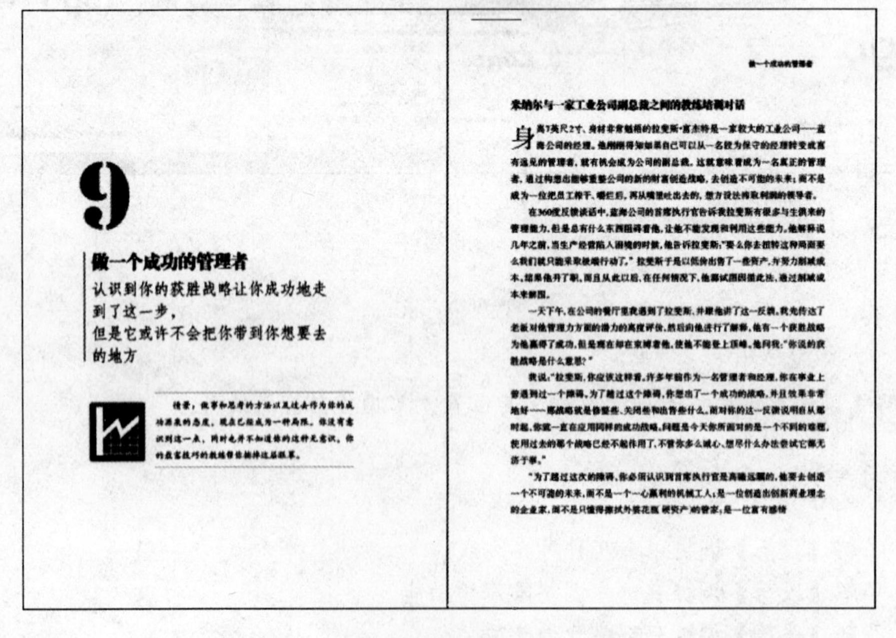

9

做一个成功的管理者

认识到你的获胜战略让你成功地走到了这一步，
但是它或许不会把你带到你想要去的地方

情景：做事和思考的方法以及过去作为你的成功源泉的态度，现在已经成为一种局限。你没有意识到这一点，同时也并不知道你的这种无意识。你的最富技巧的教练帮你揭开这层帐幕。

做一个成功的管理者

来纳尔与一家工业公司副总裁之间的教练培训对话

身高7英尺2寸、身材非常魁梧的拉斐斯·富杰特是一家较大的工业公司——蓝海公司的经理。他刚刚得知如果自己可以从一名较为保守的经理转变成富有远见的管理者，就有机会成为公司的副总裁。这就意味着成为一名真正的管理者，通过构想出能够重塑公司的新的财富创造战略，去创造不可能的未来；而不是成为一位把员工榨干、嚼烂后，再从嘴里吐出去的，想方设法榨取利润的领导者。

在360度反馈谈话中，蓝海公司的首席执行官告诉我拉斐斯有很多与生俱来的管理能力，但是总有什么东西阻碍着他，让他不能发现和利用这些能力。他解释说几年之前，当生产经营陷入困境的时候，他告诉拉斐斯："要么你去扭转这种局面，要么我们就只能采取极端行动了。" 拉斐斯于是以低价出售了一些资产，并努力削减成本。结果他升了职，而且从此以后，在任何情况下，他都试图因循此法，通过削减成本来解围。

一天下午，在公司的餐厅里我遇到了拉斐斯，并跟他讲了这一反馈。我先传达了老板对他管理力方面的潜力的高度评价，然后向他进行了解释，他有一个获胜战略为他赢得了成功，但是现在却在束缚着他，使他不能登上顶峰。他问我："你说的获胜战略是什么意思？"

我说："拉斐斯，你应该这样看，许多年前作为一名管理者和经理，你在事业上曾遇到过一个障碍，为了越过这个障碍，你想出了一个成功的战略，并且效果非常地好——那战略就是修整些、关闭些和出售些什么。面对你的这一反馈说明自从那时起，你就一直在应用同样的成功战略。问题是今天你所面对的是一个不同的难题，使用过去的那个战略已经不起作用了，不管你多么诚心、想尽什么办法尝试它都无济于事。"

"为了越过这次的障碍，你必须认识到首席执行官是高瞻远瞩的，他要去创造一个不可能的未来，而不是一个一心赢利的机械工人；是一位创造出创新商业理念的企业家，而不是只懂得擦拭外婆花瓶（硬资产）的管家；是一位富有感情

图 2-67 设置后效果

模块 3　文字的高级操作

能力目标

1. 能够用首行左缩进、制表符和标点挤压 3 种方法设置段前空白
2. 能够用段落线为段落做简单的装饰效果
3. 能够用段间距做段与段之间的空行效果

知识目标

1. 了解标点挤压和制表符的设置
2. 掌握首行左缩进、段后间距、首字下沉的操作方法
3. 掌握段落线的设置

课时安排

2 课时讲解，2 课时实践

任务一 《做一个成功的管理者》的文字设计

任务背景

某出版社要赶在 2009 年 1 月图书展销会之前出版一本经管类书籍，书稿已排入到 InDesign 内，现需要对文稿的段落进行设置。编辑对美编的要求是行与行之间不要太紧密，减轻读者阅读时的视觉负担，版面要简洁。

任务要求

本例提供半成品文件，同学们需要在已排好的版面文件上设置标题与正文的距离，明确标题与正文的界限，使层次更清晰。每一段落开始处，一般要留两个字大小的段前空白，以明确表明该行文字是一个段落的起始部分。因此，同学们要通过 InDesign 提供的段前设置功能，实现段前空白的效果。最后，还需对某部分段落进行一些装饰设置。

图书成品尺寸为 170 mm × 230 mm，上边距为 35 mm，下边距为 20 mm，内边距为 25 mm，外边距为 20 mm。

任务素材

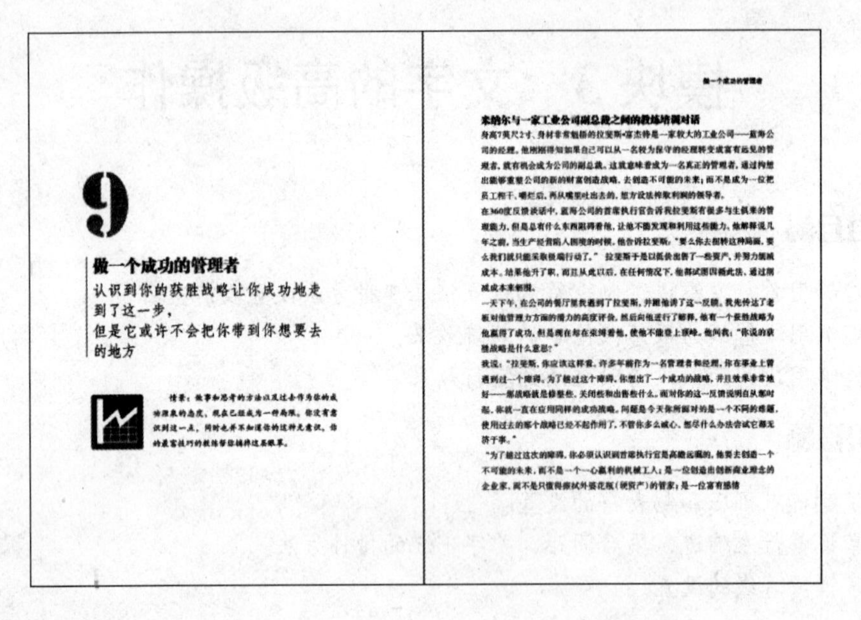

任务参考效果图

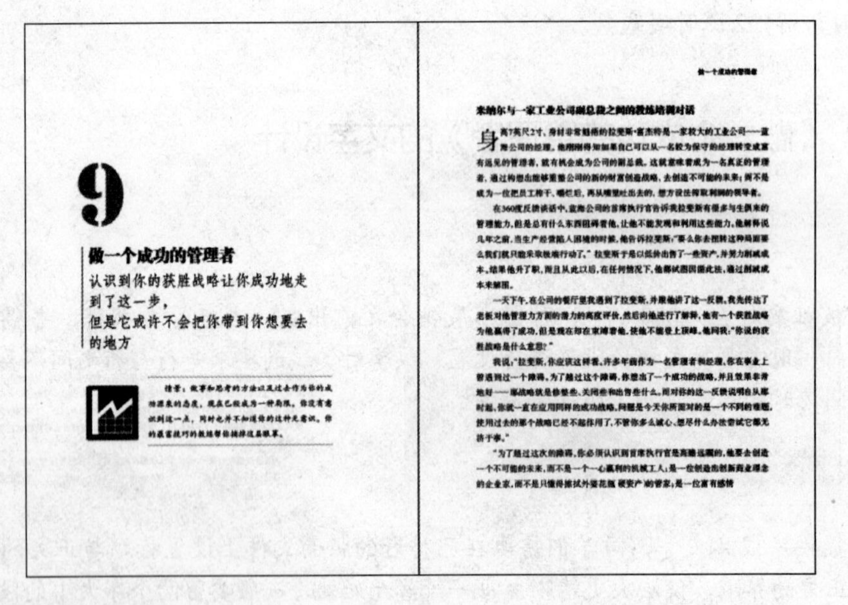

制作步骤分析

1. 使用【段落】调板设置文章的对齐方式、段后间距和首字下沉。

2. 设置文章的段前空格的三种方法分别是：①使用首行左缩进，②使用制表符，③使用标点挤压。

3. 使用【段落线】为某段文字内容设置段落线。

参考制作流程

做一个成功的管理者

认识到你的获胜战略让你成功地走到了这一步，

但是它或许不会把你带到你想要去的地方

⇨

⇨

做一个成功的管理者

认识到你的获胜战略让你成功地走到了这一步，

但是它或许不会把你带到你想要去的地方

来纳尔与一家工业公司副总裁之间的教练培训对话

身高 7 英尺 2 寸、身材非常魁梧的拉斐斯·富杰特是一家较大的工业公司——蓝海公司的经理。他刚刚得知如果自己可以从一名较为保守的经理转变成富有远见的管理者，就有机会成为公司的副总裁。这就意味着成为一名真正的管理者，通过构想出能够重整公司的新的财富创造战略，去创造不可能的未来；而不是成为一位把员工榨干、嚼烂后，再从嘴里吐出去的，想方设法榨取利润的领导者。

在 360 度反馈谈话中，蓝海公司的首席执行官告诉我拉斐斯有很多与生俱来的管理能力，但是总有什么东西阻碍着他，让他不能发现和利用这些能力。他解释说几年之前，当生产经营陷入困境的时候，他告诉拉斐斯："要么你去扭转这种局面，要么我们就只能采取极端行动了。"拉斐斯于是以低价出售了一些资产，并努力削减成本。结果他升了职，而且从此以后，在任何情况下，他都试图因循此法，通过削减成本来解围。

一天下午，在公司的餐厅里我遇到了拉斐斯，并跟他讲了这一反馈。我先传达了老板对他管理力方面的潜力的高度评价，然后向他进行了解释，他有一个获胜战略为他赢得了成功，但是现在却在束缚着他，使他不能登上顶峰。他问我："你说的获胜战略是什么意思？"

我说："拉斐斯，你应该这样看。许多年前作为一名管理者和经理，你在事业上曾遇到过一个障碍。为了越过这个障碍，你想出了一个成功的战略，并且效果非常地好——那战略就是修整些、关闭些和出售些什么。而对你的这一反馈说明自从那时起，你就一直在应用同样的成功战略。问题是今天你所面对的是一个不同的难题，使用过去的那个战略已经不起作用了，不管你多么诚心、想尽什么办法尝试它都无济于事。"

"为了越过这次的障碍，你必须认识到首席执行官是高瞻远瞩的，他要去创造一个不可能的未来，而不是一个一心赢利的机械工人；是一位创造出创新商业理念的企业家，而不是只懂得擦拭外婆花瓶（硬资产）的管家；是一位富有感情

⇨

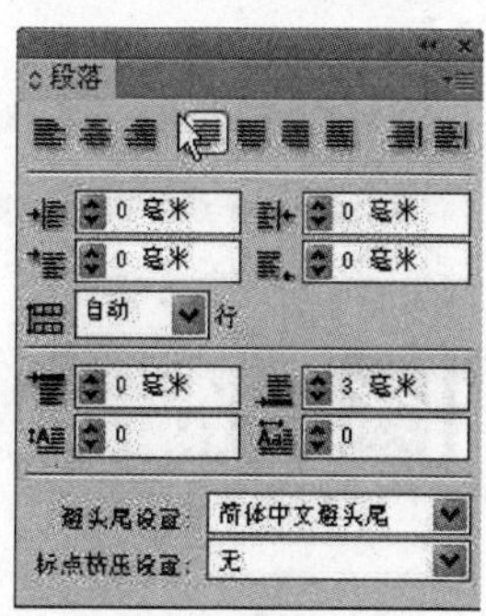

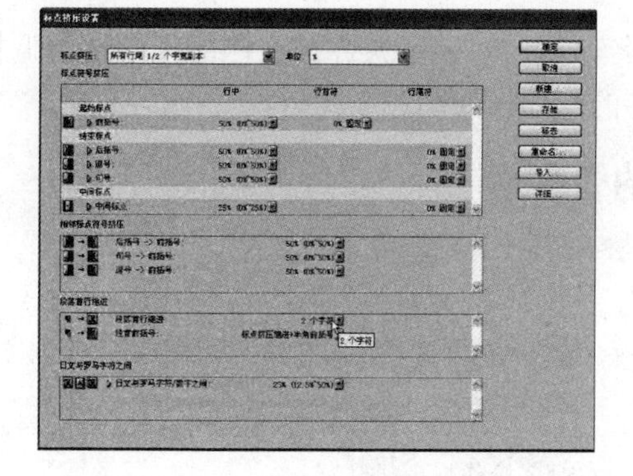

⇨

来纳尔与一家工业公司副总裁之间的教练培训对话

身高7英尺2寸、身材非常魁梧的拉斐斯·富杰特是一家较大的工业公司——蓝海公司的经理。他刚刚得知如果自己可以从一名较为保守的经理转变成富有远见的管理者，就有机会成为公司的副总裁。这就意味着成为一名真正的管理者，通过构想出能够重整公司的新的财富创造战略，去创造不可能的未来；而不是成为一位把员工榨干、嚼烂后，再从嘴里吐出去的，想方设法榨取利润的领导者。

在360度反馈谈话中，蓝海公司的首席执行官告诉我拉斐斯有很多与生俱来的管理能力，但是总有什么东西阻碍着他，让他不能发现和利用这些能力。他解释说几年之前，当生产经营陷入困境的时候，他告诉拉斐斯："要么你去扭转这种局面，要么我们就只能采取极端行动了。"拉斐斯于是以低价出售了一些资产，并努力削减成本。结果他升了职，而且从此以后，在任何情况下，他都试图因循此法，通过削减成本来解围。

一天下午，在公司的餐厅里我遇到了拉斐斯，并跟他讲了这一反馈。我先传达了老板对他管理力方面的潜力的高度评价，然后向他进行了解释，他有一个获胜战略为他赢得了成功，但是现在却在束缚着他，使他不能登上顶峰。他问我："你说的获胜战略是什么意思？"

我说："拉斐斯，你应该这样看。许多年前作为一名管理者和经理，你在事业上曾遇到过一个障碍。为了越过这个障碍，你想出了一个成功的战略，并且效果非常地好——那战略就是修整些、关闭些和出售些什么。而对你的这一反馈说明自从那时起，你就一直在应用同样的成功战略。问题是今天你所面对的是一个不同的难题，使用过去的那个战略已经不起作用了，不管你多么诚心、想尽什么办法尝试它都无济于事。"

"为了越过这次的障碍，你必须认识到首席执行官是高瞻远瞩的，他要去创造一个不可能的未来，而不是一个一心赢利的机械工人；是一位创造出创新商业理念的企业家，而不是只懂得擦拭外婆花瓶（硬资产）的管家；是一位富有感情

情景：做事和思考的方法以及过去作为你的成功源泉的态度，现在已经成为一种局限。你没有意识到这一点，同时也并不知道你的这种无意识。你的最富技巧的教练帮你摘掉这层眼罩。

⇨

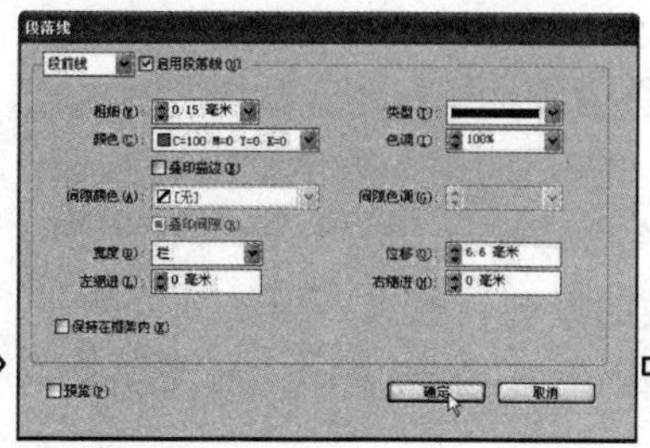

⇨

情景：做事和思考的方法以及过去作为你的成功源泉的态度，现在已经成为一种局限。你没有意识到这一点，同时也并不知道你的这种无意识。你的最富技巧的教练帮你摘掉这层眼罩。

操作步骤详解

1．对齐方式的设置

（1）打开素材，选择“模块 3\纯文字设计.indd”文件，如图 3-1 所示。

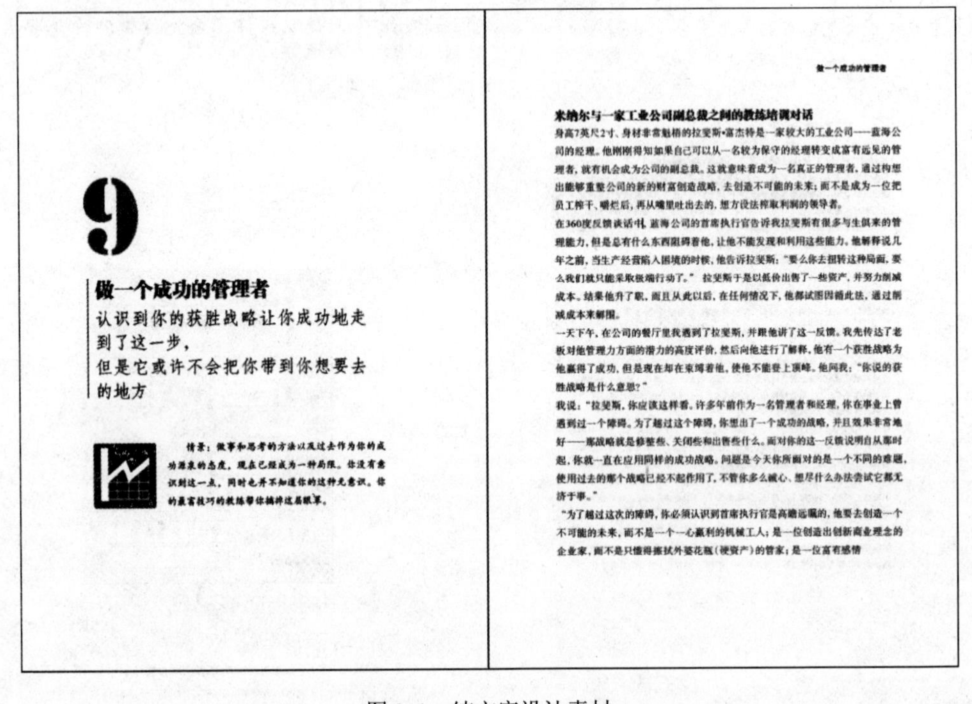

9

做一个成功的管理者

认识到你的获胜战略让你成功地走
到了这一步，
但是它或许不会把你带到你想要去
的地方

情景：做事和思考的方法以及过去作为你的成功源泉的态度，现在已经成为一种局限。你没有意识到这一点，同时也并不知道你的这种无意识。你的最富技巧的教练帮你摘掉这层眼罩。

做一个成功的管理者

来纳尔与一家工业公司副总裁之间的教练培训对话

身高7英尺2寸、身材非常魁梧的拉斐斯•富杰特是一家较大的工业公司——蓝海公司的经理。他刚刚得知如果自己可以从一名较为保守的经理转变成富有远见的管理者，就有机会成为公司的副总裁。这就意味着成为一名真正的管理者，通过构想出能够重整公司的新的财富创造战略，去创造不可能的未来；而不是成为一位把员工榨干、嚼烂后，再从嘴里吐出去的，想方设法榨取利润的领导者。

在360度反馈谈话中，蓝海公司的首席执行官告诉我拉斐斯有很多与生俱来的管理能力，但是总有什么东西阻碍着他，让他不能发现和利用这些能力。他解释说几年之前，当生产经营陷入困境的时候，他告诉拉斐斯：“要么你去扭转这种局面，要么我们就只能采取极端行动了。” 拉斐斯于是以低价出售了一些资产，并努力削减成本。结果他升了职，而且从此以后，在任何情况下，他都试图因循此法，通过削减成本来解围。

一天下午，在公司的餐厅里我遇到了拉斐斯，并跟他讲了这一反馈。我先传达了老板对他管理力方面的潜力的高度评价，然后向他进行了解释，他有一个获胜战略为他赢得了成功，但是现在却在束缚着他，使他不能登上顶峰。他问我：“你说的获胜战略是什么意思？”

我说：“拉斐斯，你应该这样看。许多年前作为一名管理者和经理，你在事业上曾遇到过一个障碍。为了越过这个障碍，你想出了一个成功的战略，并且效果非常地好——那战略就是修整些、关闭些和出售些什么。而对你的这一反馈说明自从那时起，你就一直在应用同样的成功战略。问题是今天你所面对的是一个不同的难题，使用过去的那个战略已经不起作用了，不管你多么诚心、想尽什么办法尝试它都无济于事。”

“为了越过这次的障碍，你必须认识到首席执行官是高瞻远瞩的，他要去创造一个不可能的未来，而不是一个一心赢利的机械工人；是一位创造出创新商业理念的企业家，而不是只懂得擦拭外婆花瓶（硬资产）的管家；是一位富有感情

图 3-1　纯文字设计素材

（2）用“文字工具”选择左页面的章名与其内容，打开界面右侧的【段落】调板，单击“左对齐”按钮，则完成设置文字左对齐的操作，如图 3-2 所示。

做一个成功的管理者

认识到你的获胜战略让你成功地走
到了这一步，
但是它或许不会把你带到你想要去
的地方

图 3-2　左对齐操作

2．段后距的设置

（1）将文字光标插入右页面的标题行中，如图 3-3 所示。

（2）在【段落】调板的“段后间距”数值框中输入“3 毫米”，按回车键，则完成段后间距的设置，得到的效果如图 3-4 所示。

3．首字下沉行数和字数的设置

（1）用“文字工具”选择第一段的段首字，如图 3-5 所示。

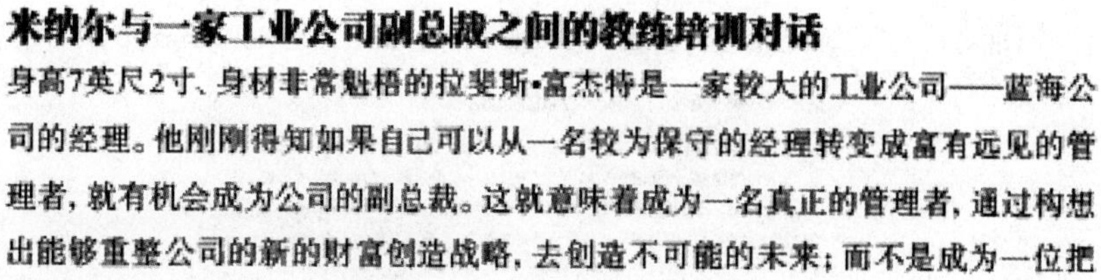

米纳尔与一家工业公司副总裁之间的教练培训对话
身高7英尺2寸、身材非常魁梧的拉斐斯•富杰特是一家较大的工业公司——蓝海公司的经理。他刚刚得知如果自己可以从一名较为保守的经理转变成富有远见的管理者，就有机会成为公司的副总裁。这就意味着成为一名真正的管理者，通过构想出能够重整公司的新的财富创造战略，去创造不可能的未来；而不是成为一位把

图 3-3　插入文字光标

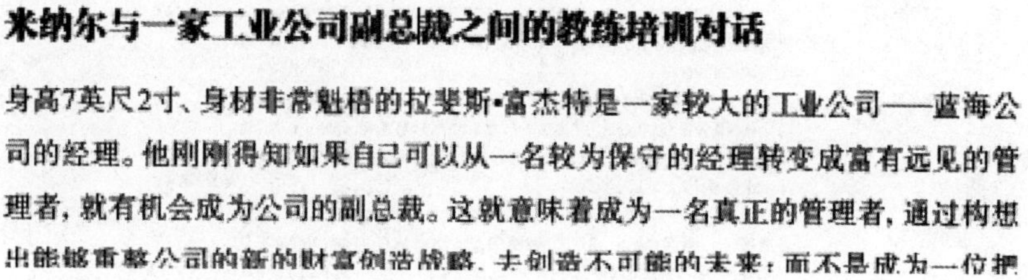

米纳尔与一家工业公司副总裁之间的教练培训对话

身高7英尺2寸、身材非常魁梧的拉斐斯•富杰特是一家较大的工业公司——蓝海公司的经理。他刚刚得知如果自己可以从一名较为保守的经理转变成富有远见的管理者，就有机会成为公司的副总裁。这就意味着成为一名真正的管理者，通过构想出能够重整公司的新的财富创造战略，去创造不可能的未来；而不是成为一位把

图 3-4　段后间距

（2）在【段落】调板的“首字下沉行数”数值框中输入“2”，在“首字下沉字数”数值框中输入“1”，则完成首字下沉的操作，得到的效果如图 3-6 所示。

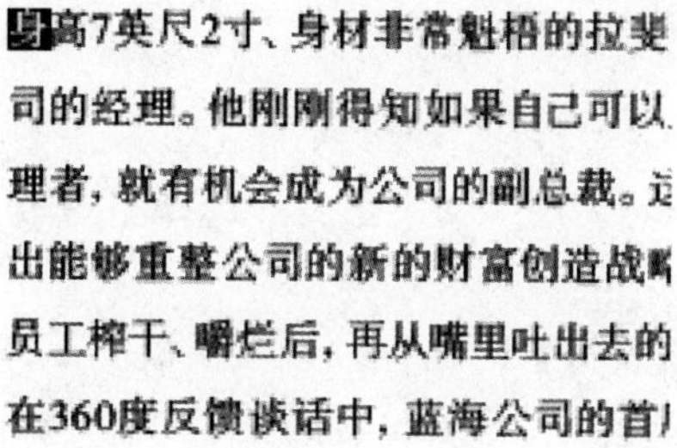

身高7英尺2寸、身材非常魁梧的拉斐
司的经理。他刚刚得知如果自己可以
理者，就有机会成为公司的副总裁。这
出能够重整公司的新的财富创造战略
员工榨干、嚼烂后，再从嘴里吐出去的
在360度反馈谈话中，蓝海公司的首

图 3-5　选择段首字

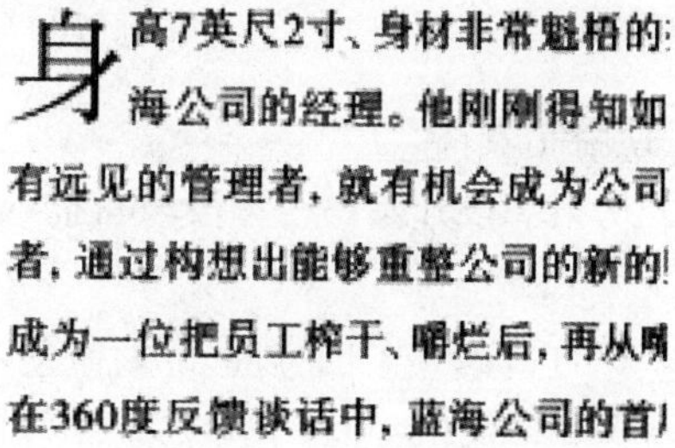

身高7英尺2寸、身材非常魁梧的
海公司的经理。他刚刚得知如
有远见的管理者，就有机会成为公司
者，通过构想出能够重整公司的新的
成为一位把员工榨干、嚼烂后，再从
在360度反馈谈话中，蓝海公司的首

图 3-6　完成首字下沉设置

4．段前空格的设置

设置段前空格有三种方法：①使用首行左缩进，②使用制表符，③使用标点挤压。下面用实例讲解这三种操作方法。

1）使用段首左缩进

（1）将文字光标插入到第二段文字中，然后在【段落】调板的“首行左缩进”数值框中输入缩进的数值，使段前第一个字的左侧与下行第二个字的左侧相对齐为宜，本例设置首行左缩进为 7.5 毫米，得到的效果如图 3-7 所示。

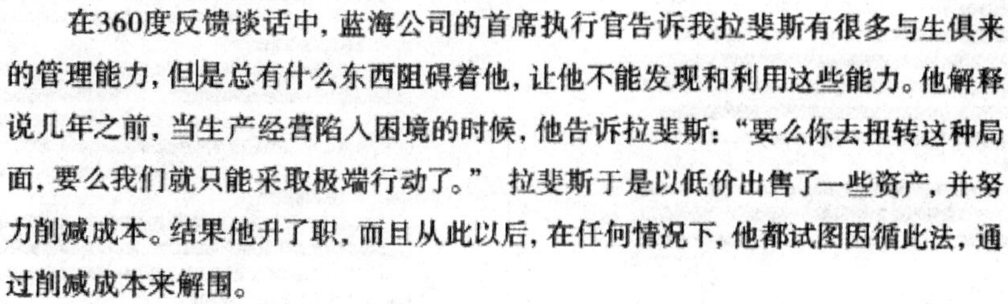

在360度反馈谈话中，蓝海公司的首席执行官告诉我拉斐斯有很多与生俱来的管理能力，但是总有什么东西阻碍着他，让他不能发现和利用这些能力。他解释说几年之前，当生产经营陷入困境的时候，他告诉拉斐斯：“要么你去扭转这种局面，要么我们就只能采取极端行动了。” 拉斐斯于是以低价出售了一些资产，并努力削减成本。结果他升了职，而且从此以后，在任何情况下，他都试图因循此法，通过削减成本来解围。

图 3-7　首行左缩进

（2）其他段落的首行左缩进设置与上一步相同，得到的效果如图 3-8 所示。

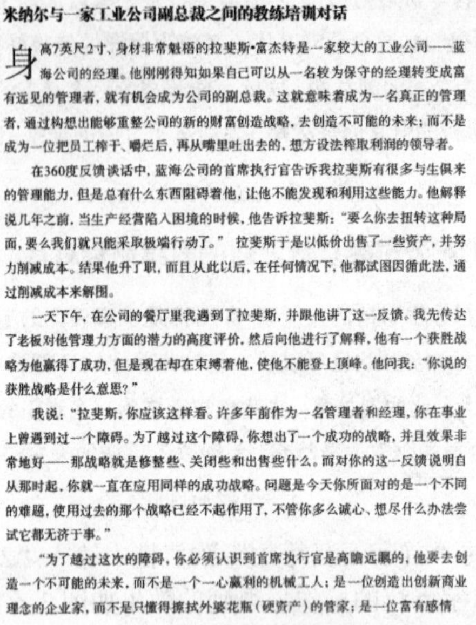

米纳尔与一家工业公司副总裁之间的教练培训对话

身高7英尺2寸、身材非常魅梧的拉斐斯•富杰特是一家较大的工业公司——蓝海公司的经理。他刚刚得知如果自己可以从一名较为保守的经理转变成富有远见的管理者，就有机会成为公司的副总裁。这就意味着成为一名真正的管理者，通过构想出能够重整公司的新的财富创造战略，去创造不可能的未来；而不是成为一位把员工榨干、嚼烂后，再从嘴里吐出去的，想方设法榨取利润的领导者。

在360度反馈谈话中，蓝海公司的首席执行官告诉我拉斐斯有很多与生俱来的管理能力，但是总有什么东西阻碍着他，让他不能发现和利用这些能力。他解释说几年之前，当生产经营陷入困境的时候，他告诉拉斐斯："要么你去扭转这种局面，要么我们就只能采取极端行动了。" 拉斐斯于是以低价出售了一些资产，并努力削减成本。结果他升了职，而且从此以后，在任何情况下，他都试图因循此法，通过削减成本来解困。

一天下午，在公司的餐厅里我遇到了拉斐斯，并跟他讲了这一反馈。我先传达了老板对他管理力方面的潜力的高度评价，然后向他进行了解释，他有一个获胜战略为他赢得了成功，但是现在却在束缚着他，使他不能登上顶峰。他问我："你说的获胜战略是什么意思？"

我说："拉斐斯，你应该这样看。许多年前作为一名管理者和经理，你在事业上曾遇到过一个障碍。为了越过这个障碍，你想出了一个成功的战略，并且效果非常地好——那战略就是修整些、关闭些和出售些什么。而对你的这一反馈说明自从那时起，你就一直在应用同样的成功战略。问题是今天你所面对的是一个不同的难题，使用过去的那个战略已经不起作用了，不管你多么诚心、想尽什么办法尝试它都无济于事。"

"为了越过这次的障碍，你必须认识到首席执行官是高瞻远瞩的，他要去创造一个不可能的未来，而不是一个一心赢利的机械工人；是一位创造出创新商业理念的企业家，而不是只懂得擦拭外婆花瓶（硬资产）的管家；是一位富有感情

图 3-8　其他段落首行左缩进

2）使用制表符

（1）从第二段开始，在每段段首插入 Tab 键，然后用"文字工具"选择图 3-9 所示的文字。

（2）执行【文字】|【制表符】命令，弹出【制表符】对话框。在默认情况下，制表符的对齐方式是左对齐，在定位标尺上单击鼠标左键，使插入了 Tab 键的文字对齐，如图 3-10 所示。

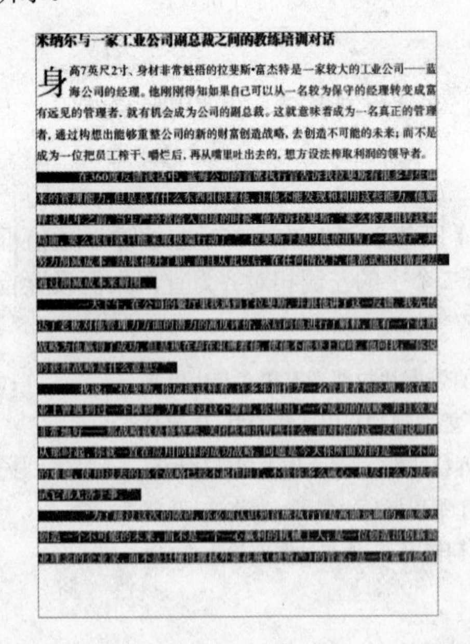

米纳尔与一家工业公司副总裁之间的教练培训对话

身高7英尺2寸、身材非常魅梧的拉斐斯•富杰特是一家较大的工业公司——蓝海公司的经理。他刚刚得知如果自己可以从一名较为保守的经理转变成富有远见的管理者，就有机会成为公司的副总裁。这就意味着成为一名真正的管理者，通过构想出能够重整公司的新的财富创造战略，去创造不可能的未来；而不是成为一位把员工榨干、嚼烂后，再从嘴里吐出去的，想方设法榨取利润的领导者。

图 3-9　选择文字

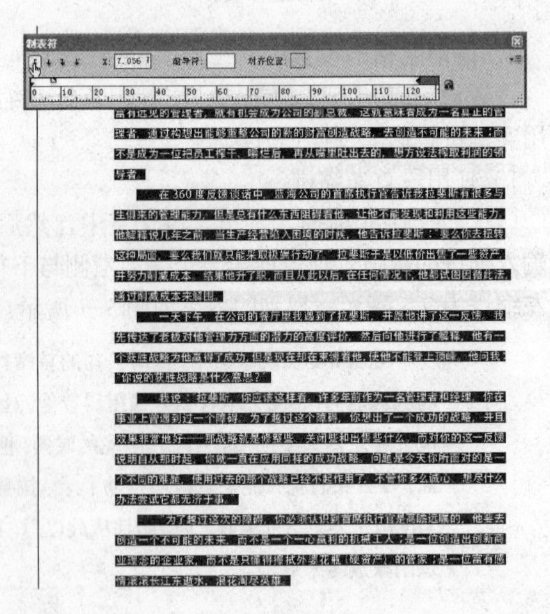

图 3-10　文字对齐

（3）通过调整定位标尺上的对齐图标，使段前文字达到空两个字符的效果，最后得到的效果如图 3-11 所示。

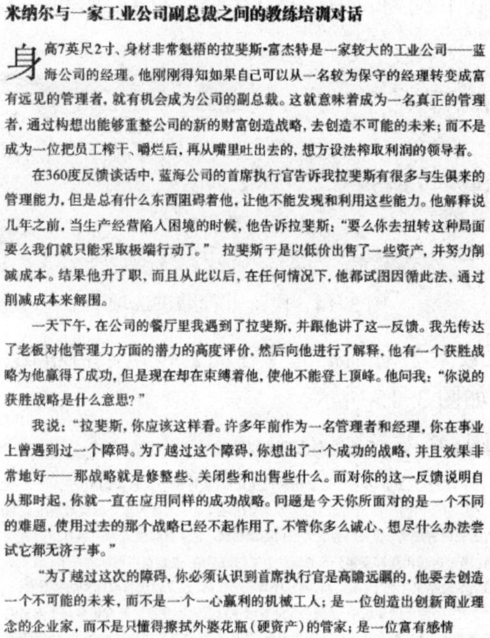

米纳尔与一家工业公司副总裁之间的教练培训对话

身高7英尺2寸、身材非常魁梧的拉斐斯·富杰特是一家较大的工业公司——蓝海公司的经理。他刚刚得知如果自己可以从一名较为保守的经理转变成富有远见的管理者，就有机会成为公司的副总裁。这就意味着成为一名真正的管理者，通过构想出能够重整公司的新的财富创造战略，去创造不可能的未来；而不是成为一位把员工榨干、嚼烂后，再从嘴里吐出去的，想方设法榨取利润的领导者。

在360度反馈谈话中，蓝海公司的首席执行官告诉我拉斐斯有很多与生俱来的管理能力，但是总有什么东西阻碍着他，让他不能发现和利用这些能力。他解释说几年之前，当生产经营陷入困境的时候，他告诉拉斐斯："要么你去扭转这种局面要么我们就只能采取极端行动了。" 拉斐斯于是以低价出售了一些资产，并努力削减成本。结果他升了职，而且从此以后，在任何情况下，他都试图因循此法，通过削减成本来解围。

一天下午，在公司的餐厅里我遇到了拉斐斯，并跟他讲了这一反馈。我先传达了老板对他管理力方面的潜力的高度评价，然后向他进行了解释，他有一个获胜战略为他赢得了成功，但是现在却在束缚着他，使他不能登上顶峰。他问我："你说的获胜战略是什么意思？"

我说："拉斐斯，你应该这样看。许多年前作为一名管理者和经理，你在事业上曾遇到过一个障碍。为了越过这个障碍，你想出了一个成功的战略，并且效果非常地好——那战略就是修整些、关闭些和出售些什么。而对你的这一反馈说明自从那时起，你就一直在应用同样的成功战略。问题是今天你所面对的是一个不同的难题，使用过去的那个战略已经不起作用了，不管你多么诚心、想尽什么办法尝试它都无济于事。"

"为了越过这次的障碍，你必须认识到首席执行官是高瞻远瞩的，他要去创造一个不可能的未来，而不是一个一心赢利的机械工人；是一位创造出创新商业理念的企业家，而不是只懂得擦拭外婆花瓶（硬资产）的管家；是一位富有感情

图 3-11　段前文字空两个字符的效果

3）使用标点挤压

（1）用"文字工具"选择图 3-12 所示的文字。

（2）执行【文字】|【标点挤压设置】|【基本】命令，弹出【标点挤压设置】对话框，单击【新建】按钮，弹出【新建标点挤压集】对话框，在【名称】文本框中输入"段前空格"，在【基于设置】下拉列表框中选择【无】，如图 3-13 所示。

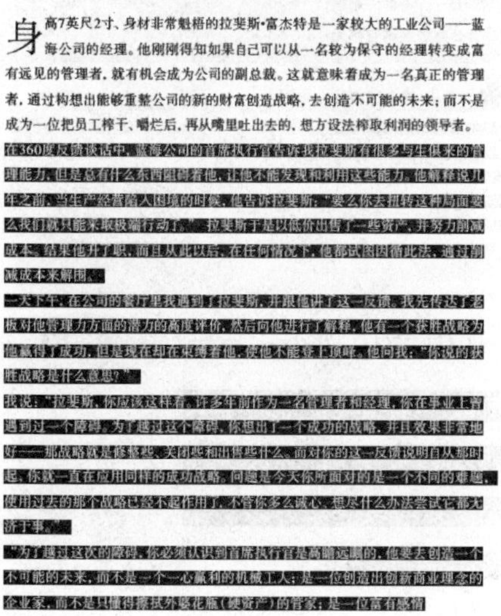

米纳尔与一家工业公司副总裁之间的教练培训对话

身高7英尺2寸、身材非常魁梧的拉斐斯·富杰特是一家较大的工业公司——蓝海公司的经理。他刚刚得知如果自己可以从一名较为保守的经理转变成富有远见的管理者，就有机会成为公司的副总裁。这就意味着成为一名真正的管理者，通过构想出能够重整公司的新的财富创造战略，去创造不可能的未来；而不是成为一位把员工榨干、嚼烂后，再从嘴里吐出去的，想方设法榨取利润的领导者。

图 3-12　选择文字

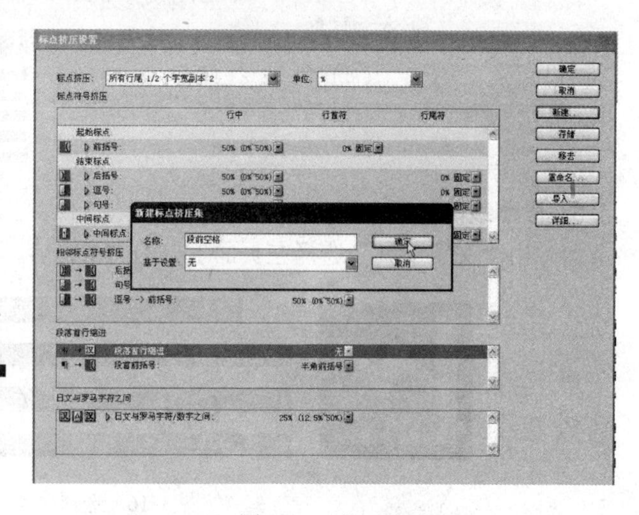

图 3-13　基于设置

（3）单击【确定】按钮，完成标点挤压的新建操作。在【段落首行缩进】复选区中单击【段落首行缩进】选项，使其变为蓝色条，表示当前为选中状态，再单击【无】旁边的下拉按钮，激活该选项，在其下拉列表中选择【2 个字符】，如图 3-14 所示。

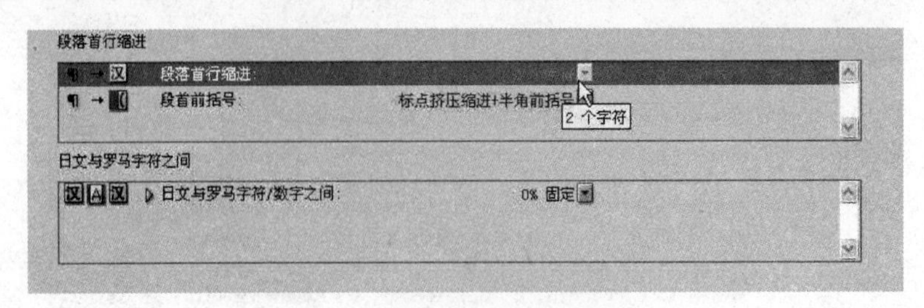

图 3-14　段落首行缩进选项

（4）单击【标点挤压设置】对话框的【存储】按钮，再单击【确定】按钮，完成标点挤压的设置，得到的效果如图 3-15 所示。

米纳尔与一家工业公司副总裁之间的教练培训对话

身高7英尺2寸、身材非常魁梧的拉斐斯•富杰特是一家较大的工业公司——蓝海公司的经理。他刚刚得知如果自己可以从一名较为保守的经理转变成富有远见的管理者，就有机会成为公司的副总裁。这就意味着成为一名真正的管理者，通过构想出能够重整公司的新的财富创造战略，去创造不可能的未来；而不是成为一位把员工榨干、嚼烂后，再从嘴里吐出去的，想方设法榨取利润的领导者。

在360度反馈谈话中，蓝海公司的首席执行官告诉我拉斐斯有很多与生俱来的管理能力，但是总有什么东西阻碍着他，让他不能发现和利用这些能力。他解释说几年之前，当生产经营陷入困境的时候，他告诉拉斐斯："要么你去扭转这种局面要么我们就只能采取极端行动了。" 拉斐斯于是以低价出售了一些资产，并努力削减成本。结果他升了职，而且从此以后，在任何情况下，他都试图因循此法，通过削减成本来解围。

一天下午，在公司的餐厅里我遇到了拉斐斯，并跟他讲了这一反馈。我先传达了老板对他管理力方面的潜力的高度评价，然后向他进行了解释，他有一个获胜战略为他赢得了成功，但是现在却在束缚着他，使他不能登上顶峰。他问我："你说的获胜战略是什么意思？"

我说："拉斐斯，你应该这样看。许多年前作为一名管理者和经理，你在事业上曾遇到过一个障碍。为了越过这个障碍，你想出了一个成功的战略，并且效果非常地好——那战略就是修整些、关闭些和出售些什么。而对你的这一反馈说明自从那时起，你就一直在应用同样的成功战略。问题是今天你所面对的是一个不同的难题，使用过去的那个战略已经不起作用了，不管你多么诚心、想尽什么办法尝试它都无济于事。"

"为了越过这次的障碍，你必须认识到首席执行官是高瞻远瞩的，他要去创造一个不可能的未来，而不是一个一心赢利的机械工人；是一位创造出创新商业理念的企业家，而不是只懂得擦拭外婆花瓶（硬资产）的管家；是一位富有感情

图 3-15　标点挤压设置后的效果

5．段落线的设置

（1）用"文字工具"选择左页面下方的文章内容，如图 3-16 所示。

情景：做事和思考的方法以及过去作为你的成功源泉的态度，现在已经成为一种局限。你没有意识到这一点，同时也并不知道你的这种无意识。你的最富技巧的教练帮你摘掉这层眼罩。

图 3-16　选择内容

（2）单击【段落】调板右侧的下拉按钮，在弹出的下拉菜单中选择【段落线】选项，弹出【段落线】对话框。选中【启用段落线】复选框，激活选项，如图 3-17 所示。

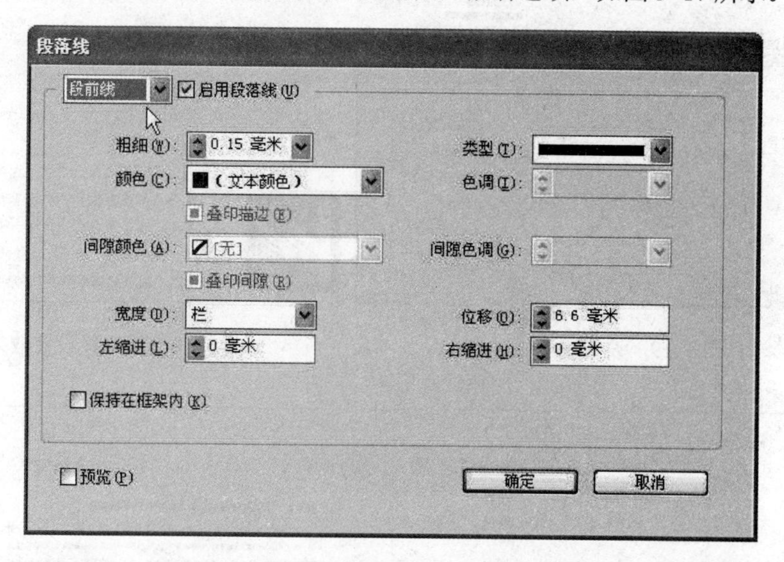

图 3-17 【段落线】对话框

（3）先设置段前线。设置段前线的粗细为“0.15 毫米”，颜色为“C=100，M=0，Y=0，K=0”，宽度为【栏宽】，位移为“6.6 毫米”，如图 3-18 所示。

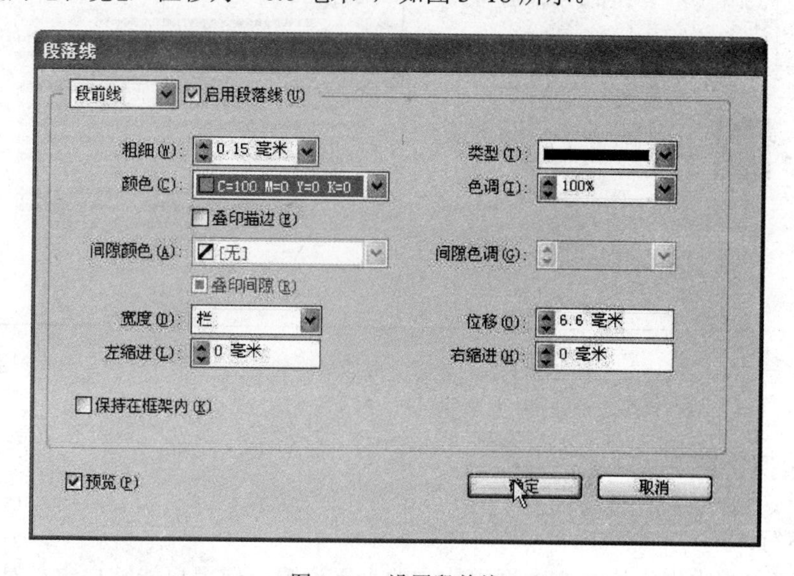

图 3-18　设置段前线

（4）设置段后线。单击【段前线】的下拉按钮，在弹出的下拉列表中选择【段后线】，选中【启用段落线】复选框，激活选项。段后线的粗细为“0.15 毫米”，颜色为“C=100，M=0，Y=0，K=0”，宽度为“栏”，位移为“2.7 毫米”，如图 3-19 所示。

（5）单击【确定】按钮，得到的效果如图 3-20 所示。

（6）《做一个成功管理者》的文字设计制作完毕，最终效果如图 3-21 所示。

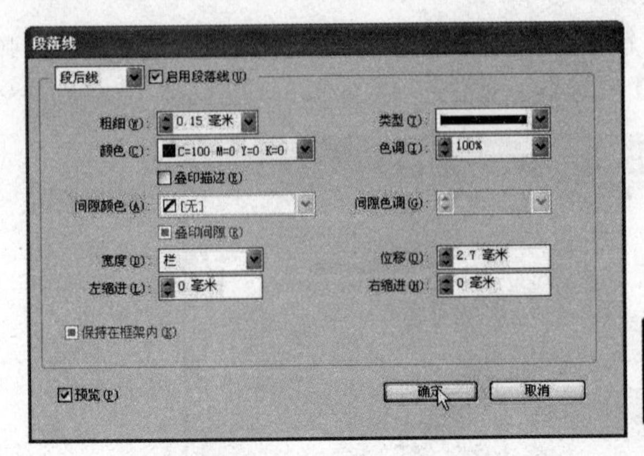

图 3-19　设置段后线

图 3-20　段落线设置效果

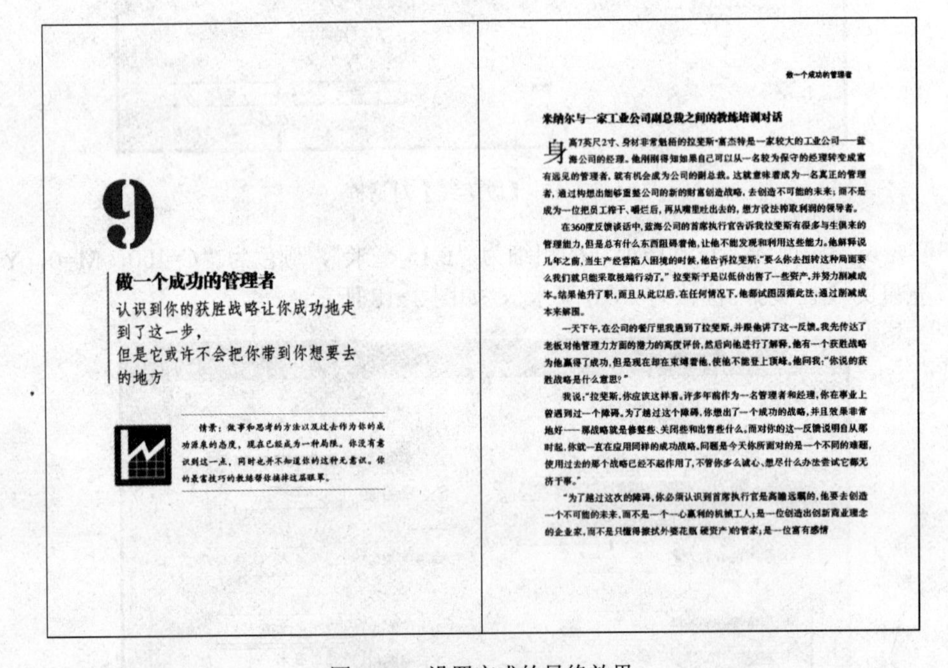

9

做一个成功的管理者

认识到你的获胜战略让你成功地走到了这一步，
但是它或许不会把你带到你想要去的地方

情景：做事和思考的方法以及过去作为你的成功源泉的态度，现在已经成为一种局限。你没有意识到这一点，同时也并不知道你的这种无意识。你的最富技巧的教练帮你摘掉这层眼罩。

做一个成功的管理者

来纳尔与一家工业公司副总裁之间的教练培训对话

身高7英尺2寸、身材非常魁梧的拉斐斯·富杰特是一家较大的工业公司——蓝海公司的经理。他刚刚得知如果自己可以从一名较为保守的经理转变成富有远见的管理者，就有机会成为公司的副总裁。这就意味着成为一名真正的管理者，通过构想出能够重整公司的新的财富创造战略，去创造不可能的未来；而不是成为一位把员工榨干、嚼烂后，再从嘴里吐出去的，想方设法榨取利润的领导者。

在360度反馈谈话中，蓝海公司的首席执行官告诉我拉斐斯有很多与生俱来的管理能力，但是总有什么东西阻碍着他，让他不能发现和利用这些能力。他解释说几年之前，当生产经营陷入困境的时候，他告诉拉斐斯："要么你去扭转这种局面要么我们就只能采取极端行动了。"拉斐斯于是以低价出售了一些资产，并努力削减成本。结果他升了职，而且从此以后，在任何情况下，他都试图因循此法，通过削减成本来解围。

一天下午，在公司的餐厅里我遇到了拉斐斯，并跟他讲了这一反馈。我先传达了老板对他管理力方面的潜力的高度评价，然后向他进行了解释，他有一个获胜战略为他赢得了成功，但是现在却在束缚着他，使他不能登上顶峰。他问我："你说的获胜战略是什么意思？"

我说："拉斐斯，你应该这样看。许多年前作为一名管理者和经理，你在事业上曾遇到过一个障碍。为了越过这个障碍，你想出了一个成功的战略，并且效果非常地好——那战略就是修整些、关闭些和出售些什么。而对你的这一反馈说明自从那时起，你就一直在应用同样的成功战略。问题是今天你所面对的是一个不同的难题，使用过去的那个战略已经不起作用了，不管你多么诚心、想尽什么办法尝试它都无济于事。"

"为了越过这次的障碍，你必须认识到首席执行官是高瞻远瞩的，他要去创造一个不可能的未来，而不是一个一心赢利的机械工人；是一位创造出创新商业理念的企业家，而不是只懂得擦拭外婆花瓶（硬资产）的管家；是一位富有感情

图 3-21　设置完成的最终效果

任务相关知识讲解

1．制表符

制表符可以将文本定位在文本框中特定的水平位置，使用户能够自定义对齐文本。下面介绍制表符调板中各结构名称。

（1）执行【文字】|【制表符】命令，打开【制表符】调板，如图 3-22 所示。

制表符中定位文本的 4 种不同制表符如下。

↓：表示用制表符进行左对齐文本（默认的对齐方式，最常用）。

↓：表示用制表符进行中心对齐文本（常用于标题）。

↓：表示用制表符右对齐文本。

⭣：表示用制表符对齐文本中的特殊符号（常用于大量的数据统计中）。

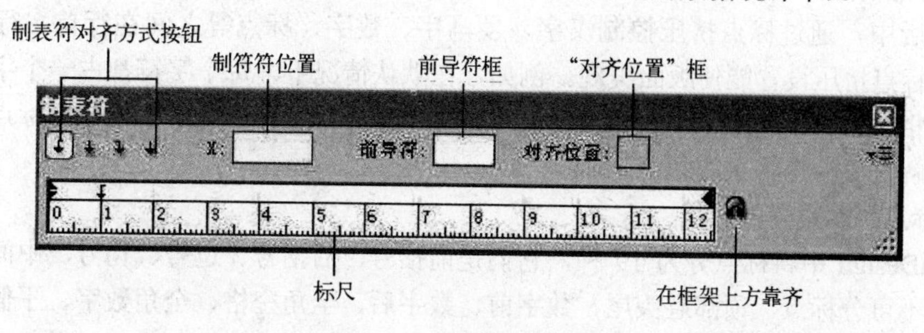

图 3-22 【制表符】调板

（2）制表符的度量单位可通过首选项进行更改。执行【编辑】|【首选项】|【单位和增量】命令，弹出【首选项】对话框。在【标尺单位】复选区的【水平】下拉列表框中选择“厘米”,【垂直】下拉列表框中选择“厘米”，如图 3-23 所示。

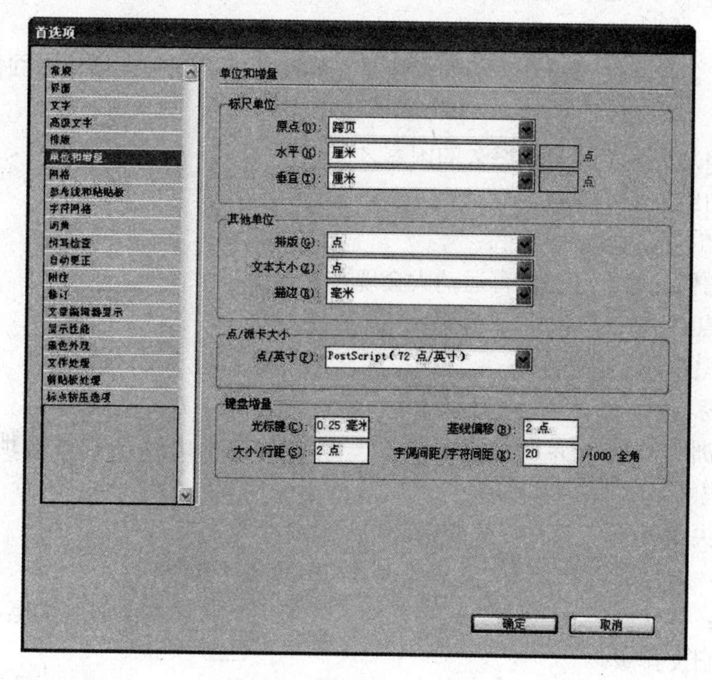

图 3-23 【首选项】对话框

（3）单击【确定】按钮，然后执行【文字】|【制表符】命令，打开【制表符】调板，可以看到“制表符位置”数值框中是以厘米为度量单位的，如图 3-24 所示。

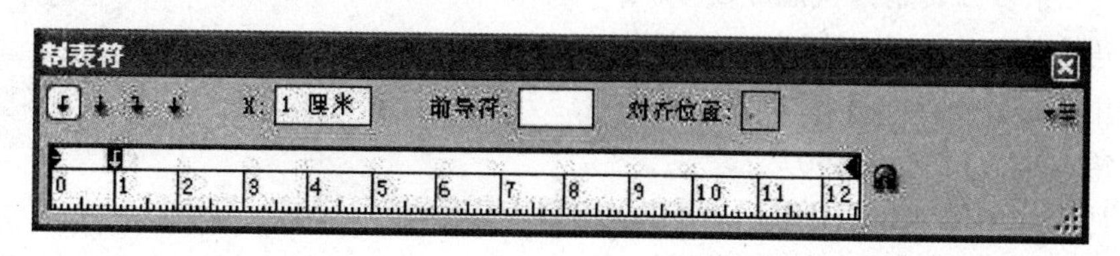

图 3-24　制表符调板

2．标点挤压

在排版中，通过标点挤压控制汉字、罗马字、数字、标点等之间在行首、行中和行末的距离。标点挤压设置能使版面美观。例如，在默认情况下，每个字符都占一个字宽，如果两个标点相遇，它们之间的距离太大会显得稀疏，所以在这种情况下需要使用标点挤压。下面详细讲解有关标点挤压的知识。

1）标点挤压设置的分类

在 InDesign 中将标点分为 19 种，它们是前括号、后括号、逗号、句号、中间标点、句尾标点、不可分标点、顶部避头尾、数字前、数字后、全角空格、全角数字、平假名、片假名、其他、半角数字、罗马字、行首符、段首符。它们分别包括以下内容。

- 前括号：（［{《<‘ “「『【〖

示例：请寄像质优良的彩扩片或彩色反转片（照片请加硬纸衬背，以防折损）。

- 后括号：〗】』」》}］）}’”

示例：海内存知［已］，天涯若比邻。

- 逗号：，

示例：童年的往事，无论是苦涩的，还是充满欢乐的，都是永远值得回忆的。

- 句号：。

示例：中国是世界上历史最悠久的国家之一。

计算所得的结果是 48%。

- 中间标点：· ：；

示例：同志们：第十六届体育运动大会现在开幕。

- 句尾标点：！？

示例：这里的风景多美啊！

- 不可分标点：—— …

示例：亚洲大陆有世界上最高的山系——喜马拉雅山脉，有目前地球上最高的山峰——珠穆朗玛峰。

- 顶部避头尾：|ぁぃぅぇぉっゃゅょゎァィゥェォッャュョヮ
- 平假名：あいうえおかがきぎくぐけげこごさざしじす
- 片假名：アイウエオカガキギクグケゲコゴサザシジス顶部避头尾、平假名和片假名涉及日文排版。
- 数字前：＄￥￡

示例：我买这条裙子花了￥100.9。

- 数字后：‰％℃′″￠

示例：北京多云转晴，气温 5℃-10℃。

- 全角空格：占一个字符宽度的空格
- 全角数字：１２３４５６７８９０
- 半角数字：1234567890
- 罗马字：ABCDEFGHIJKLMNOPQRSTUVWXYZ
- 汉字：亜唖娃阿哀愛挨逢（汉字）
- 行首符：每行出现的第一个字符

● 段首符：每段出现的第一个字符

2）适用于中文排版的4种标点挤压

在中文排版中标点的设置需要遵循一定的排版规则，即标点挤压。根据出版物的不同，标点挤压的设置也不相同。最常用到的标点挤压有 4 种，它们分别是：全角式、开明式、行末半角式、全部半角式。

● **全角式**　又称全身式，在全篇文章中除了两个符号连在一起时（如冒号与引号、句号或逗号与引号、句号或逗号与书名号等），前一符号用半角外，所有符号都用全角，如图 3-25 所示。

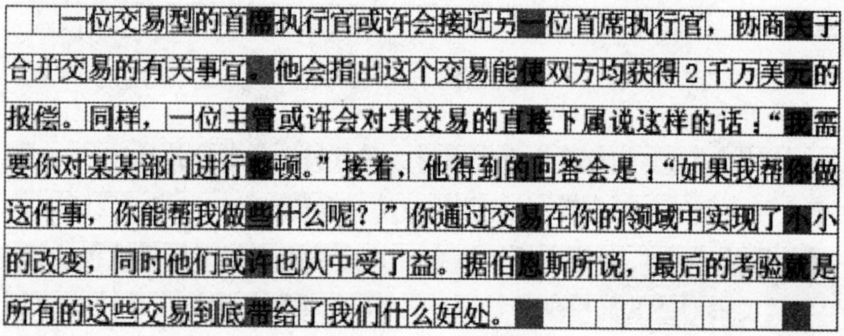

一位交易型的首席执行官或许会接近另一位首席执行官，协商关于
合并交易的有关事宜。他会指出这个交易能使双方均获得2千万美元的
报偿。同样，一位主管或许会对其交易的直接下属说这样的话：“我需
要你对某某部门进行整顿。”接着，他得到的回答会是：“如果我帮你做
这件事，你能帮我做些什么呢？”你通过交易在你的领域中实现了小小
的改变，同时他们或许也从中受了益。据伯恩斯所说，最后的考验就是
所有的这些交易到底带给了我们什么好处。

图 3-25　全角式

● **开明式**　凡表示一句话结束的符号（如句号、问号、叹号、冒号等）用全角外，其他标点符号全部用半角；当多个中文标点靠在一起时，排在前面的标点强制使用半个汉字的宽度，如图 3-26 所示。目前，大多数出版物用此方法。

例如：（这就是我们的办法。）——句号应该占半个汉字宽度。

是吗？——问号应该占半个汉字宽度。

这是不可能的!!!!　——前 3 个叹号应该占半个汉字宽度。

一位交易型的首席执行官或许会接近另一位首席执行官,协商关于
合并交易的有关事宜。他会指出这个交易能使双方均获得2千万美元
的报偿。同样,一位主管或许会对其交易的直接下属说这样的话:“我需
要你对某某部门进行整顿。”接着,他得到的回答会是:“如果我帮你做这
件事,你能帮我做些什么呢?”你通过交易在你的领域中实现了小小的改
变,同时他们或许也从中受了益。据伯恩斯所说,最后的考验就是所有的
这些交易到底带给了我们什么好处。

图 3-26　开明式

● **行末半角式**　这种排法要求凡排在行末的标点符号都用半角，以保证行末版口都在一条直线上，如图 3-27 所示。

● **全部半角式**　全部标点符号（破折号、省略号除外）都用半角，如图 3-28 所示。这种排版多用于信息量大的工具书。

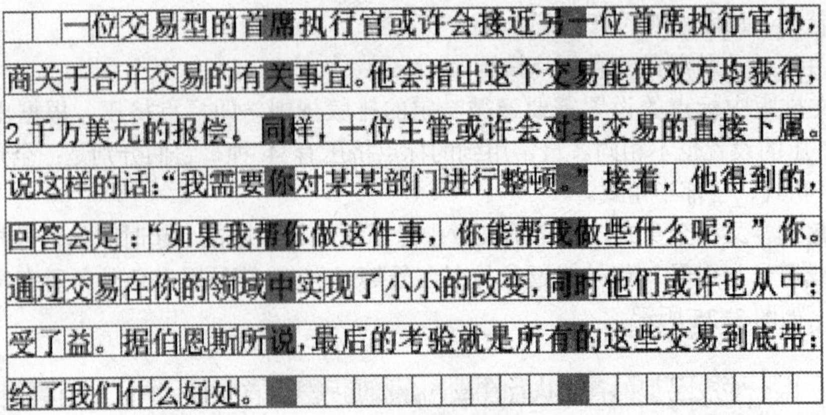

一位交易型的首席执行官或许会接近另一位首席执行官协，
商关于合并交易的有关事宜。他会指出这个交易能使双方均获得，
2千万美元的报偿。同样，一位主管或许会对其交易的直接下属。
说这样的话："我需要你对某某部门进行整顿。"接着，他得到的，
回答会是："如果我帮你做这件事，你能帮我做些什么呢？"你。
通过交易在你的领域中实现了小小的改变，同时他们或许也从中：
受了益。据伯恩斯所说，最后的考验就是所有的这些交易到底带：
给了我们什么好处。

图 3-27 行末半角式

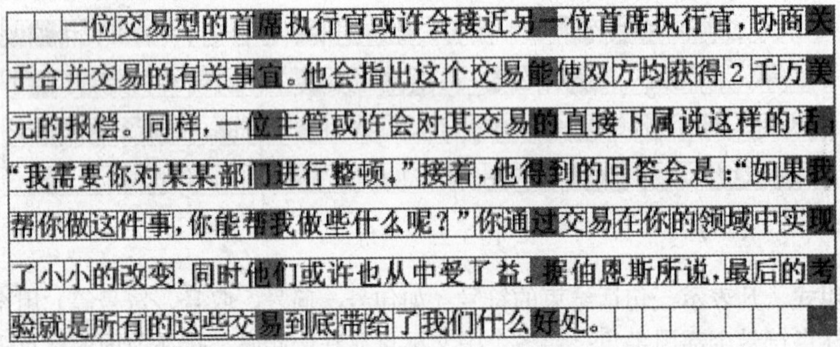

一位交易型的首席执行官或许会接近另一位首席执行官，协商关
于合并交易的有关事宜。他会指出这个交易能使双方均获得2千万美
元的报偿。同样，一位主管或许会对其交易的直接下属说这样的话，
"我需要你对某某部门进行整顿。"接着，他得到的回答会是："如果我
帮你做这件事，你能帮我做些什么呢？"你通过交易在你的领域中实现
了小小的改变，同时他们或许也从中受了益。据伯恩斯所说，最后的考
验就是所有的这些交易到底带给了我们什么好处。

图 3-28 全部半角式

3）标点挤压操作方法

下面以开明式的设置要求为例，讲解标点挤压的设置方法。

（1）打开素材，选择"素材\模块 3\标点挤压 3.indd"文件，如图 3-29 所示。

一群刚被从地中海太阳地下的沙滩上拉到东方战场的德国
兵，站在火车车厢内远眺缓缓移动的大地，突然其中一个惊
呼："我们走错路了，我们经过过这个地方！这里的一切都
是一样的。"边上的军官不动声色地说："俄罗斯不是德
国，俄罗斯大得很，走几天都看不出有什么变化。"这是德
国版电影《斯大林格勒战役》的开篇。两个小时后，电影还
没有结束，而那些士兵中的十有八九都在斯大林格勒的街区
和工厂中被撕得支离破碎。
这就是俄罗斯，地球上最广袤、最坚硬、最寒冷的国度。但
在记者的采访中，俄罗斯却几乎是受访者最难以表达的一个
国家：莫斯科、圣彼得堡，宫殿、博物馆，此外就是上千万
平方公里的空白。在莫斯科红场之外有一个怎样的俄罗斯？
在圣彼得堡东宫夏宫之外是哪个俄罗斯？莫斯科、圣彼得堡
之外，那片向远东伸展的辽阔腹地又是一个怎样的俄罗斯？
1
2
3

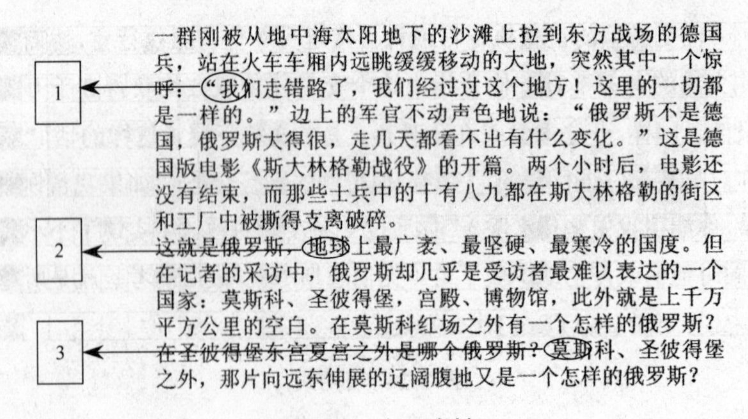

图 3-29 打开素材

图 3-29 所示为没有设置标点挤压前的效果，需要根据标点之间的关系并按照开明式的要求进行调整。本例中将针对三个地方进行设置。

（2）执行【文字】|【标点挤压设置】|【详细】命令，弹出【标点挤压设置】对话框。

单击【新建】按钮，在弹出的【新建标点挤压集】对话框中将【名称】改为“开明式”，在【基于设置】的下拉列表框中选择“无”，如图 3-30 所示。

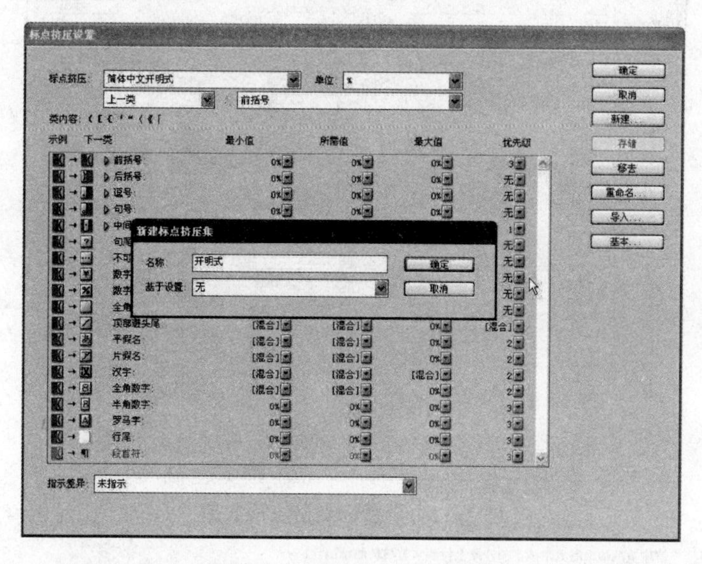

图 3-30　新建标点挤压设置

（3）单击【确定】按钮。设置 1，需要将冒号与前引号的距离缩短。首先调整汉字与冒号的距离，单击【标点挤压】内容的下拉列表框选择【汉字】，然后在【类内容】列表框中单击“中间标点”，如图 3-31 所示。

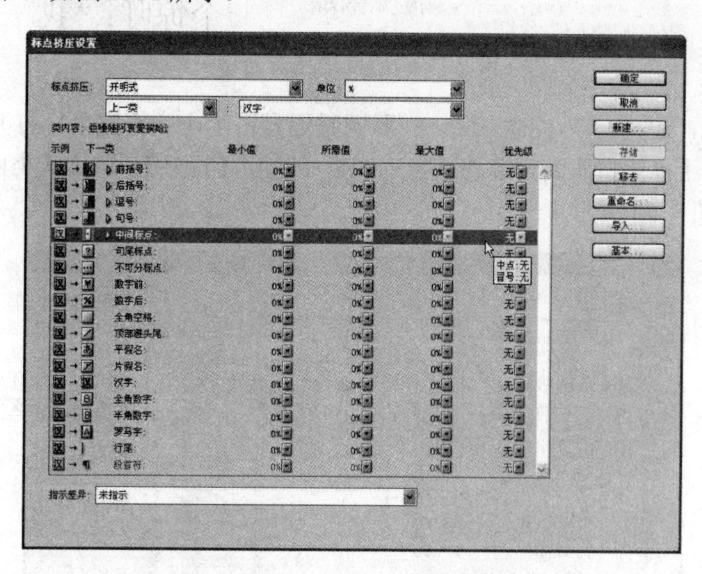

图 3-31　类内容列表框中单击中间标点

（4）单击【最大值】，在数值框中输入“25%”，【所需值】、【最小值】与【最大值】的百分比相同，如图 3-32 所示。

（5）单击【存储】按钮，保存标点挤压的设置。然后单击【确定】按钮，如图 3-33 所示看到通过调整汉字与冒号的距离，使得冒号与前引号的距离正好合适，所以就无需再调整它们之间的距离。

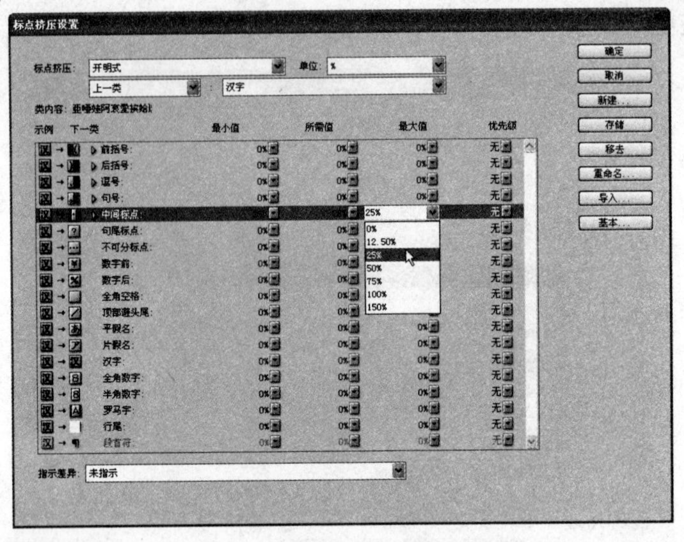

图 3-32 设置标点挤压最大值

一群刚被从地中海太阳地下的沙滩上拉到东方战场的德国兵，站在火车车厢内远眺缓缓移动的大地，突然其中一个惊呼：“我们走错路了，我们经过过这个地方！这里的一切都是一样的。”边上的军官不动声色地说：“俄罗斯不是德国，俄罗斯大得很，走几天都看不出有什么变化。”这是德国版电影《斯大林格勒战役》的开篇。两个小时后，电影还没有结束，而那些士兵中的十有八九都在斯大林格勒的街区和工厂中被撕得支离破碎。
这就是俄罗斯，地球上最广袤、最坚硬、最寒冷的国度。但在记者的采访中，俄罗斯却几乎是受访者最难以表达的一个国家：莫斯科、圣彼得堡，宫殿、博物馆，此外就是上千万平方公里的空白。在莫斯科红场之外有一个怎样的俄罗斯？在圣彼得堡东宫夏宫之外是哪个俄罗斯？莫斯科、圣彼得堡之外，那片向远东伸展的辽阔腹地又是一个怎样的俄罗斯？

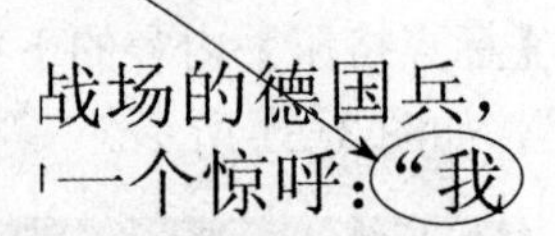

图 3-33 保存标点挤压设置

（6）设置 2，逗号与汉字的关系，需要调整逗号占半个字符宽度。打开【标点挤压设置】对话框，在【标点挤压】内容的下拉列表框中选择【逗号】，单击【类内容】列表框中的“汉字”，如图 3-34 所示。

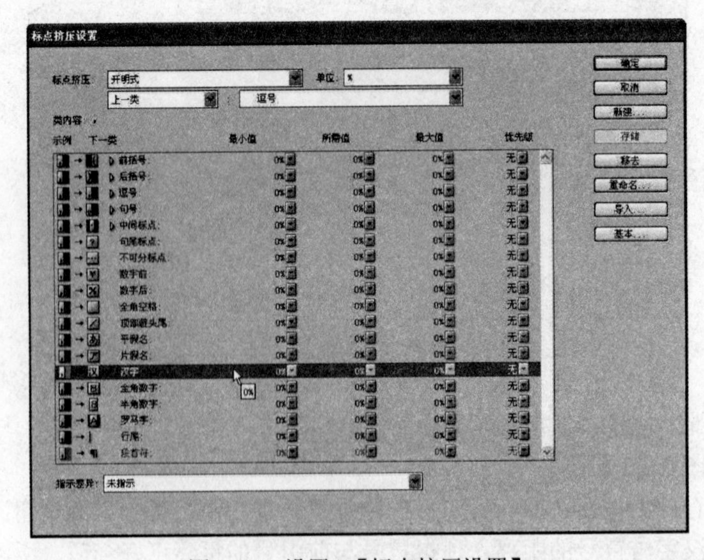

图 3-34 设置 2【标点挤压设置】

（7）单击【最大值】，在数值框中输入“12.5%”，【所需值】、【最小值】与【最大值】的百分比相同，如图 3-35 所示。

标点挤压设置
标点挤压: 开明式
单位: %
上一类
逗号
确定
取消
新建...
存储
移去
重命名...
导入...
基本...
示例
下一类
最小值
所需值
最大值
优先级
汉字
12.5%
0%
12.5%
25%
50%
75%
100%
150%
指示差异: 未指示

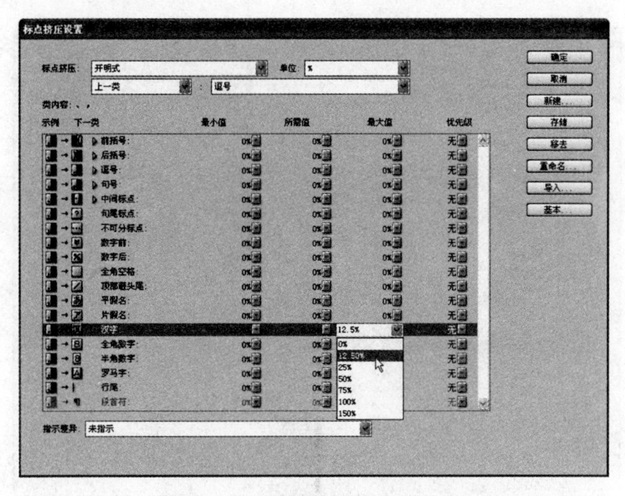

图 3-35　设置标点挤压最大值

（8）单击【存储】按钮，保存标点挤压的设置。然后单击【确定】按钮，如图 3-36 所示。

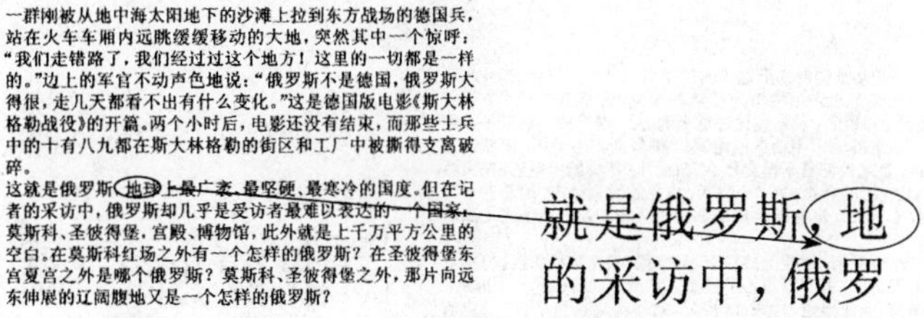

一群刚被从地中海太阳地下的沙滩上拉到东方战场的德国兵，站在火车车厢内远眺缓缓移动的大地，突然其中一个惊呼：“我们走错路了，我们经过过这个地方！这里的一切都是一样的。”边上的军官不动声色地说：“俄罗斯不是德国，俄罗斯大得很，走几天都看不出有什么变化。”这是德国版电影《斯大林格勒战役》的开篇。两个小时后，电影还没有结束，而那些士兵中的十有八九都在斯大林格勒的街区和工厂中被撕得支离破碎。
这就是俄罗斯，地球上最广袤、最坚硬、最寒冷的国度。但在记者的采访中，俄罗斯却几乎是受访者最难以表达的一个国家，莫斯科、圣彼得堡，宫殿、博物馆，此外就是上千万平方公里的空白。在莫斯科红场之外有一个怎样的俄罗斯？在圣彼得堡东宫夏宫之外是哪个俄罗斯？莫斯科、圣彼得堡之外，那片向远东伸展的辽阔腹地又是一个怎样的俄罗斯？
就是俄罗斯，地
的采访中，俄罗

图 3-36　保存标点挤压的设置

（9）设置 3，问号与汉字的关系，需要调整问号占一个字符的宽度。打开【标点挤压设置】对话框，在【标点挤压】内容的下拉列表框中选择【句尾标点】，单击【类内容】列表框中的“汉字”，如图 3-37 所示。

标点挤压设置
标点挤压: 开明式
单位: %
上一类
句尾标点
确定
取消
新建...
存储
移去
重命名...
导入...
基本...
示例
下一类
最小值
所需值
最大值
优先级
汉字
指示差异: 未指示

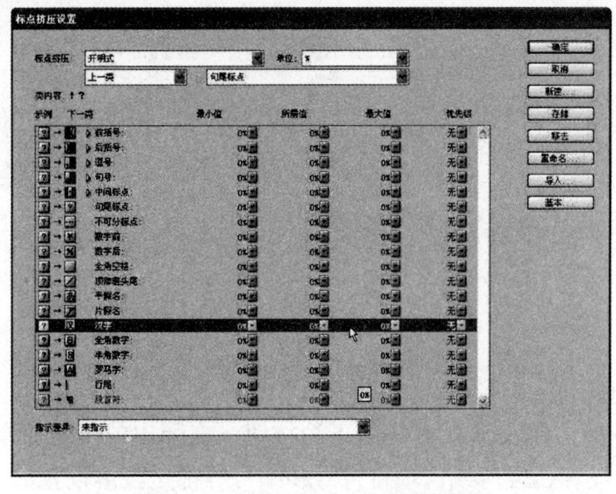

图 3-37　设置 3【标点挤压设置】

（10）单击【最大值】，在数值框中输入“50%”，【所需值】、【最小值】与【最大值】的百分比相同，如图 3-38 所示。

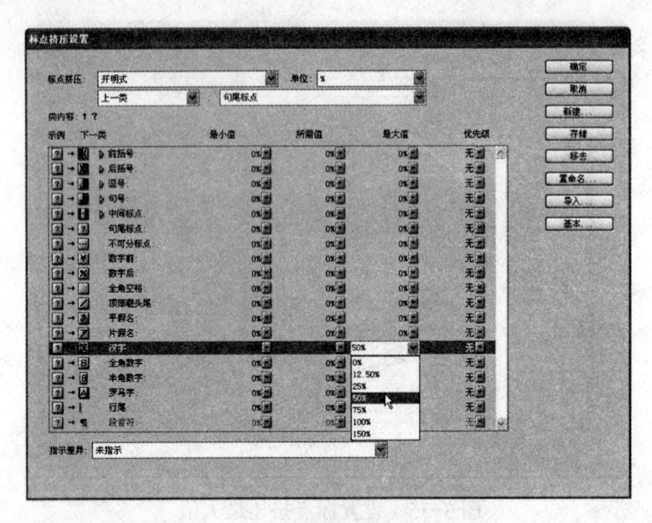

图 3-38 设置标点挤压最大值

（11）单击【存储】按钮，保存标点挤压的设置。然后单击【确定】按钮，如图 3-39 所示。

一群刚被从地中海太阳地下的沙滩上拉到东方战场的德国兵，站在火车车厢内远眺缓缓移动的大地，突然其中一个惊呼：“我们走错路了，我们经过过这个地方！这里的一切都是一样的。”边上的军官不动声色地说：“俄罗斯不是德国，俄罗斯大得很，走几天都看不出有什么变化。”这是德国版电影《斯大林格勒战役》的开篇。两个小时后，电影还没有结束，而那些士兵中的十有八九都在斯大林格勒的街区和工厂中被撕得支离破碎。
这就是俄罗斯，地球上最广袤、最坚硬、最寒冷的国度。但在记者的采访中，俄罗斯却几乎是受访者最难以表达的一个国家：莫斯科、圣彼得堡，宫殿、博物馆，此外就是上千万平方公里的空白。在莫斯科红场之外有一个怎样的俄罗斯？在圣彼得堡东宫夏宫之外是哪个俄罗斯？莫斯科、圣彼得堡之外，那片向远东伸展的辽阔腹地又是一个怎样的俄罗斯？

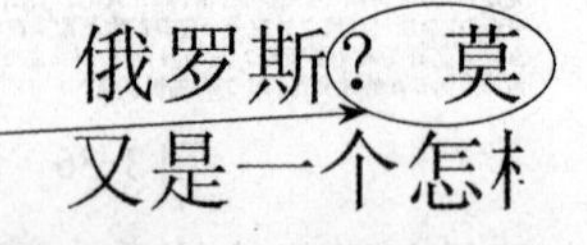

图 3-39 保存标点挤压的设置

（12）根据开明式的要求调整其他标点的距离，最后得到的效果如图 3-40 所示。

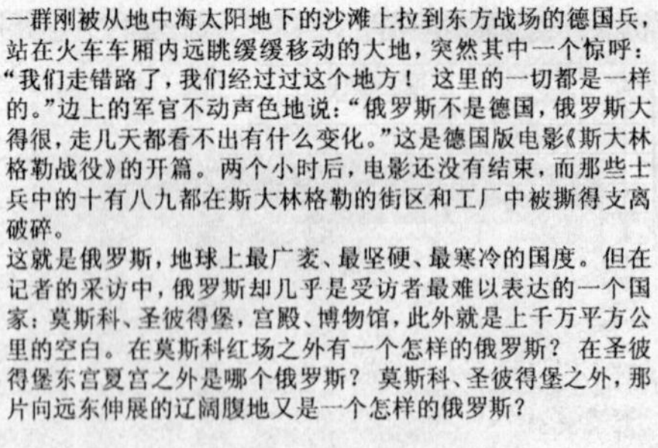

一群刚被从地中海太阳地下的沙滩上拉到东方战场的德国兵，站在火车车厢内远眺缓缓移动的大地，突然其中一个惊呼：“我们走错路了，我们经过过这个地方！这里的一切都是一样的。”边上的军官不动声色地说：“俄罗斯不是德国，俄罗斯大得很，走几天都看不出有什么变化。”这是德国版电影《斯大林格勒战役》的开篇。两个小时后，电影还没有结束，而那些士兵中的十有八九都在斯大林格勒的街区和工厂中被撕得支离破碎。
这就是俄罗斯，地球上最广袤、最坚硬、最寒冷的国度。但在记者的采访中，俄罗斯却几乎是受访者最难以表达的一个国家：莫斯科、圣彼得堡，宫殿、博物馆，此外就是上千万平方公里的空白。在莫斯科红场之外有一个怎样的俄罗斯？在圣彼得堡东宫夏宫之外是哪个俄罗斯？莫斯科、圣彼得堡之外，那片向远东伸展的辽阔腹地又是一个怎样的俄罗斯？

图 3-40 标点挤压后得到的效果

3．其他常用选项

打开【段落】调板，单击调板右侧的下拉按钮，在弹出的下拉菜单中是【段落】调板的隐藏选项，避头尾设置、段落线、项目符号和编号等都是段落设置的常用选项，下面进行详细讲解。

1）避头尾设置

避头尾用于指定亚洲文本的换行方式。不能出现在行首或行尾的字符称为避头尾字符。对于日文文本，可以使用日文严格避头尾集和日文宽松避头尾集。日文宽松避头尾设置会忽略长音符号和平假名小字符，既可以使用现有的避头尾集，也可以添加或删除避头尾字符，创建新集。中文版和韩文版包含特殊的避头尾集。

（1）为段落选择避头尾设置

① 选择一个段落，如图 3-41 所示。

② 在【段落】调板中，在【避头尾设置】下拉列表中选择“简体中文避头尾”，则完成避头尾设置，如图 3-42 所示。

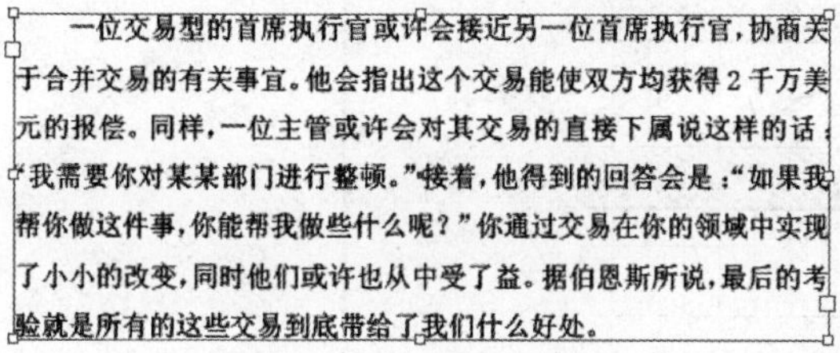

一位交易型的首席执行官或许会接近另一位首席执行官，协商关于合并交易的有关事宜。他会指出这个交易能使双方均获得 2 千万美元的报偿。同样，一位主管或许会对其交易的直接下属说这样的话：“我需要你对某某部门进行整顿。”接着，他得到的回答会是：“如果我帮你做这件事，你能帮我做些什么呢？”你通过交易在你的领域中实现了小小的改变，同时他们或许也从中受了益。据伯恩斯所说，最后的考验就是所有的这些交易到底带给了我们什么好处。

图 3-41　选择一个段落

段落
0 毫米
自动
行
避头尾设置：简体中文避头尾
标点挤压设置：简体中文开明式

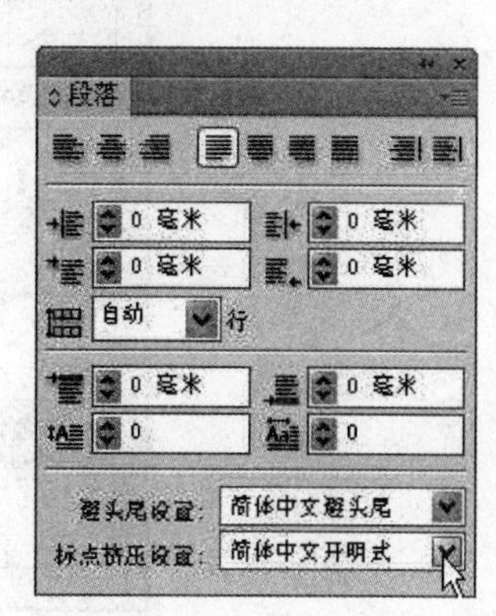

图 3-42　避头尾设置

（2）创建新的避头尾集

① 执行【文字】|【避头尾设置】命令，弹出【避头尾设置】对话框，单击【新建】按钮，弹出【新建避头尾规则集】对话框，在【名称】文本框中输入该避头尾集的名称，在【基于】下拉列表框中选择基于的对象，如图 3-43 所示。

避头尾规则集
避头尾设置：简体中文避头尾
确定
取消
新建...
存储
删除集
字符：
字符输入
添加
禁止在行首的字符
新建避头尾规则集
名称：01
基于：简体中文避头尾
确定
取消
悬挂标点
禁止分开的字符

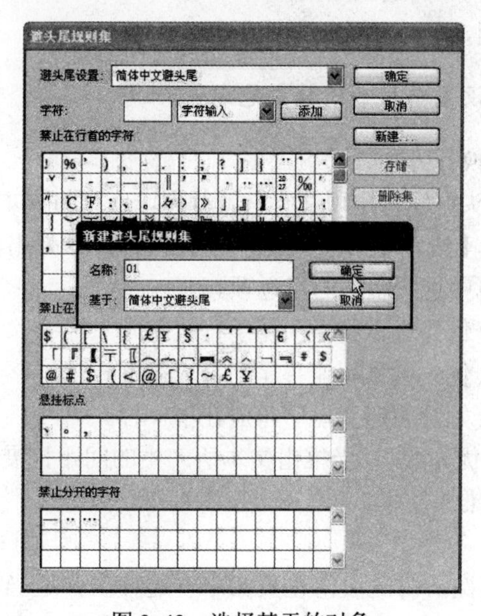

图 3-43　选择基于的对象

② 单击【确定】按钮，要在某一栏中添加字符，可以选择该栏，在【添加字符】按钮框中输入字符，然后单击【添加】按钮，以插入列表框中，如图 3-44 所示。

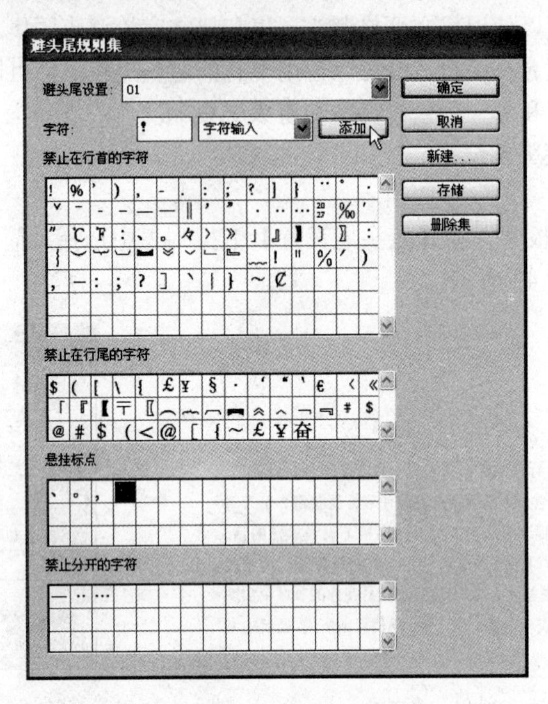

图 3-44 添加新的字符

③ 添加完后单击【确定】按钮，则完成创建新避头尾集的操作。

（3）删除避头尾集

① 执行【文字】|【避头尾设置】命令，弹出【避头尾设置】对话框，在【避头尾设置】下拉列表中选择需要删除的避头尾集。

② 单击【删除】按钮，即可删除该避头尾集。

注：不能删除避头尾设置中自带的避头尾集。

（4）指定避头尾集的换行方式

可以确定为了避免避头尾字符出现在行首或行尾，应当将文本推入还是推出。

选择一段文字，单击【段落】调板右侧的下拉按钮，在弹出的下拉菜单中选择【避头尾间断类型】，在其子菜单中选择以下一个选项。

若选择“先推入”，会优先尝试将避头尾字符放在同一行中。

若选择“先推出”，会优先尝试将避头尾字符放在下一行。

若选择“只推出”，会始终将避头尾字符放在下一行。

若选择“确定调整量优先级”，当推出文本所产生的间距扩展量大于推入文本所产生的字符间距压缩量时，就会推入文本。

2）段落线

段落线是一种段落属性，可随段落在页面中一起移动并适当调节长短。如果在文档的标题中用到了段落线，可以将段落线作为段落样式的一部分。段落线的宽度由栏宽决定。

下面主要介绍段落线的另一种用法，即用段落线的粗细，为段落中的标题添加上颜色块的效果。

段前线位移是指从文本顶行的基线到段前线的底部的距离。段后线位移是指从文本末行的基线到段后线的顶部的距离。

（1）用“文字工具”选择需要设置的标题，然后单击【段落】调板右侧的下拉按钮，在弹出的下拉菜单中选择【段落线】，弹出【段落线】对话框，如图3-45所示。

段落线
段前线
启用段落线(U)
粗细(W): 0.25 毫米
类型(T):
颜色(C): (文本颜色)
色调(I):
叠印描边(E)
间隙颜色(A): [无]
间隙色调(G):
叠印间隙(R)
宽度(D): 栏
位移(O): 0 毫米
左缩进(L): 0 毫米
右缩进(H): 0 毫米
保持在框架内(K)
预览(P)
确定
取消

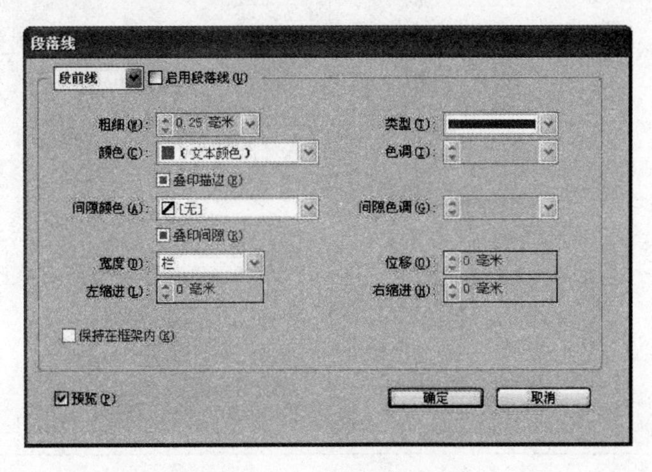

图3-45　【段落线】对话框

（2）然后选中【启用段落线】复选框，开始对段落线进行类型、粗细、颜色、宽度和位移等设置。在本例中设置粗细为“6 毫米”、类型为“实底”、颜色为“C=100，M=0，Y=0，K=0 蓝色”、宽度为“文本”、位移为“−0.5 毫米”，如图3-46所示。

（3）单击【确定】按钮，得到的效果如图3-47所示。

段落线
段前线
启用段落线(U)
粗细(W): 6 毫米
类型(T):
颜色(C): C=100 M=0 Y=0 K=0
色调(I): 100%
叠印描边(E)
间隙颜色(A): [无]
间隙色调(G):
叠印间隙(R)
宽度(D): 文本
位移(O): -0.5 毫米
左缩进(L): 0 毫米
右缩进(H): 0 毫米
保持在框架内(K)
预览(P)
确定
取消

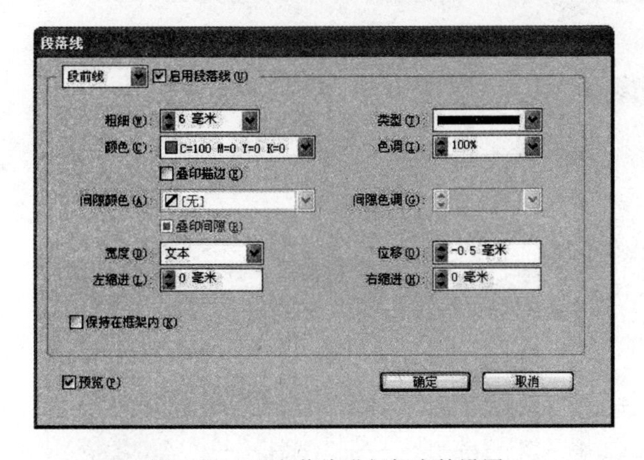

图3-46　对段落线进行相应的设置

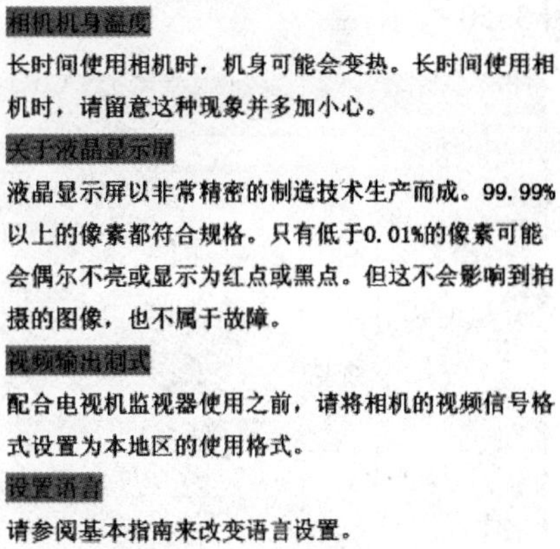

相机机身温度
长时间使用相机时，机身可能会变热。长时间使用相机时，请留意这种现象并多加小心。
关于液晶显示屏
液晶显示屏以非常精密的制造技术生产而成。99.99%以上的像素都符合规格。只有低于0.01%的像素可能会偶尔不亮或显示为红点或黑点。但这不会影响到拍摄的图像，也不属于故障。
视频输出制式
配合电视机监视器使用之前，请将相机的视频信号格式设置为本地区的使用格式。
设置语言
请参阅基本指南来改变语言设置。

图3-47　得到的效果

3）项目符号和编号

在排版重要内容或需要重点突出几段文字时，使用项目符号和编号功能可以完成。设置项目符号的操作步骤如下。

（1）用“文字工具”选择需要设置项目符号的段落，如图3-48所示。

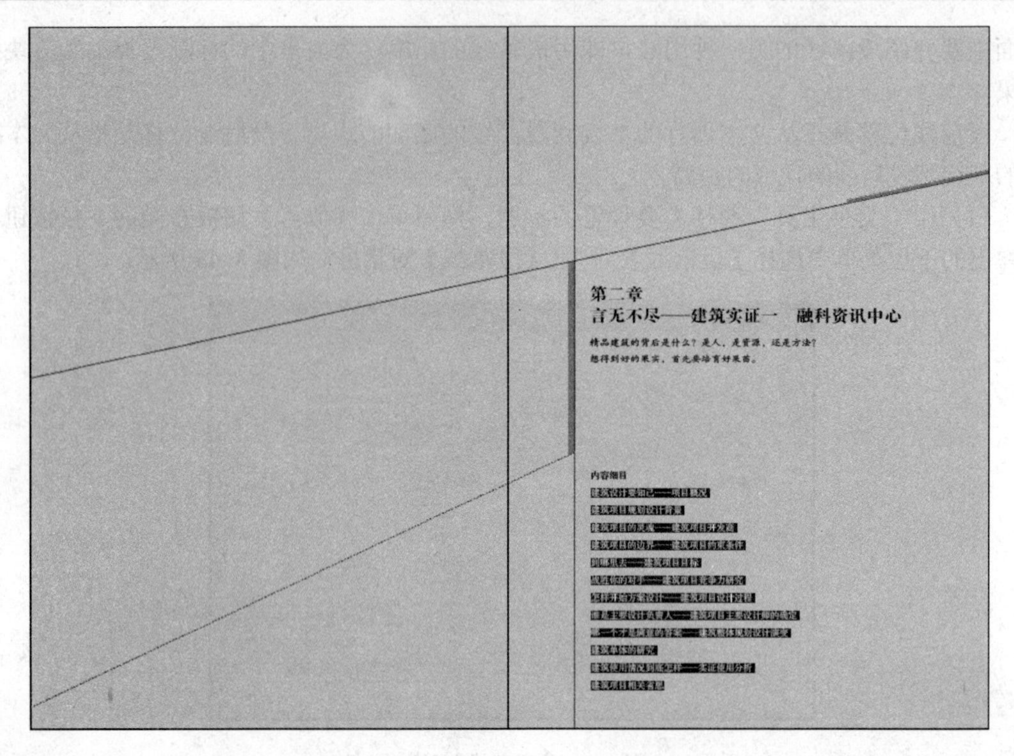

图 3-48　选择需要设置项目符号的段落

（2）单击【段落】调板右侧的下拉按钮，在弹出的下拉菜单中选择【项目符号和编号】，弹出【项目符号和编号】对话框，如图 3-49 所示。

（3）在【列表类型】下拉列表中选择“项目符号”，单击【添加】按钮，在弹出的【添加项目符号】对话框中选择“●”，在【字体系列】下拉列表中选择“方正宋三_GBK”，如图 3-50 所示。

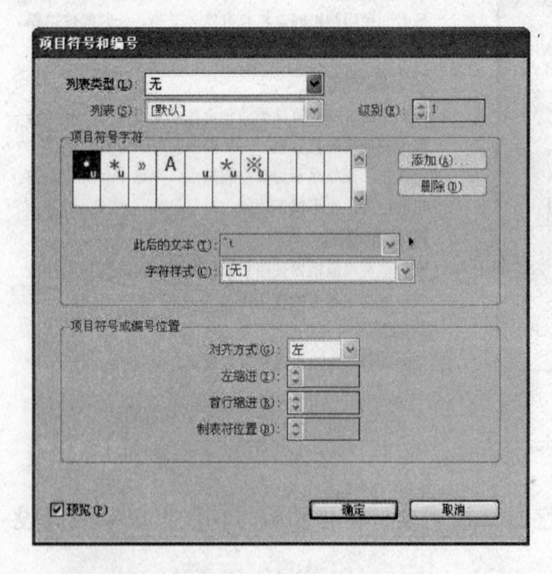

图 3-49 【项目符号和编号】对话框（1）

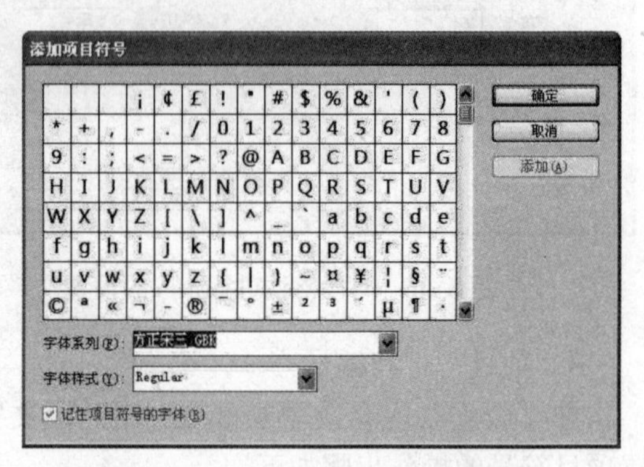

图 3-50 【添加项目符号】调板

（4）单击【确定】按钮，返回【项目符号和编号】对话框。在【项目符号字符】列表框中选择“●”，【对齐方式】为“左”，【左缩进】为“3.5 毫米”、首行缩进为“-3.5 毫米”，如图 3-51 所示。

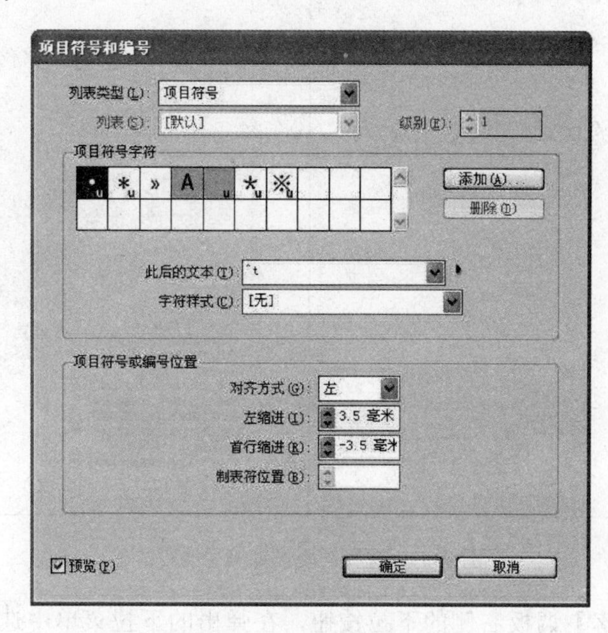

图 3-51 【项目符号和编号】对话框（2）

（5）单击【确定】按钮，得到的效果如图 3-52 所示。

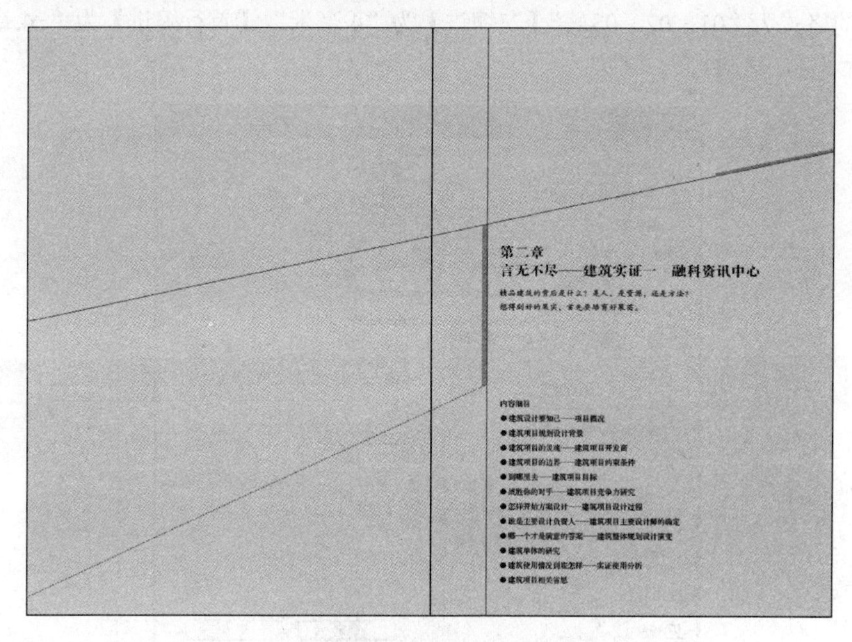

图 3-52　得到的效果

设置编号的操作步骤如下。

（1）用“文字工具”选择需要设置编号的段落，如图 3-53 所示。

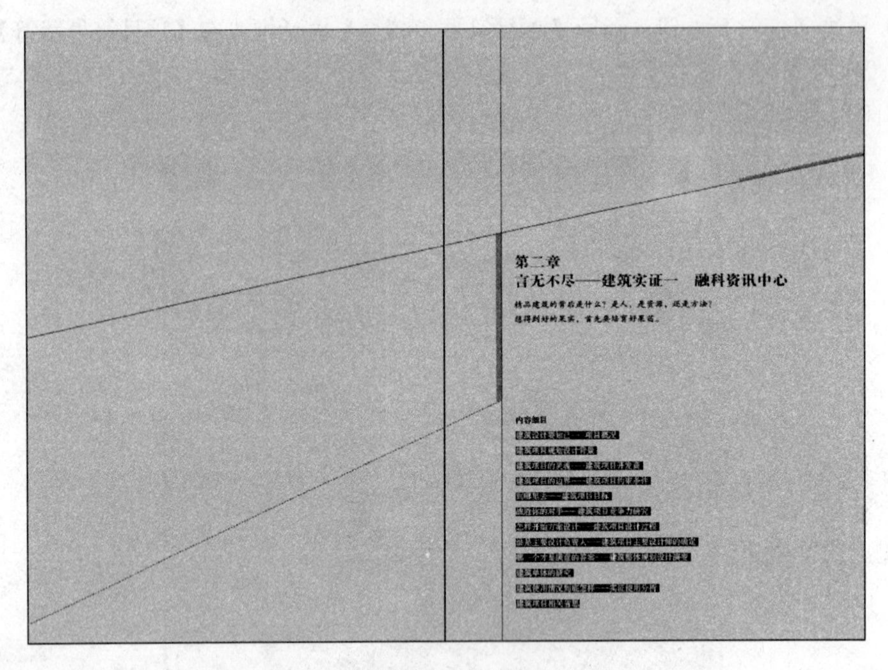

图 3-53 选择需要设置编号的段落

（2）单击【段落】调板右侧的下拉按钮，在弹出的下拉菜单中选择【项目符号和编号】，弹出【项目符号和编号】对话框。在【列表类型】下拉框中选择“编号”，在【编号样式】和【项目符号或编号位置】复选区中对编号进行格式、左缩进和首行缩进的设置。在本例中设置的格式为“01，02，03...”【左缩进】为“4 毫米”，【首行缩进】为“-4 毫米”，如图 3-54 所示。

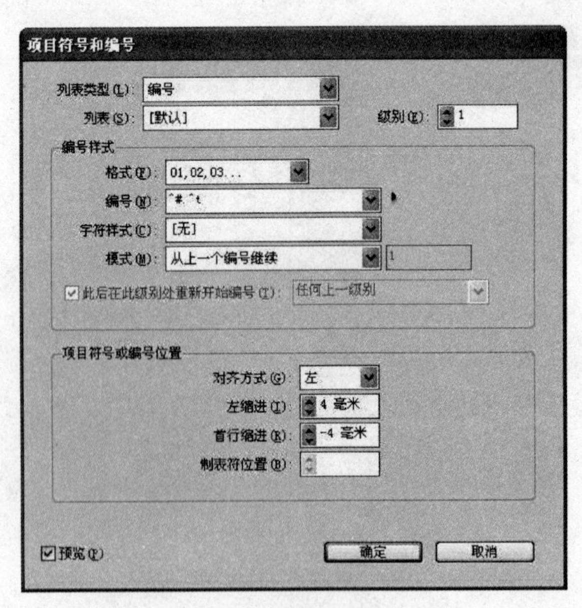

图 3-54 【项目符号和编号】对话框（3）

（3）单击【确定】按钮，得到的效果如图 3-55 所示。

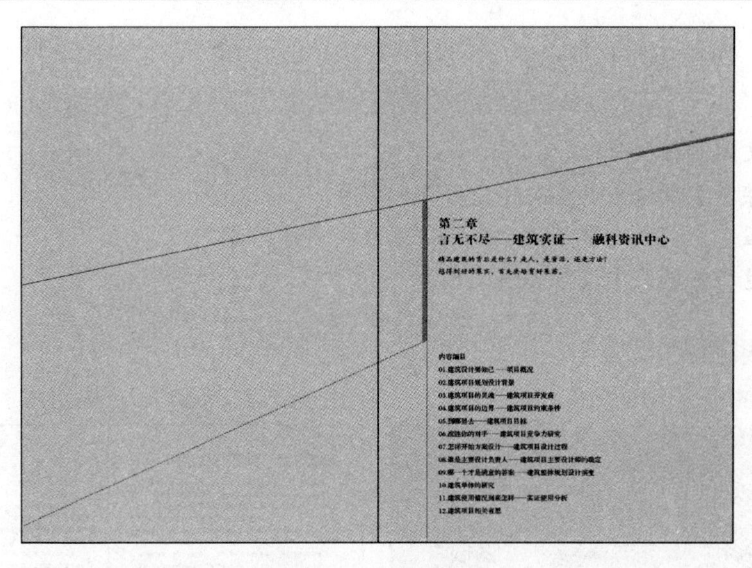

图 3-55　设置完成

任务二　DIY 设计编排日记

任务背景

网络横行的时代，QQ 空间、博客等都成为了大家展示自己的空间，但那毕竟是虚拟的网络世界，没有实体物品。同学们可以自己动手编排日记，把网络上的日记变为实实在在的属于自己的小册子。

任务要求

本例提供半成品文件，同学们需要将自己写的文章排入到模板中。通过所学内容，练习使用【段落】调板设置段前和段后间距、对齐方式、首字下沉和段首左缩进等操作。

任务素材

任务分析

1. 置入文本到模板里。
2. 在【字符】调板中设置文字的字体和字号。
3. 在【段落】调板中设置段后距、段落线和项目符号。
4. 在【色板】调板中设置字体颜色。

任务参考效果图

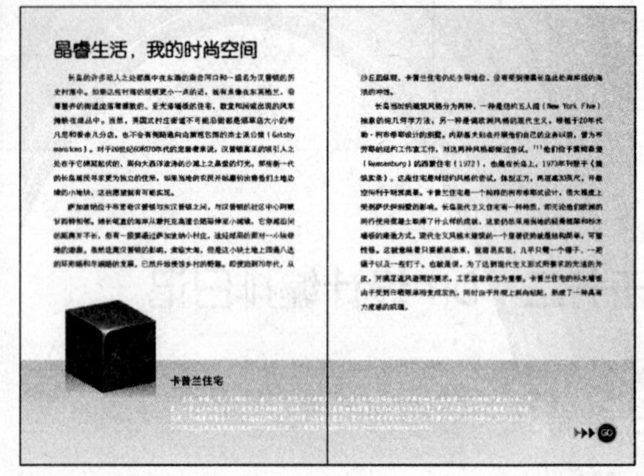

任务三　自学部分

目的

了解【字符样式】和【段落样式】调板各选项的按钮、选项名称及其位置，掌握各功能的使用。

学生预习

1. 了解字符样式和段落样式的创建方法。
2. 了解字符样式和段落样式的区别与相似之处。
3. 了解嵌套样式的作用。

学生练习

使用相关素材，练习创建字符样式和段落样式，应用【字符样式】调板和【段落样式】调板。原始素材如图 3-56 所示，应用段落样式后的效果如图 3-57 所示，可作为同学们练习的参考。

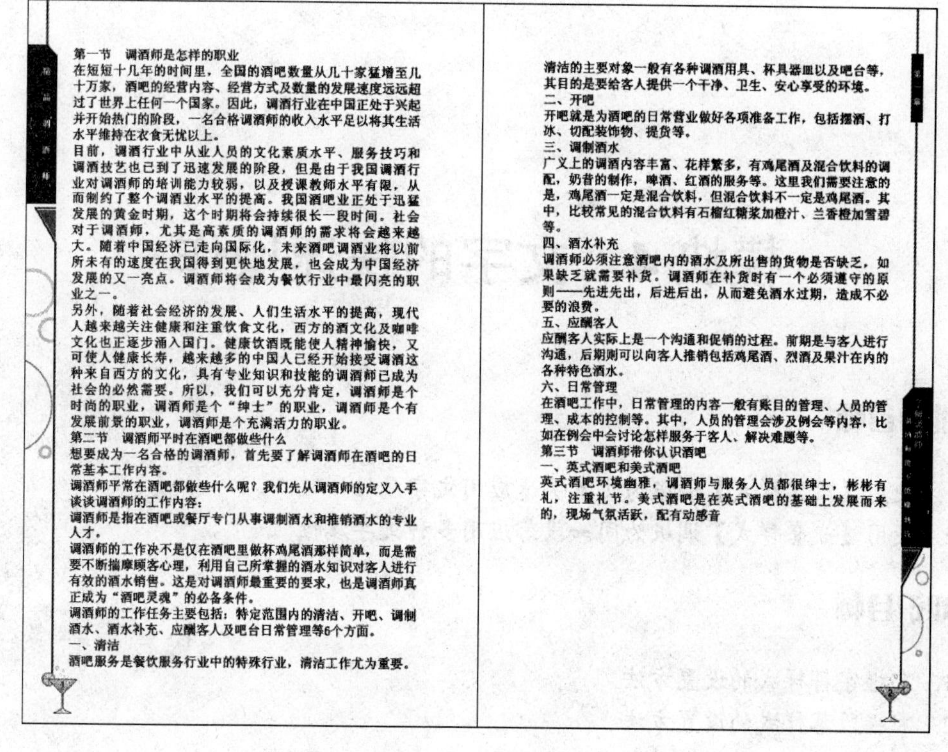

第一节　调酒师是怎样的职业

在短短十几年的时间里，全国的酒吧数量从几十家猛增至几十万家，酒吧的经营内容、经营方式及数量的发展速度远远超过了世界上任何一个国家。因此，调酒行业在中国正处于兴起并开始热门的阶段，一名合格调酒师的收入水平足以将其生活水平维持在衣食无忧以上。

目前，调酒行业中从业人员的文化素质水平、服务技巧和调酒技艺也已到了迅速发展的阶段，但是由于我国调酒行业对调酒师的培训能力较弱，以及授课教师水平有限，从而制约了整个调酒业水平的提高。我国酒吧业正处于迅猛发展的黄金时期，这个时期将会持续很长一段时间。社会对于调酒师，尤其是高素质的调酒师的需求将会越来越大。随着中国经济已走向国际化，未来酒吧调酒业将以前所未有的速度在我国得到更快地发展，也会成为中国经济发展的又一亮点。调酒师将会成为餐饮行业中最闪亮的职业之一。

另外，随着社会经济的发展、人们生活水平的提高，现代人越来越关注健康和注重饮食文化，西方的酒文化及咖啡文化也正逐步涌入国门。健康饮酒既能使人精神愉快，又可使人健康长寿，越来越多的中国人已经开始接受调酒这种来自西方的文化，具有专业知识和技能的调酒师已成为社会的必然需要。所以，我们可以充分肯定，调酒师是个时尚的职业，调酒师是个“绅士”的职业，调酒师是个有发展前景的职业，调酒师是个充满活力的职业。

第二节　调酒师平时在酒吧都做些什么

想要成为一名合格的调酒师，首先要了解调酒师在酒吧的日常基本工作内容。

调酒师平常在酒吧都做些什么呢？我们先从调酒师的定义入手谈谈调酒师的工作内容：

调酒师是指在酒吧或餐厅专门从事调制酒水和推销酒水的专业人才。

调酒师的工作决不是仅在酒吧里做杯鸡尾酒那样简单，而是需要不断揣摩顾客心理，利用自己所掌握的酒水知识对客人进行有效的酒水销售。这是对调酒师最重要的要求，也是调酒师真正成为“酒吧灵魂”的必备条件。

调酒师的工作任务主要包括：特定范围内的清洁、开吧、调制酒水、酒水补充、应酬客人及吧台日常管理等6个方面。

一、清洁

酒吧服务是餐饮服务行业中的特殊行业，清洁工作尤为重要。清洁的主要对象一般有各种调酒用具、杯具器皿以及吧台等，其目的是要给客人提供一个干净、卫生、安心享受的环境。

二、开吧

开吧就是为酒吧的日常营业做好各项准备工作，包括摆酒、打冰、切配装饰物、提货等。

三、调制酒水

广义上的调酒内容丰富、花样繁多，有鸡尾酒及混合饮料的调配，奶昔的制作，啤酒、红酒的服务等。这里我们需要注意的是，鸡尾酒一定是混合饮料，但混合饮料不一定是鸡尾酒。其中，比较常见的混合饮料有石榴红糖浆加橙汁、兰香橙加雪碧等。

四、酒水补充

调酒师必须注意酒吧内的酒水及所出售的货物是否缺乏，如果缺乏就需要补货。调酒师在补货时有一个必须遵守的原则——先进先出，后进后出，从而避免酒水过期，造成不必要的浪费。

五、应酬客人

应酬客人实际上是一个沟通和促销的过程。前期是与客人进行沟通，后期则可以向客人推销包括鸡尾酒、烈酒及果汁在内的各种特色酒水。

六、日常管理

在酒吧工作中，日常管理的内容一般有账目的管理、人员的管理、成本的控制等。其中，人员的管理会涉及例会等内容，比如在例会中会讨论怎样服务于客人、解决难题等。

第三节　调酒师带你认识酒吧

一、英式酒吧和美式酒吧

英式酒吧环境幽雅，调酒师与服务人员都很绅士，彬彬有礼，注重礼节。美式酒吧是在英式酒吧的基础上发展而来的，现场气氛活跃，配有动感音

图3-56　原始素材

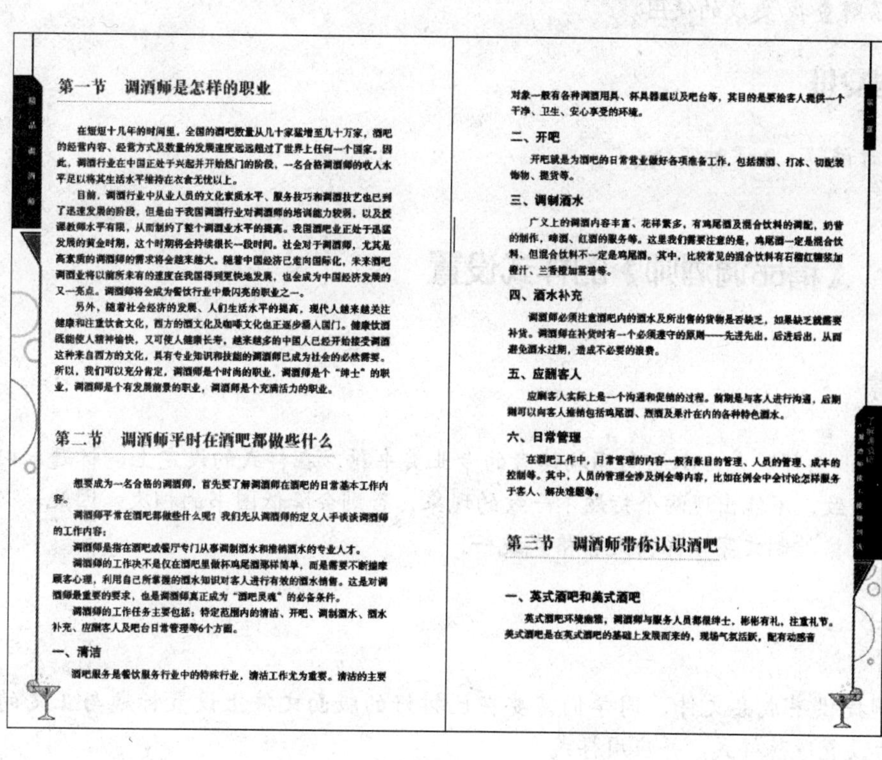

第一节　调酒师是怎样的职业

在短短十几年的时间里，全国的酒吧数量从几十家猛增至几十万家，酒吧的经营内容、经营方式及数量的发展速度远远超过了世界上任何一个国家。因此，调酒行业在中国正处于兴起并开始热门的阶段，一名合格调酒师的收入水平足以将其生活水平维持在衣食无忧以上。

目前，调酒行业中从业人员的文化素质水平、服务技巧和调酒技艺也已到了迅速发展的阶段，但是由于我国调酒行业对调酒师的培训能力较弱，以及授课教师水平有限，从而制约了整个调酒业水平的提高。我国酒吧业正处于迅猛发展的黄金时期，这个时期将会持续很长一段时间。社会对于调酒师，尤其是高素质的调酒师的需求将会越来越大。随着中国经济已走向国际化，未来酒吧调酒业将以前所未有的速度在我国得到更快地发展，也会成为中国经济发展的又一亮点。调酒师将会成为餐饮行业中最闪亮的职业之一。

另外，随着社会经济的发展、人们生活水平的提高，现代人越来越关注健康和注重饮食文化，西方的酒文化及咖啡文化也正逐步涌入国门。健康饮酒既能使人精神愉快，又可使人健康长寿，越来越多的中国人已经开始接受调酒这种来自西方的文化，具有专业知识和技能的调酒师已成为社会的必然需要。所以，我们可以充分肯定，调酒师是个时尚的职业，调酒师是个“绅士”的职业，调酒师是个有发展前景的职业，调酒师是个充满活力的职业。

第二节　调酒师平时在酒吧都做些什么

想要成为一名合格的调酒师，首先要了解调酒师在酒吧的日常基本工作内容。

调酒师平常在酒吧都做些什么呢？我们先从调酒师的定义入手谈谈调酒师的工作内容：

调酒师是指在酒吧或餐厅专门从事调制酒水和推销酒水的专业人才。

调酒师的工作决不是仅在酒吧里做杯鸡尾酒那样简单，而是需要不断揣摩顾客心理，利用自己所掌握的酒水知识对客人进行有效的酒水销售。这是对调酒师最重要的要求，也是调酒师真正成为“酒吧灵魂”的必备条件。

调酒师的工作任务主要包括：特定范围内的清洁、开吧、调制酒水、酒水补充、应酬客人及吧台日常管理等6个方面。

一、清洁

酒吧服务是餐饮服务行业中的特殊行业，清洁工作尤为重要。清洁的主要对象一般有各种调酒用具、杯具器皿以及吧台等，其目的是要给客人提供一个干净、卫生、安心享受的环境。

二、开吧

开吧就是为酒吧的日常营业做好各项准备工作，包括摆酒、打冰、切配装饰物、提货等。

三、调制酒水

广义上的调酒内容丰富、花样繁多，有鸡尾酒及混合饮料的调配，奶昔的制作，啤酒、红酒的服务等。这里我们需要注意的是，鸡尾酒一定是混合饮料，但混合饮料不一定是鸡尾酒。其中，比较常见的混合饮料有石榴红糖浆加橙汁、兰香橙加雪碧等。

四、酒水补充

调酒师必须注意酒吧内的酒水及所出售的货物是否缺乏，如果缺乏就需要补货。调酒师在补货时有一个必须遵守的原则——先进先出，后进后出，从而避免酒水过期，造成不必要的浪费。

五、应酬客人

应酬客人实际上是一个沟通和促销的过程。前期是与客人进行沟通，后期则可以向客人推销包括鸡尾酒、烈酒及果汁在内的各种特色酒水。

六、日常管理

在酒吧工作中，日常管理的内容一般有账目的管理、人员的管理、成本的控制等。其中，人员的管理会涉及例会等内容，比如在例会中会讨论怎样服务于客人、解决难题等。

第三节　调酒师带你认识酒吧

一、英式酒吧和美式酒吧

英式酒吧环境幽雅，调酒师与服务人员都很绅士，彬彬有礼，注重礼节。美式酒吧是在英式酒吧的基础上发展而来的，现场气氛活跃，配有动感音

图3-57　应用段落样式后的效果

模块 4　文字的快速操作

能力目标

1. 使用【段落样式】调板为文本快速应用文字属性
2. 使用【嵌套样式】调板为同一段落应用多种文字属性

知识目标

1. 掌握字符样式的设置方法
2. 掌握段落样式的设置方法
3. 了解基于和下一样式的设置
4. 了解查找/更改的使用

课时安排

2 课时讲解，2 课时实践

任务一 《精品调酒师》的样式设置

任务背景

《精品调酒师》是一本面向高端读者的专业类书籍，在样式的设定上，标题、内文、注释等必须一致，不能出现两个标题不一致的现象，否则会降低图书的档次。因此，必须用段落样式等严格控制文字，保持文字格式统一。

任务要求

本例提供半成品文件，同学们需要在已排好的版面文件上设置标题与正文的文字属性，然后设置段落样式，并应用样式。

图书成品尺寸为 150 mm × 230 mm，上边距为 15 mm，下边距为 15 mm，内边距为 20 mm，外边距为 15 mm。

任务素材

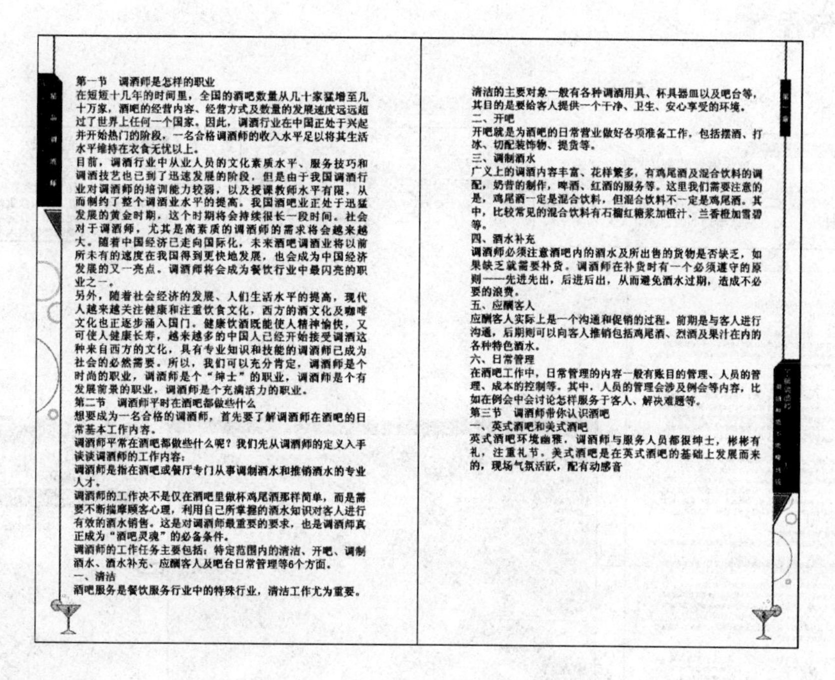

第一节　调酒师是怎样的职业

在短短十几年的时间里，全国的酒吧数量从几十家猛增至几十万家，酒吧的经营内容、经营方式及数量的发展速度远远超过了世界上任何一个国家。因此，调酒行业在中国正处于兴起并开始热门的阶段，一名合格调酒师的收入水平足以将其生活水平维持在衣食无忧以上。

目前，调酒行业中从业人员的文化素质水平、服务技巧和调酒技艺也已到了迅速发展的阶段，但是由于我国调酒行业对调酒师的培训能力较弱，以及授课教师水平有限，从而制约了整个调酒业水平的提高。我国酒吧业正处于迅猛发展的黄金时期，这个时期将会持续很长一段时间。社会对于调酒师，尤其是高素质的调酒师的需求将会越来越大。随着中国经济已走向国际化，未来酒吧调酒业将以前所未有的速度在我国得到更快地发展，也会成为中国经济发展的又一亮点。调酒师将会成为餐饮行业中最闪亮的职业之一。

另外，随着社会经济的发展、人们生活水平的提高，现代人越来越关注健康和注重饮食文化，西方的酒文化及咖啡文化也正逐步涌入国门。健康饮酒既能使人精神愉快，又可使人健康长寿，越来越多的中国人已经开始接受调酒这种来自西方的文化，具有专业知识和技能的调酒师已成为社会的必然需要。所以，我们可以充分肯定，调酒师是个时尚的职业，调酒师是个“绅士”的职业，调酒师是个有发展前景的职业，调酒师是个充满活力的职业。

第二节　调酒师平时在酒吧都做些什么

想要成为一名合格的调酒师，首先要了解调酒师在酒吧的日常基本工作内容。

调酒师平常在酒吧都做些什么呢？我们先从调酒师的定义入手谈谈调酒师的工作内容：

调酒师是指在酒吧或餐厅专门从事调制酒水和推销酒水的专业人才。

调酒师的工作决不是仅在酒吧里做杯鸡尾酒那样简单，而是需要不断揣摩顾客心理，利用自己所掌握的酒水知识对客人进行有效的酒水销售。这是对调酒师最重要的要求，也是调酒师真正成为“酒吧灵魂”的必备条件。

调酒师的工作任务主要包括：特定范围内的清洁、开吧、调制酒水、酒水补充、应酬客人及吧台日常管理等6个方面。

一、清洁

酒吧服务是餐饮服务行业中的特殊行业，清洁工作尤为重要。清洁的主要对象一般有各种调酒用具、杯具器皿以及吧台等，其目的是要给客人提供一个干净、卫生、安心享受的环境。

二、开吧

开吧就是为酒吧的日常营业做好各项准备工作，包括摆酒、打冰、切配装饰物、提货等。

三、调制酒水

广义上的调酒内容丰富、花样繁多，有鸡尾酒及混合饮料的调配，奶昔的制作，啤酒、红酒的服务等。这里我们需要注意的是，鸡尾酒一定是混合饮料，但混合饮料不一定是鸡尾酒。其中，比较常见的混合饮料有石榴红糖浆加橙汁、兰香橙加雪碧等。

四、酒水补充

调酒师必须注意酒吧内的酒水及所出售的货物是否缺乏，如果缺乏就需要补货。调酒师在补货时有一个必须遵守的原则——先进先出，后进后出，从而避免酒水过期，造成不必要的浪费。

五、应酬客人

应酬客人实际上是一个沟通和促销的过程。前期是与客人进行沟通，后期则可以向客人推销包括鸡尾酒、烈酒及果汁在内的各种特色酒水。

六、日常管理

在酒吧工作中，日常管理的内容一般有账目的管理、人员的管理、成本的控制等。其中，人员的管理会涉及例会等内容，比如在例会中会讨论怎样服务于客人、解决难题等。

第三节　调酒师带你认识酒吧

一、英式酒吧和美式酒吧

英式酒吧环境幽雅，调酒师与服务人员都很绅士，彬彬有礼，注重礼节。美式酒吧是在英式酒吧的基础上发展而来的，现场气氛活跃，配有动感音

任务参考效果图

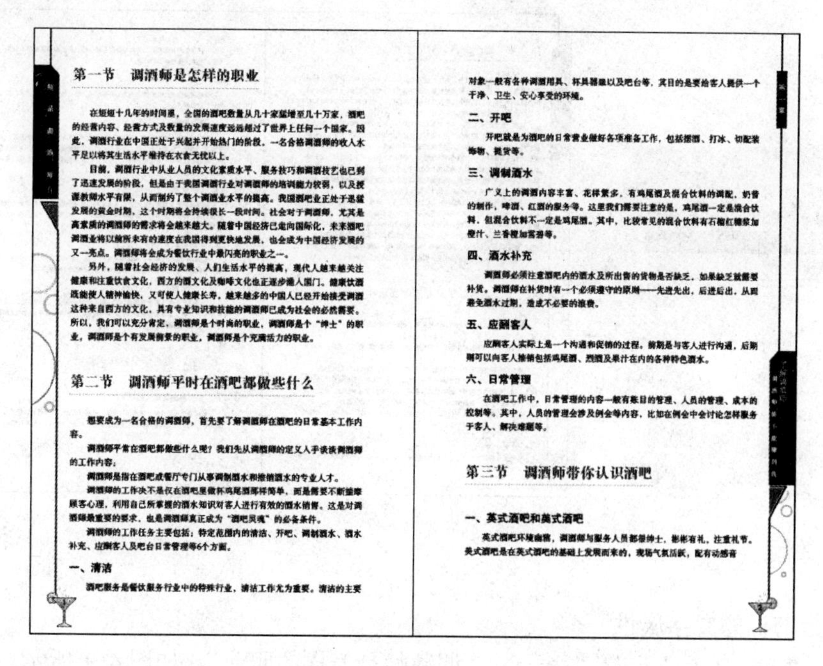

第一节　调酒师是怎样的职业

第二节　调酒师平时在酒吧都做些什么

一、清洁

二、开吧

三、调制酒水

四、酒水补充

五、应酬客人

六、日常管理

第三节　调酒师带你认识酒吧

一、英式酒吧和美式酒吧

制作步骤分析

1. 为各级标题和正文设置字体、字号、行距、段前和段后间距等。
2. 为设置好文字属性的各级标题和正文制定样式，并命名样式名称。

3. 制定好样式后，将各样式应用到文章内容中。

参考制作流程

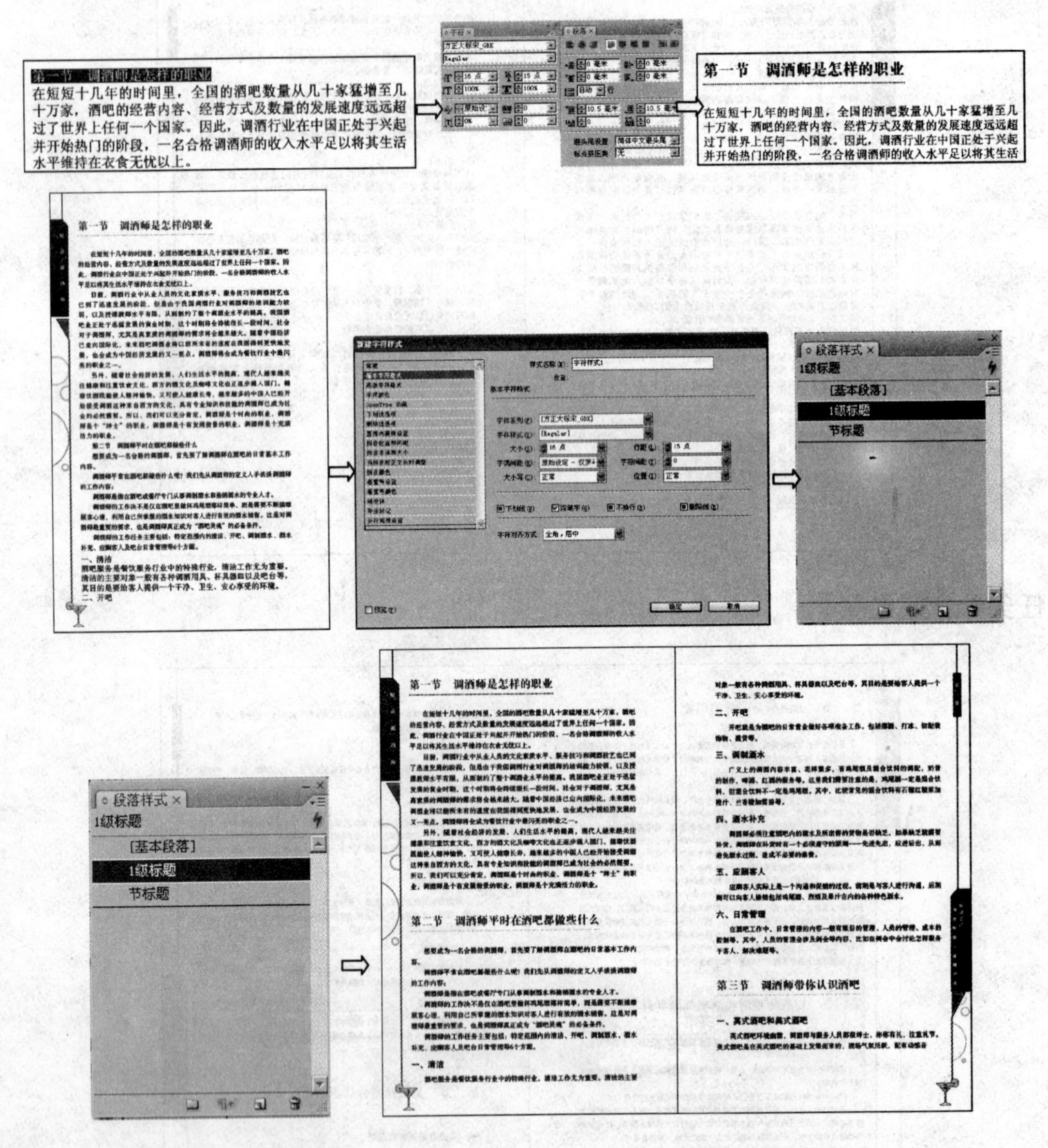

操作步骤详解

1. 设置节标题文字属性

（1）用“文字工具”选择“第一节　调酒师是怎样的职业”，如图 4-1 所示。

（2）在【字符】调板中设置【字体】为“方正大标宋_GBK”，【字号】为“15 点”，【行距】为“15 点”，在【段落】调板中设置【段前间距】为“10.5 毫米”，【段后间距】为“10.5 毫米”，如图 4-2 所示。

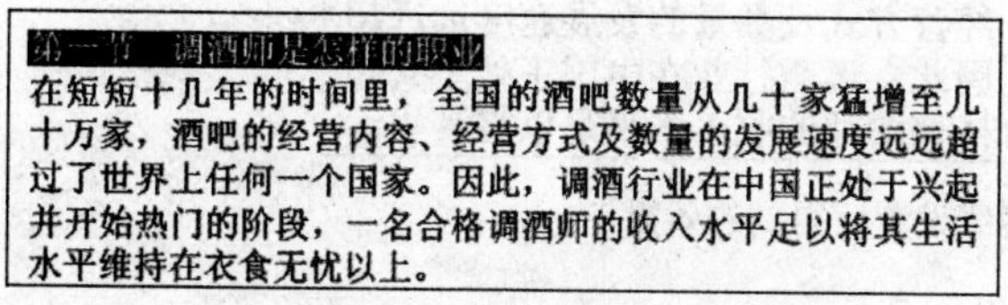

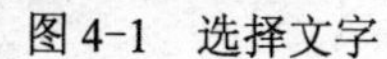

在短短十几年的时间里，全国的酒吧数量从几十家猛增至几十万家，酒吧的经营内容、经营方式及数量的发展速度远远超过了世界上任何一个国家。因此，调酒行业在中国正处于兴起并开始热门的阶段，一名合格调酒师的收入水平足以将其生活水平维持在衣食无忧以上。

图 4-1　选择文字

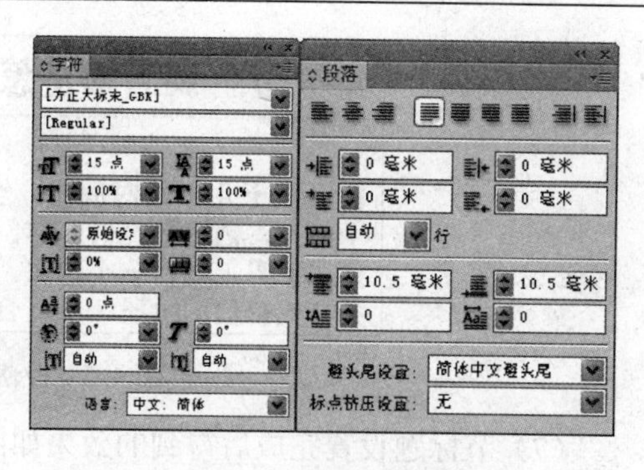

图 4-2　字符及段落设置

（3）节标题设置得到的效果如图 4-3 所示。

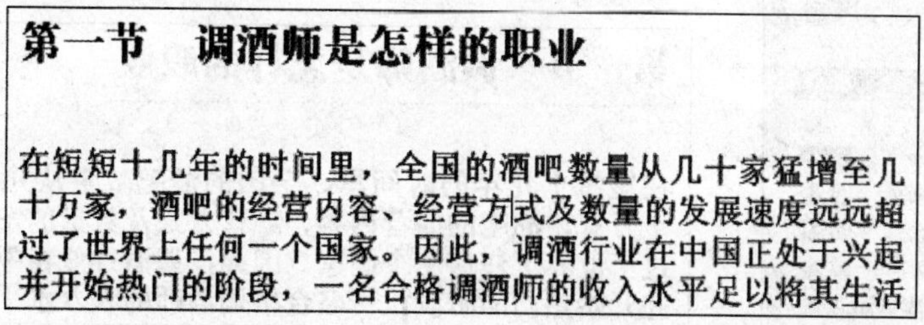

第一节　调酒师是怎样的职业

在短短十几年的时间里，全国的酒吧数量从几十家猛增至几十万家，酒吧的经营内容、经营方式及数量的发展速度远远超过了世界上任何一个国家。因此，调酒行业在中国正处于兴起并开始热门的阶段，一名合格调酒师的收入水平足以将其生活

图 4-3　节标题设置得到的效果

（4）为节标题设置段落线。继续用“文字工具”选择节标题，单击【段落】调板右侧的下拉按钮，在弹出的下拉菜单中选择【段落线】，弹出【段落线】对话框。选择【段后线】并启用，设置【粗细】为“0.25 毫米”，【类型】为“点线”，【宽度】为“文本”，【位移】为“2 毫米”，如图 4-4 所示。、

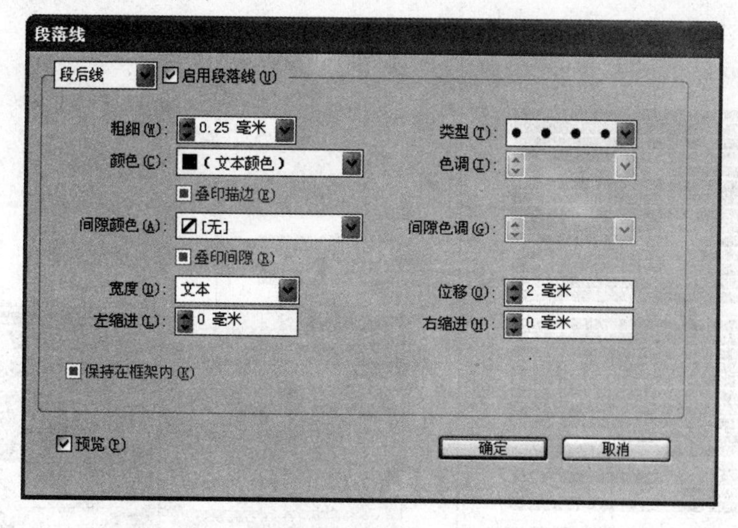

图 4-4　段落线设置

（5）单击【确定】按钮，段落线设置后得到的效果如图 4-5 所示。

（6）为节标题设置颜色色调。继续用文字工具选择节标题，在【色板】调板中设置黑色文字的色调为“80%”，如图 4-6 所示。

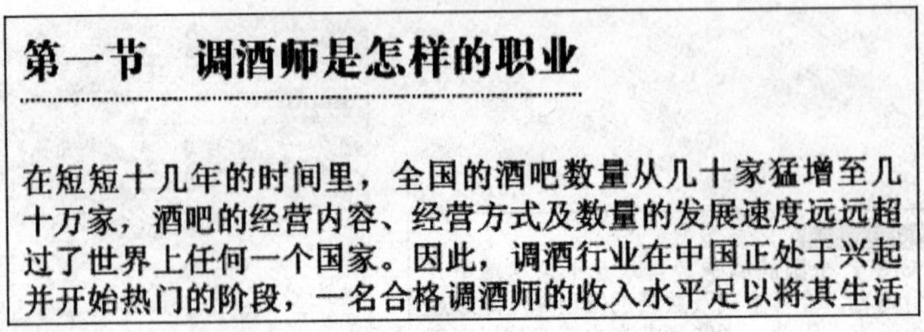

第一节　调酒师是怎样的职业

在短短十几年的时间里，全国的酒吧数量从几十家猛增至几十万家，酒吧的经营内容、经营方式及数量的发展速度远远超过了世界上任何一个国家。因此，调酒行业在中国正处于兴起并开始热门的阶段，一名合格调酒师的收入水平足以将其生活

图 4-5　段落线设置后得到的效果

（7）节标题设置完成后得到的效果如图 4-7 所示。

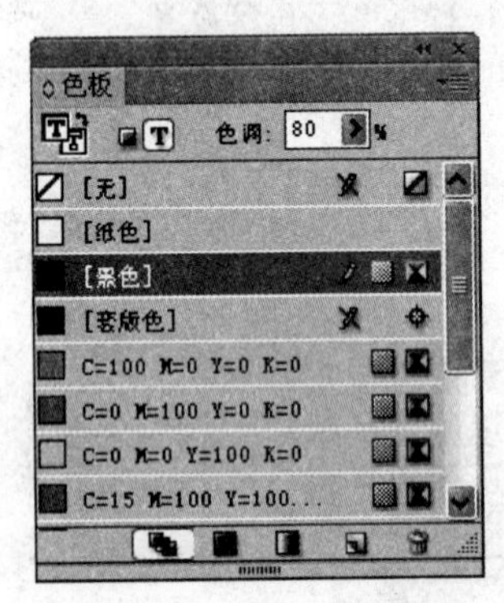

图 4-6　颜色色调设置

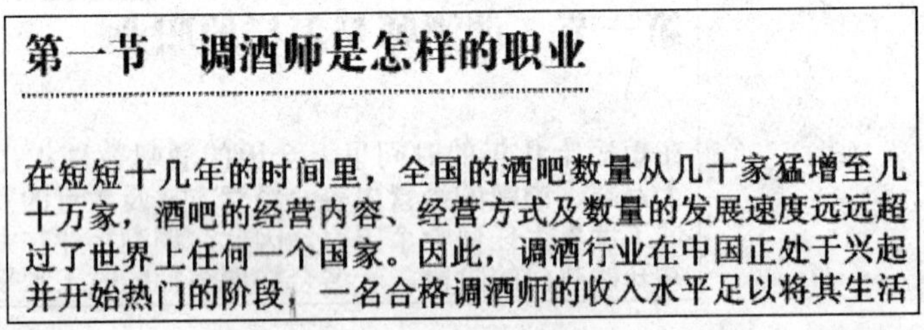

第一节　调酒师是怎样的职业

在短短十几年的时间里，全国的酒吧数量从几十家猛增至几十万家，酒吧的经营内容、经营方式及数量的发展速度远远超过了世界上任何一个国家。因此，调酒行业在中国正处于兴起并开始热门的阶段，一名合格调酒师的收入水平足以将其生活

图 4-7　节标题设置完成效果

2．设置正文文字属性

（1）用文字工具选择正文内容，如图 4-8 所示。

（2）在【字符】调板中设置【字体】为“方正书宋_GBK”，【字号】为“9.5 点”，【行距】为“15 点”，在【段落】调板中设置【首行左缩进】为“6.8 毫米”，如图 4-9 所示。

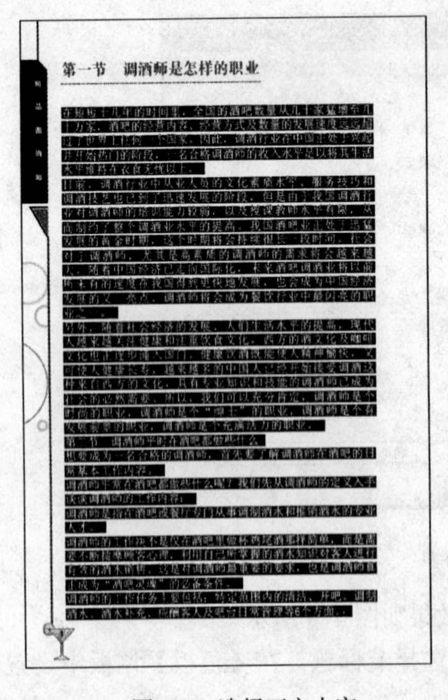

图 4-8　选择正文内容

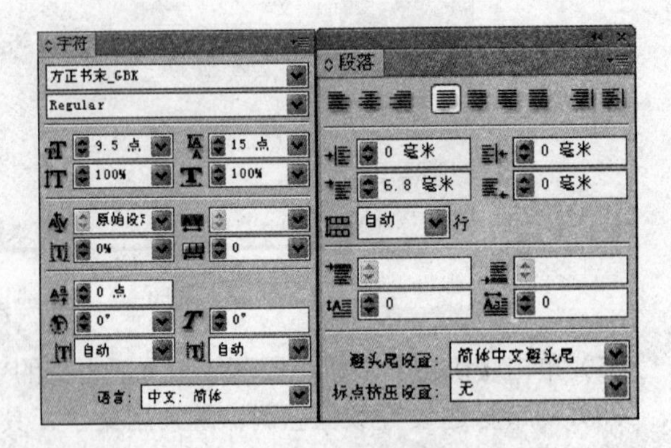

图 4-9　字符调板设置

（3）正文设置完成后得到的效果如图 4-10 所示。

3．设置一级标题文字属性

（1）用文字工具选择“一、清洁”，如图 4-11 所示。

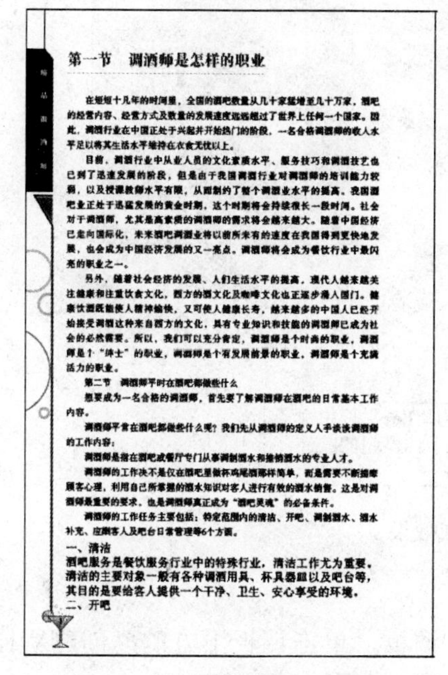
第一节　调酒师是怎样的职业

在短短十几年的时间里，全国的酒吧数量从几十家猛增至几十万家，酒吧的经营内容、经营方式及数量的发展速度远远超过了世界上任何一个国家。因此，调酒行业在中国正处于兴起并开始热门的阶段，一名合格调酒师的收入水平足以将其生活水平维持在衣食无忧以上。

目前，调酒行业中从业人员的文化素质水平、服务技巧和调酒技艺也已到了迅速发展的阶段，但是由于我国调酒行业对调酒师的培训能力较弱，以及授课教师水平有限，从而制约了整个调酒业水平的提高。我国酒吧业正处于迅猛发展的黄金时期，这个时期将会持续很长一段时间。社会对于调酒师，尤其是高素质的调酒师的需求将会越来越大。随着中国经济已走向国际化，未来酒吧调酒业将以前所未有的速度在我国得到更快地发展，也会成为中国经济发展的又一亮点。调酒师将会成为餐饮行业中最闪亮的职业之一。

另外，随着社会经济的发展、人们生活水平的提高，现代人越来越关注健康和注重饮食文化，西方的酒文化及咖啡文化也正逐步涌入国门。健康饮酒既能使人精神愉快，又可使人健康长寿，越来越多的中国人已经开始接受调酒这种来自西方的文化，具有专业知识和技能的调酒师已成为社会的必然需要。所以，我们可以充分肯定，调酒师是个时尚的职业，调酒师是个“绅士”的职业，调酒师是个有发展前景的职业，调酒师是个充满活力的职业。

第二节　调酒师平时在酒吧都做些什么

想要成为一名合格的调酒师，首先要了解调酒师在酒吧的日常基本工作内容。

调酒师平常在酒吧都做些什么呢？我们先从调酒师的定义入手谈谈调酒师的工作内容：

调酒师是指在酒吧或餐厅专门从事调制酒水和推销酒水的专业人才。

调酒师的工作决不是仅在酒吧里做杯鸡尾酒那样简单，而是需要不断揣摩顾客心理，利用自己所掌握的酒水知识对客人进行有效的酒水销售。这是对调酒师最重要的要求，也是调酒师真正成为“酒吧灵魂”的必备条件。

调酒师的工作任务主要包括：特定范围内的清洁、开吧、调制酒水、酒水补充、应酬客人及吧台日常管理等6个方面。

一、清洁

酒吧服务是餐饮服务行业中的特殊行业，清洁工作尤为重要。
清洁的主要对象一般有各种调酒用具、杯具器皿以及吧台等，
其目的是要给客人提供一个干净、卫生、安心享受的环境。

二、开吧

图 4-10　正文设置完成效果

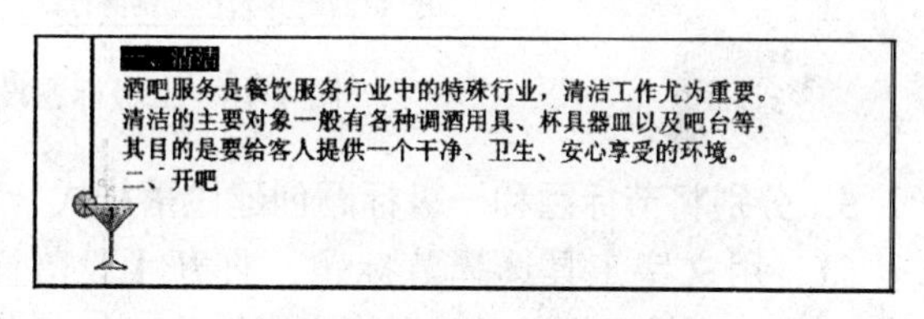

图 4-11　选择“一、清洁”

（2）在【字符】调板中设置【字体】为“方正黑体_GBK”，【字号】为“12 点”，【行距】为“15 点”，在【段落】调板中设置【段前间距】为“2.5 毫米”，【段后间距】为“2.5 毫米”，如图 4-12 所示。

（3）一级标题设置完成后得到的效果如图 4-13 所示。

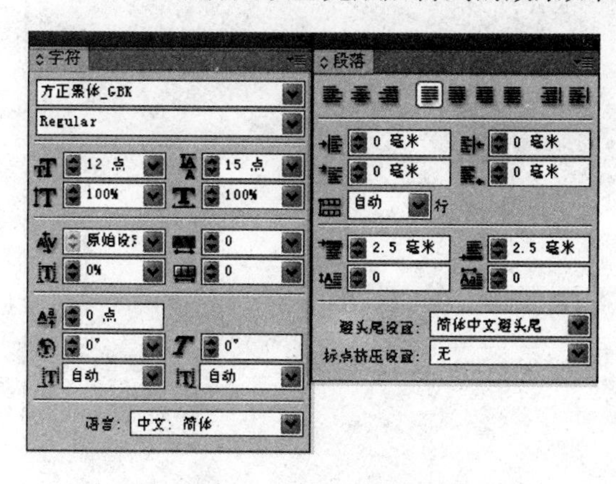

图 4-12　字符调板设置

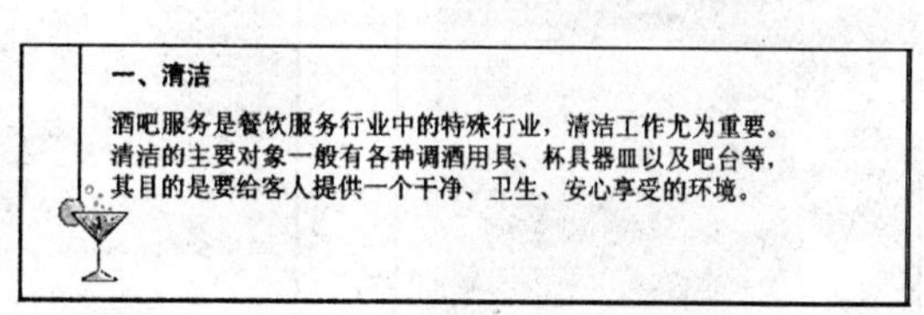

图 4-13　一级标题设置完成效果

4．设置二级标题文字属性

（1）用文字工具选择第 3 页的“1. 酒吧来历”，如图 4-14 所示。

（2）在【字符】调板中设置【字体】为“方正宋黑_GBK”，【字号】为“11 点”，【行距】为“15 点”，如图 4-15 所示。

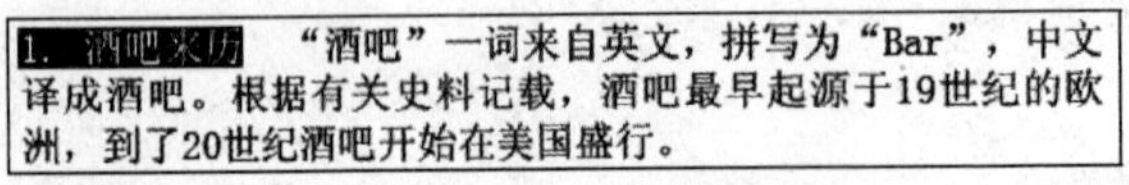

1. 酒吧来历　“酒吧”一词来自英文，拼写为“Bar”，中文译成酒吧。根据有关史料记载，酒吧最早起源于19世纪的欧洲，到了20世纪酒吧开始在美国盛行。

图 4-14　选择“1.酒吧来历”

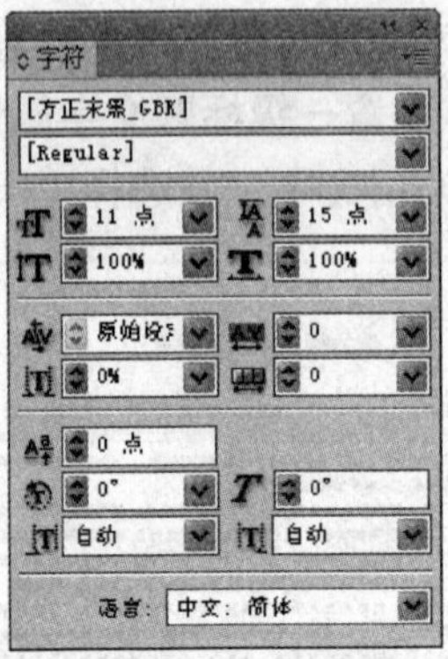

图 4-15　字符调板设置

（3）二级标题设置完成后得到的效果如图 4-16 所示。

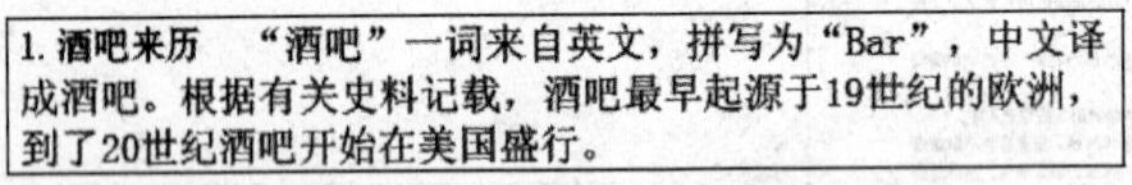

1. 酒吧来历　“酒吧”一词来自英文，拼写为“Bar”，中文译成酒吧。根据有关史料记载，酒吧最早起源于19世纪的欧洲，到了20世纪酒吧开始在美国盛行。

图 4-16　二级标题设置完成效果

5. 分别将节标题和一级标题创建段落样式

（1）用文字工具选择节标题，打开【段落样式】调板，单击调板下方的“创建新样式”按钮，在【段落样式】调板中自动生成“段落样式 1”，如图 4-17 所示。

（2）双击“段落样式 1”，弹出【段落样式选项】对话框，在【字符】调板和【段落】调板中的设置，在样式调板中都能相应找到，如图 4-18 所示。

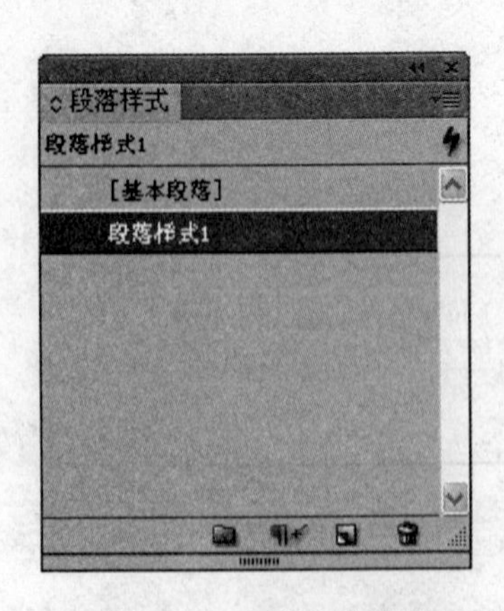

图 4-17　段落样式设置

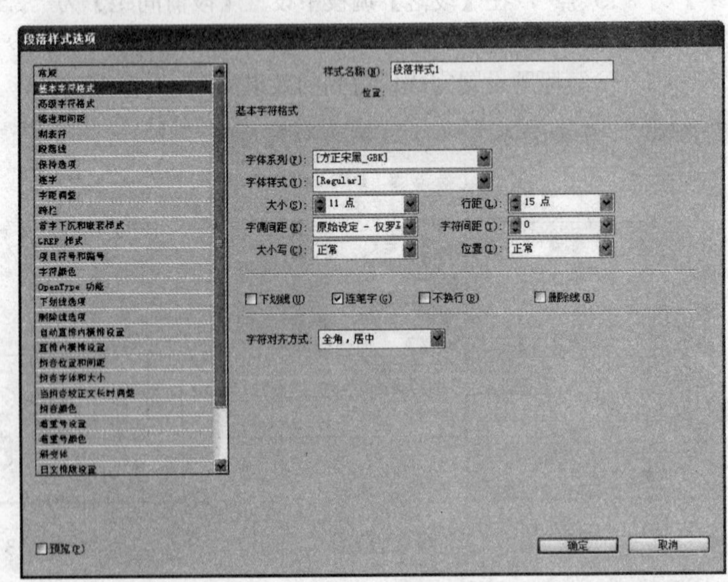

图 4-18　【段落样式选项】对话框

（3）在【样式名称】文本框中输入“节标题”，在对样式定义名称时，应尽量让人都能看懂，方便日后的修改。

（4）单击【确定】按钮，完成节标题样式的定义。

（5）一级标题的段落样式设置方法与节标题相同，在【段落样式】调板中可看到设置好的两个样式，如图 4-19 所示。

6．二级标题创建字符样式

（1）用“文字工具”选择二级标题，打开【字符样式】调板，单击调板下方的“创建新样式”按钮，在【字符样式】调板中自动生成“字符样式 1”，如图 4-20 所示。

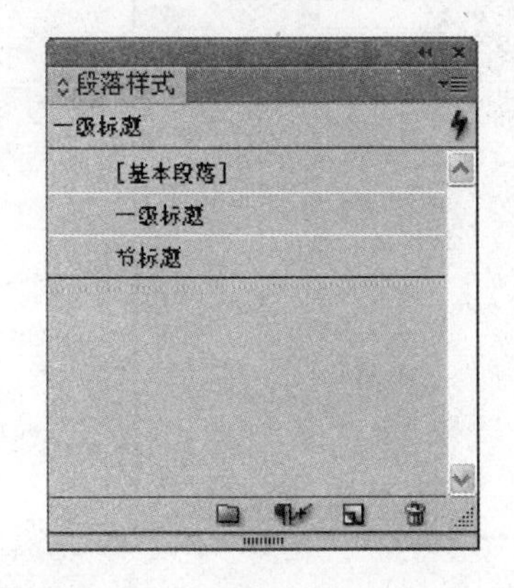

图 4-19　设置好的两个样式

图 4-20　生成“字符样式 1”

（2）双击“字符样式 1”，弹出【字符样式选项】对话框，在【样式名称】文本框中输入“二级标题”，如图 4-21 所示。

（3）单击【确定】按钮，完成二级标题的设置，如图 4-22 所示。

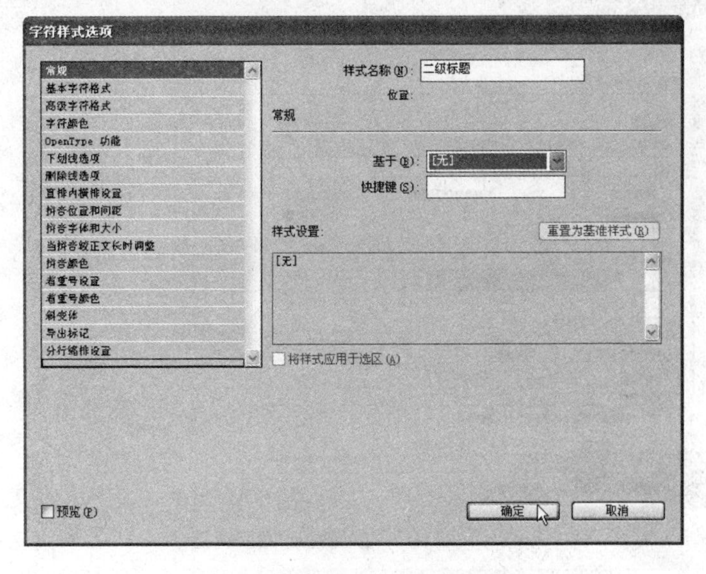

图 4-21　【字符样式选项】对话框

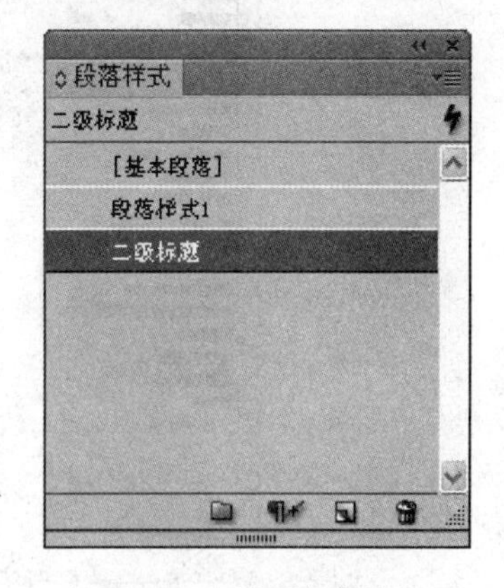

图 4-22　设置完成效果

7．设置正文的段落样式和嵌套样式

（1）用“文字工具”选择正文内容，单击【段落样式】调板的“创建新样式”按钮，在【段落样式】调板中自动生成“段落样式 1”。双击“段落样式 1”，在【段落样式选项】

对话框中设置【样式名称】为“正文”，如图 4-23 所示。

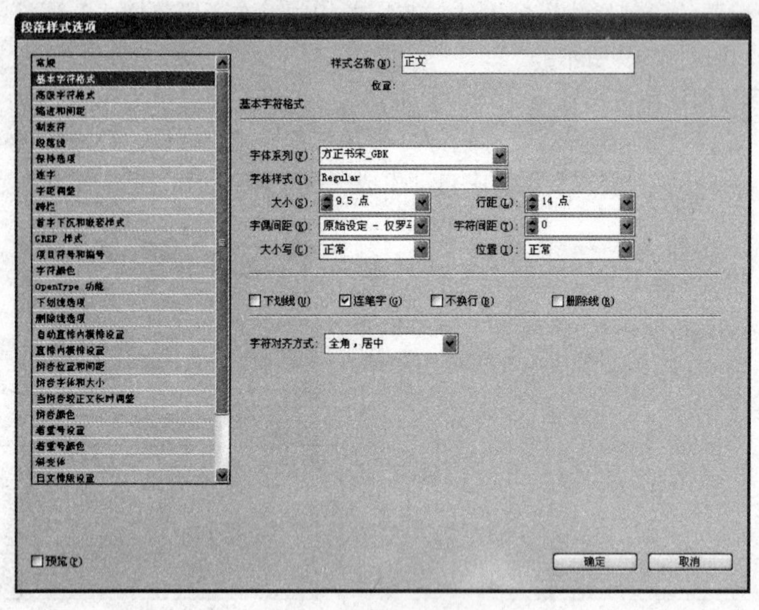

图 4-23　段落样式设置

（2）单击【段落样式选项】对话框左侧的【首字下沉和嵌套样式】选项，在【嵌套样式】复选区中进行设置。单击【新建嵌套样式】按钮，在【嵌套样式】下拉列表中选择“二级标题”，在【字符】下拉列表中选择“结束嵌套样式字符”，如图 4-24 所示。

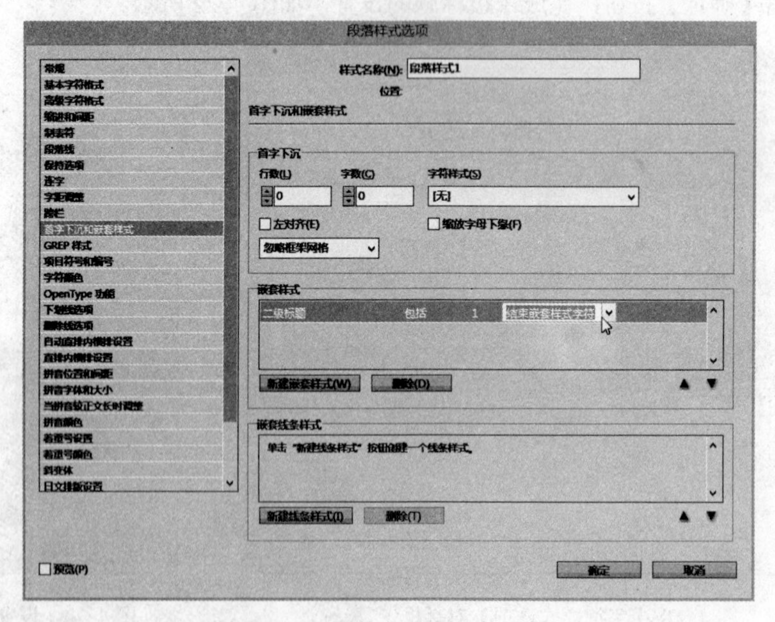

图 4-24　设置首字下沉和嵌套样式

（3）单击【确定】按钮，完成正文段落样式和嵌套样式的设置。

8．应用样式

（1）正文占的篇幅较多，所以先应用正文样式。将文字光标插入到第一页的文本框

中，然后按住 Ctrl+A 键，全选文本框的内容。单击【段落样式】调板中的“正文”样式，从图 4-25 所示中看到的效果为二级标题的样式。将文字光标插入到第一段的段首位置上，然后执行【文字】|【插入特殊字符】|【其他】|【在此处结束嵌套样式】命令，得到的效果即为正文样式，如图 4-26 所示。

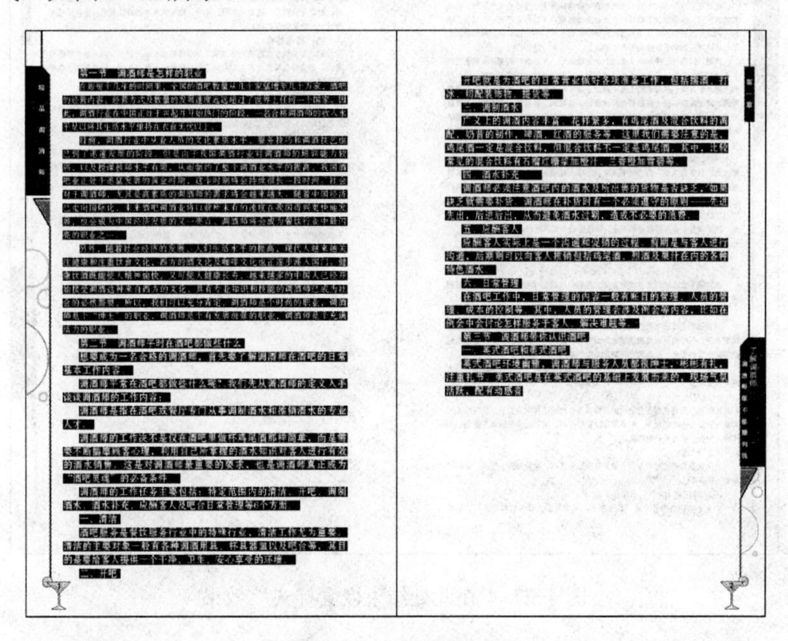

图 4-25　二级标题的样式

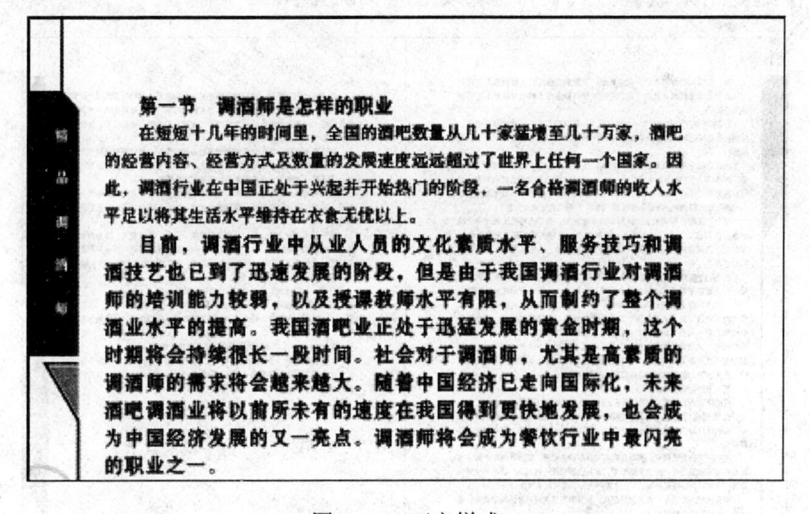

图 4-26　正文样式

小知识：在使用嵌套样式时，需要有特殊字符、字母、数字或空格等符号让嵌套样式识别在何处结束此样式，在何处开始另一种样式。因此，本案例在设置嵌套样式时，使用了“结束嵌套样式字符”符号，插入此符号，则符号之前为二级标题样式，符号之后为正文样式。

（2）在正文内容的每段文字前都插入“在此处结束嵌套样式”符号，则得到的效果如图 4-27 所示。

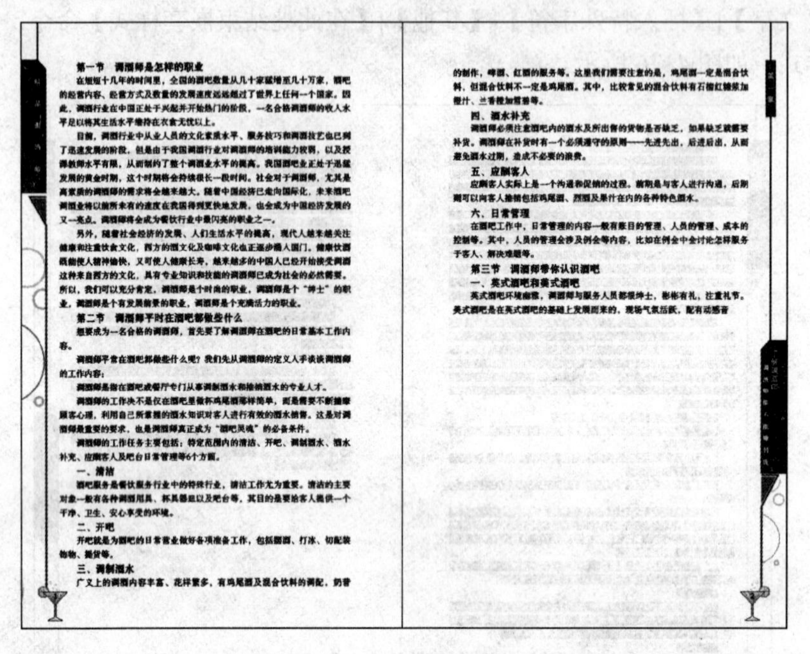

图 4-27 “在此处结束嵌套样式”效果

（3）第 3—4 页的设置与第 1—2 页相同，但在有二级标题的段落中，需要在二级标题后面插入“在此处结束嵌套样式”符号，如图 4-28 所示。

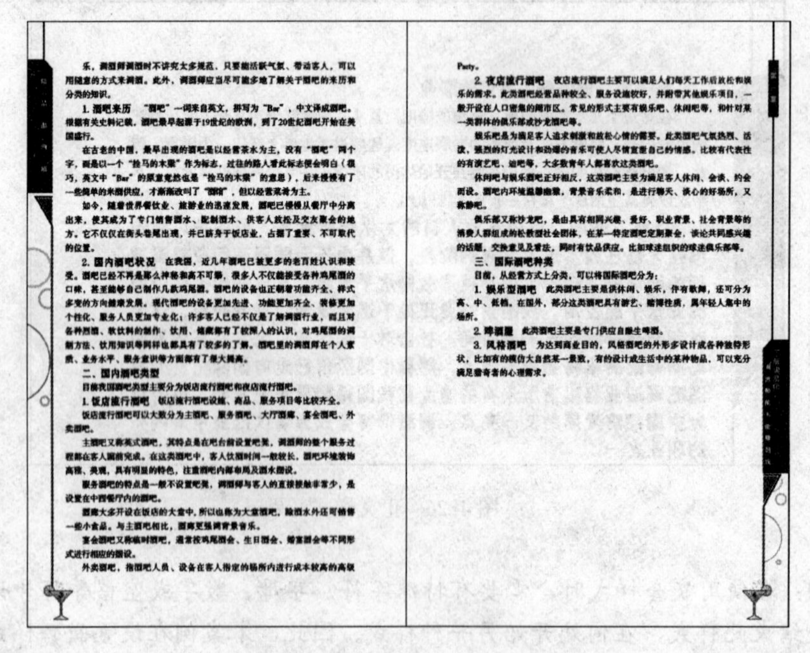

图 4-28 插入“在此处结束嵌套样式”符号

（4）将文字光标插入节标题中，然后选择【段落样式】调板的“节标题”，即可应用该样式，得到的效果如图 4-29 所示。

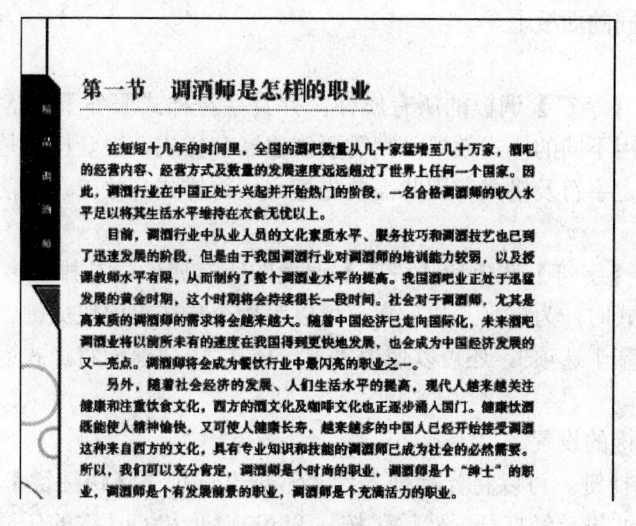

第一节　调酒师是怎样的职业

在短短十几年的时间里，全国的酒吧数量从几十家猛增至几十万家，酒吧的经营内容、经营方式及数量的发展速度远远超过了世界上任何一个国家。因此，调酒行业在中国正处于兴起并开始热门的阶段，一名合格调酒师的收入水平足以将其生活水平维持在衣食无忧以上。

目前，调酒行业中从业人员的文化素质水平、服务技巧和调酒技艺也已到了迅速发展的阶段，但是由于我国调酒行业对调酒师的培训能力较弱，以及授课教师水平有限，从而制约了整个调酒业水平的提高。我国酒吧业正处于迅猛发展的黄金时期，这个时期将会持续很长一段时间。社会对于调酒师，尤其是高素质的调酒师的需求将会越来越大。随着中国经济已走向国际化，未来酒吧调酒业将以前所未有的速度在我国得到更快地发展，也会成为中国经济发展的又一亮点。调酒师将会成为餐饮行业中最闪亮的职业之一。

另外，随着社会经济的发展、人们生活水平的提高，现代人越来越关注健康和注重饮食文化，西方的酒文化及咖啡文化也正逐步涌入国门。健康饮酒既能使人精神愉快，又可使人健康长寿，越来越多的中国人已经开始接受调酒这种来自西方的文化，具有专业知识和技能的调酒师已成为社会的必然需要。所以，我们可以充分肯定，调酒师是个时尚的职业，调酒师是个“绅士”的职业，调酒师是个有发展前景的职业，调酒师是个充满活力的职业。

图 4-29　应用“节标题”样式

（5）将文字光标插入到一级标题中，然后选择【段落样式】调板的“一级标题”，即可应用该样式，得到的效果如图 4-30 所示。

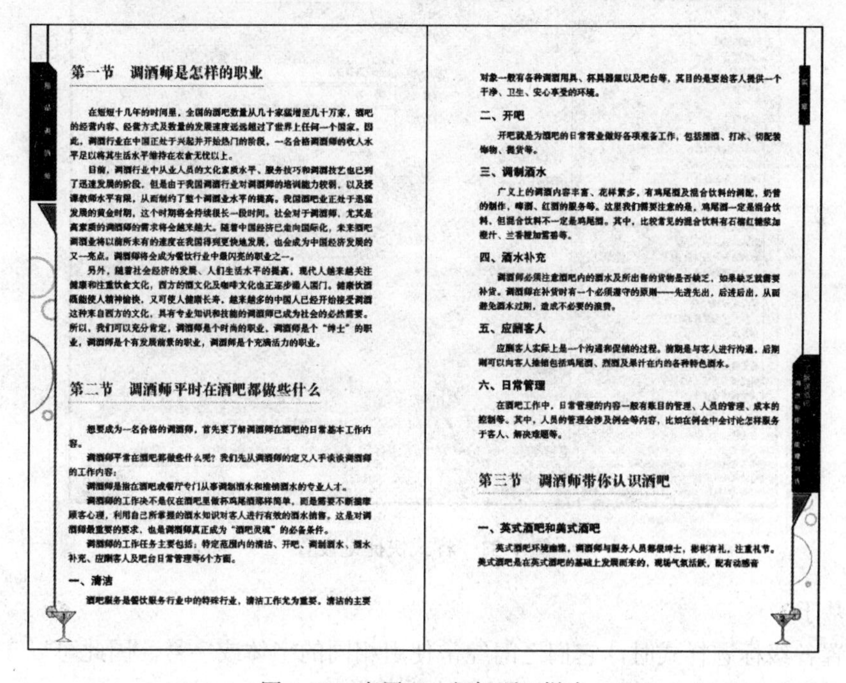

第一节　调酒师是怎样的职业

在短短十几年的时间里，全国的酒吧数量从几十家猛增至几十万家，酒吧的经营内容、经营方式及数量的发展速度远远超过了世界上任何一个国家。因此，调酒行业在中国正处于兴起并开始热门的阶段，一名合格调酒师的收入水平足以将其生活水平维持在衣食无忧以上。

目前，调酒行业中从业人员的文化素质水平、服务技巧和调酒技艺也已到了迅速发展的阶段，但是由于我国调酒行业对调酒师的培训能力较弱，以及授课教师水平有限，从而制约了整个调酒业水平的提高。我国酒吧业正处于迅猛发展的黄金时期，这个时期将会持续很长一段时间。社会对于调酒师，尤其是高素质的调酒师的需求将会越来越大。随着中国经济已走向国际化，未来酒吧调酒业将以前所未有的速度在我国得到更快地发展，也会成为中国经济发展的又一亮点。调酒师将会成为餐饮行业中最闪亮的职业之一。

另外，随着社会经济的发展、人们生活水平的提高，现代人越来越关注健康和注重饮食文化，西方的酒文化及咖啡文化也正逐步涌入国门。健康饮酒既能使人精神愉快，又可使人健康长寿，越来越多的中国人已经开始接受调酒这种来自西方的文化，具有专业知识和技能的调酒师已成为社会的必然需要。所以，我们可以充分肯定，调酒师是个时尚的职业，调酒师是个“绅士”的职业，调酒师是个有发展前景的职业，调酒师是个充满活力的职业。

第二节　调酒师平时在酒吧都做些什么

想要成为一名合格的调酒师，首先要了解调酒师在酒吧的日常基本工作内容。

调酒师平常在酒吧都做些什么呢？我们先从调酒师的定义入手谈谈调酒师的工作内容：

调酒师是指在酒吧或餐厅专门从事调制酒水和推销酒水的专业人才。

调酒师的工作决不是仅在酒吧里做杯鸡尾酒那样简单，而是需要不断揣摩顾客心理，利用自己所掌握的酒水知识对客人进行有效的酒水销售。这是对调酒师最重要的要求，也是调酒师真正成为“酒吧灵魂”的必备条件。

调酒师的工作任务主要包括：特定范围内的清洁、开吧、调制酒水、酒水补充、应酬客人及吧台日常管理等6个方面。

一、清洁

酒吧服务是餐饮服务行业中的特殊行业，清洁工作尤为重要。清洁的主要对象一般有各种调酒用具、杯具器皿以及吧台等，其目的是要给客人提供一个干净、卫生、安心享受的环境。

二、开吧

开吧就是为酒吧的日常营业做好各项准备工作，包括摆酒、打冰、切配装饰物、提货等。

三、调制酒水

广义上的调酒内容丰富、花样繁多，有鸡尾酒及混合饮料的调配，奶昔的制作，啤酒、红酒的服务等。这里我们需要注意的是，鸡尾酒一定是混合饮料，但混合饮料不一定是鸡尾酒。其中，比较常见的混合饮料有石榴红糖浆加橙汁、兰香橙加雪碧等。

四、酒水补充

调酒师必须注意酒吧内的酒水及所出售的货物是否缺乏，如果缺乏就需要补货。调酒师在补货时有一个必须遵守的原则——先进先出，后进后出，从而避免酒水过期，造成不必要的浪费。

五、应酬客人

应酬客人实际上是一个沟通和促销的过程。前期是与客人进行沟通，后期则可以向客人推销包括鸡尾酒、烈酒及果汁在内的各种特色酒水。

六、日常管理

在酒吧工作中，日常管理的内容一般有账目的管理、人员的管理、成本的控制等。其中，人员的管理会涉及例会等内容，比如在例会中会讨论怎样服务于客人、解决难题等。

第三节　调酒师带你认识酒吧

一、英式酒吧和美式酒吧

英式酒吧环境幽雅，调酒师与服务人员都很绅士，彬彬有礼，注重礼节。美式酒吧是在英式酒吧的基础上发展而来的，现场气氛活跃，配有动感音

图 4-30　应用“一级标题”样式

任务相关知识讲解

1．字符样式和段落样式

字符样式是通过一个步骤就可以应用于文本的一系列字符格式属性的集合。段落样式

包括字符和段落格式属性，可应用于一个段落，也可应用于某范围内的段落。段落样式和字符样式分别位于不同的面板上。

1）字符样式

字符样式包含【字符】调板的所有属性，并且字符样式服务于段落样式。当用户需要在同一个段落中应用不同的样式效果，则需要创建嵌套样式。嵌套样式是为段落中的一个或多个范围的文本指定字符及格式，因此需要先建立字符样式，才能在段落中使用嵌套样式。

2）段落样式

段落样式包含【字符】调板和【段落】调板的所有属性，是排版多页文档时常用的样式。在设置段落样式时，为提高工作效率，可以为每个样式设定快捷键。当两个样式大同小异时，可以使用“基于选项”。还可以使用“下一样式”，快速地将样式运用到各级标题和正文中。

（1）样式快捷键的设置

要添加键盘快捷键，可以将光标插入到“常规”选项下【快捷键】文本框中，并确保键盘上的 Num Lock 键已经打开。然后，按住 Shift、Alt 和 Ctrl 键的任意组合，并按数字小键盘上的数字，如图 4-31 所示。不能使用字母或非小键盘数字定义样式快捷键。

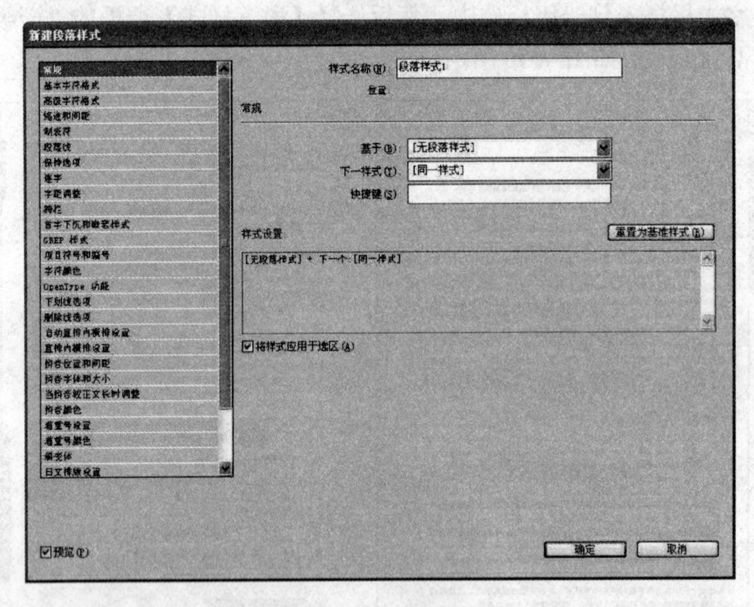

图 4-31 样式快捷键设置

（2）基于

在设置各级标题样式时，它们之间经常使用相同的字体或字号。因此可以在设置小标题时运用“基于”选项，它们之间就建立了相似的样式。

① 选择一段文字作为一级标题，在【字符】调板和【段落】调板中设置文字属性，本例设置【字体】为“方正魏碑简体”，【大小】为“16 点”，【行距】为“18 点”，【段后间距】为“6 毫米”。在【色板】调板中设置颜色为“C=60，M=100，M=100，Y=0”，然后建立样式，样式名称为“一级标题”，如图 4-32 所示。

② 单击【确定】按钮，得到的效果如图 4-33 所示。

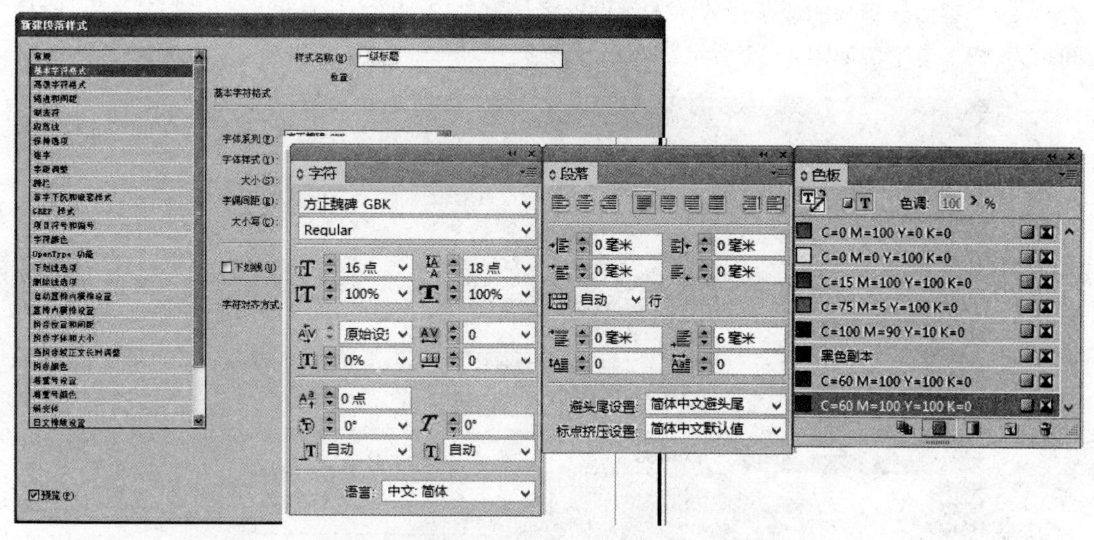

图 4-32　设置文字属性并新建段落样式对话框

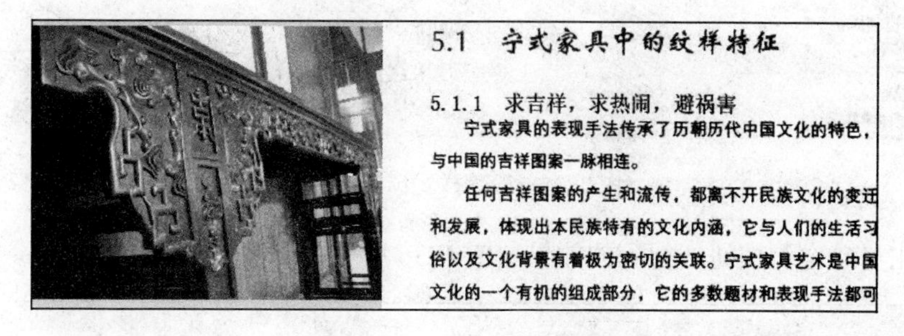
5.1　宁式家具中的纹样特征

5.1.1　求吉祥，求热闹，避祸害

宁式家具的表现手法传承了历朝历代中国文化的特色，与中国的吉祥图案一脉相连。

任何吉祥图案的产生和流传，都离不开民族文化的变迁和发展，体现出本民族特有的文化内涵，它与人们的生活习俗以及文化背景有着极为密切的关联。宁式家具艺术是中国文化的一个有机的组成部分，它的多数题材和表现手法都可

图 4-33　得到的效果

③ 选择另一段文字作为二级标题，单击【段落样式】调板中的“创建新样式”按钮，创建新样式。然后将新样式名称改为“二级标题”。在“基于”的下拉列表框中选择“一级标题”，如图 4-34 所示。

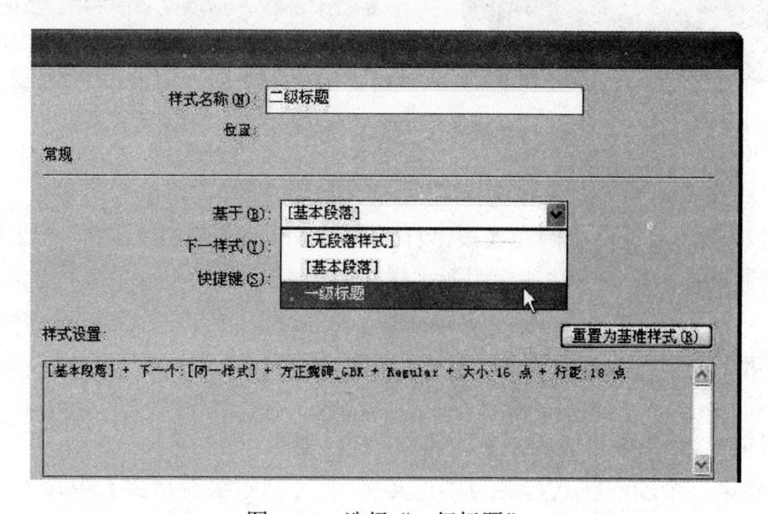

图 4-34　选择“一级标题”

④ 调整二级标题的段落样式，本例设置字号为“12 点”，段前间距为“3 毫米”，段后间距为“3”毫米，如图 4-35 所示。

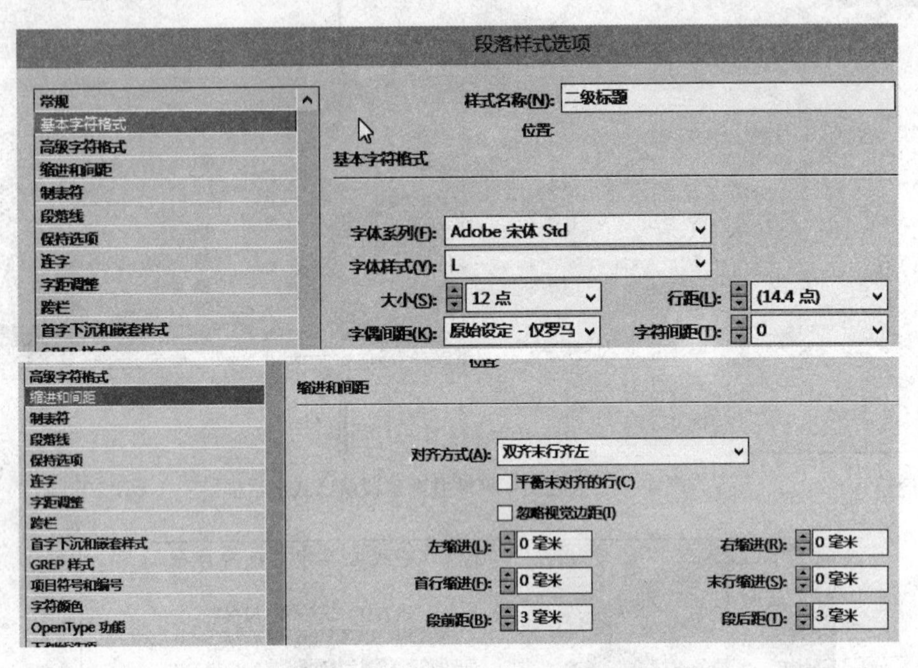

图 4-35　段落样式选项对话框

⑤ 单击【确定】按钮，得到的效果如图 4-36 所示。

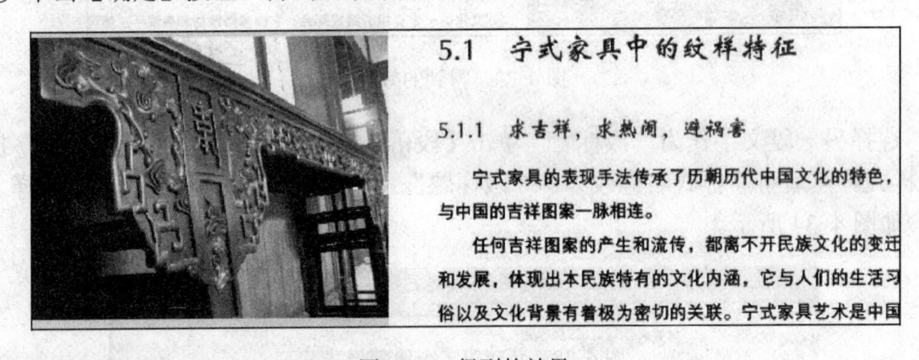

图 4-36　得到的效果

（3）下一样式

在排版过程中，常需要来回在【段落样式】调板中选择各级标题样式或正文样式，使用下一样式能通过按回车键来快速应用各种样式。

① 新建一个段落样式起名为“一级标题”，然后在【基本字符格式】中设置【字体系列】为“方正楷体简体（笔画交叉）”，【大小】为“18 点”，如图 4-37 所示。

② 然后新建第二个段落样式起名为“二级标题”，在【基本字符格式】中设置【字体系列】为“方正黑体_GBK”，【大小】为“14 点”，如图 4-38 所示。

③ 再新建第三个段落样式起名为“正文”，在【基本字符格式】中设置【字体系列】为“方正中等线简体”，大小为“9 点”，如图 4-39 所示。

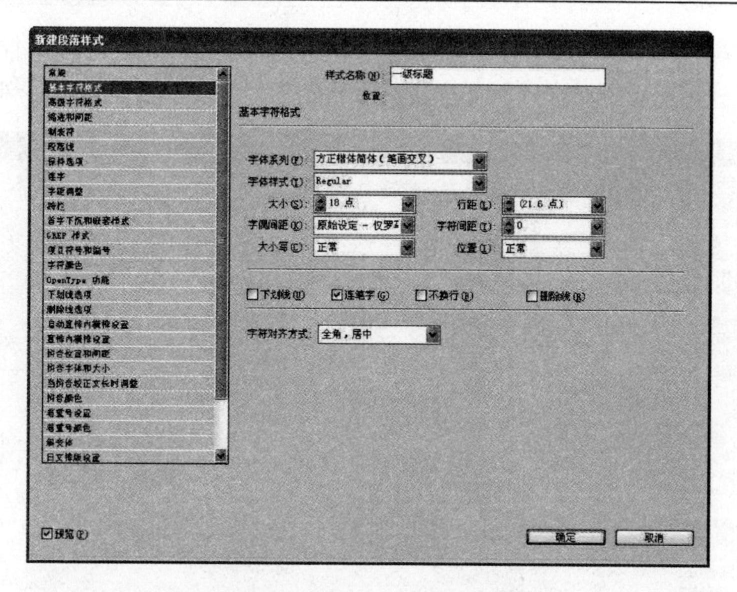

图 4-37　新建一个段落样式

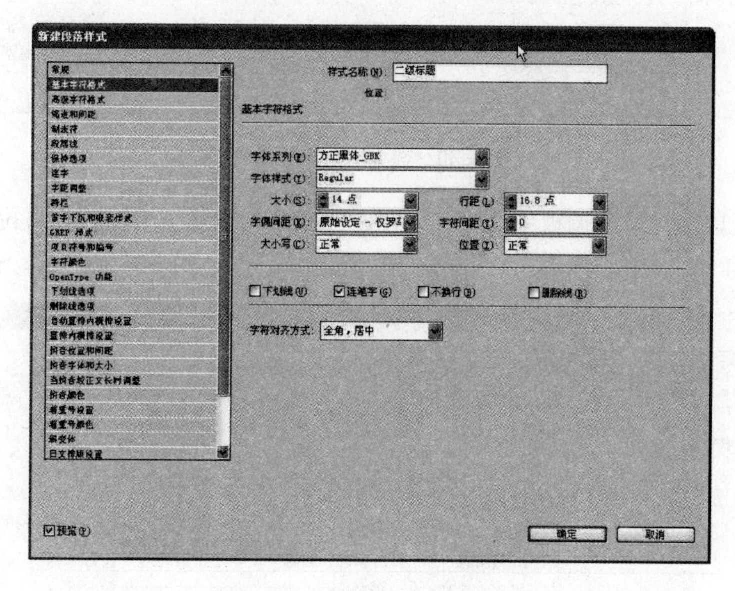

图 4-38　新建第二个段落样式

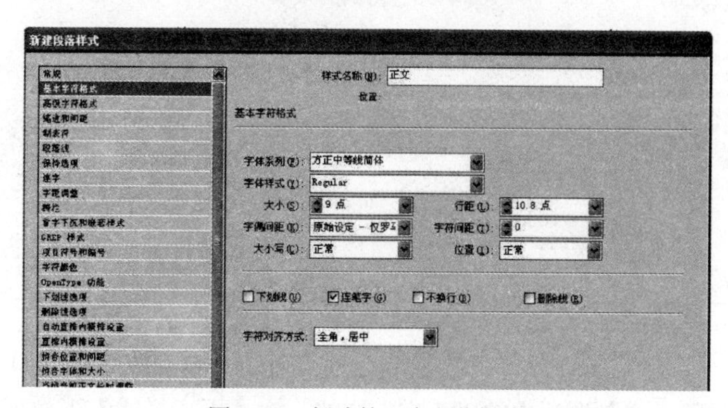

图 4-39　新建第三个段落样式

④ 将 3 个样式新建完成之后，开始对下一样式的设置。双击【段落样式】调板中的“一级标题”样式，在【下一样式】下拉列表框中选择“二级标题”，如图 4-40 所示。

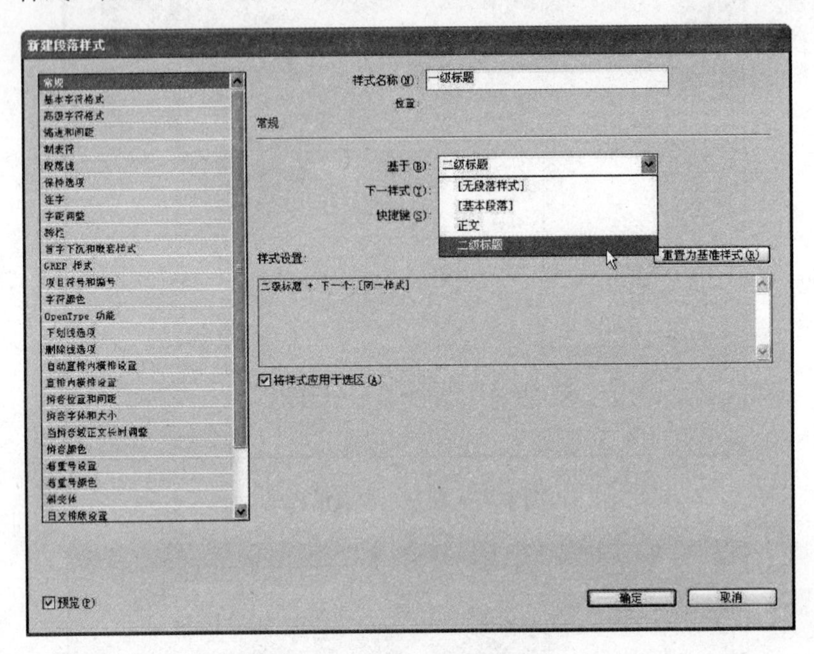

图 4-40　选择“二级标题”

⑤ 选择【段落样式】调板中的“二级标题”样式，在【下一样式】下拉列表框中选择“正文”，如图 4-41 所示。

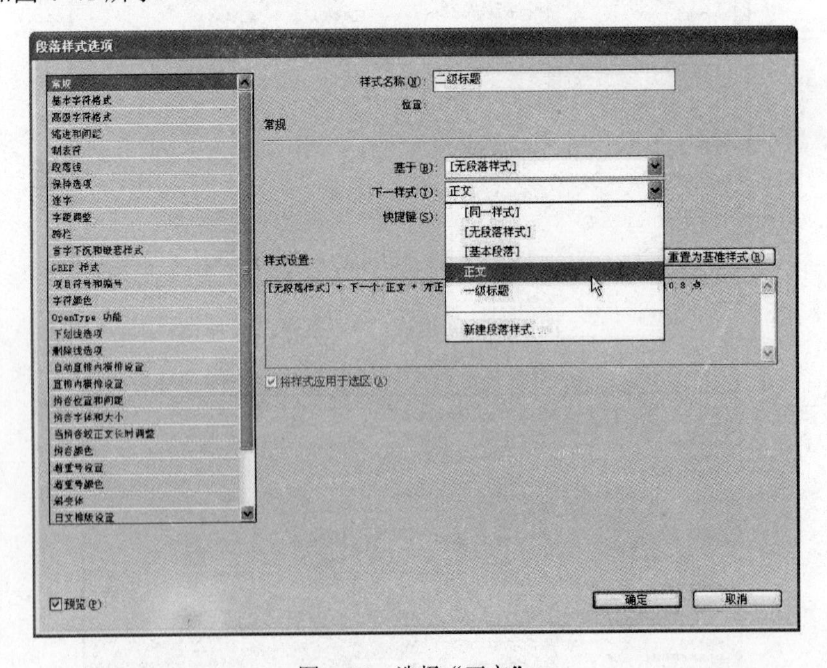

图 4-41　选择“正文”

⑥ 选择【段落样式】调板中的“正文”样式，在【下一样式】下拉列表框中选择“同

一样式”，如图 4-42 所示。

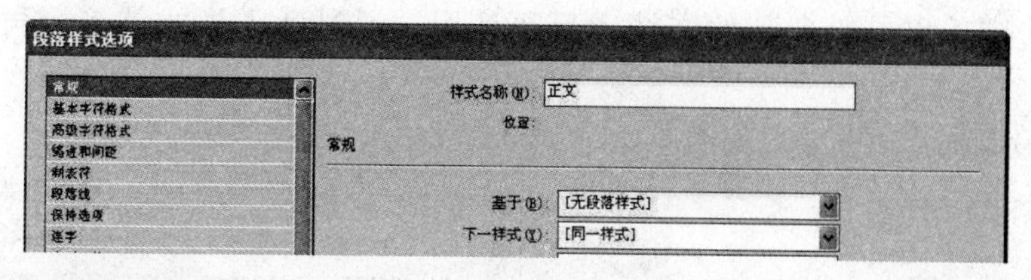

图 4-42　选择“同一样式”

⑦【下一样式】设置完成后，现将其运用到文章当中。拖曳一个文本框输入一段文字并选中，然后单击【段落样式】调板中的“一级标题”样式，如图 4-43 所示。

图 4-43　单击“一级标题”样式

⑧ 按回车键，将自动跳转到“二级标题”样式，如图 4-44 所示。

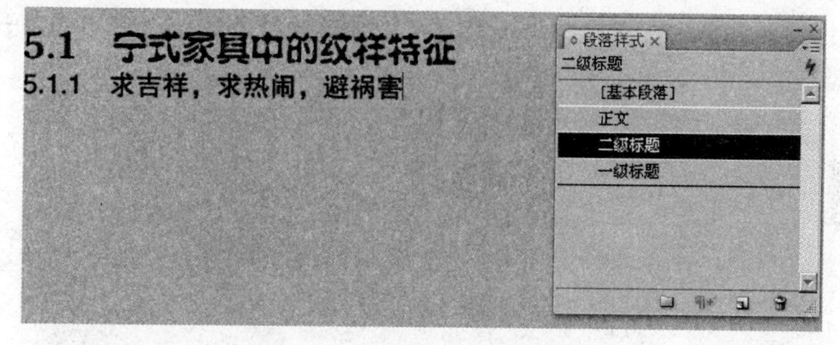

图 4-44　跳转到“二级标题”

⑨ 再按回车键，将自动跳转到“正文”样式，如图 4-45 所示。因为之前在“正文”的【下一样式】中设置了【同一样式】，所以往下按回车键都会使用同一个样式。

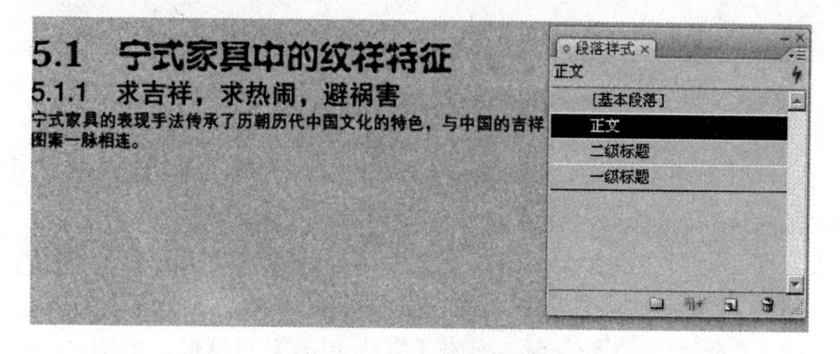

图 4-45　跳转到“正文”

（4）载入其他文档中的样式

设置好的样式也可以在其他文档中反复使用，通过载入样式就不用再重新设置样式了。

① 没有设置样式时的效果如图 4-46 所示。

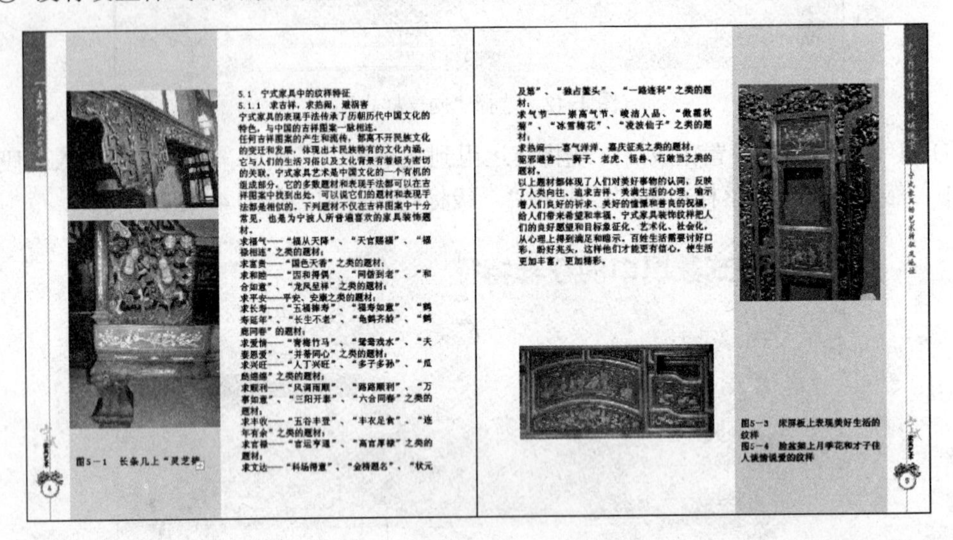

5.1 宁式家具中的纹样特征
5.1.1 求吉祥，求热闹，避祸害
宁式家具的表现手法传承了历朝历代中国文化的特色，与中国的吉祥图案一脉相连。
任何吉祥图案的产生和流传，都离不开民族文化的变迁和发展，体现出本民族特有的文化内涵，它与人们的生活习俗以及文化背景有着极为密切的关联。宁式家具艺术是中国文化的一个有机的组成部分，它的多数题材和表现手法都可以在吉祥图案中找到出处，可以说它们的题材和表现手法都是相似的。下列题材不仅在吉祥图案中十分常见，也是为宁波人所普遍喜欢的家具装饰题材。
求福气——“福从天降”、“天官赐福”、“福禄相连”之类的题材；
求富贵——“国色天香”之类的题材；
求和睦——“因和得偶”、“同偕到老”、“和合如意”、“龙凤呈祥”之类的题材；
求平安——平安、安康之类的题材；
求长寿——“五福捧寿”、“福寿如意”、“鹤寿延年”、“长生不老”、“龟鹤齐龄”、“鹤鹿同春”的题材；
求爱情——“青梅竹马”、“鸳鸯戏水”、“夫妻恩爱”、“并蒂同心”之类的题材；
求兴旺——“人丁兴旺”、“多子多孙”、“瓜瓞绵绵”之类的题材；
求顺利——“风调雨顺”、“路路顺利”、“万事如意”、“三阳开泰”、“六合同春”之类的题材；
求丰收——“五谷丰登”、“丰衣足食”、“连年有余”之类的题材；
求官禄——“官运亨通”、“高官厚禄”之类的题材；
求文达——“科场得意”、“金榜题名”、“状元及第”、“独占鳌头”、“一路连科”之类的题材；
求气节——崇高气节、峻洁人品、“傲霜秋菊”、“冰雪梅花”、“凌波仙子”之类的题材；
求热闹——喜气洋洋、嘉庆征兆之类的题材；
驱邪避害——狮子、老虎、怪兽、石敢当之类的题材。
以上题材都体现了人们对美好事物的认同，反映了人类向往、追求吉祥、美满生活的心理，喻示着人们良好的祈求、美好的憧憬和善良的祝福，给人们带来希望和幸福。宁式家具装饰纹样把人们的良好愿望和目标象征化、艺术化、社会化，从心理上得到满足和暗示。百姓生活需要讨好口彩，盼好兆头，这样他们才能更有信心，使生活更加丰富，更加精彩。

图5-1 长条几上“灵芝纹”

图5-3 床屏板上表现美好生活的纹样
图5-4 脸盆架上月季花和才子佳人谈情说爱的纹样

图 4-46 没有设置样式时的效果

② 单击【段落样式】调板右侧的下拉按钮，在弹出的下拉菜单中选择【载入样式】，弹出【打开文件】对话框，在查找范围中选择已设置好样式的文档，单击【打开】按钮，弹出【载入样式】对话框，如图 4-47 所示。

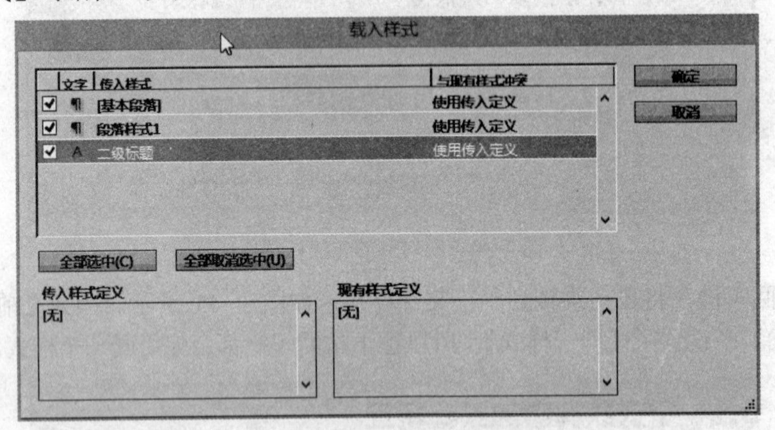

图 4-47 【载入样式】对话框

③ 在【载入样式】对话框中，可以根据排版的需要选择载入的样式，单击【确定】按钮。载入的样式会自动放入【段落样式】调板内，如图 4-48 所示。

④ 将样式分别应用到文章各级标题和正文中，得到的效果如图 4-49 所示。

2．查找/更改

执行【编辑】|【查找/更改】命令，弹出【查找/更改】对话框，如图 4-50 所示。【查找/更改】对话框包含多个选项卡，用于指定要查找和更改的文本。

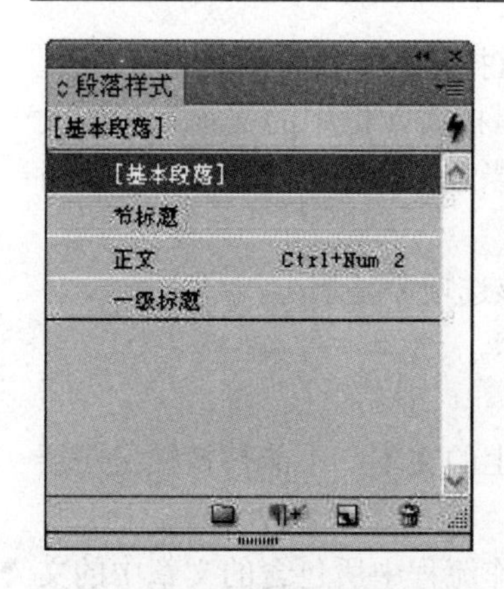

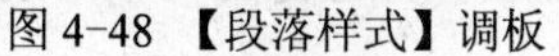

图4-48 【段落样式】调板

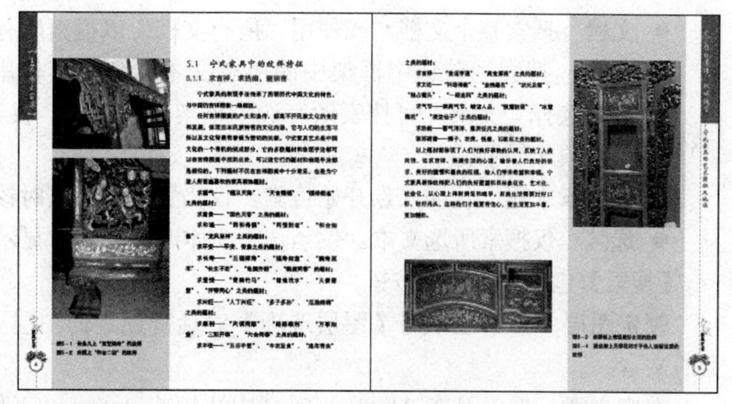

图4-49　得到的效果

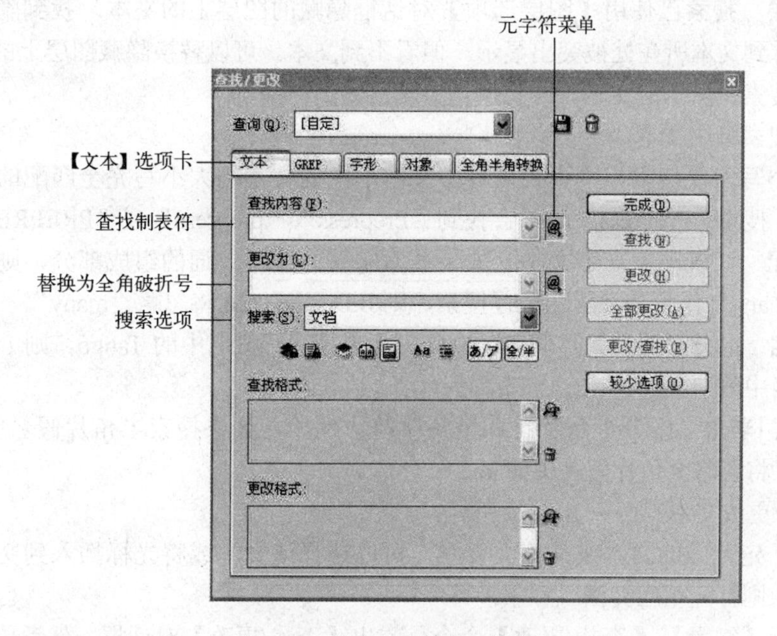

图4-50 【查找/更改】对话框

文本　搜索特殊字符、单词、多组单词或特定格式的文本，并进行更改。还可以搜索特殊字符并替换特殊字符，如符号、标志符和空格字符。通配符选项可帮助扩大搜索范围。

GREP　使用基于模式的高级搜索方法，搜索并替换文本和格式。

字形　使用 Unicode 或 GID/CID 值搜索并替换字形，对于搜索并替换亚洲语言中的字形尤其有用。

对象　搜索并替换对象和框架中的格式效果和属性。例如，可以查找具有 4 点描边的对象，然后使用投影替换描边。

全角半角转换　也可以转换亚洲语言文本的字符类型。例如，可以在日文文本中搜索半角片假名，然后用全角片假名替换。

1）用于查找和更改文本的搜索选项

【搜索】主要用于确定搜索范围的选项。在【搜索】下拉列表中包含如下选项。

- **文档** 搜索整个文档，或使用“所有文档”以搜索所有打开的文档。
- **文章** 搜索当前选中框架中的所有文本，包括其他串接文本框中的文本和溢流文本。选择“文章”可搜索所有选中框架中的文章。仅当选中文本框或置入插入点时该选项才显示。
- **到文章末尾** 从插入点开始搜索。仅当置入插入点时该选项才显示。
- **选区** 仅搜索所选文本。仅当选中文本时该选项才显示。

【搜索】包括以下选项按钮。

锁定图层 搜索已使用【图层选项】对话框锁定的图层上的文本，不能替换锁定图层上的文本。

锁定文章 搜索已在 Version Cue 中注销或 InCopy 工作流程中所包含的文章中的文本，不能替换锁定文章中的文本。

隐藏图层 搜索已使用【图层选项】对话框隐藏的图层上的文本。找到隐藏图层上的文本时，可看到文本所在处被突出显示，但看不到文本。可以替换隐藏图层上的文本。

主页 搜索主页上的文本。

脚注 搜索脚注文本。

区分大小写 仅搜索与“查找内容”文本框中的文本的大小写完全匹配的一个或多个单词。例如，搜索“PrePress”时不会找到“Prepress”、“prepress”或“PREPRESS”。

全字匹配 （仅限罗马字文本）如果搜索字符为罗马单词的组成部分，则会忽略。例如，如果将“any”作为全字匹配进行搜索，则 InDesign CS6 将忽略“many”。

区分假名 区分平假名和片假名。例如，如果搜索平假名中的 Tango，则 InDesign CS6 将忽略片假名中的 Tango。

区分全角|半角 区分半角字符和全角字符。例如，如果搜索半角片假名中的 ka，则 InDesign CS6 将忽略全角片假名中的 ka。

2）查找/更改文本

在搜索一定范围的文本或某篇文章时，可以选择该文本或将光标插入到文章中。要搜索多个文档，则打开相应文档。

（1）执行【编辑】|【查找/更改】命令，弹出【查找/更改】对话框，然后单击【文本】选项卡。

（2）从【搜索】下拉列表中指定搜索范围，然后单击相应图标以包含锁定图层、主页、脚注和要搜索的其他项目。

（3）在【查找内容】文本框中，输入或粘贴要查找的文本。

（4）要搜索或替换制表符、空格或其他特殊字符，可以在【查找内容】文本框右侧的弹出式下拉菜单中选择具有代表性的字符（元字符）。还可以选择“任意数字”或“任意字符”等通配符选项。

（5）在【更改为】文本框中，输入或粘贴替换文本。还可以从【更改为】文本框右侧的弹出式下拉菜单中选择具有代表性的字符。

（6）单击【查找】按钮，则开始查找文本。要继续搜索，可以单击【查找下一个】、【更改】（更改当前实例）、【全部更改】（出现一则消息，指示更改的总数）或【查找/更改】（更改当前实例并搜索下一个）。

（7）查找更改完成后，单击【完成】按钮。

3）查找|更改带格式的文本

（1）执行【编辑】|【查找/更改】命令，弹出【查找/更改】对话框，如果未出现【查找格式】和【更改格式】选项，可以单击【更多选项】按钮。

（2）单击【查找格式设置】部分右侧的“指定要查找的属性”按钮。在弹出的【查找格式设置】对话框的左侧，选择一种类型的格式，指定格式属性，如图 4-51 所示。

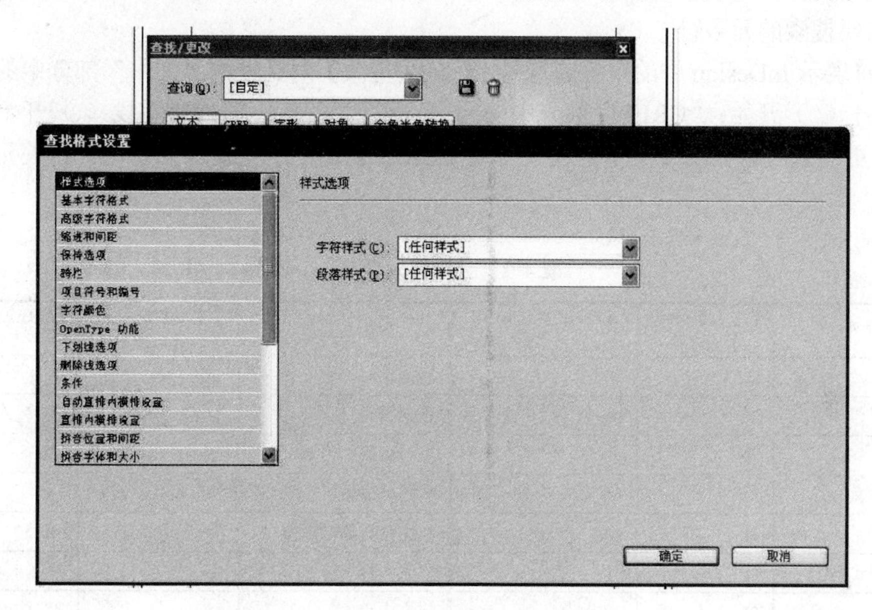

图 4-51　指定格式属性

（3）单击【确定】按钮，完成查找格式设定操作。

注：要仅搜索（或替换为）格式，请将【查找内容】和【更改为】框保留为空。

如果希望对查找到的文本应用格式，则在【更改格式设置】部分中单击“指定要更改的属性”按钮。然后选择某种类型的格式，指定格式属性，并单击【确定】按钮。

使用【查找】和【更改】按钮，设置文本的格式。

4）使用 GREP 表达式搜索

在【查找/更改】对话框的【GREP】选项卡上，可以构建 GREP 表达式，以便在长文档和多个打开的文档中查找字母数字字符串和模式。可以手动输入 GREP 元字符或从“要搜索的特殊字符”列表中选择它们。GREP 搜索区分大小写。

（1）执行【编辑】|【查找/更改】命令，弹出【查找/更改】对话框，然后单击【GREP】选项卡。

（2）在对话框底部的【搜索】下拉列表中指定搜索范围，然后单击相应图标以包含锁定图层、主页、脚注和要搜索的其他项目。

（3）在【查找内容】文本框中，手动输入搜索表达式。要在 GREP 中搜索具有象征意义的字符，则在字符前输入反斜线（\），表明后跟字符为实际字符。例如，句点（.）会在进行 GREP 搜索时搜索所有字符；要搜索真正的句点，请输入“\.”。

（4）单击【搜索内容】选项右侧的“要搜索的特殊字符”按钮，然后从“位置”、“重复”、“匹配”、“修饰符”和“Posix”子菜单中选择选项，以帮助构建搜索表达式。

（5）在【更改为】文本框中，输入或粘贴替换文本。

（6）单击【查找】按钮。要继续搜索，单击【查找下一个】|【更改】（更改当前实例）|【全部更改】（出现一则消息，指示更改的总数）或【查找/更改】（更改当前实例并搜索下一个）。

5）需要搜索的元字符

元字符表示InDesign中的字符或符号。【查找/更改】对话框的“文本”部分中的元字符以尖角符号（^）开始；“GREP”部分中的元字符以代字符（~）或反斜线（\）开始。可以在【查找/更改】对话框的【文本】选项卡或【GREP】选项卡中输入元字符。相关元字符见表4-1。

表4-1 元字符对照表

<table>
<tr><th>字　符</th><th>【文本】选项卡元字符</th><th>【GREP】选项卡元字符</th><th>字　符</th><th>【文本】选项卡元字符</th><th>【GREP】选项卡元字符</th></tr>
<tr><td>制表符字符</td><td>^t</td><td>\t</td><td>段落结尾</td><td>^p</td><td>\r</td></tr>
<tr><td>强制换行</td><td>^n</td><td>\n</td><td>任何页码</td><td>^#</td><td>~#</td></tr>
<tr><td>当前页码</td><td>^N</td><td>~N</td><td>下转页码</td><td>^X</td><td>~X</td></tr>
<tr><td>上接页码</td><td>^V</td><td>~V</td><td>* 任何变量</td><td>^v</td><td>~v</td></tr>
<tr><td>章节标志符</td><td>^x</td><td>~x</td><td>* 定位对象标志符</td><td>^a</td><td>~a</td></tr>
<tr><td>* 脚注引用标志符</td><td>^F</td><td>~F</td><td>* 索引标志符</td><td>^I</td><td>~I</td></tr>
<tr><td>半角中点</td><td>^8</td><td>~8</td><td>日文中点</td><td>^5</td><td>~5</td></tr>
<tr><td>尖角符号</td><td>^^</td><td>\^</td><td>反斜线字符</td><td>\</td><td>\\</td></tr>
<tr><td>版权符号</td><td>^2</td><td>~2</td><td>省略号</td><td>^e</td><td>~e</td></tr>
<tr><td>代字符</td><td>~</td><td>\~</td><td>段落符号</td><td>^7</td><td>~7</td></tr>
<tr><td>注册商标符号</td><td>^r</td><td>~r</td><td>章节符号</td><td>^6</td><td>~6</td></tr>
<tr><td>商标符号</td><td>^d</td><td>~d</td><td>左圆括号字符</td><td>(</td><td>\(</td></tr>
<tr><td>右圆括号字符</td><td>)</td><td>\)</td><td>左大括号字符</td><td>{</td><td>\{</td></tr>
<tr><td>右大括号字符</td><td>}</td><td>\}</td><td>左方括号字符</td><td>[</td><td>\[</td></tr>
<tr><td>右方括号字符</td><td>]</td><td>\]</td><td>全角破折号</td><td>^—</td><td>~—</td></tr>
<tr><td>半角破折号</td><td>^=</td><td>~=</td><td>自由连字符</td><td>^-</td><td>~-</td></tr>
<tr><td>不间断连字符</td><td>^~</td><td>~~</td><td>表意字空格</td><td>^(</td><td>~(</td></tr>
<tr><td>全角空格</td><td>^m</td><td>~m</td><td>半角空格</td><td>^></td><td>~></td></tr>
<tr><td>三分之一空格</td><td>^3</td><td>~3</td><td>四分之一空格</td><td>^4</td><td>~4</td></tr>
<tr><td>六分之一空格</td><td>^%</td><td>~%</td><td>右齐空格</td><td>^f</td><td>~f</td></tr>
<tr><td>细空格（1|24）</td><td>^|</td><td>~|</td><td>不间断空格</td><td>^s</td><td>~s</td></tr>
<tr><td>不间断空格（固定宽度）</td><td>^S</td><td>~S</td><td>窄空格（1|8）</td><td>^<</td><td>~<</td></tr>
<tr><td>数字空格</td><td>^|</td><td>~|</td><td>标点空格</td><td>^.</td><td>~.</td></tr>
<tr><td>剪贴板内容（带格式）</td><td>^c</td><td>~c</td><td>剪贴板内容（不带格式）</td><td>^C</td><td>~C</td></tr>
<tr><td>任何双引号</td><td>"</td><td>"</td><td>任何单引号</td><td>'</td><td>'</td></tr>
</table>

续表

字　符	【文本】选项卡元字符	【GREP】选项卡元字符	字　符	【文本】选项卡元字符	【GREP】选项卡元字符
直双引号	^"	~"	英文左双引号	^{	~{
英文右双引号	^}	~}	直单引号	^'	~'
英文左单引号	^[	~[	英文右单引号	^]	~]
标准回车符	^b	~b	分栏符	^M	~M
框架分隔符	^R	~R	分页符	^P	~P
奇数页分页符	^L	~L	偶数页分页符	^E	~E
自由换行符	^j	~a	右对齐制表符	^y	~y
在此缩进对齐	^i	~i	在此处结束嵌套样式	^h	~h
可选分隔符	^k	~k	标题（段落样式）	^Y	~Y
标题（字符样式）	^Z	~Z	自定文本	^u	~u
最后页码	^T	~T	章节编号	^H	~H
创建日期	^S	~S	修改日期	^o	~o
输出日期	^D	~D	文件名	^l（L 小写形式）	~l（L 小写形式）
* 任意数字	^9	\d	* 任意字母	^$	[\l\u]
* 任意字符	^?	.（在【更改为】中插入句点）	* 空格（任何空格或制表符）	^w	\s（在【更改为】中插入空格）
* 任意字符		\w	* 任何大写字母		\u
* 任何小写字母		\l	* 汉字	^K	\K

注：*表示仅可输入到【查找内容】文本框，而不能输入到【更改为】文本框。

6）查找和更改字形

【查找/更改】对话框的【字形】部分对于替换与其他相似字形（如替代字形）共享相同Unicode 值的字形尤其有用。

（1）执行【编辑】|【查找/更改】命令，弹出【查找/更改】对话框，然后单击【字形】选项卡，如图 4-52 所示。

（2）在对话框底部的【搜索】下拉列表中指定范围，然后单击相应图标以确定搜索中是否包括锁定图层、主页、脚注等项目。

（3）在【查找字形】下选择字形所在的【字体系列】和【字体样式】。【字体系列】菜单仅显示应用于当前文档所含文本的那些字体。具有未使用的样式的字体不会显示。

（4）在【字形】文本框中输入要查找的字形，或单击【字形】文本框旁的按钮，然后双击调板上的字形。该调板的选项与【字形】调板相似，如图 4-53 所示。

（5）在【更改字形】下，输入要更改的字形。单击【查找】按钮。要继续搜索，则单击【查找下一个】|【更改】（更改最新字形）、【全部更改】（出现一则消息，指示更改的总数）或【查找/更改】更改当前实例并搜索下一个。

（6）单击【完成】按钮，完成查找字形的操作。

7）查找和更改对象

可以执行【查找下一个】命令查找并替换应用于对象、图形框架和文本框架的属性和效果。例如，要使投影具有统一的颜色、透明度和位移距离，可使用【查找下一个】命令在整个文档中搜索并替换投影。

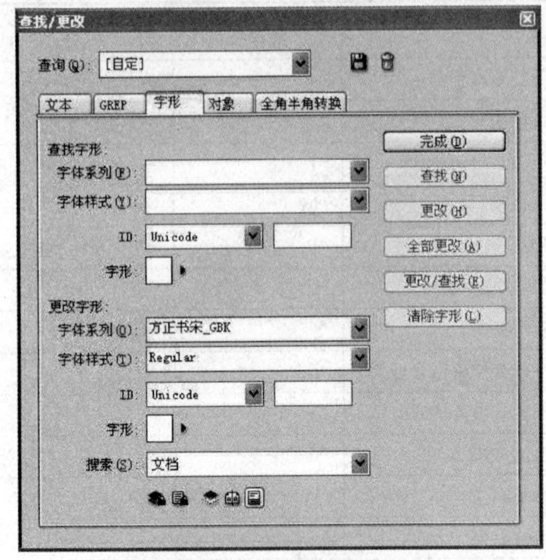

图 4-52 【字形】选项卡

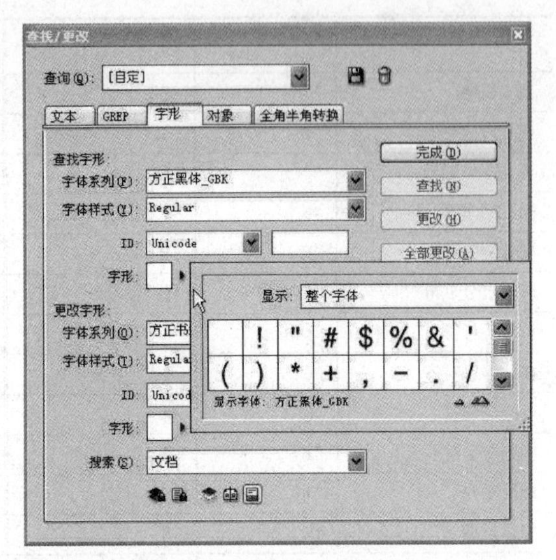

图 4-53 输入要查找的字形

（1）执行【编辑】|【查找/更改】命令，弹出【查找/更改】对话框，然后单击【对象】选项卡，如图 4-54 所示。

（2）单击【查找对象格式】文本框，或单击“指定要查找的属性”按钮。在弹出的【查找对象格式选项】对话框的左侧，选择一种类型的格式，指定格式属性，如图 4-55 所示。然后单击【确定】按钮。

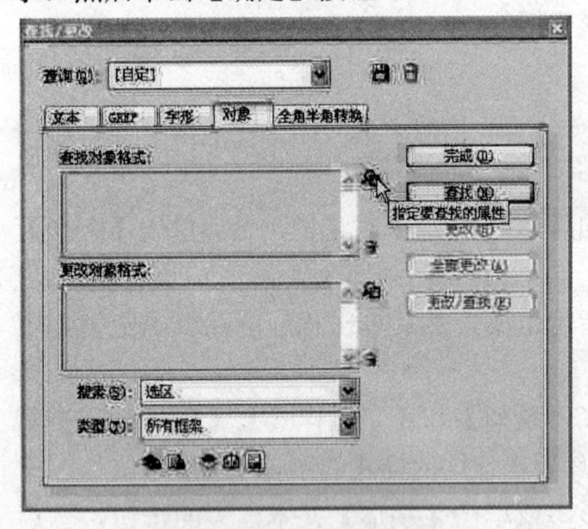

图 4-54 【对象】选项卡

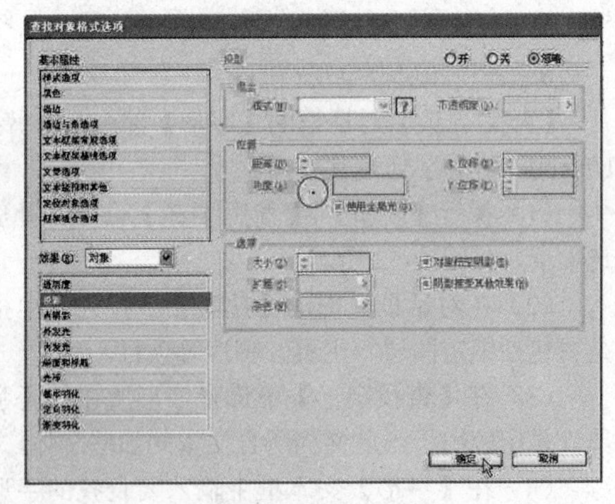

图 4-55 【查找对象格式选项】对话框

（3）确保要搜索的所有类别都处于正确状态。可以为每个“效果”类别使用下列三种状态之一：打开、关闭或忽略。例如，将“投影”设置为“开”可在搜索中包含投影格式；将“投影”设置为“关”可在已关闭投影格式的对象中进行搜索；将“投影”设置为“忽略”可在进行搜索时忽略投影。

（4）对查找到的对象应用格式，单击【更改对象格式】文本框，或在【更改格式设置】中单击“指定要更改的属性”按钮。然后选择某种类型的格式，指定格式属性，并单击【确定】按钮。

（5）单击【查找】和【更改】按钮，设置文本的格式。

8）转换双字节字符类型

使用【查找/更改】对话框的“全角半角转换”功能，转换亚洲语言文本的字符类型。

（1）执行【编辑】|【查找/更改】命令，弹出【查找/更改】对话框，然后单击【全角半角转换】选项卡。

（2）在对话框底部的【搜索】下拉列表中指定范围，然后单击相应图标以确定搜索中是否包括锁定图层、主页、脚注等项目。

（3）在【查找内容】中指定字符类型。

（4）在【更改为】中指定替换字符类型。根据在“查找内容”中指定的字符类型，“更改为”中的部分选项可能不可用。例如，如果在【查找内容】中选择了全角平假名，则不能在【更改为】中选择全角罗马符号。

（5）单击【查找下一个】按钮，然后单击【更改】按钮。

任务二　学校招生简章的设计制作

任务背景

新的学期又将到来，学校宣传部打算征集新学期的招生简章，希望同学们能踊跃参与。赶紧为学校设计制作新学年的招生简章吧！

任务要求

设计时要以学校 Logo 的颜色为主色调，版式简洁大方，文字内容严谨，要让读者明白我们是一所怎样的大学，就读我们学校有什么优势，毕业以后的就业优势是什么，所开设的专业及专业内容。

成品尺寸为 210 mm × 285 mm。

任务素材

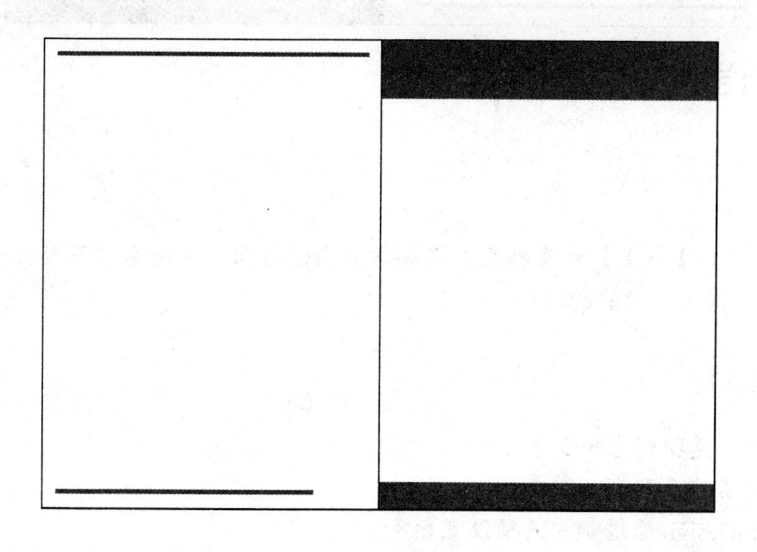

任务分析

1. 置入文本到模板里。
2. 在【字符】调板中设置文字的字体、字号和行距。
3. 在【段落】调板中设置首行左缩进。
4. 在【色板】调板中设置字体颜色。
5. 为各级标题和正文创建段落样式。
6. 创建字符样式，作为嵌套样式使用。
7. 在正文的段落样式中设置嵌套样式。
8. 将样式分别应用到内文中。

任务参考效果图

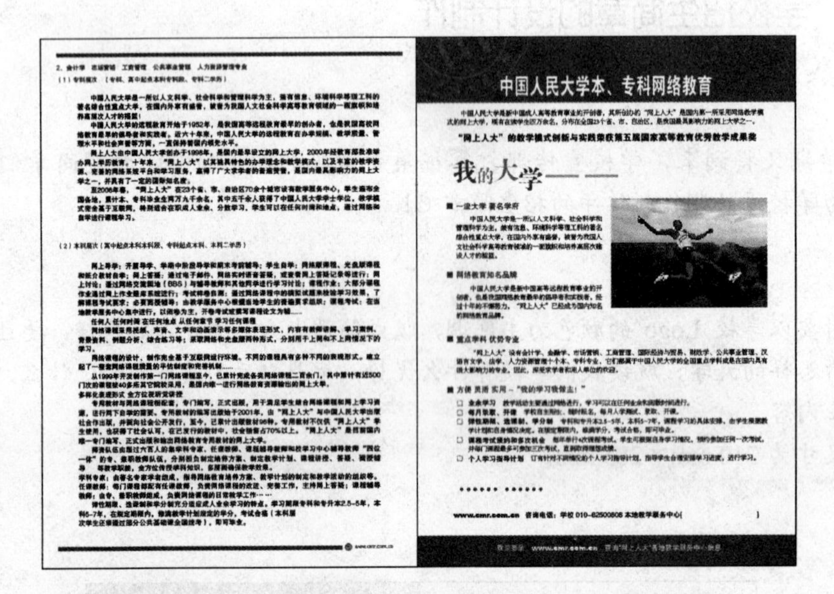

任务三　自学部分

目的

了解【色板】、【渐变】和【颜色】调板各选项的按钮、选项名称及其位置，以及它们之间如何协作，掌握各功能的使用。

学生预习

1. 了解什么是印刷色和专色。
2. 了解日常使用哪些颜色模式。
3. 了解 InDesign 通过哪些选项设置颜色。

学生练习

使用相关素材，练习使用【色板】、【渐变】和【颜色】调板填充对象。原始素材如图 4-56 所示，填充颜色后的效果如图 4-57 所示，可作为同学们练习的参考。

图 4-56　原始素材

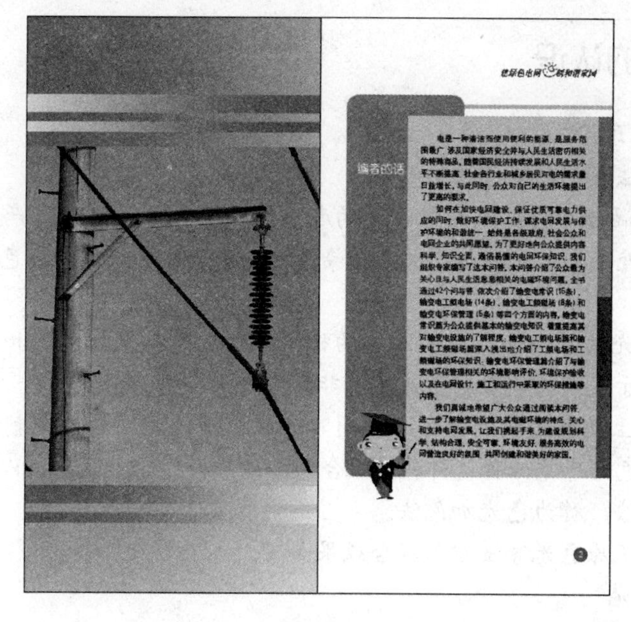

图 4-57　填充颜色后的效果

模块5　颜色的设置

能力目标

1. 能够用【色板】调板为对象填充各种颜色
2. 能够用【颜色】和【渐变】调板设置渐变色
3. 根据各种印刷工艺创建不同颜色的专色

知识目标

1. 了解【色板】、【颜色】和【渐变】调板的设置方法
2. 了解颜色的基本理论知识
3. 了解印刷色和专色

课时安排

2课时讲解，2课时实践

任务一　颜色的认识

1. 颜色的基本理论

（1）色光加色法和色料减色法

颜色可以互相混合，两种或两种以上的颜色经过混合之后便可以产生新的颜色，这在日常生活中几乎随处可见。无论是绘画、印染，还是彩色印刷，都以颜色的混合为最基本的工作方法。

颜色混合有色光的混合和色料的混合两种，分别称为色光加色法和色彩减色法。充分理解这两种方法对于我们的学习和生活都有非常重要的意义。

两种或两种以上的色光相混合时，会同时或在极短的时间内连续刺激人的视觉器官，使人产生一种新的色彩感觉，称这种色光混合为加色混合。这种由两种以上色彩相混合，呈现另一种色光的方法，称为色光加色法。

色光加色法的三原色光等量相加混合效果如下:

红光+绿光=黄光

红光+蓝光=品红光

绿光+蓝光=青光

红光+绿光+蓝光=白光

当白光照射到色料上时，色料从白光中吸收一种或几种单色光，从而呈现另一种颜色的方法称为色料减色法，简称减色法。对于三原色色料的减色过程，可以用以下式子表示。

黄色料：W−B=R+G=Y

品红色料：W−G=R+B=M

青色料：W−R=G+B=C

（2）色彩的三个属性

色彩的三个属性是色相、明度和饱和度。

色相是指颜色的基本相貌，它是颜色彼此区别的最主要最基本的特征，它表示颜色质的区别。例如：红、橙、黄、绿、青、蓝、紫。

明度表示物体颜色深浅明暗的特征量，是判断一个物体比另一个物体能够较多或较少地反射光的色彩感觉的属性，是颜色的第二种属性。简单地说，色彩的明度就是人眼所感受的色彩的明暗程度。

饱和度是指颜色的纯洁性。可见光谱的各种单色光是最饱和的彩色，当光谱色加入白光成分时，就变得不饱和。

2．印刷色和专色

印刷色就是由不同的 C、M、Y 和 K 的百分比组成的颜色。C、M、Y、K 就是通常采用的印刷四原色。在印刷原色时，这 4 种颜色都有自己的色版，在色版上记录了这种颜色的网点，这些网点是由半色调网屏生成的，把 4 种色版合到一起就形成了所定义的原色。调整色版上网点的大小和间距就能形成其他的原色。实际上，在纸张上面的 4 种印刷颜色是分开的，只是色相很近，由于人们眼睛的分辨能力有一定的限制，所以分辨不出来。我们得到的视觉印象就是各种颜色的混合效果，于是产生了各种不同的原色。

C、M、Y 可以合成几乎所有颜色，但还需黑色，因为通过 C、M、Y 产生的黑色是不纯的，在印刷时需更纯的黑色，且若用 C、M、Y 来产生黑色会出现局部油墨过多问题。

专色油墨是指一种预先混合好的特定彩色油墨，如荧光黄色、珍珠蓝色、金属金银色油墨等，它不是靠 C、M、Y、K 四色混合出来的，套色意味着准确的颜色。它有以下 4 个特点。

（1）准确性

每一种套色都有其本身固定的色相，所以它能够保证印刷中颜色的准确性，从而在很大程度上解决了颜色传递准确性的问题。

（2）实地性

专色一般用实地色定义颜色，而无论这种颜色有多浅。当然，也可以给专色加网（Tint），以呈现专色的任意深浅色调。

（3）不透明性

专色油墨是一种覆盖性质的油墨，它是不透明的，可以进行实地的覆盖。

（4）表现色域宽

套色色库中的颜色色域很宽，超过了 RGB 的表现色域，更不用说 C、M、Y、K 颜色空间了，所以，有很大一部分颜色是用 C、M、Y、K 四色印刷油墨无法呈现的。

任务二　宣传小册子的设计制作

任务背景

这本宣传册是面向广大群众的科普读物，宣传电网知识，保护环境，让群众了解并支持电网的发展。因此，为吸引读者阅读的兴趣，版面不仅要丰富，在颜色上也要求以鲜艳的环保色调的颜色为主。

任务要求

在已排好的版面文件上绘制图形，并为图形填充颜色。

宣传册成品尺寸为 105 mm × 200 mm，上边距为 30 mm，下边距为 20 mm，内边距为 10 mm，外边距为 10 mm。

任务素材

建绿色电网 创和谐家园

编者的话

电是一种清洁而使用便利的能源，是服务范围最广、涉及国家经济安全并与人民生活密切相关的特殊商品。随着国民经济持续发展和人民生活水平不断提高，社会各行业和城乡居民对电的需求量日益增长。与此同时，公众对自己的生活环境提出了更高的要求。

如何在加快电网建设、保证优质可靠电力供应的同时，做好环境保护工作，谋求电网发展与保护环境的和谐统一，始终是各级政府、社会公众和电网企业的共同愿望。为了更好地向公众提供内容科学、知识全面、通俗易懂的电网环保知识，我们组织专家编写了这本问答。本问答介绍了公众最为关心且与人民生活息息相关的电磁环境问题。全书通过42个问与答，依次介绍了输变电常识（15条）、输变电工频电场（14条）、输变电工频磁场（8条）和输变电环保管理（5条）等四个方面的内容。输变电常识篇为公众提供基本的输变电知识，着重提高其对输变电设施的了解程度；输变电工频电场篇和输变电工频磁场篇深入浅出地介绍了工频电场和工频磁场的环保知识；输变电环保管理篇介绍了与输变电环保管理相关的环境影响评价、环境保护验收以及在电网设计、施工和运行中采取的环保措施等内容。

我们真诚地希望广大公众通过阅读本问答，进一步了解输变电设施及其电磁环境的特点，关心和支持电网发展。让我们携起手来，为建设规划科学、结构合理、安全可靠、环境友好、服务高效的电网营造良好的氛围，共同创建和谐美好的家园。

2

任务参考效果图

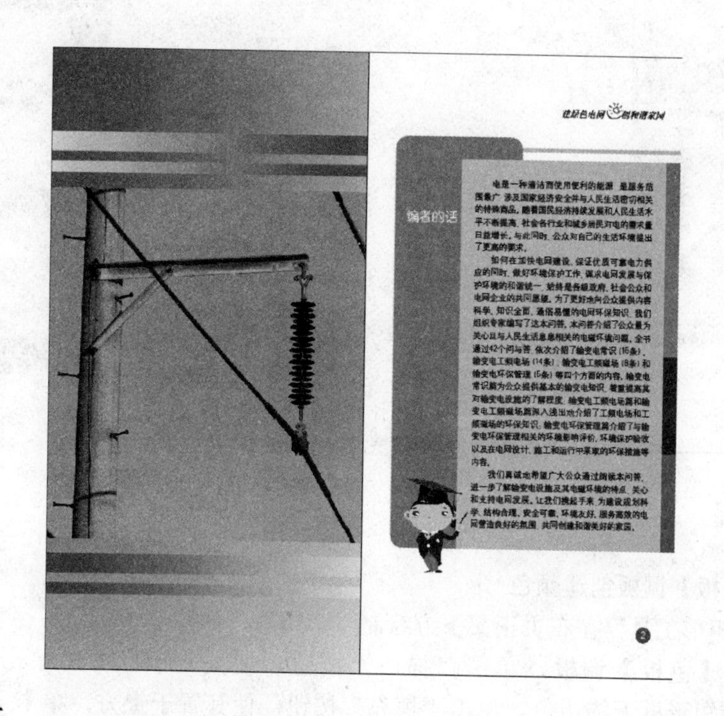

制作步骤分析

1. 用“矩形工具”绘制图形。
2. 新建颜色色板，为图形填充颜色。
3. 同时使用【渐变】和【颜色】调板创建渐变色。
4. 用“渐变工具”调整对象的渐变方向。

参考制作流程

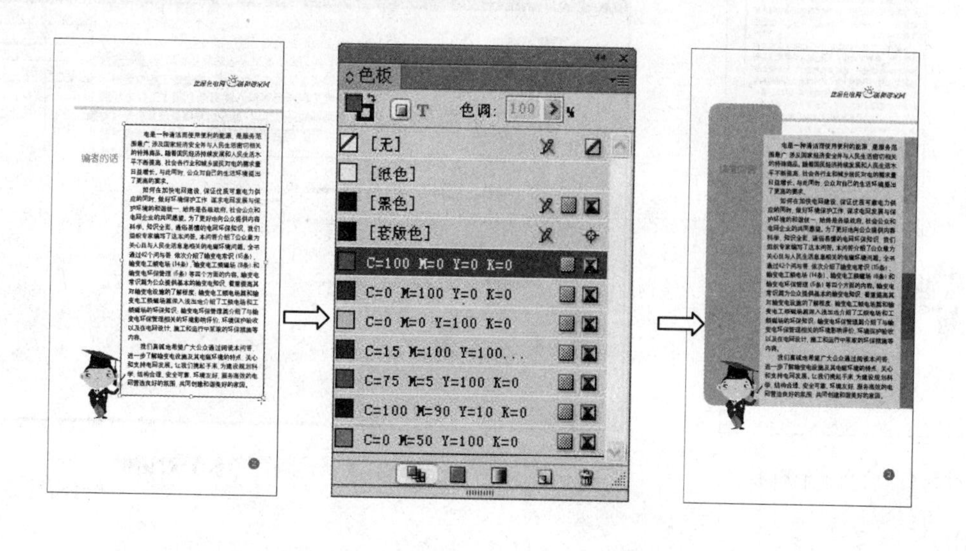

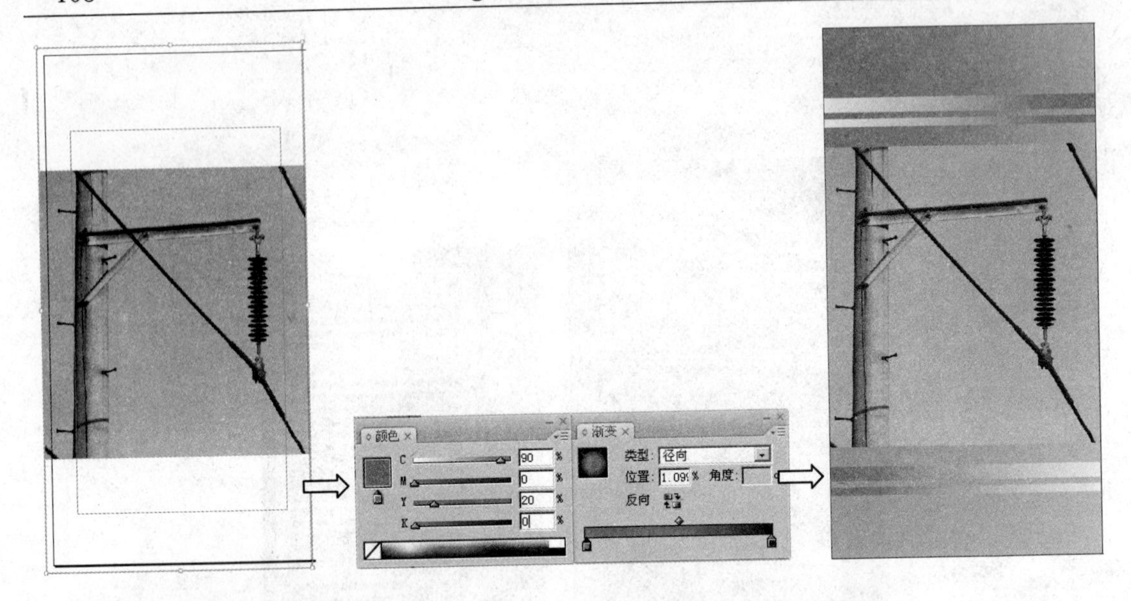

操作步骤详解

1. 用【色板】调板创建颜色

（1）用“矩形工具”在右页正文下方绘制一个矩形，如图 5-1 所示。

（2）打开【色板】调板，单击“描边”按钮，使其置于上方。单击颜色列表框的“无”颜色，使矩形框无描边色。单击“填充”按钮，使其置于上方，单击【色板】调板右侧的下拉按钮，在弹出的下拉菜单中选择【新建颜色色板】，在弹出的【新建颜色色板】对话框中选择【以颜色值命名】复选框，【颜色类型】为“印刷色”，【颜色模式】为“CMYK”，颜色色值为 C=0，M=10，Y=90，K=0，如图 5-2 所示。

图 5-1　绘制一个矩形

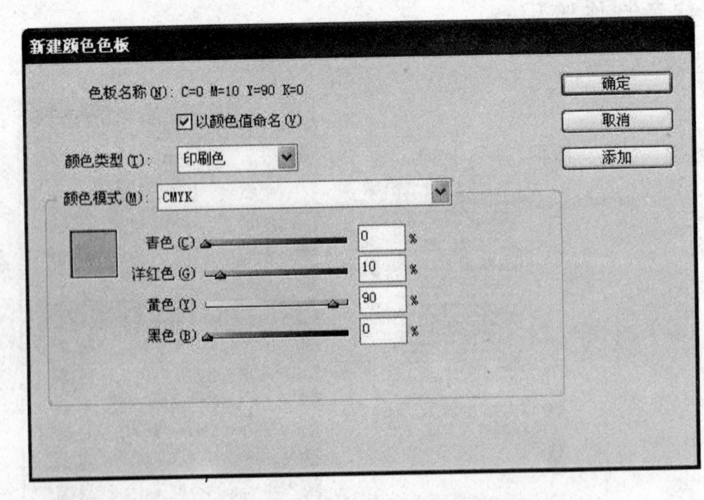

图 5-2 【新建颜色色板】对话框

（3）单击【添加】按钮，在【色板】调板中添加新建的颜色，然后再单击【完成】按钮，得到的效果如图 5-3 所示。

（4）按住 Ctrl+Shift+[键，使矩形框置于最下方。使用“矩形工具”在黄色矩形框的左边绘制一个矩形，如图 5-4 所示。

图 5-3　添加新建颜色

图 5-4　绘制一个矩形

（5）执行【对象】|【角选项】命令，在弹出的【角选项】对话框中设置【效果】为“圆角”，【大小】为“5 毫米”，如图 5-5 所示。

（6）单击【确定】按钮，完成角效果的设置。按照前面设置颜色的方法，新建颜色色值为 C=50，M=0，Y=90，K=0，并填充到圆角矩形中，无描边色。按住 Ctrl+Shift+[键，使圆角矩形置于最下方，得到的效果如图 5-6 所示。

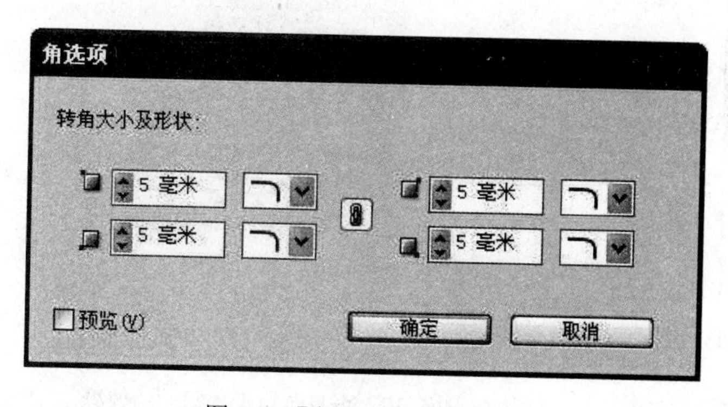

图 5-5 【角选择】对话框

图 5-6　得到的效果

（7）在黄色矩形的右边绘制一个矩形条，并填充颜色值为 C=0，M=40，Y=100，K=0 的颜色，无描边色，得到的效果如图 5-7 所示。

（8）用“选择工具”选择橙色矩形条，按住 Alt+Shift 键和鼠标左键拖曳图形一段距离后松开鼠标，则完成垂直向下复制矩形条的操作，并填充颜色值为 C=40，M=0，Y=100，K=0 的颜色，无描边色，得到的效果如图 5-8 所示。

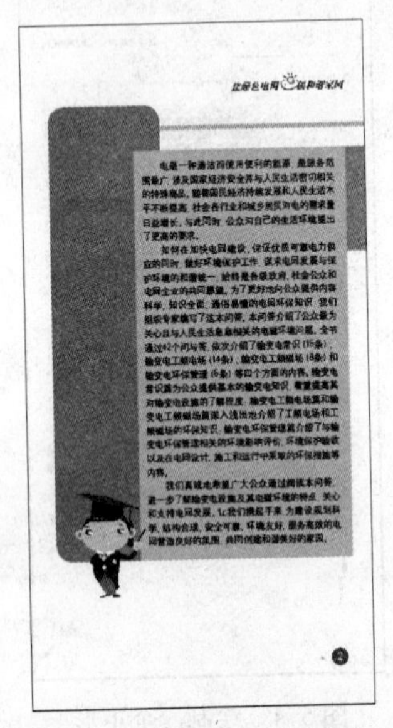

图 5-7 设置矩形条并填充颜色

图 5-8 复制矩形条并填充颜色

（9）按照上一步的操作复制一个矩形条，填充颜色值为 C=100，M=10，Y=100，K=30 的颜色，无描边色，得到的效果如图 5-9 所示。

（10）再复制一个矩形条，填充颜色值为 C=60，M=20，Y=100，K=0 的颜色，无描边色，得到的效果如图 5-10 所示。

图 5-9 再复制矩形条并填充颜色

图 5-10 再复制矩形条得到的效果

2．用【渐变】和【颜色】调板创建渐变色

（1）用“矩形工具”在左页绘制一个矩形，如图 5-11 所示。

（2）为矩形填充渐变色。打开【渐变】和【颜色】调板，在【渐变】调板的【类型】下拉列表框中选择“径向”，选择颜色条下方的白色色标，在【颜色】调板中设置颜色值为 C=90，M=0，Y=20，K=0 的颜色，如图 5-12 所示。

图 5-11　绘制矩形

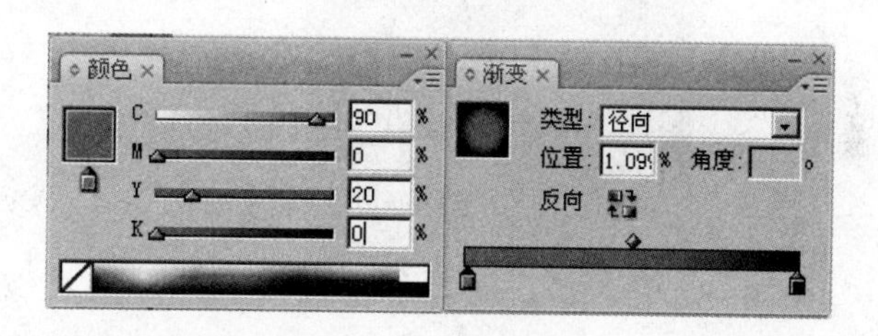

图 5-12　为矩形填充渐变色

（3）选择【渐变】调板下方的黑色色标，在【颜色】调板中设置颜色色值为 C=15，M=0，Y=0，K=0，得到的效果如图 5-13 所示。

（4）将【渐变】调板的“渐变填充”图标拖曳到【色板】调板中，则完成存储渐变色的操作。选择“渐变色板工具”，在渐变图形上方沿对角线方向拖曳鼠标，则完成改变渐变方向的操作，如图 5-14 所示。

图 5-13　渐变效果

图 5-14　改变渐变方向

（5）按住 Ctrl+Shift+[键，使渐变图形置于最下方，在【色板】调板中将其描边色设置为“无”，得到的效果如图 5-15 所示。

（6）在图片上方绘制一个矩形条，在【色板】调板中设置填充色为渐变色，描边色为无。然后在【渐变】调板中设置【类型】为“线性”，【角度】为“180”，得到的效果如图 5-16 所示。

图 5-15 渐变图形置于最下方

图 5-16 图片上方绘制矩形条

（7）再绘制一个矩形条，并填充相同的渐变色，如图 5-17 所示。

（8）将两个矩形条复制粘贴到图片的下方，然后改变它们的渐变方向为由深色到浅色渐变，如图 5-18 所示。

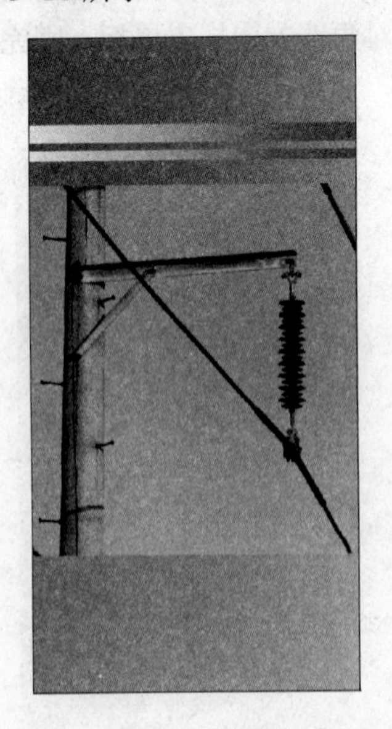

图 5-17 再绘制矩形条

图 5-18 设置下方矩形条

任务相关知识讲解

1.【色板】调板介绍

执行【窗口】|【色板】命令，打开【色板】调板，如图 5-19 所示。【色板】调板可以创建和命名颜色、渐变或色调，并将它们快速应用于文档。色板类似于段落样式和字符样式，对色板所做的任何更改将影响应用该色板的所有对象。使用色板无需定位和调节每个单独的对象，从而使得修改颜色方案变得更加容易。

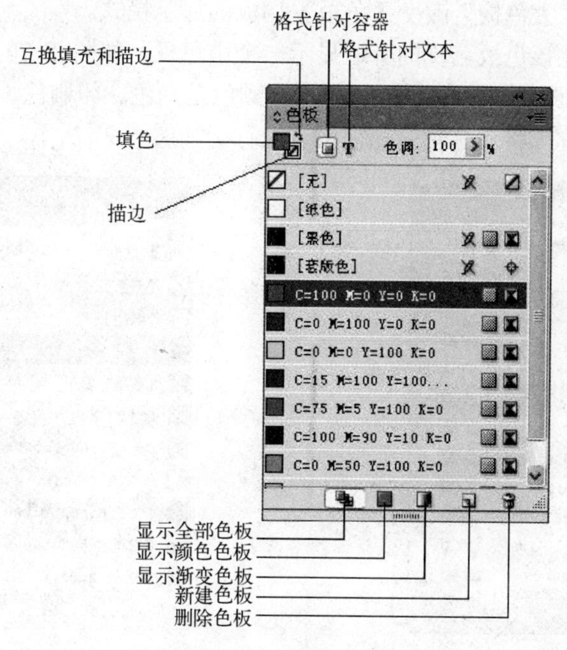

图 5-19 【色板】调板

【色板】调板存储下列类型的色板。

颜色 【色板】调板上的图标标识了专色和印刷色颜色类型，以及 LAB、RGB、CMYK 和混合油墨颜色模式。

色调 【色板】调板中显示在色板旁边的百分比值，用以指示专色或印刷色的色调。色调是经过加网而变得较浅的一种颜色版本。色调是给专色带来不同颜色深浅变化的较经济的方法，不必支付额外专色油墨的费用。色调也是创建较浅印刷色的快速方法，尽管它并未减少四色印刷的成本。与普通颜色一样，最好在【色板】调板中命名和存储色调，以便可以在文档中轻松编辑该色调的所有实例。

渐变 【色板】调板上的图标，用以指示渐变是径向还是线性。

无 “无”色板可以移去对象中的描边或填色。不能编辑或移去此色板。

纸色 纸色是一种内建色板，用于模拟印刷纸张的颜色。纸色对象后面的对象不会印刷纸色对象与其重叠的部分。相反，将显示所印刷纸张的颜色。可以通过双击【色板】调板中的“纸色”对其进行编辑，使其与纸张类型相匹配。纸色仅用于预览，它不会在复合打印机上打印，也不会通过分色来印刷。不能移去此色板。不要应用“纸色”色板来清除对象中的颜色，而应使用“无”色板。

黑色 黑色是内建的、使用 CMYK 颜色模型定义的 100% 印刷黑色。不能编辑或移去此色板。默认情况下，所有黑色实例都将在下层油墨（包括任意大小的文本字符）上叠印（打印在最上面）。可以停用此行为。

套版色 套版色是使对象可在 PostScript 打印机的每个分色中进行打印的内建色板。

默认的【色板】调板中显示六种用 CMYK 定义的颜色：青色、洋红色、黄色、红色、绿色和蓝色。

单击【色板】调板右侧的下拉按钮，在弹出的下拉菜单中通过选择“名称”、“小字号名称”、“小色板”或“大色板”改变【色板】调板的显示模式。

选择“名称”将在该色板名称的旁边显示一个小色板，如图 5-20 所示。该名称右侧的图标显示颜色模型（CMYK、RGB 等），以及该颜色是专色、印刷色、套版色还是无颜色。

选择“小字号名称”将显示精简的色板调板行，如图 5-21 所示。

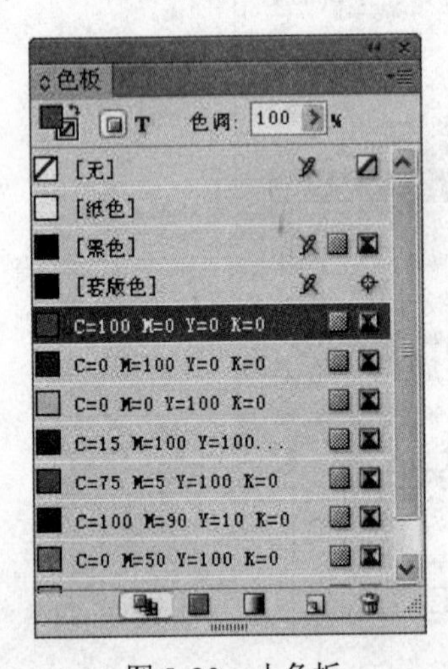

图 5-20　小色板

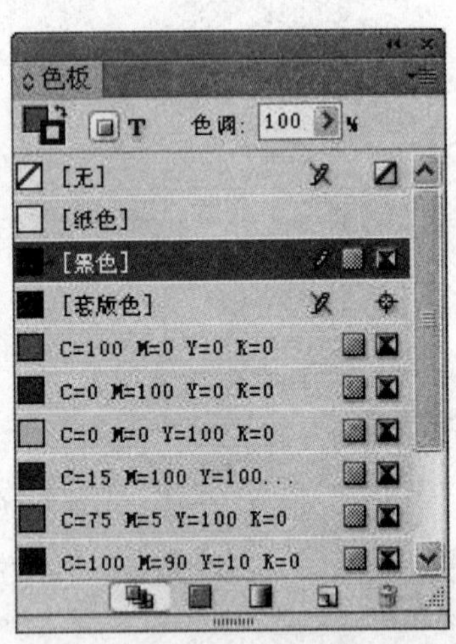

图 5-21　精简的色板调板行

选择“小色板”或“大色板”将仅显示色板，图 5-22 所示为小色板，图 5-23 所示为大色板。色板一角带点的三角形表明该颜色为专色；不带点的三角形表明该颜色为印刷色。

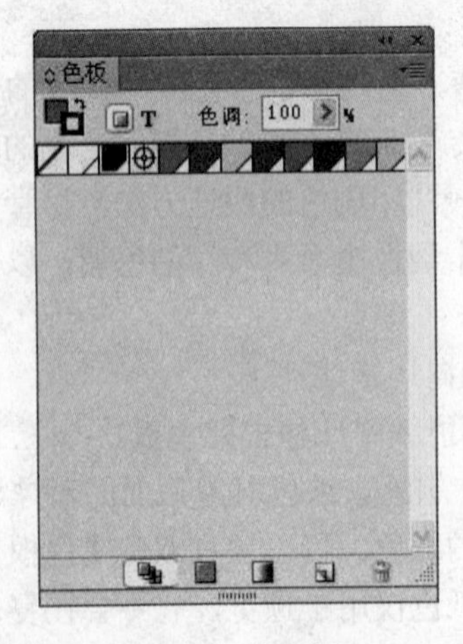

图 5-22　小色板

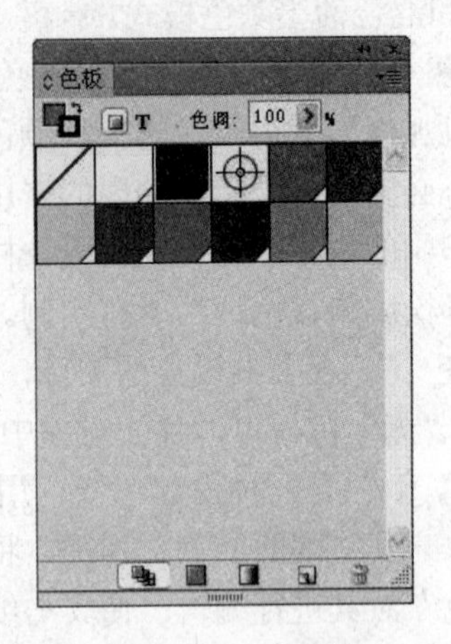

图 5-23　大色板

2.【颜色】调板介绍

执行【窗口】|【颜色】命令，弹出【颜色】色板，如图 5-24 所示。将光标放在颜色条上时，光标变为吸管图标，单击鼠标左键，则吸取的颜色会在 CMYK 色值上显示。也可以通过在 CMYK 的数值框中输入颜色值来调整颜色。然后单击【颜色】调板右侧的下拉按钮，在弹出的下拉菜单中选择“添加到色板”来完成存储颜色的操作。

【颜色】调板可以设置 CMYK、RGB 和 Lab 模式的颜色。

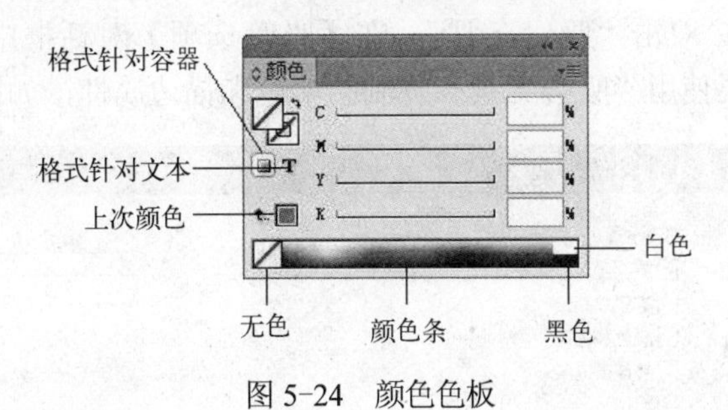

图 5-24　颜色色板

3．使用吸管工具应用颜色

使用“吸管工具”从 InDesign 文件的任何对象（包括导入图形）复制填色和描边属性（如颜色）。在默认情况下，吸管工具会载入对象的所有可用的填色和描边属性，并为任何新绘制对象设置默认填色和描边属性。可以使用【吸管选项】对话框更改【吸管工具】所复制的属性。还可以使用吸管工具复制文字属性和透明度属性。

注：如果属性未在【吸管选项】对话框中列出，则无法使用“吸管工具”复制该属性。

1）使用“吸管工具”应用颜色

（1）选择要更改其填色和描边属性的一个或多个对象，如图 5-25 所示。

（2）选择“吸管工具”。单击要将其填色和描边属性作为样本的任何对象。这时将显示一个加载了属性的吸管，并会自动用所单击对象的填色和描边属性更新所选对象，如图 5-26 所示。

图 5-25　选择要更改对象

图 5-26　吸管工具效果

2）在吸管工具加载属性后选取新属性

（1）在吸管工具加载了属性后，按 Alt 键，吸管工具将翻转方向并呈现空置状态，表明它已准备好选取新属性。

（2）按住 Alt 键，单击包含要复制的属性的对象，然后松开 Alt 键，以便可以将新属性应用到另一个对象上。

3）更改吸管工具设置

（1）在工具箱中，双击“吸管工具”。在【吸管选项】对话框中选择【描边设置】和【填色设置】。选择需要使用“吸管工具”复制的填色和描边属性，如图 5-27 所示。

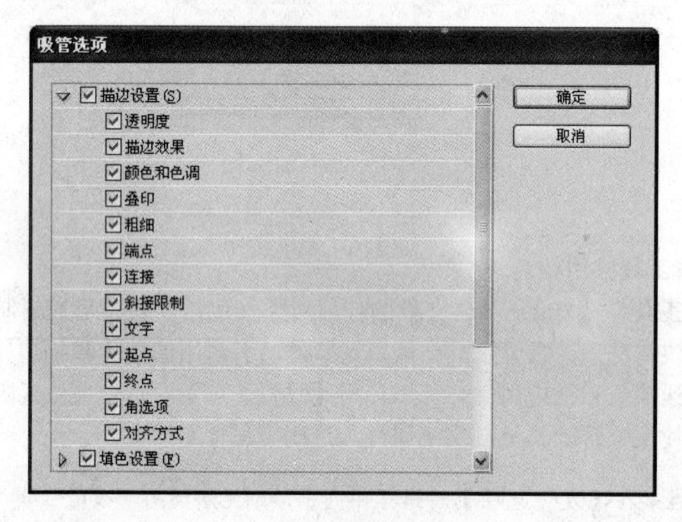

图 5-27 填色和描边设置

（2）单击【确定】按钮，完成更改设置的操作。

（3）如果只选取对象的填色或描边颜色而不选取其他属性，按住 Shift 键并使用“吸管工具”单击对象。当将该颜色应用于其他对象时，根据位于工具栏顶部的是描边还是填色，将仅应用填色或描边颜色。

4.【渐变】调板介绍

渐变是两种或多种颜色之间或同一颜色的两个色调之间的逐渐混和。渐变可以包括纸色、印刷色、专色或使用任何颜色模式的混和油墨颜色。渐变是通过渐变条中的一系列色标定义的。色标是指渐变中的一个点，渐变在该点从一种颜色变为另一种颜色，色标由渐变条下的彩色方块标示。默认情况下，渐变以两种颜色开始，中点在 50%的位置上。

注：当使用不同模式的颜色创建渐变，然后对渐变进行打印或分色时，所有颜色都将转换为 CMYK 印刷色。由于颜色模式的更改，颜色可能会发生变化。要获得最佳效果，请使用 CMYK 颜色指定渐变。

1）创建渐变色板

可以使用处理纯色和色调的【色板】调板来创建、命名和编辑渐变。也可以使用【渐变】调板创建未命名的渐变色。下面主要讲解通过【色板】调板创建渐变色。

（1）单击【色板】调板右侧的下拉按钮，在弹出的下拉菜单中选择【新建渐变色板】。

在弹出的【新建渐变色板】对话框中输入渐变名称。选择渐变类型，“线性”或“径向”，然后选择渐变中的第一个色标，如图 5-28 所示。

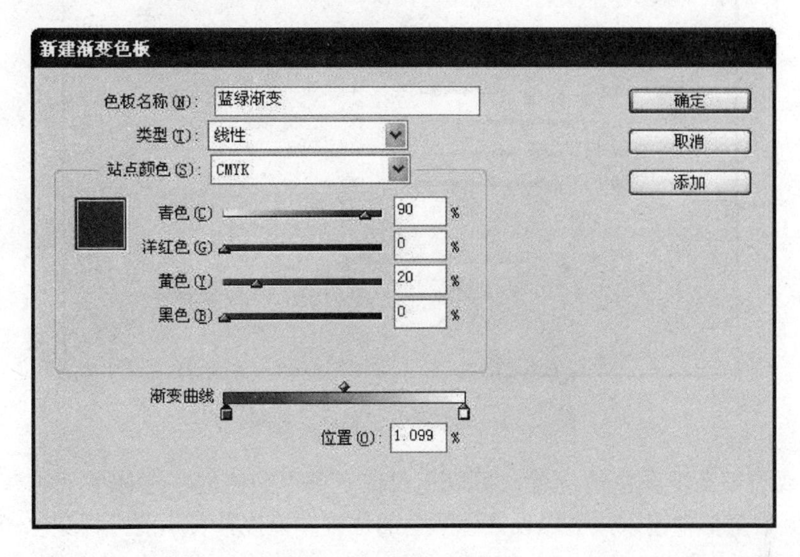

图 5-28　选择渐变类型

（2）若要选择【色板】调板中的已有颜色，可以在【站点颜色】下拉列表中选择“色板”，然后从列表中选择颜色，如图 5-29 所示。

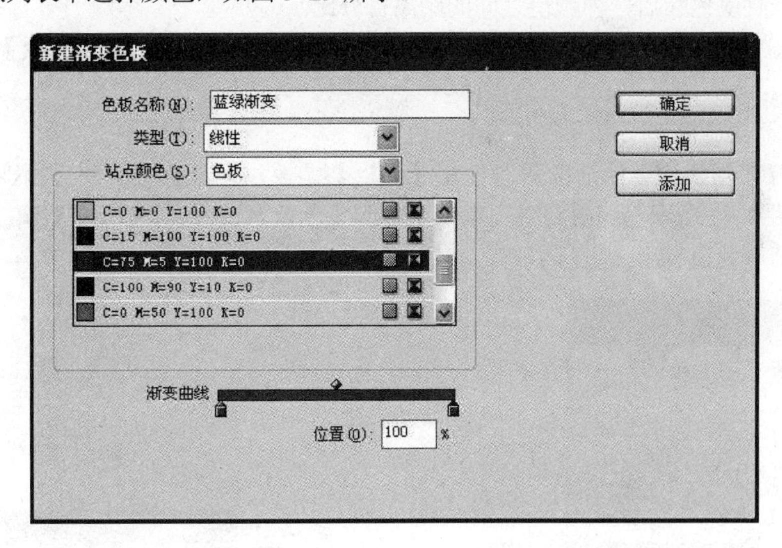

图 5-29　从列表中选择颜色

（3）若要为渐变混合一个新的未命名颜色，请选择一种颜色模式，然后输入颜色值或拖动滑块。

注：默认情况下，渐变的第一个色标设置为白色。要使其透明，可以应用“纸色”色板。

（4）要更改渐变中的最后一种颜色，可以选择最后一个色标，然后重复步骤（3）的操作，如图 5-30 所示。

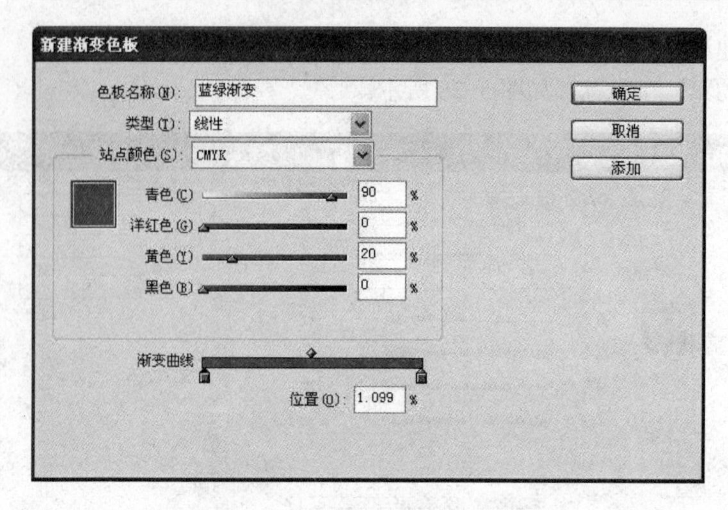

图 5-30　更改渐变中最后一种颜色

（5）若要调整渐变颜色的位置，可以拖曳位于条下的色标。选择条下的一个色标，然后在【位置】数值框中输入数值以设置该颜色的位置。该位置表示前一种颜色和后一种颜色之间的距离百分比。

（6）若要调整两种渐变颜色之间的中点（颜色各为 50% 的点），可以拖曳条上的菱形图标。选择条上的菱形图标，然后在【位置】数值框中输入数值，以设置该颜色的位置。该位置表示前一种颜色和后一种颜色之间的距离百分比。

（7）单击【确定】或【添加】按钮。该渐变连同其名称将存储在【色板】调板中，如图 5-31 所示。

2）使用渐变调板来应用未命名的渐变色

虽然建议在创建和存储渐变色时使用【色板】调板，但是也可以用【渐变】调板来使用渐变，如图 5-32 所示。随时将当前渐变添加到【色板】调板中。【渐变】调板对于创建不经常使用的渐变色很有用。

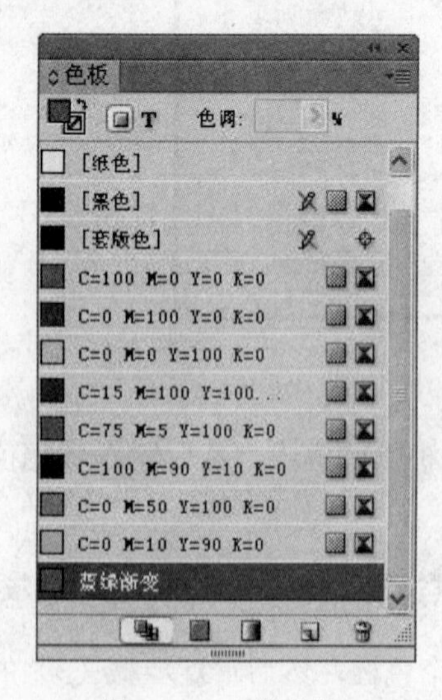

图 5-31　存储色板

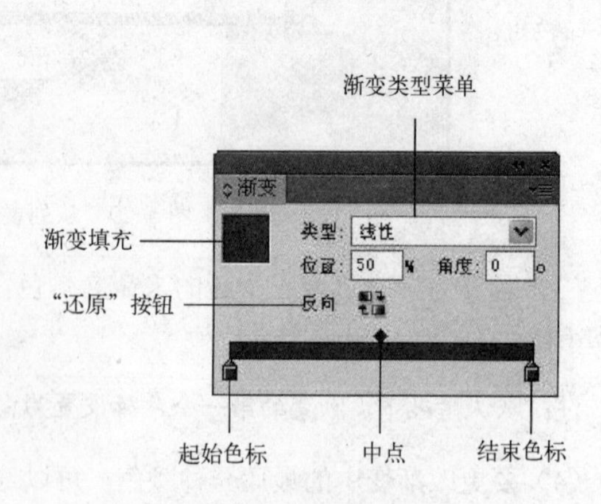

图 5-32　使用渐变

注：如果所选对象当前使用的是已命名渐变，则使用【渐变】调板编辑渐变时只能更改该对象的颜色。若要编辑已命名渐变的每个实例，则在【色板】调板中双击其颜色。

3）修改渐变色

可以通过添加颜色以创建多色渐变或通过调整色标和中点来修改渐变。最好用要进行调整的渐变为对象填色，以便在调整渐变的同时在对象上预览效果。

（1）用“选择工具”选择一个对象，如图 5-33 所示。

（2）双击【色板】调板中的渐变色，或打开【渐变】调板。单击渐变条下的任意位置，定义一个新色标。新色标将由现有渐变上该位置处的颜色值自动定义。设置新色标的颜色，如图 5-34 所示。

图 5-33　选择一个对象

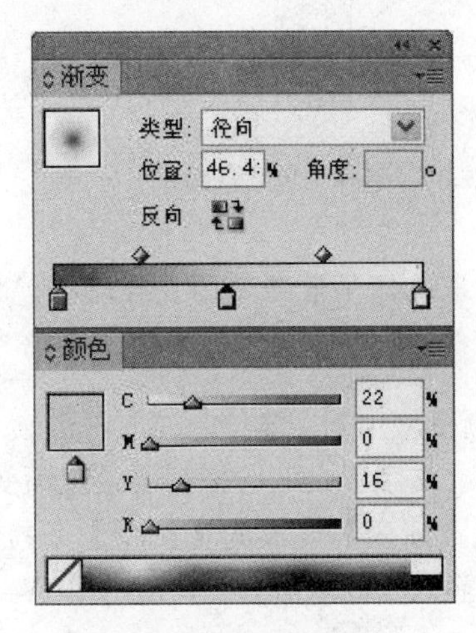

图 5-34　设置新色标的颜色

（3）修改渐变色得到的效果如图 5-35 所示。

4）跨过多个对象应用渐变

（1）确保所有选定对象已经使用了渐变，如图 5-36 所示。

图 5-35　修改渐变色得到的效果

图 5-36　已使用渐变

（2）在工具箱中，选择“填色”框或“描边”框，如图 5-37 所示。

（3）选择“渐变工具”，并将其置于要定义渐变起始点的位置。沿着要应用渐变的方向拖曳对象。按住 Shift 键，将工具约束在 45° 的倍数的方向。在要定义渐变端点的位置松开鼠标，如图 5-38 所示。

图 5-37 选择填色或描边框

图 5-38 应用渐变工具

注：如果选择了带渐变的复合路径，则只需使用【渐变】调板即可跨渐变的所有子路径来编辑渐变，而无需使用“渐变工具”。

5）将渐变应用于文本

（1）用“文字工具”选择需要设置渐变的文字，如图 5-39 所示。

（2）在【渐变】调板的【类型】下拉列表框中选择“线性”，选择白色色标，在【颜色】调板中输入颜色色值 C=5，M=90，Y=0，K=0，如图 5-40 所示。

图 5-39 选择需要设置渐变的文字

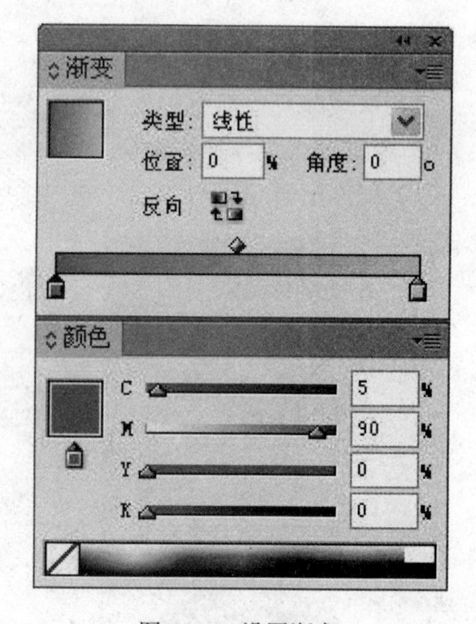

图 5-40 设置渐变

（3）选择黑色色标，在【颜色】调板中输入颜色色值 C=0，M=20，Y=75，K=0，如图 5-41 所示。

（4）将渐变应用于文本得到的效果如图 5-42 所示。

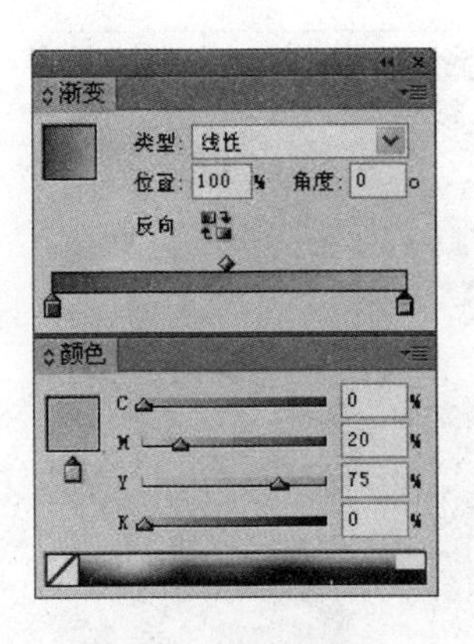

图 5-41　设置颜色

图 5-42　将渐变应用于文本得到的效果

5．导入色板

可以从其他文档导入颜色和渐变，将所有或部分色板添加到【色板】调板中。可以从 InDesign、Illustrator 或 Photoshop 创建的 InDesign 文件 (.indd)、InDesign 模板 (.indt)、Illustrator 文件（.ai 或 .eps）和 Adobe 色板交换文件 (.ase) 载入色板。Adobe 色板交换文件包含以 Adobe 色板交换格式存储的色板。

注：导入的 EPS、PDF、TIFF 和 Adobe Photoshop (PSD) 文件使用的专色也会添加到【色板】调板中。

1）导入文件中的选定色板

（1）单击【色板】调板右侧的下拉按钮，在弹出的下拉菜单中选择【新建颜色色板】，弹出【新建颜色色板】对话框。

（2）从【颜色模式】的下拉列表中选择【其他库】，然后选择要从中导入色板的文件。单击【打开】按钮。

（3）选择要导入的色板。

（4）单击【确定】按钮。

2）导入文件中的所有色板

（1）单击【色板】调板右侧的下拉按钮，在弹出的下拉菜单中选择【载入色板】。

（2）在【打开文件】对话框中选择一个 InDesign 文件，单击【打开】按钮，则完成导入所有色板的操作。

6．设置专色

专色是指在印刷中基于成本或特殊效果的考虑而使用的专门的油墨。由于印刷的后期工艺和专色的设置方法一样，因此本书也将后期工艺归为专色，并且将专色分为两种：一种称为印刷专色，如金色、银色、潘通色（国际标准色卡，主要应用于广告、纺织、印刷等行业）等；另一种称为工艺专色，如烫金、烫银、模切等。

专色的设计有六大要素：形状、大小、位置、颜色、虚实、叠套等。

颜色是设计专色重要的要素之一，专色在计算机中无法正确显示，因此只需要为每一种专门的油墨或工艺设置一种专色，每一种专色都只能得到一张菲林片。

（1）封面的书名制作磨砂 UV 工艺，需要为书名设置一个专色，如图 5-43 所示。

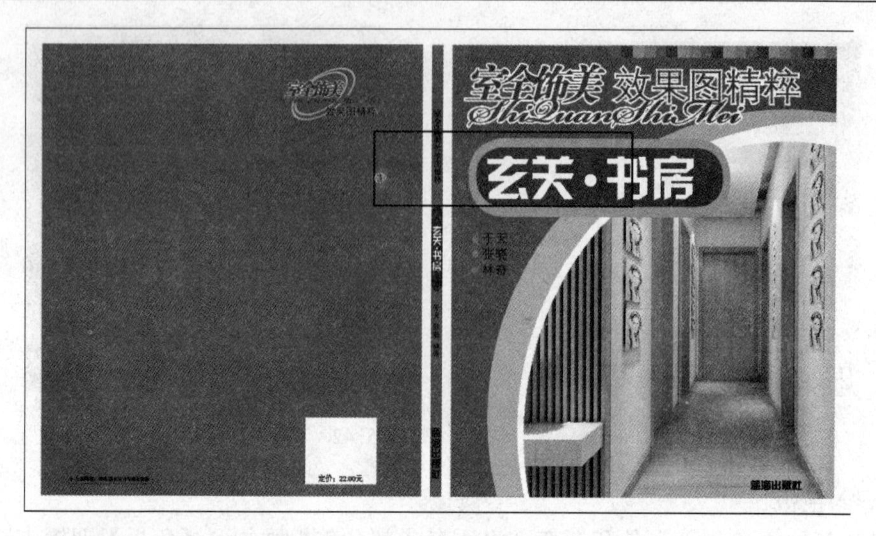

图 5-43　封面效果

（2）专色能让使用它的对象获得单独的专色版菲林片，印刷厂根据这张专色版菲林片才能制作出专色版。

用“文字工具”选择封面的“玄关・书房”，单击【色板】调板右侧的下拉按钮，在弹出的下拉菜单中选择【新建颜色色板】，弹出【新建颜色色板】对话框，将【以颜色值命名】复选框的勾选去掉，在【色板名称】中输入“磨砂 UV”，在【颜色类型】下拉列表框中选择“专色”，颜色色值为 C=0，M=100，Y=0，K=0，如图 5-44 所示。

注：设计专色时，在【透明度】调板中，要保证【不透明度】为 100%，以及不能设置渐变色，保证“专色”颜色为实色。

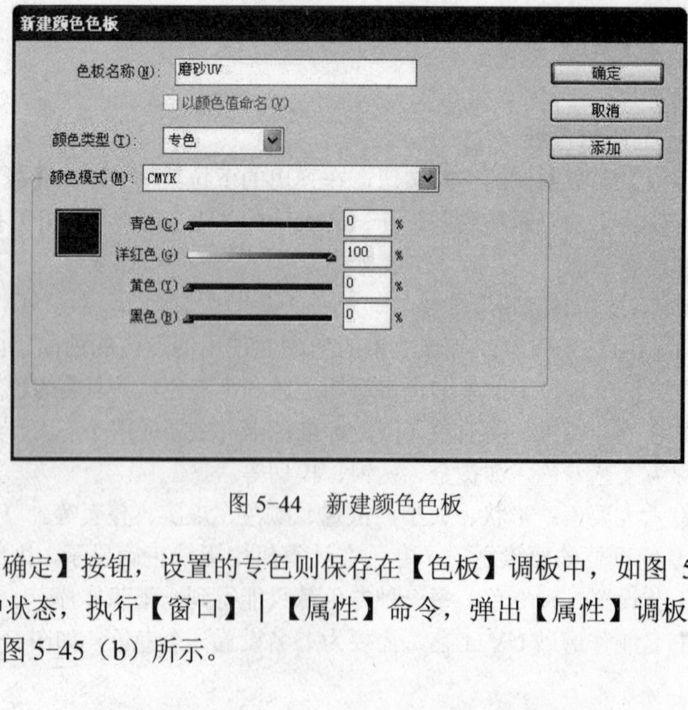

新建颜色色板
色板名称(N)：磨砂UV
以颜色值命名(V)
颜色类型(T)：专色
颜色模式(M)：CMYK
青色(C) 0 %
洋红色(G) 100 %
黄色(Y) 0 %
黑色(B) 0 %
确定
取消
添加

图 5-44　新建颜色色板

（3）单击【确定】按钮，设置的专色则保存在【色板】调板中，如图 5-45（a）所示。保持文字的选中状态，执行【窗口】|【属性】命令，弹出【属性】调板。勾选【叠印填充】复选框，如图 5-45（b）所示。

注：设置叠印填充是为防止漏白。在专色设计要素中属于叠套，即上、下色块的叠套关系。叠印是保留下面的颜色信息，套印是将下面的颜色镂空。在通常情况下，当一个色块压在另一个背景色块之上时，会将下层背景色块遮挡，也就是遮挡的部分被镂空。输出菲林片时当照排机读取到重叠色块的部分，只读取上层色块的颜色信息。印刷机在印刷到这个色块时也只会印刷上层的颜色，这在印刷术语上称为“套印”，处于“套印”的色块在印刷时由于印刷误差很容易“漏白”，因此处于“套印”关系的色块之间应该做“陷印”设置。

当将上层色块设置为“叠印”，上层色块不会将下层背景色块镂空，输出和印刷时将保留下层颜色所有信息，这样设置的好处是印刷时不会产生“露白”，因此也不需要设置“陷印”。

正确把握“叠套”关系是得到完美印刷品的关键。在通常情况下，当上层色块颜色不会被下层背景颜色干扰，能够保持本身的颜色，可以将上层色块设置为“叠印”，如“黑色”和后期“烫银”等工艺。而其他彩色则应该使用“套印”关系，如“黄色”色块放置在“青色”背景上时，使用“叠印” 设置后印刷这个色块将变成绿色。

小知识：在【色板】调板中可以定义任意数值的颜色来转换成专色，这个颜色并不是真正专色的颜色，只是用于显示，建议在设置专色时最好与图形中用到的颜色有较大差异，便于区别。

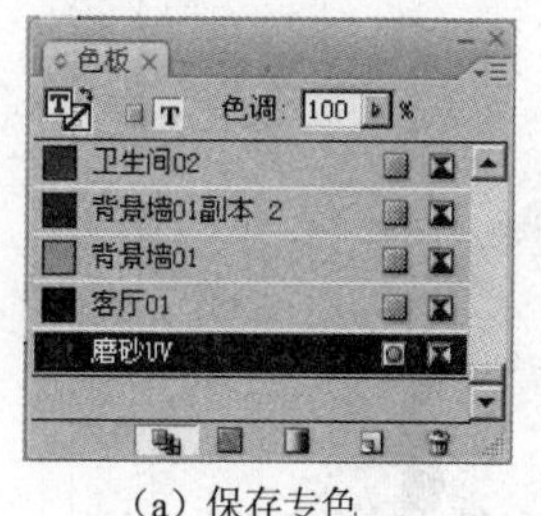

（a）保存专色

（b）叠印填充

图 5-45　设置专色

（4）执行【视图】|【叠印预览】命令预览效果，如图 5-46 所示。

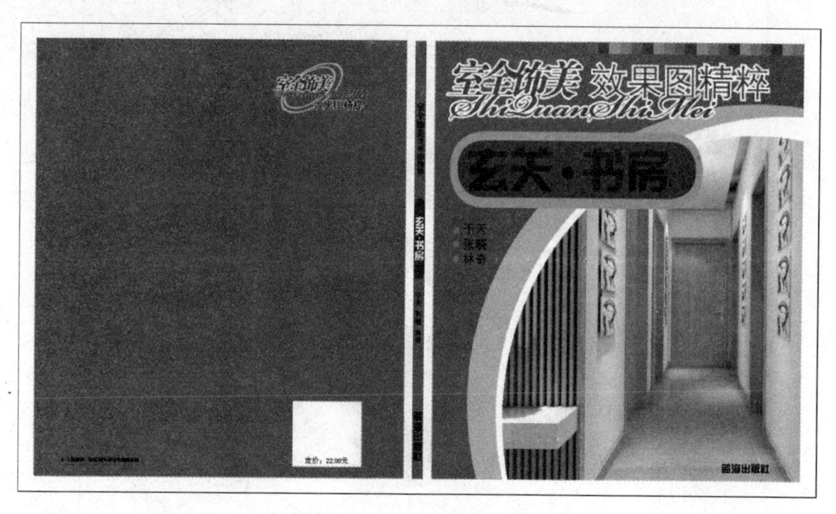

图 5-46　预览效果

任务三　圣诞贺卡的设计制作

任务背景

在圣诞节那天，学校将举办一场圣诞晚会，晚会结束后会送每位学生一张圣诞贺卡作为纪念品。目前学校正在征集设计作品，希望同学们踊跃参与。

任务要求

贺卡内容丰富，版式富于变化，不要太拘束。颜色可以喜庆的红色为主，或者绿色和白色。

成品尺寸为 195 mm × 125 mm。

任务素材

任务分析

1. 为贺卡添加背景图。首先用“矩形工具”绘制一个矩形框。

2. 用【渐变】和【颜色】调板填充渐变色，第一张贺卡是径向渐变，颜色由深红到红渐变。第二张贺卡是线性渐变，颜色由浅蓝到深蓝渐变。

3. 对于不常使用的颜色，可以直接用【颜色】调板设置。例如，第一张贺卡中的星星，每个颜色都不一样，直接用【颜色】调板设置即可。

4. 第二张贺卡的文字部分使用的是多种颜色渐变。

任务参考效果图

任务四　自学部分

目的

了解基本绘图工具和【描边】调板的按钮及选项，掌握各功能的使用。

学生预习

1. 了解基本绘图工具有哪些。
2. 了解“钢笔工具”的使用。

学生练习

使用相关素材，练习使用钢笔工具、基本图形工具绘制各种简单的图形。原始素材如图 5-47 所示，绘制图形并填充颜色后的效果如图 5-48 所示，可作为同学们练习的参考。

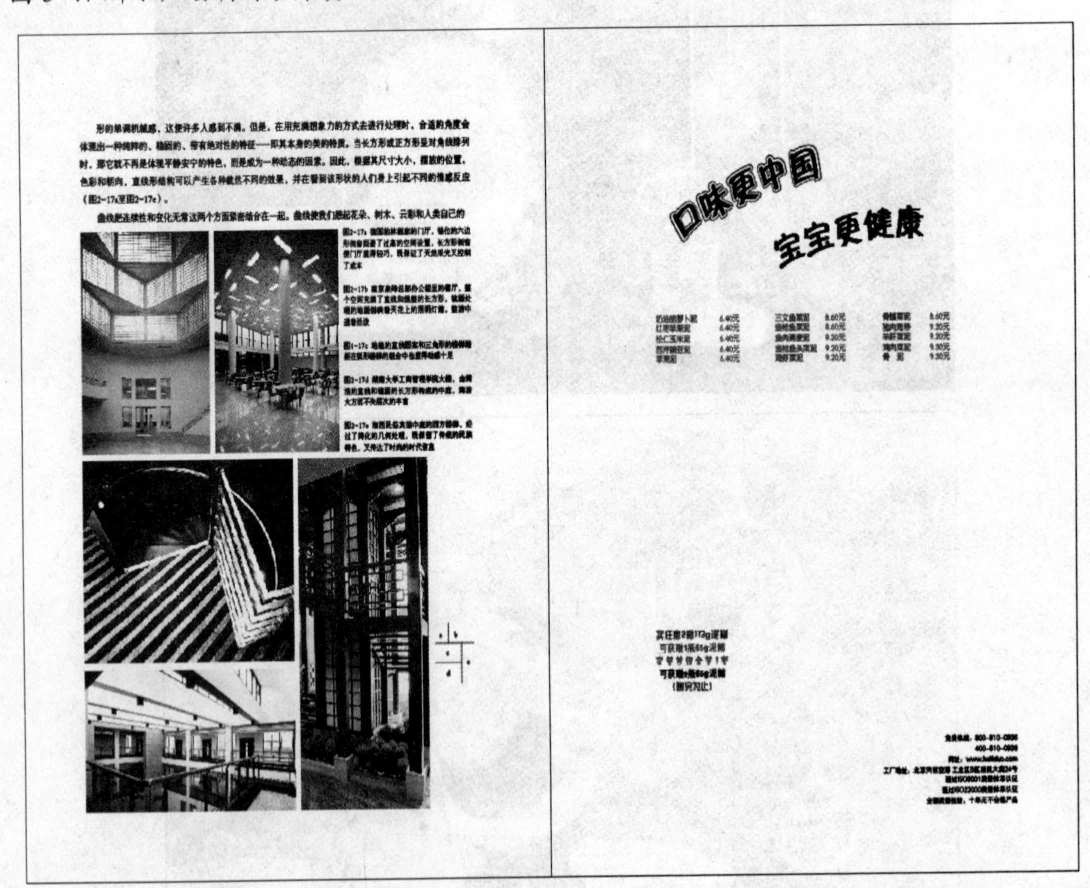

图 5-47　杂志广告插页

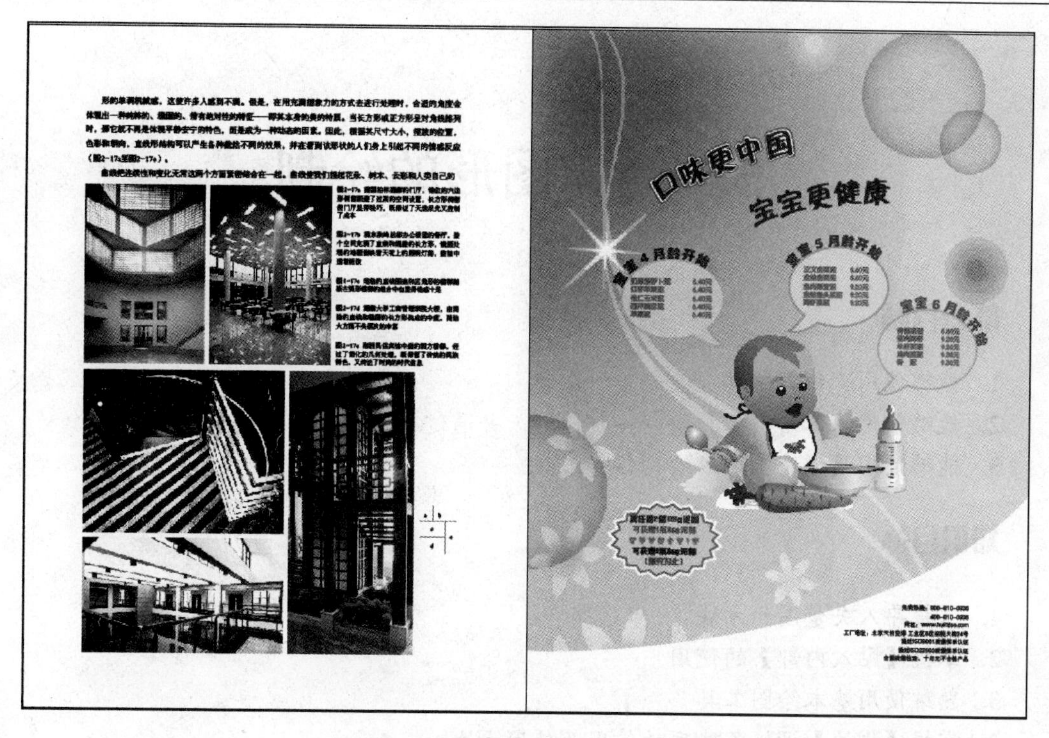

图 5-48　绘制图形并填充颜色后的效果

模块 6　图形的绘制

能力目标

1. 能够使用“钢笔工具”绘制各种图形
2. 能够使用基本绘图工具绘制各种图形，并通过路径查找器功能组合各种图形
3. 能够使用【描边】调板绘制各种虚线

知识目标

1. 掌握导入矢量图的方法
2. 掌握【贴入内部】的使用
3. 熟练使用基本绘图工具
4. 掌握【描边】调板各选项的作用及使用方法

课时安排

2 课时讲解，2 课时实践

任务一　杂志广告插页的设计制作

任务背景

某杂志需要插入一页广告，广告内容为婴儿食品的宣传介绍。因此，在版式设计上要简洁，广告口号要醒目，使用的颜色以暖色调为主，配一些简单的图形框即可。

任务要求

本例提供半成品文件，同学们需要在已排好的版面文件上置入矢量图，并根据版面设计需要调整矢量图的外框形状。通过基本图形工具的使用，加上路径查找器功能，简单快捷地绘制所需图形，并为图形填充颜色。

广告插页成品尺寸为 215 mm × 285 mm，上边距为 30 mm，下边距为 23.5 mm，内边距为 30 mm，外边距为 25 mm。

任务素材

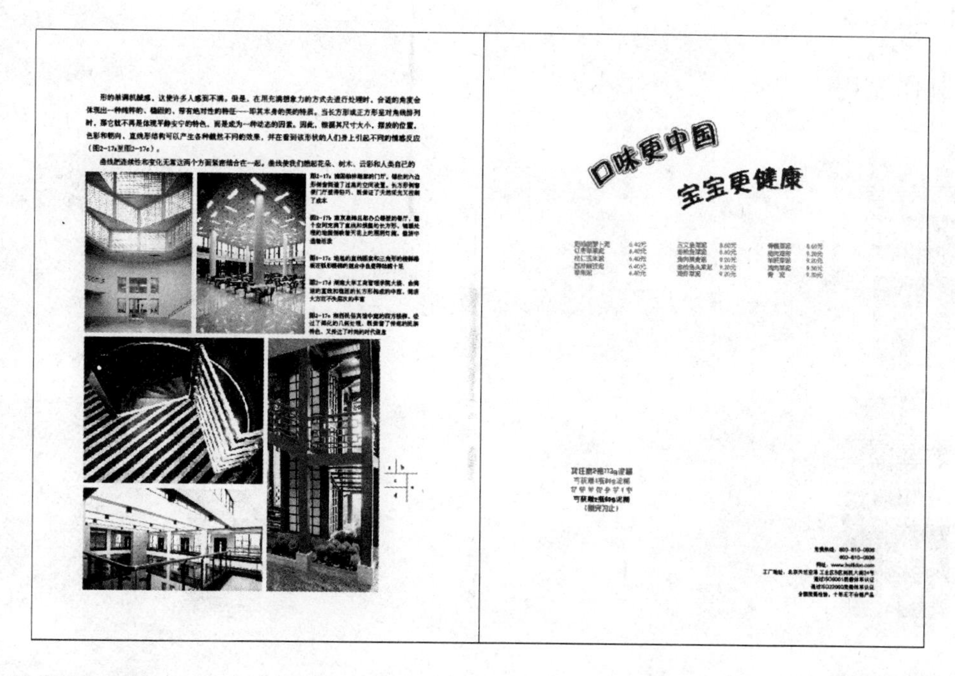

任务参考效果图

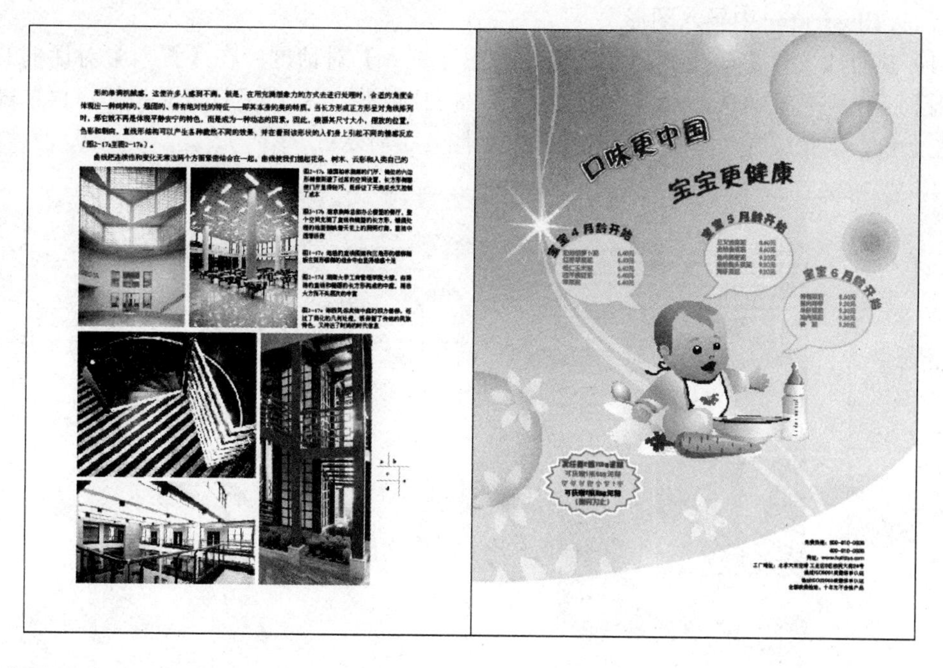

制作步骤分析

1. 从 Illustrator 中导入图形。

2. 剪切矢量图，然后粘贴到图形内部。
3. 绘制图形框，然后通过路径查找器组合图形框。
4. 绘制路径文字。

参考制作流程

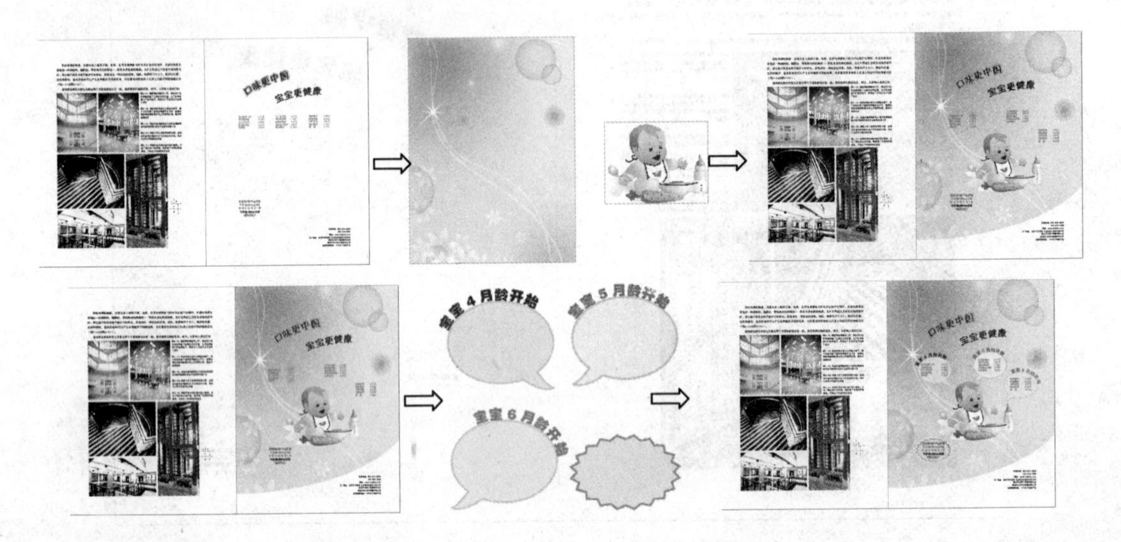

操作步骤详解

1. 从 Illustrator 中导入图形

（1）执行【文件】|【置入】命令，弹出【置入】对话框。在【置入】对话框的【查找范围】下拉列表框中选择素材“模块 6\背景.ai”文件，单击【打开】按钮，再单击右页面的左上角，则完成置入矢量文件的操作，如图 6-1 所示。

图 6-1　置入矢量文件

（2）选择“钢笔工具”，绘制图 6-2 所示的图形。

（3）用“选择工具”选择背景图，按住 Ctrl+X 键剪切。再选择图形框，执行【编辑】|【贴入内部】命令，将背景图贴入到图形框内，得到的效果如图 6-3 所示。

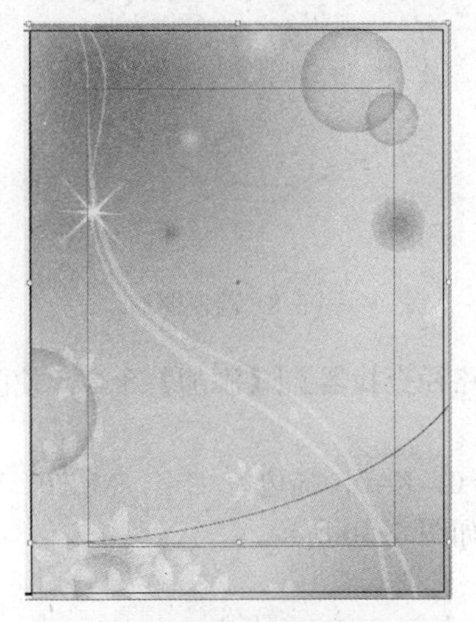

图 6-2　绘制图形

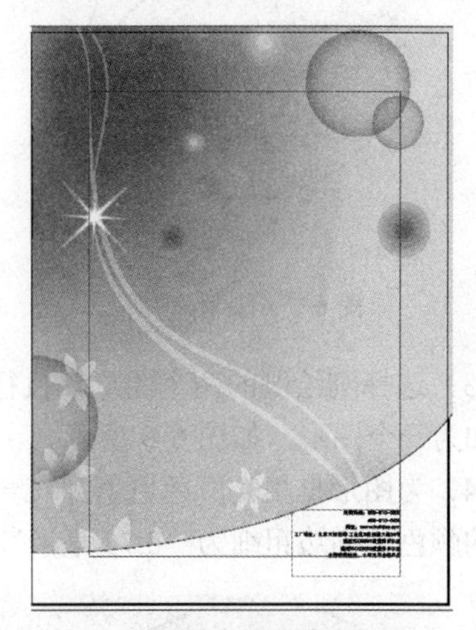

图 6-3　背景图贴入图形框内

（4）将图片的描边设置为无。在工具箱中，单击“描边”按钮，使其置于上方，然后再单击“无”按钮，如图 6-4 所示。

（5）置入素材“模块 6\小孩.ai”文件到右页面的中间位置，如图 6-5 所示。

（6）用“选择工具”并按住 Shift 键连续选择背景图和“小孩.ai”，然后按住 Ctrl+Shift+[键，使两张矢量图置于文字下方，得到的效果如图 6-6 所示。

图 6-4　无描边设置

图 6-5　置入小孩素材

图 6-6　导入图形得到的效果

2．绘制图形

（1）绘制图形框。选择“椭圆工具”，在文字起点处沿对角线方向拖曳鼠标，绘制一个椭圆形，如图 6-7 所示。

（2）选择“钢笔工具”，在椭圆形的下方绘制一个图形，如图 6-8 所示。

图 6-7　绘制椭圆形

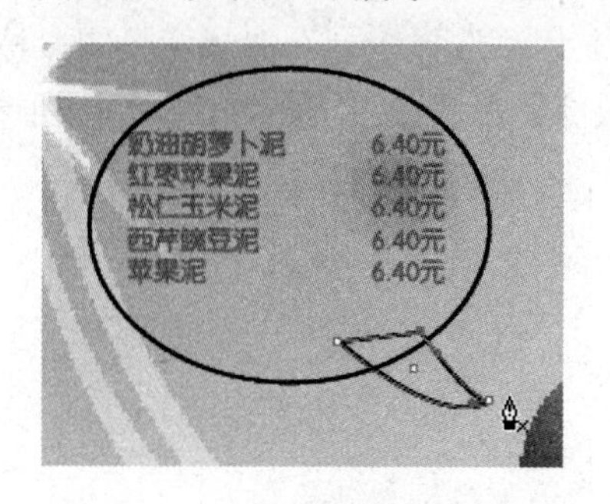

图 6-8　绘制图形

（3）选择刚绘制的两个图形，执行【对象】|【路径查找器】|【添加】命令，使两个图形相加为一个图形，如图 6-9 所示。

（4）为图形框填充颜色色值为 C=5，M=15，Y=0，K=0，描边为 C=5，M=30，Y=0，K=0 的颜色，描边粗细为“0.75 毫米”，得到的效果如图 6-10 所示。

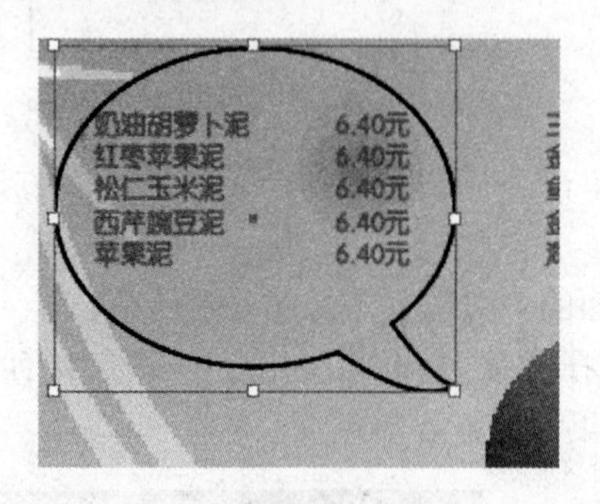

图 6-9　两个图形相加

图 6-10　为图形框填充色得到的效果

（5）复制一个图形框，并单击控制调板中的“水平翻转”按钮，然后为图形框填充颜色色值为 C=15，M=0，Y=0，K=0，描边为 C=30，M=15，Y=0，K=0 的颜色，描边粗细为“0.75 毫米”，得到的效果如图 6-11 所示。

（6）再复制一个图形框，然后为图形框填充颜色色值为 C=0，M=10，Y=30，K=0，描边为 C=0，M=25，Y=50，K=0 的颜色，描边粗细为“0.75 毫米”，得到的效果如图 6-12 所示。

图 6-11　水平翻转

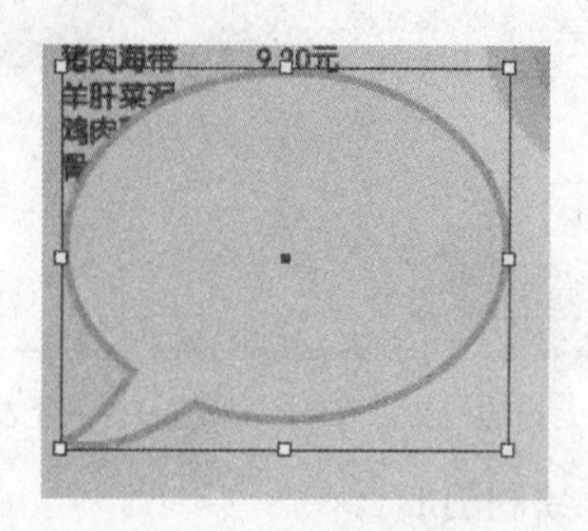

图 6-12　复制图形框

（7）按照图 6-13 所示，将每个图形框放在对应的文字下方，并摆放好位置。

图 6-13　摆放图形

（8）选择“多边形工具”，单击页面空白处，弹出【多边形】对话框。设置【多边形宽度】为“45 毫米”，【多边形高度】为“30 毫米”，【边数】为“20”，【星形内陷】为“10%”，如图 6-14 所示。

（9）单击【确定】按钮，完成多边形的设置，如图 6-15 所示。

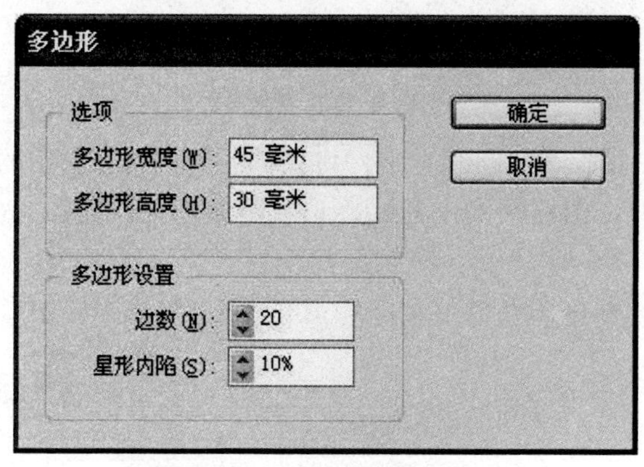

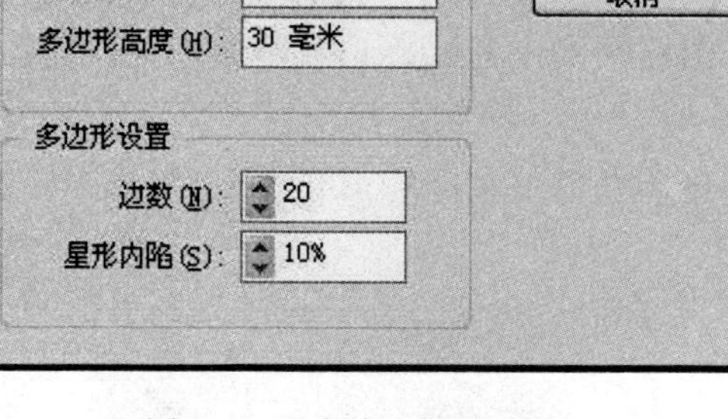

图 6-14 【多边形】对话框

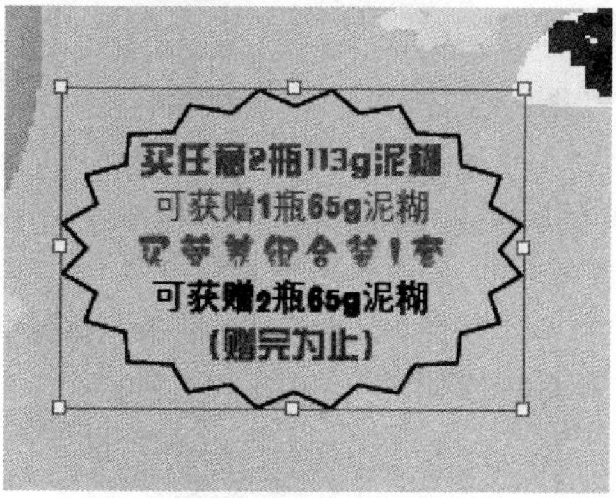

图 6-15　完成多变形设置

（10）为多边形填充颜色色值为 C=5，M=15，Y=0，K=0，描边为 C=10，M=60，Y=0，K=0 的颜色，描边粗细为“0.75 毫米”，为多边形填色得到的效果如图 6-16 所示。

（11）选择多边形，按住 Ctrl+C 键复制图形，再执行【编辑】|【原位粘贴】命令，使复制的多边形与原多边形重合，并设置填充和描边都为白色，描边粗细为 3 毫米，然后将其放置在原多边形的下方，得到的效果如图 6-17 所示。

图 6-16 为多边形填色

图 6-17 原位粘贴效果

3．设置路径文字

（1）选择紫色图形框，按住 Ctrl+C 键复制图形，再执行【编辑】|【原位粘贴】命令，使复制的图形框与原图形框重合，并设置填充和描边都为无。选择“路径文字工具”，将光标移到图形框附近，当光标变为 时，单击图形框，使图形框变为文字路径，然后输入“宝宝 4 月龄开始”，如图 6-18 所示。

（2）在【字符】调板中设置字体为“方正琥珀简体”，字号为“16 点”，字体填充颜色色值为 C=0，M=100，Y=0，K=0，字体描边色为纸色，如图 6-19 所示。

图 6-18 输入文字

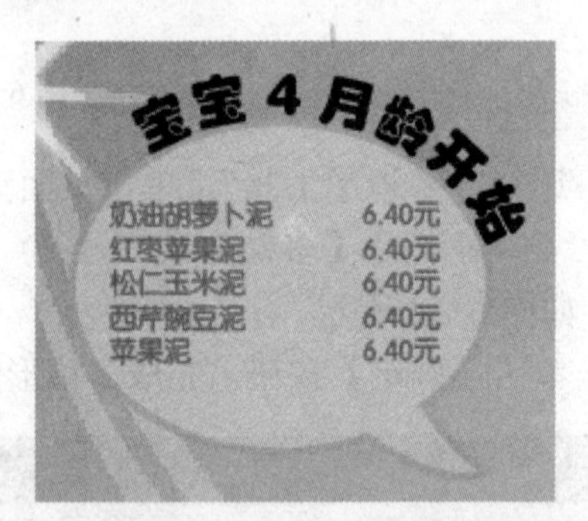

图 6-19 在调板中设置字体

（3）调整路径文字的位置。用“选择工具”选择路径文字，将光标放置在路径文字的开始标记或结束标记上，直到光标变为 时，沿路径拖曳开始标记或结束标记，如图 6-20 所示。

（4）按照上述的方法，将蓝色图形框和橙色图形框分别添加上“宝宝 5 月龄开始”，“宝宝 6 月龄开始”，如图 6-21 所示。

图 6-20 调整路径文字的位置

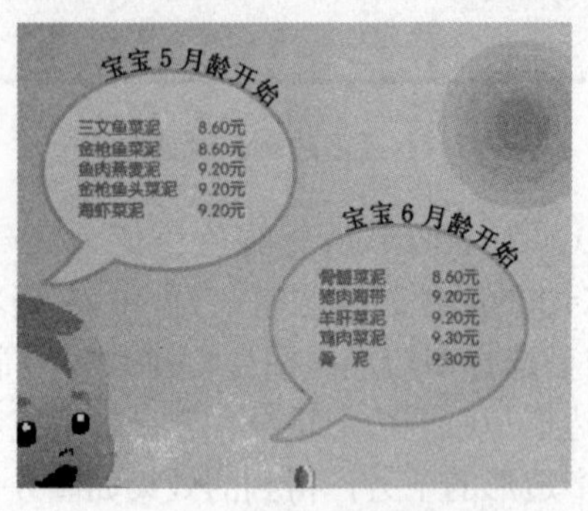

图 6-21 添加文字

（5）文字的字体都为“方正琥珀简体”，字号为“16 点”。“宝宝 5 月龄开始”的字体填充颜色色值为 C=100，M=0，Y=0，K=0，字体描边色为纸色。“宝宝 6 月龄开始” 的字体填充颜色色值为 C=0，M=60，Y=100，K=0，字体描边色为纸色。得到的效果如图 6-22 所示。

（6）调整路径文字的位置，如图 6-23 所示。

图 6-22　设置字体颜色

图 6-23　调整路径文字的位置

（7）最后的完成效果如图 6-24 所示。

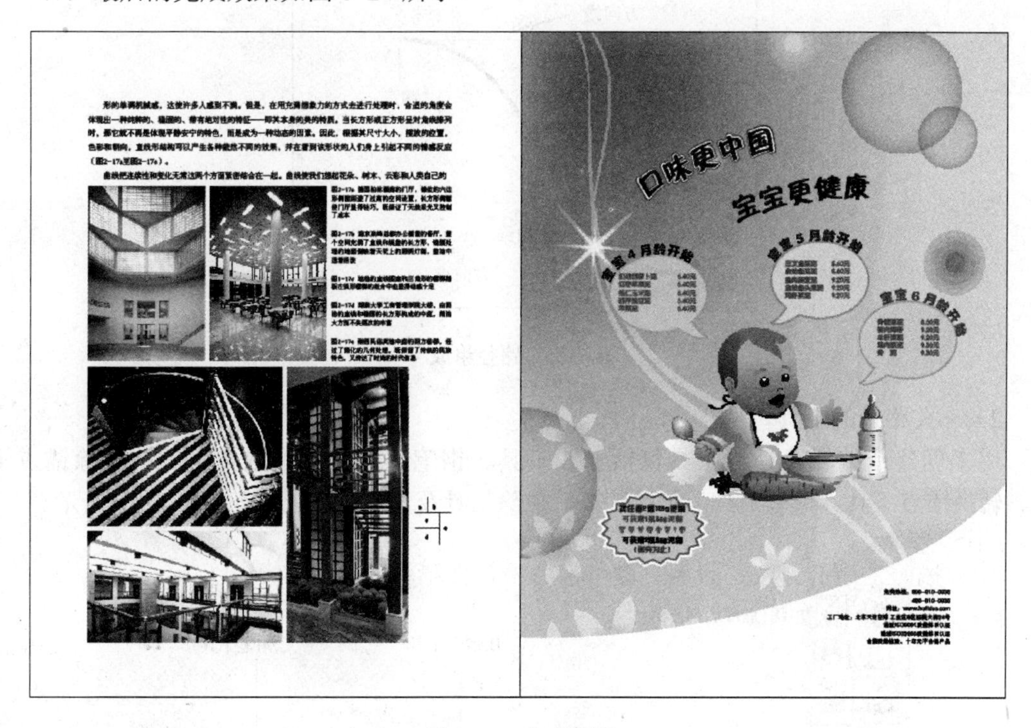

图 6-24　完成设置

任务相关知识讲解

1．路径的绘制

1）认识路径

路径由一个或多个直线段或曲线段组成，路径分为闭合路径和开放路径，开放路径如

图 6-25（a）所示，闭合路径如图 6-25（b）所示。路径主要由方向线、方向点和锚点一起控制其形状，如图 6-26 所示。

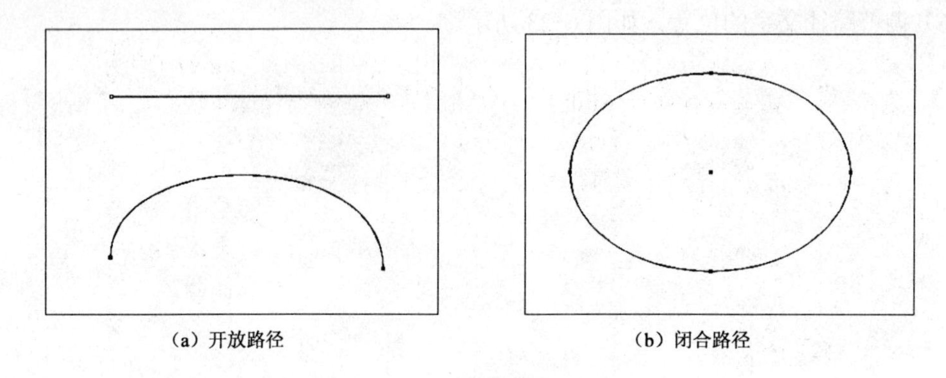

图 6-25　开放路径和闭合路径

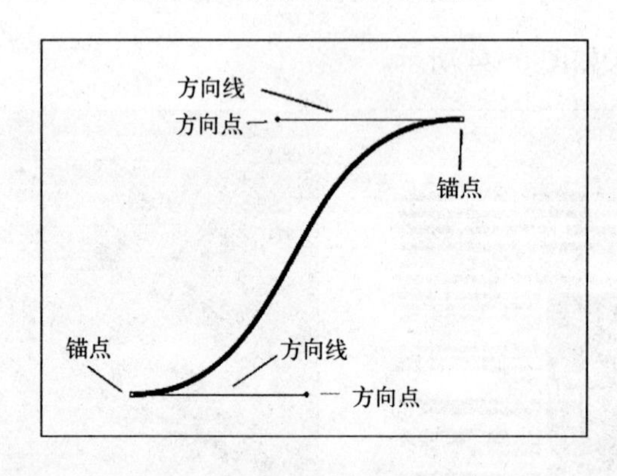

图 6-26　路径组成

2）有关路径的工具

用来创建或编辑路径的工具包括直线工具、钢笔工具、添加锚点工具、删除锚点工具、转换锚点工具、铅笔工具、平滑工具、抹除工具及直接选择工具，如图 6-27 所示。

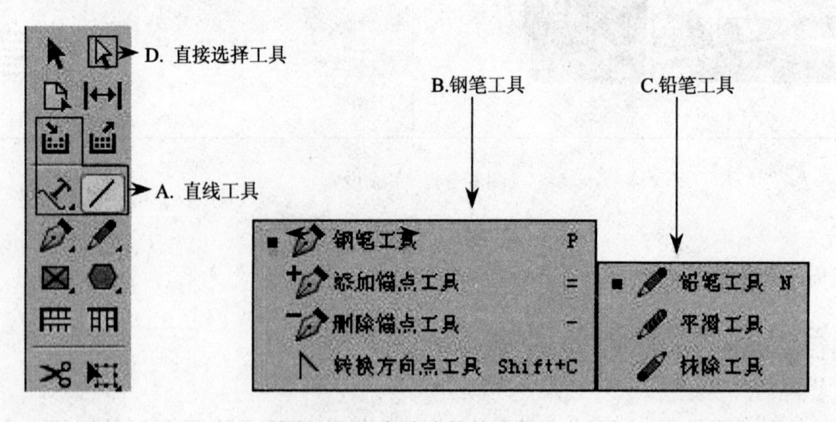

图 6-27　有关路径的工具

3）直线与曲线的绘制

按住 Shift 键可以绘制出固定角度的直线，如水平、垂直和以 45° 角为倍数的方向线；还可通过调整方向线和方向点绘制曲线。

（1）用“钢笔工具”在页面空白处绘制路径的起点，然后按住 Shift 键不放将鼠标指针向右移动一段距离后单击鼠标，可以看到绘制出了一条水平方向的路径，如图 6-28 所示。

（2）与步骤（1）相同，按住 Shift 键不放将鼠标指针向上移动一段距离后单击鼠标，绘制一条垂直方向的路径，如图 6-29 所示。

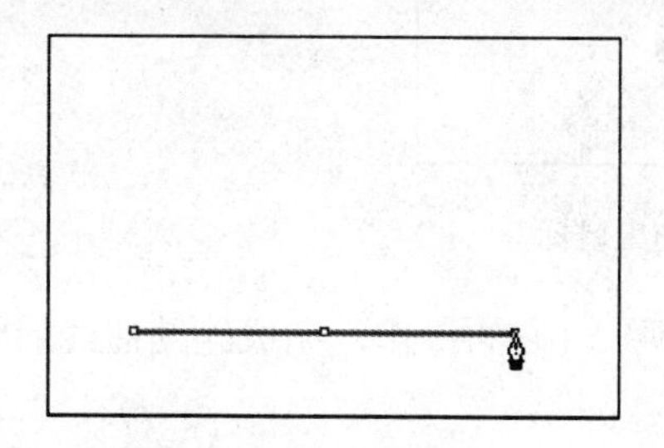

图 6-28　水平方向的路径

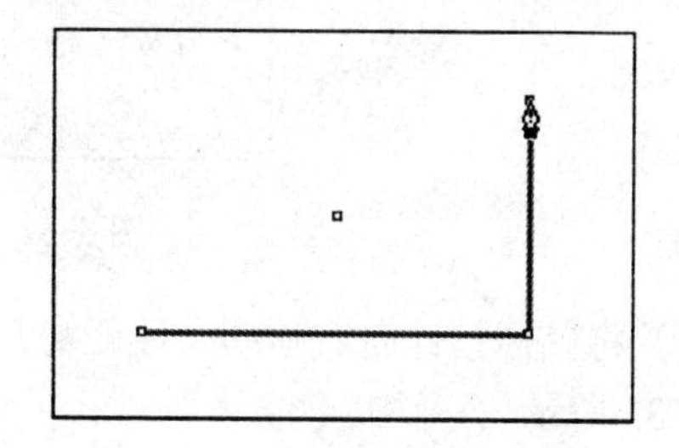

图 6-29　垂直方向的路径

（3）继续按住 Shift 键不放将鼠标指针向右下放移动一段距离后单击鼠标，绘制出一条 45° 方向的路径，如图 6-30 所示。

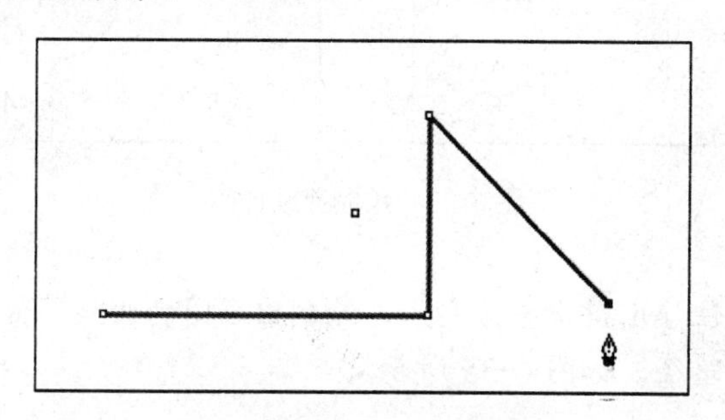

图 6-30　45° 方向的路径

（4）最后单击工具箱中的“钢笔工具”完成路径的绘制。

绘制曲线的操作步骤如下。

（1）用“钢笔工具”在页面空白处单击并垂直向上拖曳鼠标，如图 6-31 所示。

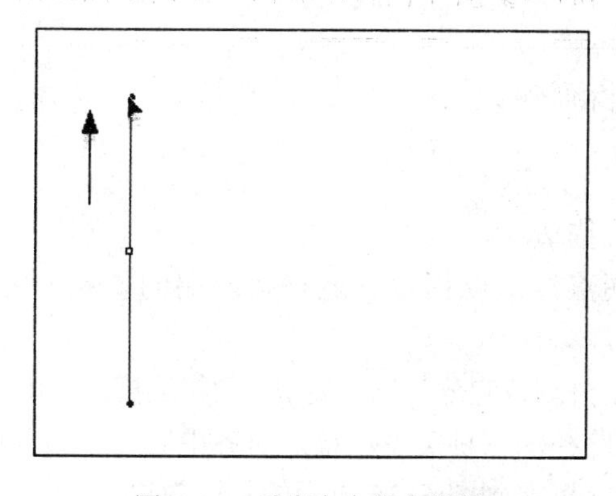

图 6-31　垂直向上拖曳鼠标

（2）将鼠标指针向右移动一段距离后，单击并垂直向下拖曳鼠标，如图 6-32 所示。

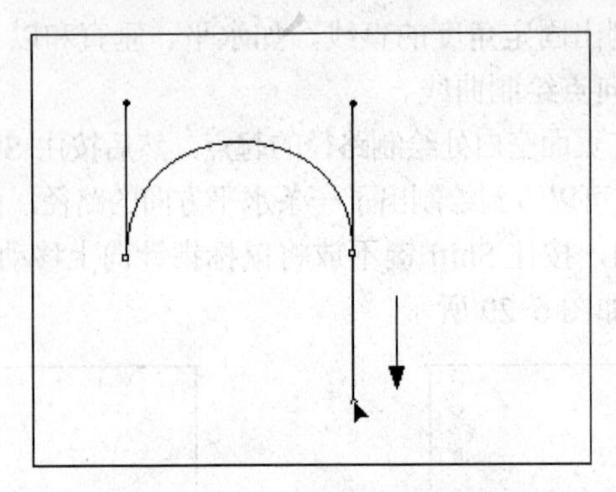

图 6-32　垂直向下拖曳鼠标

（3）将鼠标指针向右移动一段距离后，重复步骤（1）的操作，完成连续曲线的绘制，如图 6-33 所示。

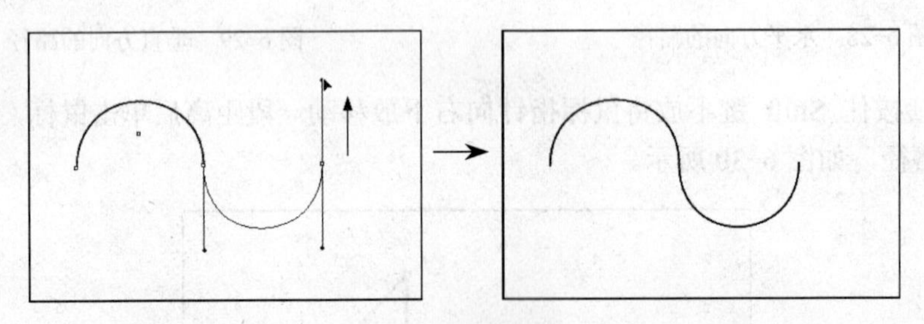

图 6-33　绘制连续曲线

小知识：可通过按住 Alt 键调整方向点，绘制出不同的曲线，如图 6-34 所示，也可以将曲线与直线结合绘制路径，如图 6-35 所示。

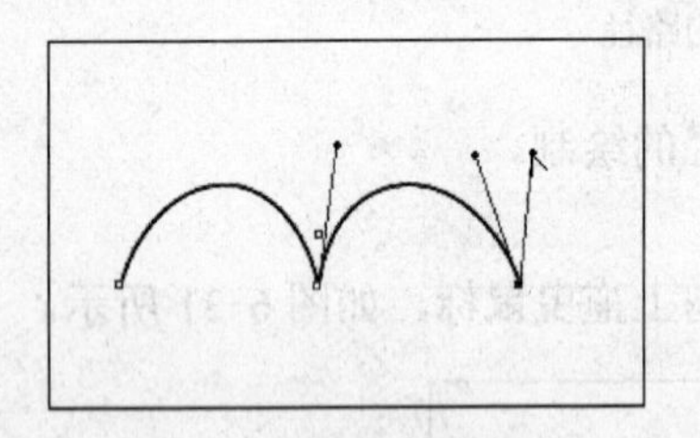

图 6-34　绘制出不同曲线

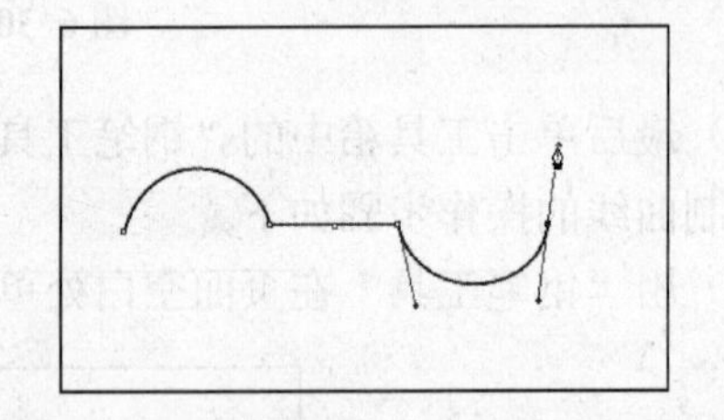

图 6-35　将曲线与直线结合绘制路径

2．描边的设置

1）端点、连接和对齐描边

端点是指选择一个端点样式以指定开放路径两端的外观，它分为三种类型：平头端点、圆头端点、投射末端。

连接是指转角处描边的外观，它分为三种类型：斜接连接、圆角连接、斜面连接。

还可设置描边相对于路径的三种类型：描边对齐中心、描边局内、描边局外。

通过对这三项的设置，可看到图 6-36 所示的不同效果。

平头端点、斜接连接、描边对齐中心

圆头端点、圆角连接、描边局内

投射末端、斜面连接、描边局外

图 6-36　描边的不同效果

2）类型、起点、终点、间隙颜色和色调

通过【描边】调板可对路径设置不同的类型效果，还可用起点和终点配合类型设置与众不同的箭头。如果选择虚线的类型，还可用间隙颜色和色调来设置虚线的间隙。下面通过案例讲解如何使用这些选项。

绘制虚线效果箭头的操作步骤如下。

（1）在素材中打开“模块 6\路线图.indd”文件，用“钢笔工具”绘制从西环北路到 BAD 出口的方向线，如图 6-37 所示。

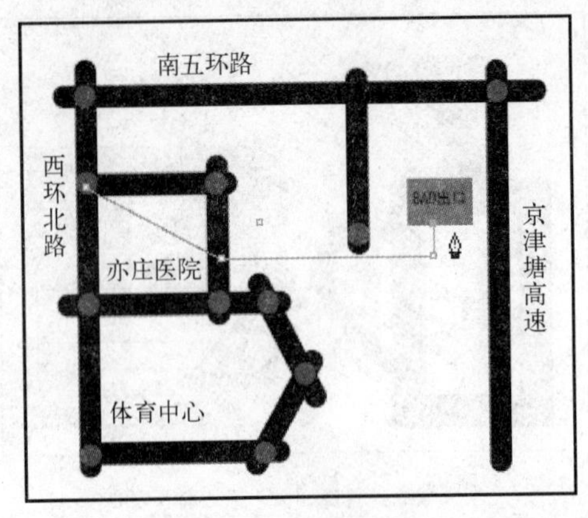

图 6-37　路径图素材

（2）绘制完成后，单击工具箱中的“选择工具”，在【色板】调板中，为路径设置颜色色值为 C=0，M=50，Y=100，K=0，如图 6-38 所示。

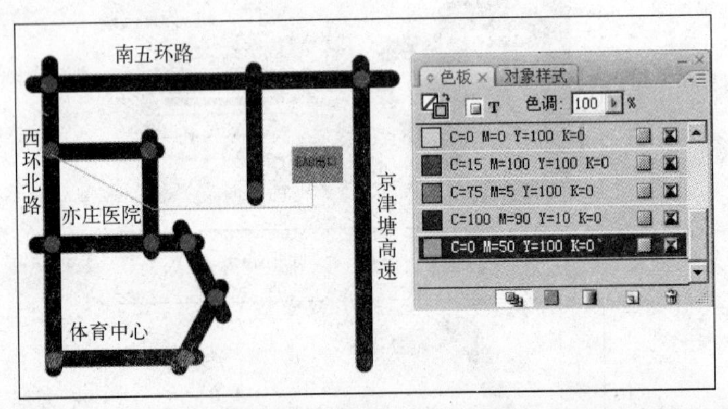

图 6-38　路径设置颜色

（3）打开【描边】调板，在【粗细】数值框中输入“1.5 毫米”，在【类型】下拉列表框中选择【虚线】，因为是从开始指向终点的方向线，所以选择【终点】下拉列表框的“倒钩”箭头，选择【间隙颜色】为“C=0 M=0 Y=100 K=0,”【间隙色调】为“25%”，然后在虚线和间隔的数值框中输入“4 毫米，3 毫米，2 毫米，3 毫米”，如图 6-39 所示。

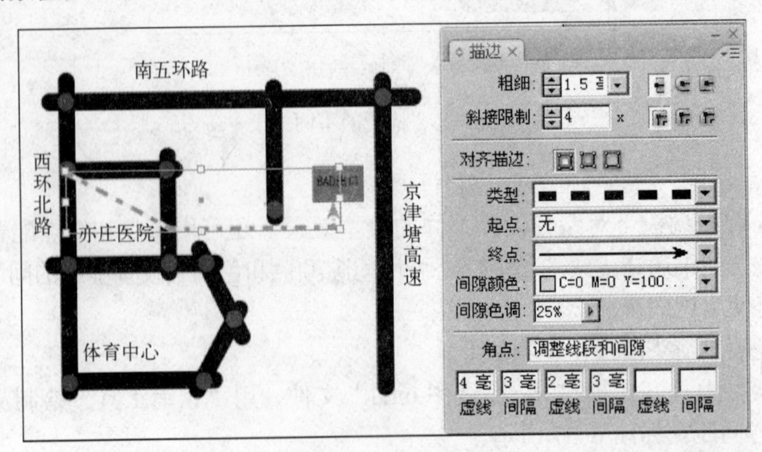

图 6-39　描边设置

（4）完成绘制虚线的操作，如图 6-40 所示。

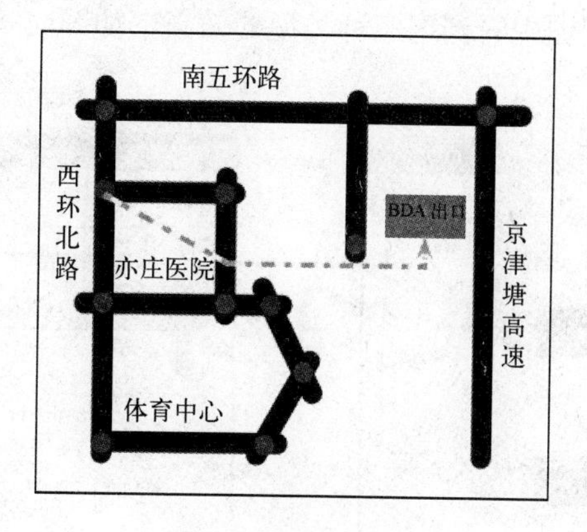

图 6-40　设置完成

小知识：在【类型】下拉列表框中选择“虚线”才能显示【角点】和虚线间隔的选项。

3）描边样式

新建描边样式的操作步骤如下。

（1）单击【描边】调板右侧的下拉按钮，在弹出的下拉菜单中选择【描边样式】，弹出【描边样式】对话框，如图 6-41 所示。

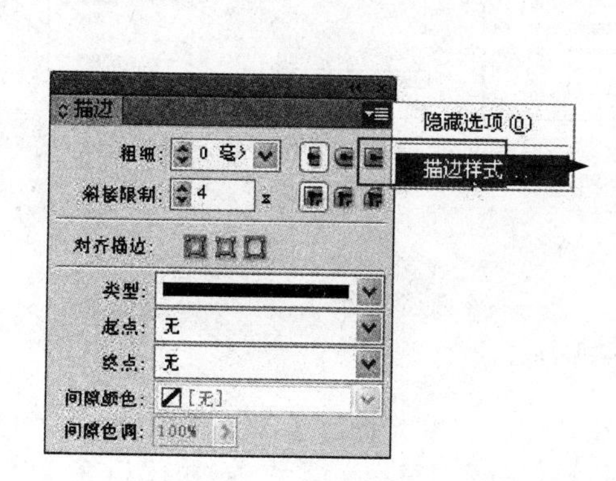

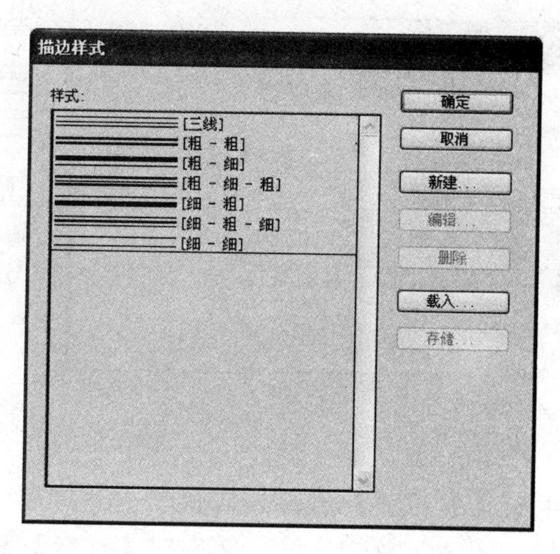

图 6-41　描边样式

（2）单击【新建】按钮，弹出【新建描边样式】对话框，在【名称】文本框中为新建的样式起名为“虚线（1-2）”，如图 6-42 所示。

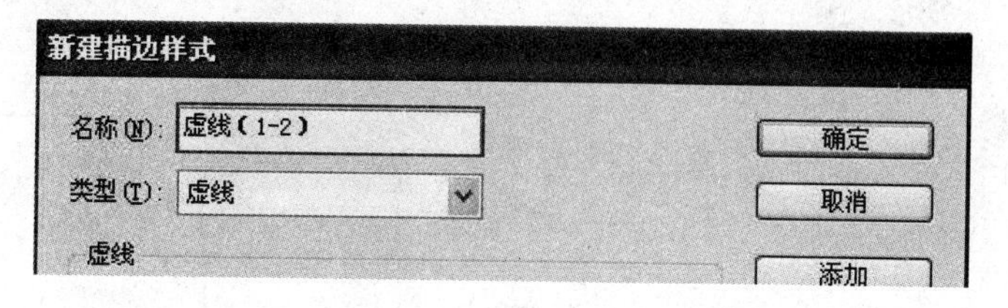

图 6-42　新建描边样式

（3）在【类型】下拉列表框中可以选择三种类型进行描边设置，分别是：条纹、点线和虚线。可在下方的预览视图中看到这三种类型的效果，如图 6-43 所示。本案例以虚线为例讲解描边样式的创建。

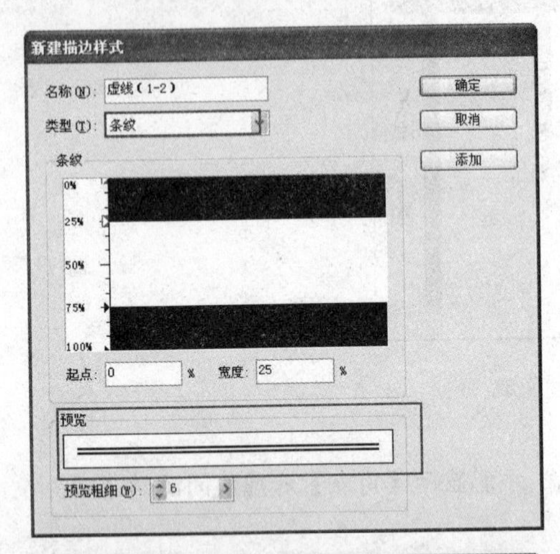

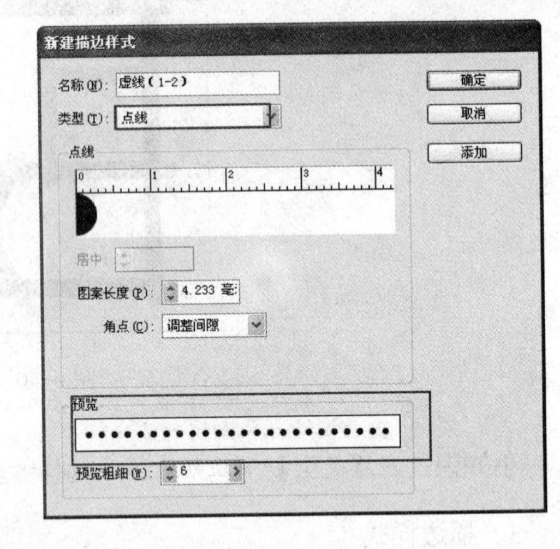

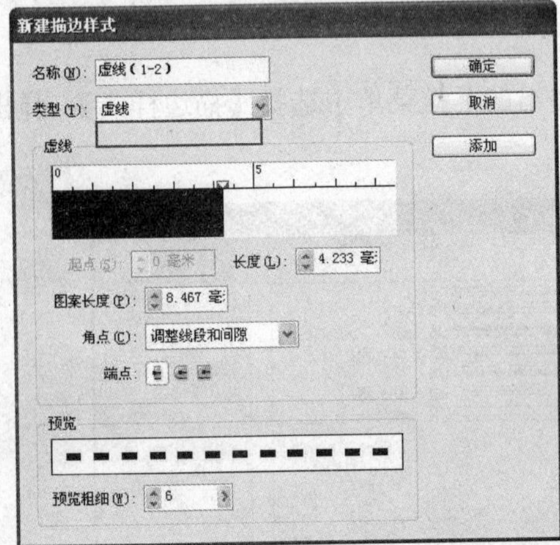

小知识：关于条纹、虚线、点线

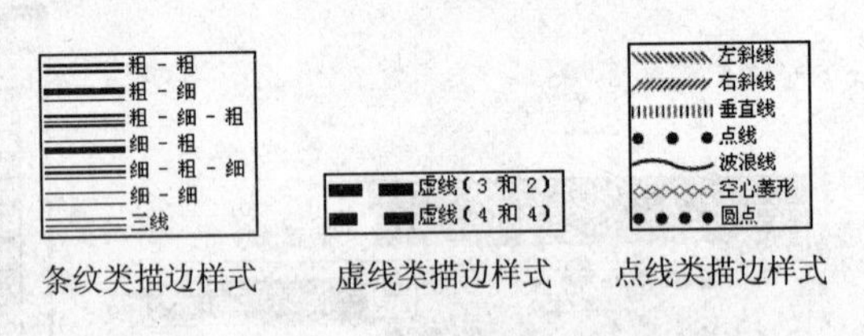

图 6-43　3 种类型描边设置

（4）在【类型】下拉列表框中选择“虚线”，在【图案长度】数值框中输入“16 毫米”，指定图案重复的长度。然后在【长度】数值框中输入“6 毫米”，如图 6-44 所示。

（5）单击标尺添加一个新虚线，然后调整虚线的宽度。在【起点】数值框中输入“8 毫米”，在【长度】数值框中输入“2 毫米”，这样可以精确地设置虚线的位置，如图 6-45 所示。

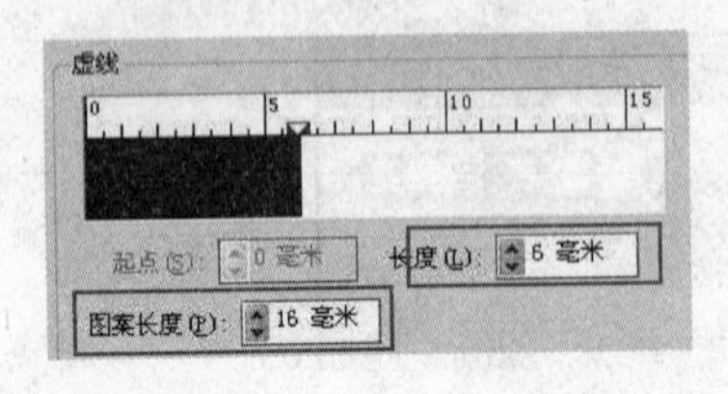

图 6-44　类型设置

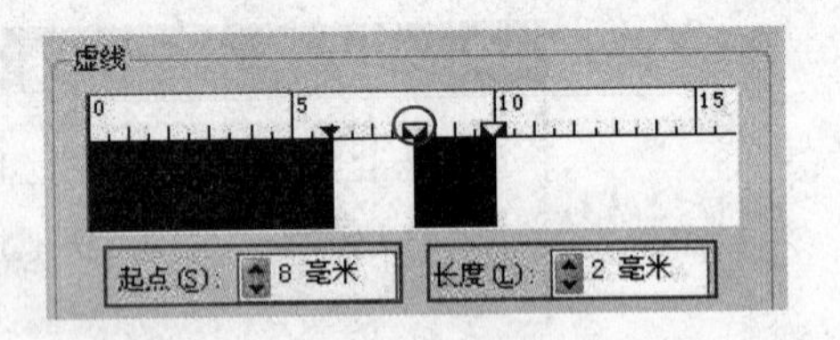

图 6-45　精确设置虚线的位置

（6）再添加一个新虚线，设置与步骤（5）相同，设置完成后可看预览视图中的效果，如图 6-46 所示。

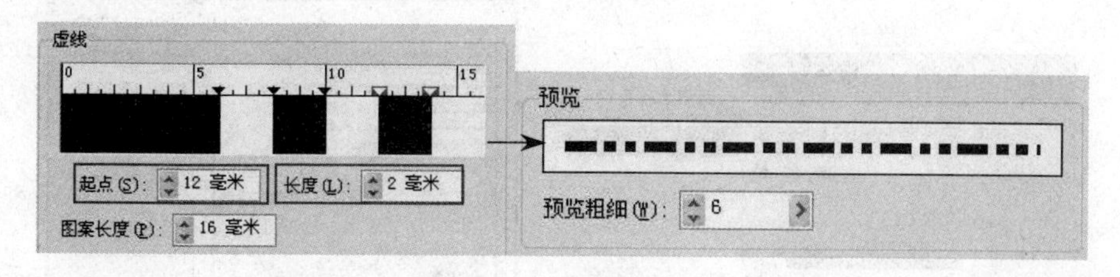

图 6-46　设置完成

（7）单击【确定】按钮，保存新建的描边样式。再单击【确定】按钮，完成描边样式设置的操作，如图 6-47 所示。

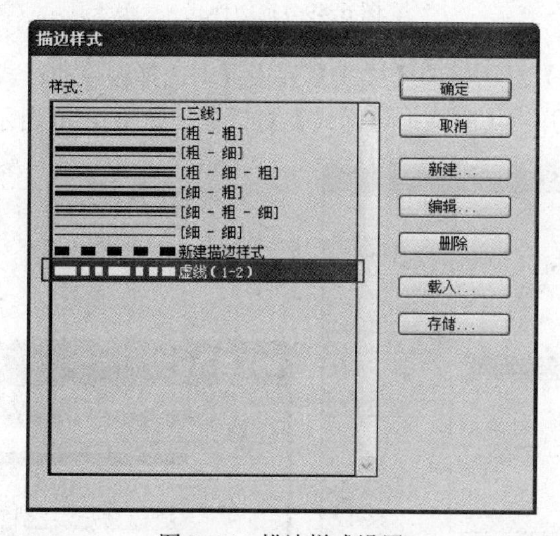

图 6-47　描边样式设置

（8）应用新建描边样式。用“钢笔工具”绘制一条路径。用“选择工具”选择绘制好的路径，然后打开【描边】调板，在“类型”下拉列表框中选择“虚线（1-2）”，设置【粗细】为“2 毫米”，如图 6-48 所示。

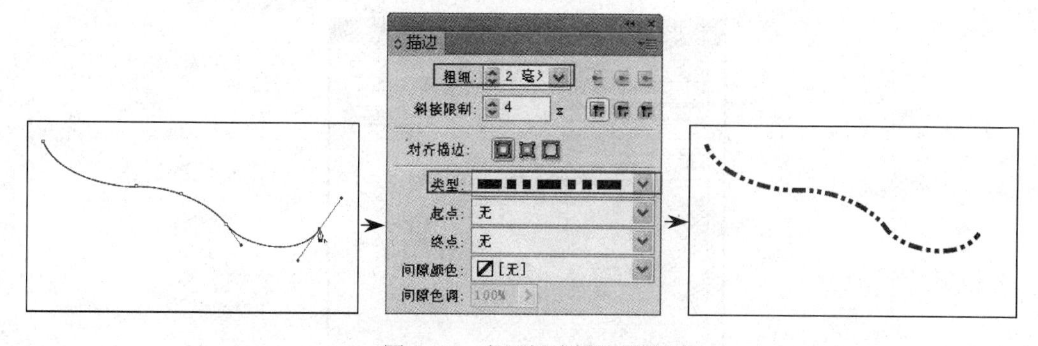

图 6-48　应用新建描边样式

4）删除描边样式的操作

（1）单击【描边】调板右侧的下拉按钮，在弹出的下拉菜单中选择【描边样式】，弹出

【描边样式】对话框，如图 6-49 所示。

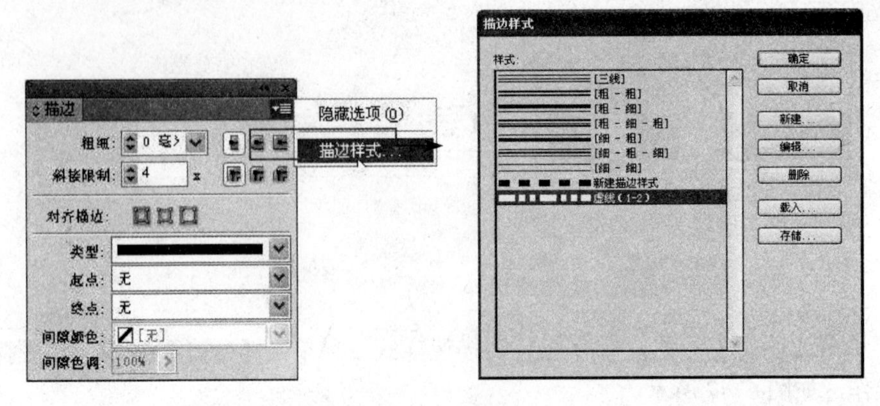

图 6-49 描边样式

（2）在【描边样式】对话框的【样式】列表框中选择删除的样式“虚线（1-2）”，然后单击【删除】按钮后，弹出【删除描边样式】对话框，如图 6-50 所示。

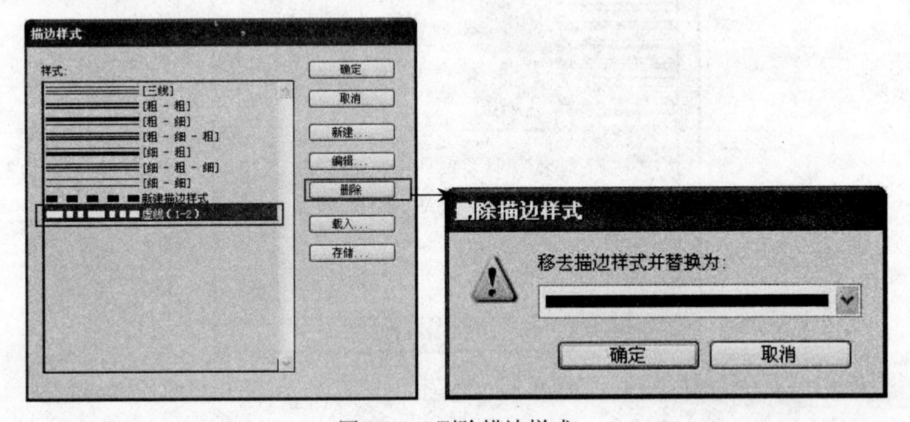

图 6-50 删除描边样式

（3）单击【确定】按钮，再单击【描边样式】对话框的【确定】按钮，完成删除描边样式的操作，如图 6-51 所示。

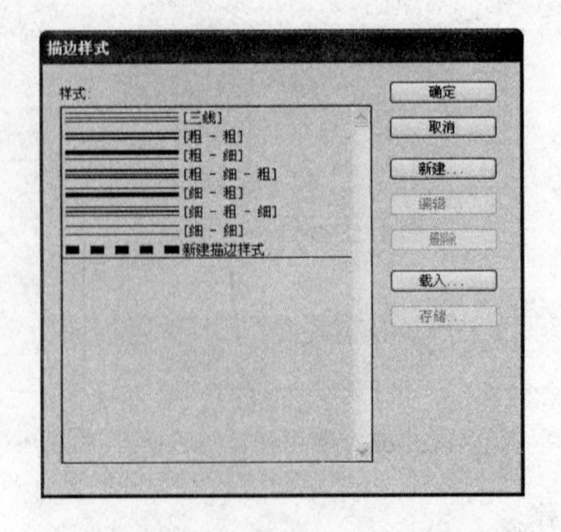

图 6-51 完成删除描边样式操作

3．排列和对齐的设置

1）排列

可通过排列选项（包括置于顶层、前移后移一层或置于底层）来排列多个图形的位置，如图 6-52 所示。

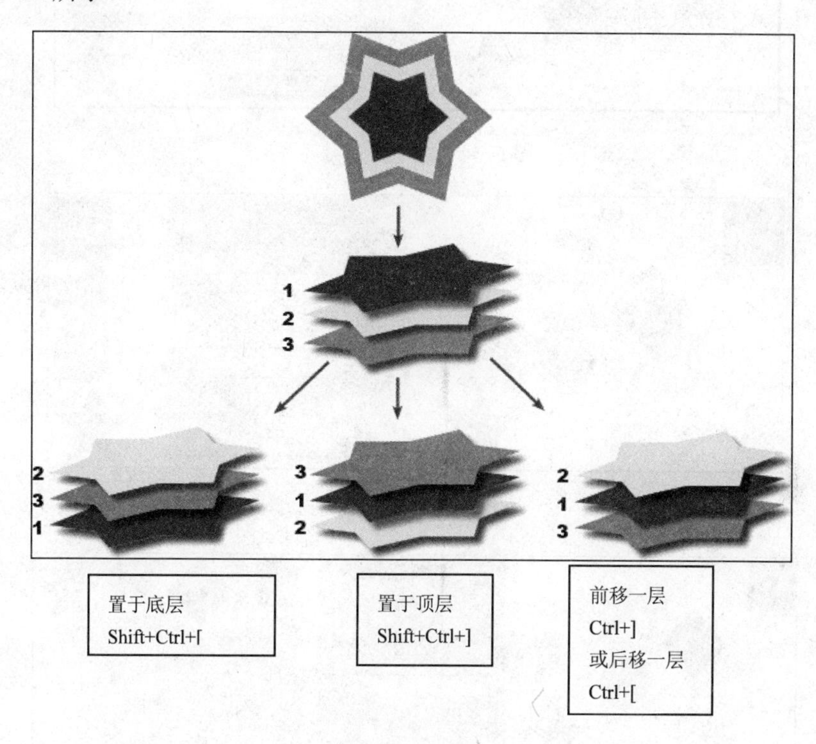

图 6-52　排列

2）对齐

执行【窗口】|【对象和版面】|【对齐】命令，打开【对齐】调板，通过【对齐】调板对齐图形、分布图形及分布图形的间距。

（1）对齐对象。图 6-53 所示为左对齐，图 6-54 所示为水平居中对齐，图 6-55 所示为右对齐，图 6-56 所示为顶对齐，图 6-57 所示为垂直居中对齐，图 6-58 所示为底对齐。

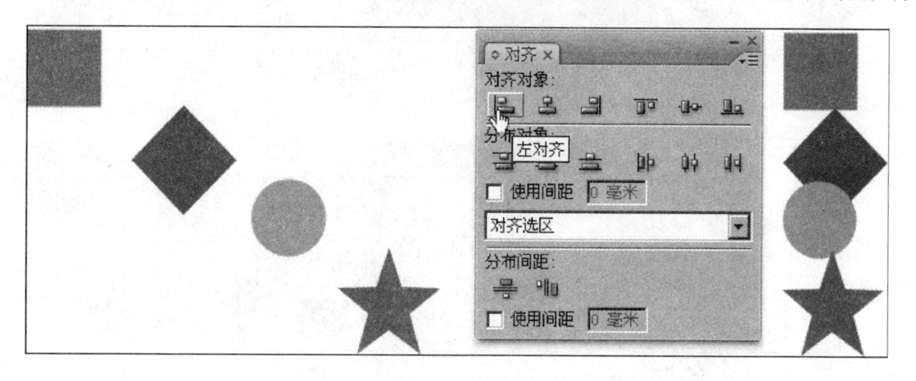

图 6-53　左对齐

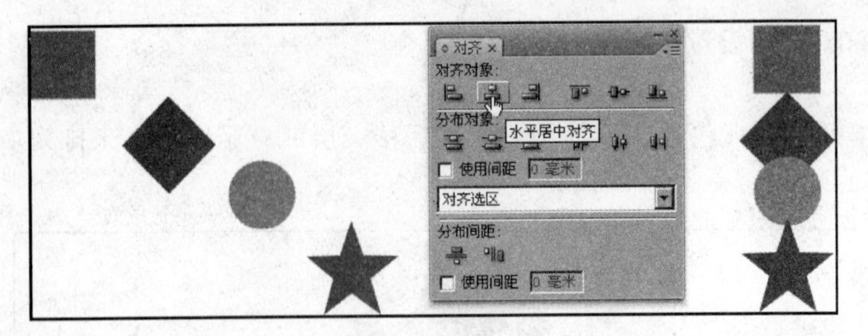

图 6-54　水平居中对齐

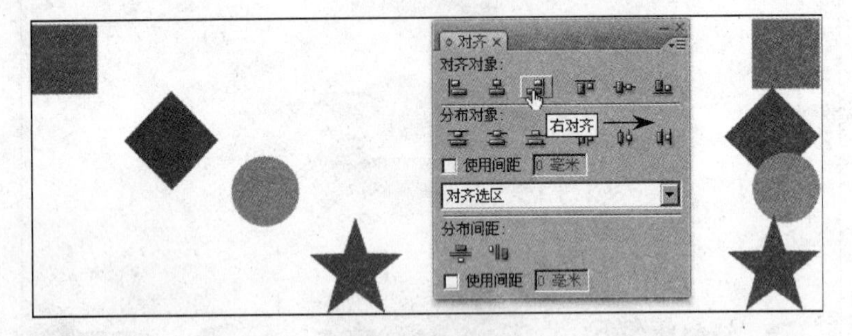

图 6-55　右对齐

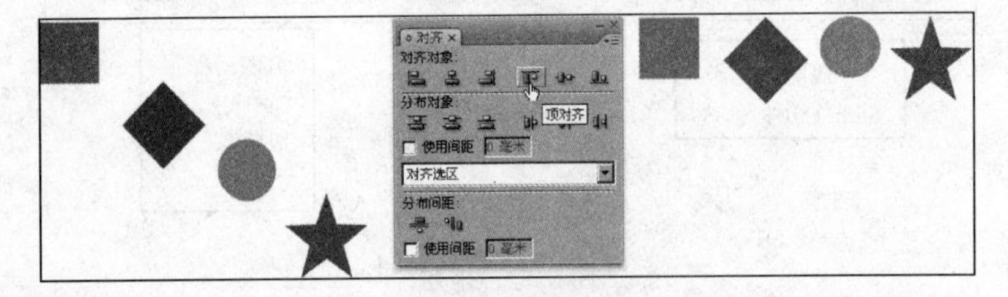

图 6-56　顶对齐

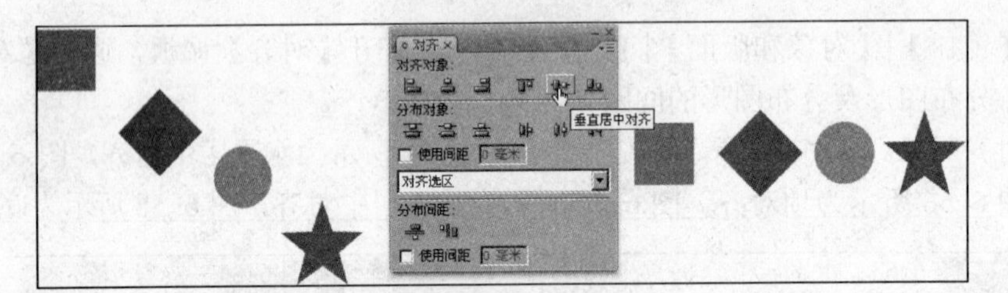

图 6-57　垂直居中对齐

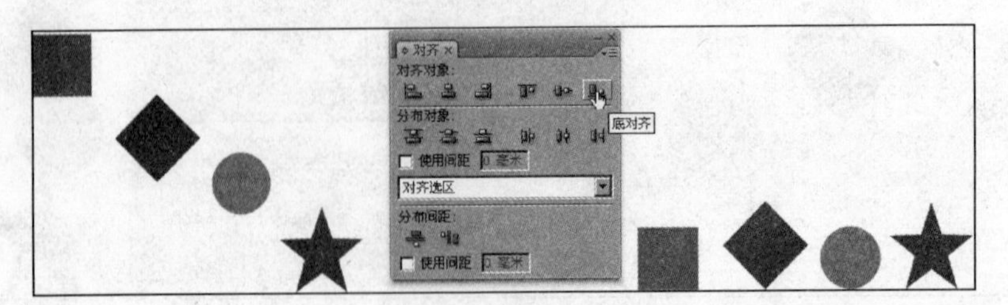

图 6-58　底对齐

（2）分布对象。图 6-59 所示为按顶分布，图 6-60 所示为垂直居中分布，图 6-61 所示为按底分布，图 6-62 所示为按左分布，图 6-63 所示为水平居中分布，图 6-64 所示为按右分布。

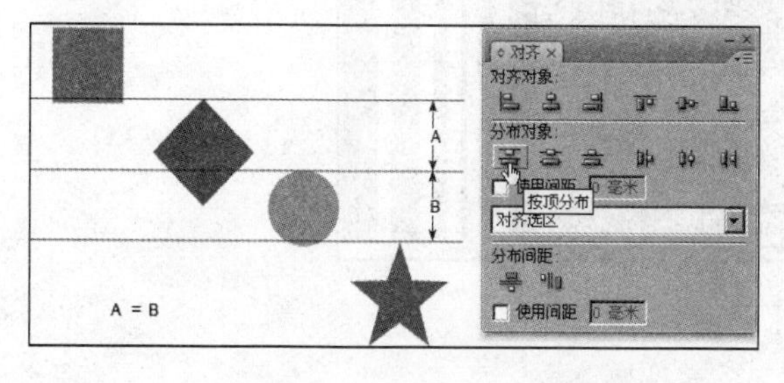

图 6-59　按顶分布

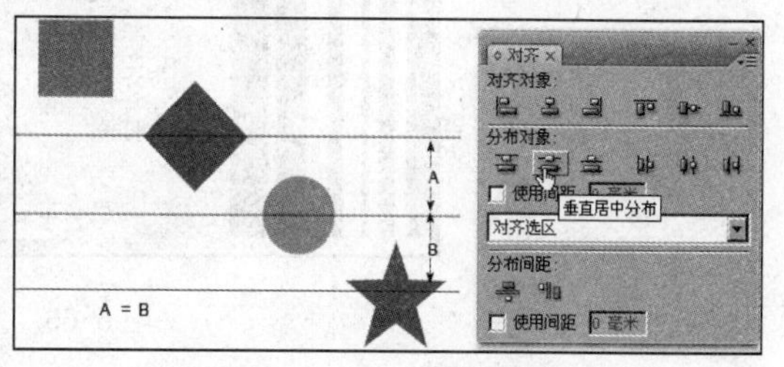

图 6-60　垂直居中分布

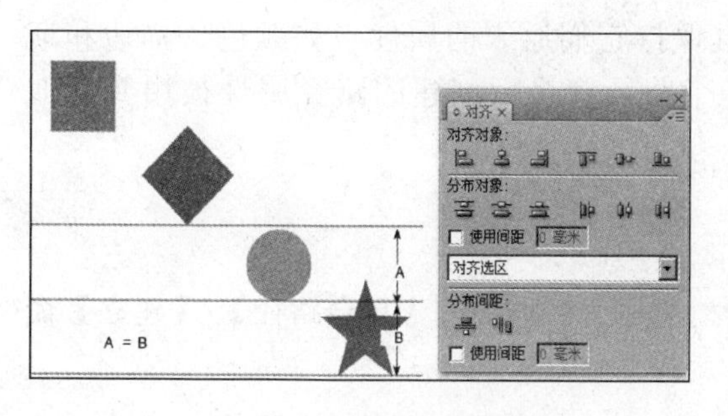

图 6-61　按底分布

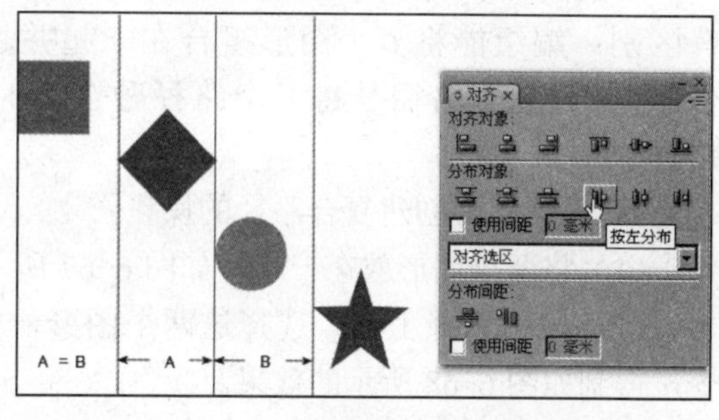

图 6-62　按左分布

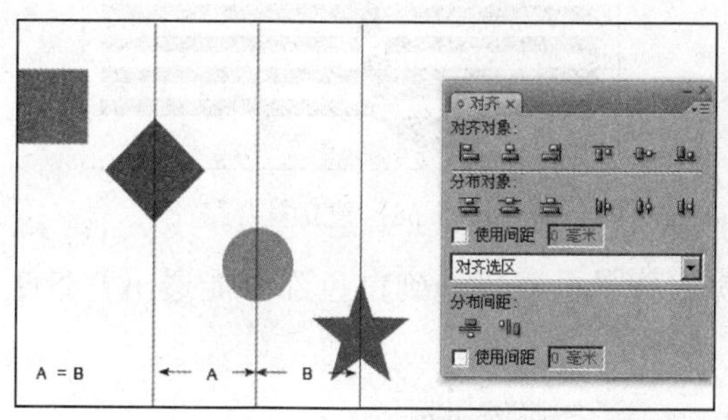

图 6-63　水平居中分布

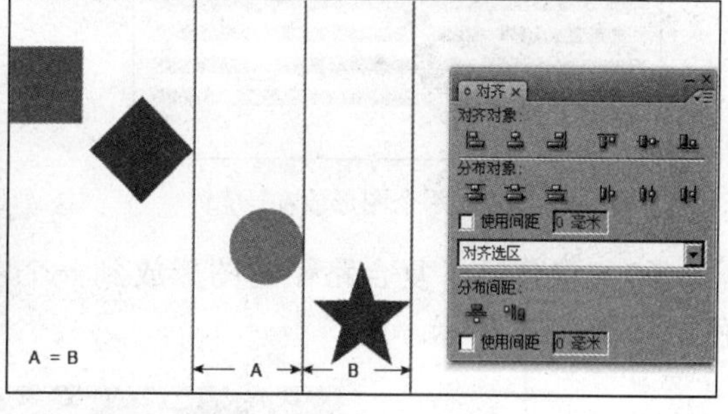

图 6-64　按右分布

（3）分布间距。图 6-65 所示为垂直分布间距，图 6-66 所示为水平分布间距。

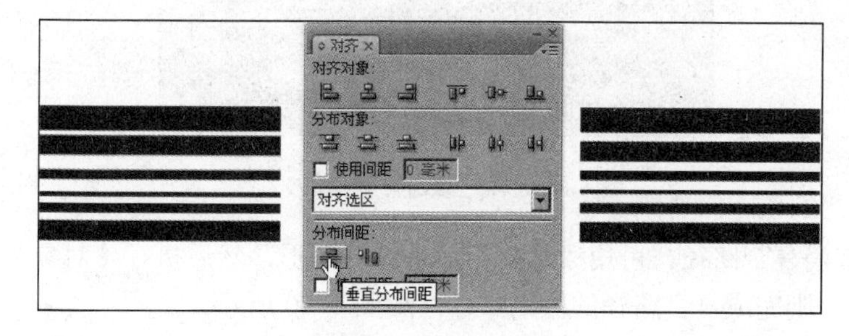

图 6-65　垂直分布间距

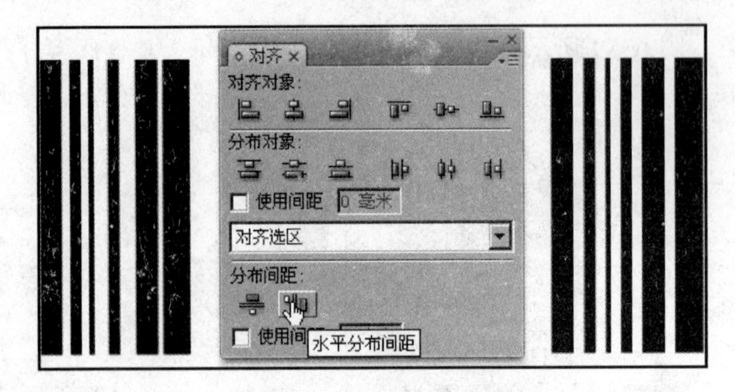

图 6-66　水平分布间距

4．复合路径的应用

用复合路径将多个图形组合成一个图形，复合路径与编组的功能相似，但两者又有区别：编组能将多个图形组合在一起并且保持它们原来的属性（如颜色、描边和渐变等）；而复合路径是将多个路径融合为一个路径，最后创建的路径属性被用到其他路径中。

1）多个图形创建复合路径的操作

（1）将两个图形放在一起，如图 6-67 所示。

（2）用“选择工具”选择这两个图形，然后执行【对象】|【复合路径】|【建立】命令，得到如图 6-68 所示的效果。

图 6-67　两个图形放在一起

图 6-68　建立复合路径

（3）将建立了复合路径的图形放到一个实底背景里，可看到白色部分能透出背景颜色，如图 6-69 所示。

图 6-69　透出背景颜色

（4）若想取消复合路径，可用“选择工具”选择图形，然后执行【对象】|【复合路径】|【释放】命令，则完成复合路径的取消操作，如图 6-70 所示。

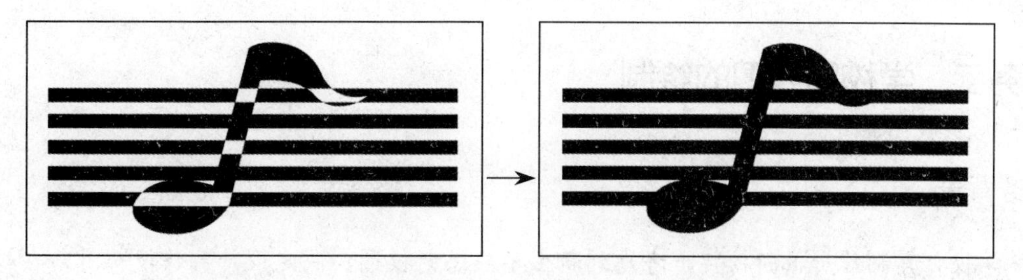

图 6-70　取消复合路径

2）文字与图形创建复合路径的操作

（1）用“文字工具”拖曳一个文本框，然后输入“新年快乐”，在本例中选择字体为“方正流行体繁”，字号为“72 点”，字体颜色色值为 C=15，M=100，Y=100，K=0，字体描边为 C=0，M=0，Y=100，K=0，如图 6-71 所示。

（2）用“矩形工具”绘制一个矩形，然后将其填色为 C=15，M=100，Y=100，K=0，描边为 C=0，M=0，Y=100，K=0，如图 6-72 所示。

图 6-71　输入文字

图 6-72　绘制矩形并填色

（3）将文字转为曲线。用“选择工具”选择文字，然后执行【文字】|【创建轮廓】命令，如图 6-73 所示。

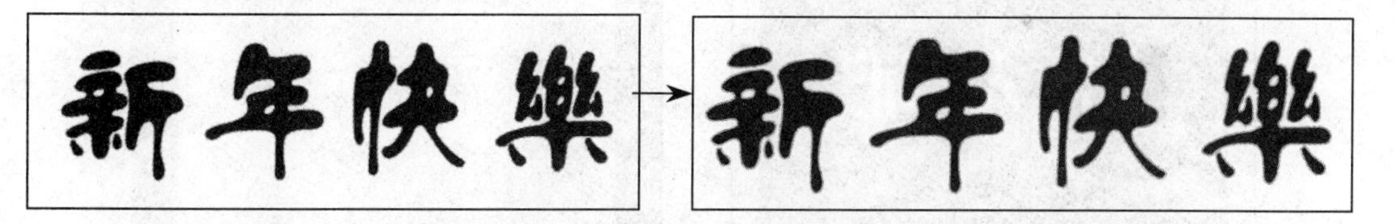

图 6-73　文字转为曲线创建轮廓

（4）将矩形放在文字的上半部分，用“选择工具”选择文字与图形，然后执行【对象】|【复合路径】|【建立】命令，创建复合路径，如图 6-74 所示。

图 6-74　创建复合路径

任务二　学校路线图的绘制

任务背景

学校打算制作一批新校牌，考虑到新生不熟悉新校园，决定设计制作校牌时，在校牌的背面绘制一张乘车路线图，便于学生外出。

任务要求

路线图要标志清楚，指示准确。绘制时线条尽量简洁，便于识别。

成品尺寸为 92 mm × 130 mm。

任务素材

正面

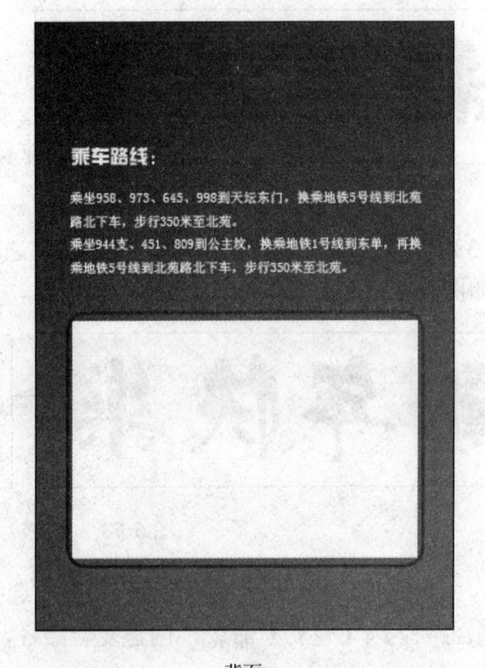

背面

任务分析

1. 用矩形工具绘制一个矩形框，并填充颜色作为底图。
2. 用钢笔工具依次绘制白色线条部分，蓝色线条部分，棕色线条部分。
3. 用钢笔工具绘制黄色的河流和地铁轨道。
4. 用【描边】调板设置地铁轨道的线条。
5. 输入地点名称。

任务参考效果图

正面

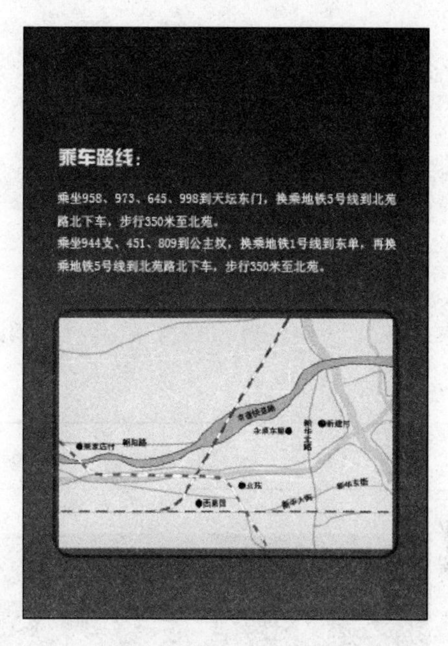

背面

任务三　自学部分

目的

了解 InDesign 支持哪些图片格式，图片有哪些颜色模式，不同出版物对分辨率有哪些要求，便于同学们掌握印刷图片的要求及规范置入图片的方法。

学生预习

1. 了解图片的格式。
2. 了解图片的颜色模式。
3. 了解不同出版物的分辨率要求。
4. 了解置入图片的方法。

学生练习

使用相关素材，练习挑选符合印刷要求的图片、置入图片的操作方法，以及【链接】调板的使用。原始素材如图 6-75 所示，置入图片后的效果如图 6-76 所示，可作为同学们练习的参考。

图 6-75 原始素材

图 6-76 置入图片后的效果

模块 7　图片的置入与管理

能力目标

1. 能够通过设置图片的格式、模式和分辨率，使图片符合印刷要求
2. 能够使用多种方法置入图片
3. 能够使用【链接】调板管理图片

知识目标

1. 掌握筛选图片的基本要求
2. 掌握置入图片的操作方法
3. 掌握【链接】调板的使用方法

课时安排

2 课时讲解，2 课时实践

任务一　酒店空间鉴赏画册的设计

任务背景

该画册在内容的建构与图片的选择上，力求最真实地反映酒店室内商业环境的特点。因此，在设计时页眉与页码尽量简洁，否则会喧宾夺主，画册主要以图片来吸引读者的视线。

任务要求

本例提供半成品文件，同学们需要在已设置好页眉和页码的版面文件上置入文件。

画册成品尺寸为 240 mm × 240 mm，上边距为 20 mm，下边距为 20 mm，内边距为 20 mm，外边距为 18 mm。

任务素材

任务参考效果图

制作步骤分析

1. 挑选符合印刷要求的图片，通过图片格式、图片模式和图片分辨率的设置达到印刷要求。
2. 将图片置入到页面中。
3. 通过【链接】调板管理图片链接。

参考制作流程

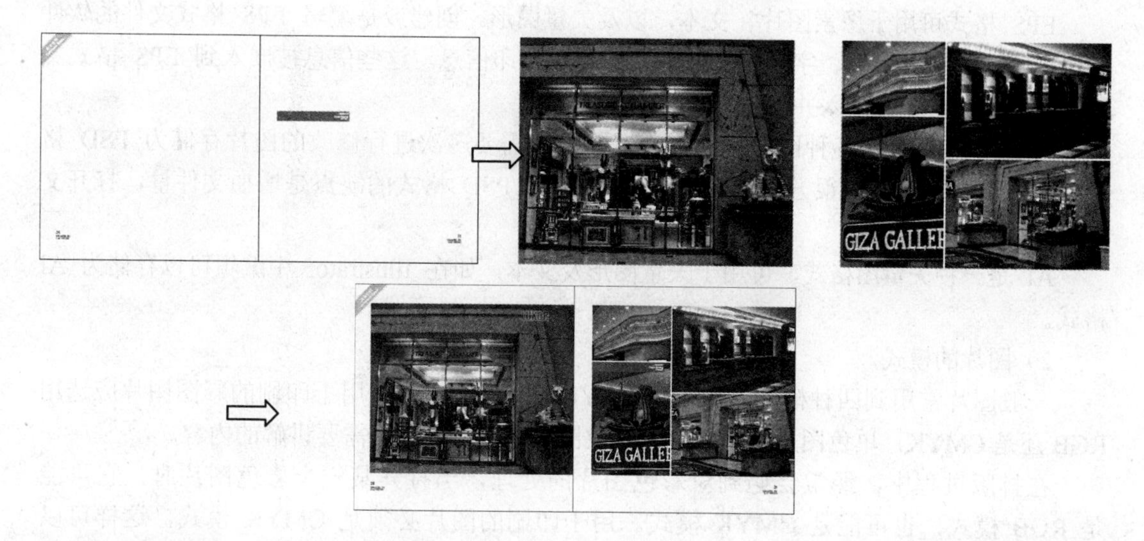

操作步骤详解

1．挑选合格的印刷图片

客户在给设计师提供资料时，图片的来源也许是图库、数码照片、网上图片等。这些图片都需要经过图像处理软件进行处理，然后再把处理过的图片放到排版软件中进行组版。在此过程中，如何设置图片的格式、模式和分辨率，使其符合印刷要求是本模块讲解的主要内容。

1）图片的格式

InDesign 支持多种图片格式，包括 PSD、JPEG、PDF、TIFF、EPS 和 GIF 格式等，在印刷方面，最常用到的是 TIFF、JPEG、EPS、AI 和 PSD 格式，下面讲解在实际工作中如何挑选适合的图片格式。

在印刷方面图片多以 TIFF 格式为主。TIFF 是 Tagged Image File Format（标记图像文件格式）的缩写，几乎所有工作中涉及位图的应用程序（包括置入、打印、修整及编辑位图等），都能处理 TIFF 格式文件。TIFF 格式有压缩和非压缩像素数据。如果压缩方法是非损失性的，图片的数据没有减少，即信息在处理过程中不会损失；如果压缩方法是损失性的，能够产生大约 2:1 的压缩比，可将原稿文件削减到一半左右。 TIFF 格式能够处理剪辑路径，许多排版软件都能读取剪辑路径，并能正确地减掉背景。

需要注意的是：如果图片尺寸过大，存储为 TIFF 格式会使得在输出时图片出现错误的尺寸，这时可将图片存储为 EPS 格式。

JPEG 一般可将图片压缩为原大小的十分之一而看不出明显差异。但如果图片压缩太大，会使图片失真。而且每次保存 JPEG 格式的图片时都会丢失一些数据。因此，通常只在创作的最后阶段以 JPEG 格式保存一次图片即可。

由于 JPEG 格式是采用有损压缩的方式，所以在操作时必须注意以下内容。

① 四色印刷使用以 CMYK 模式。

② 限于对精度要求不高的印刷品。

③ 不宜在编辑修改过程中反复存储。

EPS 格式可用于像素图片、文本，以及矢量图形。创建或是编辑 EPS 格式文件的软件可以定义容量、分辨率、字体、其他的格式化和打印信息。这些信息被嵌入到 EPS 格式文件中，然后由打印机读入并处理。

PSD 格式可包含各种图层、通道、遮罩等，需要多次进行修改的图片存储为 PSD 格式，可以在下次打开时很方便地修改上次的图片。PSD 格式的缺点是增加文件量，打开文件速度缓慢。

AI 是一种矢量图格式，可用于矢量图形及文本，如在 Illustrator 中编辑可以存储为 AI 格式。

2）图片的模式

一般图片常用到四种模式：RGB、CMYK、灰度、位图，用于印刷的彩图图片应选用 RGB 还是 CMYK，单色图是选用灰度还是位图，这些都是下面需要讲解的内容。

在排版过程中，经常会遇到对彩色图片的处理，当打开某一个彩色图片时，它可能是 RGB 模式，也可能是 CMYK 模式。用于印刷的图片必须是 CMYK 模式，这样可以避免严重的偏色。其原因在于：RGB 模式是所有基于光学原理的设备所采用的色彩方式（如显示器，是以 RGB 模式工作的），CMYK 模式是颜料反射光线的色彩模式；而 RGB 模式的色彩范围要大于 CMYK 模式，所以 RGB 模式能够表现许多颜色，尤其是鲜艳而明亮的色彩，不过前提是显示器的色彩必须是经过校正的，才不会出现图片色彩的失真，这种色彩在印刷时是难以印出来的。这也是把图片色彩模式从 RGB 转换到 CMYK 时画面会变暗的主要原因，如图 7-1 所示。

RGB 模式

CMYK 模式

图 7-1　RGB 色彩模式与 CMYK 色彩模式

所有需要印刷的图片应转为 CMYK 模式。设计师还应注意的是，对于所打开的一个图片，无论是 CMYK 模式，还是 RGB 模式，都不要在这两种模式之间进行多次转换。因为，在图像处理软件中，每进行一次图片色彩空间的转换，都将损失一部分原图片的细节信息。如果将一个图片一会儿转成 RGB 模式，一会儿转成 CMYK 模式，则图片的信息丢失将是很大的，因此处理需要印刷的图片时应将其转为 CMYK 后再进行其他处理。

位图与灰度模式是 Photoshop 中最基本的颜色模式。灰度模式是用从白色到黑色范围内的 256 个灰度级来显示图像，可以表达细腻的自然状态，如图 7-2 所示。而位图模式只有两种颜色——黑色和白色来显示图像，如图 7-3 所示。因此，灰度图看上去比较流畅，而位图则会显得过渡层次有点不清楚。所以，如果图片是用于非彩色印刷而又需要表现图片的阶调，一般用灰度模式；如果图片只有黑和白不需要表现阶调层次，则用位图模式。

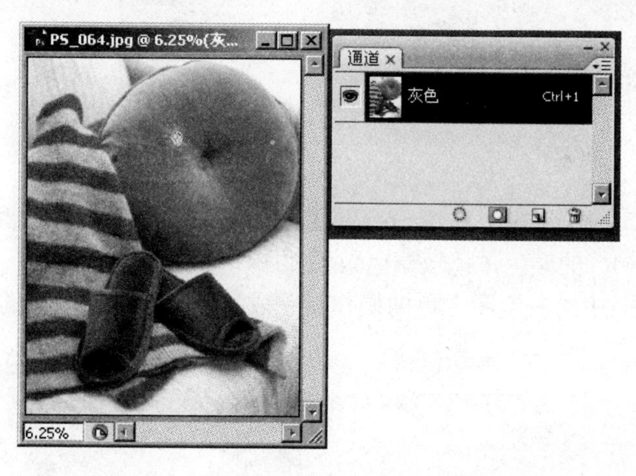

图 7-2　灰度模式

图 7-3　位图模式

图片模式为位图和灰度的图片，在 InDesign 中可以对其进行上色，操作步骤如下。

（1）将为灰度模式的图片置入到 InDesign 中，执行【文件】|【置入】命令，弹出【置入】对话框。在【置入】的【查找范围】下拉列表框中选择“灰度图”图片，如图 7-4 所示。

（2）单击【打开】按钮，当光标变为“ ”时，单击页面空白处，然后用“直接选择工具”选择图片，并使【填色】按钮置于前面，如图 7-5 所示。

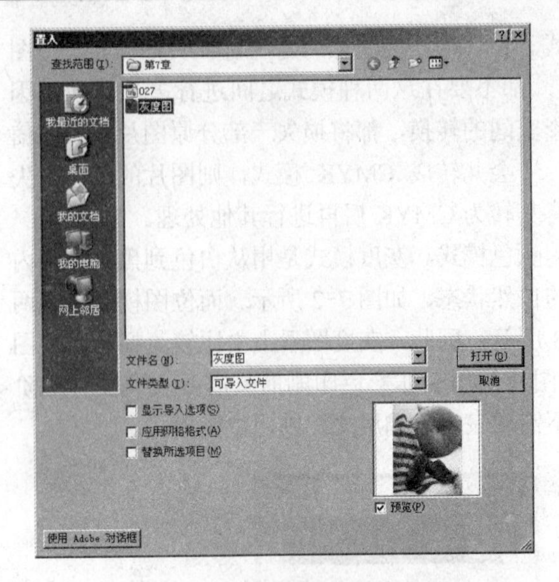

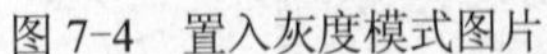

图 7-4　置入灰度模式图片

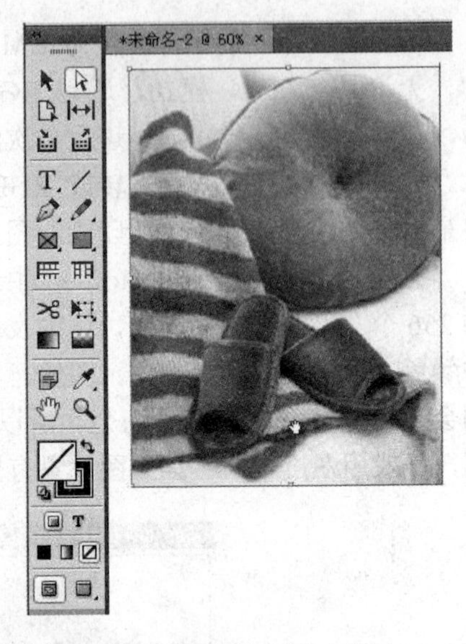

图 7-5　填色按钮置于前面

（3）执行【窗口】|【色板】命令，打开【色板】调板。单击【色板】调板中“C=0，M=100，Y=100，K=0”的颜色，色板调色效果如图 7-6 所示。

（4）在 InDesign 中给灰度图上色的操作就完成了，位图与灰度图的上色方法相同，如图 7-7 所示。

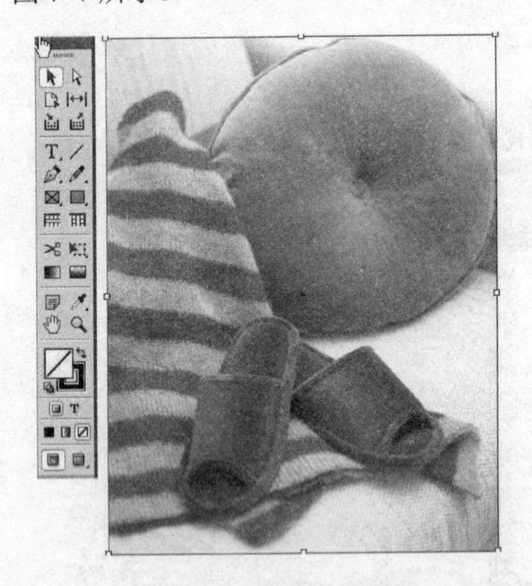

图 7-6　色板调色效果

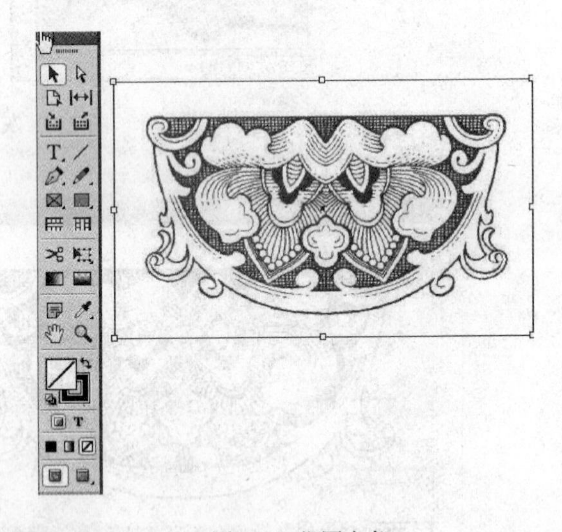

图 7-7　位图上色

3）图片的分辨率

图片的用处不同设置的分辨率也不一样。下面将介绍喷绘、网页和印刷品一般设置多少分辨率较为适宜。

喷绘是指户外广告，因为它输出的画面很大，所以输出图片的分辨率一般为 30~45 dpi，如图 7-8 所示。喷绘的图片对于分辨率没有标准要求，不过设计师需要根据喷绘尺寸大小、使用材料、悬挂高度和使用年限等诸多因素综合考虑。

图 7-8　喷绘

因为互联网上的信息量较大，图片较多，所以图片的分辨率不宜太高，否则会影响网页打开的速度，用于网页上的图片分辨率一般为 72 dpi，如图 7-9 所示。

图 7-9　网页

印刷品的分辨率要比喷绘和网页的要求高，在本模块中将介绍三种常见出版物分辨率的设置。

报纸以文字为主，图片为辅，如图 7-10 所示。报纸分辨率一般为 150 dpi，但是彩色报纸对彩图要求要比黑白报纸的单色图高，一般为 300 dpi。

员工天地

国庆黄金周：他们坚守在岗位上

院部召开新员工实习总结座谈会

兰州中心举办科技活动周活动

兰州中心成立50周年有感

难忘的实习，难忘的起程

生日快乐 10月1-15日

蓝海院报

己烯-1工业试验装置开车成功

我院召开乙烯裂解汽油镍基加氢催化剂推介会

我院3个研发项目通过集团公司鉴定

聚乙烯催化剂与工艺工程中试基地基础设计通过审查

图 7-10 报纸

期刊杂志的分辨率一般为 300 dpi，但也要根据实际情况来设定，如期刊杂志的彩页部分需要设置为 300 dpi，而不需要彩图的黑白部分分辨率可以设置低些，如图 7-11 所示。

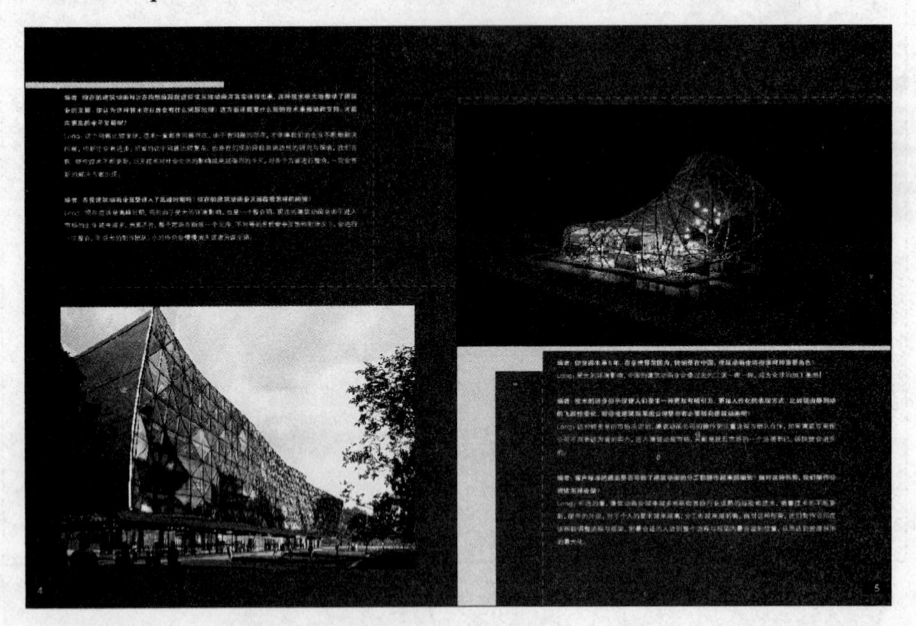

图 7-11 期刊杂志

画册以图为主，文字为辅，如图 7-12 所示，所以要求图片的质量较高。普通画册的分辨率可设置为 300 dpi，精品画册就需要更高的分辨率，一般为 350～400 dpi。

图 7-12　画册

2．置入图片

（1）执行【文件】|【置入】命令，在弹出的【置入】对话框中选择素材“模块 7\20-1．tif”文件，单击【打开】按钮。然后在左页面的左上角且在版心内的位置单击鼠标左键，则完成置入图片的操作，如图 7-13 所示。

图 7-13　置入图片

（2）分别置入“21-1．tif”、“21-2．tif”、“21-3．tif”和“21-4．tif”文件到右页面中，如图 7-14 所示。

图 7-14　置入其他图片

3. 管理图片链接

在置入每张图片时，其实图片并没有复制到文档中，而是以链接的形式指向图片文件路径。由于图片都是存储在文件外部，因此使用链接可以最大程度减小文档的容量。InDesign 将这些图片都显示在【链接】调板中，以便随时编辑、更新图片。

但是，如果将 InDesign 的文档复制到其他计算机上，则应确保同时附带所有链接图片的文件，因为它们并没有存储在文档内部，所以应把链接图片与文档存储在同一个文件夹下。通过前面完成的实例，讲解如何通过【链接】调板快速查找、更换图片，编辑已置入图片和更新图片链接。

1）快速查找图片

当制作以图片为主的杂志或画册时，在众多页面中找出某页某张图片进行修改是非常麻烦的。可以通过【链接】调板的“转至链接”按钮，快速查找图片所在的页面位置，前提是要给每张图片规范起名字才能方便查找。

（1）执行【窗口】|【链接】命令，打开【链接】调板，如图 7-15 所示。

（2）单击【链接】调板中需要修改的图片，然后再单击“转至链接”按钮，即显示选择图片的当前页面，如图 7-16 所示。

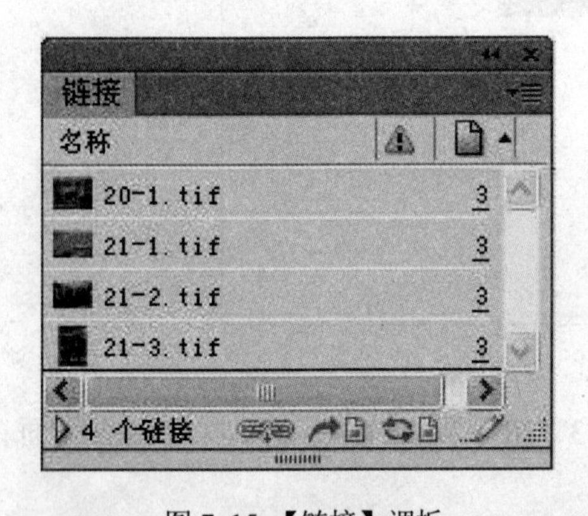

图 7-15 【链接】调板

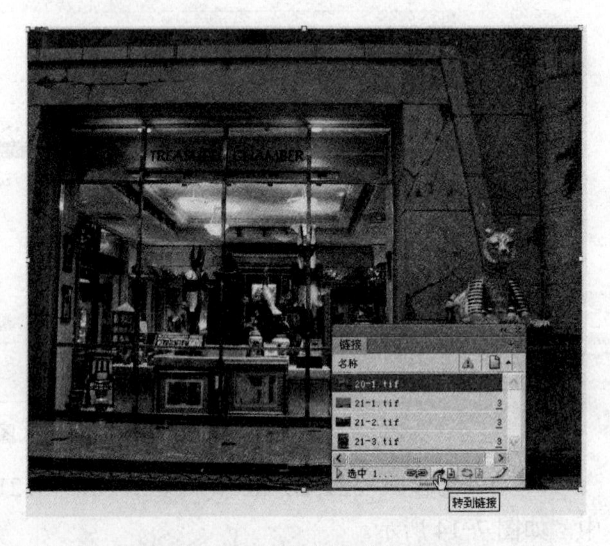

图 7-16　选择图片的当前页面

2）更换图片

使用【链接】调板的“重新链接”按钮可以到当前选中图片的文件夹下更换其他图片，还可以重新链接丢失链接的图片。

（1）用“选择工具”选择需要更换的图片，执行【窗口】|【链接】命令，打开【链接】调板，如图 7-17 所示。

（2）单击【链接】调板的“重新链接”按钮后，弹出【重新链接】对话框，如图 7-18 所示。

（3）选择更换的图片“替换 20-1.tif”，然后单击【打开】按钮，完成更换图片的操作，如图 7-19 所示。

图 7-17　打开【链接】调板

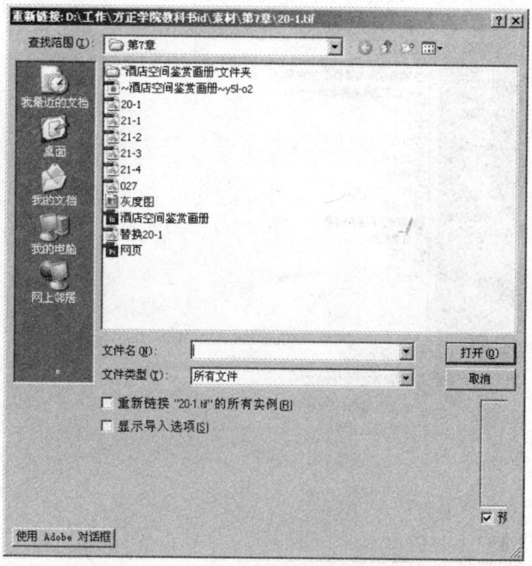

图 7-18　【重新链接】对话框

3）重新链接丢失的图片

（1）当【链接】调板中出现“?”时表示图片不再位于置入时的位置，但仍存在于某个地方，如图 7-20 所示。 如果将 InDesign 文档或图片的原始文件移动到其他文件夹，则会出现此情况。

图 7-19　更换图片

图 7-20　链接调板中出现“?”

（2）单击【链接】调板中丢失的图片后，再单击“重新链接”按钮后，弹出【定位】对话框，如图 7-21 所示。

（3）选择更换丢失链接的图片，然后单击【打开】按钮，即完成更换丢失链接图片的操作，如图 7-22 所示。

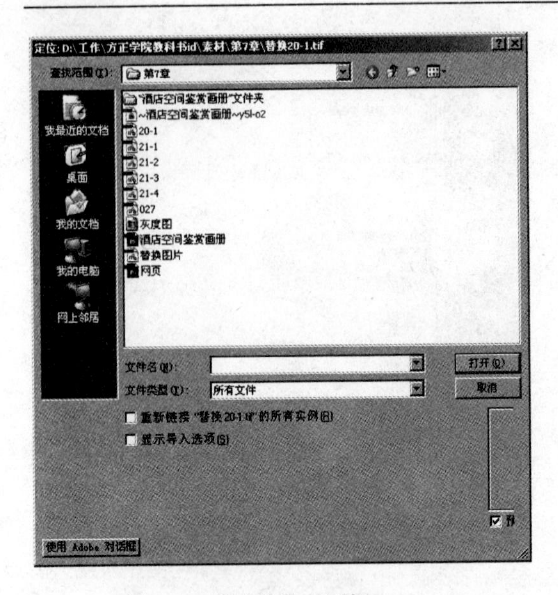

图 7-21 【定位】对话框

图 7-22 更换丢失链接图片

4）编辑已置入图片

当置入的图片不符合要求时，可以使用【链接】调板中的“编辑原稿”按钮回到图像处理软件中进行重新编辑。

（1）用“选择工具”选择需要编辑的图片，单击【链接】调板中的“编辑原稿”按钮后，弹出图像处理软件，如图 7-23 所示。

（2）在 Photoshop 中就可以重新对图片进行编辑，编辑完后执行【文件】|【存储】命令，保存重新编辑的图片。

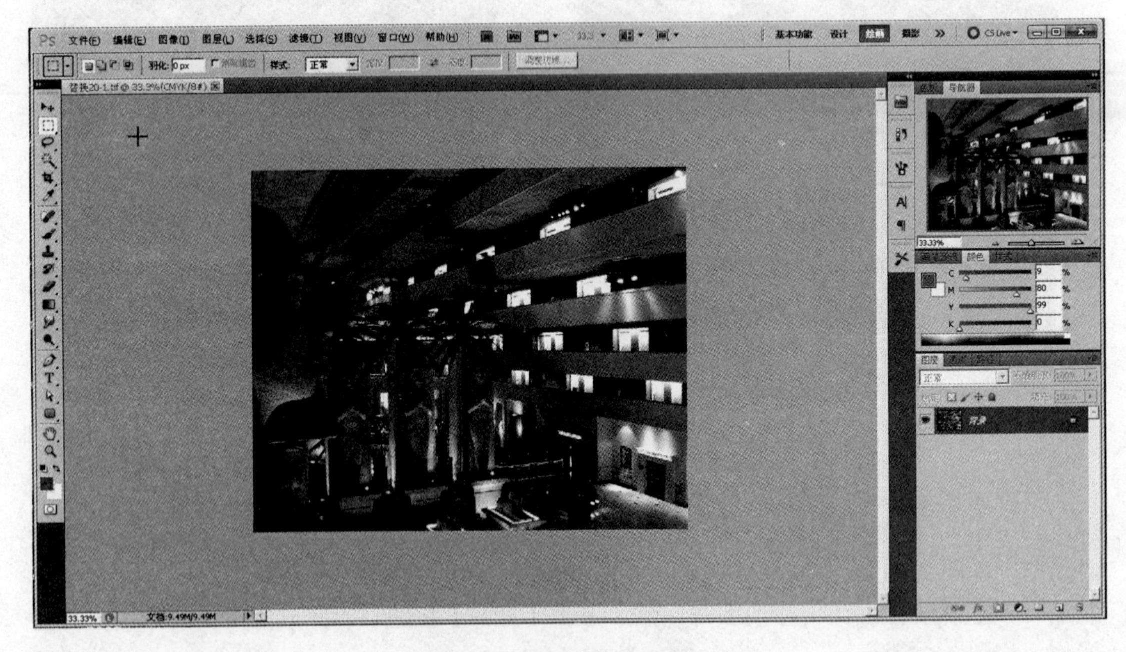

图 7-23 弹出图像处理软件

小知识：在单击“编辑原稿”按钮后，会发生弹出的不是图像处理软件而是其他的看图软件的情况，如图 7-24 所示。下面讲解如何设置“编辑原稿”的打开方式为 Photoshop。

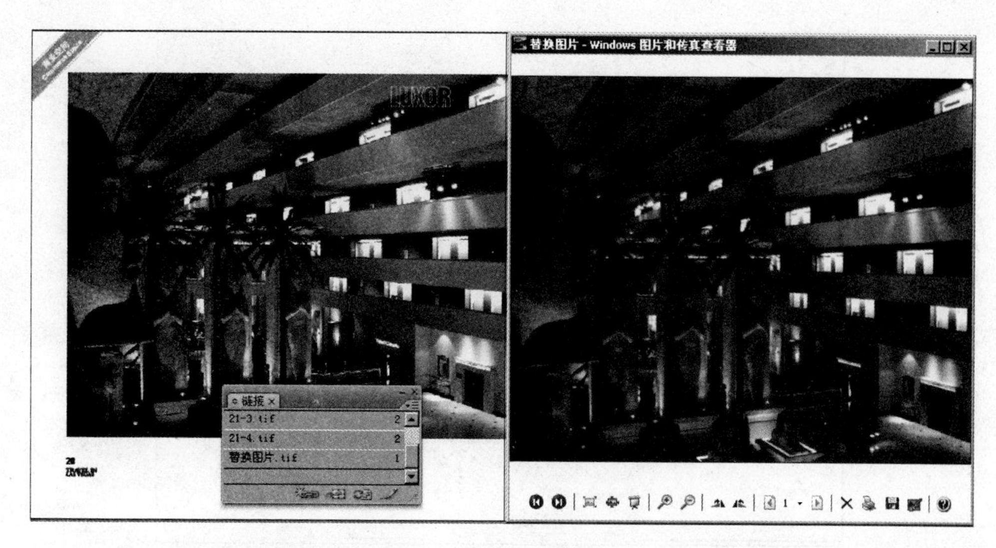

图 7-24　弹出其他看图软件

（1）打开任意一个存放图片的文件夹，右键单击一张图片，在弹出的下拉菜单中选择【打开方式】|【选择程序】，弹出【打开方式】对话框，如图 7-25 所示。

（2）在【打开方式】对话框中选择 Adobe Photoshop CS3 为打开程序，然后勾选【始终使用选择的程序打开这种文件】复选框，如图 7-26 所示。

（3）单击【确定】按钮，即完成将打开方式改为 Adobe Photoshop CS3 的操作。

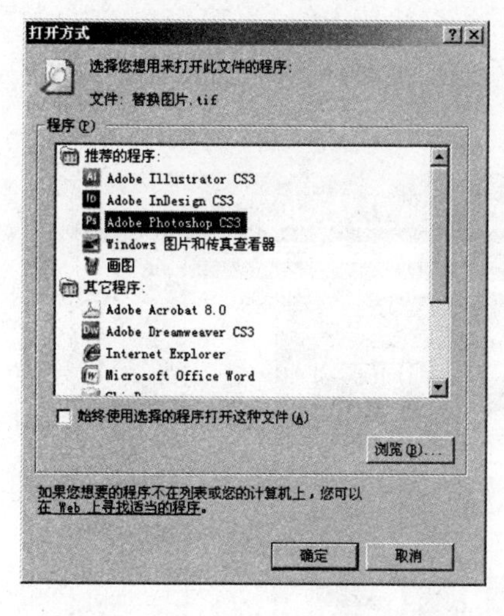

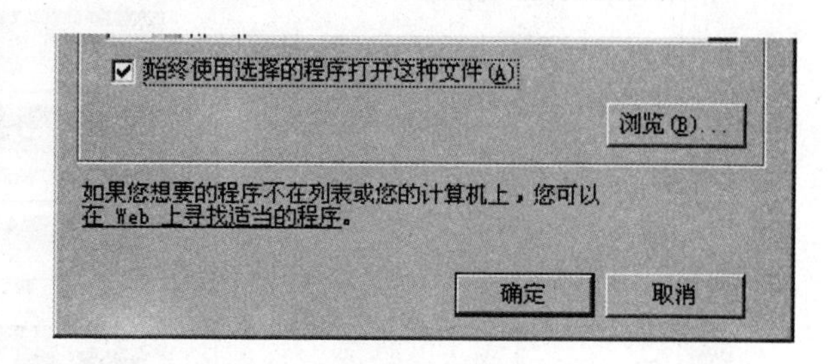

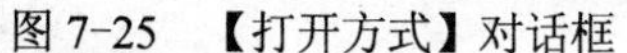

图 7-25　【打开方式】对话框　　图 7-26　勾选【始终使用选择的程序打开这种文件】复选框

5）更新图片链接

对图片进行更换或重新编辑后，需要使用【链接】调板的“更新链接”按钮更新当前图片，如图 7-27 所示。

小知识：【链接】调板中出现“⚠”符号表示修改的链接图标，单击“更新链接”按钮即可。

图 7-27 更新当前图片

任务相关知识讲解

1．置入图片的其他方法

1）拖曳图片

拖曳图片能将若干张图片一起拖曳至 InDesign 中，十分快捷方便。

（1）用鼠标选择若干张图片，然后按住鼠标左键不放拖曳至 InDesign 的空白页面中，如图 7-28 所示。

图 7-28 图片拖曳至空白页面中

（2）松开鼠标，即完成拖曳图片的操作，如图 7-29 所示。

图 7-29　完成拖曳图片

小知识：可通过单击控制调板右上角的“转到 Bridge”按钮，打开 Bridge 窗口，用它来浏览和寻找需要的资源。从 Bridge 中可以查看、搜索、排序、管理和处理图像文件，还可以使用 Bridge 来创建新文件夹、对文件进行重命名、移动和删除操作、编辑元数据、旋转图像，以及运行批处理命令。下面讲解用 Bridge 往 InDesign 中拖曳图片的操作。

（1）单击控制调板右上角的“转到 Bridge”按钮，弹出【Adobe Bridge】窗口，如图 7-30 所示。

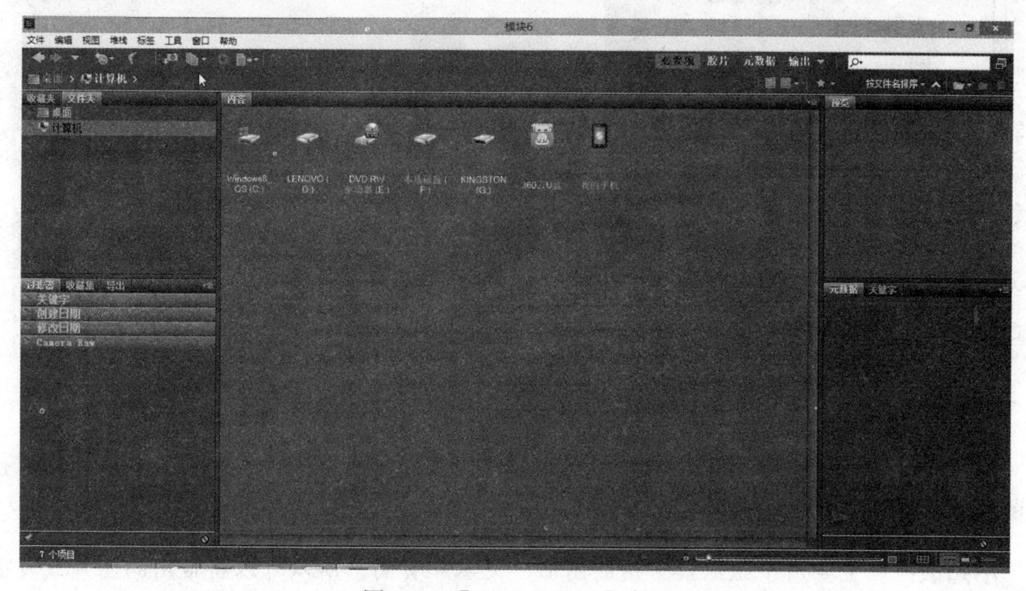

图 7-30　【Adobe Bridge】窗口

（2）在“查找位置”下拉列表框中选择图片存放的路径，如图 7-31 所示。

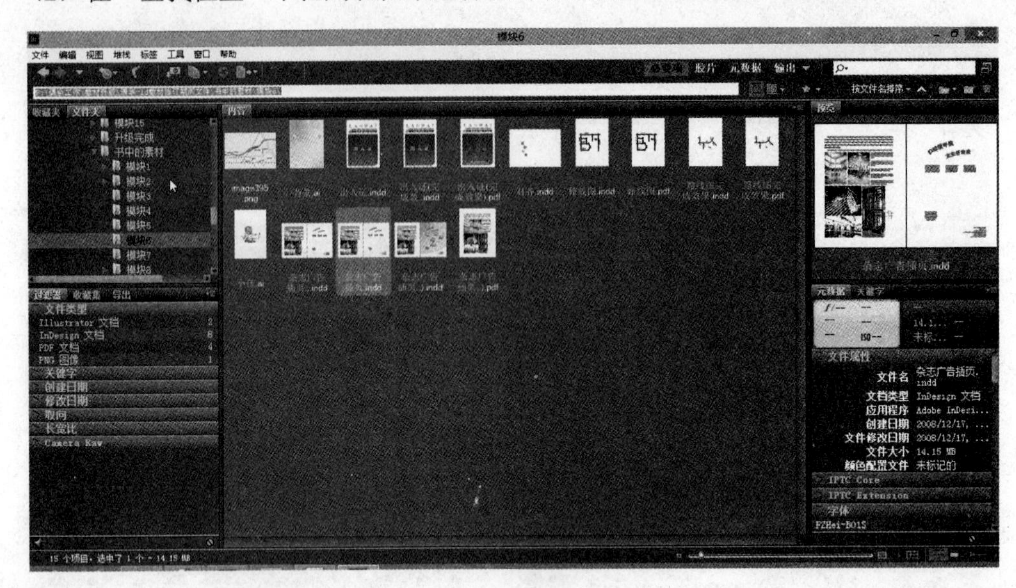

图 7-31　通过路径栏导入图片

（3）单击【Adobe Bridge】窗口右上角的“切换到紧凑模式”按钮，将【Adobe Bridge】窗口放到 InDesign 的右侧，如图 7-32 所示。

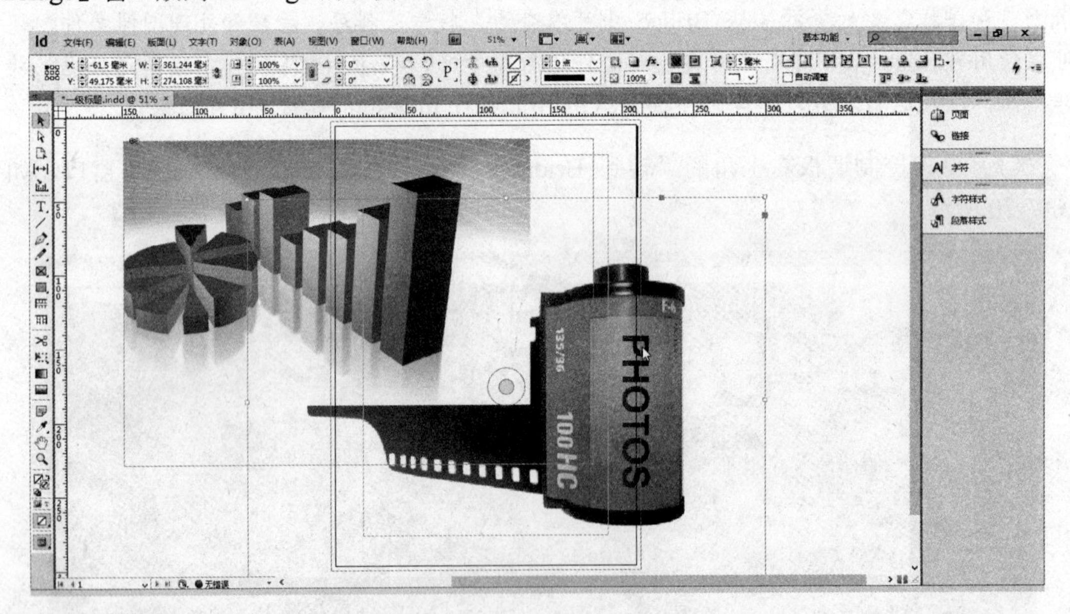

图 7-32　将【Adobe Bridge】窗口切换到紧凑模式

（4）通过【Adobe Bridge】窗口下方的滚条调整图片显示的大小，然后选择一张图片按住鼠标左键不放，将图片拖曳至 InDesign 的页面中即可。

小知识：库主要用于组织最常用的图形、文本和页面，所以可以将常用的图片或页面放到库的调板中，方便在其他页面中使用。

（1）执行【文件】|【新建】|【库】命令，弹出【新建库】对话框。本例为新建的库起名为“图库”，单击【保存】按钮后，在 InDesign 的页面中出现【图库】调板，如图 7-33 所示。

（2）首先认识一下【图库】调板中的选项，如图 7-34 所示。

图 7-33 【图库】调板

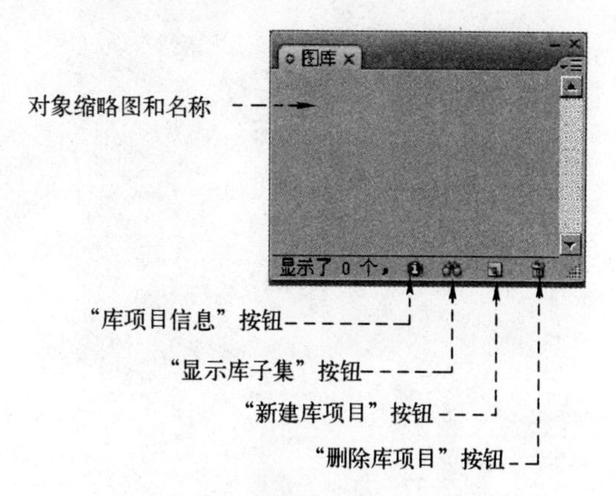

图 7-34 【图库】调板中的选项

（3）然后将页面中的图片拖曳至【图库】调板中。用“选择工具”选择一张图片，然后按住鼠标左键不放拖曳至【图库】调板中，如图 7-35 所示。

（4）将拖曳至【图库】调板的图片用于其他文档中。打开另一个文档，然后选择【图库】调板中的图片，按住鼠标左键不放拖曳至页面中，如图 7-36 所示。

图 7-35　图片拖曳至图库调板中

图 7-36　图片拖曳至页面中

（5）用【图库】调板拖曳图片的操作讲解完毕。还可以将页面中用到的版式拖曳至【图库】调板中存放，然后用于其他文档中，使得排版工作更快捷。

2）复制粘贴图片

复制粘贴图片主要是从 Illustrator 中复制简单的矢量图形，然后粘贴到 InDesign 中。

（1）在 Illustrator 中用“选择工具”选择矢量图，然后执行【编辑】|【复制】命令，复

制矢量图形，如图 7-37 所示。

（2）在 InDesign 中执行【编辑】|【粘贴】命令，将矢量图形粘贴到 InDesign 中，如图 7-38 所示。

图 7-37 复制矢量图形

图 7-38 粘贴矢量图形

小知识：复制粘贴的矢量图形属于嵌入，因此在【链接】调板中没有显示链接图片，如图 7-39 所示。需要注意的是嵌入图形会增加文档容量。

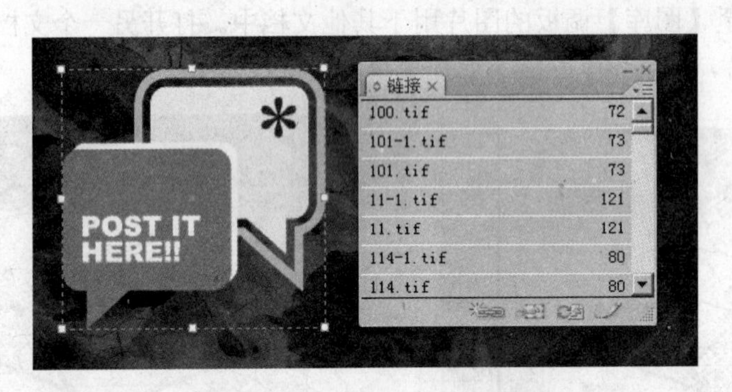

图 7-39 【链接】调板中没有显示链接图片

2．图片的整理与存放

图片的整理与存放经常会被忽视，在排版上百或上千页的画册时就能体现出整理存放图片的重要性。如果没有给图片合理的起名字并统一存放在一个文件夹下，那么要在上百或上千张图片中找出需要修改的某张图片将是非常困难的一件事情。下面讲解如何规范地给图片起名字和存放图片。

1）规范地给图片起名字

可以按照自己的习惯给图片起名字，也可参阅本例提供的起名字方法。图片起名字可按照图片所在的页数和所在位置，如第 21 页中有 4 张图片，图片 4 在最下方，可起名为 21-4，这样可防止图片名重复，并且容易查找，如图 7-40 所示。

图 7-40　给图片起名字

2）妥善存放图片

妥善存放图片是为了以后的编辑修改，首先要将原图存放在准备文件夹里，然后将编辑过的图片与 indd 文档放置在同一个文件夹下，可以防止图片链接丢失，如图 7-41 所示。

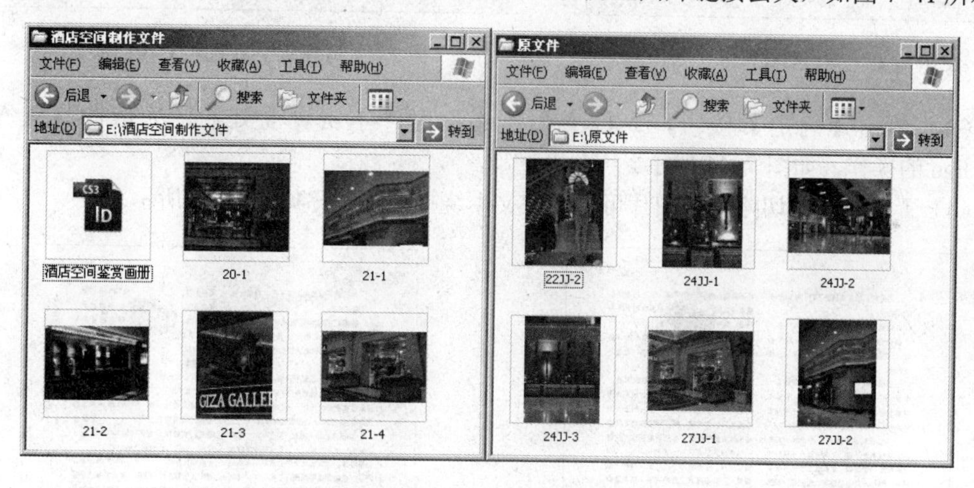

图 7-41　将编辑过的图片与 indd 文档放置在同一个文件夹下

3．置入各种格式图片的操作

置入图片时，在【置入】对话框的下方有三个复选框：【显示导入选项】、【应用网格格式】和【替换所选项目】。

【应用网格格式】复选框只对文字产生作用；【替换所选项目】复选框是将文档中预先选择的对象替换为后面所置入的对象。【显示导入选项】复选框是接下来讲解的主要内容，在置入图片时勾选【显示导入选项】复选框，它将根据图片的格式而改变对话框中选项的内容，下面以四种格式为例讲解如何根据不同格式选择【图像导入选项】对话框中的设置。

1）TIFF 格式

（1）执行【文字】|【置入】命令，弹出【置入】对话框。在【查找范围】下拉列表框

中选择一个带有剪切路径的 TIFF 格式图片，并勾选【显示导入选项】复选框，如图 7-42 所示。

（2）单击【打开】按钮后，弹出【图像导入选项】对话框。在【图像导入选项】对话框中勾选【显示预览】复选框，可看到图片的预览视图。然后勾选【应用 Photoshop 剪切路径】复选框，如图 7-43 所示。

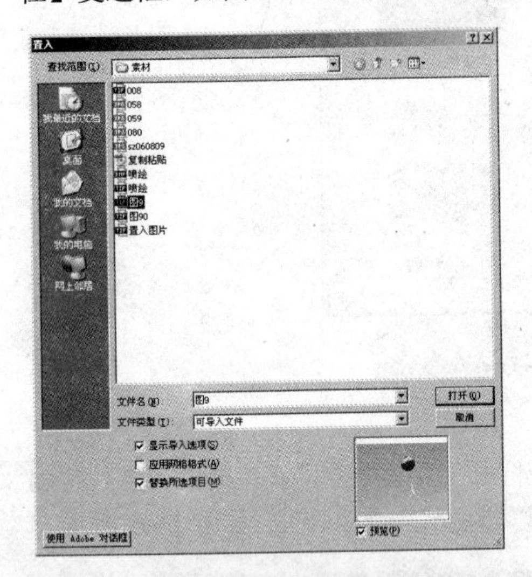

图 7-42　置入 TIFF 格式图片

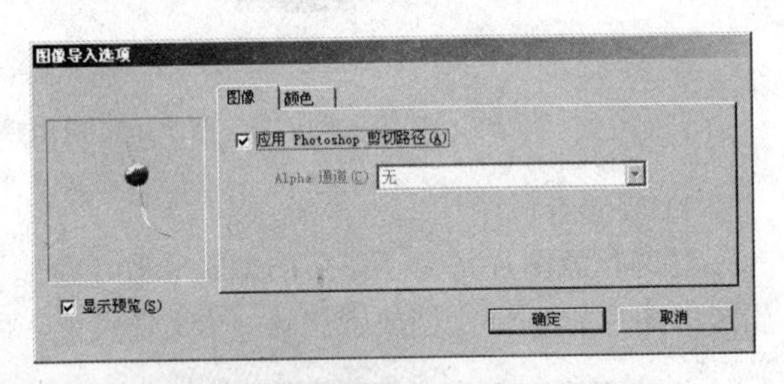

图 7-43　【图像导入选项】对话框

（3）单击【确定】按钮，光标变为“ ”时，单击页面处，则完成图片置入到 InDesign 的操作，如图 7-44 所示。

（4）置入带有剪切路径的图片可以做成文本绕排的效果，如图 7-45 所示。

图 7-44　完成置入操作

图 7-45　文本绕排效果

小知识：如果置入的图片带有 Alpha 通道，可以在【Alpha 通道】的下拉列表框中选择置入的通道，如图 7-46 所示。

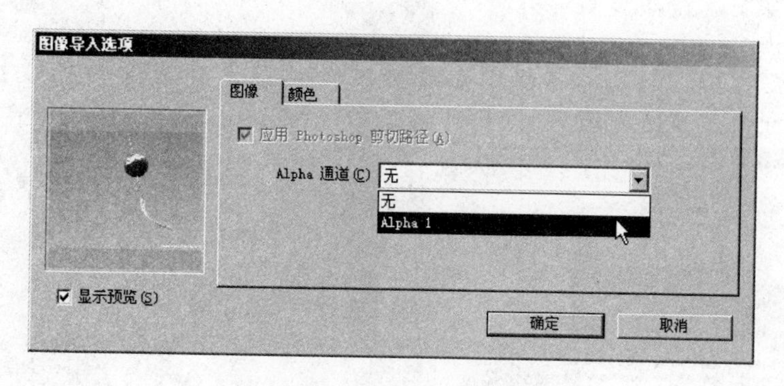

图 7-46　置入 Alpha 通道

2）EPS 格式

（1）执行【文字】|【置入】命令，弹出【置入】对话框。在【查找范围】下拉列表框中选择一个带有剪切路径的 EPS 格式图片，并勾选【显示导入选项】复选框，如图 7-47 所示。

（2）单击【打开】按钮后，弹出【EPS 导入选项】对话框。在【EPS 导入选项】对话框中勾选【应用 Photoshop 剪切路径】复选框，实现只保留路径部分而路径外的部分被遮住的效果，如图 7-48 所示。

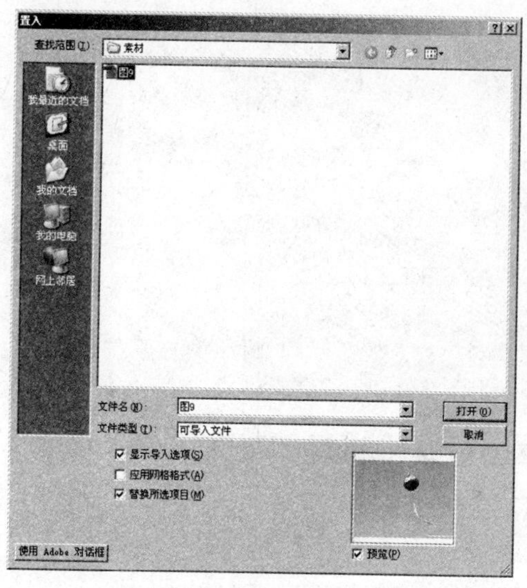

图 7-47　置入 EPS 格式图片

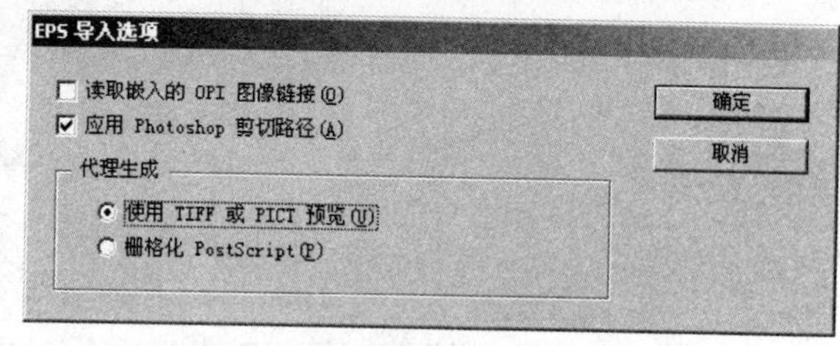

图 7-48　【EPS 导入选项】对话框

（3）单击【确定】按钮，光标变为"　"时，单击页面处，则完成图片置入到 InDesign 的操作，如图 7-49 所示。

3）PSD 格式

（1）执行【文字】|【置入】命令，弹出【置入】对话框。在【查找范围】下拉列表框中选择一个 PSD 格式的图片，并勾选【显示导入选项】复选框，如图 7-50 所示。

图 7-49　完成置入操作

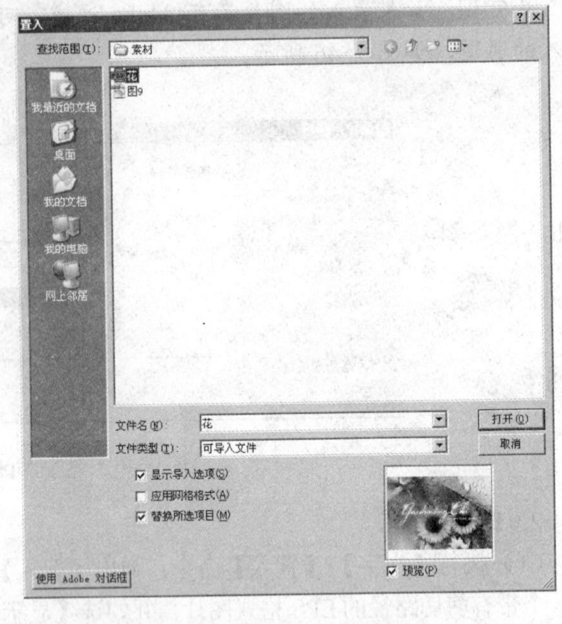

图 7-50　置入 PSD 格式图片

（2）单击【打开】按钮后，弹出【图像导入选项】对话框。在【图像导入选项】对话框中单击【图层】标签，在【显示图层】选项区中可以通过单击选项的控制菜单图标调整图层的可视性，如图 7-51 所示。

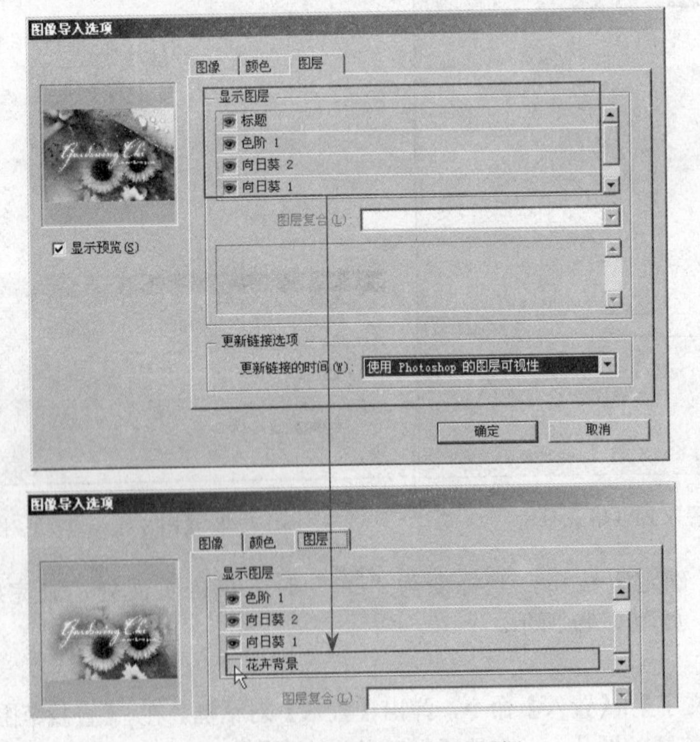

图 7-51【图像导入选项】对话框

（3）单击【确定】按钮，光标变为“ ”时，单击页面处，可看到置入的图片没有显示花卉背景图层的文字内容。然后调整图片的位置和大小，则完成图片置入到 InDesign 的操作，如图 7-52 所示。

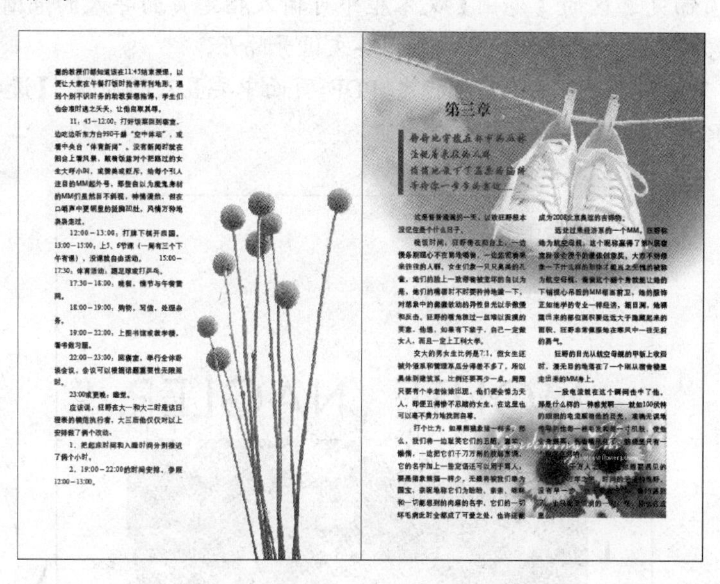

图 7-52　完成置入操作

4）PDF 格式

（1）执行【文字】|【置入】命令，弹出【置入】对话框。在【查找范围】下拉列表框中选择一个 PDF 格式的图片，并勾选【显示导入选项】复选框，如图 7-53 所示。

（2）单击【打开】按钮后，弹出【置入 PDF】对话框。在【页面】复选区中，选中【范围】单选按钮，可在【范围】文本框中输入置入的页面范围。然后在【选项】复选区的【裁切到】下拉列表框中选择“定界框”，勾选【透明背景】的复选框，如图 7-54 所示。

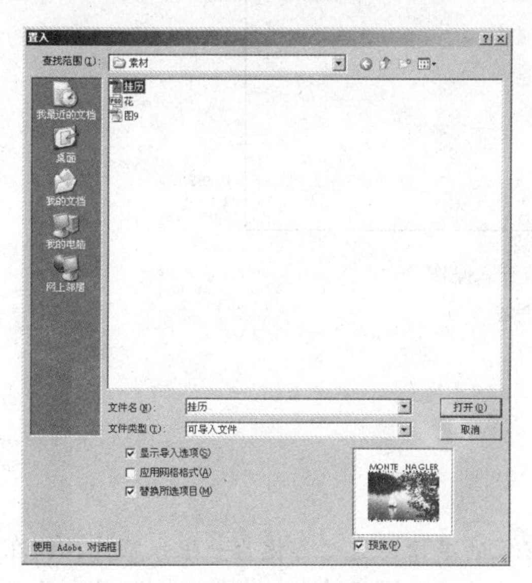

图 7-53　置入 PDF 格式图片

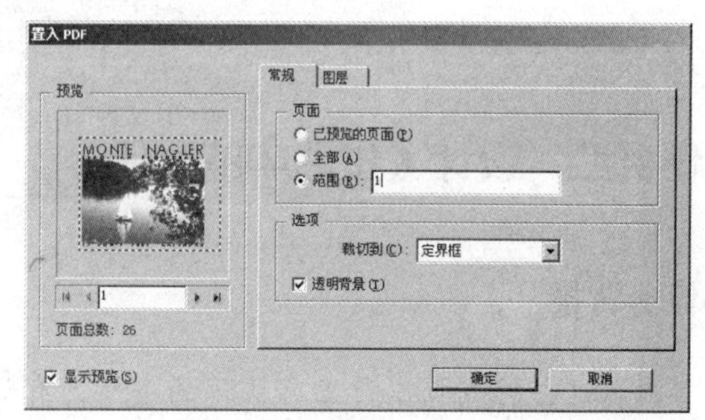

图 7-54　【置入 PDF】对话框

（3）单击【确定】按钮，光标变为“ ”时，单击页面处，然后调整图片的位置和大小，则完成图片置入到InDesign的操作，如图7-55所示。

小知识：页面复选区的【范围】文本框中可输入指定页面导入的范围，比如“2，5-7”，但需要注意的是导入不连续的页面要用英文逗号隔开。

【裁切到】下拉列表框中的选项可指定 PDF 页面中要置入的范围。【透明背景】复选框可指定置入的PDF页面是否带白色背景。

图7-55 完成置入操作

任务二 设计《生活中的画册》

任务背景

在过去的成长岁月里有快乐的事情，有好玩的事情，这些都化为一张张照片存放在自己的计算机里，现在把它们都拿出来晒晒吧。为自己的照片做一本画册，记录自己成长的点滴。

任务要求

按照自己喜欢的风格设计画册的版式，或个性，或时尚，或可爱。但同学们在设计时需要注意版式不要太凌乱，简单的线条、色块即可。可以将图片撑满整个页面，或是几张小图堆放在一起，这样不仅突出了图片，而且也显得内容丰富。

成品尺寸为 240 mm × 240 mm。

任务素材

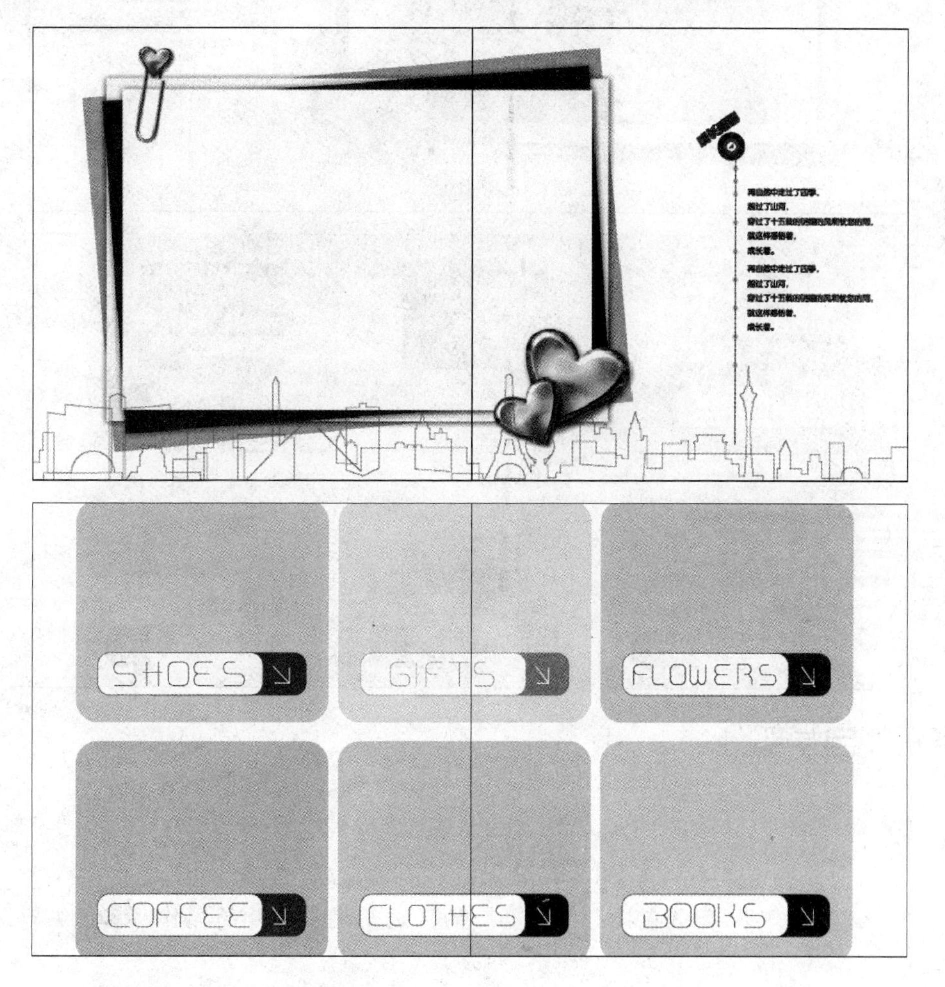

任务分析

1. 将没有编辑过的原图存放在一个文件夹中。
2. 在 Photoshop 中设置图片的分辨率、颜色模式和格式，并存放在制作文件夹中。
3. 按图片所在页面和排放顺序命名。

4. 置入图片。

任务参考效果图

任务三 自学部分

目的

了解“选择工具”和“直接选择工具”的区别及调整图片的操作，掌握编辑图片的方法。

学生预习

1. 了解“选择工具”的作用。
2. 了解“直接选择工具”的作用。
3. 了解图片与框架的适合选项。

4. 了解“旋转工具”的使用方法。

学生练习

使用相关素材，练习选择图片的框架、选择图片的内容。旋转和翻转图片，等比例调整图片大小。原始素材如图 7–56 所示，编辑图片后的效果如图 7–57 所示，可作为同学们练习的参考。

图 7–56　原始素材

图 7–57　编辑图片后的效果

模块 8　图片的编辑

能力目标

1. 能够灵活运用“选择工具”和“直接选择工具”选择图片
2. 能够使用多种方法缩放图片
3. 能够使用“旋转工具”旋转不同角度的图片

知识目标

1. 了解“选择工具”和“直接选择工具”的作用
2. 掌握适合框架选项中各选项的使用
3. 掌握“旋转工具”的使用方法

课时安排

1 课时讲解，2 课时实践

任务一　建筑画册的设计

任务背景

本画册在内容的建构与图片的选择上，力求全面而完美。本画册的内容为介绍不同时期的不同建筑物所体现的技法及其蕴涵的技术，因此在设计时只设计页码，不设计页眉。因为在很多情况下需要将图撑满整个版面或半个版面，所以放置页眉就不太适合。若只是白色的背景又使画面显得不够丰富，所以在设计时可以采用暗色调为背景。

任务要求

本例提供半成品文件，同学们需要在已置入图片的版面文件上调整并缩放图片。

画册成品尺寸为 185 mm × 260 mm。

任务素材

任务参考效果图

制作步骤分析

1. 用“选择工具”选择图形框，并移动图片。
2. 用“直接选择工具”选择图片内容。
3. 使用快捷键缩放图片。

4. 使用控制调板上的【宽度】和【高度】数值框缩放图片的大小。
5. 使用适合框架选项缩放图片。
6. 使用“旋转工具”旋转图片。

参考制作流程

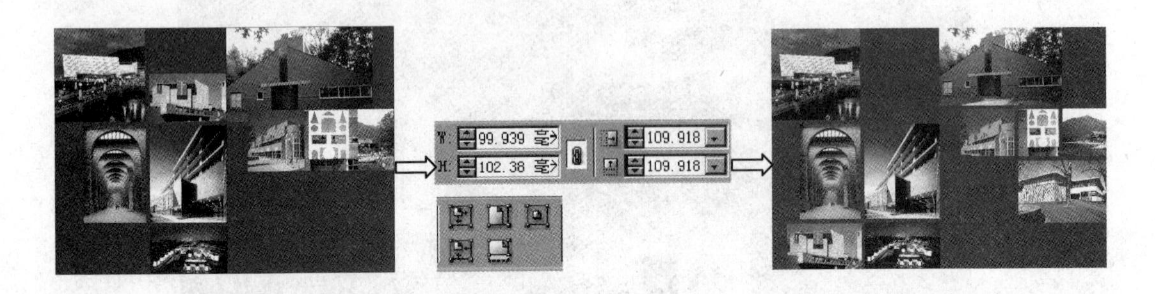

操作步骤详解

1. 移动图片

（1）在素材中选择“模块 8\图片的编辑.indd”文件，用“选择工具”选择一张图片，当光标变为“▶”时，然后将其移动到页面中的任意位置，即完成移动框与内容的操作，如图 8-1 所示。

（2）用“选择工具”选择图片时，会出现由八个空心锚点组成的框架，称为定界框。任意拖曳一个锚点只能改变图形框的大小，而框里的内容不发生变化，如图 8-2 所示。

这个方法起到遮挡图片的作用，让图片只显示一部分，而将另一部分隐藏起来，这样就不需要再回到图像处理软件中进行裁切。

图 8-1 图片的编辑素材

图 8-2 定界框

2．移动图片内容

用"直接选择工具"选择一张图片，当光标变为"✋"时，可以将图片在图形框的范围内移动，如图 8-3 所示。

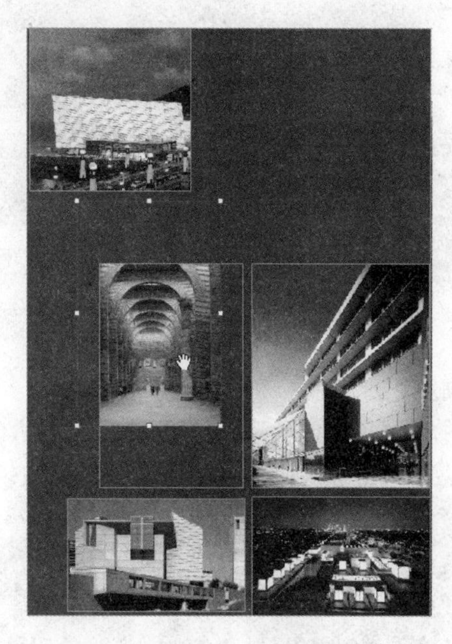

图 8-3　在图形框内移动图片

3．缩放图片

如果置入到 InDesign 中的图片较大，可以将图片等比例缩小；如果图片较小，则不能随意放大，这样会使图片不清晰。

缩放图片的方法有三种：①按住 Ctrl+Shift 键缩放图片；②设置图片的宽度和高度；③使用适合框架选项。

1）按住 Ctrl+Shift 键缩放图片

（1）用"选择工具"选择右页面的一张图片，如图 8-4 所示。

（2）将光标移至图片右下角的空心锚点处，按住 Ctrl+Shift 键，向对角线方向拖曳鼠标，如图 8-5 所示。

图 8-4　选择右页面图片

图 8-5　按住 Ctrl+Shift 键并拖曳鼠标

（3）缩放图片得到的效果如图 8-6 所示。

图 8-6　缩放图片得到的效果

2）设置图片的宽度和高度

（1）用“选择工具”选择右页面的一张图片，如图 8-7 所示。

图 8-7　选择右页面图片

（2）在控制调板的【宽度】和【高度】数值框中会出现当前图片的尺寸。在该数值框中输入数值时，要确保旁边的【约束宽度和高度的比例】按钮为“ ”状态，才能实现等比例缩放图片。在【宽度】数值框中输入“60 毫米”，【高度】数值框中输入“50.5 毫米”，然后按回车键，则完成等比例缩放图片的操作，得到的效果如图 8-8 所示。

图 8-8　等比例缩放图片效果

3）使用适合框架选项

（1）用“选择工具”选择右页面的一张图片，如图 8-9 所示。

图 8-9　选择右页面图片

（2）将光标移至图片右下角的空心锚点处，向对角线方向拖曳鼠标，如图 8-10 所示。

图 8-10　对角线方向拖曳鼠标

（3）单击控制调板上的“按比例填充框架”按钮，得到的效果如图 8-11 所示。

图 8-11　按比例填充框架

（4）按照上述方法，将剩下的图片也等比例缩放到相同大小。若控制调板上没有出现“按比例填充框架”按钮，可以将光标移至图片内，单击鼠标右键，在弹出的快捷菜单中选

择【适合】|【按比例填充框架】，得到的效果如图 8-12 所示。

图 8-12　按比例填充框架效果

小知识：在图像处理软件中修改图片的尺寸要依据图片在版面中占多大位置而设定，这往往需要设计师凭借设计经验来断定。如果置入版面的图片过大会造成软件运行速度缓慢，还会增大文件量。

下面通过一个案例讲解如何根据版面中实际用图的尺寸在 Photoshop 中进行修改。

（1）用“直接选择工具”选择一张图片，单击“断开链接”，观察控制调板上的宽度与高度、XY 缩放百分比，如图 8-13 所示。

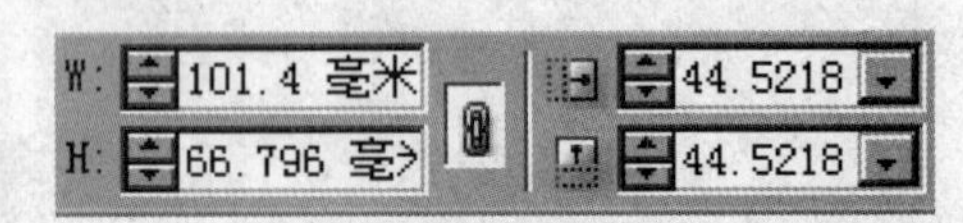

图 8-13　观察控制调板上的宽度与高度、XY 缩放百分比

（2）根据图 8-13 可看到宽度与高度的数值是在排版中用到的尺寸，而 XY 数值框中的数值是在 InDesign 中缩放的百分比。打开【链接】调板，单击【链接】调板中的“编辑原稿”按钮，回到 Photoshop 中查看实际编辑图的大小，执行【图像】|【图像大小】命令，弹出【图像大小】对话框，如图 8-14 所示。

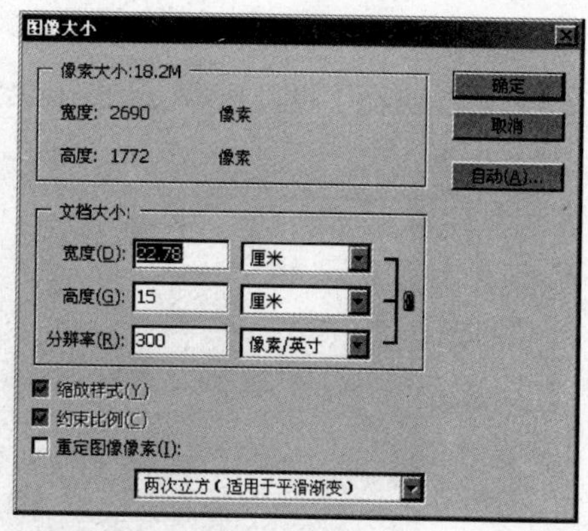

图 8-14 【图像大小】对话框

（3）根据图 8-14 可看到在 Photoshop 中图片的宽度和高度为 22 cm×15 cm，而实际在排版中只用到 10 cm×6 cm，这会造成文件量增大，如图 8-15 所示。

勾选【重定图像像素】复选框，然后将高度改为 11 cm 左右，比排版中用到的尺寸大 1~2 cm 就可以了，单击【确定】按钮，执行【文件】|【存储】命令，将更改高度后的图片保存，再看看更改后文件的大小，如图 8-16 所示。

图 8-15　文件量增大

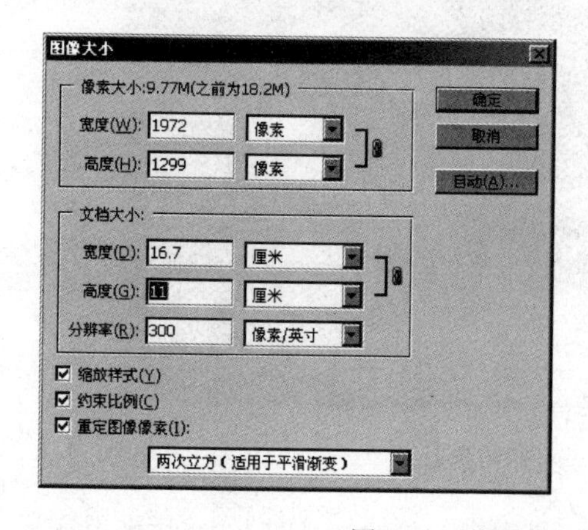

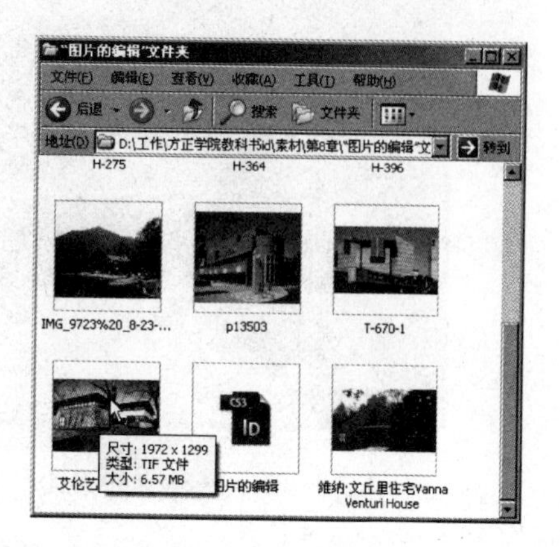

图 8-16　将更改后的图片进行保存

4．旋转图片

（1）用“选择工具”选择一张图片，如图 8-17 所示。

图 8-17　选择图片

（2）单击控制调板上的“水平翻转”按钮，得到的效果如图 8-18 所示。

图 8-18　水平翻转效果

（3）单击控制调板上的“垂直翻转”按钮，得到的效果如图 8-19 所示。

图 8-19　垂直翻转效果

（4）若要使图片自由的旋转，可以选择工具箱中的“旋转工具”，然后拖曳鼠标选择图片，如图 8-20 所示。

图 8-20　自由旋转效果

任务相关知识讲解

1．对图形框进行描边及填色

（1）用“选择工具”选择一张图片，如图 8-21 所示。

（2）打开【色板】调板，单击【描边】按钮，使其置于上方。选择颜色色值为 C=100，M=0，Y=0，K=0，得到的效果如图 8-22 所示。

图 8-21　选择一张图片

图 8-22　描边颜色效果

（3）打开【描边】调板，设置【粗细】为“4 毫米”，【类型】为“虚线”，得到的效果如图 8-23 所示。

图 8-23 描边类型效果

2．旋转复制图片

（1）用“选择工具”选择图片，如图 8-24 所示。

（2）双击“旋转工具”按钮，弹出【旋转】对话框，在【角度】数值框中输入数值后，单击【副本】按钮，得到的效果如图 8-25 所示。

（3）按住 Ctrl+Alt+3 键可以多次重复进行上一次操作，得到的效果如图 8-26 所示。

图 8-24 选择图片

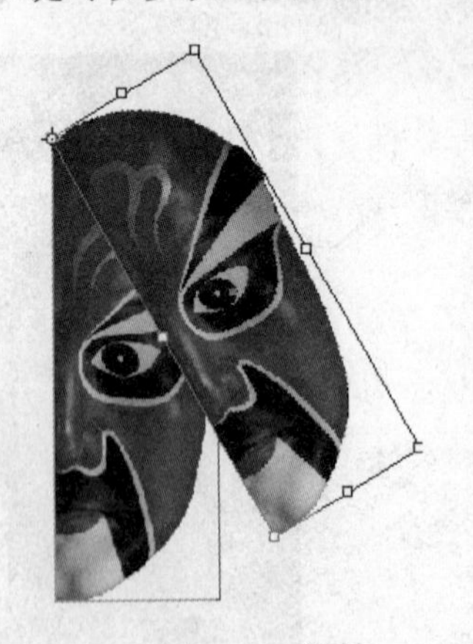

图 8-25 旋转

图 8-26 重复旋转

3．【变换】调板

执行【窗口】|【对象和版面】|【变换】命令，打开【变换】调板。单击【变换】调板右侧的下拉按钮，在弹出的下拉菜单中有【旋转 180°】、【顺时针旋转 90°】、【逆时针旋转 90°】可供选择，如图 8-27 所示。

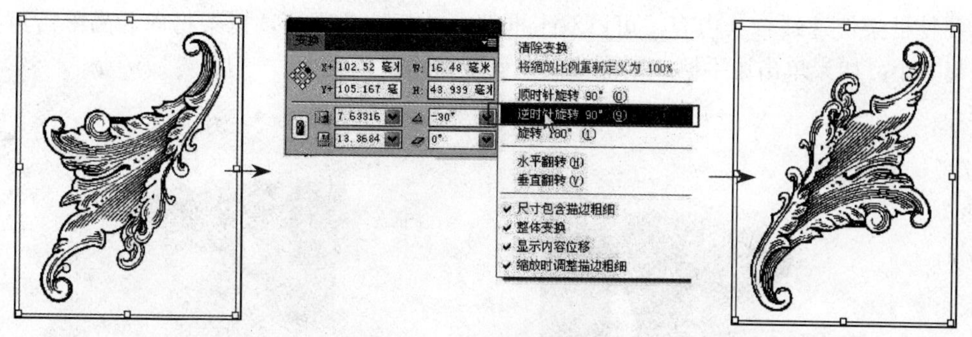

图 8-27　变换调版选择

在【变换】调板左侧有 9 个原点，称为“参考点定位器”。原点是指所有变换都是相对于对象上或对象附近的一个固定点进行的，该固定点被称为原点。任意单击一个原点，然后在 XY 轴的数值框中输入数值，图片将以这个参考点为原点依据 XY 轴的数值精确调整图片在版面中的位置。

4．使对象适合其框架

当一个对象放置或粘贴到框架中时，在默认情况下，它出现在框架的左上角。如果框架和其内容的大小不同，则可以使用“适合”命令自动实现完美吻合。

框架对齐方式选项应用于包含图形或其他文本框架（嵌套在其他框架中的文本框架）的框架，但它们不影响文本框架内的段落。使用“文本框架选项”命令和“段落”、“段落样式”及“文章”调板，可以控制文本自身的对齐方式和定位。

注：“适合”命令还可作为控制调板中的按钮使用；使用工具提示可查看按钮的名称。

执行【对象】|【适合】命令，在弹出的子菜单中有下列选项。

（1）“内容适合框架”。调整内容大小以适合框架并允许更改内容比例。框架不会更改，但是如果内容和框架具有不同比例，则内容可能显示为拉伸状态，图 8-28（a）所示为原始状态，图 8-28（b）所示为适合框架而调整了内容的效果。

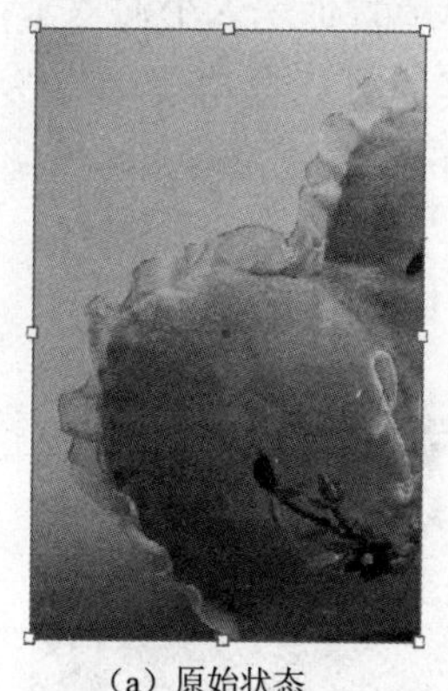

（a）原始状态

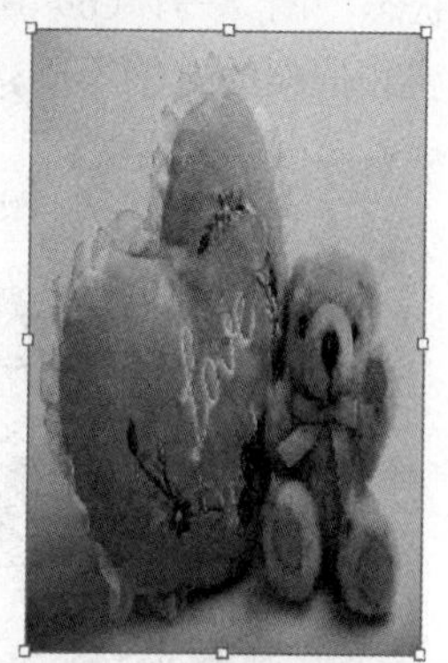

（b）内容适合框架效果

图 8-28　内容适合框架

（2）“框架适合内容”。调整框架大小以适合其内容，图 8-29（a）所示为原始状态，图 8-29（b）所示为适合内容而调整了框架大小的效果。如有必要，可改变框架的比例以匹配内容的比例。这对于重置不小心改变的图形框架非常有用。

要使框架快速适合其内容，可以双击框架上的任一角手柄。框架将向远离单击点的方向调整大小。如果单击边手柄，则框架仅在该维空间调整大小。

（a）原始状态

（b）框架适合内容效果

图 8-29　框架适合内容

（3）“内容居中”。将内容放置在框架的中心，框架及其内容的比例会被保留，内容和框架的大小不会改变，图 8-30（a）所示为原始状态，图 8-30（b）所示为内容居中的效果。

（a）原始状态

（b）内容居中效果

图 8-30　内容居中

（4）“按比例适合内容”。调整内容大小以适合框架，同时保持内容的比例，图 8-31（a）所示为原始状态，图 8-31（b）所示为调整内容以适合框架大小的效果。框架的尺寸不会更改。如果内容和框架的比例不同，将会导致出现空白区。

（a）原始状态

（b）按比例适合内容效果

图 8-31　按比例适合内容

（5）“按比例填充框架”。调整内容大小以填充整个框架，同时保持内容的比例，框架的尺寸不会更改。如果内容和框架的比例不同，框架的外框将会裁剪部分内容，图 8-32（a）所示为原始状态，图 8-32（b）所示为调整内容以适合框架大小的效果。

（a）原始状态

（b）按比例填充框架效果

图 8-32　按比例填充框架

5.【信息】调板

（1）【信息】调板介绍。【信息】调板显示有关选定对象、当前文档或当前工具下的区域的信息，包括表示位置、大小和旋转的值，如图 8-33 所示。移动对象时，【信息】调板还会显示该对象相对于其起点的位置。【信息】调板仅用于查看；无法输入或编辑其中显示的值。单击【信息】调板右侧的下拉按钮，在弹出的下拉菜单中选择【显示选项】，可以查看有关选定对象的附加信息。

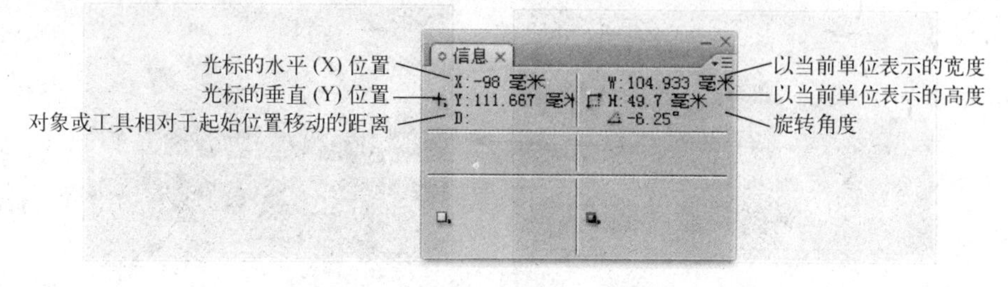

图 8-33 【信息】调板

要查看有关 InDesign 文档的其他信息，按住 Ctrl+Shift 键并选择【帮助】|【关于 InDesign】。

（2）查看其他信息调板选项。在【信息】调板中选择【显示选项】。根据所选的对象或工具，可能会看到下列信息。

- 选定对象的填色和描边颜色的值，以及有关渐变的信息。
- 任何色板的名称。通过单击填色或描边图标旁边的小三角形，可以显示色彩空间值。
- 有关当前文档的信息。例如，位置、上次修改日期、作者和文件大小（当未选中文档中的任何内容时）。
- 当使用一种文字工具创建文本插入点或选择文本时，将显示字数、单词数、行数和段落数。（如果有任何文本溢流，将显示一个“+”号，后跟一个数字，表示溢流字符、单词或行。）
- 当选择了图形文件时，将显示文件类型、分辨率和色彩空间。分辨率将同时显示为每英寸的实际像素（本机图形文件的分辨率）和每英寸的有效像素（图形在 InDesign 中调整大小后的分辨率）。如果启用了颜色管理，还将显示 ICC 颜色配置文件。
- 选定字符的 Unicode 代码。当使用“文字”工具选择单个字符时，将显示存储在该文档中的实际 Unicode 值。
- 切变角度或水平和垂直缩放比例（在选择了【切变工具】、【缩放工具】或【自由变换工具】的情况下）。

6．制作文字投影效果

（1）执行【文件】|【置入】命令，弹出【置入】对话框，在【查找范围】中选择一张图片，单击【打开】按钮。当光标变为“ ”时，在页面中拖曳一个图形框，然后松开鼠标，图片自动排放到图形框中，如图 8-34 所示。

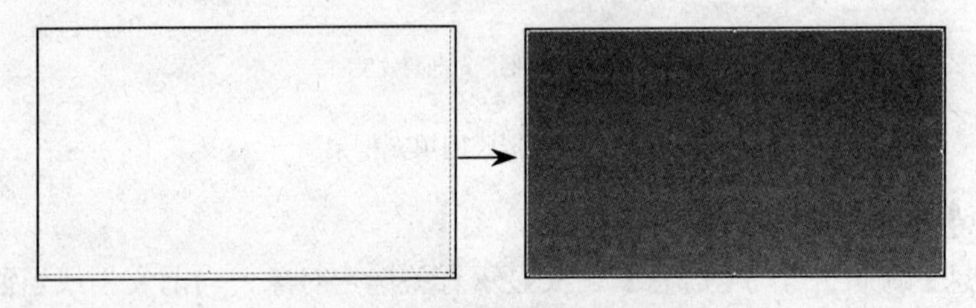

图 8-34 图片自动排放到图形框中

（2）单击控制调板右上角的“按比例填充框架”按钮，然后再单击“框架适合内容”按钮，如图 8-35 所示。

图 8-35 框架适合内容

（3）用【文字工具】拖曳一个文本框，然后输入“water”，设置字体为“Amazone BT”，字号为“80 点”，颜色为“白纸”，如图 8-36 所示。

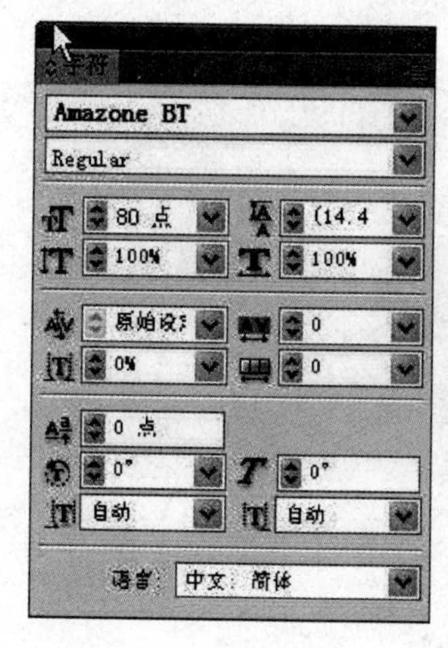

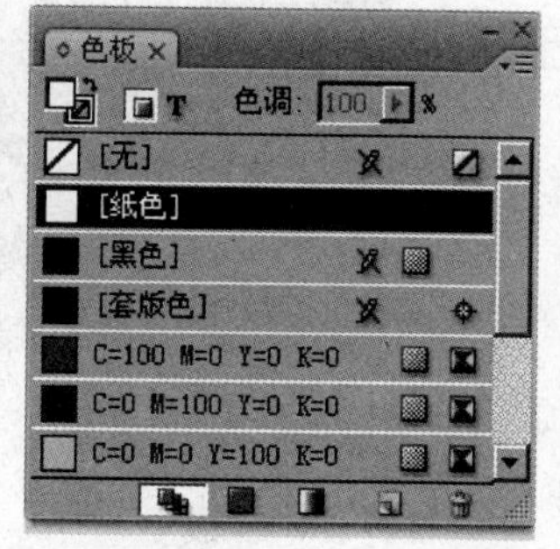

图 8-36　输入文字

（4）用“选择工具”选择文字，按住 Ctrl+C 键进行复制，然后执行【编辑】|【原位粘贴】命令，再执行【窗口】|【对象和版面】|【变换】命令，打开【变换】调板。单击【变换】调板右侧的下拉按钮，在弹出的下拉菜单中选择【垂直翻转】，将两个文字的底部换在一起，如图 8-37 所示。

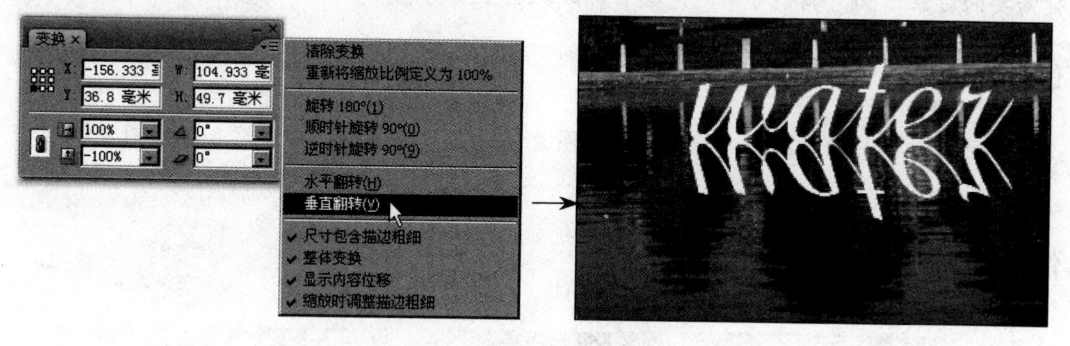

图 8-37　复制并垂直翻转文字

（5）在【X 切变角度】数值框中选择“10°”，将投影与文字对齐，如图 8-38 所示。

图 8-38　投影与文字对齐

（6）用“选择工具”选择作为投影的文字，执行【窗口】|【效果】命令，打开【效果】调板，单击【不透明度】数值框旁的三角按钮，然后拖动滑块调整投影的不透明度，在混合模式的下拉列表框中选择【叠加】，如图 8-39 所示。

图 8-39　设置投影文字效果

任务二　编辑《生活中的画册》

任务背景

每次置入的图片并不是恰好合适自己所需要的大小，往往需要手动进行调整，如何选择需要的对象，如何调整对象，是这节实践课的主要内容。

任务要求

在已置入图片的版式中，等比例调整图片的大小，移动图片的位置和旋转图片。

成品尺寸为 240 mm × 240 mm。

任务素材

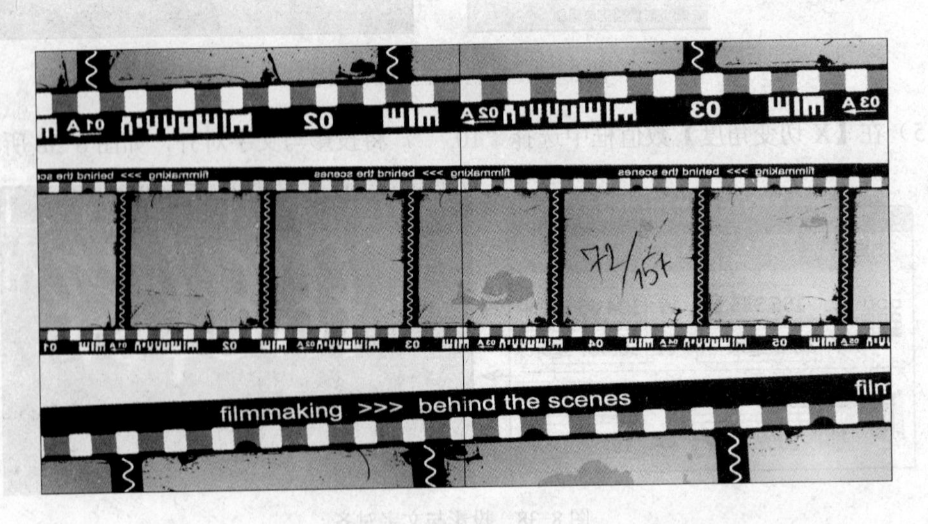

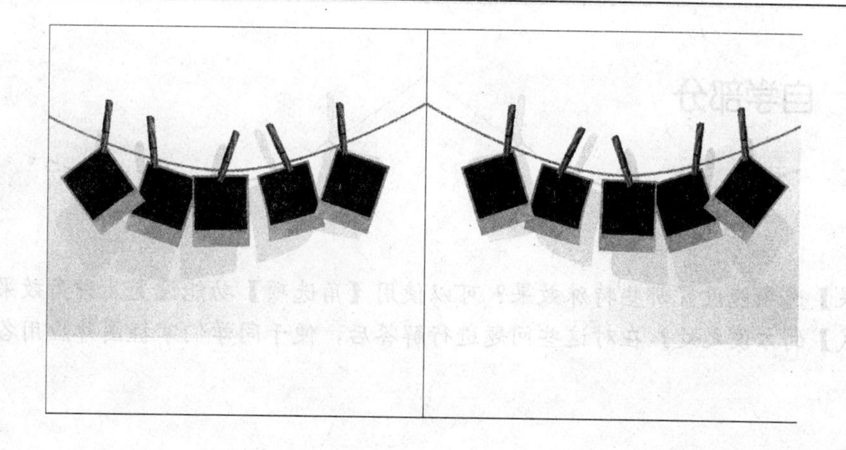

任务分析

1. 置入图片。
2. 按住 Ctrl+Shift 键，拖曳鼠标缩放图片。
3. 用“选择工具”拖曳图形框，将图片多余部分进行遮挡。
4. 使用“旋转工具”旋转图片。

任务参考效果图

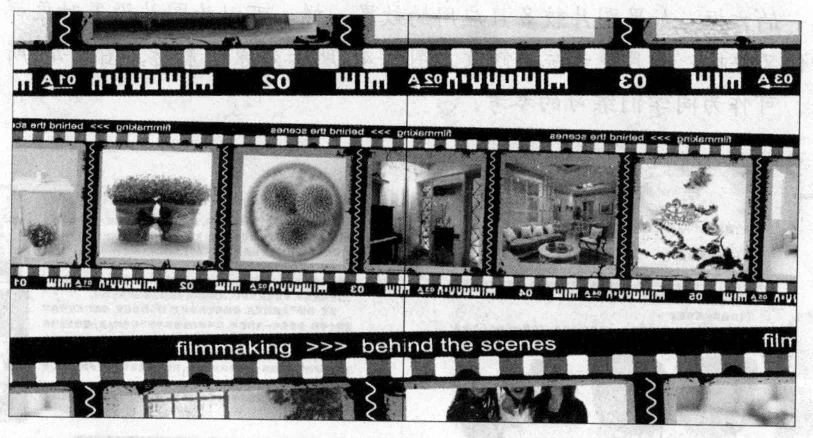

任务三　自学部分

目的

【效果】选项能设置哪些特殊效果？可以使用【角选项】功能设置几种角效果？什么是【对象样式】的方便之处？在对这些问题进行解答后，便于同学们掌握图片应用各种效果的方法。

学生预习

1. 了解【效果】的作用。
2. 了解【角选项】的作用。
3. 了解【对象样式】的作用。

学生练习

使用相关素材，练习为图片添加各种不同的效果，以及调整各种不同的角效果，使图片不再是单一的方框。如果图片较多且应用的效果一样，可以为图片设置对象样式，并统一应用，既方便又快捷，而且便于统一修改。图 8-40 所示为原始素材，图 8-41 所示为编辑图片后的效果，可作为同学们练习的参考。

家具设计

2.4 家具设计中人体尺度的应用

2.4.1 坐卧类家具

坐与卧是人们日常生活中最重要的行为，因此也有众多的坐卧类家具（如椅、凳、沙发、床等）与之相对应。由于人坐、卧的姿态具有很大的变化性，因此坐卧类家具的适用尺度应当细分，不可笼统对待。

(1)坐具的基本要求

坐具有两大类型，一是工作类坐具，二是休闲式坐具。工作类坐椅的中心任务是提高工作效率，同时考虑减少人体疲劳。这类家具包括靠背工作椅、扶手工作椅等。由于工作状态中，人的身体前倾，所以重量全部集中在坐垫上，设计时应考虑适当的分散压力以缓解疲劳。休闲类的坐椅主要目的是放松人体，因此设计时应考虑使人的关节、肌肉放松，使人体的姿势自然，重量均匀分布。

无论是工作用椅还是休闲用椅，都应具有合适的坐高、坐深、坐宽、靠背的高度及合理的坐面与靠背之间的倾斜度。

2

第一章　家具风格的演变

坐高：指坐面与地面之间的垂直距离。椅子的坐面常常向后倾斜，通常以前坐高为椅子的坐高。坐高应适度，如果坐高过高，则使用者双脚悬空，腿的重量压迫大腿的血管，影响血液循环，使人感到疲劳。一般而言，工作用椅要比休闲用椅略高。

坐深：坐深指坐面的深度，它与坐高成反比，坐高越大的椅子坐深越浅。因为较矮的椅子一般用于休闲，故将纵深加大，以满足使用者上身逐渐变成水平状态的需要，而工作中的使用者，常常是挺直腰部，故坐深只需有膝部至臀部的纵深即可。

坐宽：指椅子坐面的宽度，坐面前沿称坐前宽，后沿称坐后宽。坐面的宽度应能容纳整个臀部，并要留有一定的宽裕。联排椅的坐宽要考虑并排坐的人有一定的自由活动的空间，故要考虑两人双肘的尺度。

靠背高度：对于一般的工作用椅而言，靠背的高度不宜过高，通常以不超出肩部高度为宜，有的仅在腰部第一节椎骨后加以支托。而休闲用椅靠背的高度多高出肩部，使头部也有依托。

靠背倾斜度：休闲用椅的靠背倾斜度比工作用椅要大，这样可以使得人体向后倾

3

图 8-40　原始素材

家具设计

2.4　家具设计中人体尺度的应用

2.4.1　坐卧类家具

坐与卧是人们日常生活中最重要的行为，因此也有众多的坐卧类家具（如椅、凳、沙发、床等）与之相对应。由于人坐、卧的姿态具有很大的变化性，因此坐卧类家具的适用尺度应当细分，不可笼统对待。

（1）坐具的基本要求

坐具有两大类型，一是工作类坐具，二是休闲式坐具。工作类坐椅的中心任务是提高工作效率，同时考虑减少人体疲劳。这类家具包括靠背工作椅、扶手工作椅等。由于工作状态中，人的身体前倾，所以重量全部集中在坐垫上，设计时应考虑适当的分散压力以缓解疲劳。休闲类的坐椅主要目的是放松人体，因此设计时应考虑使人的关节、肌肉放松，使人体的姿势自然，重量均匀分布。

无论是工作用椅还是休闲用椅，都应具有合适的坐高、坐深、坐宽、靠背的高度及合理的坐面与靠背之间的倾斜度。

2

坐高：指坐面与地面之间的垂直距离。椅子的坐面常常向后倾斜，通常以前坐高为椅子的坐高。坐高应适度，如果坐高过高，则使用者双脚悬空，腿的重量压迫大腿的血管，影响血液循环，使人感到疲劳。一般而言，工作用椅要比休闲用椅略高。

坐深：坐深指坐面的深度，它与坐高成反比，坐高越大的椅子坐深越浅。因为较矮的椅子一般用于休闲，故将纵深加大，以满足使用者上身逐渐变成水平状态的需要，而工作中的使用者，常常是挺直腰部，故坐深只需有臀部至臂部的纵深即可。

坐宽：指椅子坐面的宽度，坐面前沿称坐前宽，后沿称坐后宽。坐面的宽度应能容纳整个臀部，并要留有一定的宽裕。联排椅的坐宽要考虑并排坐的人有一定的自由活动的空间，故要考虑两人双肘的尺度。

靠背高度：对于一般的工作用椅而言，靠背的高度不宜过高，通常以不超出肩部高度为宜，有的仅在腰部第一节椎骨后加以支托。而休闲用椅靠背的高度多高出肩部，使头部也有依托。

靠背倾斜度：休闲用椅的靠背倾斜度比工作用椅要大，这样可以使得人体向后倾

3

图 8-41　编辑图片后效果

模块 9　图片的效果

能力目标

1. 能够为图片添加效果
2. 能够为图形框使用角效果
3. 能够为图片添加对象样式

知识目标

1. 掌握【效果】对话框各功能的参数设置
2. 掌握【角选项】对话框的使用方法
3. 掌握【对象样式】调板的创建和应用

课时安排

2 课时讲解，2 课时实践

任务一　《家具设计》的设计排版

任务背景

该图书是一本教学用书，图书结构由三部分组成——理论、练习和作品分析。其主要内容是介绍家具设计必备的理论知识和最新的研究成果，为相关专业的学生提高设计素质，进行家具设计时提供参考和帮助的环境艺术设计专业系列教材之一。所以，在设计时，页眉、页脚要简洁，可用线条和色块作为修饰，使用的颜色不必过多、不必艳丽。

任务要求

该图书虽是一本教科书，但为提高学生阅读的兴趣，可以适当地为书内的图片设置一些效果，使教科书的版式不死板。

本例提供半成品文件，同学们需要在已排好的页面上设置图片的投影效果和角效果。

图书成品尺寸为 210 mm × 227 mm。

任务素材

家具设计

2.4　家具设计中人体尺度的应用

2.4.1　坐卧类家具

坐与卧是人们日常生活中最重要的行为，因此也有众多的坐卧类家具（如椅、凳、沙发、床等）与之相对应。由于人坐、卧的姿态具有很大的变化性，因此坐卧类家具的适用尺度应当细分，不可笼统对待。

(1)坐具的基本要求

坐具有两大类型，一是工作类坐具，二是休闲式坐具。工作类坐椅的中心任务是提高工作效率，同时考虑减少人体疲劳。这类家具包括靠背工作椅、扶手工作椅等。由于工作状态中，人的身体前倾，所以重量全部集中在坐垫上，设计时应考虑适当的分散压力以缓解疲劳。休闲类的坐椅主要目的是放松人体，因此设计时应考虑使人的关节、肌肉放松，使人体的姿势自然，重量均匀分布。

无论是工作用椅还是休闲用椅，都应具有合适的坐高、坐深、坐宽、靠背的高度及合理的坐面与靠背之间的倾斜度。

2

坐高：指坐面与地面之间的垂直距离。椅子的坐面常常向后倾斜，通常以前坐高为椅子的坐高。坐高应适度，如果坐高过高，则使用者双脚悬空，腿的重量压迫大腿的血管，影响血液循环，使人感到疲劳。一般而言，工作用椅要比休闲用椅略高。

坐深：坐深指坐面的深度，它与坐高成反比，坐高越大的椅子坐深越浅。因为较矮的椅子一般用于休闲，故将纵深加大，以满足使用者上身逐渐变成水平状态的需要，而工作中的使用者，常常是挺直腰部，故坐深只需有股部至臀部的纵深即可。

坐宽：指椅子坐面的宽度，坐面前沿称坐前宽，后沿称坐后宽。坐面的宽度应能容纳整个臀部，并要留有一定的宽裕。联排椅的坐宽要考虑并排坐的人有一定的自由活动的空间，故要考虑两人双肘的尺度。

靠背高度：对于一般的工作用椅而言，靠背的高度不宜过高，通常以不超出肩部高度为宜，有的仅在腰部第一节椎骨后加以支托。而休闲用椅靠背的高度多高出肩部，使头部也有依托。

靠背倾斜度：休闲用椅的靠背倾斜度比工作用椅要大，这样可以使得人体向后倾

3

任务参考效果图

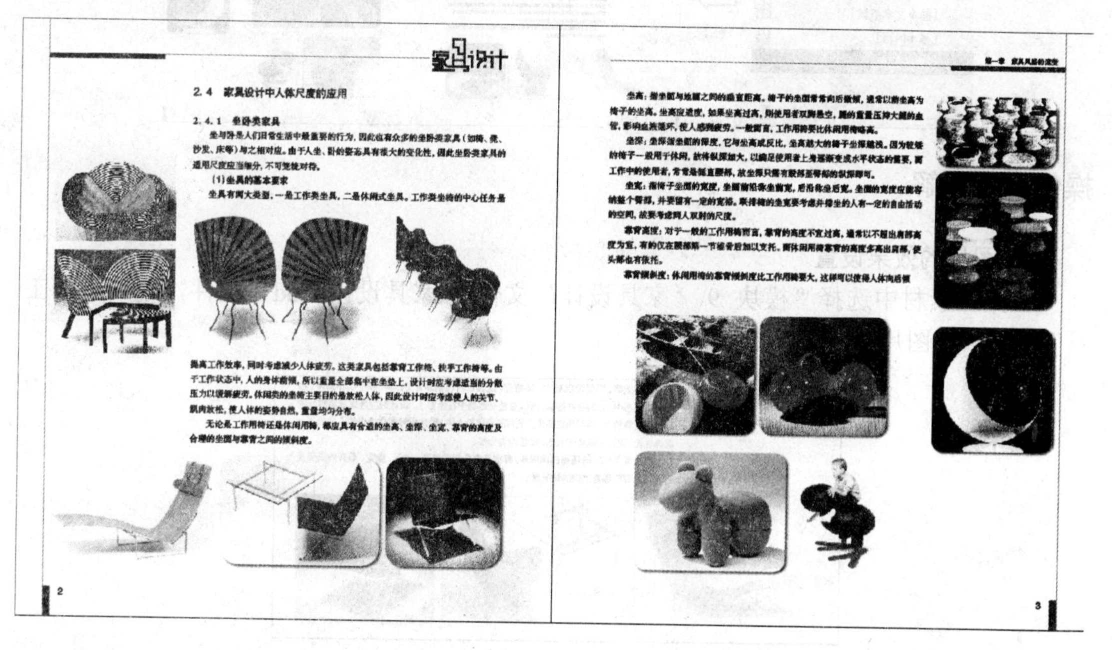

家具设计

2.4　家具设计中人体尺度的应用

2.4.1　坐卧类家具

坐与卧是人们日常生活中最重要的行为，因此也有众多的坐卧类家具（如椅、凳、沙发、床等）与之相对应。由于人坐、卧的姿态具有很大的变化性，因此坐卧类家具的适用尺度应当细分，不可笼统对待。

(1)坐具的基本要求

坐具有两大类型，一是工作类坐具，二是休闲式坐具。工作类坐椅的中心任务是提高工作效率，同时考虑减少人体疲劳。这类家具包括靠背工作椅、扶手工作椅等。由于工作状态中，人的身体前倾，所以重量全部集中在坐垫上，设计时应考虑适当的分散压力以缓解疲劳。休闲类的坐椅主要目的是放松人体，因此设计时应考虑使人的关节、肌肉放松，使人体的姿势自然，重量均匀分布。

无论是工作用椅还是休闲用椅，都应具有合适的坐高、坐深、坐宽、靠背的高度及合理的坐面与靠背之间的倾斜度。

2

坐高：指坐面与地面之间的垂直距离。椅子的坐面常常向后倾斜，通常以前坐高为椅子的坐高。坐高应适度，如果坐高过高，则使用者双脚悬空，腿的重量压迫大腿的血管，影响血液循环，使人感到疲劳。一般而言，工作用椅要比休闲用椅略高。

坐深：坐深指坐面的深度，它与坐高成反比，坐高越大的椅子坐深越浅。因为较矮的椅子一般用于休闲，故将纵深加大，以满足使用者上身逐渐变成水平状态的需要，而工作中的使用者，常常是挺直腰部，故坐深只需有股部至臀部的纵深即可。

坐宽：指椅子坐面的宽度，坐面前沿称坐前宽，后沿称坐后宽。坐面的宽度应能容纳整个臀部，并要留有一定的宽裕。联排椅的坐宽要考虑并排坐的人有一定的自由活动的空间，故要考虑两人双肘的尺度。

靠背高度：对于一般的工作用椅而言，靠背的高度不宜过高，通常以不超出肩部高度为宜，有的仅在腰部第一节椎骨后加以支托。而休闲用椅靠背的高度多高出肩部，使头部也有依托。

靠背倾斜度：休闲用椅的靠背倾斜度比工作用椅要大，这样可以使得人体向后倾

3

制作步骤分析

1. 使用【效果】对话框，为图片设置投影。
2. 使用【角选项】对话框，为图片设置圆角效果。

3. 为设置了投影和圆角效果的图片创建对象样式。

4. 将对象样式应用到每张图片上。

参考制作流程

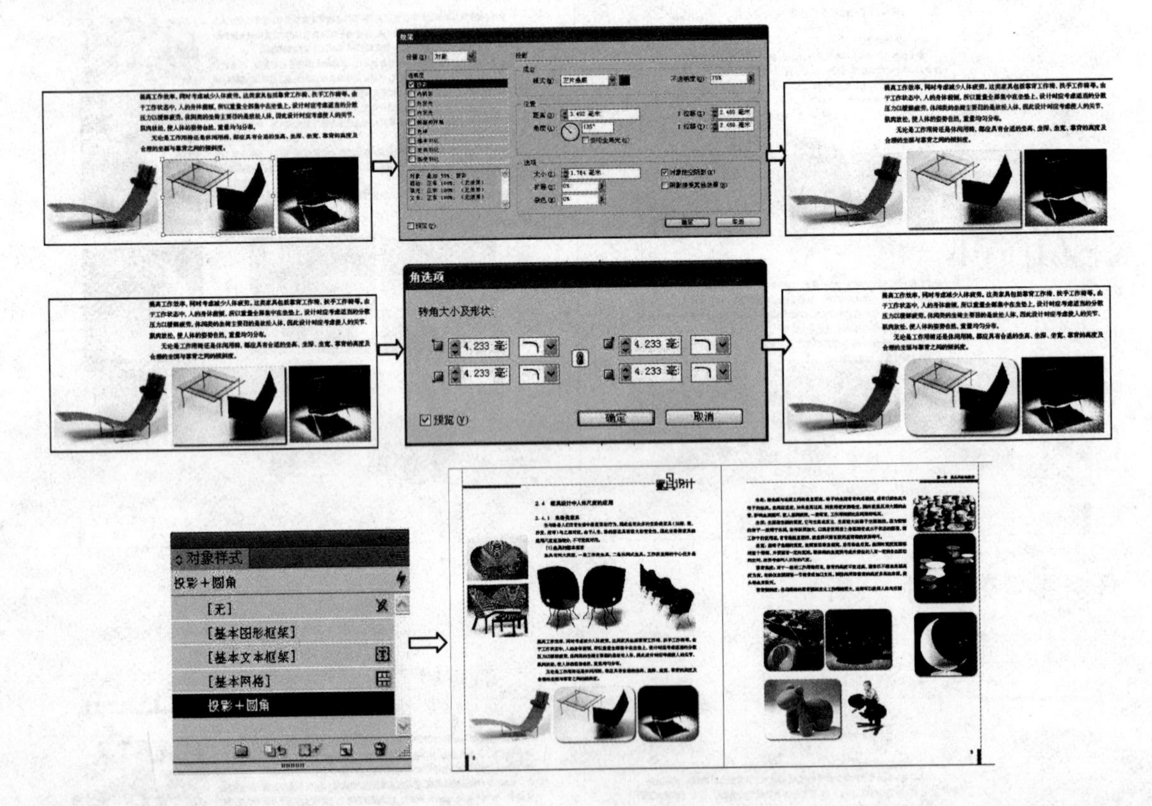

操作步骤详解

1. 图片的效果设置

（1）在素材中选择“模块 9\‘家具设计’文件夹\家具设计.indd”文件，用“选择工具”选择一张图片，如图 9-1 所示。

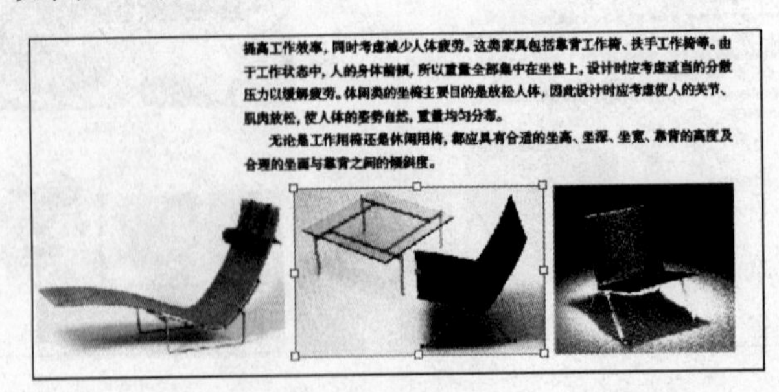

图 9-1　家具设计素材

（2）执行【对象】|【效果】|【投影】，弹出【效果】对话框，如图 9-2 所示。

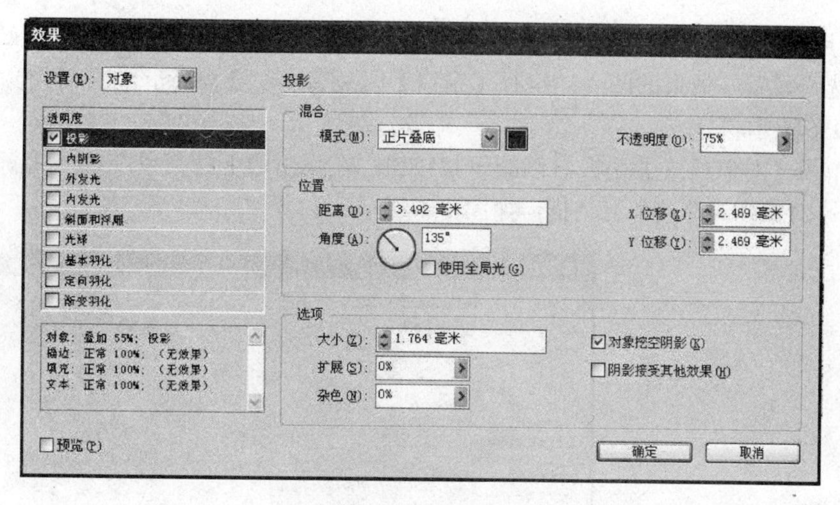

图 9-2 【效果】对话框

（3）在【位置】复选区中设置【距离】为“1 毫米”，在【选项】复选区中设置【大小】为“1 毫米”，单击【确定】按钮，得到的效果如图 9-3 所示。

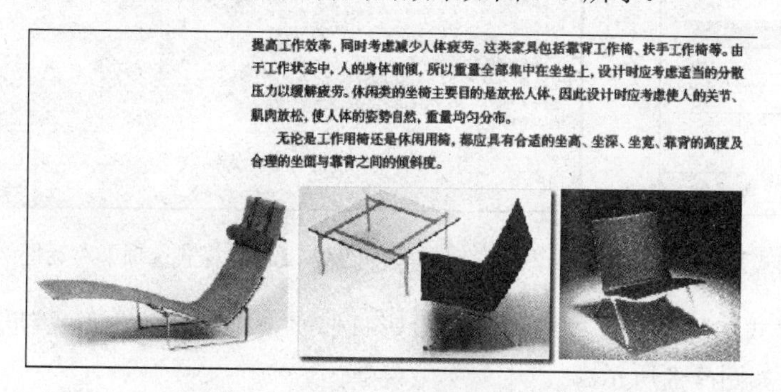

图 9-3　图片的效果设置完成

2．图片的角效果设置

（1）选择设置了投影效果的图片，执行【对象】|【角选项】命令，弹出【角选项】对话框，如图 9-4 所示。

（2）在【效果】下拉列表框中选择【圆角】，在【大小】数值框中输入“5 毫米”，单击【确定】按钮，得到的效果如图 9-5 所示。

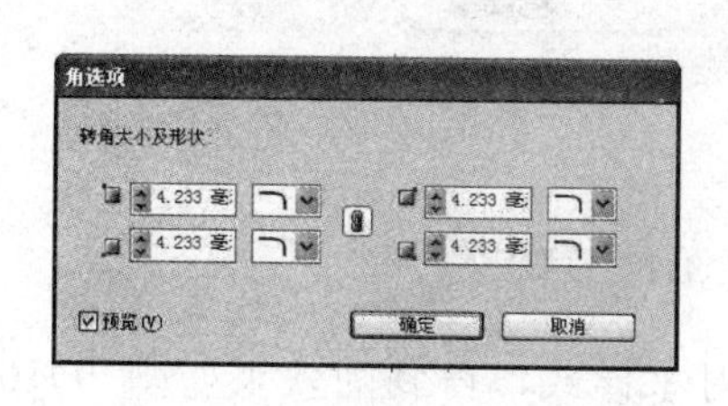

图 9-4 【角选项】对话框

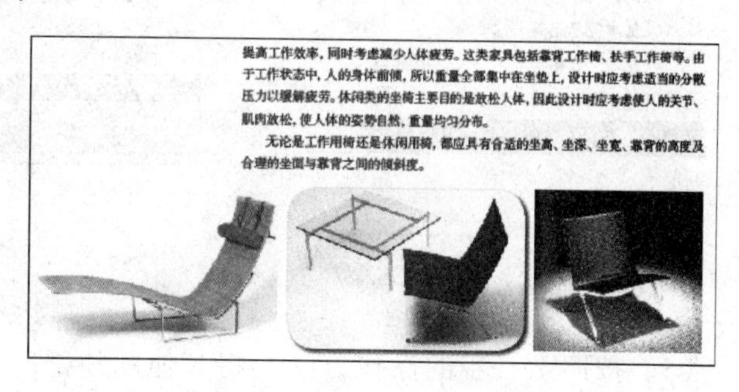

图 9-5　图片的角效果设置完成

3．图片的对象样式设置

（1）选择设置好效果的图片，执行【窗口】|【对象样式】命令，打开【对象样式】调板，如图 9-6 所示。

（2）单击【对象样式】调板右侧的下拉按钮，在弹出的下拉菜单中选择【新建对象样式】，弹出【对象样式选项】对话框，如图 9-7 所示。

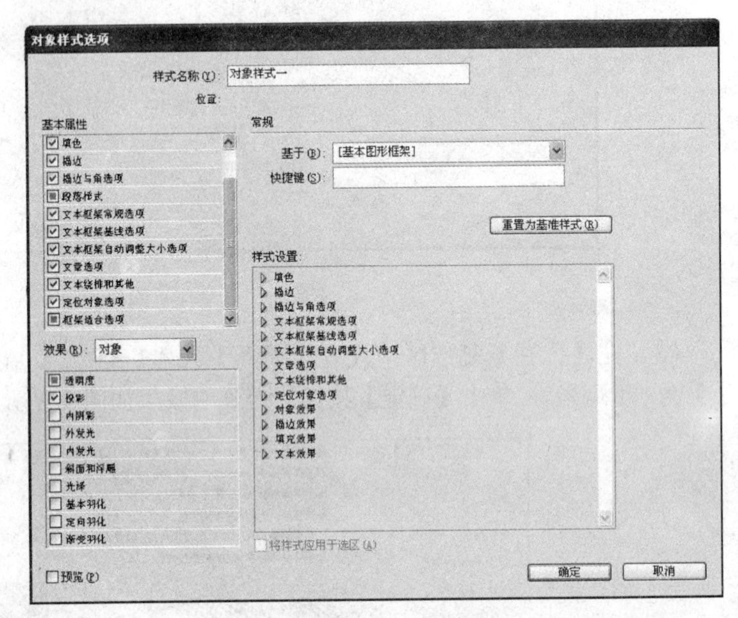

图 9-6 【对象样式】调板　　　　图 9-7 【对象样式选项】对话框

（3）在【样式名称】文本框中选择“投影+圆角”，单击【确定】按钮，则完成新建对象样式的操作，如图 9-8 所示。

（4）选择没有设置效果的图片，单击【对象样式】调板中的【投影+圆角】样式，则将前面设置的对象样式应用到图片中，如图 9-9 所示。

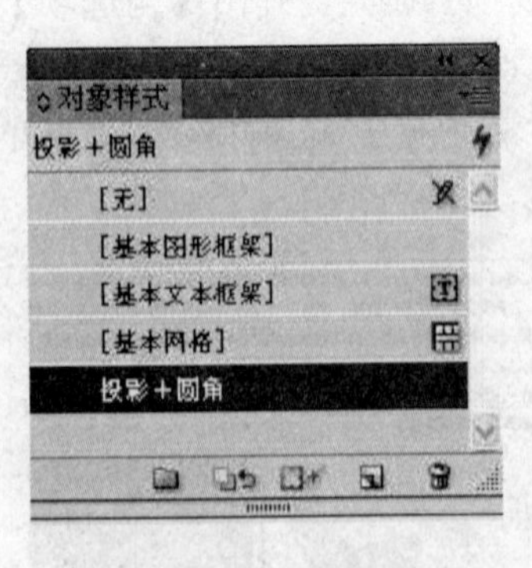

图 9-8　选择“投影+圆角”

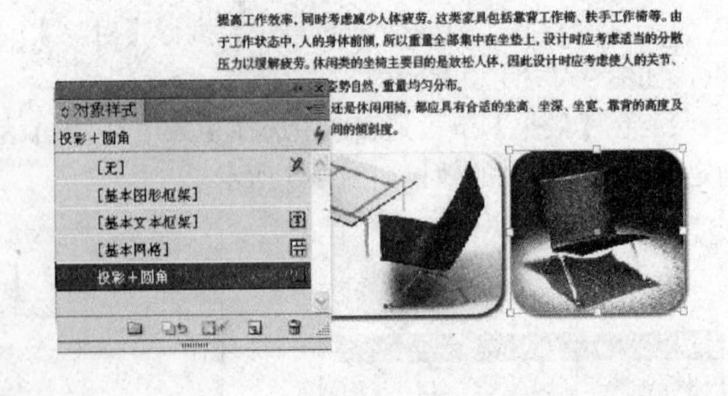

图 9-9　设置完成

（5）按照上一步的操作方法，将其他图片都应用对象样式，得到的效果如图 9-10 所示。

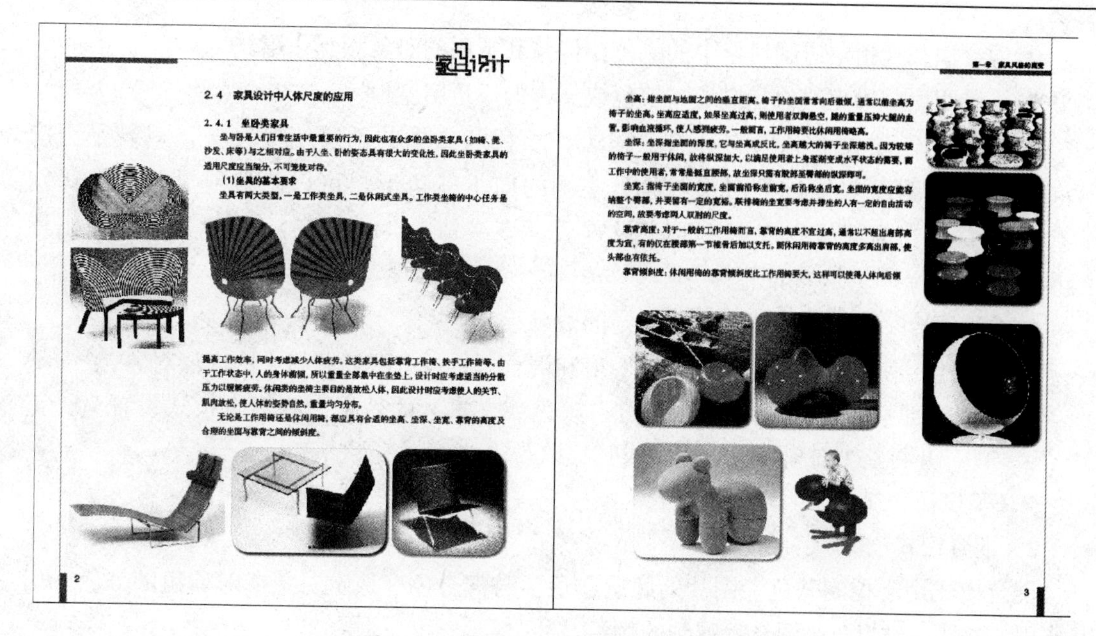

家具设计

2.4　家具设计中人体尺度的应用

2.4.1　坐卧类家具

坐与卧是人们日常生活中最重要的行为，因此也有众多的坐卧类家具（如椅、凳、沙发、床等）与之相对应。由于人坐、卧的姿态具有很大的变化性，因此坐卧类家具的适用尺度应当细分，不可笼统对待。

（1）坐具的基本要求

坐具有两大类型，一是工作类坐具，二是休闲式坐具。工作类坐椅的中心任务是提高工作效率，同时考虑减少人体疲劳。这类家具包括靠背工作椅、扶手工作椅等。由于工作状态中，人的身体前倾，所以重量全部集中在坐垫上，设计时应考虑适当的分散压力以缓解疲劳。休闲类的坐椅主要目的是放松人体，因此设计时应考虑使人的关节、肌肉放松，使人体的姿势自然，重量均匀分布。

无论是工作用椅还是休闲用椅，都应具有合适的坐高、坐深、坐宽、靠背的高度及合理的坐面与靠背之间的倾斜度。

2

坐高：指坐面与地面之间的垂直距离。椅子的坐面常常向后倾斜，通常以前坐高为椅子的坐高。坐高应适度，如果坐高过高，则使用者双脚悬空，腿的重量压抑大腿的血管，影响血液循环，使人感到疲劳。一般而言，工作用椅要比休闲用椅略高。

坐深：坐深指坐面的深度，它与坐高成反比，坐高越大的椅子坐深越浅。因为较矮的椅子一般用于休闲，故将纵深加大，以满足使用者上身逐渐变成水平状态的需要，而工作中的使用者，常常是挺直腰部，故坐深只需有股部至臀部的纵深即可。

坐宽：指椅子坐面的宽度，坐面前沿称坐前宽，后沿称坐后宽。坐面的宽度应能容纳整个臀部，并要留有一定的宽裕。联排椅的坐宽要考虑并排坐的人有一定的自由活动的空间，故要考虑两人双肘的尺度。

靠背高度：对于一般的工作用椅而言，靠背的高度不宜过高，通常以不超出肩部高度为宜，有的仅在腰部第一节椎骨后加以支托。而休闲用椅靠背的高度多高出肩部，使头部也有依托。

靠背倾斜度：休闲用椅的靠背倾斜度比工作用椅要大，这样可以使得人体向后倾

3

图 9-10　对象样式应用到图片中的效果

任务相关知识讲解

1．其他效果的设置

【效果】调板是 InDesign CS6 的新增功能，可以直接在页面上尝试用类似于 Photoshop 的效果进行设计。可以反复使用混合模式、不透明度和其他效果，若不满意当前的效果，还可以随意删除，应用的效果并不会对图片做永久性更改。应用的效果还可以存储为对象样式，以方便重复使用和共享使用。

1）【效果】调板介绍

执行【窗口】|【效果】命令，打开【效果】调板，如图 9-11 所示。

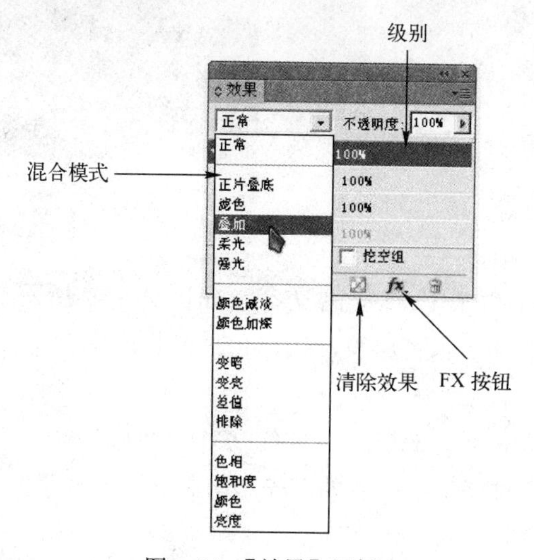

图 9-11　【效果】调板

- **混合模式**　指定透明对象中的颜色如何与其下面的对象相互作用。
- **不透明度**　确定对象、描边、填色或文本的不透明度。
- **级别**　告知关于对象的对象、描边、填色和文本的不透明度设置，以及是否应用了透明度效果。单击【对象】左侧的向下三角形，可以隐藏或显示这些级别设置。在为某级别应用透明度设置后，该级别上会显示 FX 图标，可以双击该 FX 图标编辑这些设置。
- **分离混合**　将混合模式应用于选定的对象组。
- **挖空组**　使组中每个对象的不透明度和混合属性挖空或遮蔽组中的底层对象。
- **清除全部按钮**　清除对象（描边、填色或文本）的效果，将混合模式设置为“正常”，并将整个对象的不透明度设置更改为 100%。
- **FX 按钮**　显示透明度效果列表。

2）混合模式

混合模式用于控制基色（图片的底层颜色）与混合色（选定对象或对象组的颜色）相互作用的方式。结果色是混合后得到的颜色。

- **正常**　在不与基色相作用的情况下，采用混合色为选区着色，如图 9-12 所示。这是默认模式。
- **正片叠底**　将基色与混合色复合，如图 9-13 所示。结果色总是较暗的颜色。任何颜色与黑色复合产生黑色。任何颜色与白色复合保持原来的颜色。该效果类似于在页面上使用多支魔术水彩笔上色。

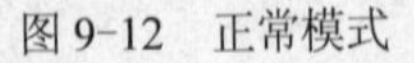

图 9-12　正常模式

图 9-13　正片叠底模式

- **滤色**　将混合色的互补色与基色复合，如图 9-14 所示。结果色总是较亮的颜色。用黑色过滤时颜色保持不变；用白色过滤将产生白色。此效果类似于多个幻灯片图像在彼此之上投影。
- **叠加**　根据基色复合或过滤颜色，如图 9-15 所示。将图案或颜色叠加在现有图片上，在基色中混合时会保留基色的高光和阴影，以表现原始颜色的明度或暗度。

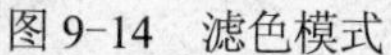

图 9-14 滤色模式

图 9-15 叠加模式

- **柔光** 根据混合色使颜色变暗或变亮，如图 9-16 所示。该效果类似于用发散的点光照射图片。

如果混合色（光源）比 50% 灰色亮，图片将变亮，就像被减淡了一样。如果混合色比 50% 灰色暗，则图片将变暗，就像颜色加深后的效果。使用纯黑色或纯白色上色，可以产生明显变暗或变亮的区域，但不能生成纯黑色或纯白色。

- **强光** 根据混合色复合或过滤颜色，如图 9-17 所示。该效果类似于用强烈的点光照射图片。

如果混合色（光源）比 50% 灰色亮，则图片将变亮，就像过滤后的效果。这对于向图片中添加高光非常有用。如果混合色比 50% 灰色暗，则图片将变暗，就像复合后的效果。这对于向图片中添加阴影非常有用。用纯黑色或纯白色上色会产生纯黑色或纯白色。

图 9-16 柔光模式

图 9-17 强光模式

- **颜色减淡** 使基色变亮以反映混合色，如图 9-18 所示。与黑色混合不会产生变化。
- **颜色加深** 使基色变暗以反映混合色，如图 9-19 所示。与白色混合不会产生变化。

图 9-18 颜色减淡模式

图 9-19 颜色加深模式

- **变暗** 选择基色或混合色（取较暗者）作为结果色，如图 9-20 所示。比混合色亮的区域将被替换，而比混合色暗的区域保持不变。
- **变亮** 选择基色或混合色（取较亮者）作为结果色，如图 9-21 所示。比混合色暗的区域将被替换，而比混合色亮的区域保持不变。

图 9-20 变暗模式

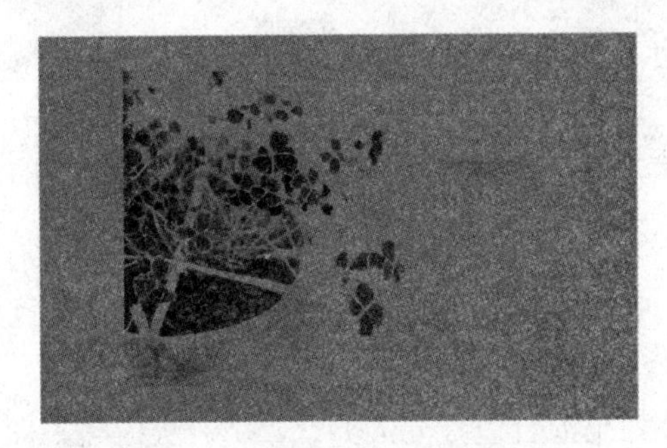
图 9-21 变亮模式

- **差值** 比较基色与混合色的亮度值，然后从较大者中减去较小者，如图 9-22 所示。与白色混合将反转基色值；与黑色混合不会产生变化。
- **排除** 创建类似于差值模式的效果，但是对比度比差值模式低，如图 9-23 所示。与白色混合将反转基色分量；与黑色混合不会产生变化。

图 9-22 差值模式

图 9-23 排除模式

- **色相** 用基色的亮度和饱和度与混合色的色相创建颜色，如图 9-24 所示。
- **饱和度** 用基色的亮度和色相与混合色的饱和度创建颜色，如图 9-25 所示。用此模式在没有饱和度（灰色）的区域中上色，将不会产生变化。

图 9-24 色相模式

图 9-25 饱和度模式

- **颜色**　用基色的亮度与混合色的色相和饱和度创建颜色，如图 9–26 所示。它可以保留图片的灰阶，对于给单色图片上色和给彩色图片着色都非常有用。
- **亮度**　用基色的色相及饱和度与混合色的亮度创建颜色，如图 9–27 所示。此模式所创建效果与颜色模式所创建效果相反。

图 9–26　颜色模式

图 9–27　亮度模式

3）透明度效果

InDesign 提供了九种透明度效果。用于创建这些效果的许多设置和选项都差别不大。

- **投影**　在对象、描边、填色或文本的后面添加阴影，如图 9–28 所示。
- **内阴影**　紧靠在对象、描边、填色或文本的边缘内添加阴影，使其具有凹陷外观，如图 9–29 所示。

图 9–28　投影效果

图 9–29　内阴影效果

- **外发光和内发光**　添加从对象、描边、填色或文本的边缘外或内发射出来的光，图 9–30 所示为外发光效果，图 9–31 所示为内发光效果。

图 9–30　外发光效果

图 9–31　内发光效果

- **斜面和浮雕**　添加各种高亮和阴影的组合，以使文本和图像具有三维外观，如图 9-32 所示。
- **光泽**　添加形成光滑光泽的内部阴影，如图 9-33 所示。

图 9-32　斜面和浮雕效果

图 9-33　光泽效果

- **基本羽化、定向羽化和渐变羽化**　通过使对象的边缘渐隐为透明，实现边缘柔化。图 9-34 所示为基本羽化效果，图 9-35 所示为定向羽化效果，图 9-36 所示为渐变羽化效果。

图 9-34　基本羽化效果

图 9-35　定向羽化效果

图 9-36　渐变羽化效果

小知识：常用透明度设置和选项

在不同效果中，许多透明度效果设置和选项是相同的。常用透明度设置和选项如下。

- **角度和高度**　确定应用光源效果的光源角度。值为 0 表示等于底边；值为 90 表示在对象的正上方。可以单击角度半径或输入度数测量值。如果要为所有对象使用相同的光源角度，可以选择“使用全局光”。此设置宜用于投影、内阴影、斜面和浮雕、光泽和羽化效果。

- **混合模式**　指定透明对象中的颜色如何与其下面的对象相互作用。此设置宜用于投影、内阴影、外发光、内发光和光泽效果。
- **收缩**　与大小设置一起，确定阴影或发光不透明和透明的程度；设置的值越大，不透明度越高；设置的值越小，透明度越高。此设置宜用于内阴影、内发光和羽化效果。
- **距离**　指定投影、内阴影或光泽效果的位移距离。
- **杂色**　指定输入值或拖曳滑块时发光不透明度或阴影不透明度中随机元素的数量。此设置宜用于投影、内阴影、外发光、内发光和羽化效果。
- **不透明度**　确定效果的不透明度；通过拖曳滑块或输入百分比测量值进行操作。此设置宜用于投影、内阴影、外发光、内发光和光泽效果。
- **大小**　指定阴影或发光应用的量。此设置宜用于投影、内阴影、外发光、内发光和光泽效果。
- **扩展**　确定大小设置中所设定的阴影或发光效果中模糊的透明度。百分比越高，模糊就越不透明。此设置宜用于投影、外发光、内发光和光泽效果。
- **方法**　这些设置用于确定透明度效果的边缘是如何与背景颜色相互作用的。外发光效果和内发光效果都可使用“柔和”和“精确”方法。
- **柔和**　将模糊应用于效果的边缘。在较大尺寸时，不保留详细的特写。
- **精确**　保留效果的边缘，包括其角点和其他锐化细节。其保留特写的能力优于柔和方法。
- **使用全局光**　将全局光设置应用于阴影。此设置宜用于投影、斜面和浮雕，以及内阴影效果。
- **X 位移和 Y 位移**　在 x 轴或 y 轴上按指定的偏移量偏离阴影。此设置宜用于投影和内阴影效果。

2．其他角选项的设置

可以使用【角选项】调板为图形框应用各种角效果，从简单的圆角到花式装饰，各式各样，图 9-37 所示为花式效果，图 9-38 所示为斜角效果，图 9-39 所示为内陷效果，图 9-40 所示为反向圆角效果，图 9-41 所示为圆角效果。

图 9-37　花式效果

图 9-38　斜角效果

图 9-39　内陷效果

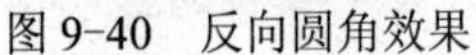

图 9-40　反向圆角效果

图 9-41　圆角效果

将角效果结合不同的描边类型，能得到意想不到的效果，如图 9-42 所示。

图 9-42　角效果与不同描边类型结合的效果

3．对象样式

使用【对象样式】调板可以创建、命名和应用对象样式。对于每个新文档，该调板最初将列出一组默认的对象样式。对象样式随文档一同存储，每次打开该文档时，它们都会显示在调板中。“文本框架”图标，用于标记文本框架的默认样式；“图形框架”图标，用于标记图形框架的默认样式；“网格”图标，用于标记框架网格的默认样式。

1）新建对象样式

在前面讲到对象样式的方法，是先设置各种效果，然后再新建对象样式。现在讲解的新建对象样式方法是直接在【对象样式】调板中进行各种效果设置。

（1）单击【对象样式】调板右侧的下拉按钮，在弹出的下拉菜单中选择【对象样式选项】，弹出【对象样式选项】对话框，在【基本属性】下面选择包含要定义的选项的任何附加类别，并根据需要设置选项，如图 9-43 所示。单击每个类别左侧的复选框，以指示在样式中是包括还是忽略此类别。

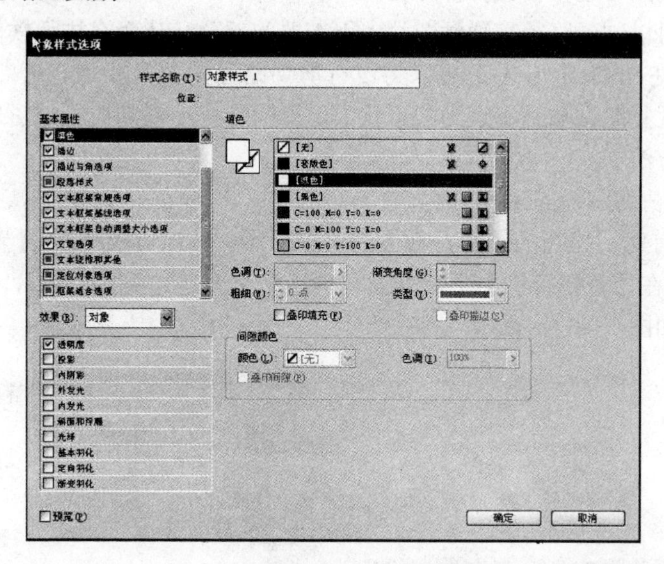

图 9-43 【对象样式选项】对话框

（2）在【效果】下拉列表框中可以选择对象、描边、填色或文本，然后选择效果种类并指定其设置。可以为每个类别指定不同效果。设置完成后单击【确定】按钮即可。

2）应用对象样式

选择需要应用对象样式的图片，单击【对象样式】调板中的样式，则完成应用对象样式的操作，如图 9-44 所示。

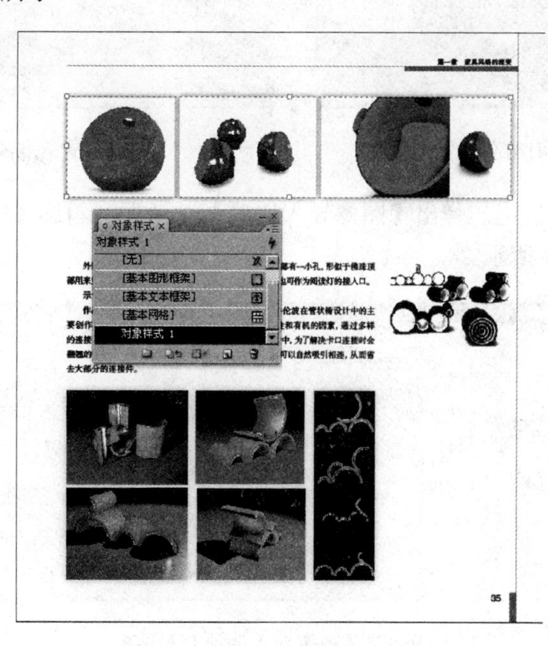

图 9-44　应用对象样式的操作

4. 剪切路径的设置

一些图片的文件格式（例如，TIFF、JPEG、EPS 和 PSD 格式）允许将剪切路径置入到 InDesign 中。剪切路径通常会裁掉部分图片，以便只有一部分透过创建的形状显示出来。在图像处理软件中可以创建路径来隐藏图片中不需要的部分，从而在排版软件中实现褪底和文本绕排的功能；在 InDesign 中也可以将没有剪切路径的图片生成一个带有剪切路径的图片；还可以将图片复制粘贴到不规则的形状中，形成带有不规则边缘的图片。下面讲解使用剪切路径的 3 种方法。

1）置入包含剪切路径的图片

（1）置入带有剪切路径的图片，如图 9-45 所示。执行【文件】|【置入】命令，弹出【置入】对话框。在【查找范围】下拉列表框中选择带有剪切路径的图片，勾选【显示导入选项】复选框，如图 9-46 所示。

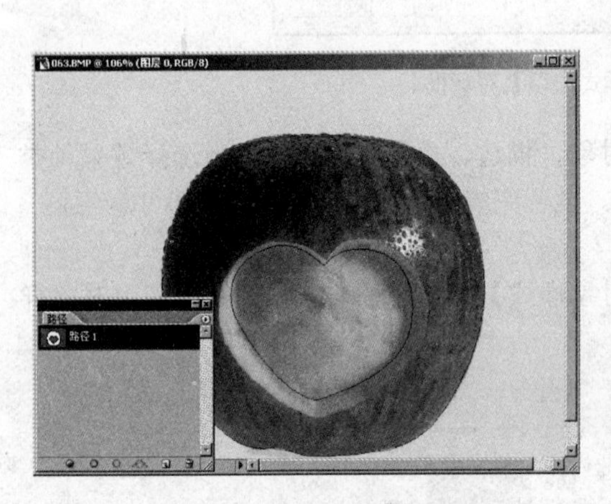

图 9-45 带有剪切路径的图片

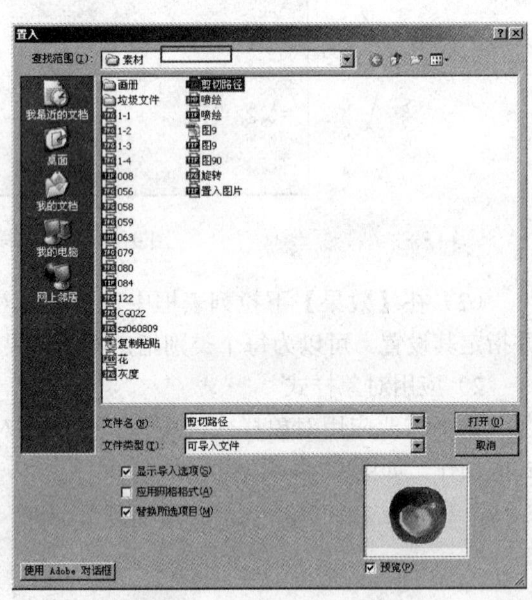

图 9-46 置入带有剪切路径的图片

（2）单击【打开】按钮，弹出【图像导入选项】对话框，勾选【应用 Photoshop 剪切路径】复选框，如图 9-47 所示。

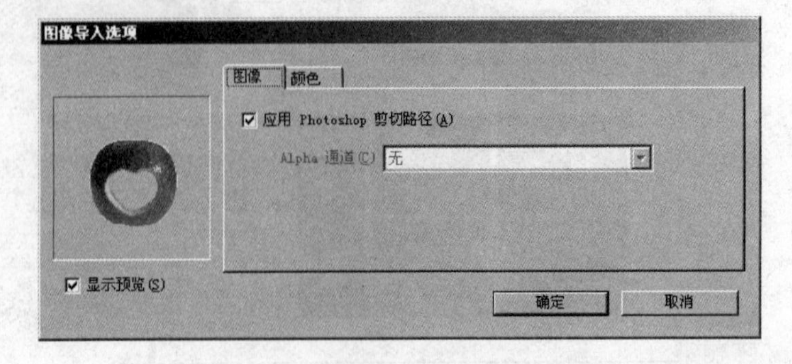

图 9-47 【图像导入选项】对话框

（3）单击【确定】按钮，当光标变为“ ”时，在页面的空白处拖曳一个文本框，然后单击控制调板右上角的“按比例填充框架”按钮，再单击“框架适合内容”按钮，如图 9-48 所示。

图 9-48　调整带有剪切路径的图片位置

（4）置入带有剪切路径的图片多用于褪底和文本绕排，如图 9-49 所示。

以温存的姿态

很多人对素食有偏见，觉得那是何等单调之物，事实上素食的原料绝不是只有豆制品和蔬菜这么简单，它的丰富超出人们的想象。”杭州素食馆青衣元素的屠丹告诉记者，近段时间来素食馆就餐的年轻人越来越多，更重要的是原先女顾客居多的餐厅，现在来光顾的男士却占了多数。“人们开始接受这样的饮食方式，承认这样的健康理念，并定认 可度。都市男人腻也让他们觉得适当的需要清清自己的肠胃。以， 素食的受宠理所当然。”素食文化正在向知识化年轻化群体蔓延，在素食店看来，那是一种必然的趋势。

对它有一
太多的应
时 候
所

盾的事
需要有
是违背

情人节或者节假日，越来越多的年轻人会选择在素食餐馆就餐。经常会约上同伴吃素食的周小姐说，素食的意义并不仅仅在于吃，重要的是追求心灵的纯净。而且，素食馆的环境也可以让人远离喧闹的尘世，得到短暂的安宁。

素食者在杭州是一个小众，而杭州的素食餐厅也就那么两三家，高银街的老牌店功德林、庆春路上的青衣元素以及刚开张不久的功德林，再不然就去山上吃斋饭。

“上海都开了40家素菜馆了，杭州只有三家还生意清淡。”周二的中午，对着空空如也的大厅，功德林张国泰经理禁不住发出这样的感叹。张经理一直不明白的是，距离杭州不远的上海，拥有的素菜馆是杭州的10来倍，但素菜馆总是呈现每天排队的景象，热闹如同这里的外婆家。而在杭州却是另一派景象。张国泰自己也是个素食主义者，对于素食店也有着深厚的感情。身在这个有近百年历史的老牌素食店，他总觉得杭

打动人精神世界

州的素食文化不够热烈，“客人流量不够，群体很不稳定，不过比起从前生意已经好很多了。”

“其实素食餐馆本来就应该冷冷清清，一火爆就没了那个淡雅的气氛。”青衣元素的屠丹告诉记者，这其实是个相互矛实，所以做素食餐馆更颗平和的心，急功近利素食店的气质的。

面临并不是那么理想的客流量，这些素食店的老板仍然保持着耐心，实在是让人生敬，毕竟素食店本身就是一个小众化餐厅，做素食或者吃素更多的上升已经到了精神的高度，绝非吃饭尝菜那么简单。不过，对于素食的明天，无论是吃素者还是做素食的人，无一例外地看好，“未来的杭州，就是现在的上海，这种健康的理念肯定会成为潮流。”

健康提示：

1. 番茄红素是番茄中所含有的最主要的类胡萝卜素，具有强抗氧化作用的活性成分，有对付自由基的作用，可延缓衰老，减少患心血管疾病和癌症的几率。

2. 番茄中的果酸，作用有如水杨酸，具有一定的收缩毛孔的作用，同时可以改善面部油脂问题，保持肌肤水分平衡。

3. 番茄不但营养价值高、口感好，还可以使人产生饱足感，可以生食也可以加工烹调，是一种减肥圣方。因为番茄不但含有维他命A、C、E以及维他命B群，还富含果胶等食物纤维，食物纤维在人体内会吸附其他的食物脂肪，有助于降低其他食物脂肪被吸收的机会，而丰富的维他命B群更可以促进脂肪的新陈代谢，达到瘦身的效果。

图 9-49　设置完成

2）置入没有剪切路径的图片生成一个剪切路径

在 InDesign 中如果要在没有存储剪切路径的图形中移去背景，可以执行【对象】|【剪切路径】命令，在【剪切路径】对话框中的【检测边缘】选项能完成此操作。【检测边缘】选项可以除去图形中颜色最浅和最暗的区域，当图片的主体部分被置于纯白或纯黑的背景中时，使用【检测边缘】的效果才最明显，图片背景不是纯色则使用效果不明显，如图 9-50 所示。

适合检测边缘

不适合检测边缘

图 9-50 剪切路径

（1）置入一张图片，如图 9-51 所示。

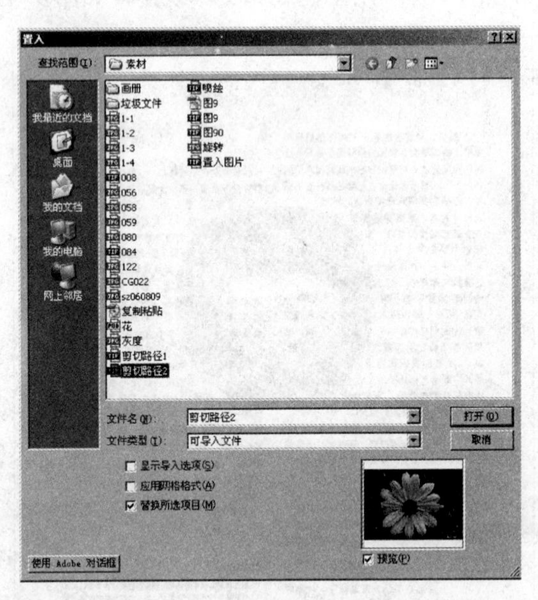

图 9-51 置入一张图片

（2）单击【打开】按钮，当光标变为“ ”时，在页面的空白处拖曳一个文本框，然后单击控制调板右上角的“框架适合内容”按钮，如图 9-52 所示。

图 9-52 调整图片位置

（3）对图片设置剪切路径。执行【对象】|【剪切路径】命令，弹出【剪切路径】对话框。在【剪切路径】对话框中单击【类型】下拉列表框的“检测边缘”，勾选【反转】复选框和【包含内边缘】复选框，然后设置【阈值】为“188”，【容差】为“10”，如图 9-53 所示。

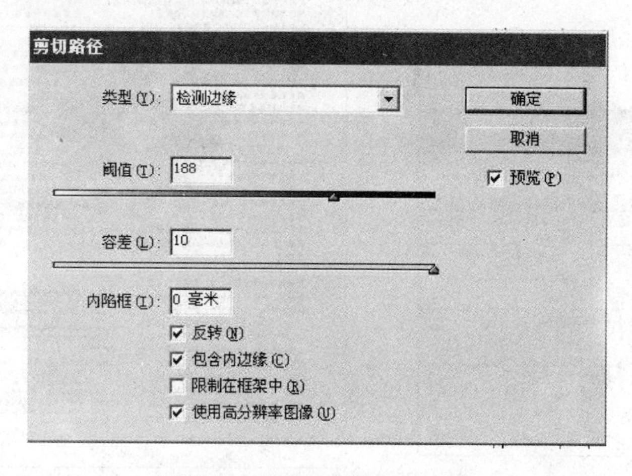

图 9-53　【剪切路径】对话框

（4）单击【确定】按钮，可看到图片四周有黑线，用“选择工具”上下左右调整文本框将黑线隐藏起来，如图 9-54 所示。

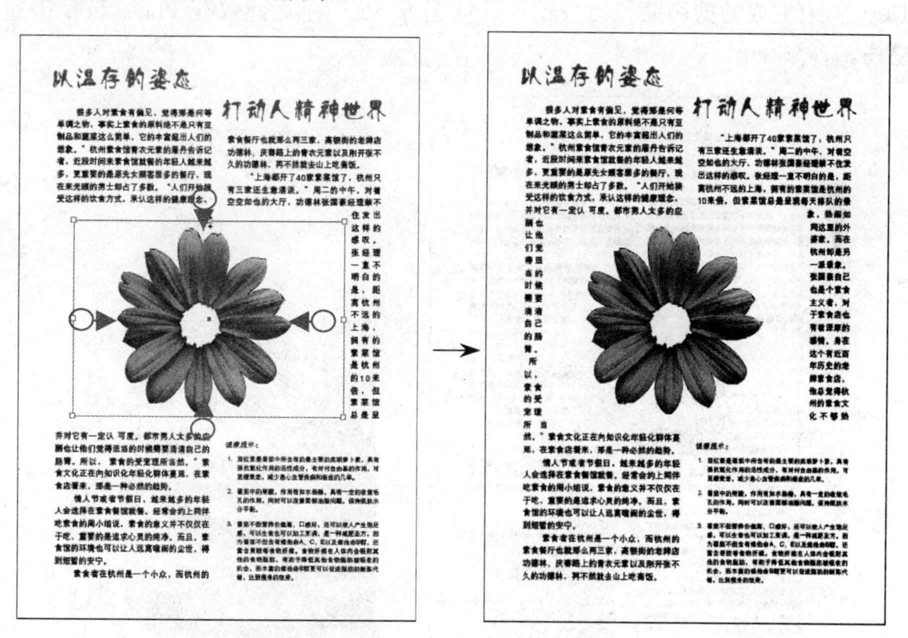

图 9-54　将文本框的上下左右黑线隐藏起来

（5）用“选择工具”选择图片，然后执行【窗口】|【文本绕排】命令，打开【文本绕排】调板。单击“沿对象形状绕排”按钮，在【轮廓选项】区域的【类型】下拉列表框中选择【与剪切路径相同】，然后在【上位移】数值框中输入“1 毫米”，如图 9-55 所示。

图 9-55　文字绕排效果

（6）置入没有剪切路径的图片并将它在 InDesign 中生成一个剪切路径的操作完成。但是在 InDesign 中生成的剪切路径比较粗糙，如图 9-56 所示。建议在 Photoshop 中完成剪切路径的操作。

图 9-56　剪切路径的操作完成

3）用不规则的形状剪切路径

在 InDesign 中可将图片置入到不规则的形状中，只显示图片的一部分，使得图片不再以单一的图形框形式出现。

（1）置入一张图片，单击【打开】按钮。当光标变为“ ”时，在页面中拖曳一个文本框，然后单击控制调板右上角的“按比例填充框架”按钮，再单击“框架适合内容”按钮，如图 9-57 所示。

图 9-57　框架适合内容效果

（2）用“矩形工具”拖曳一个矩形框，然后用“选择工具”选择矩形框，按住 Alt 键不放，当光标变为“ ”时，拖曳并复制另一个矩形框，然后按住 Ctrl+Alt+3 键进行多次复制，如图 9-58 所示。

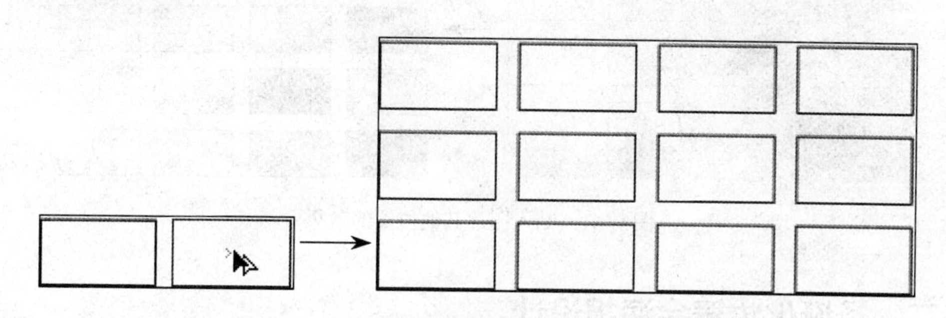

图 9-58　多次复制矩形效果

（3）用“选择工具”选择前面创建的矩形框，然后执行【对象】|【路径】|【建立复合路径】命令，将多个矩形框组合为一个，如图 9-59 所示。

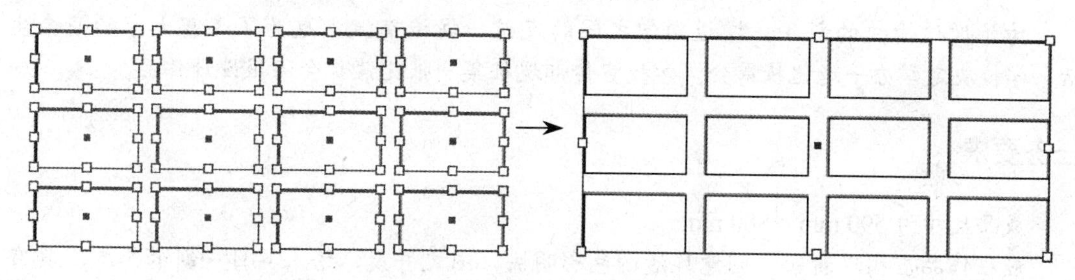

图 9-59　建立复合路径效果

（4）用“选择工具”选择图片并按住 Ctrl+C 键进行复制，然后再用“选择工具”选择图形并执行【编辑】|【贴入内部】命令，将图片粘贴到图形里，完成效果如图 9-60 所示。

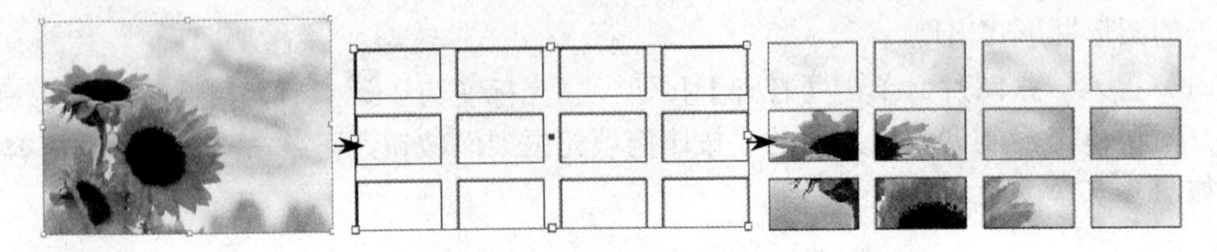

图 9-60 将图片贴入内部效果

小知识：进行“贴入内部”时，在默认情况下是按左上角将图片贴入图形中。要得到贴入图片其他位置的效果，只要把图形框与要贴入图片的位置对齐即可，如图 9-61 所示。

图 9-61 贴入图片其他位置的效果

任务二 圣诞化妆舞会海报设计

任务背景

为了度过愉快的新年，增进同学之间的友谊，促进交流，也为了丰富大家的业余生活，学校决定举办一场化妆舞会。学校宣传部现征集一张化装舞会海报设计作品。

任务要求

成品尺寸为 590 mm × 880 mm。

应征作品应构思新颖、创意鲜活、色彩明快、图文并茂，给人耳目一新的感觉，具有时代感、艺术性和震撼力。海报中要有如下信息。

主题：圣诞化妆舞会

主办：学校宣传部

赞助：易欣炫彩服饰店

活动时间：12 月 24 日晚 7:30

活动地点：学院大礼堂

对象：全校师生均可参加

任务素材

作品 1 素材

作品 2 素材

任务分析

作品 1

1. 设置一个黑色背景。
2. 先摆放“元素 2.ai”，再摆放“元素 1.ai”，最后摆放“元素 3.ai”。
3. 为跳舞的人设置外发光效果，使其更突出。
4. 为喇叭设置投影效果，使其有立体感。
5. 输入主题文字“圣诞化妆晚会”，并设置渐变、斜面和浮雕效果。
6. 将面具放在文字的左上角，并设置外发光效果。
7. 将主办、赞助、活动时间、活动地点和对象信息放置在页面的左侧。
8. 同学们可以参照任务参考效果图设置各效果的参数，也可以自己调整。

作品 2

1. 先摆放“元素 4.ai”，再摆放“元素 5.ai”。

2. 为跳舞的人设置外发光效果，使其更突出。

3. 为主题文字设置路径文字效果，并应用投影效果，使其具有立体感。

4. 将面具放置在主题文字的中间位置，并应用外发光和光泽效果。

5. 输入“Merry Christmas”，将其旋转角度并放置在背景图的各个位置，然后将文字应用混合模式为“颜色加深”的效果。

6. 将主办、赞助、活动时间、活动地点和对象信息放置页面的左下角。

7. 各效果的参数，可以参照任务参考效果图设置，也可自己调整。

任务参考效果图

任务三　自学部分

目的

了解表格有哪些分类、表格由哪些部分组成及各部分的名称。了解创建表格的方法、表格的基础操作和设置表外观的操作。掌握对表格的各种创建及编辑方法。

学生预习

1. 了解表格的分类。
2. 了解表格的基础知识。
3. 了解表格的创建及编辑。

学生练习

使用相关素材，练习创建表格，根据要求添加、删除行或列，合并或删除单元格，为表格设置外框粗细，调整表格大小，设置表格行线、列线的颜色等。图 9-62 所示为原始素材，图 9-63 所示为编辑表格后的效果，可作为同学们练习的参考。

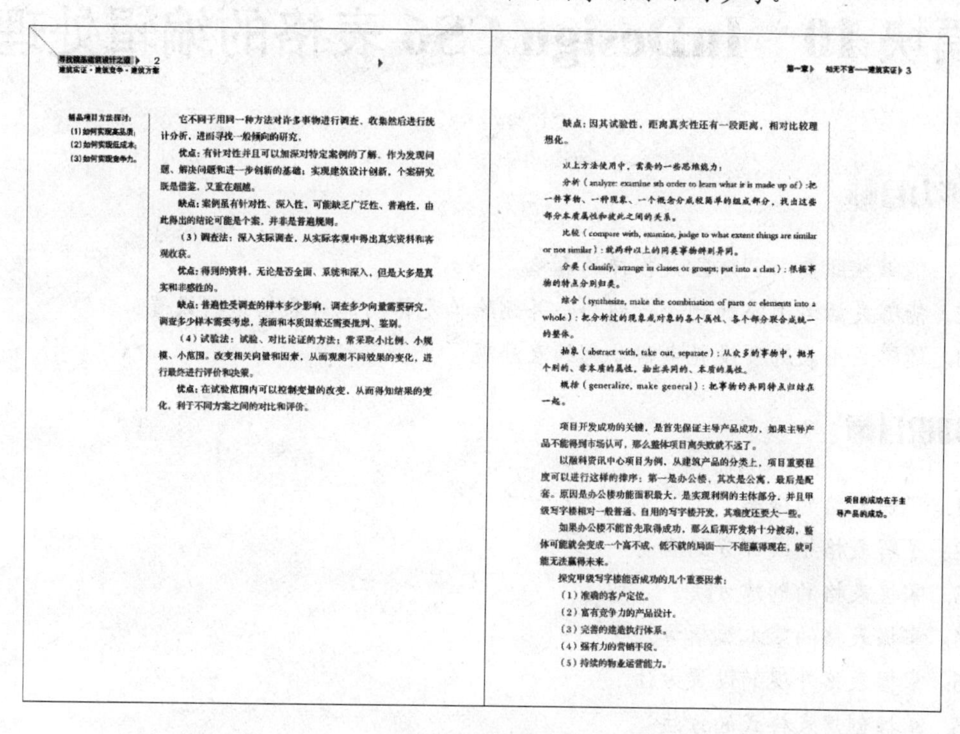

寻找精品建筑设计之道 ▶ 2
建筑实证·建筑竞争·建筑方案

精品项目方法探讨：
(1) 如何实现高品质；
(2) 如何实现低成本；
(3) 如何实现竞争力。

它不同于用同一种方法对许多事物进行调查、收集然后进行统计分析，进而寻找一般倾向的研究。

优点：有针对性并且可以加深对特定案例的了解，作为发现问题、解决问题和进一步创新的基础；实现建筑设计创新，个案研究既是借鉴，又重在超越。

缺点：案例虽有针对性、深入性，可能缺乏广泛性、普遍性，由此得出的结论可能是个案，并非是普遍规则。

（3）调查法：深入实际调查，从实际客观中得出真实资料和客观收获。

优点：得到的资料，无论是否全面、系统和深入，但是大多是真实和非感性的。

缺点：普遍性受调查的样本多少影响，调查多少向量需要研究，调查多少样本需要考虑，表面和本质因素还需要批判、鉴别。

（4）试验法：试验、对比论证的方法；常采取小比例、小规模、小范围。改变相关向量和因素，从而观测不同效果的变化，进行最终进行评价和决策。

优点：在试验范围内可以控制变量的改变，从而得知结果的变化，利于不同方案之间的对比和评价。

第一章 ▶　知无不言——建筑实证 ▶ 3

缺点：因其试验性，距离真实性还有一段距离，相对比较理想化。

以上方法使用中，需要的一些思维能力：

分析（analyze: examine sth order to learn what it is made up of）：把一件事物、一种现象、一个概念分成较简单的组成部分，找出这些部分本质属性和彼此之间的关系。

比较（compare with, examine, judge to what extent things are similar or not similar）：就两种以上的同类事物辨别异同。

分类（classify, arrange in classes or groups; put into a class）：根据事物的特点分别归类。

综合（synthesize, make the combination of parts or elements into a whole）：把分析过的现象或对象的各个属性、各个部分联合成统一的整体。

抽象（abstract with, take out, separate）：从众多的事物中，抛开个别的、非本质的属性，抽出共同的、本质的属性。

概括（generalize, make general）：把事物的共同特点归结在一起。

项目开发成功的关键，是首先保证主导产品成功，如果主导产品不能得到市场认可，那么整体项目离失败就不远了。

以融科资讯中心项目为例，从建筑产品的分类上，项目重要程度可以进行这样的排序：第一是办公楼，其次是公寓，最后是配套。原因是办公楼功能面积最大，是实现利润的主体部分，并且甲级写字楼相对一般普通、自用的写字楼开发，其难度还要大一些。

项目的成功在于主导产品的成功。

如果办公楼不能首先取得成功，那么后期开发将十分被动，整体可能就会变成一个高不成、低不就的局面——不能赢得现在，就可能无法赢得未来。

探究甲级写字楼能否成功的几个重要因素：

（1）准确的客户定位。

（2）富有竞争力的产品设计。

（3）完善的建造执行体系。

（4）强有力的营销手段。

（5）持续的物业运营能力。

图 9-62　原始素材

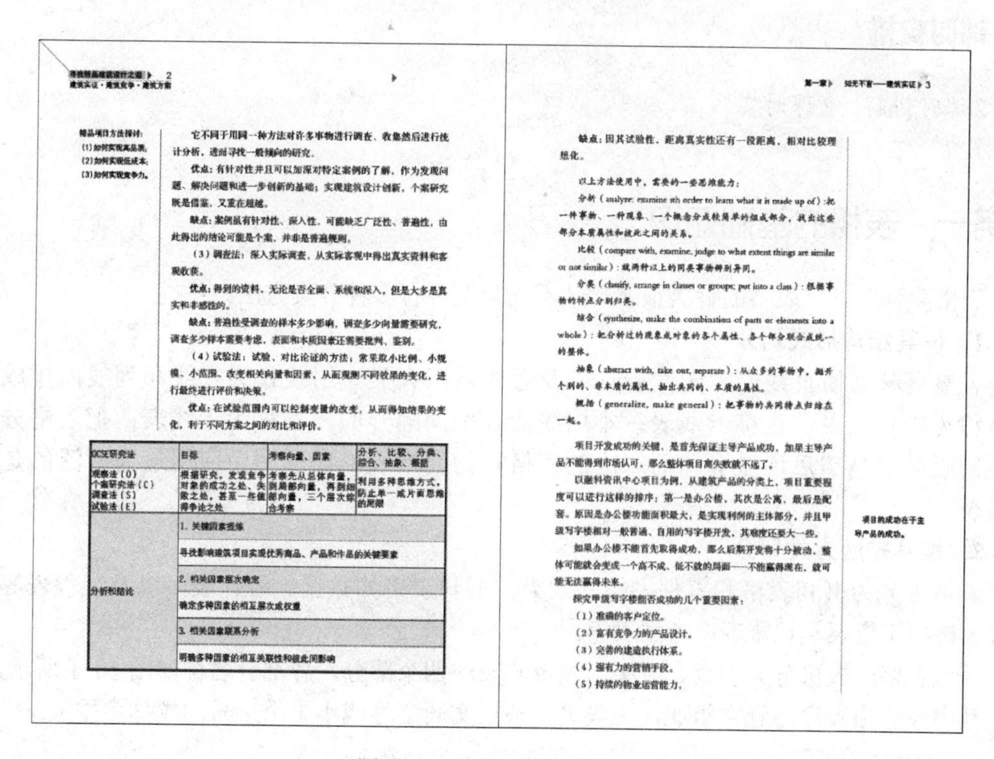

寻找精品建筑设计之道 ▶ 2
建筑实证·建筑竞争·建筑方案

精品项目方法探讨：
(1) 如何实现高品质；
(2) 如何实现低成本；
(3) 如何实现竞争力。

它不同于用同一种方法对许多事物进行调查、收集然后进行统计分析，进而寻找一般倾向的研究。

优点：有针对性并且可以加深对特定案例的了解，作为发现问题、解决问题和进一步创新的基础；实现建筑设计创新，个案研究既是借鉴，又重在超越。

缺点：案例虽有针对性、深入性，可能缺乏广泛性、普遍性，由此得出的结论可能是个案，并非是普遍规则。

（3）调查法：深入实际调查，从实际客观中得出真实资料和客观收获。

优点：得到的资料，无论是否全面、系统和深入，但是大多是真实和非感性的。

缺点：普遍性受调查的样本多少影响，调查多少向量需要研究，调查多少样本需要考虑，表面和本质因素还需要批判、鉴别。

（4）试验法：试验、对比论证的方法；常采取小比例、小规模、小范围。改变相关向量和因素，从而观测不同效果的变化，进行最终进行评价和决策。

优点：在试验范围内可以控制变量的改变，从而得知结果的变化，利于不同方案之间的对比和评价。

OCSE研究法	目标	考察向量、因素	分析、比较、分类、综合、抽象、概括
观察法（O） 个案研究法（C） 调查法（S） 试验法（E）	根据研究，发现竞争对象的成功之处、失败之处，甚至一些值得争论之处	考察先从总体向量，到局部向量，再到细部向量，三个层次综合考察	利用多种思维方式，防止单一或片面思维的局限
分析和结论	1. 关键因素提炼		
	寻找影响建筑项目实现优秀商品、产品和作品的关键要素		
	2. 相关因素层次确定		
	确定多种因素的相互层次或权重		
	3. 相关因素联系分析		
	明确多种因素的相互关联性和彼此间影响		

第一章 ▶　知无不言——建筑实证 ▶ 3

缺点：因其试验性，距离真实性还有一段距离，相对比较理想化。

以上方法使用中，需要的一些思维能力：

分析（analyze: examine sth order to learn what it is made up of）：把一件事物、一种现象、一个概念分成较简单的组成部分，找出这些部分本质属性和彼此之间的关系。

比较（compare with, examine, judge to what extent things are similar or not similar）：就两种以上的同类事物辨别异同。

分类（classify, arrange in classes or groups; put into a class）：根据事物的特点分别归类。

综合（synthesize, make the combination of parts or elements into a whole）：把分析过的现象或对象的各个属性、各个部分联合成统一的整体。

抽象（abstract with, take out, separate）：从众多的事物中，抛开个别的、非本质的属性，抽出共同的、本质的属性。

概括（generalize, make general）：把事物的共同特点归结在一起。

项目开发成功的关键，是首先保证主导产品成功，如果主导产品不能得到市场认可，那么整体项目离失败就不远了。

以融科资讯中心项目为例，从建筑产品的分类上，项目重要程度可以进行这样的排序：第一是办公楼，其次是公寓，最后是配套。原因是办公楼功能面积最大，是实现利润的主体部分，并且甲级写字楼相对一般普通、自用的写字楼开发，其难度还要大一些。

项目的成功在于主导产品的成功。

如果办公楼不能首先取得成功，那么后期开发将十分被动，整体可能就会变成一个高不成、低不就的局面——不能赢得现在，就可能无法赢得未来。

探究甲级写字楼能否成功的几个重要因素：

（1）准确的客户定位。

（2）富有竞争力的产品设计。

（3）完善的建造执行体系。

（4）强有力的营销手段。

（5）持续的物业运营能力。

图 9-63　编辑表格后的效果

模块 10 InDesign CS6 表格的编辑处理

能力目标

1. 能够按照要求创建各式各样的表格
2. 能够灵活运用添加删除行列和合并删除单元格功能对表格进行设置
3. 能够运用表选项设置丰富多彩的表外观

知识目标

1. 了解表格的分类
2. 了解表格组成部分的名称
3. 掌握表格的创建方法
4. 掌握表格的基本编辑方法
5. 掌握表格外观的设置方法
6. 掌握创建表样式的方法

课时安排

2 课时讲解，2 课时实践

任务一 表格的基础知识

表格简称为表，表格的种类很多，从不同角度可有多种分类方法。

1．按其结构形式划分

表格可分为横直线表、无线表，以及套线表三大类。用线作为行线和列线而排成的表格称为横直线表，也称卡线表；不用线而以空间隔开的表格称为无线表；把表格分排在不同版面上，然后通过套印而印成的表格称为套准表。在书刊中应用最为广泛的是横直线表。

2．按其排版方式划分

表格可分为书刊表格和零件表格两大类。书刊表格如数据、统计表，以及流程表等，零件表格如工资表、记账表、考勤表等。

普通表格一般可分为表题、表头、表身和表注四个部分，各部分名称如图 10-1 所示。

其中表题由表序与题文组成，一般采用与正文同字号或小 1 个字号的黑体字排版。

表头由各列头组成，表头文字一般用比正文小 1～2 个字号。

表身是表格的内容与主体，由若干行、列组成，列的内容有项目栏、数据栏及备注栏等，各栏中的文字要求采用比正文小 1～2 个字号的文字排版。

表注是表的说明，要求采用比表格内容小 1 个字号的文字排版。

表格中的横线成为行线，竖线成为列线，行线之间称为行，列线之间称为列。每行最左边一行称为行头，每列最上方一格称为（左）边列、项目栏或竖表头，即表格的第一列；列头是表头的组成部分，列头所在的行称为头行，即表格的第一行。边列与第二列的交界线称为边列线，头行与第二行的交界线称为表头线。

表格的四周边线称为表框线。表框线包括顶线、底线和墙线。顶线和底线分别位于表格的顶端和底部；墙线位于表格的左右两边。由于墙线是竖向的，故又称为竖边线。表框线应比行线和列线稍粗一些，一般为行线和列线的 2 倍，在原来的排版书籍中也被称为反线。在一些书籍中有些表格也可以不排墙线。

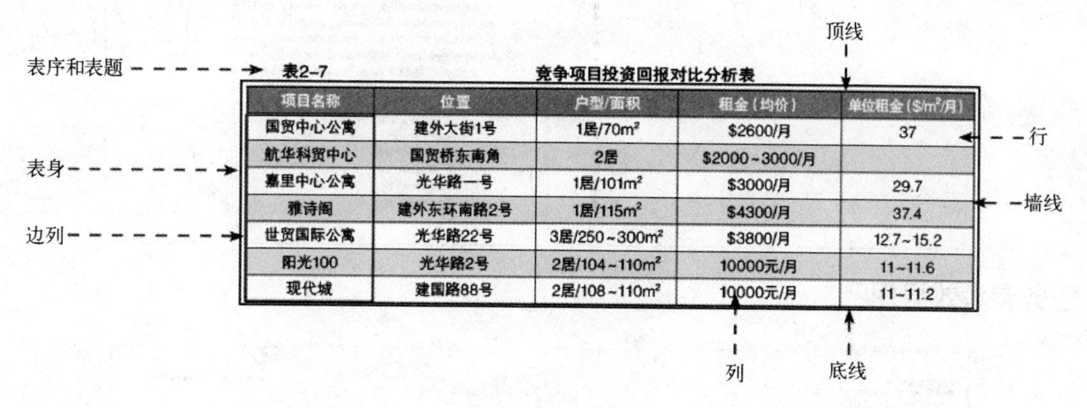

表2-7　竞争项目投资回报对比分析表

项目名称	位置	户型/面积	租金（均价）	单位租金（$/m²/月）
国贸中心公寓	建外大街1号	1居/70m²	$2600/月	37
航华科贸中心	国贸桥东南角	2居	$2000～3000/月	
嘉里中心公寓	光华路一号	1居/101m²	$3000/月	29.7
雅诗阁	建外东环南路2号	1居/115m²	$4300/月	37.4
世贸国际公寓	光华路22号	3居/250～300m²	$3800/月	12.7～15.2
阳光100	光华路2号	2居/104～110m²	10000元/月	11～11.6
现代城	建国路88号	2居/108～110m²	10000元/月	11～11.2

图 10-1　普通表格

任务二　《寻找精品建筑设计之道》的表格设计

任务背景

该图书主要以文字和表格为主，图书结构由建筑实证、建筑竞争和建筑方案三部分组成，图书主要内容是介绍建筑设计必备的理论知识和实战经验。所以，在设计时，要求版式严谨，文字行距不要太紧凑，可以稍宽松一些，避免造成读者阅读疲倦。

任务要求

本例提供半成品文件，版式和文字都已设计并排放好了，现在需要对文中的表格进行设计。

图书成品尺寸为 169 mm × 240 mm。上边距为 20 mm，下边距为 20 mm，内边距为 20 mm，外边距为 20 mm。

任务素材

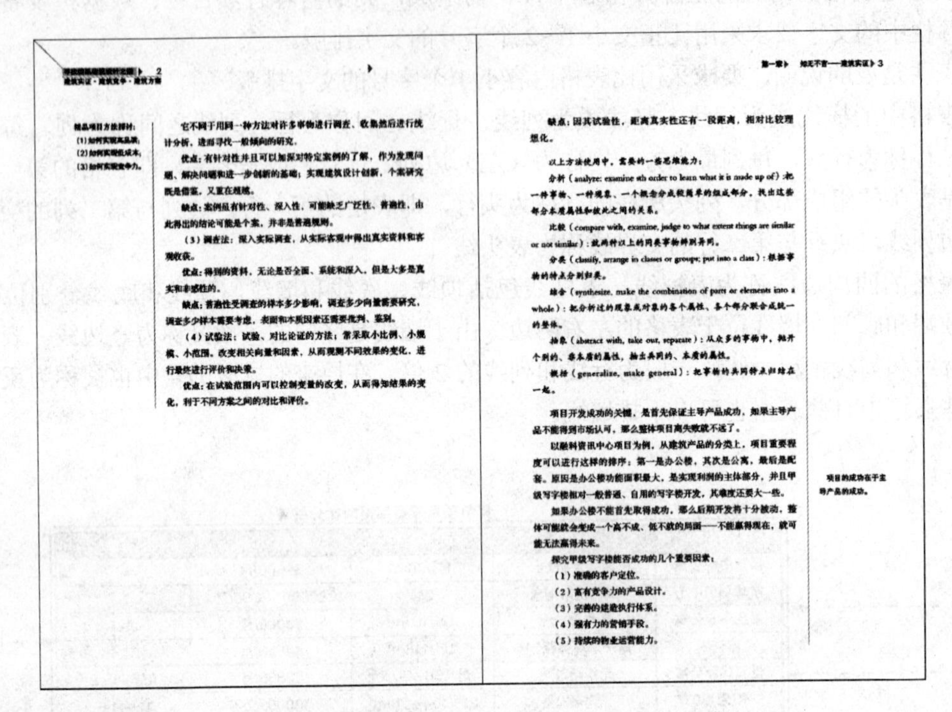

2
建筑实证·建筑竞争·建筑方案

精品项目方法择材：
(1) 如何实现高品质；
(2) 如何实现低成本；
(3) 如何实现竞争力。

它不同于用同一种方法对许多事物进行调查、收集然后进行统计分析，进而寻找一般倾向的研究。

优点：有针对性并且可以加深对特定案例的了解，作为发现问题、解决问题和进一步创新的基础；实现建筑设计创新，个案研究既是借鉴，又重在超越。

缺点：案例虽有针对性、深入性，可能缺乏广泛性、普遍性，由此得出的结论可能是个案，并非是普遍规则。

（3）调查法：深入实际调查，从实际客观中得出真实资料和客观收获。

优点：得到的资料，无论是否全面、系统和深入，但是大多是真实和非感性的。

缺点：普遍性受调查的样本多少影响，调查多少向量需要研究，调查多少样本需要考虑，表面和本质因素还需要批判、鉴别。

（4）试验法：试验、对比论证的方法；常采取小比例、小规模、小范围，改变相关向量和因素，从而观测不同效果的变化，进行最终进行评价和决策。

优点：在试验范围内可以控制变量的改变，从而得知结果的变化，利于不同方案之间的对比和评价。

第一章▶　知无不言——建筑实证▶3

缺点：因其试验性，距离真实性还有一段距离，相对比较理想化。

以上方法使用中，需要的一些思维能力：

分析（analyze: examine sth order to learn what it is made up of）：把一件事物、一种现象、一个概念分成较简单的组成部分，找出这些部分本质属性和彼此之间的关系。

比较（compare with, examine, judge to what extent things are similar or not similar）：就两种以上的同类事物辨别异同。

分类（classify, arrange in classes or groups; put into a class）：根据事物的特点分别归类。

综合（synthesize, make the combination of parts or elements into a whole）：把分析过的现象或对象的各个属性、各个部分联合成统一的整体。

抽象（abstract with, take out, separate）：从众多的事物中，抛开个别的、非本质的属性，抽出共同的、本质的属性。

概括（generalize, make general）：把事物的共同特点归结在一起。

项目开发成功的关键，是首先保证主导产品成功，如果主导产品不能得到市场认可，那么整体项目离失败就不远了。

以融科资讯中心项目为例，从建筑产品的分类上，项目重要程度可以进行这样的排序：第一是办公楼，其次是公寓，最后是配套。原因是办公楼功能面积最大，是实现利润的主体部分，并且甲级写字楼相对一般普通、自用的写字楼开发，其难度还要大一些。

项目的成功在于主导产品的成功。

如果办公楼不能首先取得成功，那么后期开发将十分被动，整体可能就会变成一个高不成、低不就的局面——不能赢得现在，就可能无法赢得未来。

探究甲级写字楼能否成功的几个重要因素：

（1）准确的客户定位。

（2）富有竞争力的产品设计。

（3）完善的建造执行体系。

（4）强有力的营销手段。

（5）持续的物业运营能力。

任务参考效果图

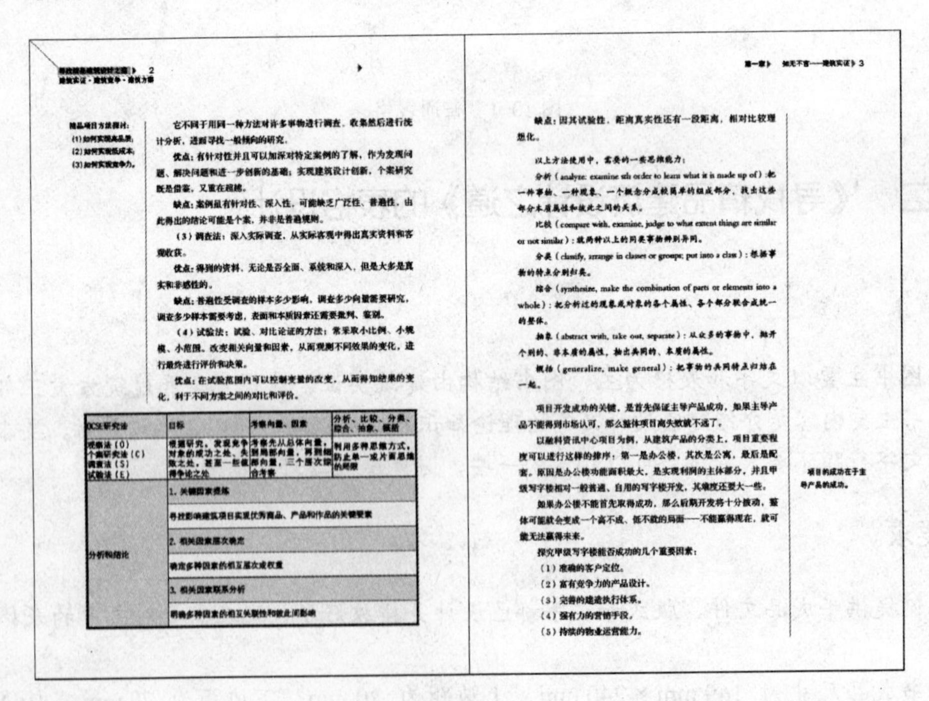

2
建筑实证·建筑竞争·建筑方案

精品项目方法择材：
(1) 如何实现高品质；
(2) 如何实现低成本；
(3) 如何实现竞争力。

它不同于用同一种方法对许多事物进行调查、收集然后进行统计分析，进而寻找一般倾向的研究。

优点：有针对性并且可以加深对特定案例的了解，作为发现问题、解决问题和进一步创新的基础；实现建筑设计创新，个案研究既是借鉴，又重在超越。

缺点：案例虽有针对性、深入性，可能缺乏广泛性、普遍性，由此得出的结论可能是个案，并非是普遍规则。

（3）调查法：深入实际调查，从实际客观中得出真实资料和客观收获。

优点：得到的资料，无论是否全面、系统和深入，但是大多是真实和非感性的。

缺点：普遍性受调查的样本多少影响，调查多少向量需要研究，调查多少样本需要考虑，表面和本质因素还需要批判、鉴别。

（4）试验法：试验、对比论证的方法；常采取小比例、小规模、小范围，改变相关向量和因素，从而观测不同效果的变化，进行最终进行评价和决策。

优点：在试验范围内可以控制变量的改变，从而得知结果的变化，利于不同方案之间的对比和评价。

OCSE研究法	目标	考察向量、因素	分析、比较、分类、综合、抽象、概括
观察法（O） 个案研究法（C） 调查法（S） 试验法（E）	根据研究，发现竞争对象的成功之处、失败之处，甚至一些值得争论之处	考察先从总体向量，到局部向量，再到细部向量，三个层次综合考察	利用多种思维方式，防止单一或片面思维的局限
分析和结论	1. 关键因素提炼		
	寻找影响建筑项目实现优秀商品、产品和作品的关键要素		
	2. 相关因素层次确定		
	确定多种因素的相互层次或权重		
	3. 相关因素联系分析		
	明确多种因素的相互关联性和彼此间影响		

第一章▶　知无不言——建筑实证▶3

缺点：因其试验性，距离真实性还有一段距离，相对比较理想化。

以上方法使用中，需要的一些思维能力：

分析（analyze: examine sth order to learn what it is made up of）：把一件事物、一种现象、一个概念分成较简单的组成部分，找出这些部分本质属性和彼此之间的关系。

比较（compare with, examine, judge to what extent things are similar or not similar）：就两种以上的同类事物辨别异同。

分类（classify, arrange in classes or groups; put into a class）：根据事物的特点分别归类。

综合（synthesize, make the combination of parts or elements into a whole）：把分析过的现象或对象的各个属性、各个部分联合成统一的整体。

抽象（abstract with, take out, separate）：从众多的事物中，抛开个别的、非本质的属性，抽出共同的、本质的属性。

概括（generalize, make general）：把事物的共同特点归结在一起。

项目开发成功的关键，是首先保证主导产品成功，如果主导产品不能得到市场认可，那么整体项目离失败就不远了。

以融科资讯中心项目为例，从建筑产品的分类上，项目重要程度可以进行这样的排序：第一是办公楼，其次是公寓，最后是配套。原因是办公楼功能面积最大，是实现利润的主体部分，并且甲级写字楼相对一般普通、自用的写字楼开发，其难度还要大一些。

项目的成功在于主导产品的成功。

如果办公楼不能首先取得成功，那么后期开发将十分被动，整体可能就会变成一个高不成、低不就的局面——不能赢得现在，就可能无法赢得未来。

探究甲级写字楼能否成功的几个重要因素：

（1）准确的客户定位。

（2）富有竞争力的产品设计。

（3）完善的建造执行体系。

（4）强有力的营销手段。

（5）持续的物业运营能力。

制作步骤分析

1. 用“文字工具”绘制一个文本框，然后插入表格。

2. 将多余的行删除，插入需要补充的列。
3. 合并单元格。
4. 设置表外框的粗细、行线和列线的颜色、单元格的填充色。

参考制作流程

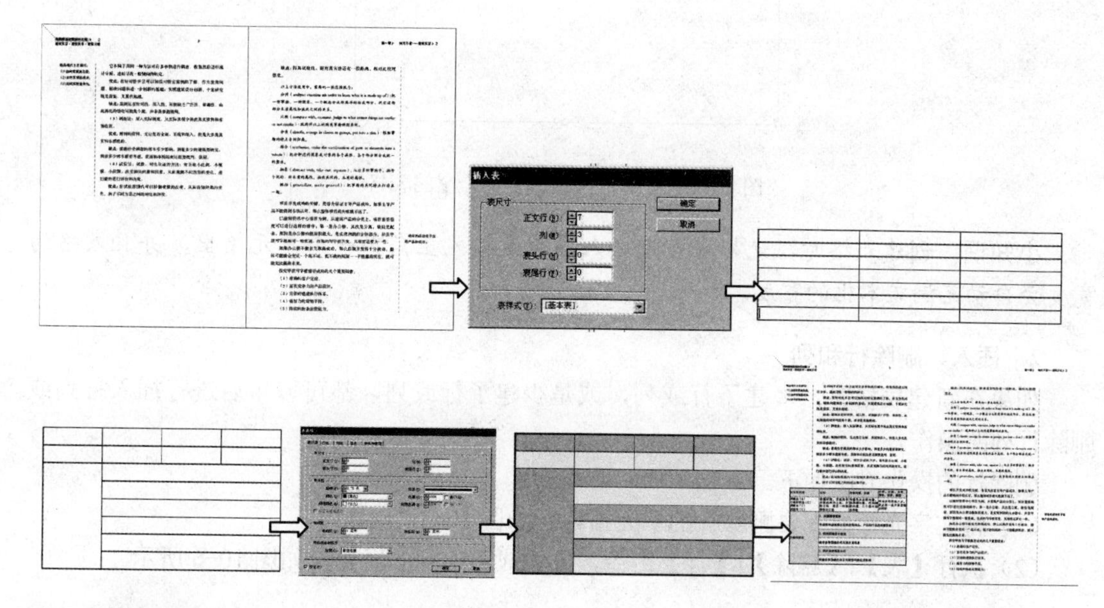

操作步骤详解

1. 创建表格

表是由单元格的行和列组成的。单元格类似于文本框架，可在其中添加文本、随文图或其他表。创建一个表时，新建表的宽度会与作为容器的文本框的宽度一致。插入点位于行首时，表插在同一行上；插入点位于行中间时，表插在下一行上。

（1）用“文字工具”在页面内文字起点处按住鼠标左键沿对角线方向拖曳，绘制一个文本框，如图 10-2 所示。

（2）执行【表】|【插入表】命令，在弹出【插入表】的对话框中，设置【正文行】为 7，【列】为 3，如图 10-3 所示。

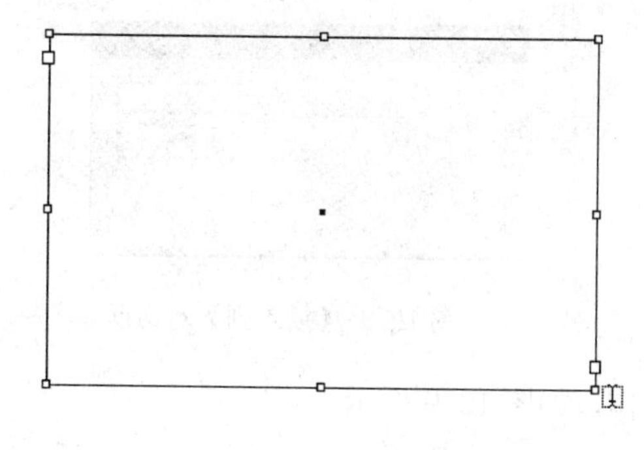

图 10-2　绘制一个文本框

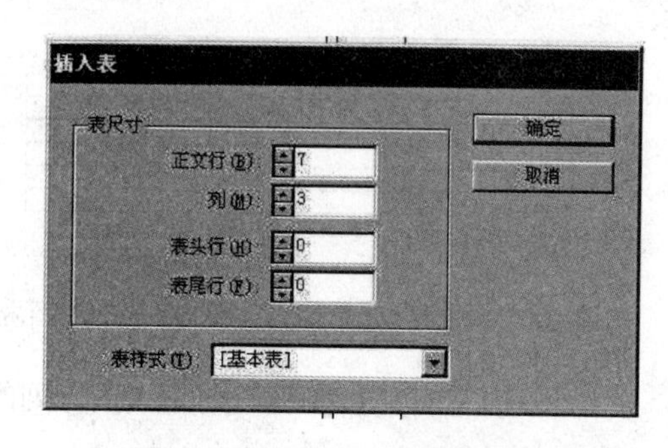

图 10-3　【插入表】对话框

（3）单击【确定】按钮，可以看到文本框内插入了一个空的表格，如图 10-4 所示。

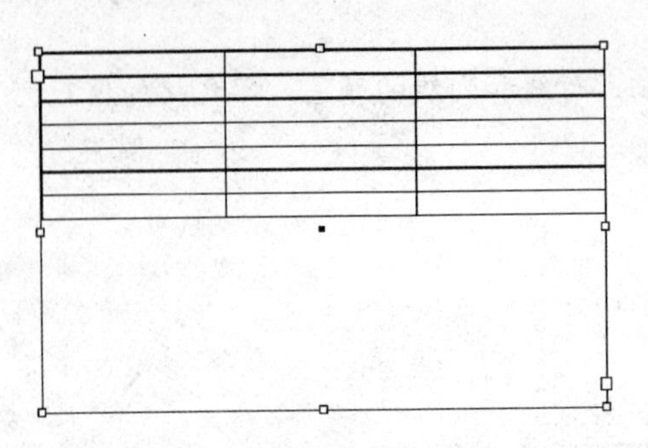

图 10-4　文本框内插入了一个空的表格

小知识：创建表格时，光标会自动插入在新表格左上角第一个单元格里，并且表格的宽度会自动充满文本框的宽度。

2．插入、删除行和列

如果在新建表格时，多建了行或列，或是少建了行或列，都可以事后进行插入行列或删除行列的操作。

删除行的操作方法如下。

（1）将文字光标插入要删除行的单元格内，如图 10-5 所示。

（2）执行【表】|【删除】|【行】命令，则完成删除行的操作，如图 10-6 所示。

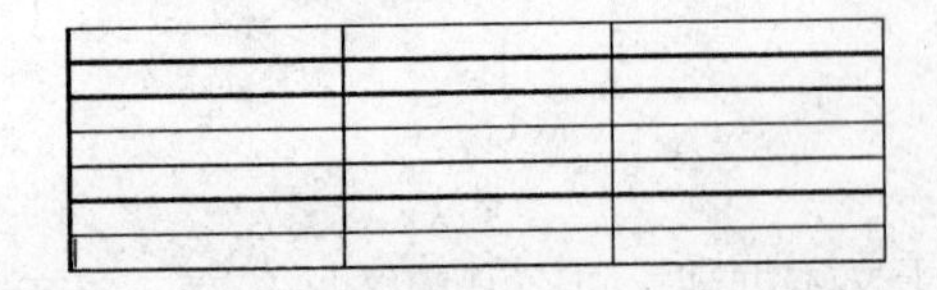

图 10-5　将文字光标插入要删除行的单元格内

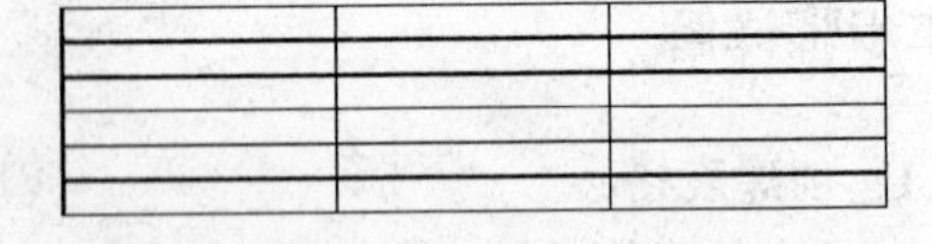

图 10-6　完成删除行的操作

插入列的操作方法如下。

（1）将文字光标插入需要插入列的单元格内，如图 10-7 所示。

（2）执行【表】|【插入】|【列】命令，弹出【插入列】对话框，设置【列数】为“1”，选择【右】单选框，如图 10-8 所示。

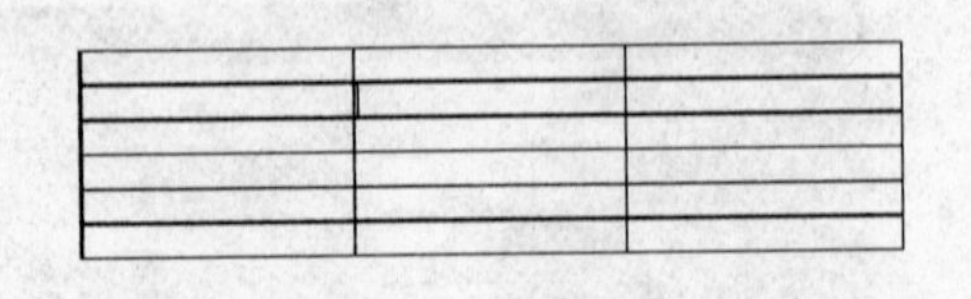

图 10-7　将文字光标插入需要插入列的单元格内

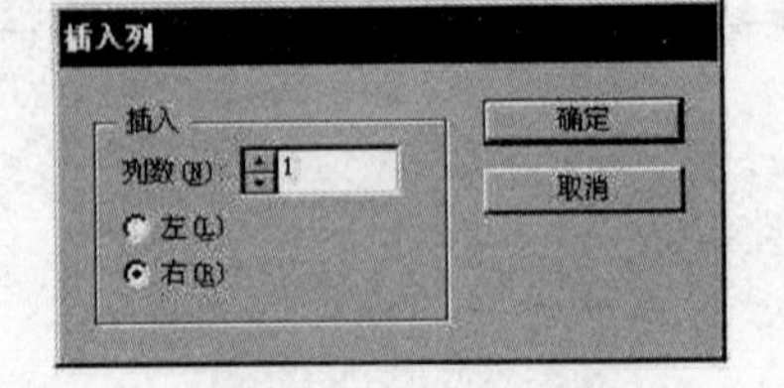

图 10-8 【插入列】对话框

（3）单击【确定】按钮，则完成插入列的操作，如图 10-9 所示。

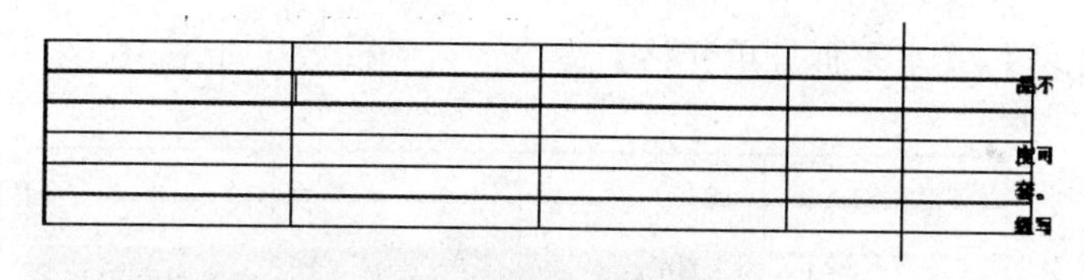

图 10-9　完成插入列的操作

（4）选择“文字工具”，将文字光标放在表格右边的墙线位置，当光标变为“↔”时，按住 Shift 键，向左拖曳鼠标至文本框内，松开鼠标，则完成调整表格的操作，如图 10-10 所示。

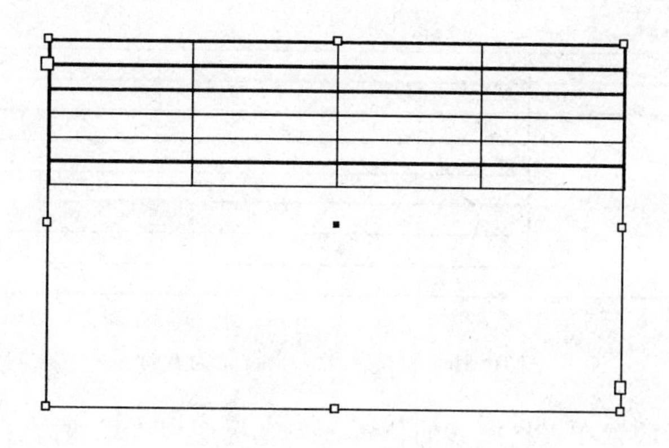

图 10-10　完成调整表格的操作

3．合并拆分单元格

（1）用“文字工具”选择图 10-11 所示的单元格。

（2）执行【表】|【合并单元格】命令，得到的效果如图 10-12 所示。

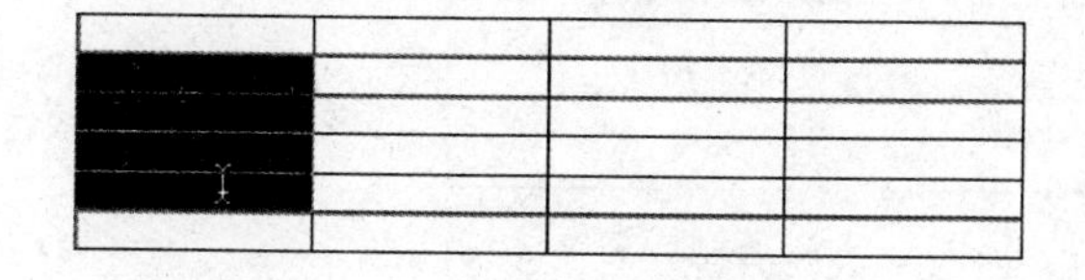

图 10-11　选择表格中的单元格

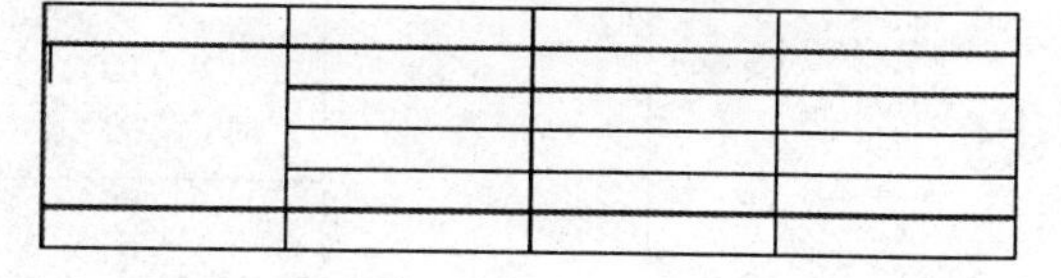

图 10-12　执行合并单元格命令

（3）按照上述的方法，将剩下的单元格进行合并，得到的效果如图 10-13 所示。

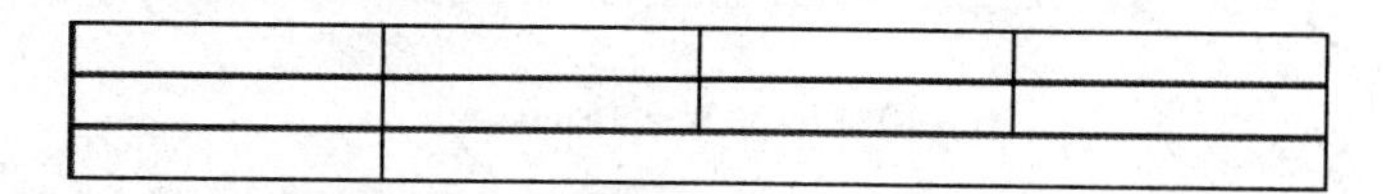

图 10-13　将剩下的单元格进行合并

（4）用“文字工具”选择图 10-14 所示的单元格。

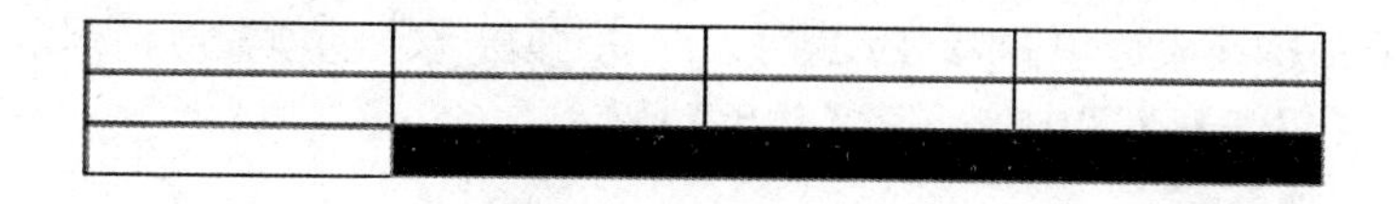

图 10-14　选择表格中的单元格

（5）执行【表】|【水平拆分单元格】命令，得到的效果如图 10-15 所示。

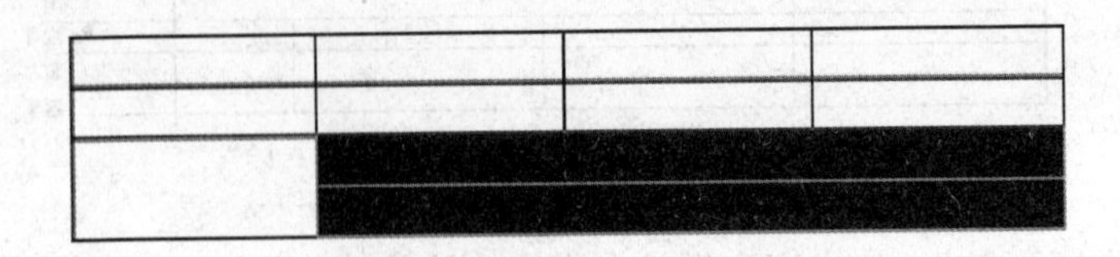

图 10-15　水平拆分单元格效果

（6）按照上述方法，将单元格水平拆分为 6 行，得到的效果如图 10-16 所示。

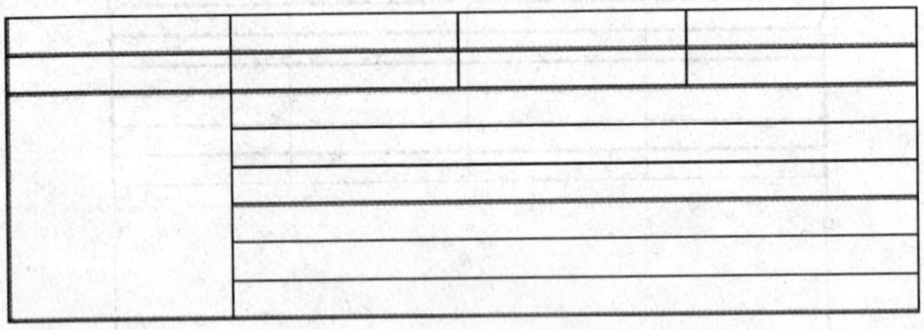

图 10-16　将单元格水平拆分为 6 行

（7）将文字光标放置在表格底线的位置，当光标变为“↕”时，按住 Shift 键，向下拖曳鼠标，将表格拉长一些，在添入文字时，不会显得那么拥挤。得到的效果如图 10-17 所示。

图 10-17　调整表格的高度

4．表选项设置

1）表外框的设置

（1）将文字光标插入任意一个单元格内，如图 10-18 所示。

（2）执行【表】|【表选项】|【表设置】命令，弹出【表选项】对话框。在【表外框】的复选区中设置【粗细】为“0.75 点”，【颜色】为“黑色”，【类型】为实底，其他均保持默认设置，如图 10-19 所示。

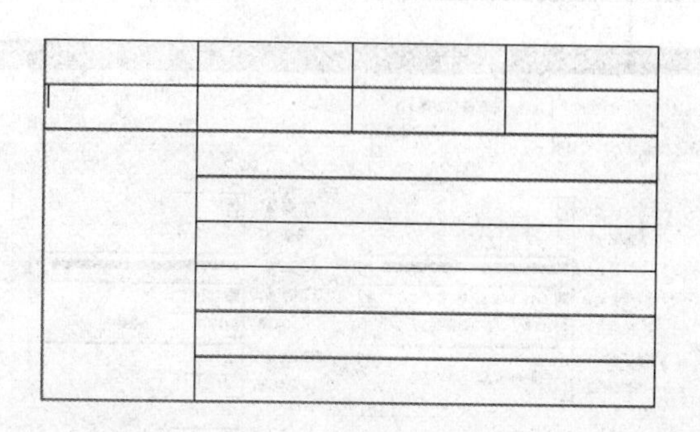

图 10-18 将文字光标插入任意一个单元格内

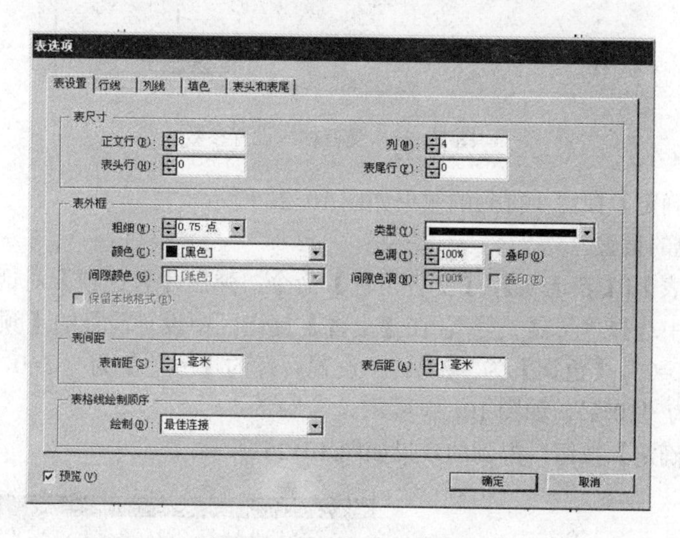

图 10-19 【表选项】对话框

（3）单击【确定】按钮，得到的效果如图 10-20 所示。

2）行线与列线的设置

（1）执行【表】|【表选项】|【交替行线】命令，弹出【表选项】对话框。在【交替模式】下拉列表框中选择“每隔一行”，在【交替】复选区中设置前行的【粗细】为“0.25 点”，【类型】为“实底”，【颜色】为“C=75，M=5，Y=100，K=0”，【色调】为“100%”；设置后行的【粗细】为“0.25 点”，【类型】为“实底”，【颜色】为“黑色”，【色调】为“100%”，如图 10-21 所示。

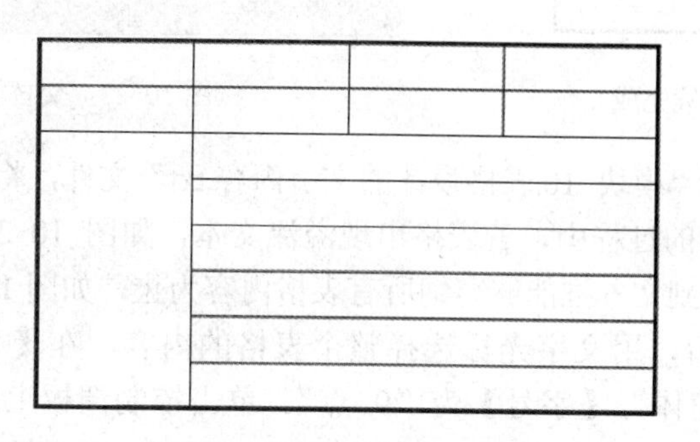

图 10-20 表选项设置完成

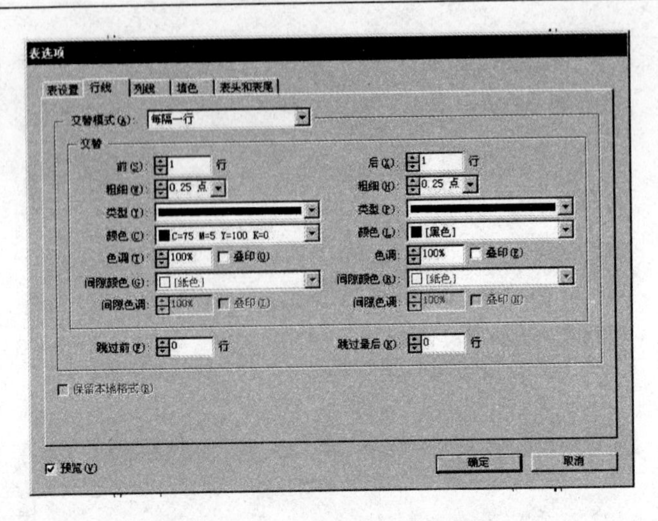

图 10-21 交替行线设置参数

（2）单击【确定】按钮，得到的效果如图 10-22 所示。

3）交替填色的设置

（1）执行【表】|【表选项】|【交替填色】命令，弹出【表选项】对话框。在【交替模式】下拉列表框中选择“每隔一行”，在【交替】复选区中设置前行的【颜色】为“C=75，M=5，Y=100，K=0”，【色调】为“20%”；设置后行的【颜色】为“C=0，M=0，Y=100，K=0”，【色调】为“20%”，如图 10-23 所示。

（2）单击【确定】按钮，得到的效果如图 10-24 所示。

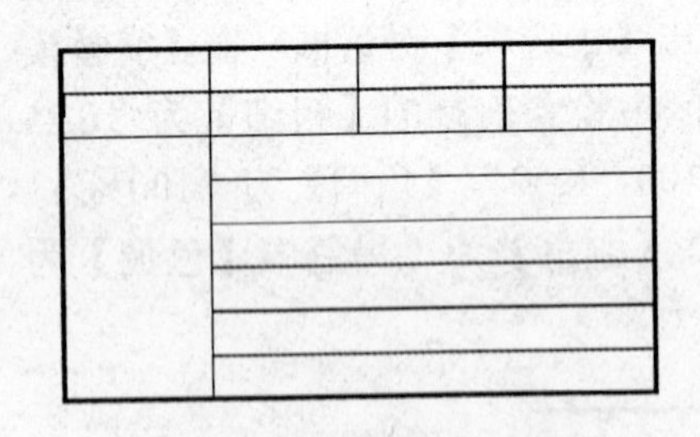

图 10-22 交替行线设置完成

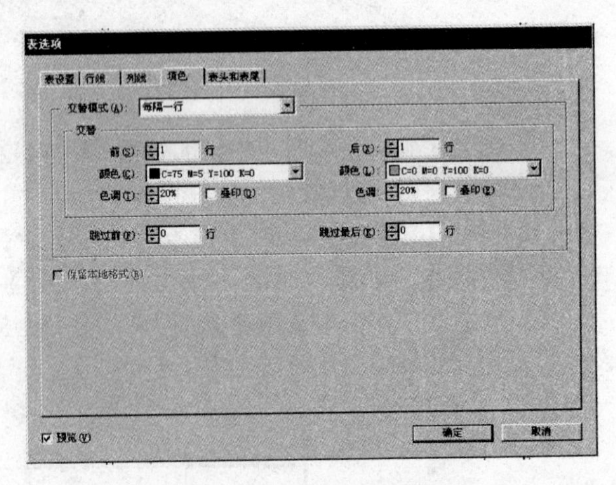

图 10-23 交替填色参数设置

（3）在素材中选择“模块 10|表格设计的文字内容.txt”文件，将文字内容复制粘贴到表格的单元格中。在粘贴的过程中，若表格出现溢流文本，如图 10-25 所示。可用“选择工具”将文本框拉大，直到文本框能够容纳所有表格内容为止，如图 10-26 所示。

（4）文字粘贴完后，用文字光标选择整个表格的内容，在【字符】调板中设置【字体】为“方正细等线简体”，【字号】为“9 点”。单击控制调板上的表格“居中对齐”按钮，得到的效果如图 10-27 所示。

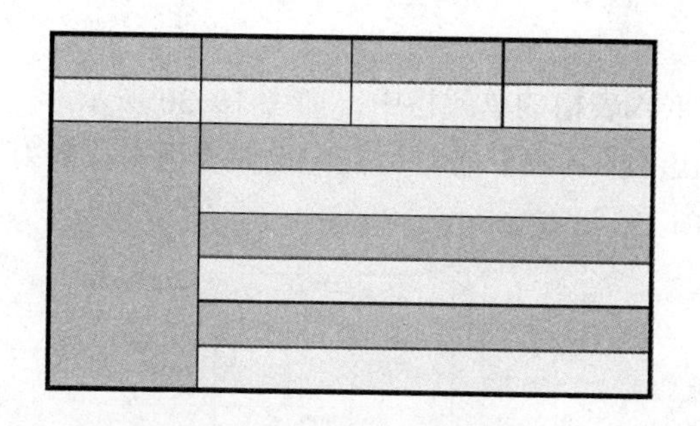

图 10-24　交替填色设置完成

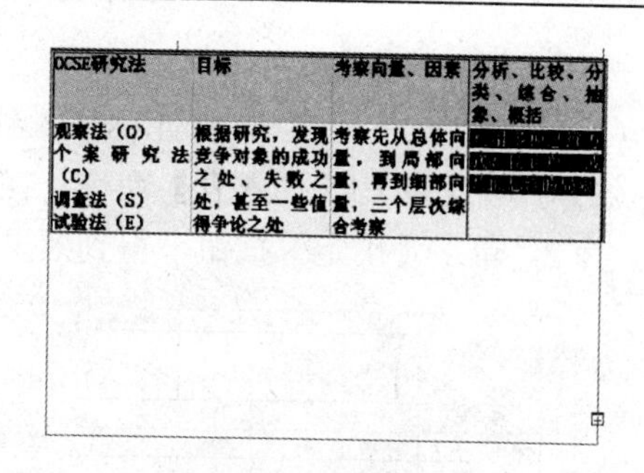

图 10-25　表格出现溢流文本

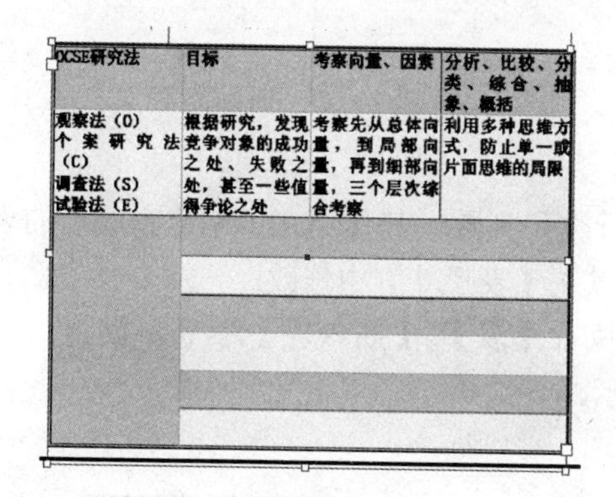

图 10-26　调整文本框的大小

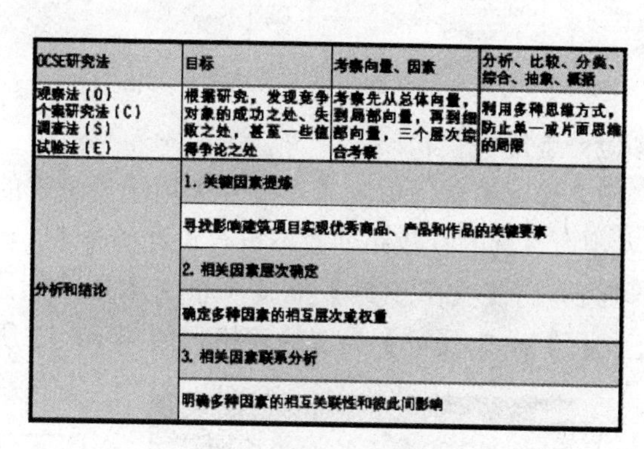

图 10-27　文本框能够容纳所有表格内容

任务相关知识讲解

1．表格内嵌表格

在表格内嵌入表格有两个方法：①复制粘贴已建立好的表格，将其插入到另一个表格中；②在表格内直接新建一个表格。

方法①的操作步骤如下。

（1）用“文字工具”选择创建好的表格，然后按 Ctrl+C 键进行复制，如图 10-28 所示。

（2）将光标插入到需嵌入表格的单元格中，然后按 Ctrl+V 键进行粘贴，如图 10-29 所示。

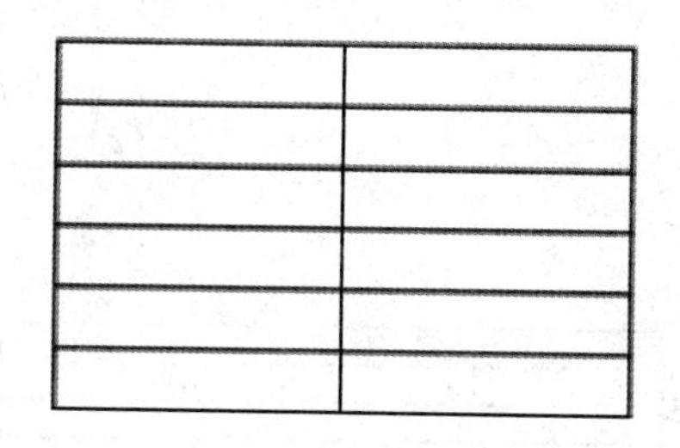

图 10-28　选择创建好的表格进行复制

纸张及套色	板块		整版	1/2P		1/2P（竖）
			34×24	17×24 各版块头版	17×24 34×12	24×17
轻涂纸色彩	头版					
	封二	彩一	130000		79000	
	末版		135000			
	A. 新闻评论周刊		120000		68000	70000
	A. 整机外设周刊		99999	75000	50000	68000
	B. 消费电子周刊					
	C. 硬件评测周刊		89000	70000	48000	65000
	D. 软件网络周刊					

图 10-29　粘贴文字

方法②的操作步骤如下。

（1）选择“文字工具”，将光标插入到需嵌入表格的单元格中，如图 10-30 所示。

（2）执行【表】|【插入表】命令，在弹出【插入表】的对话框中设置【正文行】为 3，【列】为 2，单击【确定】按钮，得到效果如图 10-31 所示。

纸张及套色	板块		整版	1/2P		1/2P（竖）
			34×24	17×24 各版块头版	17×24 34×12	24×17
轻涂纸色彩	头版					
	封二	彩一	130000		79000	
	末版		135000			
	A. 新闻评论周刊		120000		68000	70000
	A. 整机外设周刊		99999	75000	50000	68000
	B. 消费电子周刊					
	C. 硬件评测周刊		89000	70000	48000	65000
	D. 软件网络周刊					

图 10-30 将光标插入到需嵌入表格的单元格中

纸张及套色	板块		整版	1/2P		1/2P（竖）
			34×24	17×24 各版块头版	17×24 34×12	24×17
轻涂纸色彩	头版					
	封二	彩一	130000		79000	
	末版		135000			
	A. 新闻评论周刊		120000		68000	70000
	A. 整机外设周刊		99999	75000	50000	68000
	B. 消费电子周刊					
	C. 硬件评测周刊		89000	70000	48000	65000
	D. 软件网络周刊					

图 10-31 插入表格

2. 表尺寸

【表设置】选项中的【表尺寸】用于设定表的行数和列数，其作用在于创建完成后的表格发现所设置的行数和列数不符合设计的要求，可以在【表尺寸】中修改。

（1）用【文字工具】拖曳一个文本框，然后执行【表】|【插入表】命令，创建一个【正文行】为 7,【列】为 3 的表格，如图 10-32 所示。

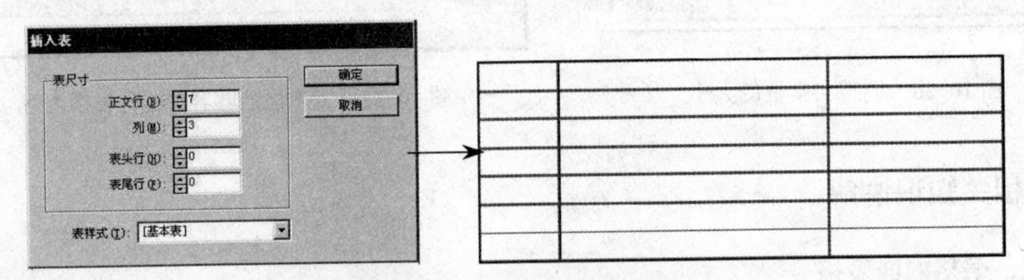

图 10-32 【插入表】对话框

（2）发现创建的表格不符合设计要求，可用表尺寸进行修改。执行【表】|【表选项】|【表设置】命令，弹出【表选项】对话框，设置【表尺寸】的【正文行】为 4,【列】为 3，然后单击【确定】按钮，会弹出一个对话框，再单击【确定】按钮，完成表尺寸设置的操作，如图 10-33 所示。

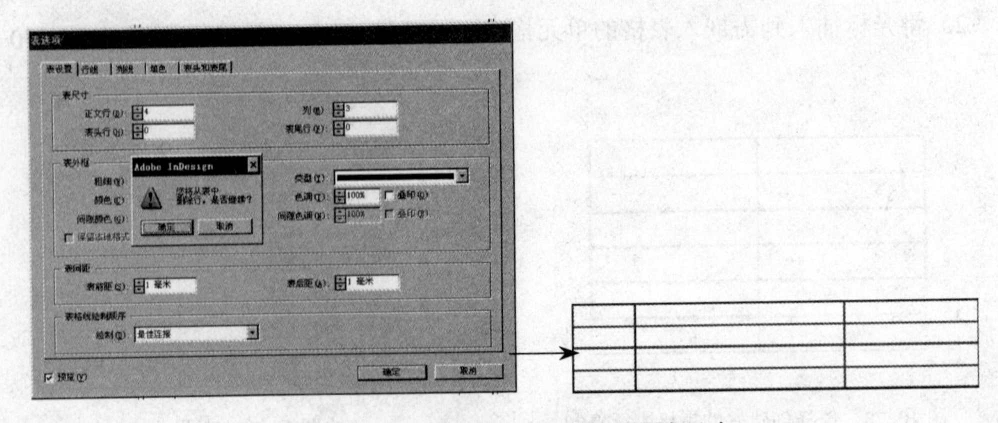

图 10-33 在【表选项】对话框中设置表尺寸

3．表间距

表间距是指将多个表格、表格与图片或表格与文字排放在同一个文本框中，可以用【表选项】对话框中的【表间距】设置它们之间的距离。

（1）选择“文字工具”将光标插入到任意一个单元格中，如图 10-34 所示。

彩色对照系统	原价（人民币/元）	会员价（人民币/元）
专色指南-印刷商版	840.00	650.00
专色色票-铜版纸/胶版纸	2，450.00	1，900.00
专色指南-设计师版	580.00	450.00
专色指南-哑粉纸	1，180.00	1，000.00
色彩配方指南精选套装 II	3，050.00	1，380.00
金属色指南+色票-铜版纸	550.00	2，450.00
四色印刷配方指南-铜版纸	680.00	450.00
四色印刷配方指南-胶版纸	680.00	550.00
四色印刷配方指南-铜版纸/胶版纸	980.00	550.00
四色印刷色票-铜版纸	2，010.00	790.00
四色模拟专色指南-铜版纸	1，100.00	1，600.00
四色模拟专色色票-铜版纸	2，500.00	1，000.00
印刷软件	**原价（人民币/元）**	**会员价（人民币/元）**
印刷报价管理系统增强版	1，500.00	1，260.00
印刷业务管理系统标准版	14，700.00	12，700.00
“火并”可变数据印刷软件-体验版	6，450.00	5，450.00
“火并”可变数据印刷软件-标准版	22，500.00	21，000.00
印刷书籍	**原价（人民币/元）**	**会员价（人民币/元）**
《印刷媒体技术手册》	680.00	600.00

图 10-34　将光标插入到任意一个单元格中

（2）执行【表】|【表选项】|【表设置】命令，弹出【表选项】对话框。在【表间距】复选区中设置【表前距】为“5 毫米”，【表后距】为“5 毫米”，如图 10-35 所示。

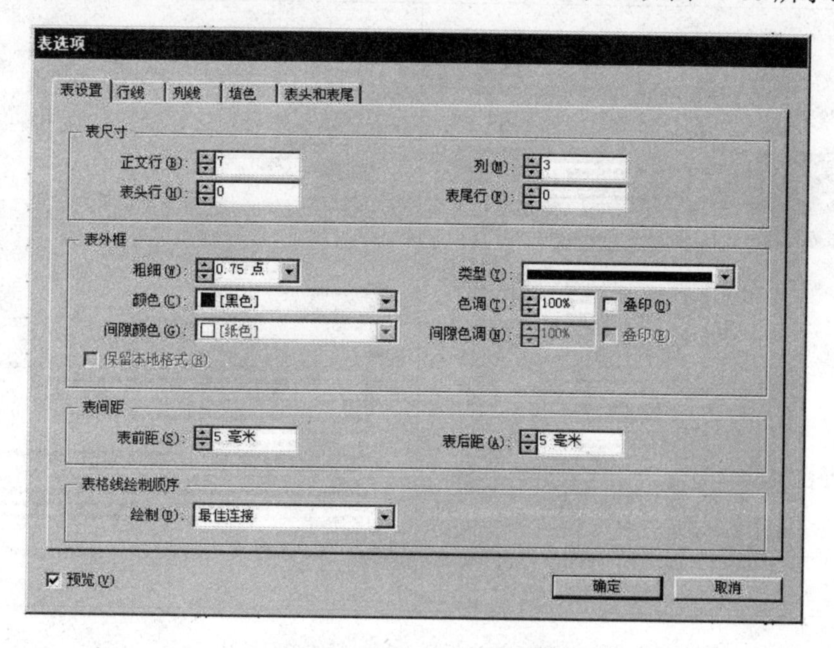

图 10-35　设置表间距参数

（3）单击【确定】按钮，则完成表格之间的间距设置，得到的效果如图 10-36 所示。

彩色对照系统	原价（人民币/元）	会员价（人民币/元）
专色指南-印刷商版	840.00	650.00
专色色票-铜版纸/胶版纸	2，450.00	1，900.00
专色指南-设计师版	580.00	450.00
专色指南-哑粉纸	1，180.00	1，000.00
色彩配方指南精选套装Ⅱ	3，050.00	1，380.00
金属色指南+色票-铜版纸	550.00	2，450.00
四色印刷配方指南-铜版纸	680.00	450.00
四色印刷配方指南-胶版纸	680.00	550.00
四色印刷配方指南-铜版纸/胶版纸	980.00	550.00
四色印刷色票-铜版纸	2，010.00	790.00
四色模拟专色指南-铜版纸	1，100.00	1，600.00
四色模拟专色色票-铜版纸	2，500.00	1，000.00

印刷软件	原价（人民币/元）	会员价（人民币/元）
印刷报价管理系统增强版	1，500.00	1，260.00
印刷业务管理系统标准版	14，700.00	12，700.00
“火并”可变数据印刷软件-体验版	6，450.00	5，450.00
“火并”可变数据印刷软件-标准版	22，500.00	21，000.00
印刷书籍	**原价（人民币/元）**	**会员价（人民币/元）**
《印刷媒体技术手册》	680.00	600.00

图 10-36　完成表格之间的间距设置

4．表头和表尾的设置

在排版较长的表格时，表格可能会跨多个文本框或页面。可以使用表头和表尾设置在表格每个拆开部分的顶部或底部重复上一个表格的内容。表头与表尾的设置相同，在本案例中只作表头的讲解。

（1）选择“文字工具”将光标插入第一行的单元格中，如图 10-37 所示。

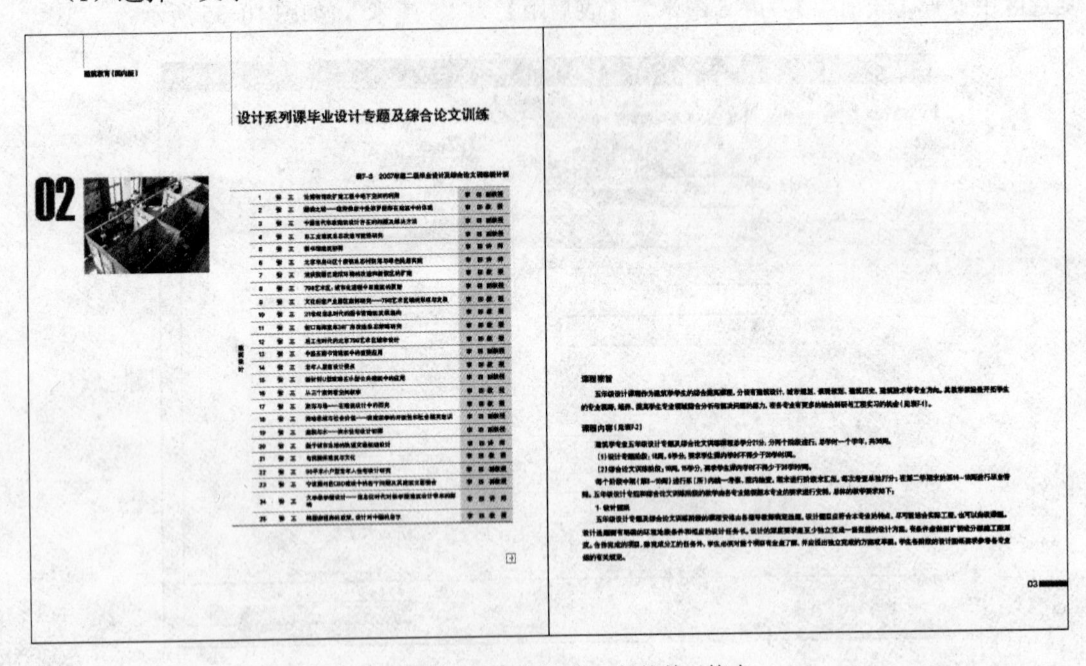

图 10-37　将光标插入第一行的单元格中

（2）执行【表】|【表选项】|【表头和表尾】命令，弹出【表选项】对话框。在【表尺寸】的复选区中设置【表头行】为“1”，【表尾行】为“0”，如图 10-38 所示。

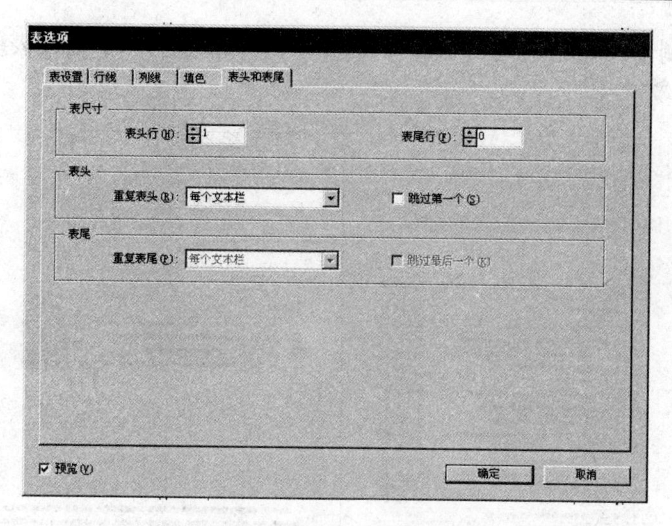

图 10-38　表头行和表尾行参数设置

（3）单击【确定】按钮，表格自动在表头添加一行，如图 10-39 所示。

表7–3　2007年建二级毕业设计及综合论文训练统计表

	1	张　三	论博物馆改扩建工程中地下空间的利用	李　四 副教授
	2	张　三	圆满之城——藏传佛教中曼荼罗图形在建筑中的体现	李　四 教　授
	3	张　三	中国当代市政建筑设计存在的问题及解决方法	李　四 副教授
	4	张　三	旧工业建筑生态改造可能性研究	李　四 副教授
	5	张　三	图书馆建筑初探	李　四 讲　师
	6	张　三	北京市房山区十渡镇生态村聚落与绿色民居实践	李　四 讲　师
	7	张　三	浅谈校园已建成环境的改造和新校区的扩建	李　四 教　授
	8	张　三	798艺术区：城市化进程中旧建筑的更新	李　四 副教授

图 10-39　表头行和表尾行参数设置完成

（4）在第一行中依次输入“专业方向”、“序号”、“学生”、“论文标题”、“指导老师”，然后设置第一行的【字体】为“方正细黑一_GBK”，【字号】为“7 点”，得到的效果如图 10-40 所示。

表7–3　2007年建二级毕业设计及综合论文训练统计表

专业方向	序号	学生	论文题目	指导老师
	1	张　三	论博物馆改扩建工程中地下空间的利用	李　四 副教授
	2	张　三	圆满之城——藏传佛教中曼荼罗图形在建筑中的体现	李　四 教　授
	3	张　三	中国当代市政建筑设计存在的问题及解决方法	李　四 副教授
	4	张　三	旧工业建筑生态改造可能性研究	李　四 副教授
	5	张　三	图书馆建筑初探	李　四 讲　师
	6	张　三	北京市房山区十渡镇生态村聚落与绿色民居实践	李　四 讲　师
	7	张　三	浅谈校园已建成环境的改造和新校区的扩建	李　四 教　授
	8	张　三	798艺术区：城市化进程中旧建筑的更新	李　四 副教授
	9	张　三	文化创意产业园区案例研究——798艺术区域的形成与发展	李　四 教　授

图 10-40　设置字体

（5）用“选择工具”单击表格的溢流文本，当光标变为“ ”时，单击第二页左上角的版心处。表格剩下的内容自动排放到第二页中，并重复上一个表格表头行的内容，如图 10-41 所示。

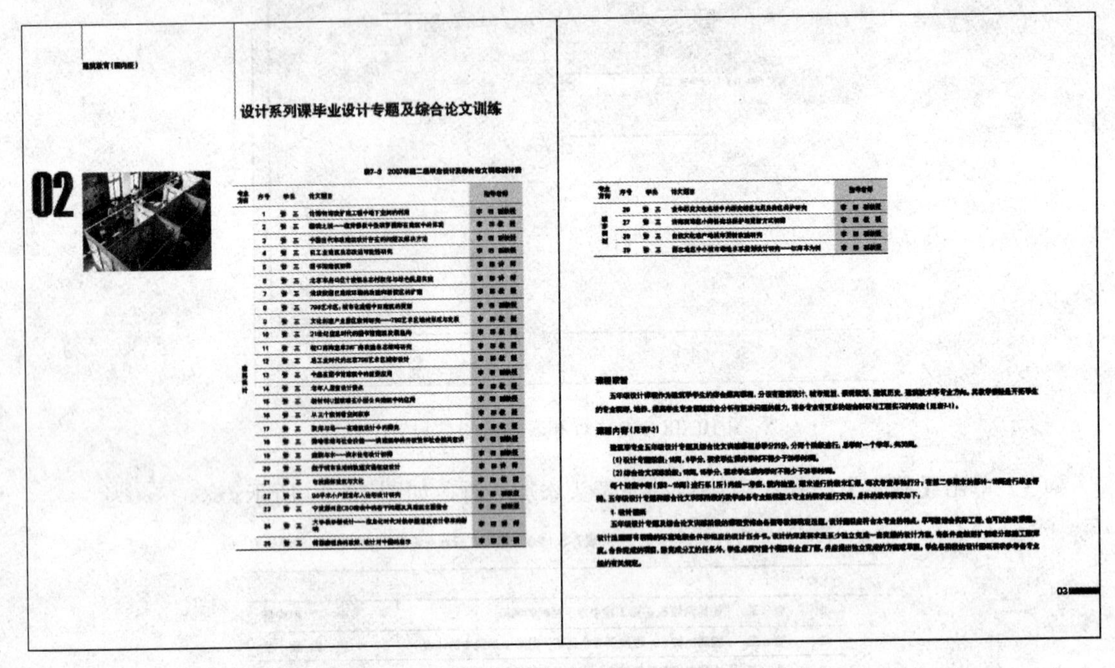

图 10-41 表格剩下的内容排放到第二页中

小知识：表头和表尾也可以在创建表格时设置。

（1）用“文字工具”拖曳一个文本框，如图 10-42 所示。

（2）执行【表】|【插入表】命令，弹出【插入表】对话框，设置【正文行】为 100，【列】为 5，【表头行】为 1，如图 10-43 所示。

图 10-42 拖曳一个文本框

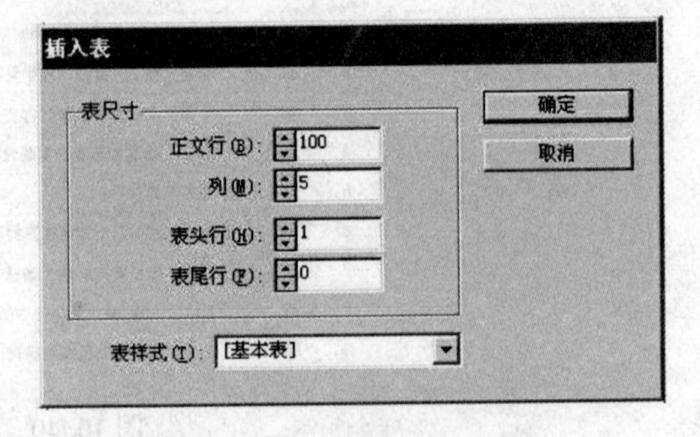

图 10-43 【插入表】对话框

（3）单击【确定】按钮，在创建好的表格中依次输入“专业方向”、“序号”、“学生”、“论文标题”、“指导老师”，如图 10-44 所示。

表7-3 2007年建二级毕业设计及综合论文训练统计表

专业方向	序号	学生	论文题目	指导老师

图 10-44 在表格中输入文字

（4）用“选择工具”单击表格的溢流文本，当光标变为“![]”时，单击第二页左上角的版心处，表格剩下的内容自动排放到第二页中，并重复上一个表格表头行的内容，如图 10-45 所示。

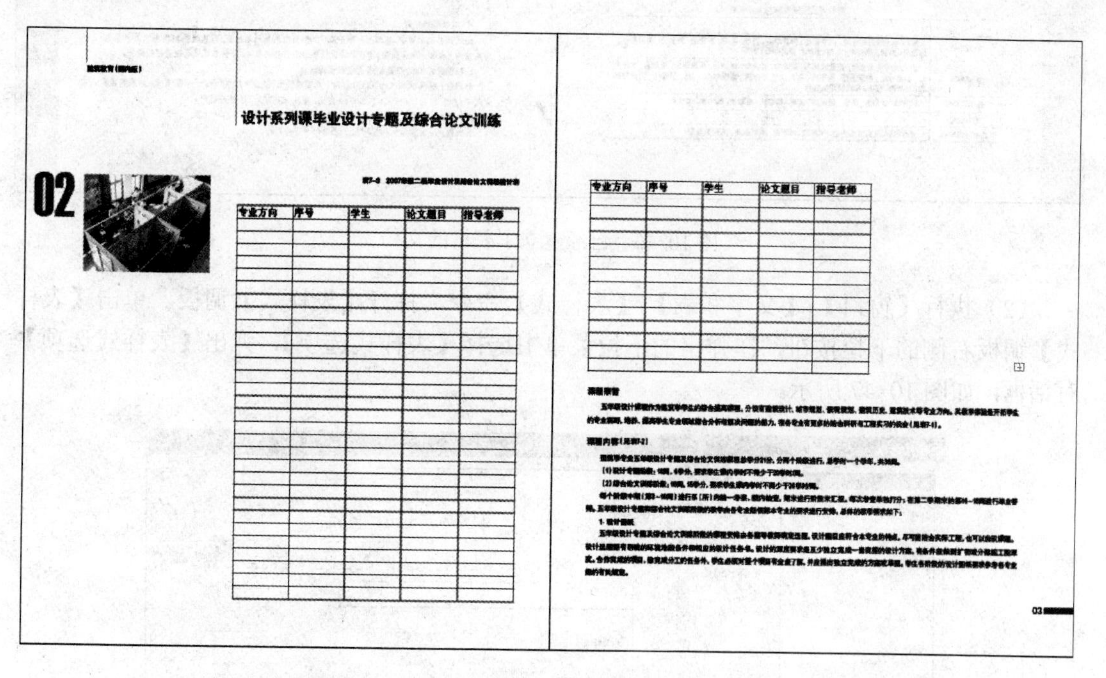

图 10-45 表格剩下的内容自动排放到第二页中

5．表样式

就像使用段落样式和字符样式设置文本的格式一样，可以使用表样式设置表的格式。表样式是可以在一个单独的步骤中应用一系列表格式属性的集合，包括表设置、行线、列线和填色等。

1）创建表样式

（1）打开已经建立了表格的文档，如图 10-46 所示。

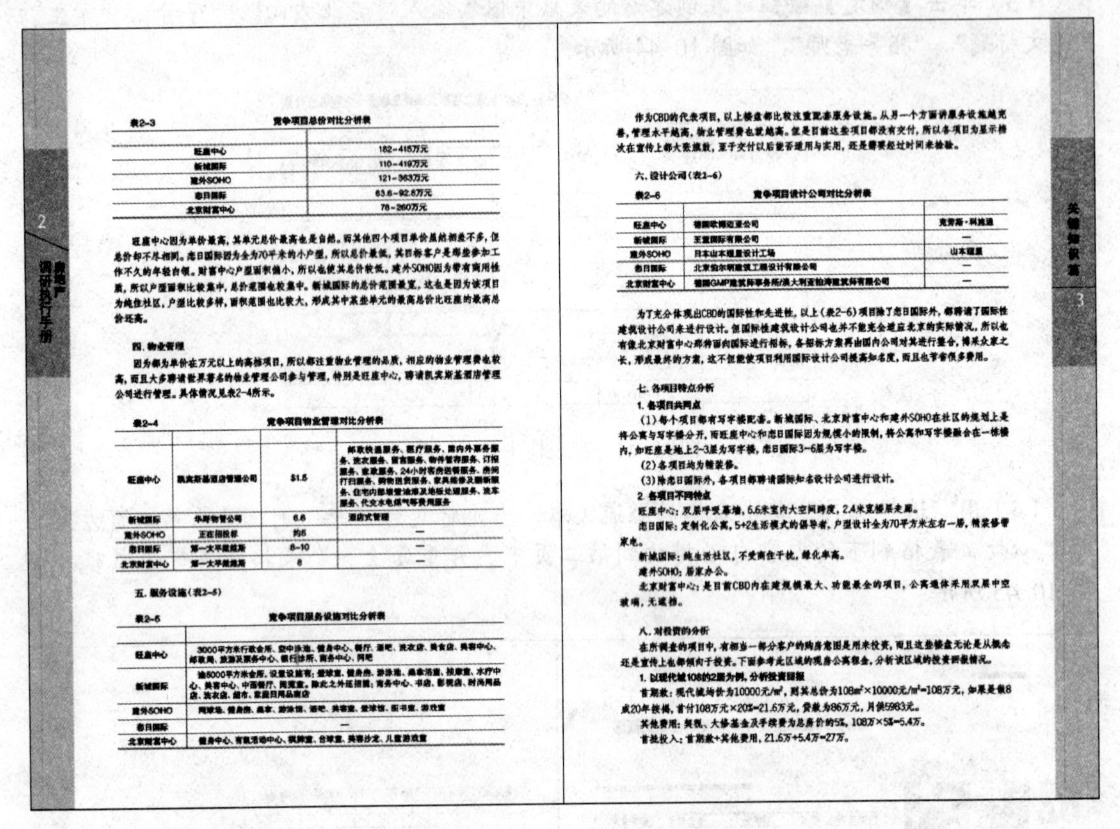

表2-3 竞争项目总价对比分析表

旺座中心	182~415万元
新城国际	110~419万元
建外SOHO	121~363万元
恋日国际	63.6~92.8万元
北京财富中心	78~260万元

旺座中心因为单价最高，其单元总价最高也是自然。而其他四个项目单价虽然相差不多，但总价却不尽相同。恋日国际因为全为70平米的小户型，所以总价最低，其目标客户是那些参加工作不久的年轻白领。财富中心户型面积偏小，所以也使其总价较低。建外SOHO因为带有商用性质，所以户型面积比较集中，总价范围也较集中。新城国际的总价范围最宽，这也是因为该项目为纯住社区，户型比较多样，面积范围也比较大，形成其中某些单元的最高总价比旺座的最高总价还高。

四、物业管理

因为都为单价在万元以上的高档项目，所以都注重物业管理的品质，相应的物业管理费也较高，而且大多聘请世界著名的物业管理公司参与管理，特别是旺座中心，聘请凯宾斯基酒店管理公司进行管理。具体情况见表2-4所示。

表2-4 竞争项目物业管理对比分析表

旺座中心	凯宾斯基酒店管理公司	$1.5	邮政快递服务、医疗服务、国内外票务服务、洗衣服务、留言服务、物件暂存服务、订报服务、家政服务、24小时客房送餐服务、房间打扫服务、购物送货服务、家具维修及翻新服务、住宅内部墙壁油漆及地板处理服务、洗车服务、代交水电煤气等费用服务
新城国际	华厦物管公司	6.6	酒店式管理
建外SOHO	正在招投标	约5	—
恋日国际	第一太平戴维斯	8~10	—
北京财富中心	第一太平戴维斯	8	—

五、服务设施（表2-5）

表2-5 竞争项目服务设施对比分析表

旺座中心	3000平方米行政会所、空中泳池、健身中心、餐厅、酒吧、洗衣店、美食店、美容中心、邮政局、旅游及票务中心、银行诊所、商务中心、网吧
新城国际	逾5000平方米会所，设置设施有：壁球室、健身房、游泳池、桑拿浴室、按摩室、水疗中心、美容中心、中西餐厅、阅览室。除此之外还拥有：商务中心、书店、影视店、时尚用品店、洗衣店、超市、家庭日用品商店
建外SOHO	网球场、健身房、桑拿、游泳馆、酒吧、美容室、壁球馆、图书室、游戏室
恋日国际	—
北京财富中心	健身中心、有氧活动中心、棋牌室、台球室、美容沙龙、儿童游戏室

作为CBD的代表项目，以上楼盘都比较注重配套服务设施。从另一个方面讲服务设施越完善，管理水平越高，物业管理费也就越高。但是目前这些项目都没有交付，所以各项目为显示档次在宣传上都大张旗鼓，至于交付以后能否适用与实用，还是需要经过时间来检验。

六、设计公司（表2-6）

表2-6 竞争项目设计公司对比分析表

旺座中心	德国欧博迈亚公司	克劳斯·利迪逊
新城国际	王董国际有限公司	—
建外SOHO	日本山本理显设计工场	山本理显
恋日国际	北京伯尔明建筑工程设计有限公司	—
北京财富中心	德国GMP建筑师事务所/澳大利亚柏涛建筑师有限公司	—

为了充分体现出CBD的国际性和先进性，以上（表2-6）项目除了恋日国际外，都聘请了国际性建筑设计公司来进行设计。但国际性建筑设计公司也并不能完全适应北京的实际情况，所以也有像北京财富中心那样面向国际进行招标，各招标方案再由国内公司对其进行整合，博采众家之长，形成最终的方案，这不但能使项目利用国际设计公司提高知名度，而且也节省很多费用。

七、各项目特点分析

1. 各项目共同点

（1）每个项目都有写字楼配套。新城国际、北京财富中心和建外SOHO在社区的规划上是将公寓与写字楼分开，而旺座中心和恋日国际因为规模小的限制，将公寓和写字楼融合在一栋楼内，如旺座是地上2~3层为写字楼，恋日国际3~6层为写字楼。

（2）各项目均为精装修。

（3）除恋日国际外，各项目都聘请国际知名设计公司进行设计。

2. 各项目不同特点

旺座中心：双层呼吸幕墙，6.6米室内大空间跨度，2.4米宽楼层走廊。

恋日国际：定制化公寓，5+2生活模式的倡导者，户型设计全为70平方米左右一居，精装修带家电。

新城国际：纯生活社区，不受商住干扰，绿化率高。

建外SOHO：居家办公。

北京财富中心：是目前CBD内在建规模最大、功能最全的项目，公寓通体采用双层中空玻璃，无遮挡。

八、对投资的分析

在所调查的项目中，有相当一部分客户的购房意图是用来投资，而且这些楼盘无论是从概念还是宣传上也都倾向于投资。下面参考此区域的现房公寓租金，分析该区域的投资回报情况。

1. 以现代城108的2居为例，分析投资回报

首期款：现代城均价为10000元/m²，则其总价为108m²×10000元/m²=108万元，如果是做8成20年按揭，首付108万元×20%=21.6万元，贷款为86万元，月供5983元。

其他费用：契税、大修基金及手续费为总房价的5%，108万×5%=5.4万。

首批投入：首期款+其他费用，21.6万+5.4万=27万。

图 10-46 已经建立了表格的文档

（2）执行【窗口】|【文字和表】|【表样式】命令，打开【表样式】调板。单击【表样式】调板右侧的下拉按钮，在弹出的下拉菜单中选择【表样式选项】，弹出【表样式选项】对话框，如图 10-47 所示。

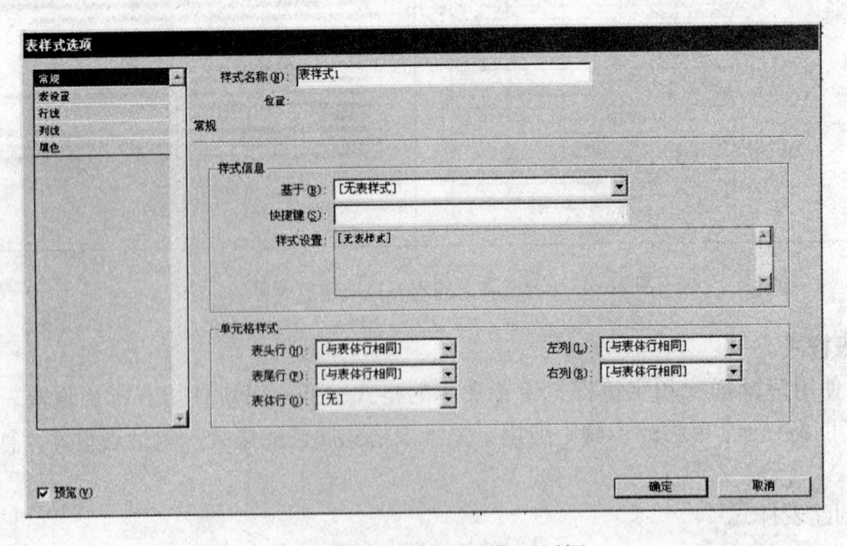

图 10-47 【表样式选项】对话框

（3）单击【新建表样式】对话框左侧的【表设置】选择，设置【表前距】和【表后距】为“1 毫米”。单击【填色】选项，设置【交替模式】为“每隔一行”，【颜色】为“C=0，M=0，Y=40，K=30”，【色调】为“30%”，单击【确定】按钮，则完成表样式的创建，【表样式】调板中出现“表样式 1”，如图 10-48 所示。

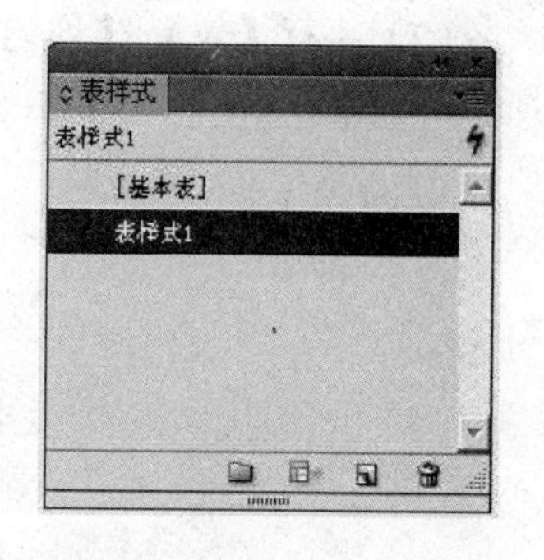

图 10-48　【表样式】对话框

2）应用表样式

将文字光标插入到表格的任意一个单元格中，单击【表样式】调板中的“表样式 1”，则完成应用表样式的操作，如图 10-49 所示。

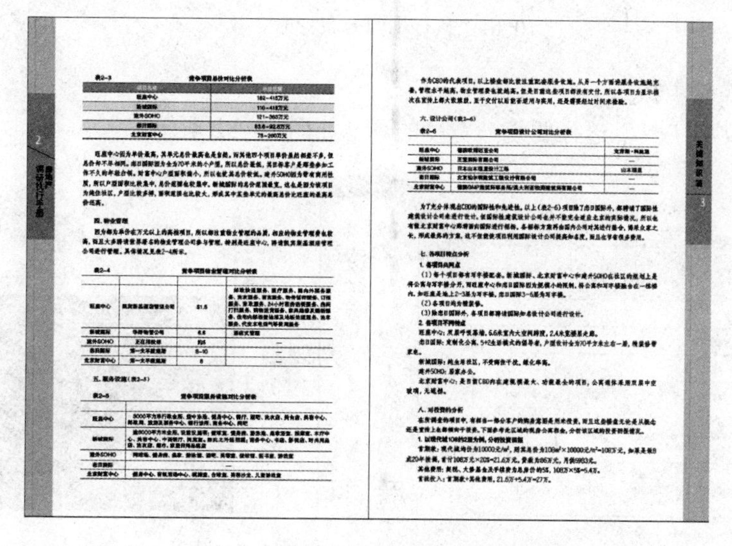

图 10-49　完成应用表样式的操作

6. 均匀分布行和列

可以通过行均分和列均分，使选择的行或列统一高度或宽度。下面分别讲解均匀分布行和列的操作过程。

行均分的操作步骤如下。

（1）用“文字工具”选择要统一高度的行，如图 10-50 所示。

纸张及套色	板块		整版	1/2P		1/2P（竖）
			34×24	17×24 各版块头版	17×24 34×12	24×17
轻涂纸色彩	头版					
	封二	彩一	130000		79000	
	末版		135000			
	A. 新闻评论周刊		120000		68000	70000
	A. 整机外设周刊		99999	75000	50000	68000
	B. 消费电子周刊					
	C. 硬件评测周刊		89000	70000	48000	65000
	D. 软件网络周刊					

纸张及套色	板块		整版	1/2P		1/2P（竖）
			34×24	17×24 各版块头版	17×24 34×12	24×17
轻涂纸色彩	头版					
	封二	彩一	130000		79000	
	末版		135000			
	A. 新闻评论周刊		120000		68000	70000
	A. 整机外设周刊		99999	75000	50000	68000
	B. 消费电子周刊					
	C. 硬件评测周刊		89000	70000	48000	65000
	D. 软件网络周刊					

图 10-50　选择要统一高度的行

（2）执行【表】|【均匀分布行】命令，均匀分布需要统一高度的行，得到如图 10-51 所示的效果。

纸张及套色	板块		整版	1/2P		1/2P（竖）
			34×24	17×24 各版块头版	17×24 34×12	24×17
轻涂纸色彩	头版					
	封二	彩一	130000		79000	
	末版		135000			
	A. 新闻评论周刊		120000		68000	70000
	A. 整机外设周刊 B. 消费电子周刊		99999	75000	50000	68000
	C. 硬件评测周刊 D. 软件网络周刊		89000	70000	48000	65000

10-51 执行均匀分布行命令效果

列均分的操作步骤如下。

（1）用“文字工具”选择要统一宽度的列，如图 10-52 所示。

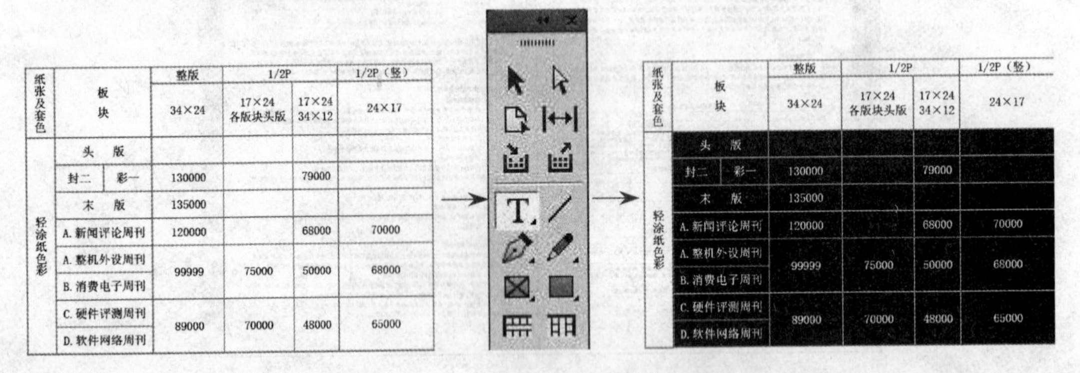

纸张及套色	板块		整版	1/2P		1/2P（竖）
			34×24	17×24 各版块头版	17×24 34×12	24×17
轻涂纸色彩	头版					
	封二	彩一	130000		79000	
	末版		135000			
	A. 新闻评论周刊		120000		68000	70000
	A. 整机外设周刊 B. 消费电子周刊		99999	75000	50000	68000
	C. 硬件评测周刊 D. 软件网络周刊		89000	70000	48000	65000

图 10-52 选择要统一宽度的列

（2）执行【表】|【均匀分布列】命令，均匀分布需要统一宽度的列，如图 10-53 所示。

7. 向表中添加图形

（1）选择“文字工具”，将文字光标放置在需要添加图形的位置，如图 10-54 所示。

纸张及套色	板块		整版	1/2P		1/2P（竖）
			34×24	17×24 各版块头版	17×24 34×12	24×17
轻涂纸色彩	头版					
	封二	彩一	130000		79000	
	末版		135000			
	A. 新闻评论周刊		120000		68000	70000
	A. 整机外设周刊 B. 消费电子周刊		99999	75000	50000	68000
	C. 硬件评测周刊 D. 软件网络周刊		89000	70000	48000	65000

图 10-53 执行均匀分布列命令效果

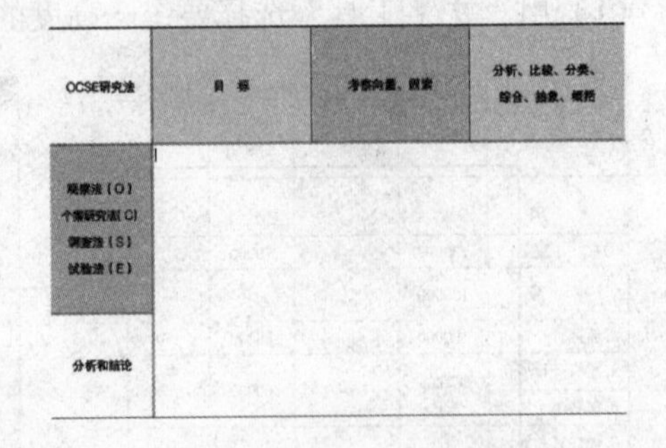

图 10-54 将文字光标放置在需要添加图形的位置

（2）执行【文件】|【置入】命令，置入一张矢量图，如图 10-55 所示。

（3）按住 Ctrl+X 键，剪切图形。然后按住 Ctrl+V 键粘贴图形至文字光标的插入点处，得到的效果如图 10-56 所示。

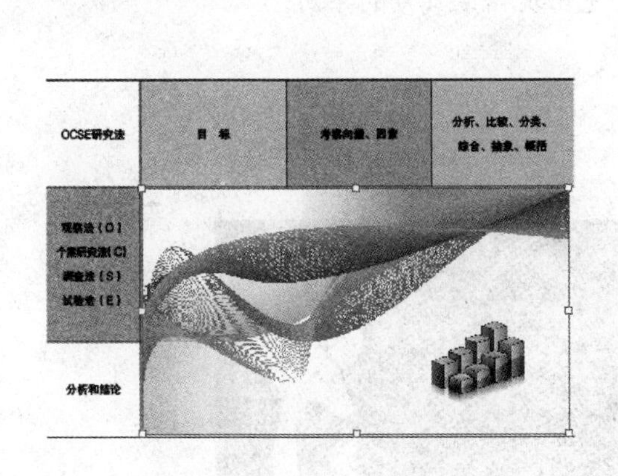

图 10-55　置入一张矢量图

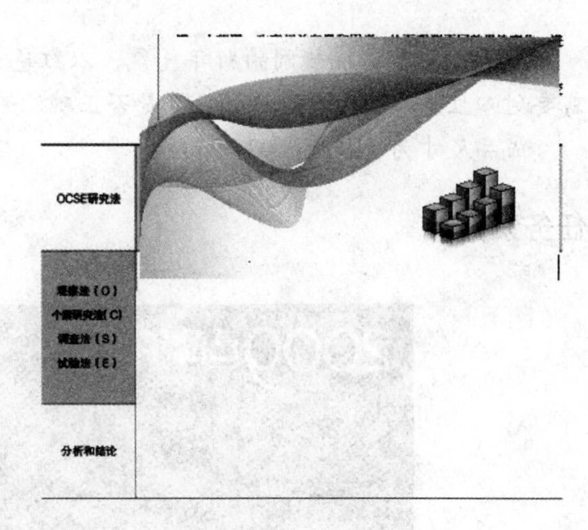

图 10-56　剪切并粘贴图形

（4）用“选择工具”调整图形至单元格内，得到的效果如图 10-57 所示。

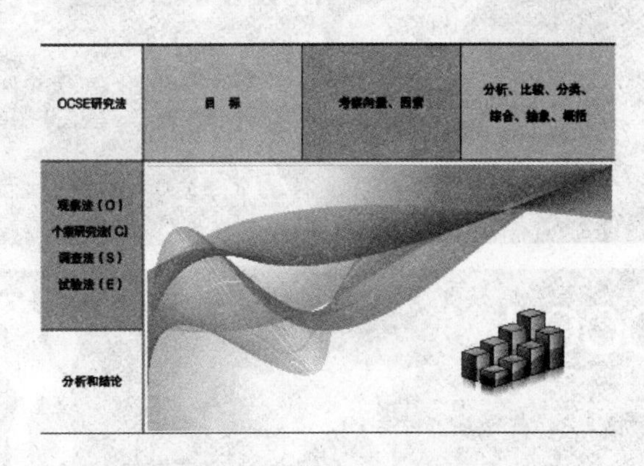

图 10-57　向表中添加图形效果

小知识：当添加的图形大于单元格时，单元格的高度就会扩展以便容纳图形，但是单元格的宽度不会改变，图形有可能延伸到单元格右侧以外的区域。如果在其中放置图形的行的高度已设置为固定高度，则高于这一行高的图形会导致单元格溢流。为避免单元格溢流，最好先将图像放置在表外，调整图像的大小后再将图像粘贴到表单元格中。

任务三　学校年历的设计制作

任务背景

新的一年即将到来，正是制作台历年历的高峰期，学校也准备要制作一批 2009 年的年历，发放给各位老师，便于老师安排新一年的教学时间。

任务要求

画面上要有愉快热闹的新年气氛，以红色为主色调进行设计制作。在排版日期的时候需要耐心且细心地检查每一个日期是否正确，避免出现错误日期的年历。

成品尺寸为 210 mm × 285 mm。

任务素材

任务分析

1. 新建页面，页面大小为 210 mm×285 mm，上下左右边距为 0。
2. 置入素材图片。

3. 创建表格，在表格中输入日期。
4. 设置表格内容的字体字号，表格文字居中对齐。

任务参考效果图

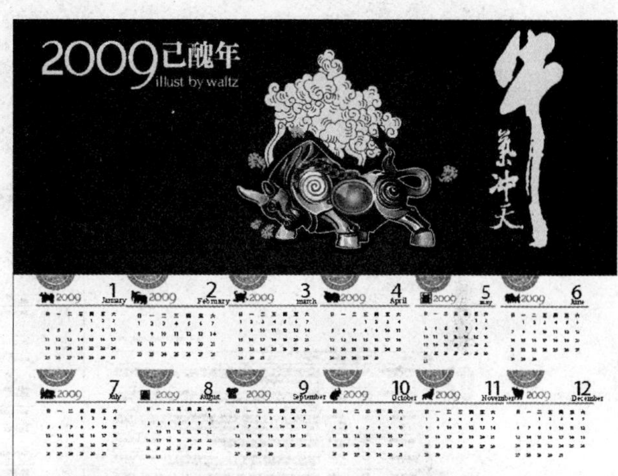

任务四　自学部分

目的

了解 Word 表格和 Excel 表格导入到 InDesign 中的方法、单元格描边和填色的设置方法，便于掌握对置入到 Word 表格和 Excel 表格的编辑方法。

学生预习

1. 了解 Word 表格置入的方法
2. 了解 Excel 表格置入的方法
3. 了解【单元格选项】中各选项的作用

学生练习

使用相关素材，练习置入 Word 表格和 Excel 表格，调整表格文字的字体和字号，单元格的内边距，去除 Word 自带的样式和颜色等操作。图 10-58 所示为原始素材，图 10-59 所示为编辑表格后的效果，可作为同学们练习的参考。

图 10-58 原始素材

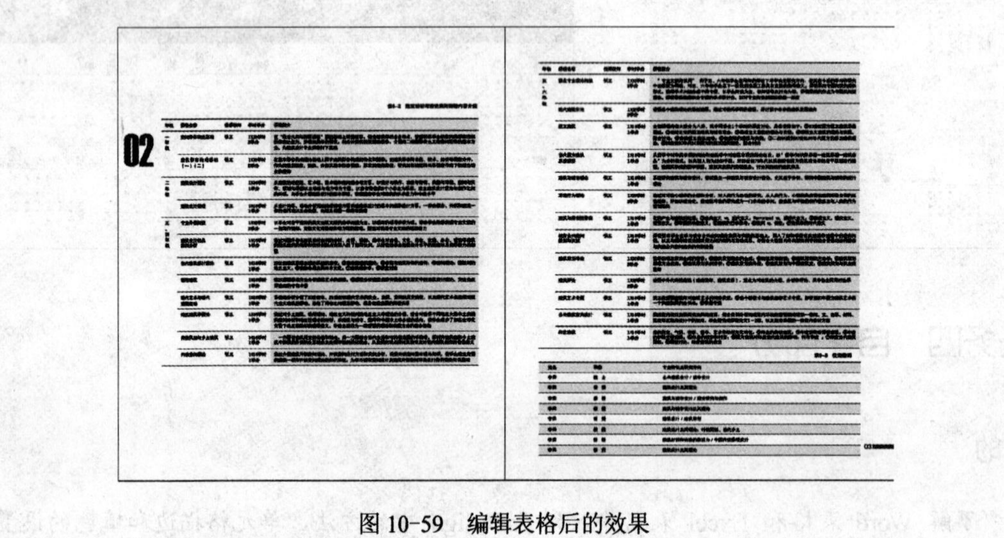

图 10-59 编辑表格后的效果

模块 11　其他软件表格的处理

能力目标

1. 能够按照要求置入各种表格
2. 能够灵活运用【单元格选项】进行各种单元格外观设置

知识目标

1. 掌握 Word 表格和 Excel 表格的置入方法
2. 掌握单元格内边距的设置方法
3. 掌握单元格描边与填色的设置方法
4. 掌握去除 Word 自带样式和样色的方法

课时安排

2 课时讲解，2 课时实践

任务一　《建筑教育》图书的表格设计

任务背景

该图书主要用于教学，内容是介绍建筑的基础理论知识，还配有大量的表格。所以，在设计版面时，不仅要考虑文字的处理，同时也要考虑表格的处理。

任务要求

本例提供半成品文件，版式和文字都已经设计并排放好了。现在需要将 Word 表格和 Excel 表格排入到页面中，并对表格进行编辑。

图书成品尺寸为 225 mm × 254 mm。上边距为 20 mm，下边距为 20 mm，内边距为 20 mm，外边距为 20 mm。

任务素材

任务参考效果图

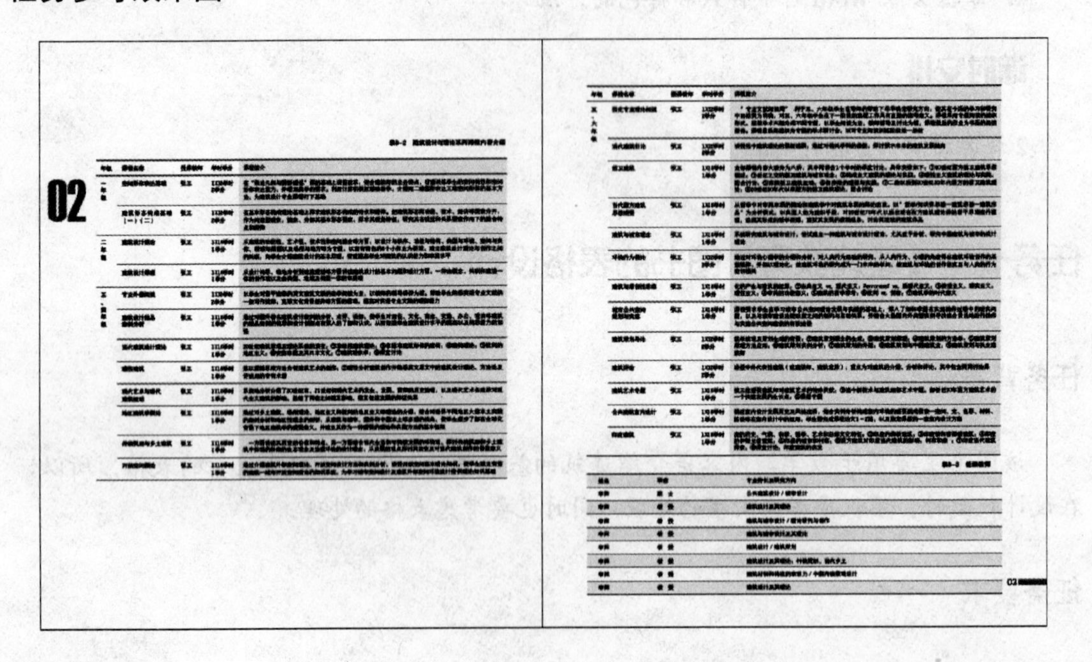

制作步骤分析

1. 置入 Word 表格到 InDesign 中，去除 Word 自带的表格样式，设置表格内容的字体字号。

2. 使用【单元格选项】设置单元格的内边距。
3. 设置行线的粗细，列线的不显示效果。
4. 将 Word 带的 RGB 颜色改为 CMYK 颜色。
5. 置入 Excel 表格到 InDesign 中，将文本转换为表格。
6. 调整表格内容的字体字号、单元格的内边距和对齐方式。
7. 设置行线的粗细，列线的不显示效果。
8. 设置表格的交替填充颜色效果。

参考制作流程

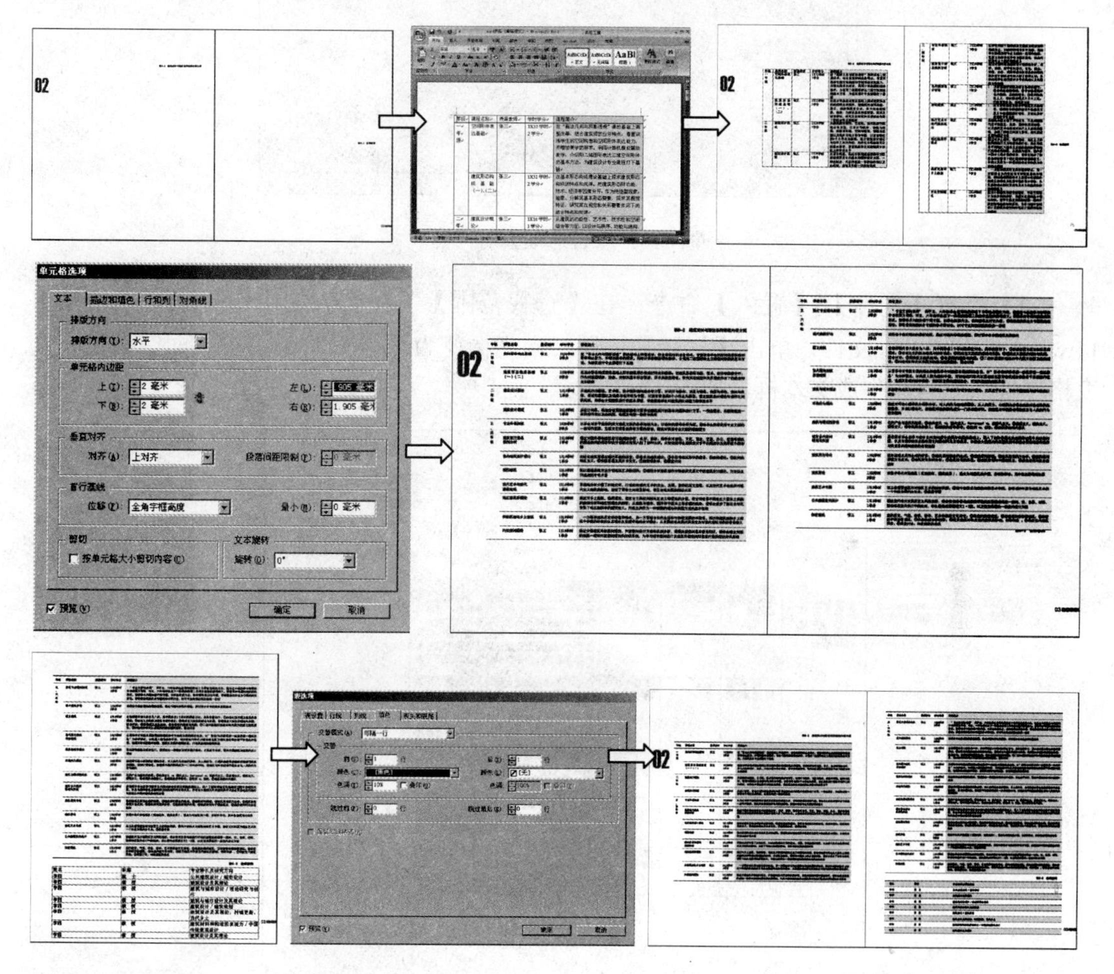

操作步骤详解

1. Word 表格的置入

（1）在置入 Word 表格之前，首先要执行【编辑】|【首选项】|【剪贴板处理】命令，打开【首选项】对话框。在【从其他应用程序粘贴文本和表格时】复选区中选中【所有信息】单选按钮，如图 11-1 所示，单击【确定】按钮。

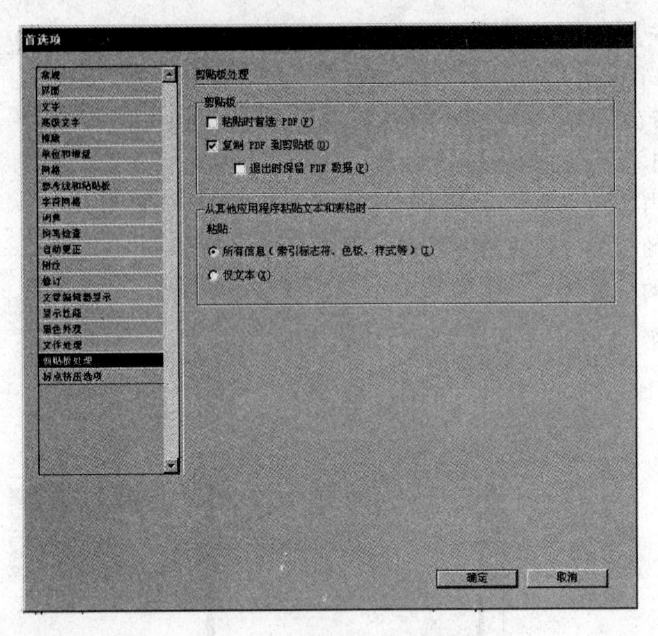

图 11-1 【首选项】对话框

（2）执行【文件】|【置入】命令，在【查找范围】下拉列表框中选择素材中“模块11\word 表格.doc”文件，单击【打开】按钮，当光标变为“”时，单击页面空白处，则表格在置入时自动生成文本框，如图 11-2 所示。

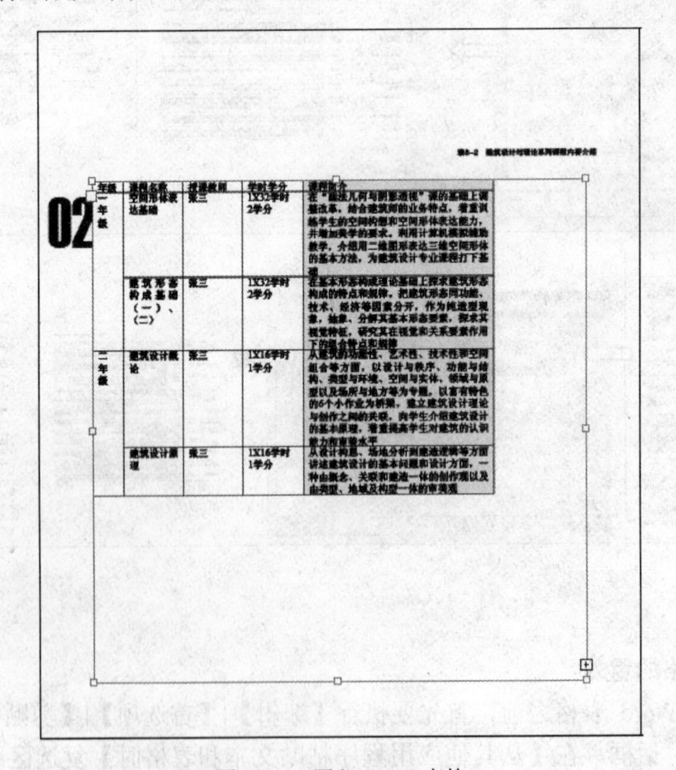

年级	课程名称	授课教师	学时学分	课程简介
一年级	空间形体表达基础	张三	1X32学时 2学分	在“画法几何与阴影透视”课的基础上调整改革，结合建筑师的业务特点，着重训练学生的空间构想和空间形体表达能力，并增加美学的要求。利用计算机模拟辅助教学，介绍用二维图形表达三维空间形体的基本方法，为建筑设计专业课程打下基础
	建筑形态构成基础（一）、（二）	张三	1X32学时 2学分	在基本形态构成理论基础上探求建筑形态构成的特点和规律，把建筑形态同功能、技术、经济等因素分开，作为纯造型现象，抽象、分解其基本形态要素，探求其视觉特征，研究其在视觉和关系要素作用下的组合特点和规律
二年级	建筑设计概论	张三	1X16学时 1学分	从建筑的功能性、艺术性、技术性和空间组合等方面，以设计与秩序、功能与结构、类型与环境、空间与实体、领域与原型以及场所与地方等为专题，以富有特色的6个小作业为桥梁，建立建筑设计理论与创作之间的关联，向学生介绍建筑设计的基本原理，着重提高学生对建筑的认识能力和审美水平
	建筑设计原理	张三	1X16学时 1学分	从设计构思、场地分析到建造逻辑等方面讲述建筑设计的基本问题和设计方法，一种由概念、关联和建造一体的创作观以及由类型、地域及构型一体的审美观

图 11-2 置入 Word 表格

（3）单击控制调板右上角的“框架适合内容”按钮，使文本框适合表格大小，如果左页面没有容纳完全部的表格，可以将剩下的表格排到右页面中，如图 11-3 所示。排入表格的方法与文本相同。

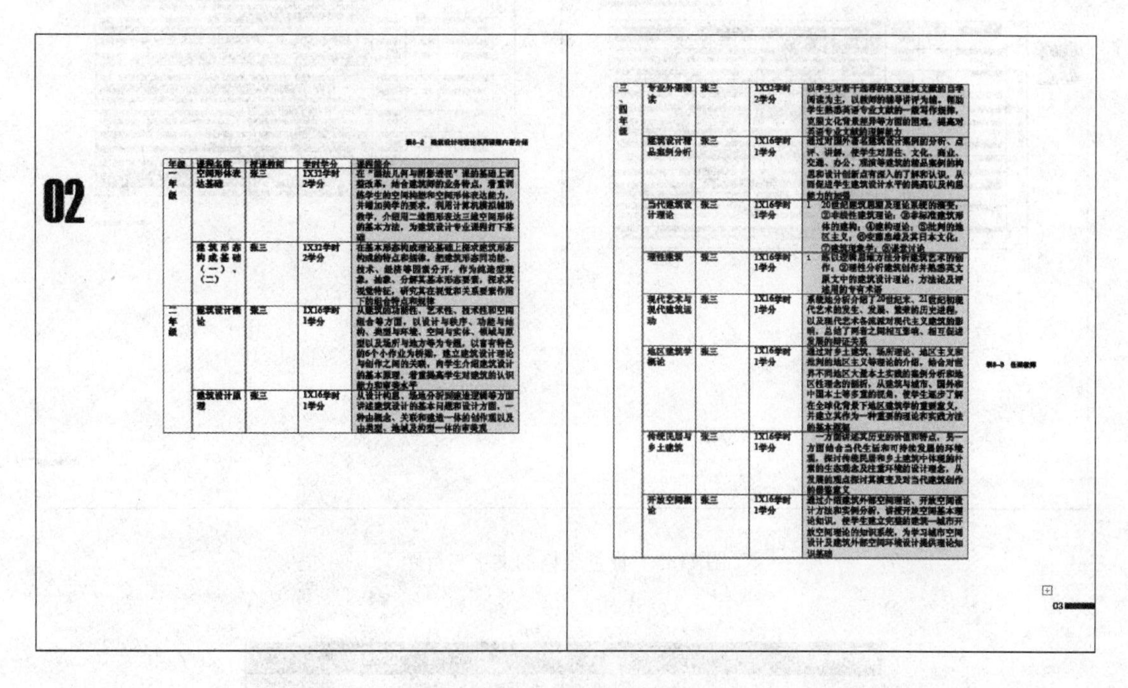

图 11-3　使框架适合内容

2．Word 表格的编辑

（1）用“文字工具”调整各列之间的距离，将表格中带有图 11-4 所示的样式去除掉。在该样式的单元格内插入文字光标，然后按住 Ctrl+A 键，全选单元格内容，在【段落样式】调板中，单击“清除选区中的覆盖”按钮。

1	20世纪建筑思潮及理论系统的演变；②非线性建筑理论；③非标准建筑形体的建构；④建构理论；⑤批判的地区主义；⑥安藤忠雄及其日本文化；⑦建筑现象学；⑧课堂讨论	⑤
1	练以逻辑思维方法分析建筑艺术的创作；②理性分析建筑创作并熟悉英文原文中的建筑设计理论、方法论及评述用的专有术语	方

图 11-4　调整各列之间的距离

（2）将文字光标插入任意一个单元格中，按住 Esc 键选择一个单元格，然后再按住 Ctrl+A 键全选表格。在【字符】调板中设置【字体】为“方正细等线简体”，【字号】为“7 点”，【行距】为“9 点”，得到的效果如图 11-5 所示。

（3）设置文字内容与单元格上下的边距。全选表格内容，执行【表】|【单元格选项】|【文本】命令，弹出【单元格选项】对话框，在【单元格内边距】复选区中设置上下边距分别为“2 毫米”，如图 11-6 所示。

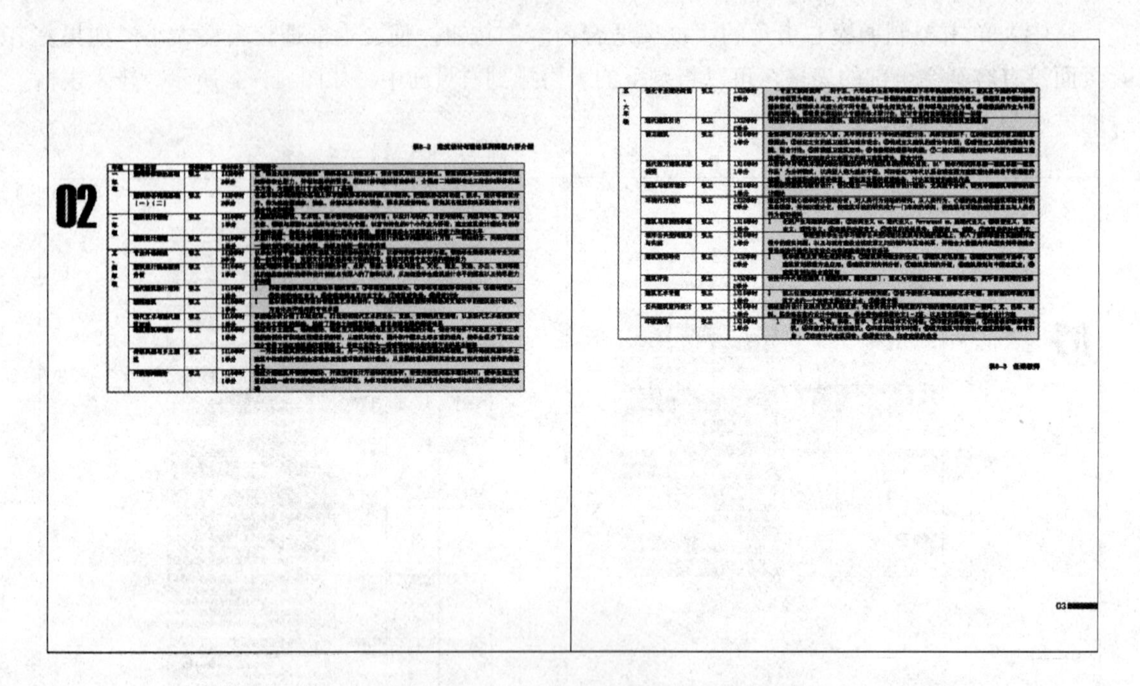

图 11-5 设置表格的文字与行距

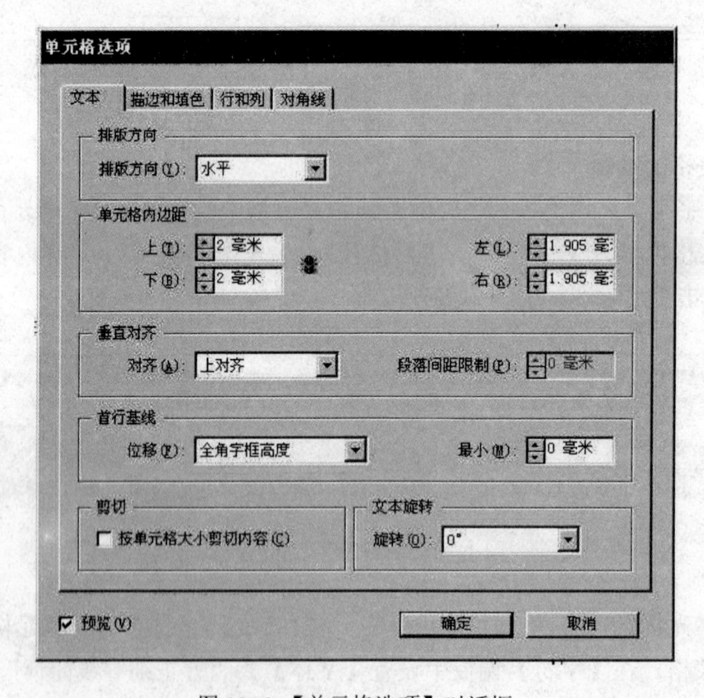

图 11-6 【单元格选项】对话框

（4）单击【确定】按钮，得到的效果如图 11-7 所示。

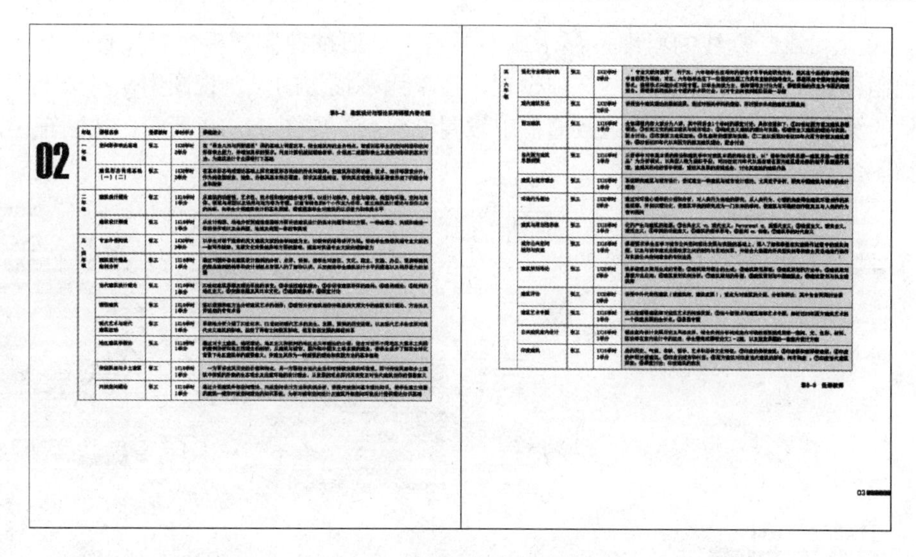

图 11-7　上下边距设置完成

（5）全选表格内容，执行【表】|【单元格选项】|【描边和填色】命令，弹出【单元格选项】对话框，在单元格描边的预览视图中，单击上中下的蓝色线，使其置灰，则在后面的操作中对这 3 条线不起作用，如图 11-8 所示。

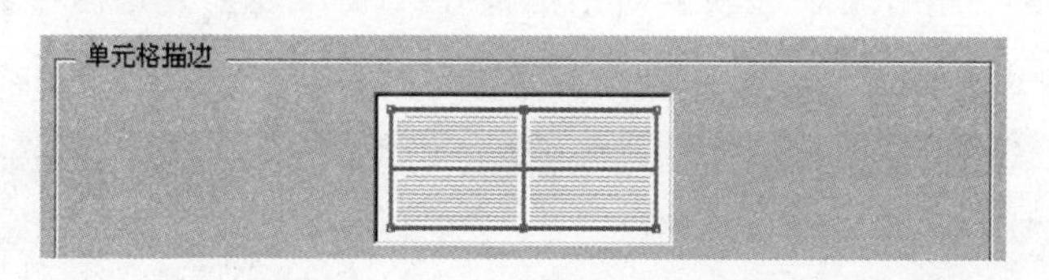

图 11-8　单元格的描边和填色

（6）在【颜色】下拉列表框中选择【无】，单击【确定】按钮，得到的效果如图 11-9 所示。

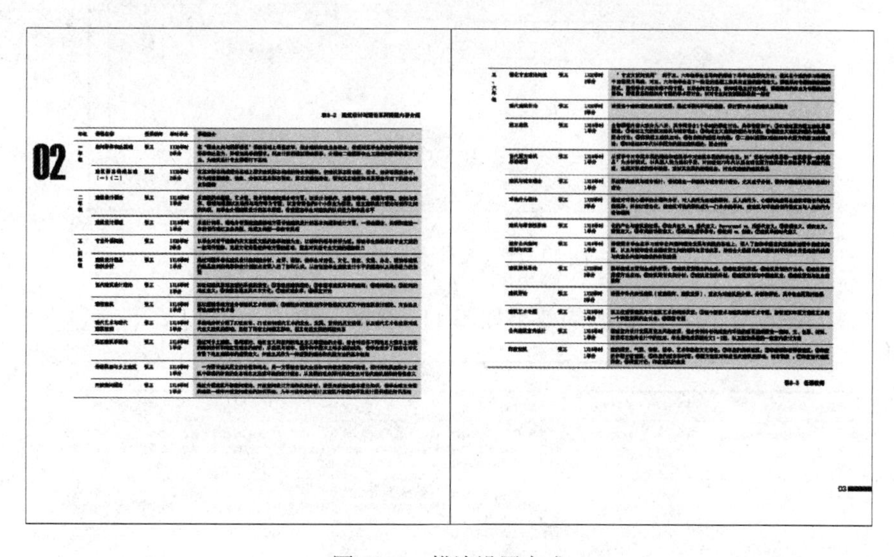

图 11-9　描边设置完成

（7）设置列线、行线的粗细，显示或不显示也可通过控制调板进行操作。全选表格内容，在控制调板中出现表格的一些选项设置，在单元格描边的预览视图中，只留上下两条蓝线，其他的置灰。在其旁边的描边数值框中设置 0.5 点，如图 11-10 所示。按回车键，得到的效果如图 11-11 所示。

图 11-10 设置列线、行线的粗细参数

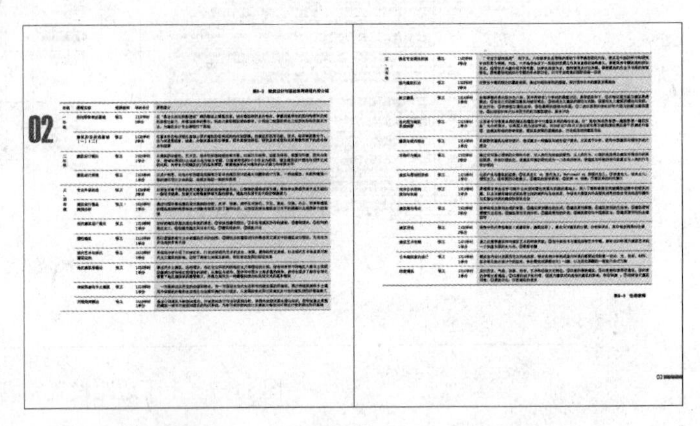

图 11-11 列线、行线粗细设置完成

（8）设置表头。将文字光标插入第一行的任意一个单元格中，执行【表】|【表选项】|【表头和表尾】命令，弹出【表选项】对话框，在【表尺寸】复选区中设置【表头行】为“1”，如图 11-12 所示。

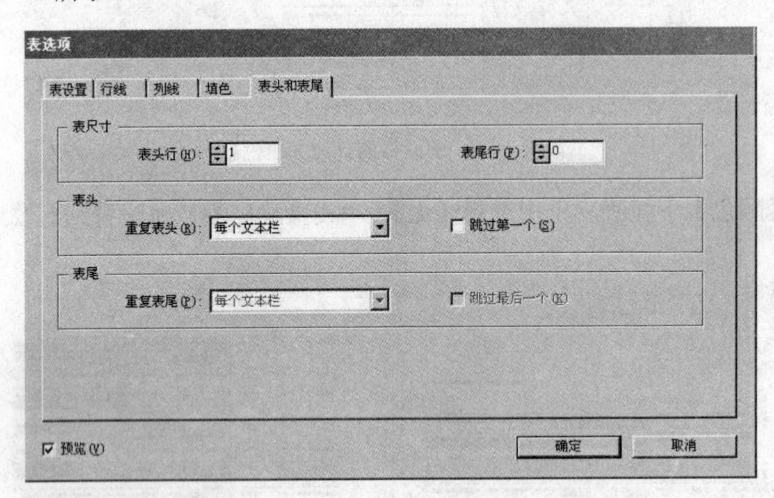

图 11-12 设置表头行参数

（9）单击【确定】按钮，得到的效果如图 11-13 所示。

年级	课程名称	授课教师	学时学分	课程简介
一年级	空间形体表达基础	张三	1X32学时 2学分	在“画法几何与阴影透视”课的基础上调整改革，结合建筑师的业务特点，着重训练学生的空间构想和空间形体表达能力，并增加美学的要求。利用计算机模拟辅助教学，介绍用二维图形表达三维空间形体的基本方法，为建筑设计专业课程打下基础
	建筑形态构成基础（一）（二）	张三	1X32学时 2学分	在基本形态构成理论基础上探求建筑形态构成的特点和规律。把建筑形态同功能、技术、经济等因素分开，作为纯造型现象，抽象、分解其基本形态要素，探求其视觉特征，研究其在视觉和关系要素作用下的组合特点和规律

图 11-13 表头设置完成

（10）将“年级”、“课程名称”、“授课教师”、“学时学分”和“课程简介”剪切并粘贴至表头行中，再将空行删除，如图 11-14 所示。

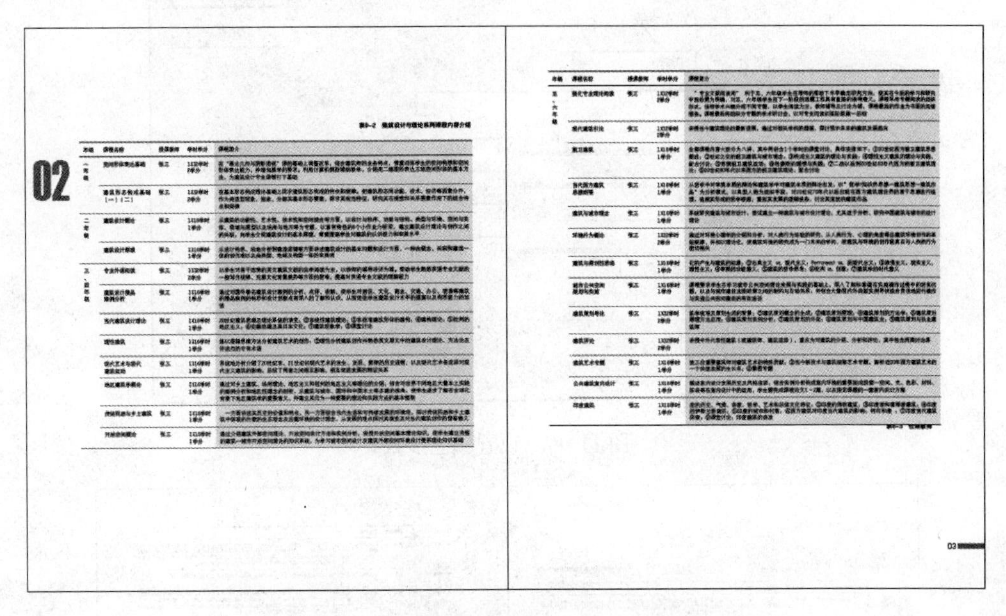

图 11-14　将文字剪切并粘贴至表头行中

（11）在置入 Word 表格到 InDesign 的过程中，Word 表格所使用到的颜色也一并带入。但置入的颜色是 RGB 色彩空间，通过【色板】调板可以看到，如图 11-15 所示。

（12）需要将 RGB 色彩空间更改为 CMYK 印刷色彩。双击【色板】调板中的“Word_R238_G236_B225”颜色，弹出【色板选项】对话框，如图 11-16 所示。

图 11-15 【色板】对话框

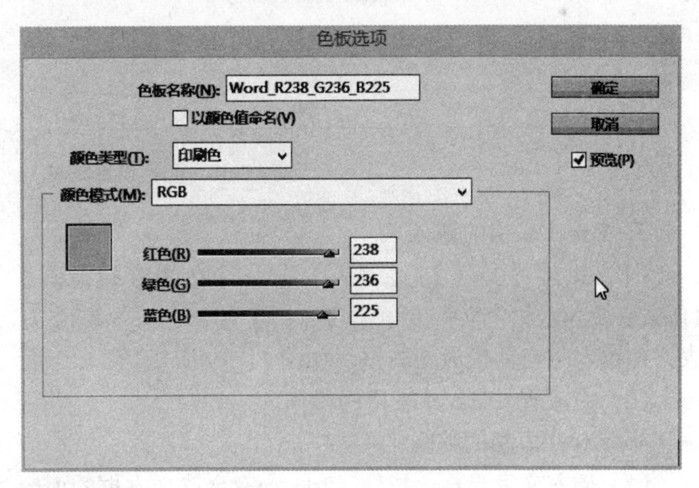

图 11-16 【色板选项】对话框

（13）在【颜色模式】下拉列表框中选择“CMYK”，选择【以颜色值命名】复选框，将颜色色值改为 C=0，M=0，Y=0，K=10，如图 11-17 所示。

（14）单击【确定】按钮，得到的效果如图 11-18 所示。

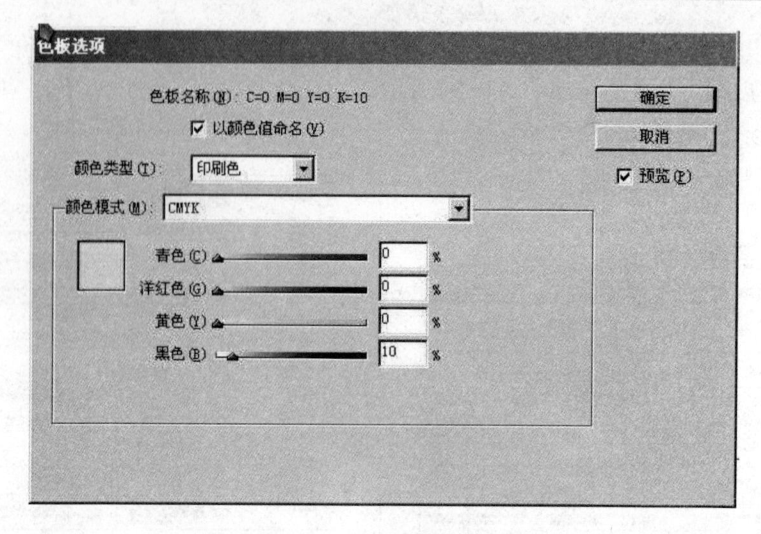

图 11-17　设置颜色参数

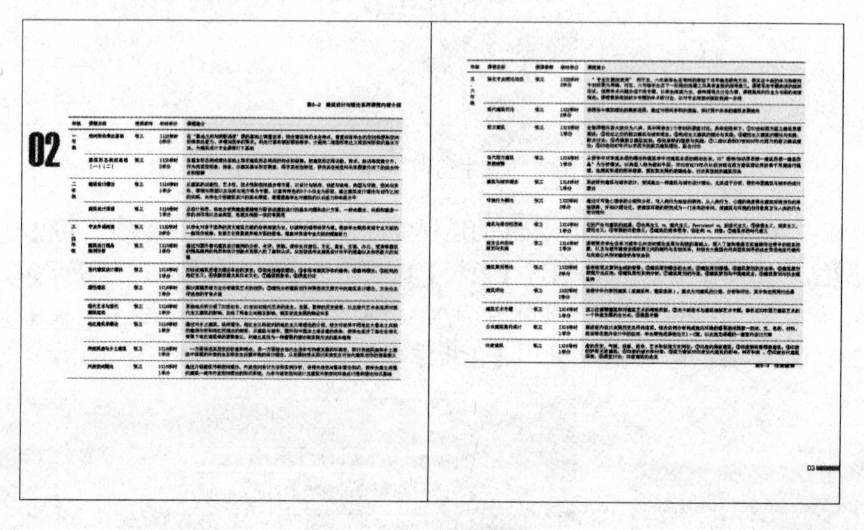

图 11-18　颜色设置完成

3．Excel 表格的置入

（1）执行【文件】|【置入】命令，在【查找范围】下拉列表框中选择素材“模块11|excel 表格.exl”文件，单击【打开】按钮，当光标变为“”时，单击页面空白处，则表格在置入时自动生成文本框，如图 11-19 所示。

（2）完成置入 Excel 表格的操作。

4．Excel 表格的编辑

（1）插入文字光标，按住 Ctrl+A 键全选文本框的内容，执行【表格】|【将文本转换为表】命令，弹出【将文本转换为表】对话框，单击【确定】按钮。再单击控制调板上的“框架适合内容”按钮，得到的效果如图 11-20 所示。

（2）用“文字工具”调整表格的行列宽度，得到的效果如图 11-21 所示。

（3）设置表格文字的【字体】为“方正细等线简体”，【字号】为“7 点”，单击控制调板上的表格“水平居中”按钮，得到的效果如图 11-22 所示。

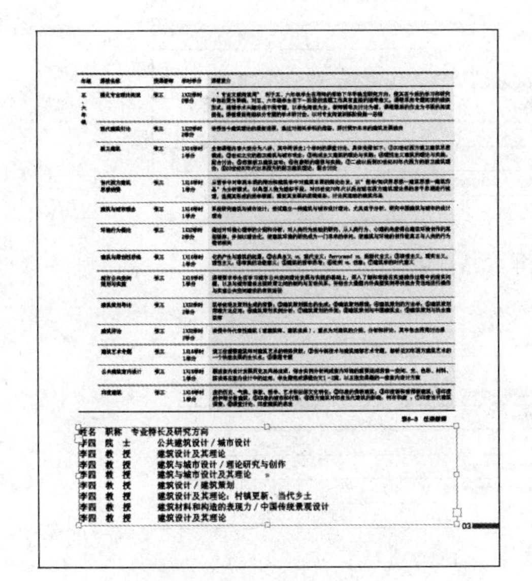

图 11-19　置入 Excel 表格

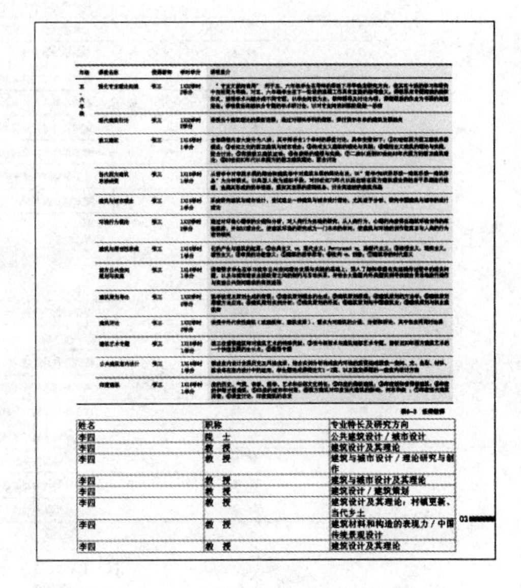

图 11-20　置入 Excel 表格后的效果

姓名	职称	专业特长及研究方向
李四	院　士	公共建筑设计 / 城市设计
李四	教　授	建筑设计及其理论
李四	教　授	建筑与城市设计 / 理论研究与创作
李四	教　授	建筑与城市设计及其理论
李四	教　授	建筑设计 / 建筑策划
李四	教　授	建筑设计及其理论：村镇更新、当代乡土
李四	教　授	建筑材料和构造的表现力 / 中国传统景观设计
李四	教　授	建筑设计及其理论

图 11-21　调整表格的行列宽度

姓名	职称	专业特长及研究方向
李四	院　士	公共建筑设计 / 城市设计
李四	教　授	建筑设计及其理论
李四	教　授	建筑与城市设计 / 理论研究与创作
李四	教　授	建筑与城市设计及其理论
李四	教　授	建筑设计 / 建筑策划
李四	教　授	建筑设计及其理论：村镇更新、当代乡土
李四	教　授	建筑材料和构造的表现力 / 中国传统景观设计
李四	教　授	建筑设计及其理论

图 11-22　设置表格文字的字体与字号

（4）设置单元格边距。全选表格内容，执行【表】|【单元格选项】|【文本】命令，弹出【单元格选项】对话框，在【单元格内边距】复选区中设置【左】边距为“5 毫米”，单击【确定】按钮，得到的效果如图 11-23 所示。

（5）全选表格内容，执行【表】|【单元格选项】|【描边和填色】命令，弹出【单元格选项】对话框，在单元格描边的预览视图中，单击上中下的蓝色线，使其置灰，在【颜色】下拉列表框中选择【无】，单击【确定】按钮，得到的效果如图 11-24 所示。

（6）全选表格内容。在控制调板的单元格描边的预览视图中，只留上下两条蓝线，其他的置灰。在其旁边的描边数值框中设置 0.5 点，如图 11-25 所示。按回车键，得到的效果如图 11-26 所示。

姓名	职称	专业特长及研究方向
李四	院 士	公共建筑设计 / 城市设计
李四	教 授	建筑设计及其理论
李四	教 授	建筑与城市设计 / 理论研究与创作
李四	教 授	建筑与城市设计及其理论
李四	教 授	建筑设计 / 建筑策划
李四	教 授	建筑设计及其理论，村镇更新、当代乡土
李四	教 授	建筑材料和构造的表现力 / 中国传统景观设计
李四	教 授	建筑设计及其理论

图 11-23 设置单元格内边距

姓名	职称	专业特长及研究方向
李四	院 士	公共建筑设计 / 城市设计
李四	教 授	建筑设计及其理论
李四	教 授	建筑与城市设计 / 理论研究与创作
李四	教 授	建筑与城市设计及其理论
李四	教 授	建筑设计 / 建筑策划
李四	教 授	建筑设计及其理论，村镇更新、当代乡土
李四	教 授	建筑材料和构造的表现力 / 中国传统景观设计
李四	教 授	建筑设计及其理论

图 11-24 描边和填色

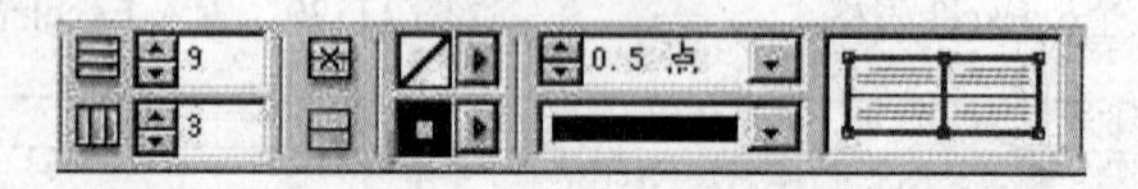

图 11-25 描边参数

姓名	职称	专业特长及研究方向
李四	院 士	公共建筑设计 / 城市设计
李四	教 授	建筑设计及其理论
李四	教 授	建筑与城市设计 / 理论研究与创作
李四	教 授	建筑与城市设计及其理论
李四	教 授	建筑设计 / 建筑策划
李四	教 授	建筑设计及其理论，村镇更新、当代乡土
李四	教 授	建筑材料和构造的表现力 / 中国传统景观设计
李四	教 授	建筑设计及其理论

图 11-26 描边设置完成

（7）设置表格交替颜色。全选表格，执行【表】|【表选项】|【填色】命令，弹出【表选项】对话框，设置【交替模式】为“每隔一行”，【颜色】为“黑色”，【色调】为“10%”，如图 11-27 所示。

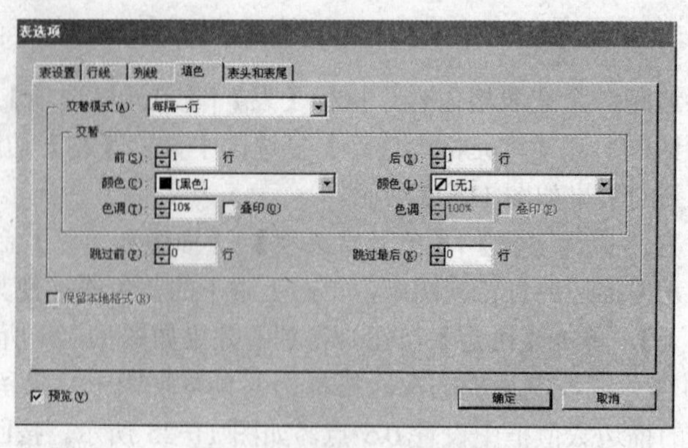

图 11-27 设置表格交替颜色

（8）单击【确定】按钮，得到的效果如图 11-28 所示。

姓名	职称	专业特长及研究方向
李四	院 士	公共建筑设计 / 城市设计
李四	教 授	建筑设计及其理论
李四	教 授	建筑与城市设计 / 理论研究与创作
李四	教 授	建筑与城市设计及其理论
李四	教 授	建筑设计 / 建筑策划
李四	教 授	建筑设计及其理论；村镇更新、当代乡土
李四	教 授	建筑材料和构造的表现力 / 中国传统景观设计
李四	教 授	建筑设计及其理论

图 11-28　表格交替颜色设置完成

任务相关知识讲解

1．置入表格的其他方法

1）复制粘贴 Word 表格

复制粘贴是最常用到的操作，不仅可以复制粘贴文字和图片，在 InDesign 中还可以复制粘贴 Word 表格，并带入表格的样式。

（1）选择整个表格，然后单击鼠标右键，在弹出的快捷菜单中选择【复制】，如图 11-29 所示。

（2）按住 Ctrl+V 键将复制的表格粘贴到 InDesign 中，如图 11-30 所示。

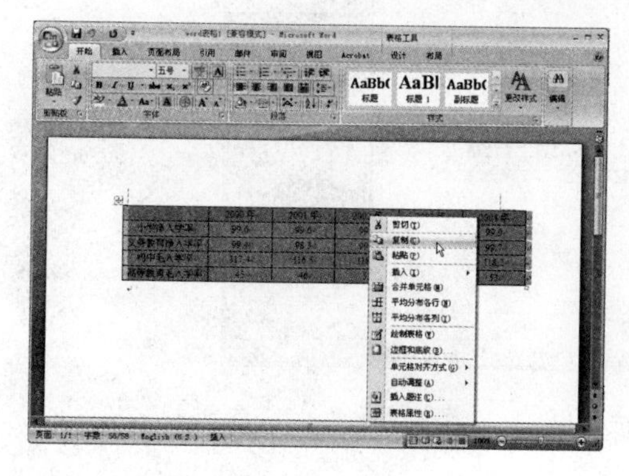

图 11-29　复制表格

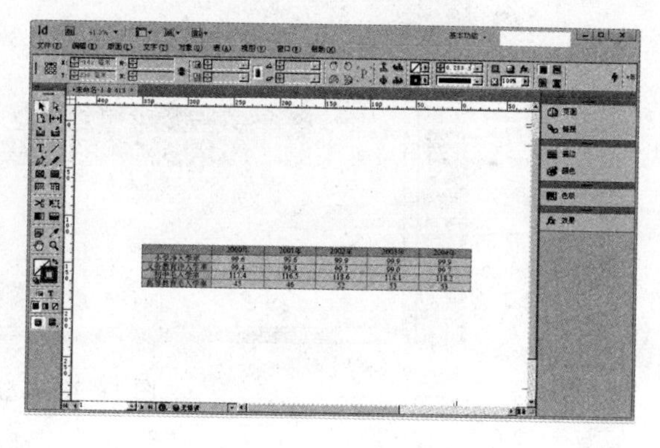

图 11-30　粘贴表格

2）拖曳 Word 表格

从 Word 拖曳表格到 InDesign 中是最快捷和方便的操作，并且能将在 Word 里运用到的样式一起导入 InDesign 中。

（1）选中整个表格，然后按住鼠标左键不放，拖曳到 InDesign 中，如图 11-31 所示。

（2）得到的效果如图 11-32 所示。

3）复制粘贴 Excel 表格

（1）选择整个表格，然后单击鼠标右键，在弹出的快捷菜单中选择【复制】，如图 11-33 所示。

（2）在 InDesign 中进行粘贴，即完成复制粘贴表格的操作，如图 11-34 所示。

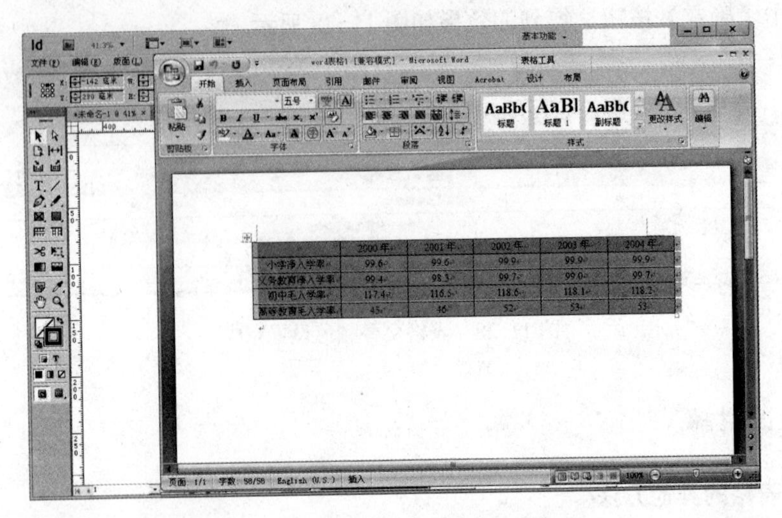

图 11-31　从 Word 拖曳表格到 InDesign 中

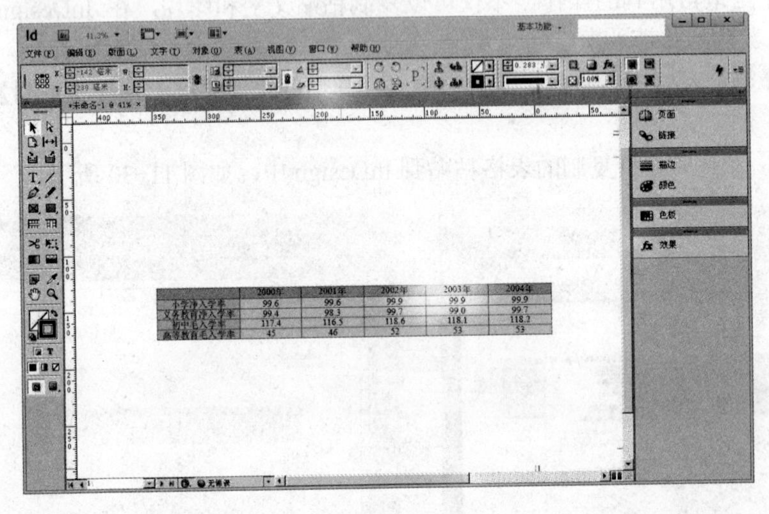

图 11-32　完成效果

图 11-33　复制 Excel 表格

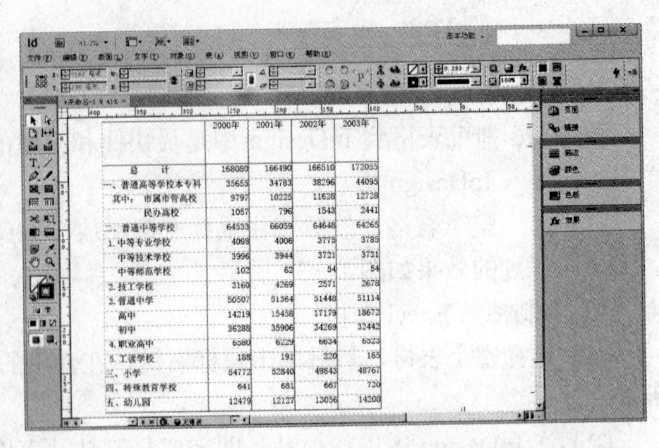

图 11-34　粘贴 Excel 表格

2．将包含 Tab 分隔符的文本与表相互转换

InDesign 中表格和文字可以互相进行转换，为编辑表格带来方便，下面讲解文本与表格互相转换的操作过程。

文本转换为表格的操作步骤如下。

（1）执行【文件】|【置入】命令，在弹出的【置入】对话框中选择素材中的“模块 11\文本.txt”文件，单击【打开】按钮。当光标变为“ ”时，在页面空白处单击，完成文件的置入操作，如图 11-35 所示。

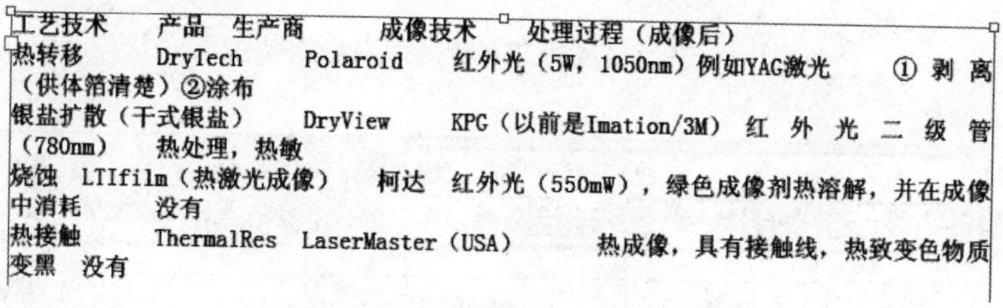

工艺技术　产品　生产商　成像技术　处理过程（成像后）
热转移　DryTech　Polaroid　红外光（5W，1050nm）例如YAG激光　① 剥 离（供体箔清楚）②涂布
银盐扩散（干式银盐）　DryView　KPG（以前是Imation/3M）红 外 光 二 级 管（780nm）　热处理，热敏
烧蚀　LTIfilm（热激光成像）　柯达　红外光（550mW），绿色成像剂热溶解，并在成像中消耗　没有
热接触　ThermalRes　LaserMaster（USA）　热成像，具有接触线，热致变色物质变黑　没有

图 11-35　置入文本

（2）执行【文字】|【显示隐藏的字符】命令，可看到这些符号：»表示敲入 Tab 键、¶表示敲入回车键、#表示结束符号，即用 Tab 键代替空格键表示分隔列，用回车键换行表示分隔行，如图 11-36 所示。

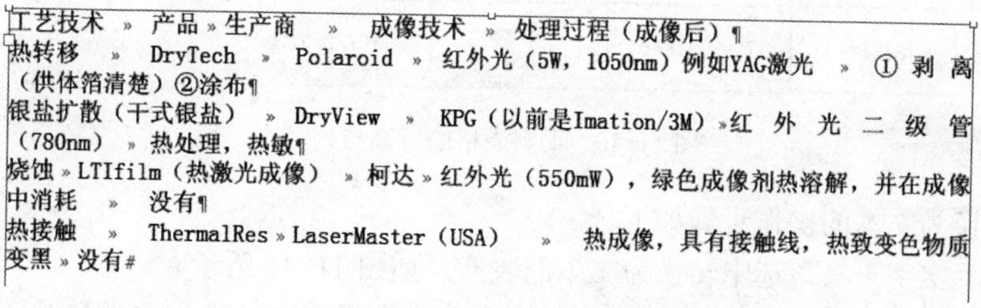

工艺技术 » 产品 » 生产商 » 成像技术 » 处理过程（成像后）¶
热转移 » DryTech » Polaroid » 红外光（5W，1050nm）例如YAG激光 » ① 剥 离（供体箔清楚）②涂布¶
银盐扩散（干式银盐） » DryView » KPG（以前是Imation/3M）»红 外 光 二 级 管（780nm） » 热处理，热敏¶
烧蚀 » LTIfilm（热激光成像） » 柯达 » 红外光（550mW），绿色成像剂热溶解，并在成像中消耗 » 没有¶
热接触 » ThermalRes » LaserMaster（USA） » 热成像，具有接触线，热致变色物质变黑 » 没有#

图 11-36　执行显示隐藏的字符

（3）用“文字工具”选中全部文本内容，如图 11-37 所示。

（4）执行【表】|【将文本转换为表】命令，弹出【将文本转换为表】对话框，在【列分隔符】下拉列表框中选择【制表符】，在【行分隔符】下拉列表框中选择【段落】，如图 11-38 所示。

工艺技术 » 产品 » 生产商 » 成像技术 » 处理过程（成像后）¶
热转移 » DryTech » Polaroid » 红外光（5W，1050nm）例如YAG激光 » ① 剥 离（供体箔清楚）②涂布¶
银盐扩散（干式银盐） » DryView » KPG（以前是Imation/3M）红 外 光 二 级 管（780nm） » 热处理，热敏¶
烧蚀 » LTIfilm（热激光成像） » 柯达 » 红外光（550mW），绿色成像剂热溶解，并在成像中消耗 » 没有¶
热接触 » ThermalRes » LaserMaster（USA） » 热成像，具有接触线，热致变色物质变黑 » 没有

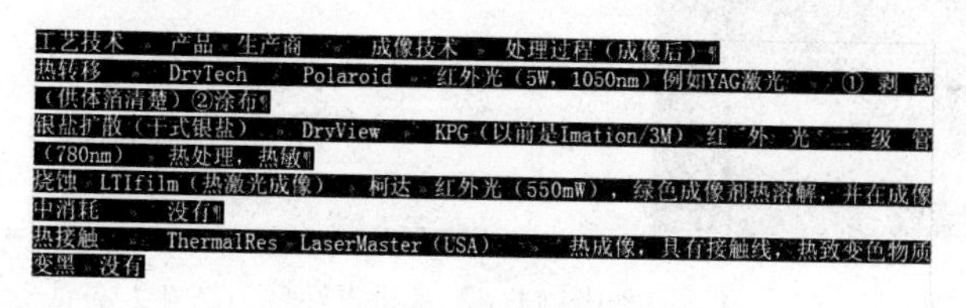

图 11-37　选中全部文本内容

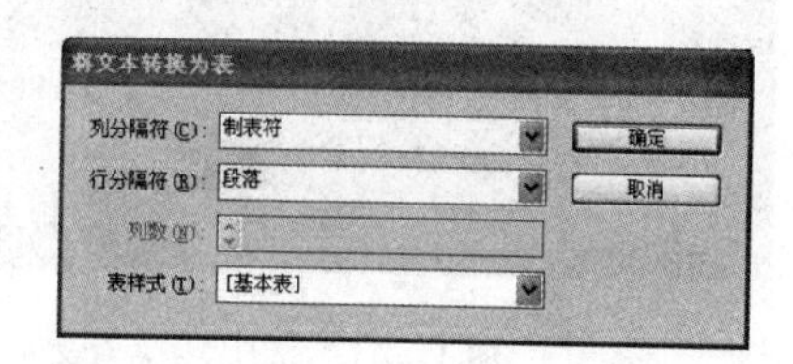

图 11-38　【将文本转换为表】对话框

（5）单击【确定】按钮，即完成将文本转换为表格的操作，如图 11-39 所示。

（6）将表格的行高与列宽进行调整，然后用“文字工具”选择表格的全部内容，单击控制调板上的段落居中对齐和表格居中对齐，如图 11-40 所示。

工艺技术	产品	生产商	成像技术	处理过程（成像后）
热转移	DryTech	Polaroid	红外光（5W，1050nm）例如YAG激光	①剥离（供体箔清楚）②涂布
银盐扩散（干式银盐）	DryView	KPG（以前是Imation/3M）	红外光二级管（780nm）	热处理，热敏
烧蚀	LTIfilm（热激光成像）	柯达	红外光（550mW），绿色成像剂热溶解，并在成像中消耗	没有
热接触	ThermalRes	LaserMaster（USA）	热成像，具有接触线，热致变色物质变黑	没有

图 11-39　完成将文本转换为表格的操作

宋体　Regular　12 点　(14.4　0 点　排版方向　横排

工艺技术	产品	生产商	成像技术	处理过程（成像后）
热转移	DryTech	Polaroid	红外光（5W，1050nm）例如YAG激光	①剥离（供体箔清楚）②涂布
银盐扩散（干式银盐）	DryView	KPG（以前是Imation/3M）	红外光二级管（780nm）	热处理，热敏
烧蚀	LTIfilm（热激光成像）	柯达	红外光（550mW），绿色成像剂热溶解，并在成像中消耗	没有
热接触	ThermalRes	LaserMaster（USA）	热成像，具有接触线，热致变色物质变黑	没有

图 11-40　调整表格的行高与列宽

表格转换为文本的操作步骤如下。

（1）用“文字工具”选中转换为文本的表格，如图 11-41 所示。

（2）执行【表】|【将表转换为文本】命令，弹出【将表转换为文本】对话框，在【列分隔符】下拉列表框中选择【制表符】，在【行分隔符】下拉列表框中选择【段落】，如图 11-42 所示。

工艺技术	产品	生产商	成像技术	处理过程（成像后）
热转移	DryTech	Polaroid	红外光（5W，1050nm）例如YAG激光	①剥离（供体箔清楚）②涂布
银盐扩散（干式银盐）	DryView	KPG（以前是Imation/3M）	红外光二级管（780nm）	热处理，热敏
烧蚀	LTIfilm（热激光成像）	柯达	红外光（550mW），绿色成像剂热溶解，并在成像中消耗	没有
热接触	ThermalRes	LaserMaster（USA）	热成像，具有接触线，热致变色物质变黑	没有

图 11-41　选中转换为文本的表格

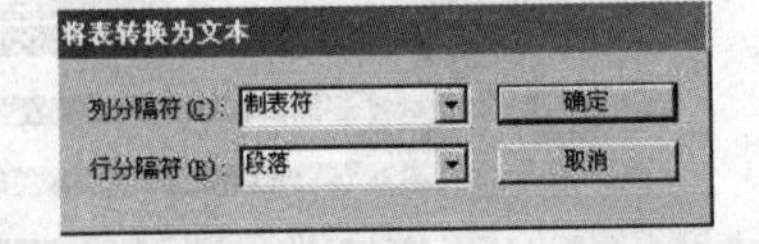

图 11-42　【将表转换为文本】对话框

（3）单击【确定】按钮，即完成将表格转换为文本的操作，如图 11-43 所示。

（4）将转换为文本的表格导出为纯文本。选择“文字工具”，将光标插入到文本中，如图 11-44 所示。

（5）执行【文件】|【导出】命令，弹出【导出】对话框。在【保存类型】的下拉列表

框中选择“纯文本”格式，如图 11-45 所示。

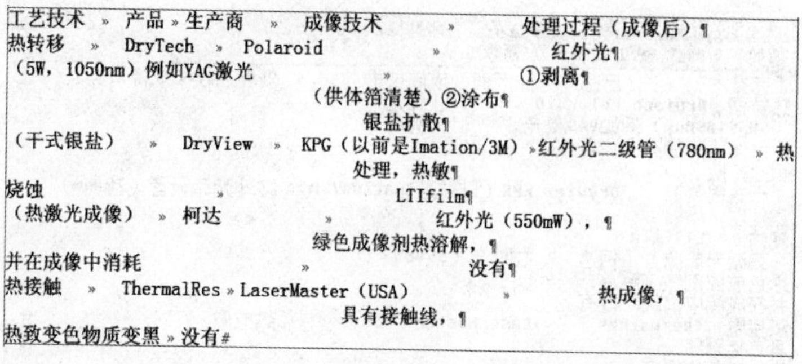

工艺技术 » 产品 » 生产商 » 成像技术 » 处理过程（成像后）¶
热转移 » DryTech » Polaroid » 红外光¶
（5W，1050nm）例如YAG激光 » ①剥离¶
（供体箔清楚）②涂布¶
银盐扩散¶
（干式银盐） » DryView » KPG（以前是Imation/3M） » 红外光二级管（780nm） » 热
处理，热敏¶
烧蚀 » LTIfilm¶
（热激光成像） » 柯达 » 红外光（550mW），¶
绿色成像剂热溶解，¶
并在成像中消耗 » 没有¶
热接触 » ThermalRes » LaserMaster（USA） » 热成像，¶
具有接触线，¶
热致变色物质变黑 » 没有#

图 11-43　完成将表格转换为文本的操作

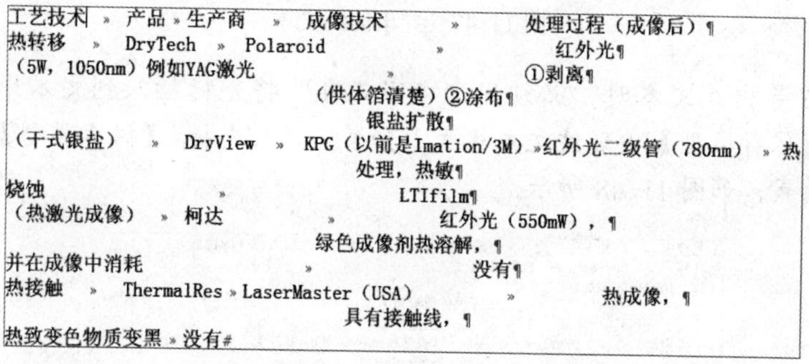

工艺技术 » 产品 » 生产商 » 成像技术 » 处理过程（成像后）¶
热转移 » DryTech » Polaroid » 红外光¶
（5W，1050nm）例如YAG激光 » ①剥离¶
（供体箔清楚）②涂布¶
银盐扩散¶
（干式银盐） » DryView » KPG（以前是Imation/3M） » 红外光二级管（780nm） » 热
处理，热敏¶
烧蚀 » LTIfilm¶
（热激光成像） » 柯达 » 红外光（550mW），¶
绿色成像剂热溶解，¶
并在成像中消耗 » 没有¶
热接触 » ThermalRes » LaserMaster（USA） » 热成像，¶
具有接触线，¶
热致变色物质变黑 » 没有#

图 11-44　将转换为文本的表格导出为纯文本

（6）单击【保存】按钮后，会弹出【文本导出选项】对话框，【平台】设置为“PC”，【编码】设置为“默认平台”，如图 11-46 所示。

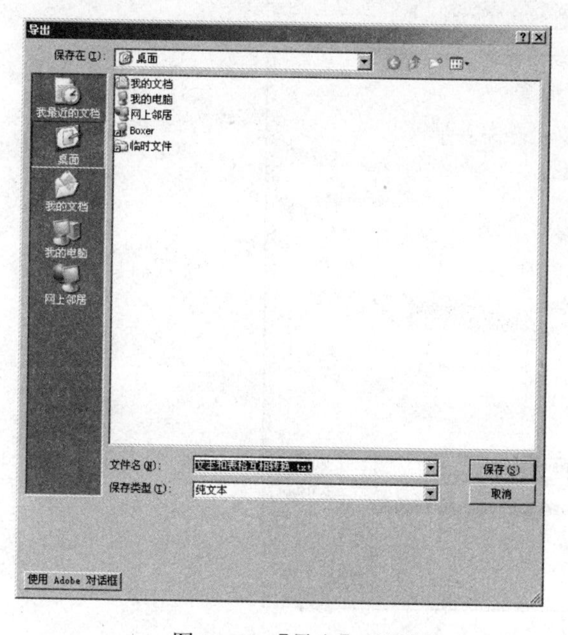

图 11-45 【导出】对话框

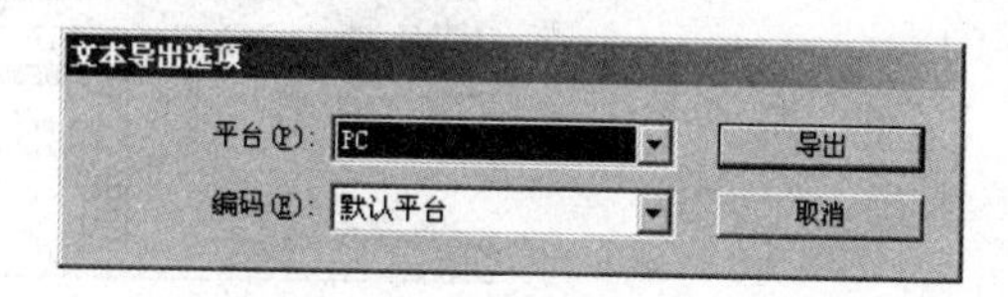

图 11-46 【文本导出选项】对话框

（7）单击【导出】按钮，然后打开前面保存的纯文本，得到的效果如图 11-47 所示。

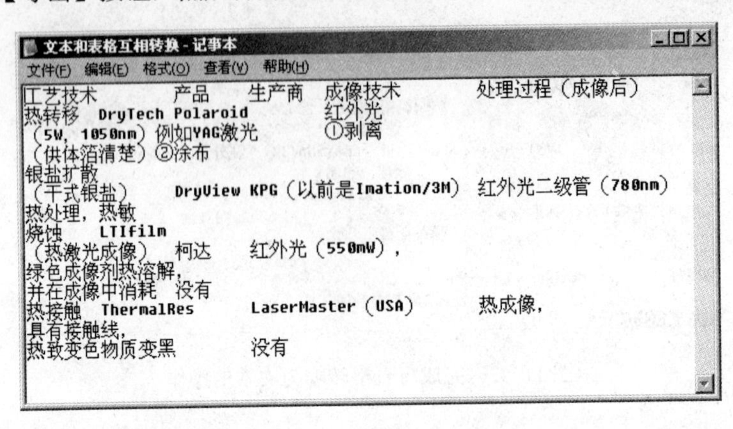

图 11-47 导出的纯文本

小知识：在导出纯文本时，必须用“文字工具”将光标插入到文本中，才能在【导出】对话框的【保存类型】出现纯文本格式。如果不插入光标，【保存类型】下拉列表框中将没有纯文本格式，如图 11-48 所示。

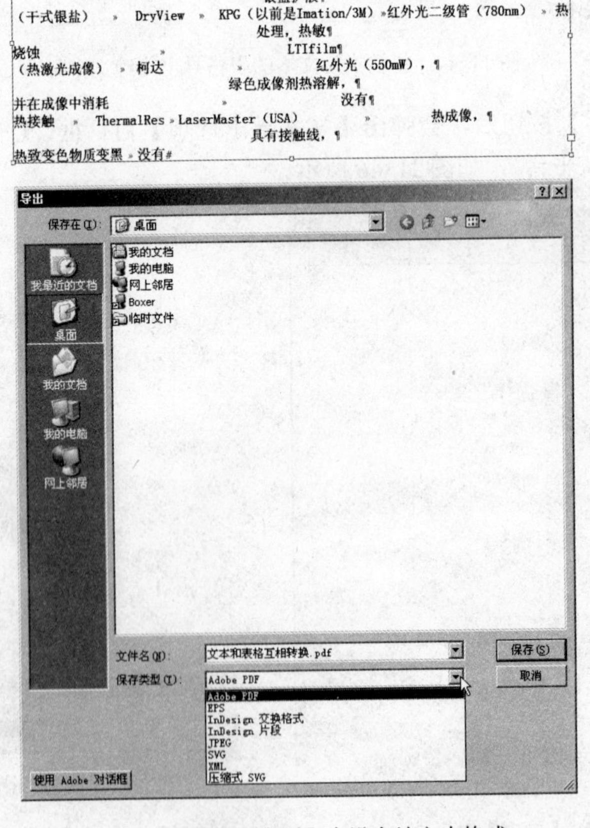

图 11-48 【保存类型】中没有纯文本格式

3．单元格的描边与填色

可以通过【描边和填色】选项改变单元格的描边、粗细、类型（如实线、虚线、斜线等）、颜色、色调，以及填色等设置。

（1）对部分单元格进行描边。用“文字工具”选择图 11-49 所示的单元格。

（2）执行【表】|【单元格选项】|【描边与填色】命令，弹出【单元格选项】对话框。在【单元格描边】的预览图中单击中间和下面的蓝线。【粗细】设置为“0.5 点”，【颜色】为“C=100，M=90，Y=10，K=0”，其他保持默认设置，如图 11-50 所示。

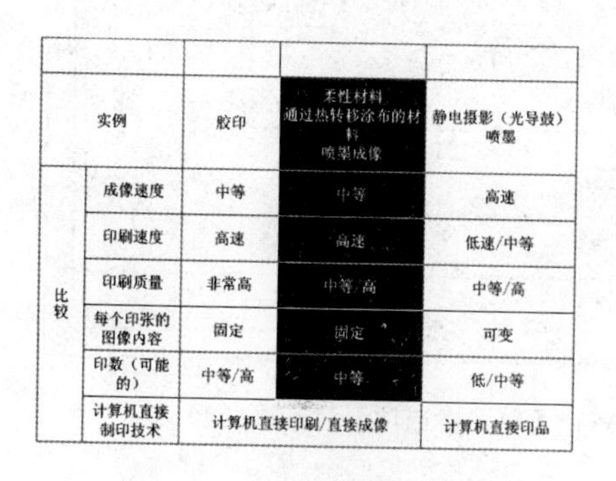

实例		胶印	柔性材料 通过热转移涂布的材料 喷墨成像	静电摄影（光导鼓） 喷墨
比较	成像速度	中等	中等	高速
	印刷速度	高速	高速	低速/中等
	印刷质量	非常高	中等/高	中等/高
	每个印张的图像内容	固定	固定	可变
	印数（可能的）	中等/高	中等	低/中等
	计算机直接制印技术	计算机直接印刷/直接成像		计算机直接印品

图 11-49　选中单元格内容

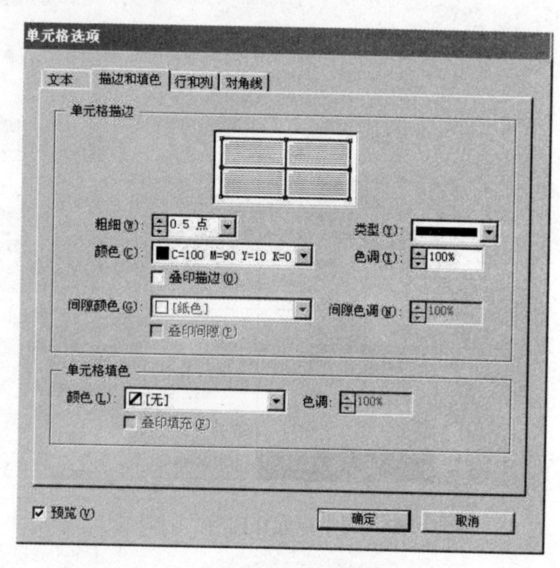

图 11-50　【单元格选项】对话框（1）

（3）单击【确定】按钮，得到的效果如图 11-51 所示。

实例		胶印	柔性材料 通过热转移涂布的材料 喷墨成像	静电摄影（光导鼓） 喷墨
比较	成像速度	中等	中等	高速
	印刷速度	高速	高速	低速/中等
	印刷质量	非常高	中等/高	中等/高
	每个印张的图像内容	固定	固定	可变
	印数（可能的）	中等/高	中等	低/中等
	计算机直接制印技术	计算机直接印刷/直接成像		计算机直接印品

图 11-51　部分单元格描边与填色效果

小知识：单元格描边

在单元格描边的预览图中，默认情况下四个边框都为蓝色，表示该单元格四边都有描边线。单击其中一个边框，使其变为灰色，表示去掉该单元格四边中的一个描边线，则后面对单元格进行粗细、类型、颜色等设置对已去掉的描边线不起作用。

（4）继续设置其他单元格。用“文字工具”选择图 11-52 所示的单元格。

（5）执行【表】|【单元格选项】|【描边与填色】命令，弹出【单元格选项】对话框。在【单元格描边】的预览图中单击上面的蓝线，其他设置与步骤（2）相同，如图 11-53 所示。

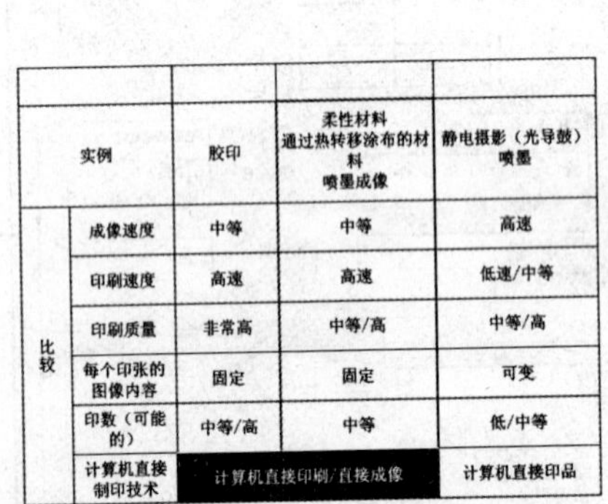

	实例	胶印	柔性材料 通过热转移涂布的材料 喷墨成像	静电摄影（光导鼓） 喷墨
比较	成像速度	中等	中等	高速
	印刷速度	高速	高速	低速/中等
	印刷质量	非常高	中等/高	中等/高
	每个印张的图像内容	固定	固定	可变
	印数（可能的）	中等/高	中等	低/中等
	计算机直接制印技术	计算机直接印刷/直接成像		计算机直接印品

图 11-52　选中单元格内容

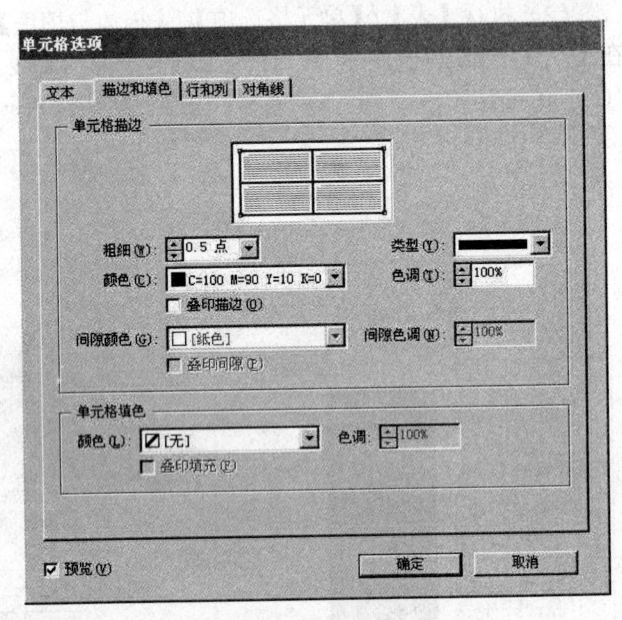

图 11-53　【单元格选项】对话框（2）

（6）单击【确定】按钮，可看到设置后的效果，如图 11-54 所示。

（7）用“文字工具”选择图 11-55 所示的单元格，然后执行【表】|【单元格选项】|【描边与填色】命令，弹出【单元格选项】对话框。在【单元格描边】的预览图中单击上面和左右的蓝线，其他设置与步骤（2）相同，如图 11-56 所示。

	实例	胶印	柔性材料 通过热转移涂布的材料 喷墨成像	静电摄影（光导鼓） 喷墨
比较	成像速度	中等	中等	高速
	印刷速度	高速	高速	低速/中等
	印刷质量	非常高	中等/高	中等/高
	每个印张的图像内容	固定	固定	可变
	印数（可能的）	中等/高	中等	低/中等
	计算机直接制印技术	计算机直接印刷/直接成像		计算机直接印品

图 11-54　设置完成

	实例	胶印	柔性材料 通过热转移涂布的材料 喷墨成像	静电摄影（光导鼓） 喷墨
比较	成像速度	中等	中等	高速
	印刷速度	高速	高速	低速/中等
	印刷质量	非常高	中等/高	中等/高
	每个印张的图像内容	固定	固定	可变
	印数（可能的）	中等/高	中等	低/中等
	计算机直接制印技术	计算机直接印刷/直接成像		计算机直接印品

图 11-55　选中单元格内容

（8）单击【确定】按钮，可看到设置后的效果，如图 11-57 所示。

（9）需要将第一行的外框设有描边颜色。用“文字工具”选择第一行，然后执行【表】|【单元格选项】|【描边与填色】命令，弹出【单元格选项】对话框。在【单元格描边】的

预览图中单击中间和下面的蓝线，如图 11-58 所示。

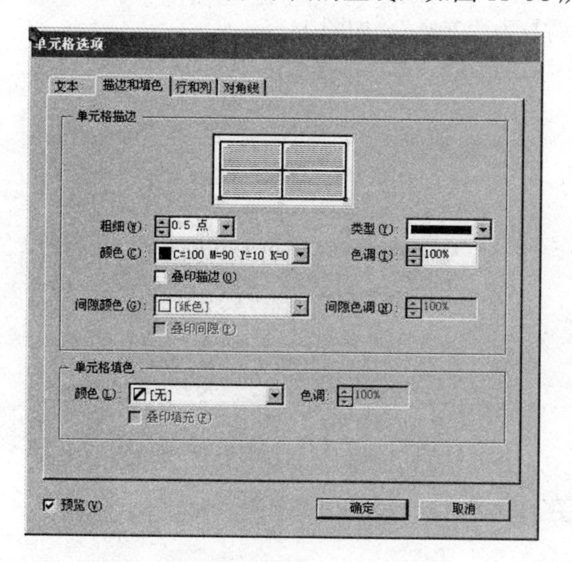

图 11-56 【单元格选项】对话框（3）

实例		胶印	柔性材料 通过热转移涂布的材料 喷墨成像	静电摄影（光导鼓） 喷墨
比较	成像速度	中等	中等	高速
	印刷速度	高速	高速	低速/中等
	印刷质量	非常高	中等/高	中等/高
	每个印张的图像内容	固定	固定	可变
	印数（可能的）	中等/高	中等	低/中等
	计算机直接制印技术	计算机直接印刷/直接成像		计算机直接印品

图 11-57　设置完成

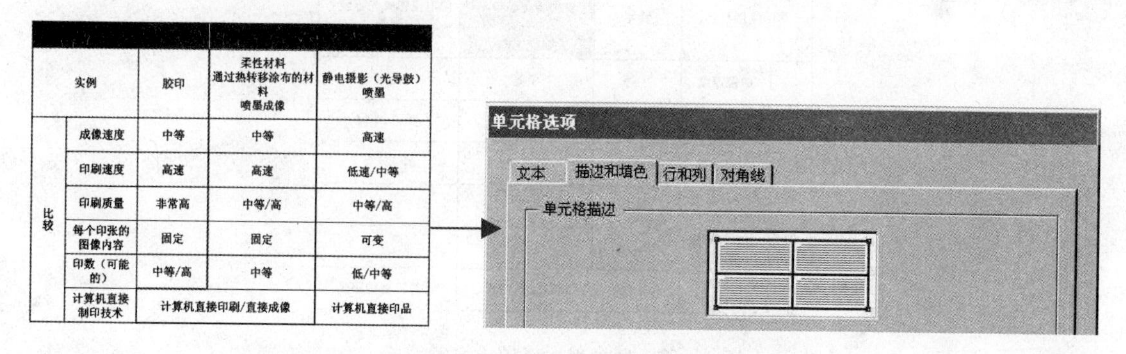
实例		胶印	柔性材料 通过热转移涂布的材料 喷墨成像	静电摄影（光导鼓） 喷墨
比较	成像速度	中等	中等	高速
	印刷速度	高速	高速	低速/中等
	印刷质量	非常高	中等/高	中等/高
	每个印张的图像内容	固定	固定	可变
	印数（可能的）	中等/高	中等	低/中等
	计算机直接制印技术	计算机直接印刷/直接成像		计算机直接印品

图 11-58　选中单元格第一行执行描边与填色操作

（10）单击【确定】按钮，保持第一行为选中状态。使工具调板的【描边】在前面，然后单击“应用无”按钮，描边设置就完成了，如图 11-59 所示。

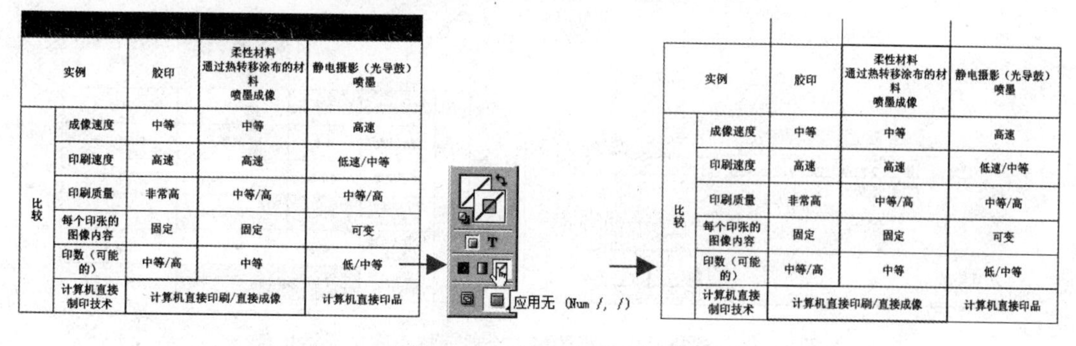
实例		胶印	柔性材料 通过热转移涂布的材料 喷墨成像	静电摄影（光导鼓） 喷墨
比较	成像速度	中等	中等	高速
	印刷速度	高速	高速	低速/中等
	印刷质量	非常高	中等/高	中等/高
	每个印张的图像内容	固定	固定	可变
	印数（可能的）	中等/高	中等	低/中等
	计算机直接制印技术	计算机直接印刷/直接成像		计算机直接印品

图 11-59　对第一行进行描边

填色的操作步骤如下。

（1）用“文字工具”选择图 11-60 所示的单元格，然后执行【表】|【单元格选项】|

【描边与填色】命令，弹出【单元格选项】对话框。在【单元格填色】复选区中，设置【颜色】为“C=100，M=90，Y=10，K=0”，【色调】为“20%”，如图 11-61 所示。

实例		胶印	柔性材料 通过热转移涂布的材料 喷墨成像	静电摄影（光导鼓） 喷墨
比较	成像速度	中等	中等	高速
	印刷速度	高速	高速	低速/中等
	印刷质量	非常高	中等/高	中等/高
	每个印张的图像内容	固定	固定	可变
	印数（可能的）	中等/高	中等	低/中等
	计算机直接制印技术	计算机直接印刷/直接成像		计算机直接印品

图 11-60 选中单元格内容

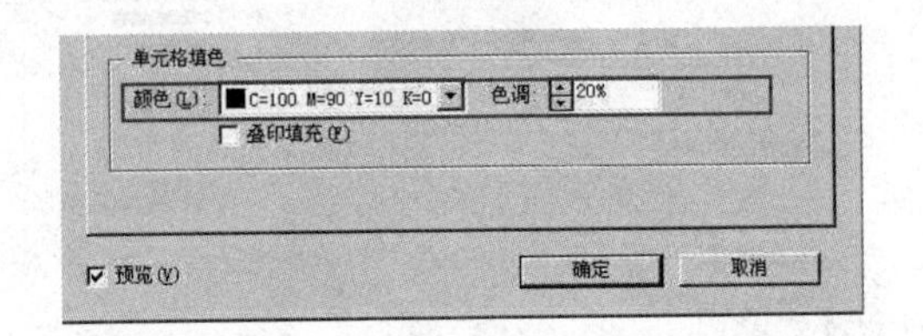

图 11-61 【单元格填色】复选区

（2）单击【确定】按钮，得到的效果如图 11-62 所示。

实例		胶印	柔性材料 通过热转移涂布的材料 喷墨成像	静电摄影（光导鼓） 喷墨
比较	成像速度	中等	中等	高速
	印刷速度	高速	高速	低速/中等
	印刷质量	非常高	中等/高	中等/高
	每个印张的图像内容	固定	固定	可变
	印数（可能的）	中等/高	中等	低/中等
	计算机直接制印技术	计算机直接印刷/直接成像		计算机直接印品

图 11-62 单个单元格填色设置完成

（3）用“文字工具”选择最后一行的第二个单元格，【单元格填色】设置与步骤（1）相同，如图 11-63 所示。

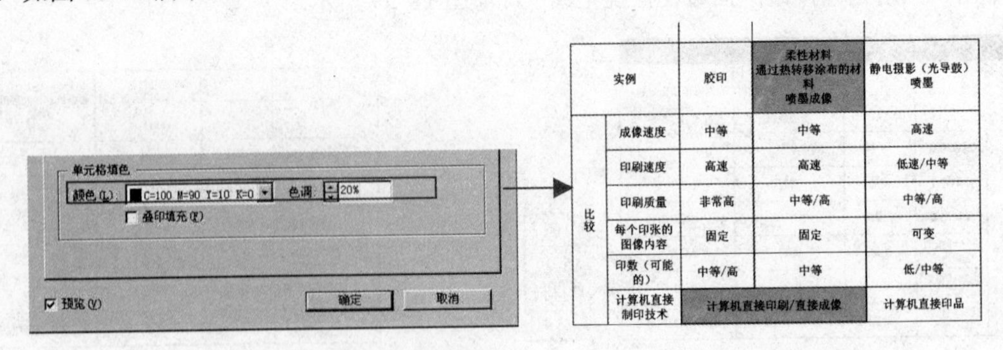

实例		胶印	柔性材料 通过热转移涂布的材料 喷墨成像	静电摄影（光导鼓） 喷墨
比较	成像速度	中等	中等	高速
	印刷速度	高速	高速	低速/中等
	印刷质量	非常高	中等/高	中等/高
	每个印张的图像内容	固定	固定	可变
	印数（可能的）	中等/高	中等	低/中等
	计算机直接制印技术	计算机直接印刷/直接成像		计算机直接印品

图 11-63 选择最后一行的第二个单元格设置单元格填色

（4）最后用“文字工具”选择图 11-64 所示的单元格，然后执行【表】|【单元格选项】|【描边与填色】命令，弹出【单元格选项】对话框。在【单元格填色】复选区中，设

置【颜色】为“黑色”,【色调】为“20%”，如图 11-65 所示。

实例		胶印	柔性材料 通过热转移涂布的材料 喷墨成像	静电摄影（光导鼓） 喷墨
比较	成像速度	中等	中等	高速
	印刷速度	高速	高速	低速/中等
	印刷质量	非常高	中等/高	中等/高
	每个印张的图像内容	固定	固定	可变
	印数（可能的）	中等/高	中等	低/中等
	计算机直接制印技术	计算机直接印刷/直接成像		计算机直接印品

图 11-64　选中单元格内容

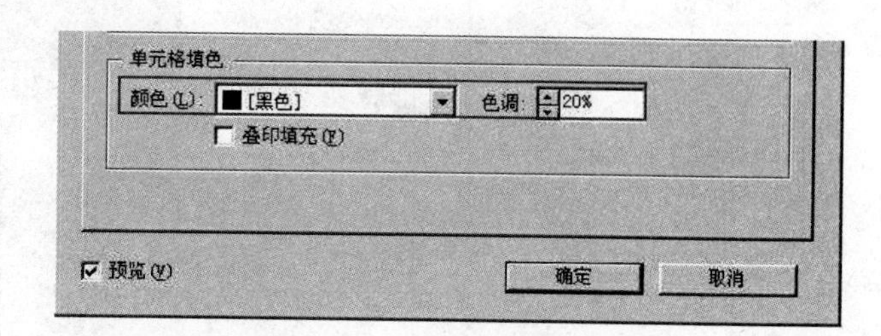

图 11-65　【单元格填色】复选区

（5）单击【确定】按钮，填色的设置就完成了，得到的效果如图 11-66 所示。

4．单元格的行和列

设置表格统一的行高或列宽，在本案例中不涉及【行】和【列】选项，所以只作简单介绍。

如果选择“最少”来设置最小的行高，则当添加文本或增加字号大小时，会增加行高。

如果选择“精确”来设置固定的行高，则当添加或移去文本时，行高不会改变。固定的行高经常会导致单元格中出现溢流的情况。

下面通过实例操作了解【最少】与【精确】设置的区别。

设置【最少】的操作步骤如下。

（1）选用【描边与填色】设置完成的表格进行下面的操作。选择“文字工具”将光标插入到任意单元格中，如图 11-67 所示。

实例		胶印	柔性材料 通过热转移涂布的材料 喷墨成像	静电摄影（光导鼓） 喷墨
比较	成像速度	中等	中等	高速
	印刷速度	高速	高速	低速/中等
	印刷质量	非常高	中等/高	中等/高
	每个印张的图像内容	固定	固定	可变
	印数（可能的）	中等/高	中等	低/中等
	计算机直接制印技术	计算机直接印刷/直接成像		计算机直接印品

图 11-66　部分单元格填色设置完成

实例		胶印	柔性材料 通过热转移涂布的材料 喷墨成像	静电摄影（光导鼓） 喷墨
比较	成像速度	中等	中等	高速
	印刷速度	高速	高速	低速/中等
	印刷质量	非常高	中等/高	中等/高
	每个印张的图像内容	固定	固定	可变
	印数（可能的）	中等/高	中等	低/中等
	计算机直接制印技术	计算机直接印刷/直接成像		计算机直接印品

图 11-67　将光标插入到任意单元格中

（2）执行【表】|【单元格选项】|【行和列】命令，弹出【单元格选项】对话框。在【行高】下拉列表框中选择“最少”，然后在其旁边的数值框中输入“20 毫米”,【最大值】数值框中输入“200 毫米”，如图 11-68 所示。

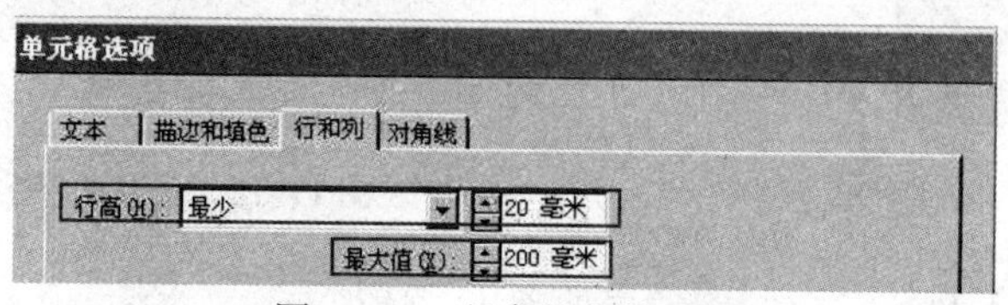

图 11-68　行高的参数设置

（3）单击【确定】按钮，可看到设置后的效果，如图 11-69 所示。

实例		胶印	柔性材料 通过热转移涂布的材料 喷墨成像	静电摄影（光导鼓） 喷墨
比较	成像速度	中等	中等	高速
	印刷速度	高速	高速	低速/中等
	印刷质量	非常高	中等/高	中等/高
	每个印张的图像内容	固定	固定	可变
	印数（可能的）	中等/高	中等	低/中等
	计算机直接制印技术	计算机直接印刷/直接成像		计算机直接印品

图 11-69　最少行高设置完成

（4）用“文字工具”选择第二行的第三个单元格，设置字号为“16 点”，可看到行随字号的增大而增加行高，如图 11-70 所示。

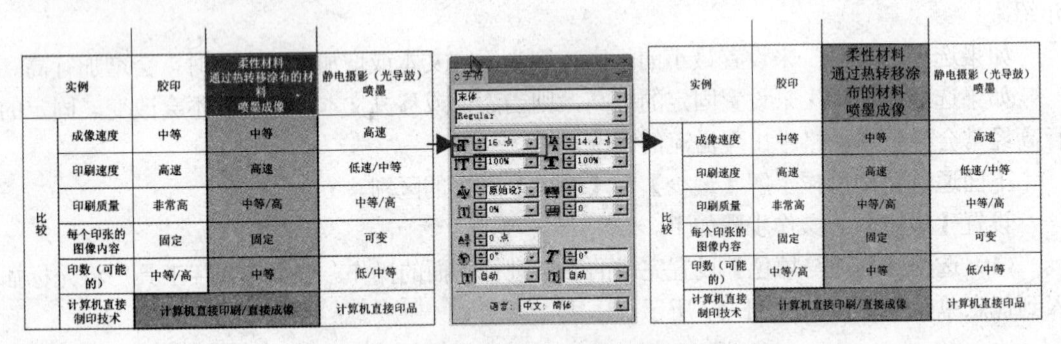

图 11-70　选择第二行的第三个单元格设置字号

设置【精确】的操作步骤如下。

（1）选择“文字工具”，将光标插入到任意单元格中，如图 11-71 所示。

（2）执行【表】|【单元格选项】|【行和列】命令，弹出【单元格选项】对话框。在【行高】下拉列表框中选择“精确”，然后在其旁边的数值框中输入“20 毫米”，【最大值】数值框中输入“200 毫米”，如图 11-72 所示。

实例		胶印	柔性材料 通过热转移涂布的材料 喷墨成像	静电摄影（光导鼓） 喷墨
比较	成像速度	中等	中等	高速
	印刷速度	高速	高速	低速/中等
	印刷质量	非常高	中等/高	中等/高
	每个印张的图像内容	固定	固定	可变
	印数（可能的）	中等/高	中等	低/中等
	计算机直接制印技术	计算机直接印刷/直接成像		计算机直接印品

图 11-71　将光标插入到任意单元格中

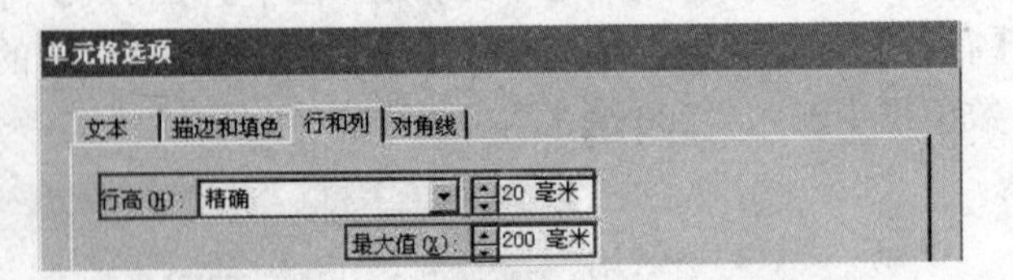

图 11-72　行高的参数设置

（3）单击【确定】按钮，得到的效果如图 11-73 所示。

实例		胶印	柔性材料 通过热转移涂布的材料	静电摄影（光导鼓） 喷墨
比较	成像速度	中等	中等	高速
	印刷速度	高速	高速	低速/中等
	印刷质量	非常高	中等/高	中等/高
	每个印张的图像内容	固定	固定	可变
	印数（可能的）	中等/高	中等	低/中等
	计算机直接制印技术	计算机直接印刷/直接成像		计算机直接印品

图 11-73　精确行高设置完成

（4）然后用“文字工具”选择第二行的第三个单元格，设置字号为“16 点”，可看到字号的变大行高不发生改变而出现溢流单元格，如图 11-74 所示。

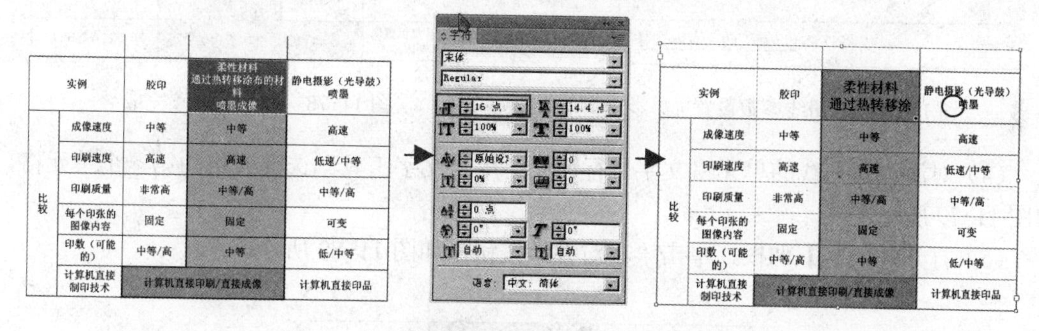

图 11-74　选择第二行的第三个单元格设置字号

5．单元格的对角线

对角线是制作表格时经常使用到的，主要用于无内容的空白单元格，或者是第一行第一列的第一个单元格用来区分第一行和第一列的内容，如图 11-75 所示。

添加对角线的操作步骤如下。

（1）用“文字工具”选择表格的第一个单元格，如图 11-76 所示。

实例		胶印	柔性材料 通过热转移涂布的材料 喷墨成像	静电摄影（光导鼓） 喷墨
比较	成像速度	中等	中等	高速
	印刷速度	高速	高速	低速/中等
	印刷质量	非常高	中等/高	中等/高
	每个印张的图像内容	固定	固定	可变
	印数（可能的）	中等/高	中等	低/中等
	计算机直接制印技术	计算机直接印刷/直接成像		计算机直接印品

图 11-75　单元格的对角线

实例		胶印	柔性材料 通过热转移涂布的材料 喷墨成像	静电摄影（光导鼓） 喷墨
比较	成像速度	中等	中等	高速
	印刷速度	高速	高速	低速/中等
	印刷质量	非常高	中等/高	中等/高
	每个印张的图像内容	固定	固定	可变
	印数（可能的）	中等/高	中等	低/中等
	计算机直接制印技术	计算机直接印刷/直接成像		计算机直接印品

图 11-76　选择表格的第一个单元格

（2）执行【表】|【单元格选项】|【对角线】命令，弹出【单元格选项】对话框。单击第二个“对角线类型”按钮，其他保持默认设置，如图 11-77 所示。

小知识：在【绘制】下拉列表框中可选择【内容置于最前】，表示将对角线放置在单元格内容的后面；也可选择【对角线置于最前】，表示将对角线放置在单元格内容的前面。

（3）单击【确定】按钮，完成对单元格添加对角线的操作，如图 11-78 所示。

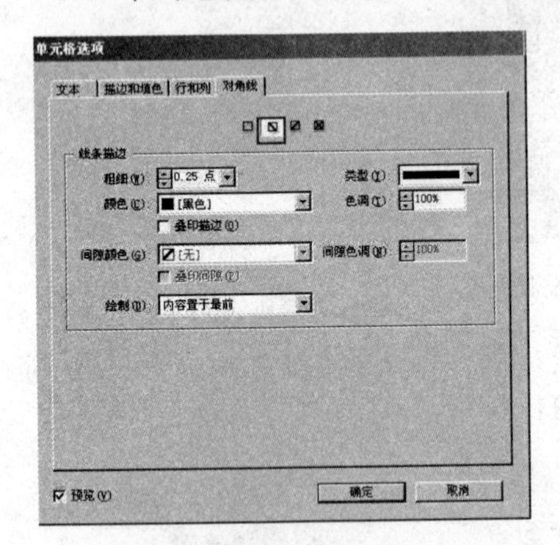

图 11-77　对角线参数设置

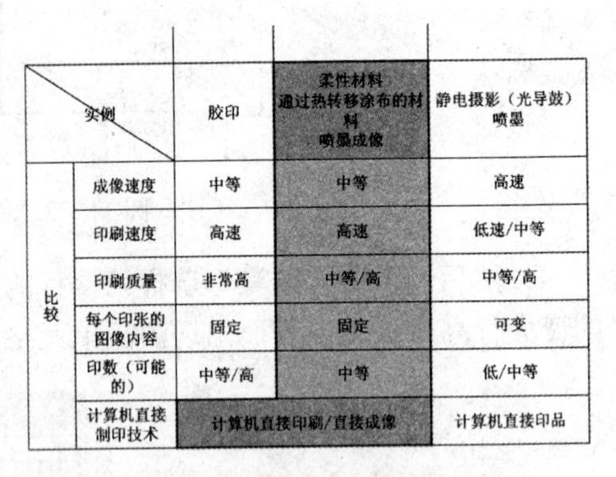

实例		胶印	柔性材料 通过热转移涂布的材料 喷墨成像	静电摄影（光导鼓） 喷墨
比较	成像速度	中等	中等	高速
	印刷速度	高速	高速	低速/中等
	印刷质量	非常高	中等/高	中等/高
	每个印张的图像内容	固定	固定	可变
	印数（可能的）	中等/高	中等	低/中等
	计算机直接制印技术	计算机直接印刷/直接成像		计算机直接印品

图 11-78　对角线设置完成

（4）对添加对角线的单元格文字进行调整。用“文字工具”选择表格的第一个单元格，如图 11-79 所示。

（5）打开【段落】调板，单击“右对齐”按钮，如图 11-80 所示。

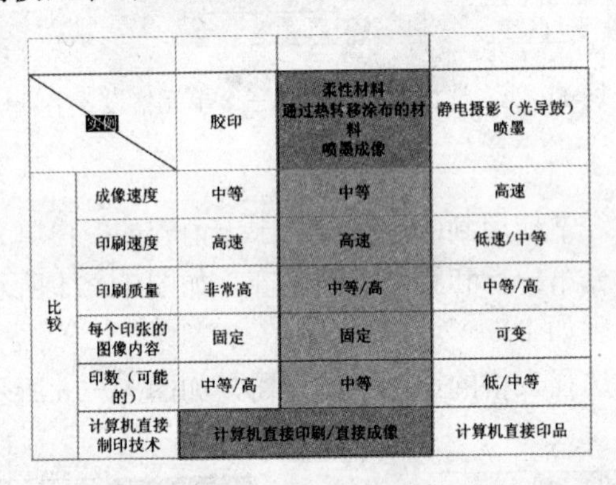

实例		胶印	柔性材料 通过热转移涂布的材料 喷墨成像	静电摄影（光导鼓） 喷墨
比较	成像速度	中等	中等	高速
	印刷速度	高速	高速	低速/中等
	印刷质量	非常高	中等/高	中等/高
	每个印张的图像内容	固定	固定	可变
	印数（可能的）	中等/高	中等	低/中等
	计算机直接制印技术	计算机直接印刷/直接成像		计算机直接印品

图 11-79　对添加对角线的单元格文字进行调整

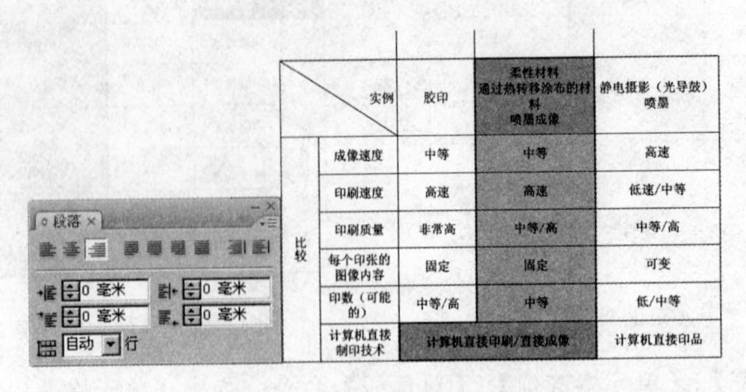

实例		胶印	柔性材料 通过热转移涂布的材料 喷墨成像	静电摄影（光导鼓） 喷墨
比较	成像速度	中等	中等	高速
	印刷速度	高速	高速	低速/中等
	印刷质量	非常高	中等/高	中等/高
	每个印张的图像内容	固定	固定	可变
	印数（可能的）	中等/高	中等	低/中等
	计算机直接制印技术	计算机直接印刷/直接成像		计算机直接印品

图 11-80　执行右对齐操作

任务二　个性台历的设计制作

任务背景

新的一年即将到来，同学们在新的一年里有什么学习目标，有什么学习安排呢？为自己制作一本个性台历，把这些计划与安排都记录在上面吧，便于提醒自己。

任务要求

每一个页面要有一幅图片、每月的日期，图片可以是自己的照片，也可以是风景。在排版日期的时候，需要同学们既耐心又细心地检查每一个日期是否正确，避免出现错误日期的台历。

成品尺寸为 205 mm × 170 mm，页数为 12。上边距为 20 mm，下边距为 10 mm，内边距为 10 mm，外边距为 10 mm。

任务素材

任务分析

1. 将 Excel 表格置入到 InDesign 中。
2. 将文本转换为表格，为表格添加星期，然后设置为表头。
3. 每一页只留下一个月的日期，剩余的内容往下排放。

4. 设置表头、阳历和阴历的样式并应用。
5. 为每一页置入相应的图片。

任务参考效果图

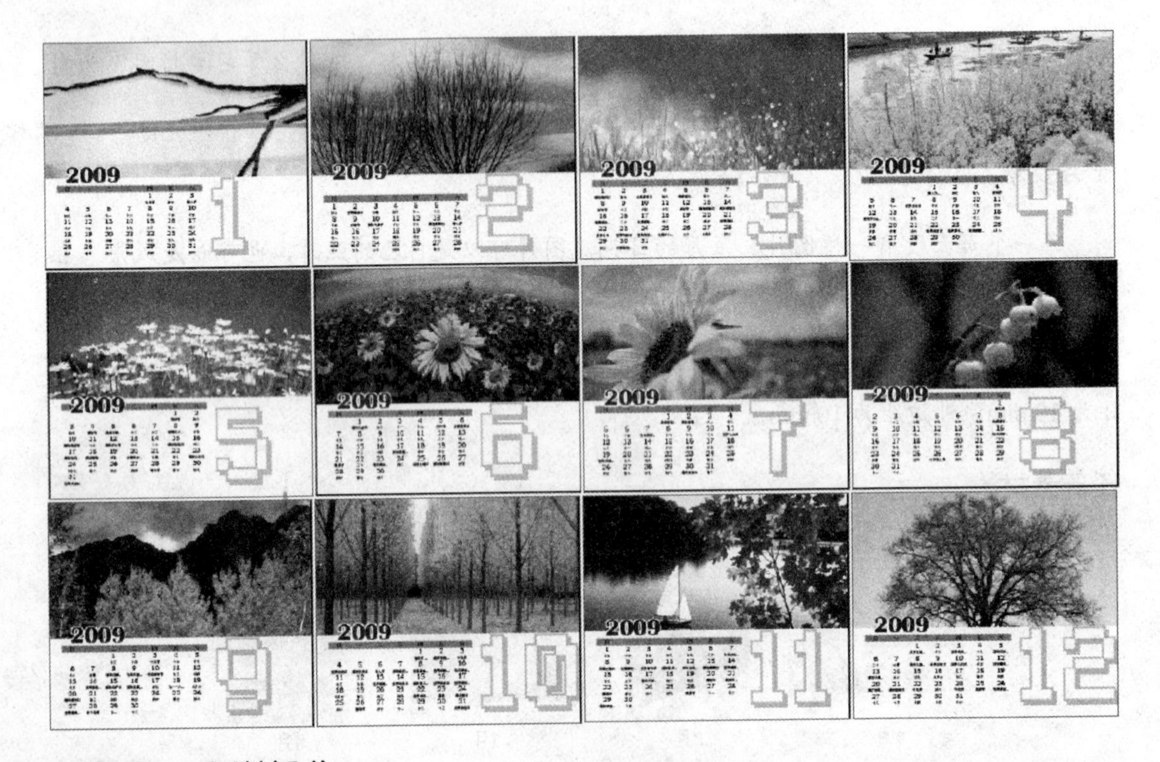

任务三　自学部分

目的

了解主页的作用、主页的创建、主页的编辑和页码的设置，掌握在设计版式时应该如何运用主页，减少重复性的操作，提高工作效率。

学生预习

1. 了解主页的作用和创建方法。
2. 了解主页的编辑方法。
3. 了解页码的设置和对齐方法。
4. 了解调整页码位置的方法。

学生练习

使用相关素材，练习创建主页、编辑主页、应用主页、设置页码和调整页码等操作。

图 11-81 所示为原始素材，图 11-82 所示为设计版式后的效果，可作为同学们练习的参考。

图 11-81　原始素材

图 11-82　设计版式后的效果

模块 12　版 式 设 计

能力目标

1. 能够按照要求创建主页、编辑主页、应用主页
2. 能够根据版式设置页码及页码的对齐方式
3. 能够按照要求设置页码的起始位置

知识目标

1. 掌握主页的创建方法
2. 掌握页码的设置方法
3. 掌握主页的应用方法
4. 掌握章节页码的设置

课时安排

2 课时讲解，2 课时实践

任务一　《家装设计攻略》的版式设计

任务背景

该图书适用于想成为家装设计师、关心家装业、家装市场和需要家装的各类人士及大专院校相关专业师生、科研人员阅读，图书主要内容是论述家装设计师的职业特点及执业要点，以及家装客户的类型及心理等。所以，在设计版式时，要灵活运用线条和色块等设计要素，不同的章节可以设置不同的颜色。

任务要求

本例提供半成品文件，页面中已置入文字内容，现在需要设计版式。

图书成品尺寸为 170 mm × 260 mm，上边距为 20 mm，下边距为 20 mm，内边距为 20 mm，外边距为 20 mm。

任务素材

任务参考效果图

制作步骤分析

1. 新建主页。
2. 绘制主页的页面元素。
3. 向主页添加页码。
4. 将制作好的主页应用到页面中。

5. 调整章节页码的位置。

参考制作流程

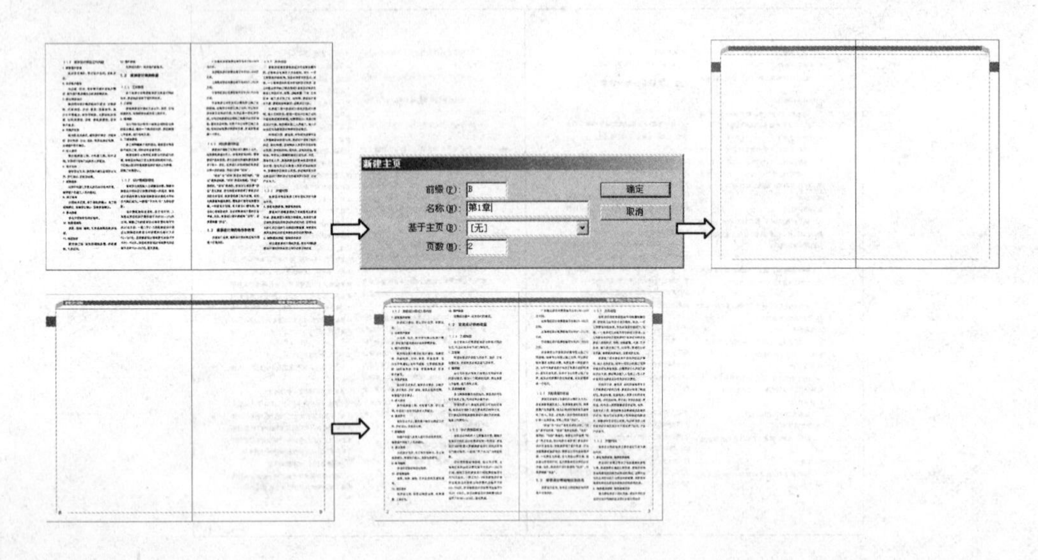

操作步骤详解

1. 新建主页

如果创建的出版物每页面上的设计基本相同，就不必创建新的主页，直接使用默认的A-主页即可。但是如果打算在一个文档中使用多种页面设计，就需要另外新建主页。

（1）执行【窗口】|【页面】命令，打开【页面】调板，如图 12-1 所示。

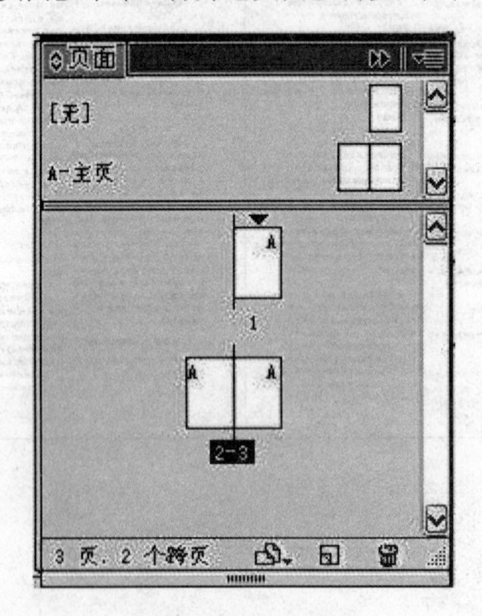

图 12-1 【页面】调板

（2）单击【页面】调板右侧的下拉按钮，在弹出的下拉菜单中选择【新建主页】，然后弹出【新建主页】对话框，如图 12-2 所示。

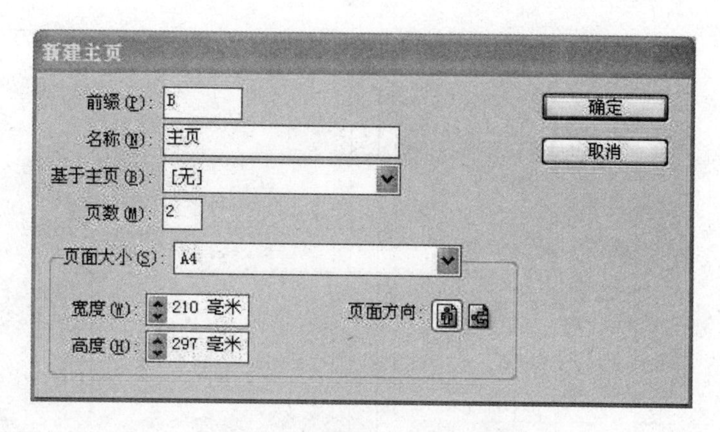

图 12-2 【新建主页】对话框

(3) 在【新建主页】对话框的【名称】文本框中，同学们可根据自己的习惯将主页命名为方便记忆的名字，在【基于主页】下拉列表框中可选择基于对象，在【页数】的数值框中最多可输入 10，如图 12-3 所示。

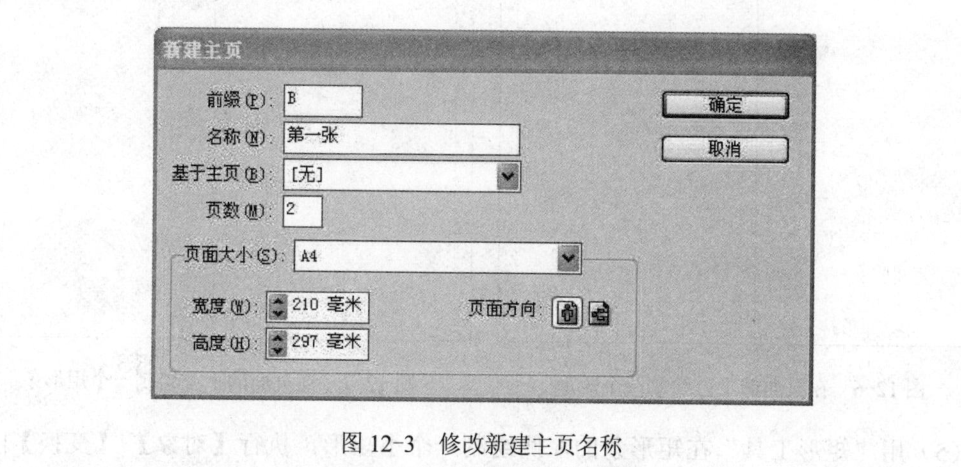

图 12-3　修改新建主页名称

(4) 单击【确定】按钮，完成创建主页的操作。

2. 编辑主页

同学们可根据自己的习惯先在纸上做出草图，然后在 InDesign CS6 的主页中进行编辑，或者直接在主页上进行设计。但要注意的是主页与页面不同，在设计主页时应更多考虑到整体的版式而不是细节。

(1) 用“矩形工具”绘制一个矩形，并放置在页面的垂直居中位置，如图 12-4 所示。

(2) 用“选择工具”选择矩形框，然后用“剪刀工具”剪切矩形的下边线，然后将其删除，得到的效果如图 12-5 所示。

(3) 用“矩形工具”在页面的左上角绘制一个矩形，并填充颜色为 C=50，M=65，Y=0，K=0。按住 Alt+Shift 键，拖曳这个矩形框至右页面的相同位置上，得到的效果如图 12-6 所示。

(4) 用“矩形工具”在页面的上方绘制一个矩形条，并填充颜色为 C=50，M=65，Y=0，K=0，如图 12-7 所示。

图 12-4 绘制一个矩形

图 12-5 剪切矩形的下边线

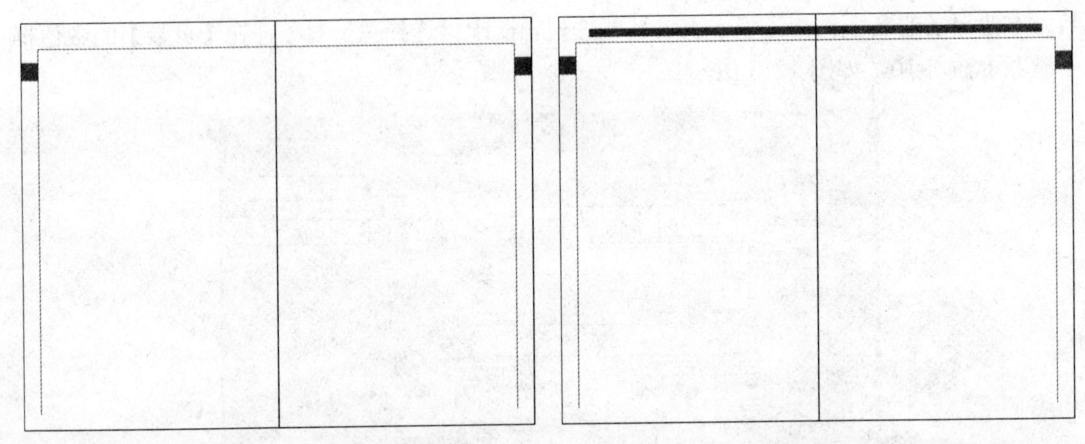

图 12-6 在页面的上方绘制一个矩形

图 12-7 在页面的上方绘制一个矩形条

（5）用“矩形工具”在矩形条的左侧绘制一个小矩形，执行【对象】|【变换】|【切变】命令，弹出【切变】对话框，在【切变角度】数值框中输入“-25°”，选中【垂直】单选框，如图 12-8 所示。

（6）单击【确定】按钮，调整矩形的位置，并填充颜色色值为 C=0，M=0，Y=0，K=30，如图 12-9 所示。

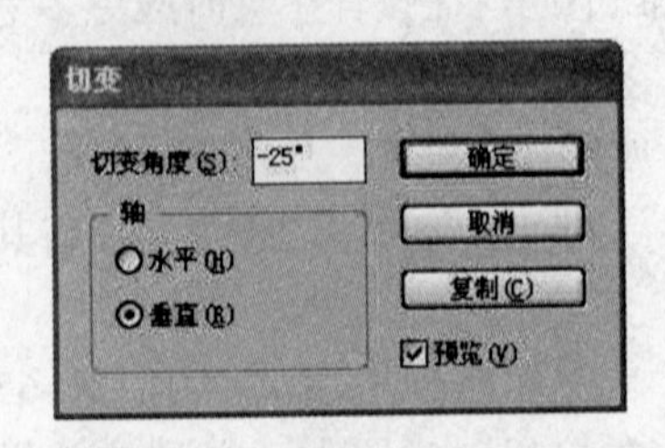

图 12-8 【切变】对话框

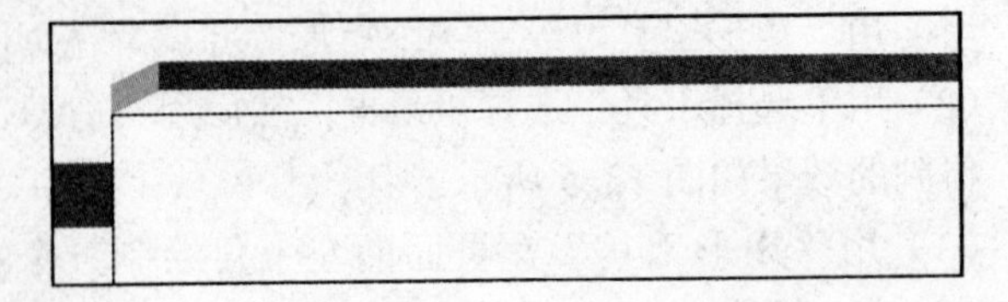

图 12-9 调整矩形的位置并填充颜色

（7）按住 Alt+Shift 键，拖曳这个矩形框至右页面的相同位置上，然后单击【对象】|【变换】|【水平翻转】，得到的效果如图 12-10 所示。

（8）用“直线工具”在页面的下方绘制一条直线，设置描边粗细为“1 毫米”，描边颜色色值为 C=0，M=0，Y=0，K=30，如图 12-11 所示。

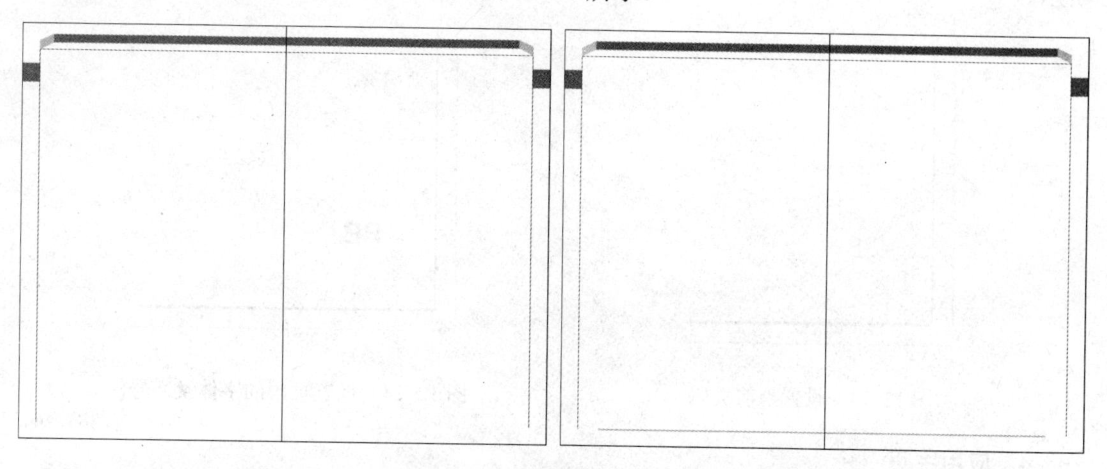

图 12-10　拖曳这个矩形框至右页面的相同位置上　　图 12-11　在页面的下方绘制一条直线

（9）在左页面输入书籍的名字为“家装设计攻略”，在右页面输入书籍的章节名字为“模块 1　家装设计师的职业秘密”，并在【字符】调板中设置【字体】为“方正准圆简体”，【字号】为“10 点”，字体颜色为“纸色”，得到的效果如图 12-12 所示。

图 12-12　在右页面输入书籍的章节名字并设置字体与字号

3．向主页添加页码

向主页添加页码以指定每页的位置，由于页码是自动更新的，当添加、删除或重新排版页面时，文档所显示的页码始终是正确的。

（1）在主页中用“文字工具”绘制一个文本框，然后执行【文字】|【插入特殊字符】|【标志符】|【当前页码】命令，前面绘制的文本框中自动插入英文大写字母“PB”，如图 12-13 所示。

（2）用“文字工具”选择页码“PB”，然后设置它的字体为“Arial”，字号为“14 点”，对齐方式为“左对齐”，如图 12-14 所示。

（3）用“选择工具”选择左页码，按住 Ctrl+C 键进行复制，然后按住 Ctrl+V 键粘贴至右边页面，将右页码的对齐方式改为“右对齐”并调整，使它与左页码位置一致，如图 12-15 所示。

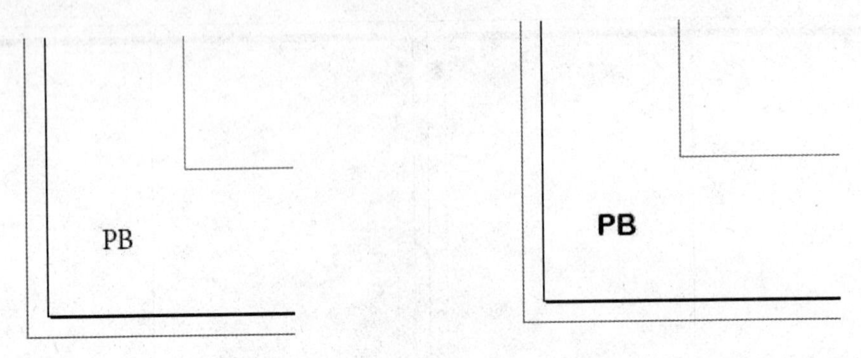

图 12-13 设置当前页码　　图 12-14 设置页码的字体及字号

4．应用主页

如果一个文档里只有一个主页，默认情况下每个页面中都应用“A-主页”的版式；如果一个文档里有多个主页，就需要将其他主页应用到页面中。

（1）在【页面】调板中选择需要应用“B-主页”的页面，如图 12-16 所示。

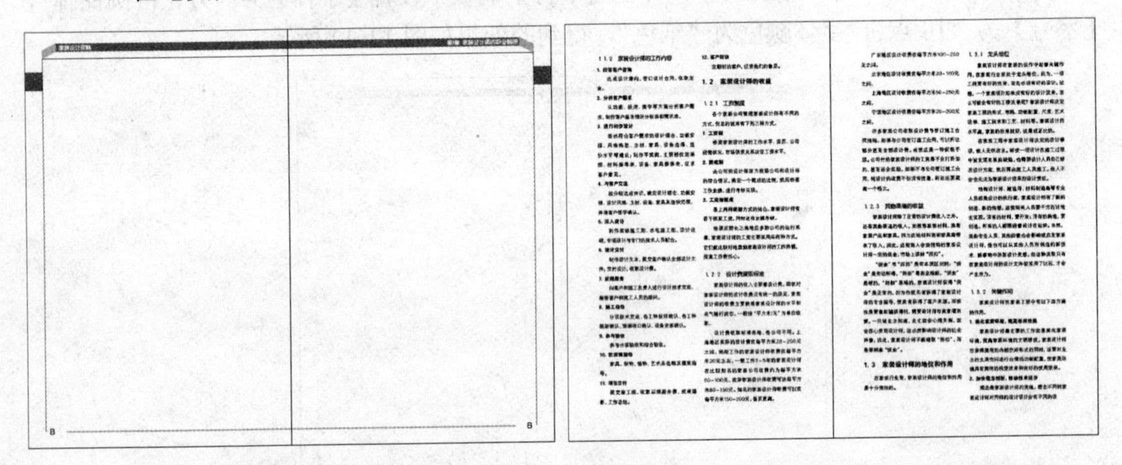

图 12-15 调整左右两边的页码使其一致　　图 12-16 选择需要应用“B-主页”的主页

（2）在【页面】调板所选页面的位置单击鼠标左键，在弹出的下拉菜单中选择【将主页应用于页面】，弹出【应用主页】对话框，在【应用主页】下拉列表框中选择“B-第一章”，如图 12-17 所示。

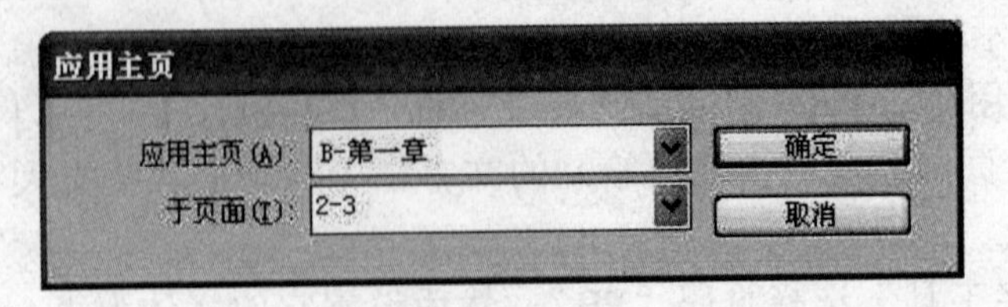

图 12-17 【应用主页】对话框

（3）单击【确定】按钮，得到的效果如图 12-18 所示。

图 12-18　应用主页设置完成

5．删除主页

（1）在【页面】调板中，单击需要删除的主页图标，然后单击【页面】调板右下角的“删除选中页面”按钮，弹出删除选中页面提示对话框，如图 12-19 所示。

（2）单击【确定】按钮，完成删除主页的操作，如图 12-20 所示。

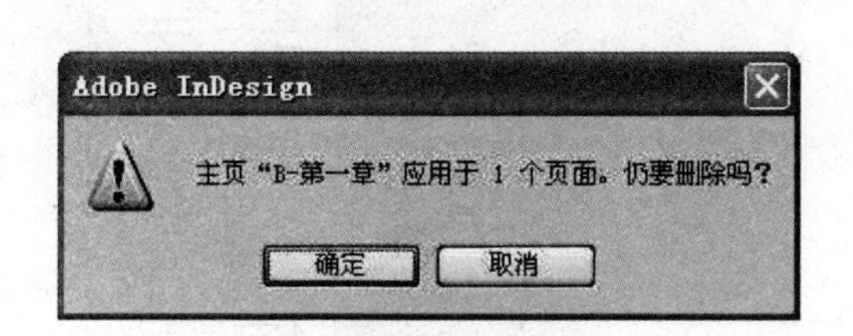

图 12-19　删除选中页面提示对话框

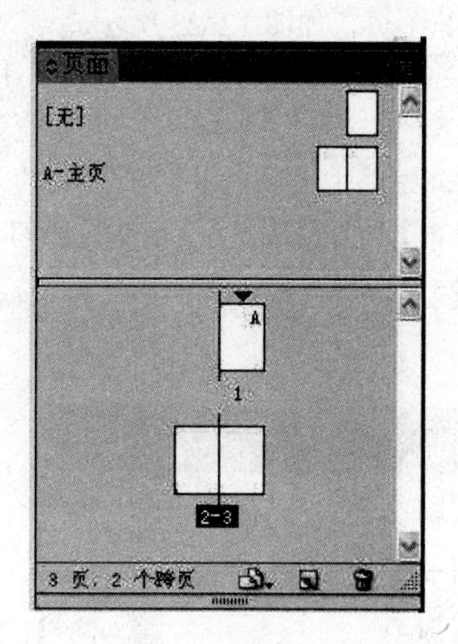

图 12-20　完成删除主页的操作

6．设置章节页码的位置

有些出版物的页码按内容划分，如图书分章节设置页码“章节 1-1”……，“章节 2-1”……，有些出版物在前几页不设置页码，如杂志的目录不设置页码，需要从第 3 页开始，这些都要求重新设置页码的起始位置。

（1）打开【页面】调板，选择要定义新章节的页码，本例选择第 2 页，如图 12-21 所示。

（2）执行【版面】|【页码和章节选项】命令，弹出【新建章节】对话框，如图 12-22 所示。

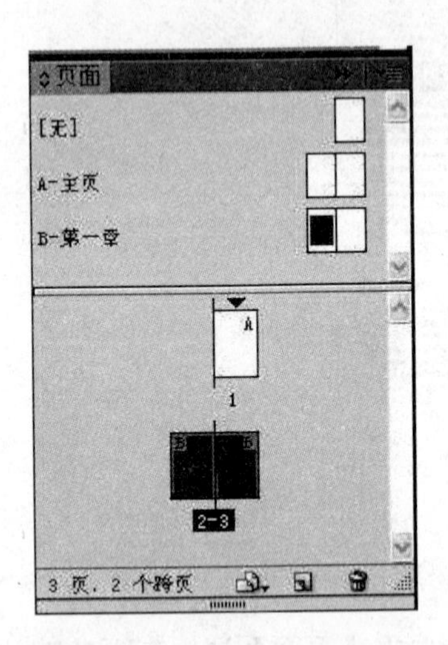

图 12-21 选择要定义新章节的页码

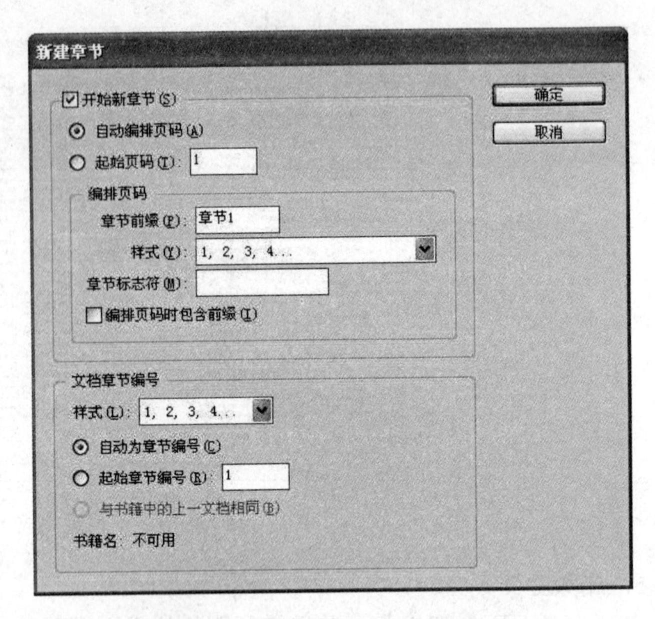

图 12-22 【新建章节】对话框

（3）单击【起始页码】单选框，然后单击【确定】按钮，可看到【页面】调板中的第 2 页变为第 1 页，如图 12-23 所示。

（4）页面效果如图 12-24 所示。InDesign CS6 默认起始页面都为右页，在改变了章节页码位置的设置后，原来的左页面变为了右页面，若想不改变页面的位置，可以在执行该操作前，先单击【页面】调板右侧的下拉按钮，在弹出的下拉菜单中选择【允许文档页面随机排布】，去掉该选项前面的选勾，然后再执行章节页码位置的设置，得到的效果如图 12-25 所示。

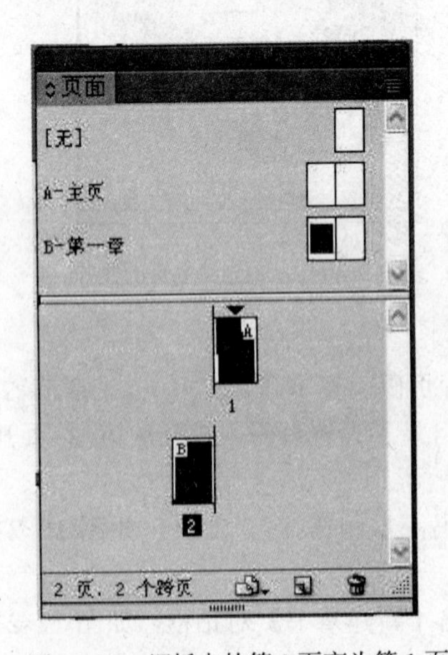

图 12-23 调板中的第 2 页变为第 1 页

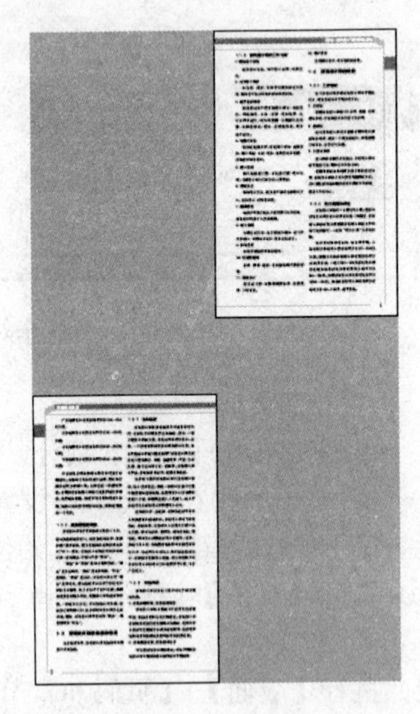

图 12-24 页面效果

图 12-25 设置完成

7. 更改页码的样式

可以将一个文档中包含的不同位置页码设置不同的样式，如在进行更改起始页码位置的操作后，将上一章节的页码设置为罗马数字“Ⅰ、Ⅱ、Ⅲ……”。

（1）在【页面】调板中单击需要更改页码样式的页面，如图 12-26 所示。

（2）执行【版式】|【页码和章节选项】命令，弹出【新建章节】对话框，如图 12-27 所示。

（3）单击【样式】下拉列表框，选择样式为“Ⅰ，Ⅱ，Ⅲ，Ⅳ...”，如图 12-28 所示。

（4）单击【确定】按钮，可看到【页面】调板的页码变为上一步骤中所设置的样式，如图 12-29 所示。

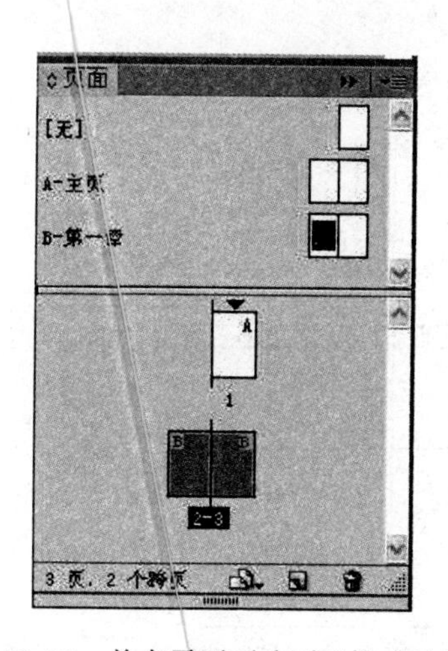

图 12-26 单击需要更改页码格式的页面

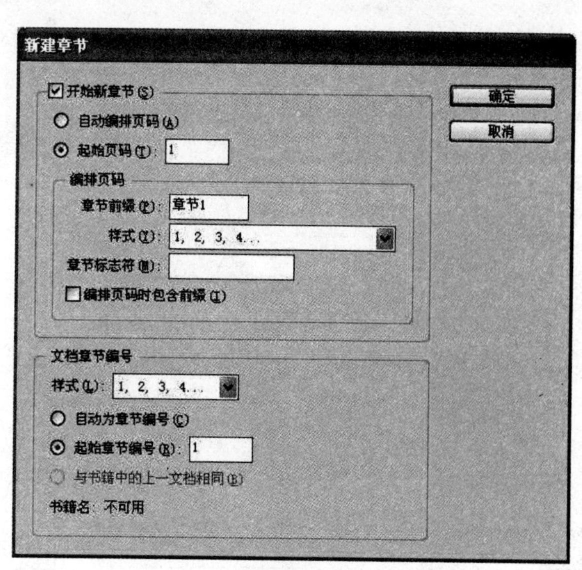

图 12-27 页码和章节选项设置

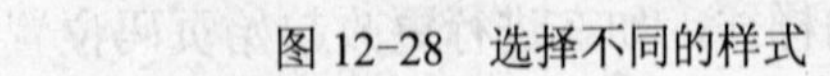

图 12-28 选择不同的样式

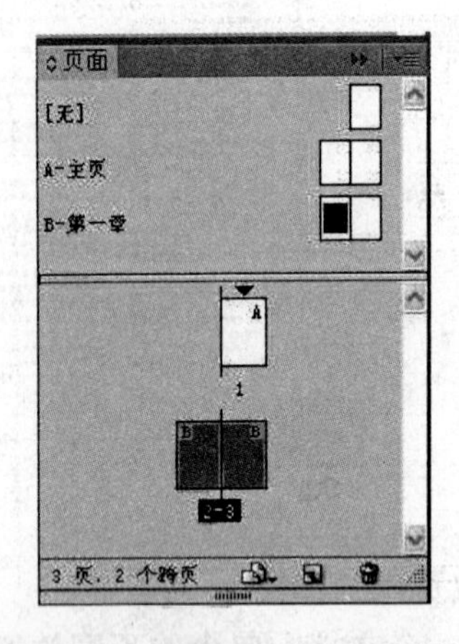

图 12-29 更改页码样式设置完成

任务相关知识讲解

1. 调整零点和度量单位

在开始制作主页之前，首先需要调整零点和度量单位的设置，设计师可根据日常的工作习惯进行调整。标尺的默认度量单位是毫米，设计师可以通过执行【编辑】|【首选项】|【单位和增量】命令，在弹出的【首选项】对话框中更改标尺的度量单位，如图 12-30 所示。

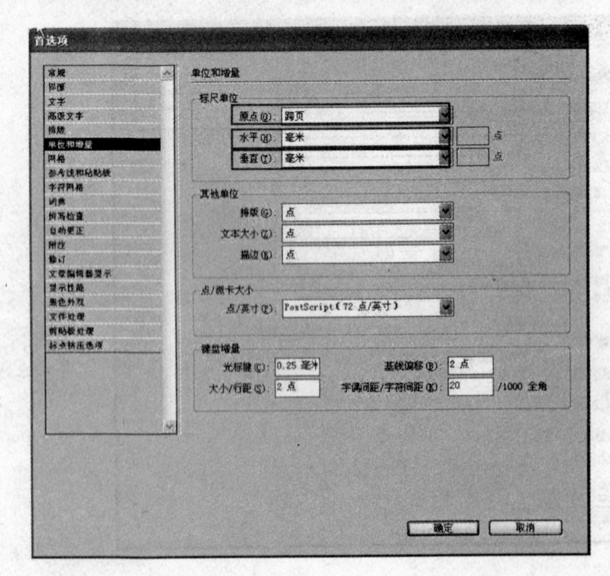

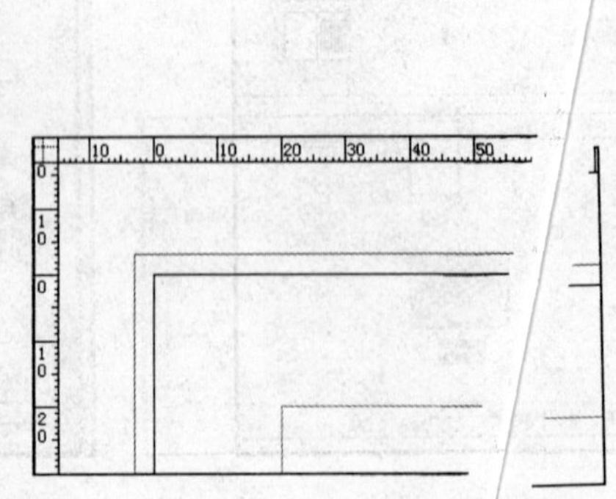

图 12-30 更改标尺的度量单位

在默认情况下，零点位于每个跨页的左上角，【控制】调板、【信息】调板和【变换】调板中显示的 X 和 Y 位置坐标都相对于零点而言，在下面讲到的参考线也以零点为参考点进行设置。通过移动水平和垂直标尺的交叉点调整零点的位置。

（1）单击水平和垂直标尺的交叉点并拖曳到版面上设置零点的位置，如图 12-31 所示。

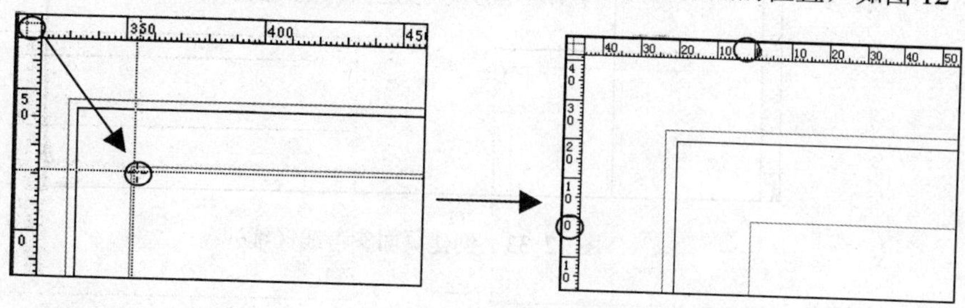

图 12-31 设置零点位置

（2）要重新设置零点的位置可以双击水平和垂直标尺的交叉点，如图 12-32 所示。

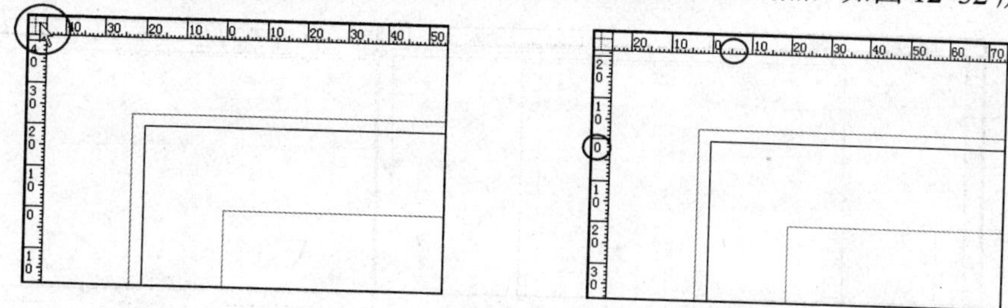

图 12-32 重新设置零点位置的方法

2. 参考线的运用

1）创建标尺参考线

参考线有助于将对象准确放在任何位置上，并且不在最后输出中显示。在 InDesign CS6 中可创建页面、跨页和水平垂直的参考线，也可用【变换】调板精确设置参考线的位置。

（1）页面参考线

创建页面参考线时，将指针放在水平或垂直标尺内侧单击鼠标，然后拖曳到页面中需放置对象的位置上即可，如图 12-33 所示。

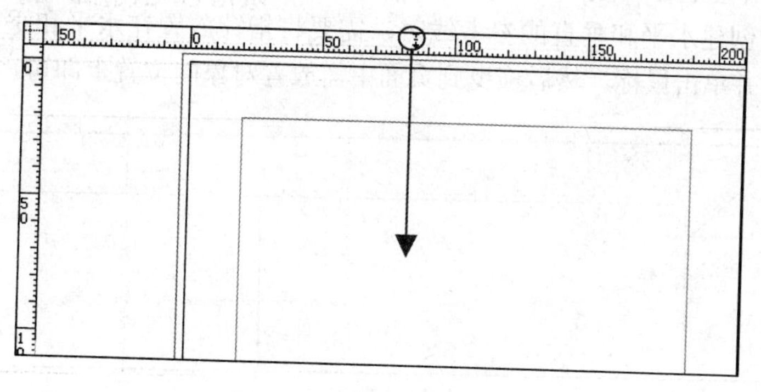

图 12-33 创建页面参考线

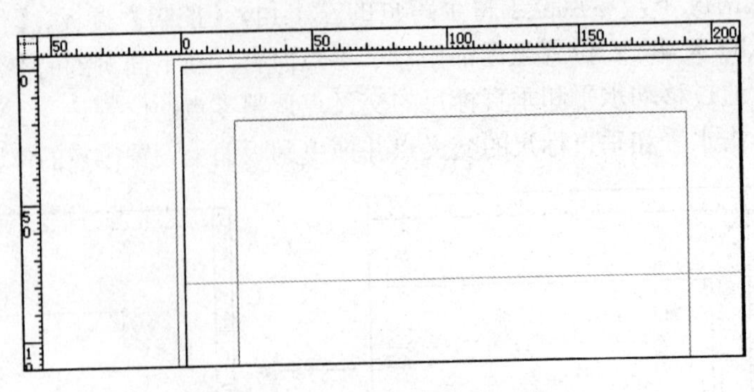

图 12-33 创建页面参考线（续）

（2）跨页参考线

创建跨页参考线时，将指针放在水平或垂直标尺内侧按住 Ctrl 键并单击鼠标，然后拖曳到页面中需放置对象的位置上即可，如图 12-34 所示。

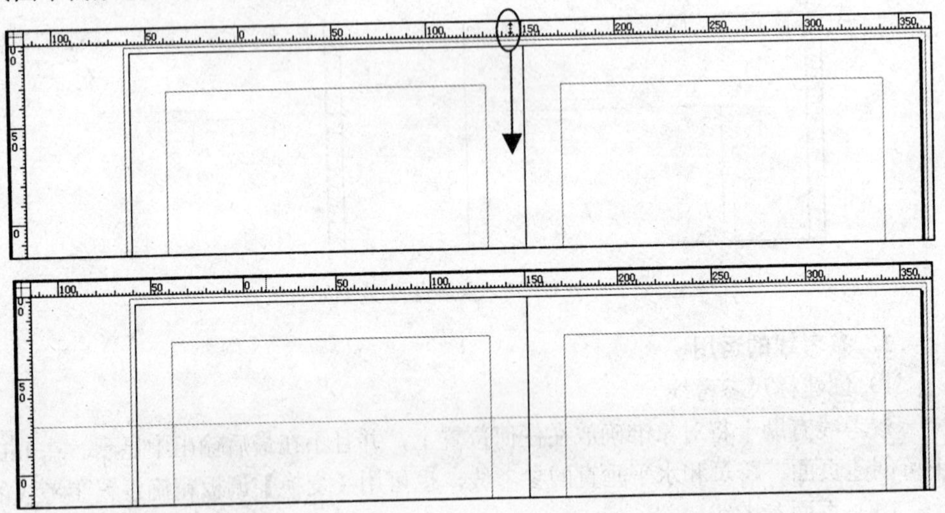

图 12-34 创建跨页参考线

（3）水平垂直参考线

要同时创建水平和垂直的参考线时，需要将指针放置在水平和垂直标尺的交叉点上，按住 Ctrl 键并单击鼠标，然后拖曳到页面中需放置对象的位置上即可，如图 12-35 所示。

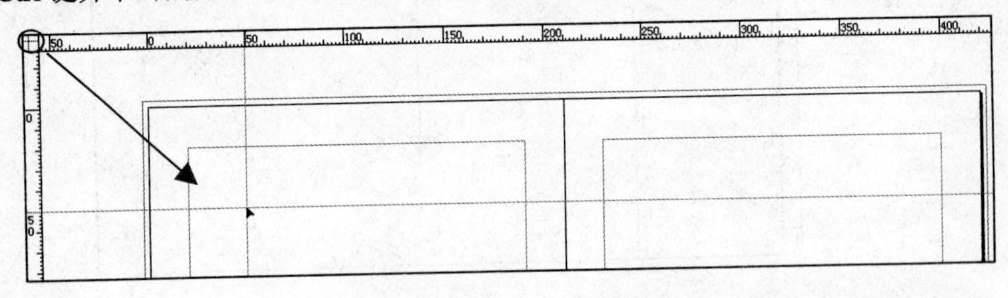

图 12-35 创建水平垂直参考线

小知识：可以在不拖曳鼠标的情况下创建参考线，将指针放置在水平或垂直标尺内侧的指定位置上，然后双击鼠标即可创建跨页参考线。

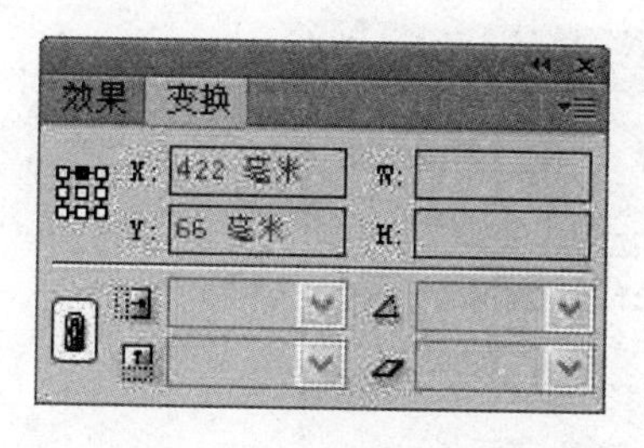

图 12-36 【变换】调板

如果要将参考线与最近的刻度线对齐，按住 Shift 键并双击标尺即可完成。

（4）【变换】调板设置参考线

通过【变换】调板可精确设置参考线的位置。

① 执行【窗口】|【对象和版面】|【变换】命令，打开【变换】调板，如图 12-36 所示。

② 将指针放置在水平标尺内侧，然后单击鼠标并向下拖曳，完成水平参考线的创建，如图 12-37 所示。

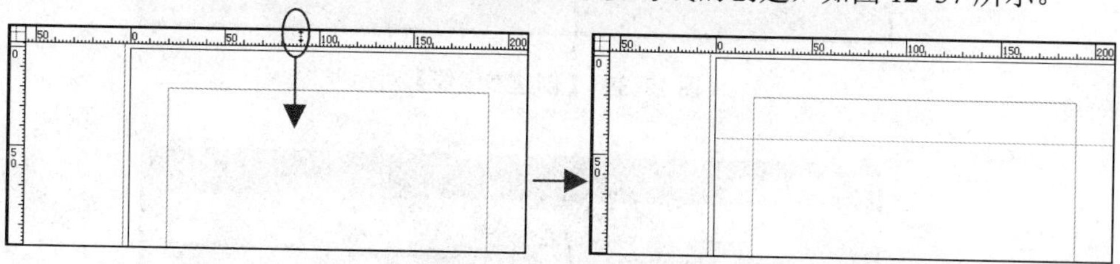

图 12-37 完成水平参考线的创建

③ 选择上一步骤中创建的参考线，然后在【变换】调板中的 Y 轴输入数值，参考线将根据数值放置在指定位置上，如图 12-38 所示。

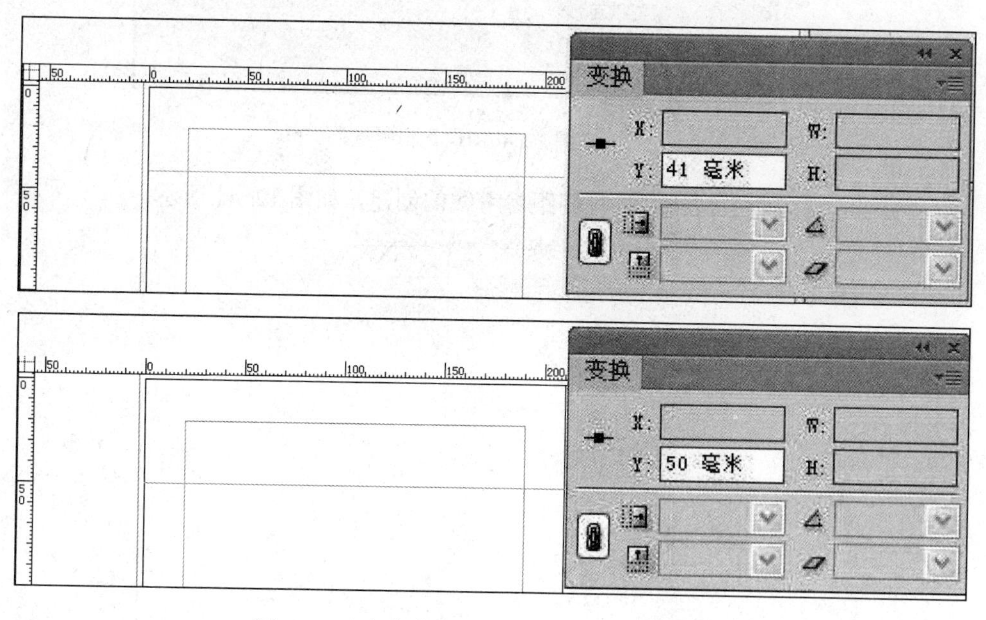

图 12-38 参考线将根据数值放置在指定位置上

2）创建等间距的页面参考线

（1）执行【版面】|【创建参考线】命令，弹出【创建参考线】对话框，如图 12-39 所示。

（2）本例中设置参考线的【行数】为“3”，【栏数】为“2”，参考线适合为【边距】，如

图 12-40 所示。

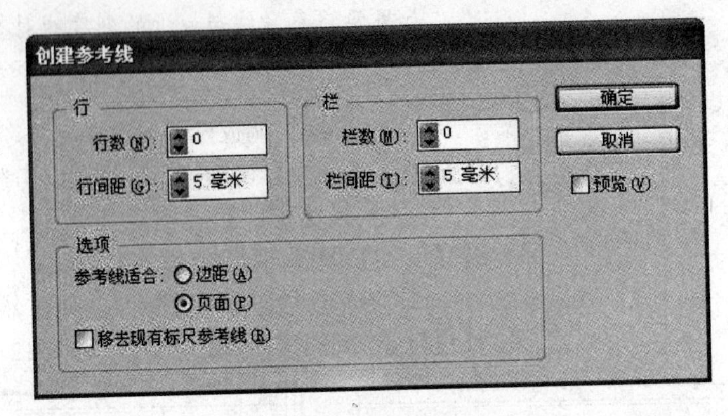

图 12-39 【创建参考线】对话框

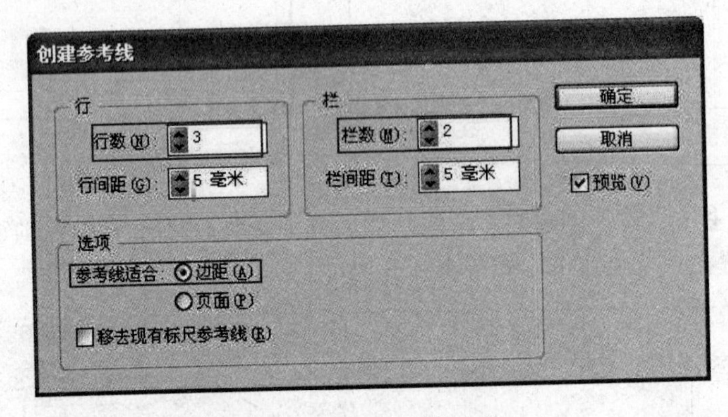

图 12-40　设置相应参数

（3）单击【确定】按钮完成等间距参考线的创建，如图 12-41 所示。

图 12-41　完成等间距参考线的创建

3）调整参考线顺序

在默认情况下，参考线一般置于对象的前方，这样，某些参考线可能会影响同学们看到一些对象，如描边宽度，如图 12-42 所示。可以通过更改【首选项】设置，将参考线置于对象的后方。

（1）执行【编辑】|【首选项】|【参考线和粘贴板】命令，弹出【首选项】对话框，如图 12-43 所示。

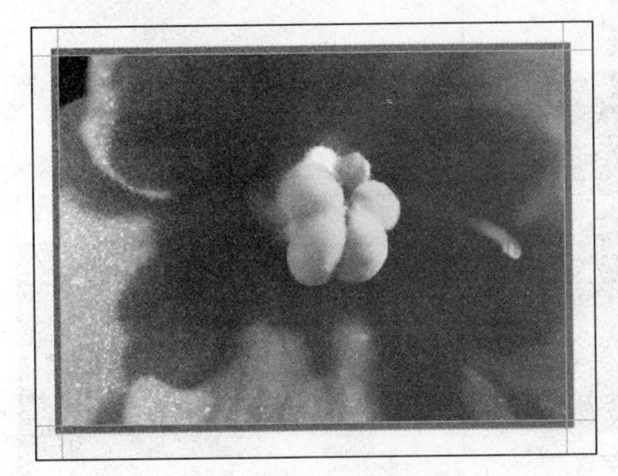

图 12-42　参考线一般置于对象的前方

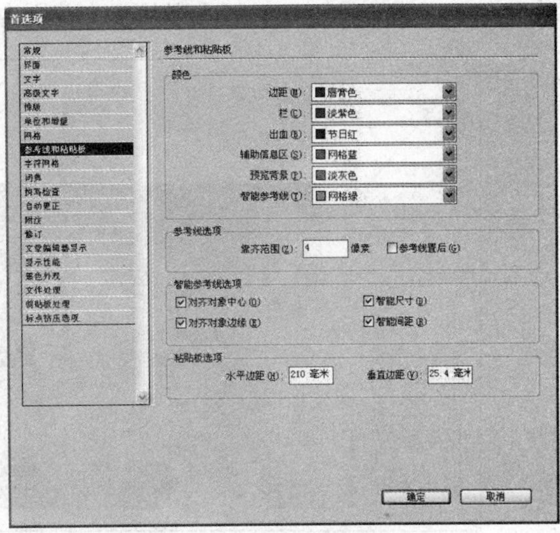

图 12-43　参考线和粘贴板

（2）然后在【参考线选项】复选区中选中【参考线置后】复选框，如图 12-44 所示。

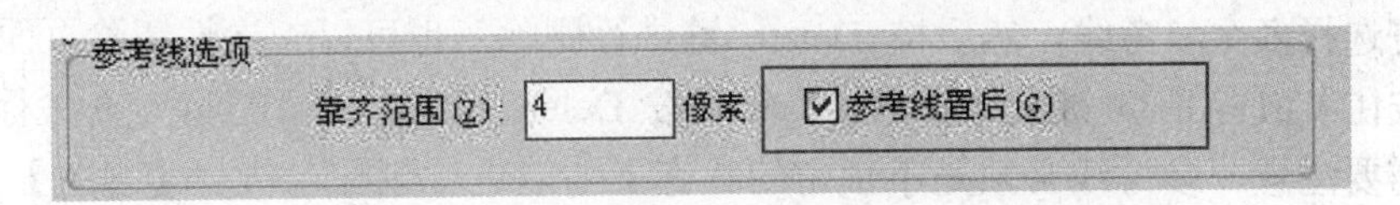

图 12-44　参考线选项参数

（3）单击【确定】按钮，完成调整参考线顺序的设置，如图 12-45 所示。

图 12-45　完成调整参考线顺序的设置

4）对象靠齐参考线

要使对象与参考线精确的靠齐，需设置【靠齐参考线】命令。当移动或调整对象时，对象的边缘将靠齐到最近参考线。

（1）执行【视图】|【网格和参考线】|【靠齐参考线】命令，使对象靠齐参考线。

（2）然后将对象移置参考线靠齐范围内，即可精确地靠齐参考线，如图 12-46 所示。

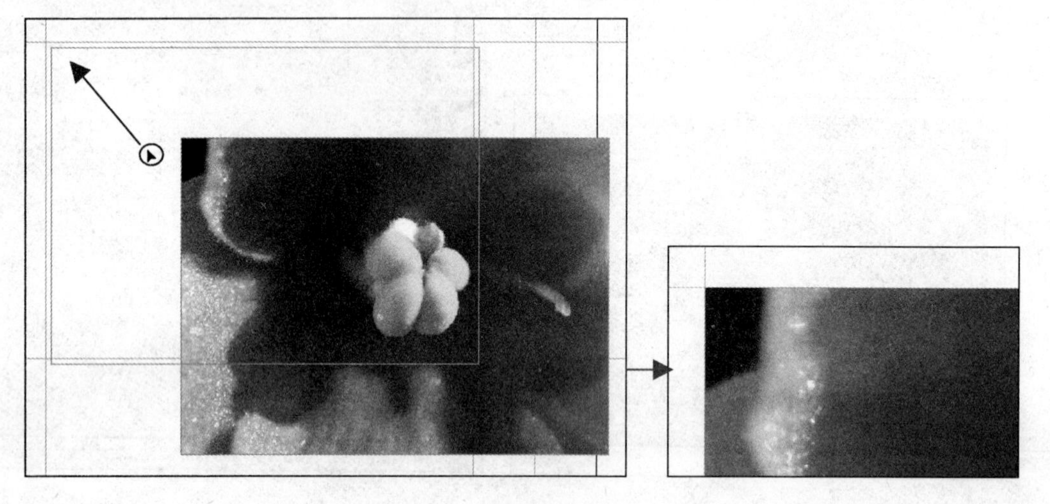

图 12-46 使对象靠齐参考线

5）删除参考线

可选择多个参考线，然后按 Delete 键进行删除。也可以一次性清除页面上的所有参考线，按住 Ctrl+Alt+G 键全选参考线，然后按 Delete 键进行全部删除。在进行删除参考线操作时需要注意，参考线必须是不锁定的状态下才能进行删除，执行【视图】|【网格和参考线】|【锁定参考线】命令，可将参考线解除锁定。

3．复制其他主页

复制其他主页有以下两种方法。

方法 1：将主页的页面名称直接拖曳到【页面】调板底部的“创建新页面”按钮处，然后松开鼠标，即完成复制主页的操作，如图 12-47 所示。

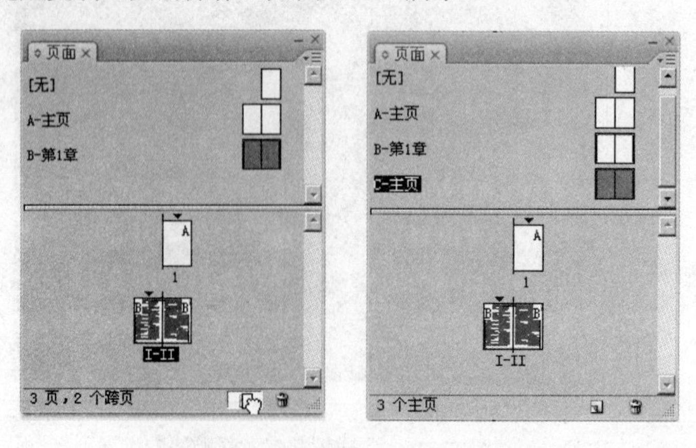

图 12-47 完成复制主页的操作（1）

方法 2：单击【页面】调板右侧的下拉按钮，在弹出的下拉菜单中选择【直接复制主页跨页“B-模块 1”】，即完成复制主页的操作，如图 12-48 所示。

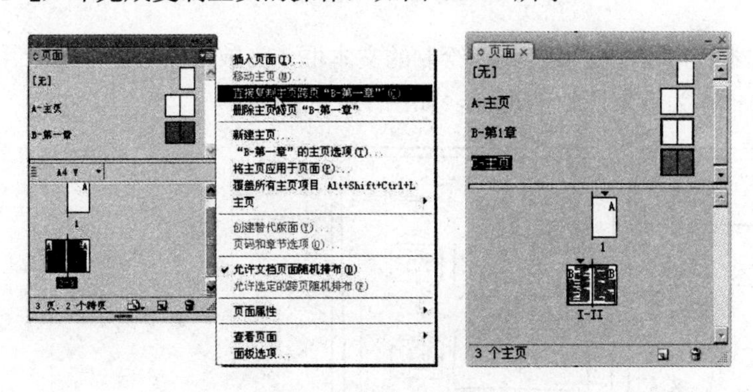

图 12-48　完成复制主页的操作（2）

4．将页面变为主页

（1）选择页面，单击【页面】调板右上角的下拉按钮，在弹出的下拉菜单中选择【存储为页面】，如图 12-49 所示。

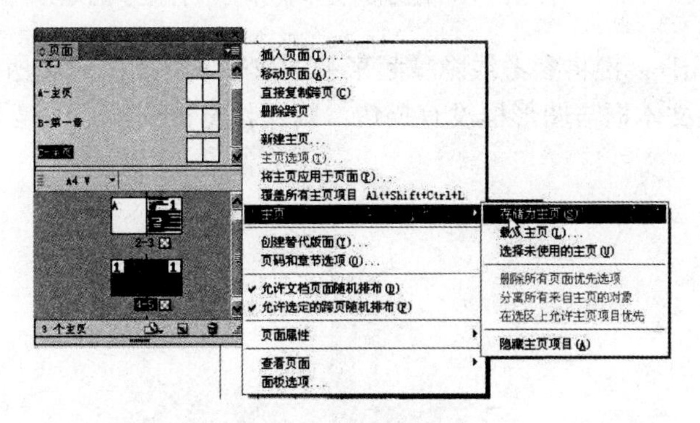

图 12-49　存储为主页

（2）在【页面】调板上可看到页面作为主页显示，如图 12-50 所示。

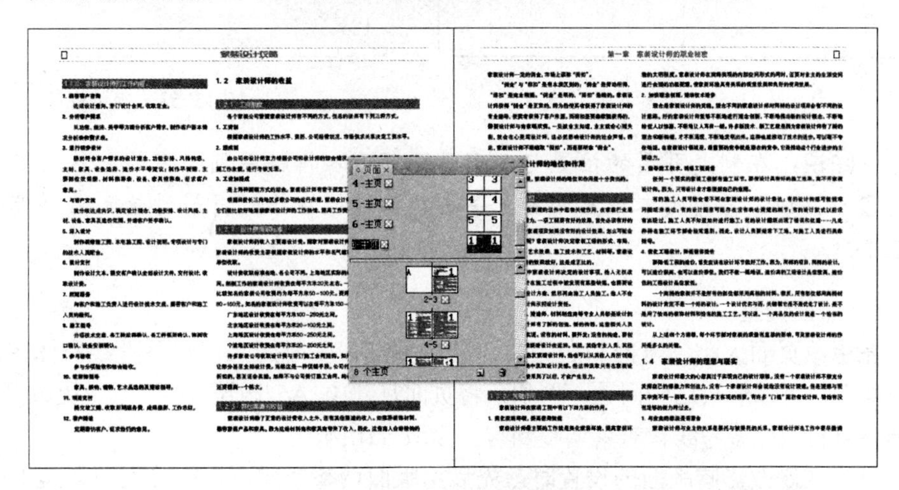

图 12-50　页面作为主页显示

5．使用占位符设计页面

在没有添加文字与图片的时候，可用文本框或图形框作为占位符指定文字与图片放置的位置。

（1）在本例中用“文字工具”绘制的文本框作为放置文字的地方，用“矩形框架工具”绘制的图形框作为放置图片的地方，如图 12-51 所示。

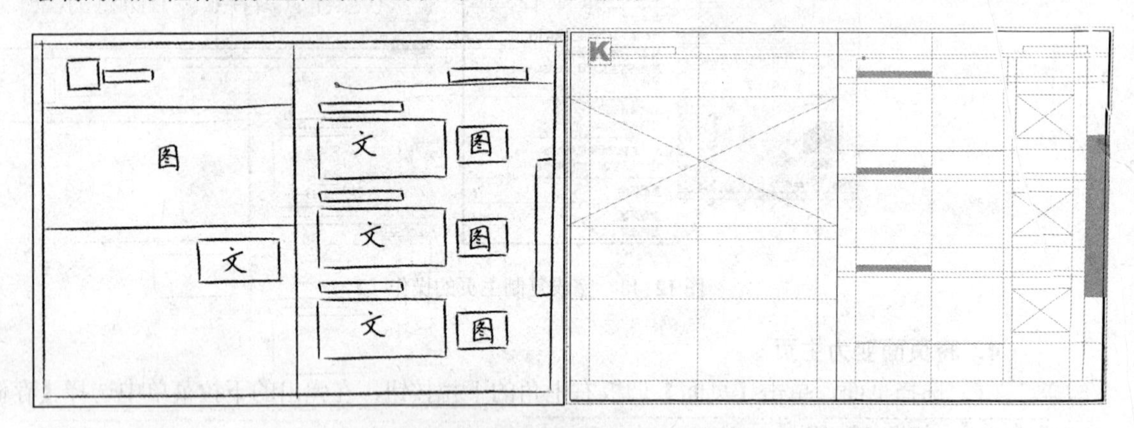

图 12-51　绘制的文本框作为放置文字的地方

（2）按住 Ctrl+；键将参考线隐藏起来看下效果，如图 12-52 所示。

（3）若这些文本框与图形框没有描边，则在预览视图模式下是不被显示的，如图 12-53 所示。

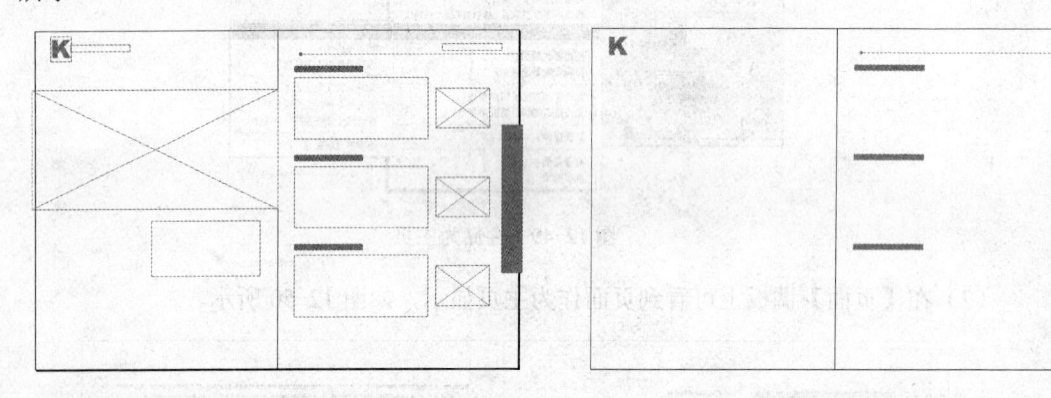

图 12-52　将参考线隐藏　　　　图 12-53　预览视图模式

小知识：在制定页眉的位置与大小时，可输入排版用到的字号，然后单击“框架适合内容”按钮，再将文本框里面的文字去掉，这样在排版页眉时就无需再调整占位符的位置了。

6．版面调整

在更改页面大小、方向和边距时，还需要花很多时间来调整参考线和图形的位置。使用版面调整可以解决这些问题。例如，将页面尺寸由 A5 改至 A4，或是更改页面方向，版面调整将自动把参考线、对象调整到与页面适合比例。

（1）在修改影响版面的设置时，先启用版面调整功能。执行【版面】|【自适应版面】

命令，弹出【自适应版面】对话框，如图 12-54 所示。

（2）在【自适应版面】中选择【版面调整】，如图 12-55 所示。

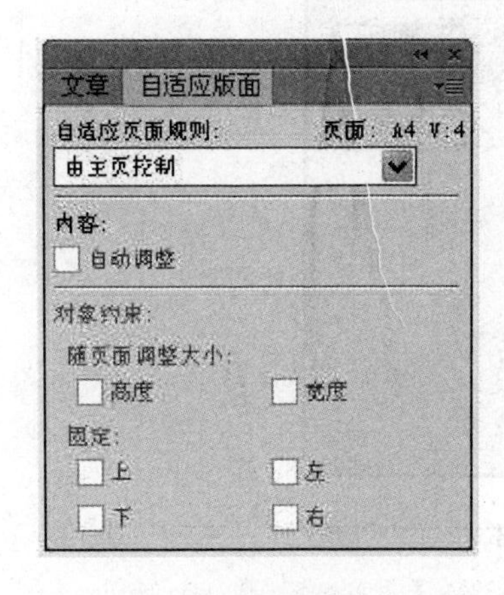

图 12-54 【自适应版面】对话框

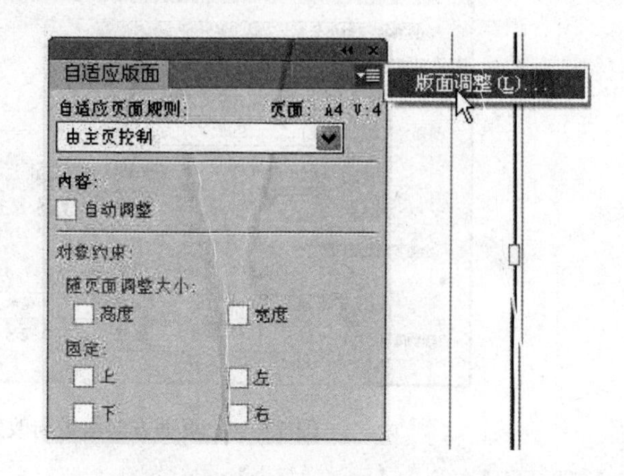

图 12-55 【自适应版面】中选择【版面调整】

（3）单击【页面】调板右侧的下拉按钮，选择【版面调整】，弹出【版面调整】对话框，如图 12-56 所示。

（4）勾选【启用版面调整】复选框，然后单击【确定】按钮，如图 12-57 所示。

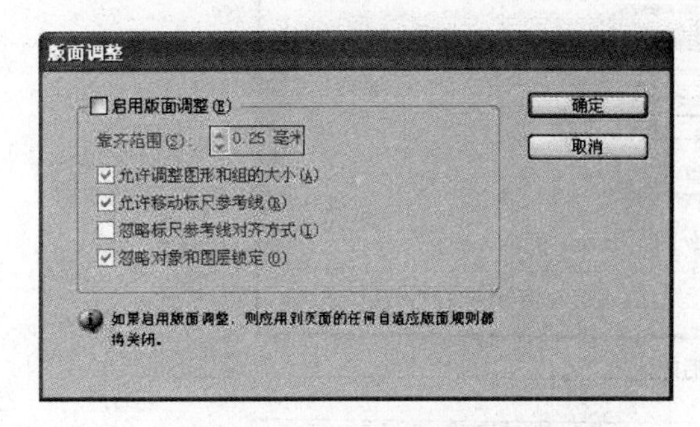

图 12-56 【版面调整】对话框

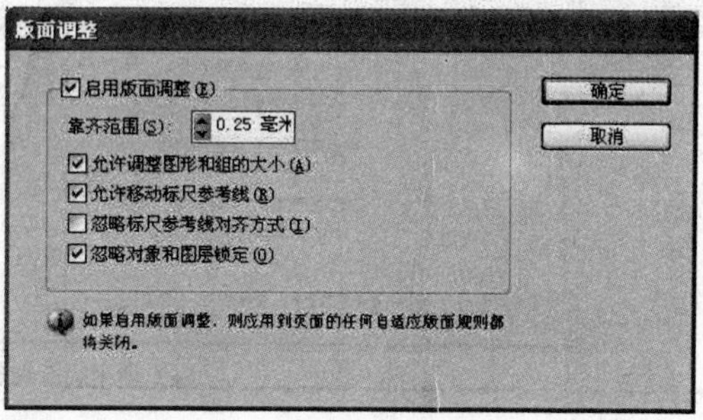

图 12-57 启用版面调整

（5）接下来修改页面设置。执行【文件】|【文档设置】命令，弹出【文档设置】对话框，如图 12-58 所示。

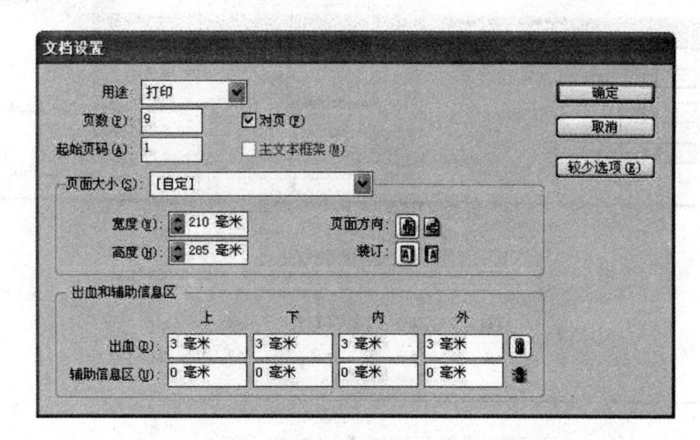

图 12-58 【文档设置】对话框

（6）本例中将【页面方向】由纵向改为横向，如图 12-59 所示。

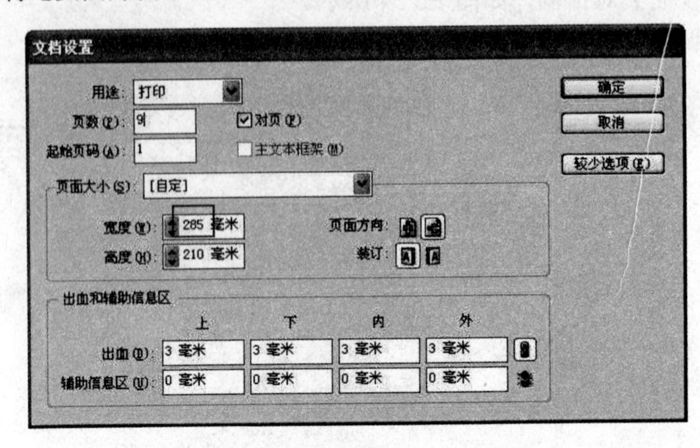

图 12-59　页面方向由纵向改为横向

（7）单击【确定】按钮，观察使用版面调整功能后的效果。图 12-60（a）所示为使用版面调整后的效果，参考线与对象自动按比例调整。图 12-60（b）所示为未使用版面调整的效果，参考线与对象位置不变。

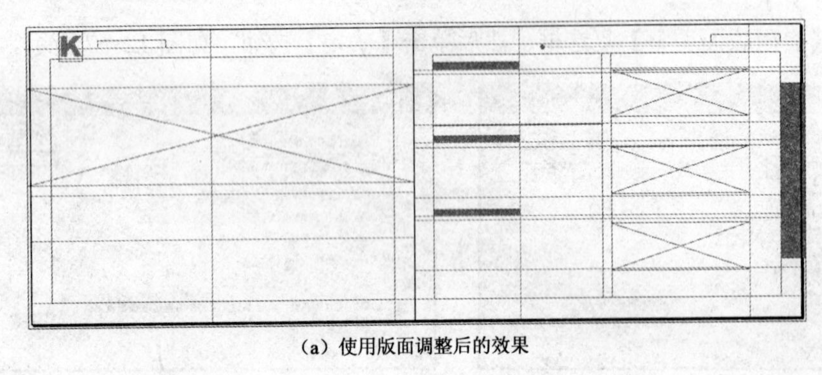

（a）使用版面调整后的效果

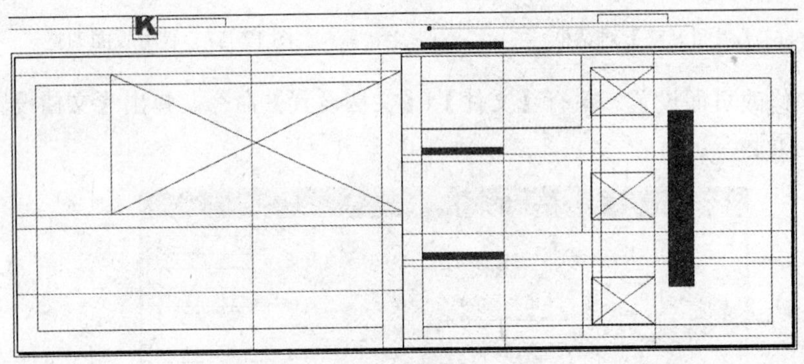

（b）未使用版面调整的效果

图 12-60　效果对比

任务二　为个人日记设计版式

任务背景

在之前的实践练习中，只对文字进行了编辑与处理，现在需要同学们自己进行版式设计，然后编辑文字，置入图片，让同学们亲自实践从设计到制作的过程。

任务要求

本例提供参考文字与图片，同学们也可以自己搜集文字与图片资料。运用所学知识，练习创建主页，在主页中设计版式，然后应用主页，添加页码等操作。

参考成品尺寸 210 mm × 240 mm，上边距为 20 mm，下边距为 20 mm，内边距为 20 mm，外边距为 20 mm。

任务素材

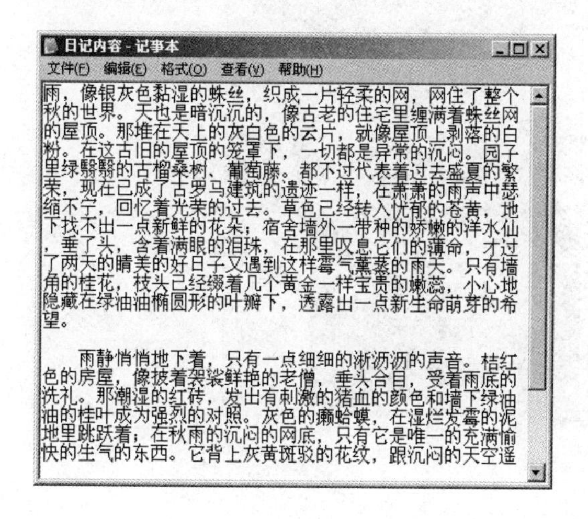
日记内容 - 记事本

文件(F)　编辑(E)　格式(O)　查看(V)　帮助(H)

雨，像银灰色黏湿的蛛丝，织成一片轻柔的网，网住了整个秋的世界。天也是暗沉沉的，像古老的住宅里缠满着蛛丝网的屋顶。那堆在天上的灰白色的云片，就像屋顶上剥落的白粉。在这古旧的屋顶的笼罩下，一切都是异常的沉闷。园子里绿翳翳的古榴桑树、葡萄藤。都不过代表着过去盛夏的繁荣，现在已成了古罗马建筑的遗迹一样，在萧萧的雨声中瑟缩不宁，回忆着光荣的过去。草色已经转入忧郁的苍黄，地下找不出一点新鲜的花朵；宿舍墙外一带种的娇嫩的洋水仙，垂了头，含着满眼的泪珠，在那里叹息它们的薄命，才过了两天的晴美的好日子又遇到这样霉气熏蒸的雨天。只有墙角的桂花，枝头已经缀着几个黄金一样宝贵的嫩蕊，小心地隐藏在绿油油椭圆形的叶瓣下，透露出一点新生命萌芽的希望。

雨静悄悄地下着，只有一点细细的淅沥沥的声音。桔红色的房屋，像披着袈裟鲜艳的老僧，垂头合目，受着雨底的洗礼。那潮湿的红砖，发出有刺激的猪血的颜色和墙下绿油油的桂叶成为强烈的对照。灰色的癞蛤蟆，在湿烂发霉的泥地里跳跃着；在秋雨的沉闷的网底，只有它是唯一的充满愉快的生气的东西。它背上灰黄斑驳的花纹，跟沉闷的天空遥

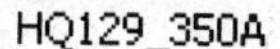
HQ129_350A

HQ082_350A

任务分析

1. 新建页面。
2. 在【页面】调板中的“A-主页”设计版式，若需要多个主页，可另外创建新的主页。
3. 通过基本绘图工具绘制各式各样不同的图形，然后将其组合，使页面富有变化。
4. 通过【色板】调板为图形填充不同的颜色。
5. 添加页码。
6. 在普通页面中置入文字，并设置字体、字号和行距等。
7. 置入图片，调整图片大小以适合版面要求。

任务参考效果图

任务三 自学部分

目的

了解文本绕排各选项的名称及类型、图层选项、页面的添加、删除操作和目录的创建及应用，便于掌握页面的处理方法。

学生预习

1. 了解文本绕排的作用。
2. 了解图层的使用方法。
3. 了解页面的添加删除方法。
4. 了解目录各选项的名称。

学生练习

使用相关素材，练习设置文本绕排，改变图层顺序，调整图层隐藏显示对象，页面处理和目录创建等操作。图 12-61 所示为原始素材，图 12-62 所示为页面处理后的效果，可作为同学们练习的参考。

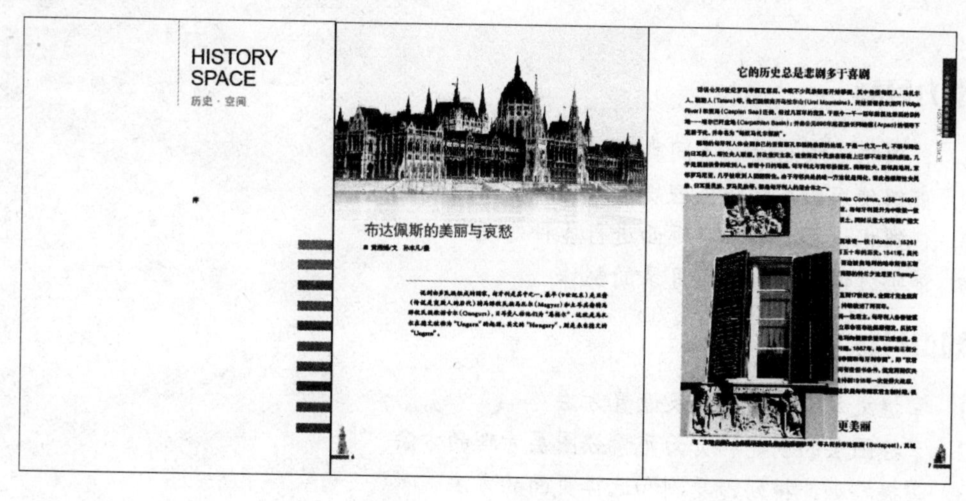

图 12-61 原始素材

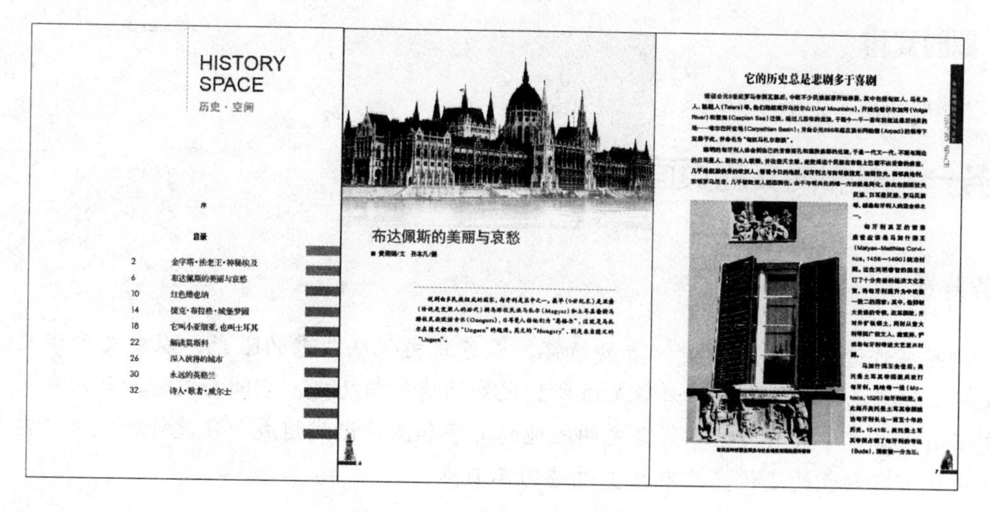

图 12-62 页面处理后的效果

模块 13 页 面 处 理

能力目标

1. 能够根据版面设置不同类型的图文混排效果
2. 能够使用图层功能合理规范地安排页面元素
3. 能够根据页面要求对页面进行各种处理
4. 能够方便快捷地完成目录的制作

知识目标

1. 掌握文本绕排的类型及设置方法
2. 掌握图层的创建和页面元素分图层管理的方法
3. 掌握添加、排列、复制和选择页面的方法
4. 掌握目录的创建方法

课时安排

2 课时讲解，2 课时实践

任务一 图书内文的页面处理

任务背景

该图书作者以历史文化爱好者的情怀，以建筑文化从业者的眼光，以中文系毕业的专业文字工作者的笔触，告诉读者她足迹所到之处的建筑与历史、空间与文化的渊源和纠葛。本图书由作者多年来游历世界著名文明胜地的文字和图片记载组成。在设计版式时，要求每个版块既富有颜色的变化，又有历史痕迹的怀旧感。

任务要求

本例提供半成品文件，页面中已经设置好主页，并排放好文字与图片。现需要对页面的局部地方进行调整，最后提取目录。

图书成品尺寸为 169 mm × 239 mm，上边距为 20 mm，下边距为 18 mm，内边距为 20 mm，外边距为 20 mm。

任务素材

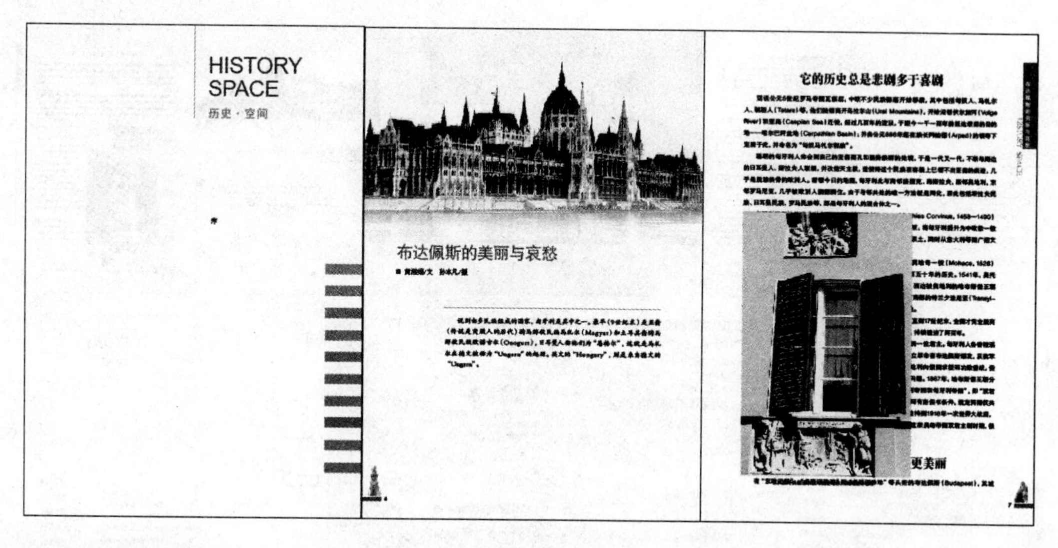

任务参考效果图

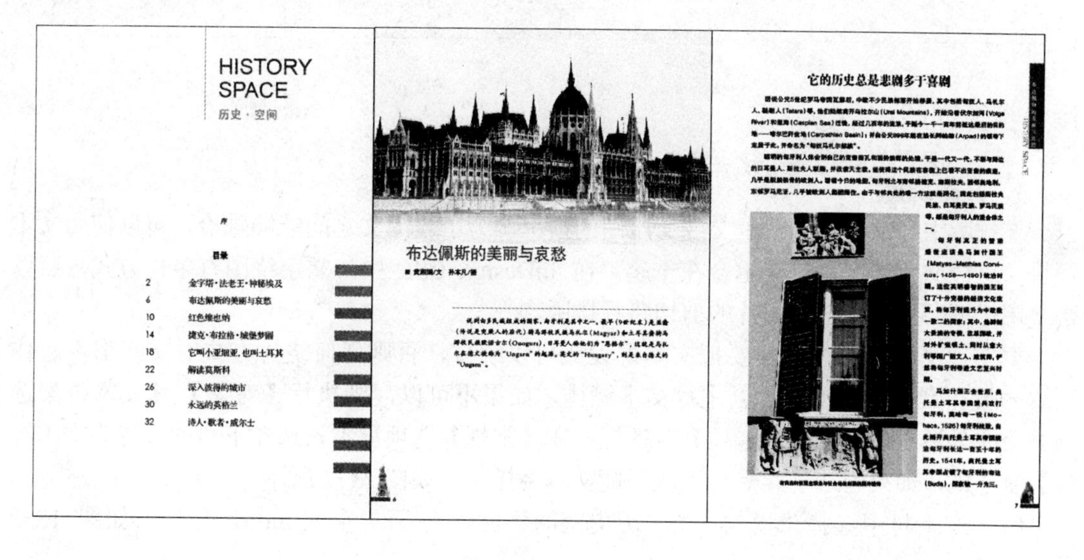

制作步骤分析

1. 选择图片，设置文本绕排。
2. 利用图层分类管理页面元素。
3. 通过在【页面】调板上双击和单击页面图标选择页面和跨页。
4. 创建目录样式，在【新建目录样式】对话框中添加需要在目录中出现的标题。
5. 设置完成后，执行目录操作，生成目录。

参考制作流程

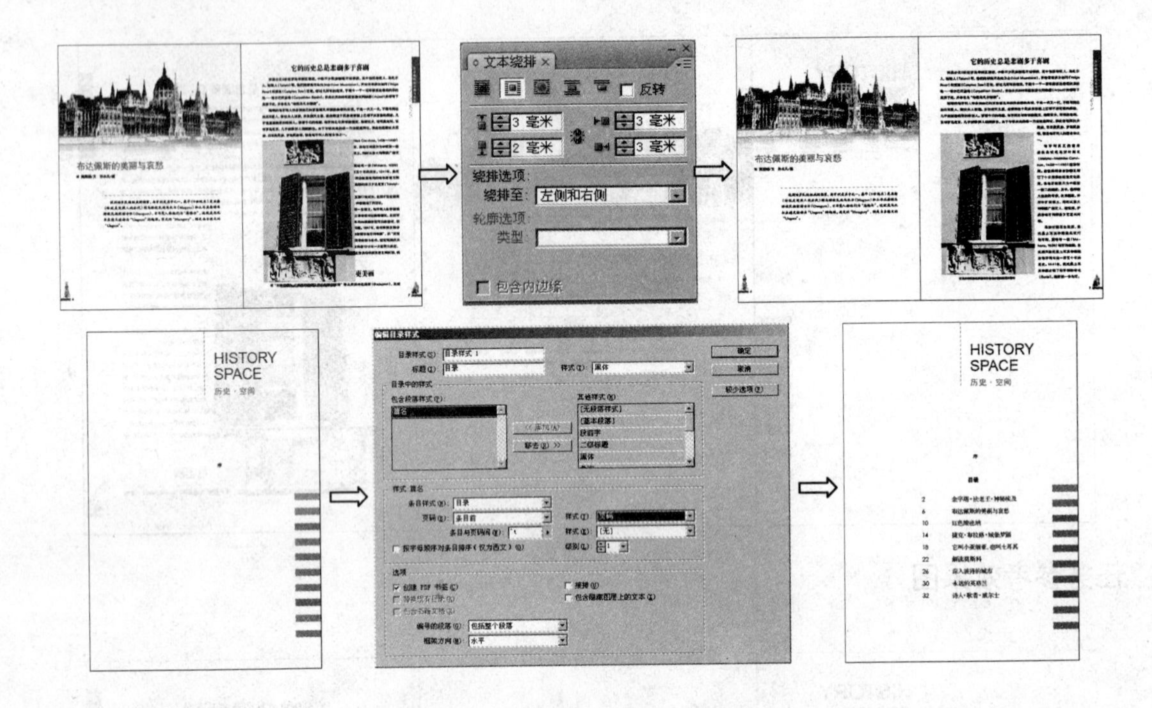

操作步骤详解

1. 文本绕排

在排版中经常会遇到图压文或文压图的情况，为了使图文之间能够融洽，可以使用文本绕排，这样文字和图片就能组合在一起。在 InDesign CS6 中，文字绕图有多种方式，可以是绕图形框，也可以是绕图片的剪切路径排版。

要实现文本绕排，必须要把文本框设成可以绕排，否则任何绕排方式对文字都不起作用。一般在默认情况下都可以进行文本绕排，如果不可以，则执行【对象】|【文本框架选项】命令，弹出【文本框架选项】对话框，在【常规】选项里不勾选左下角的【忽略文本绕排】复选框，如果勾选了此复选框就不能文本绕排了，如图 13-1 所示。

（1）在素材中选择“模块 13|‘历史空间’文件夹|历史空间.indd”文件，如图 13-2 所示。

（2）用“选择工具”选择页面 7 的图片，执行【窗口】|【文本绕排】命令，打开【文本绕排】调板，选择文本绕排方式为“沿定界框绕排”，上位移和左右位移均为“3 毫米”，下位移为“2 毫米”，如图 13-3 所示。

（3）得到的效果如图 13-4 所示。

2. 将页面元素分类在不同图层上

善于运用图层，在设计制作过程中会成为同学们的一个好帮手。本操作主要通过讲解调整图层的顺序和图层上的对象，让同学们掌握将页面中的内容分类管理，以及使用图层的可视性来显示同一版面的不同设计思路的表现。

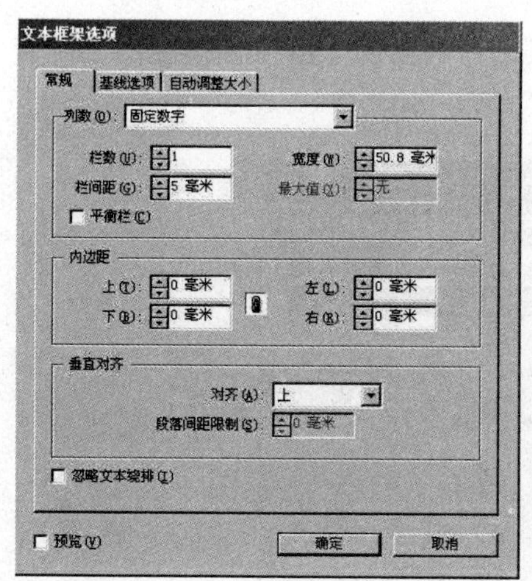

图 13-1 【文本框架选项】对话框

图 13-2　素材

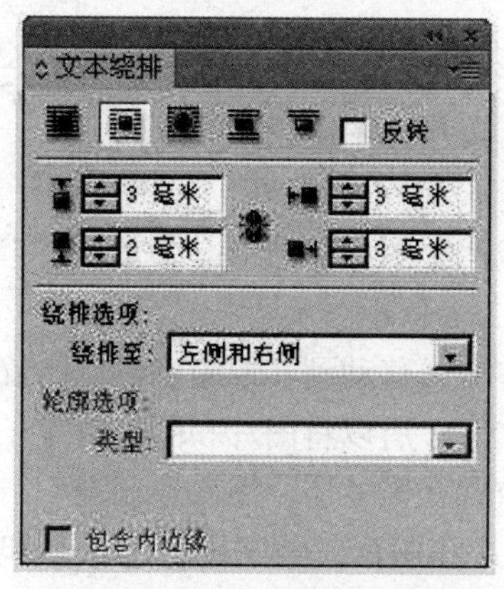

图 13-3 【文本绕排】调板

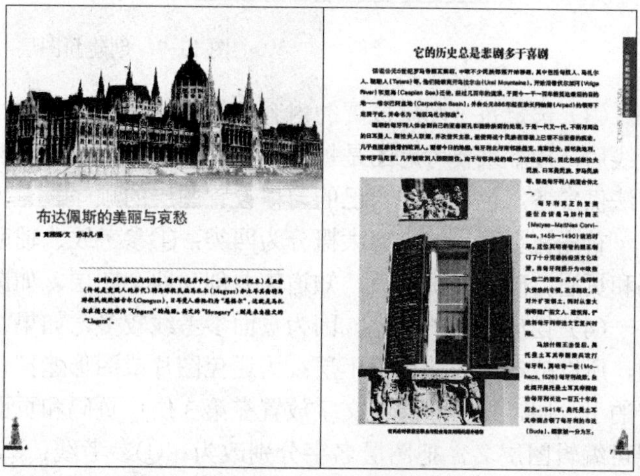

图 13-4　文本绕排设置完成

（1）执行【窗口】|【图层】命令，打开【图层】调板，如图 13-5 所示。

（2）单击【图层】调板右下角的“创建新图层”按钮，创建新图层，即完成创建图层的操作，如图 13-6 所示。

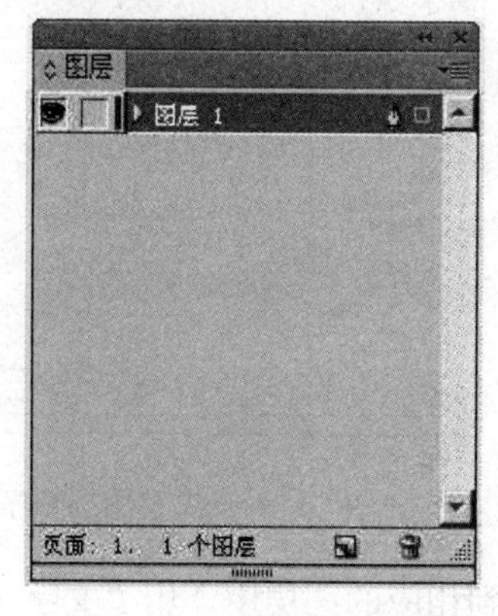

图 13-5 【图层】调板

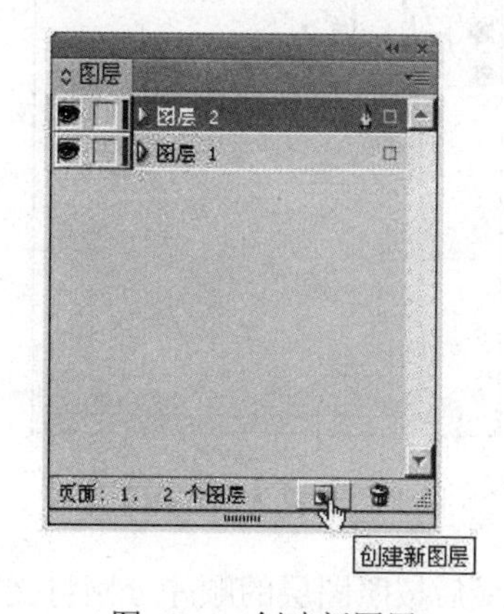

图 13-6　创建新图层

小知识：如果要在某一个特定图层下方创建新图层，可以按住 Ctrl 键并单击“创建新图层”按钮，如图 13-7 所示。

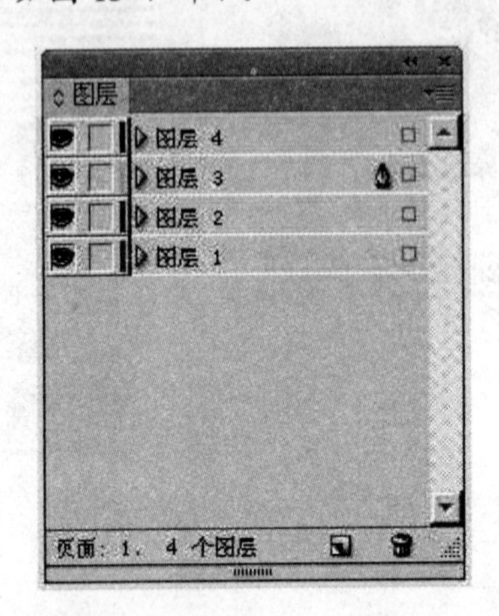

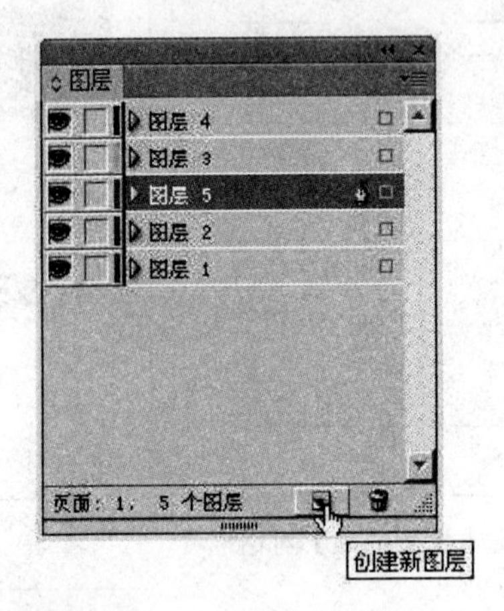

图 13-7 创建新图层

（3）选定每个图层放置的内容，然后排列图层顺序。在将主页制作好并在页面中打上参考线后，接下来要考虑的是每个图层中放置什么内容，然后再排列图层顺序。下面介绍一个方法供参考，也可按照自己的习惯设置图层的顺序。

首先将页面上的内容大概分为四类：①参考线、辅助线；②图片和图形；③文字；④页码和页眉。确定好内容后，知道需要创建四个图层，如图 13-8 所示。

（4）摆放图层的顺序。因为页面参考线较多，如果将参考线移动到其他图层中会比较麻烦，所以把参考线放在第 1 层；为避免图片或图形遮挡住文字，所以将图片和图形放置在文字的下一层，即第 2 层；文字放置在第 3 层；页码和页面放置在第 4 层。用鼠标左键双击图层可编辑图层名，把图层名字分别改为：①参考线；②图片和图形；③文字；④页码和页眉。这样可以更好地辨别图层，如图 13-9 所示。

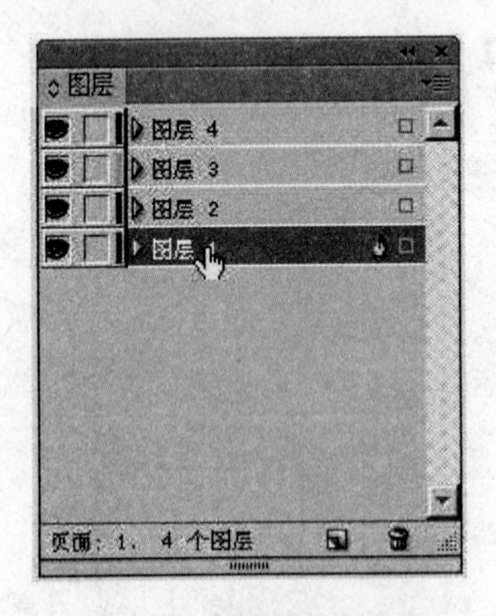

图 13-8 摆放图层的顺序

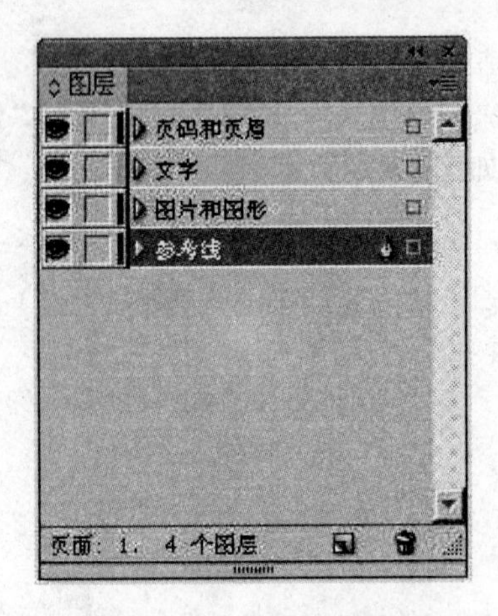

图 13-9 进一步调整图层顺序

（5）最后按照图层的顺序分别将文字与图片置入到相应的图层中。用“文字工具”选择图片，在【图层】调板可看到图片在“参考线”层上，如图 13-10 所示。

（6）现在要将它移动到“图片和图形”层上。保持图片的选中状态，然后在【图层】调板中移动图层列表右侧的彩色点至“图片和图形”层上，如图 13-11 所示。

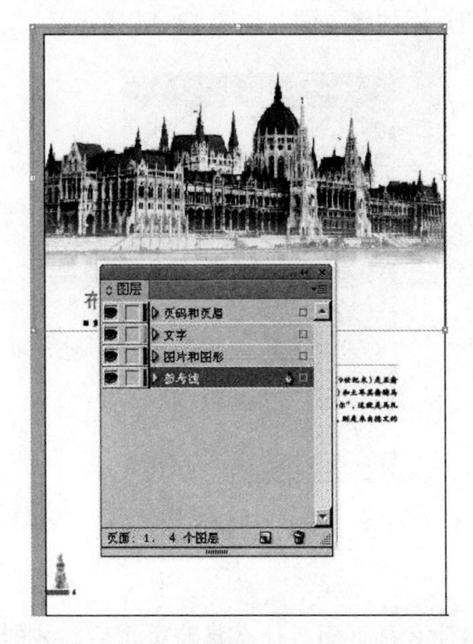

图 13-10 将文字与图片置入到相应的图层中

图 13-11 移动到“图片和图形”层上

（7）按照上一步的方法，将参考线、文字、页码和页眉分别归类到它们应该在的图层上。调整完对象所在的图层后，用“选择工具”任意选择一张图片或一篇文字，可在【图层】调板中看到它们所在图层的位置，如图 13-12 所示。

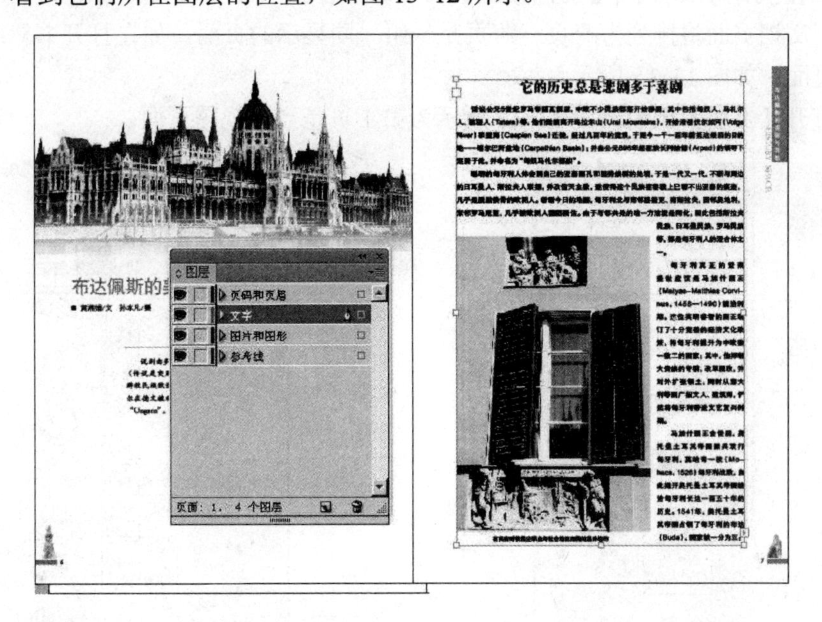

图 13-12 将参考线、文字、页码和页眉分别归类到它们应该在的图层上

3．添加新页面

如果要创建书籍、报纸和杂志或其他多页出版物，就需要知道如何添加页面，如果改变

想法将如何移动页面，如果有必要又如何删除页面等。

（1）打开【页面】调板，如图 13-13 所示。

（2）单击【页面】右下角的“创建新页面”按钮，添加新页面，如图 13-14 所示。

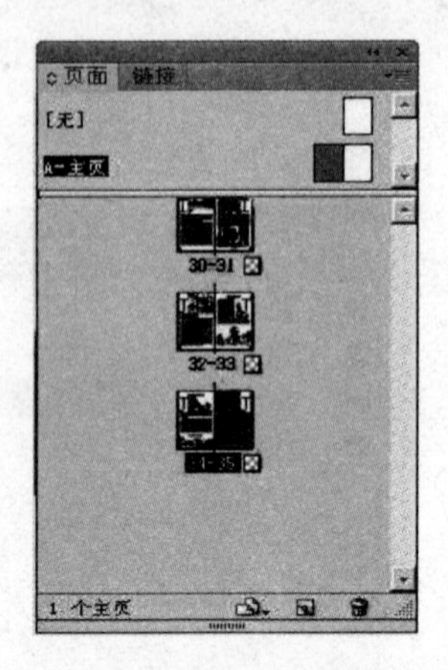

图 13-13 【页面】调板

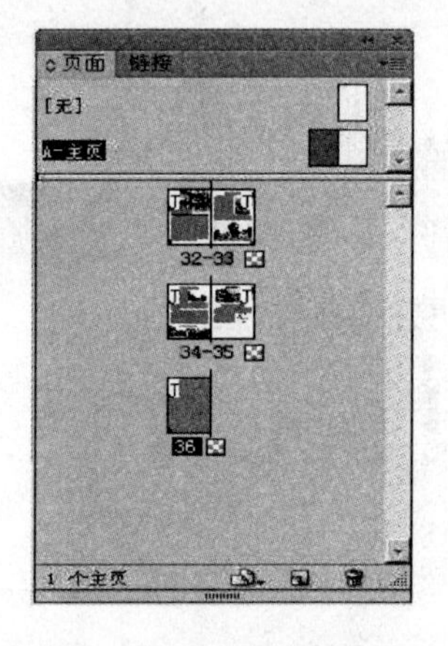

图 13-14 创建新页面

4．选择页面与跨页

在执行选择页面或跨页的操作时，应先弄清楚什么是页面、什么是跨页之后，才能准确地进行选择。

页面：在执行【文件】|【文档设置】命令时，弹出的【文档设置】对话框中不选择【对页】选项，文档将排列为“页面”，如图 13-15 所示。

跨页：在执行【文件】|【文档设置】命令时，弹出的【文档设置】对话框中选择【对页】选项，文档页面将排列为跨页。跨页是一组一同显示的页面，如在打开书籍或杂志时看到的两个页面，如图 13-15 所示。

（1）打开【页面】调板，图 13-16 所示为第 1 页是当前视图页面。

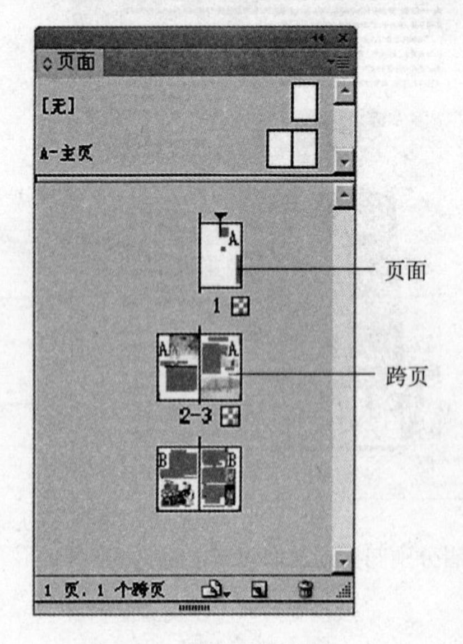

图 13-15 【页面】调板

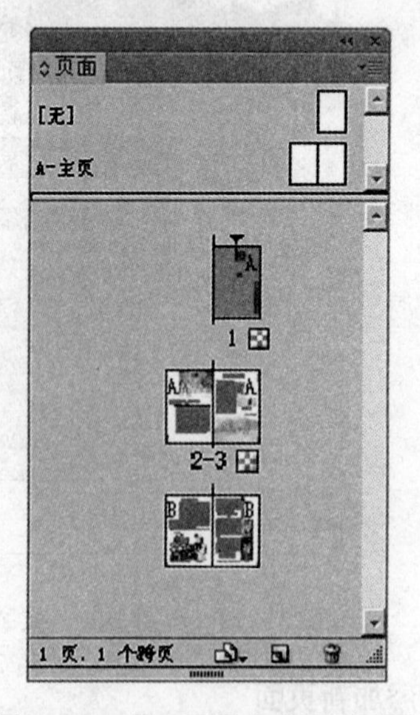

图 13-16 第 1 页是当前视图页面

小知识：在【页面】调板的页码旁边出现方格图案，表示有一些透明图形或图片在页面的某个地方。但同学们可能不知道是因为什么引起的，在添加阴影或使用羽化等效果都会带来透明。

（2）在【页面】调板中单击页面图标，则表示选择页面，如图 13-17（a）所示；双击页面图标，则表示将此页面为目标并要将其移动到视图中，如图 13-17（b）所示。

（a）选择页面

（b）将此页面移动到视图中

图 13-17　在【页面】调板中选择页面并移动

（3）在【页面】调板中单击跨页下的页码，则表示选择跨页，如图 13-18（a）所示；双击跨页下的页码，则表示将此跨页为目标并要将其移动到视图中，如图 13-18（b）所示。

（a）选择跨页

（b）将此跨页为目标并要将其移动到视图中

图 13-18　选择跨页并移动跨页

5. 排列页面

（1）在【页面】调板中单击需要移动的一个或多个页面并拖曳鼠标至移动页面的位置，如图13-19所示。

（2）松开鼠标后，则原来的4-5页变为2-3页。

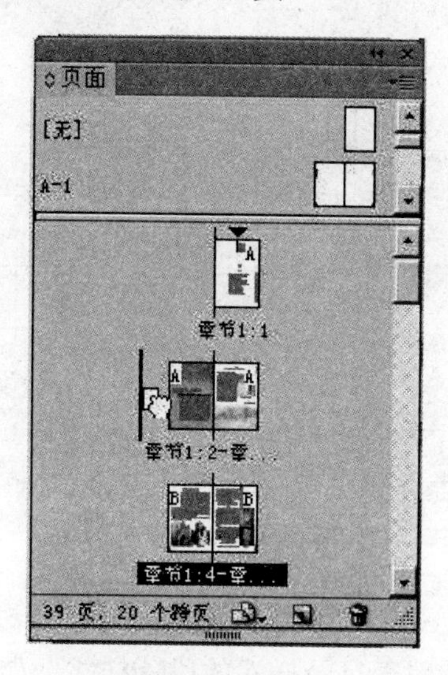

图13-19　选择页面并拖曳鼠标至移动页面的位置

6. 复制页面

（1）在【页面】调板中，单击页面图标并将其拖曳到右下角的“创建新页面”按钮上，即完成复制页面的操作，如图13-20所示。

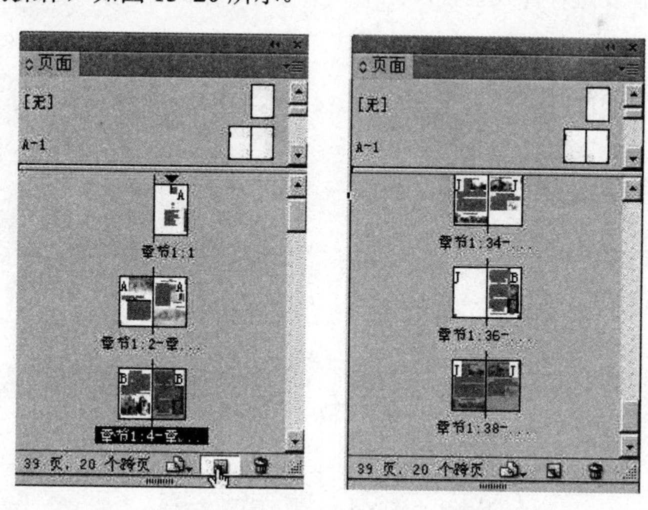

图13-20　完成复制页面的操作

（2）单击跨页下的页码并将其拖曳到右下角的“创建新页面”按钮中，即完成复制跨页的操作，如图13-21所示。

7. 目录的制作

在制作出版物时，其中必不可少的一项就是目录。目录中包含有助于读者在文档或书籍文件中查找的信息。每个目录都是一篇由标题和条目列表（按页码或字母顺序排序）组成的独立文章。条目（包括页码）直接从文档内容中提取，并可以随时更新，甚至可以跨越同一书籍文件中的多个文档进行该操作。

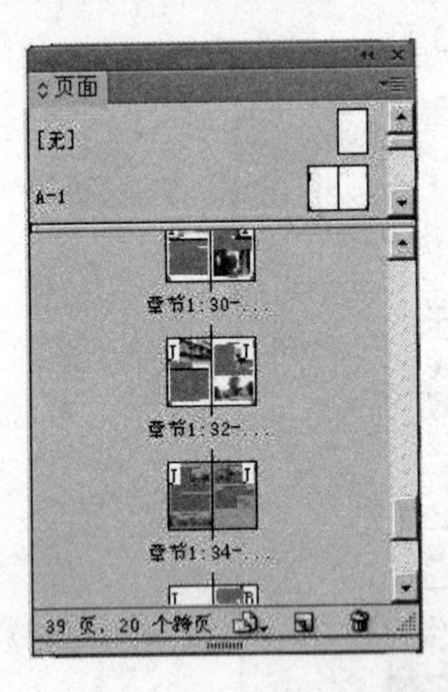

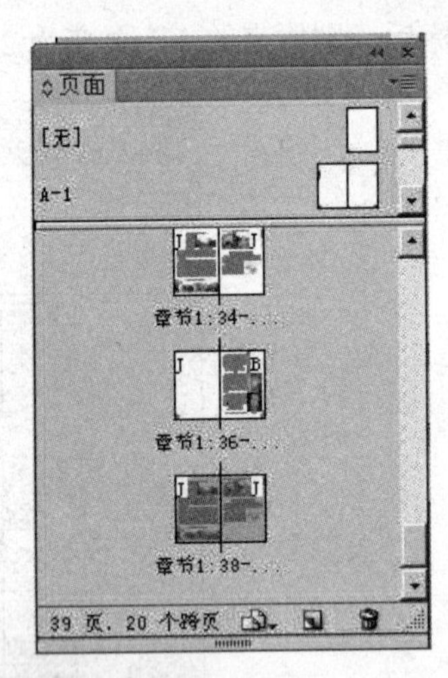

图 13-21　完成复制跨页的操作

创建目录样式首先要有应用于目录样式的段落样式，如一级标题和二级标题等。如果在每页的标题中都应用样式，那么通过创建目录样式就能够自动生成目录。

（1）创建目录样式需要有段落样式和字符样式，段落样式包括一级标题、二级标题，以及在目录中用到的目录样式。字符样式包括在目录中用到的页码样式，如图 13-22 所示。可以根据出版物的需要进行样式设置，在本例中将目录段落样式和页码字符样式与其他样式区别开。

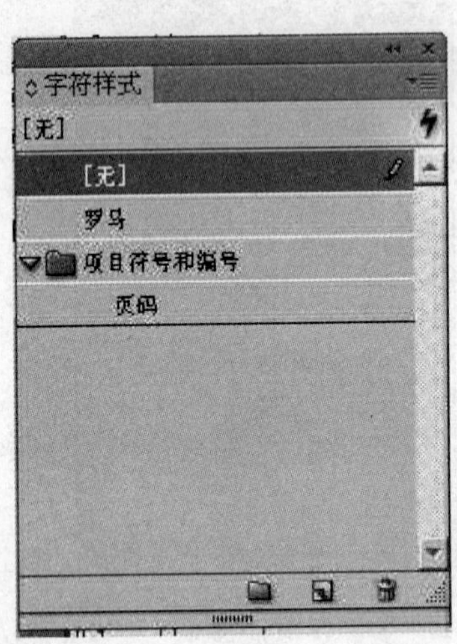

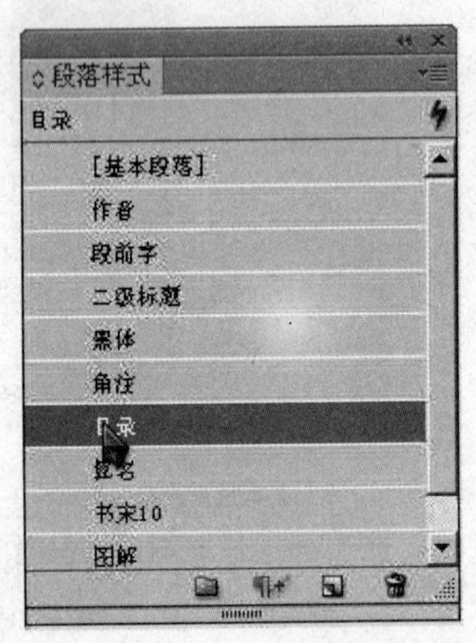

图 13-22 【字符样式】和【段落样式】调板

（2）开始创建目录样式。执行【版面】|【目录样式】命令，弹出【目录样式】对话框，如图 13-23 所示。单击【新建】按钮后弹出【新建目录样式】对话框，如图 13-24 所示。

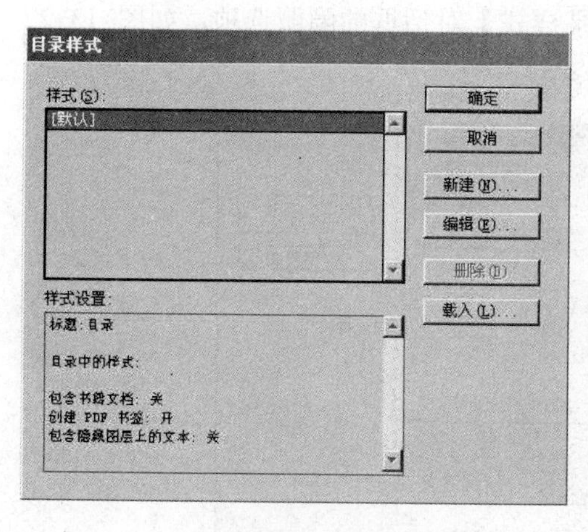

图 13-23 【目录样式】对话框

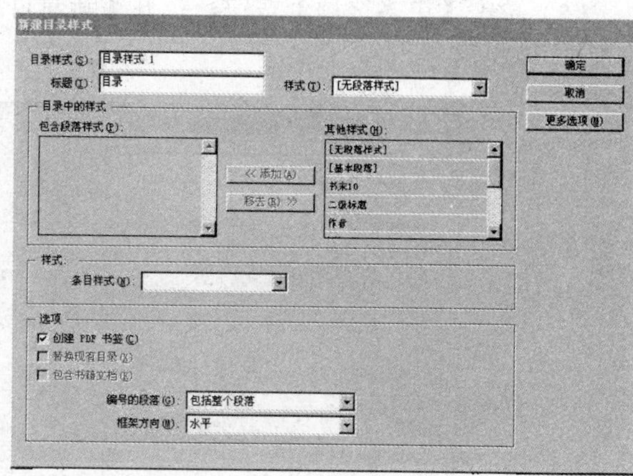

图 13-24 【新建目录样式】对话框

（3）在【标题】的文本框中输入目录名称为“目录”，在【样式】下拉列表框中选择【目录】，如图 13-25 所示。

图 13-25 【样式】中选择【目录】

（4）在【其他样式】列表中选择与目录中所含内容相符的段落样式，选择“篇名”，然后单击【添加】按钮，将其添加到【包含段落样式】列表中。从【条目样式】下拉列表框中选择一个段落样式，以便与【包含段落样式】中的“篇名”样式相关联的目录条目设置格式，本例选择“目录”，如图 13-26 所示。

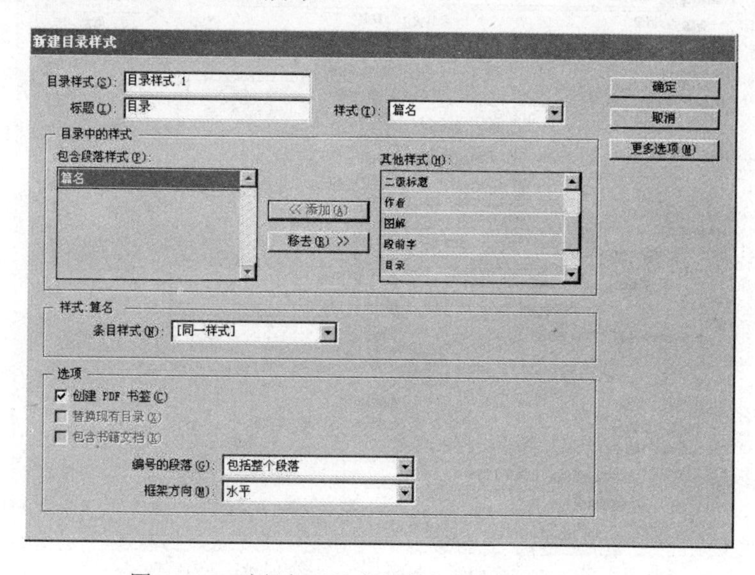

图 13-26 选择与目录中所含内容相符的段落样式

（5）单击【更多选项】按钮，打开【新建目录样式】对话框的隐藏选项，如图 13-27 所示。

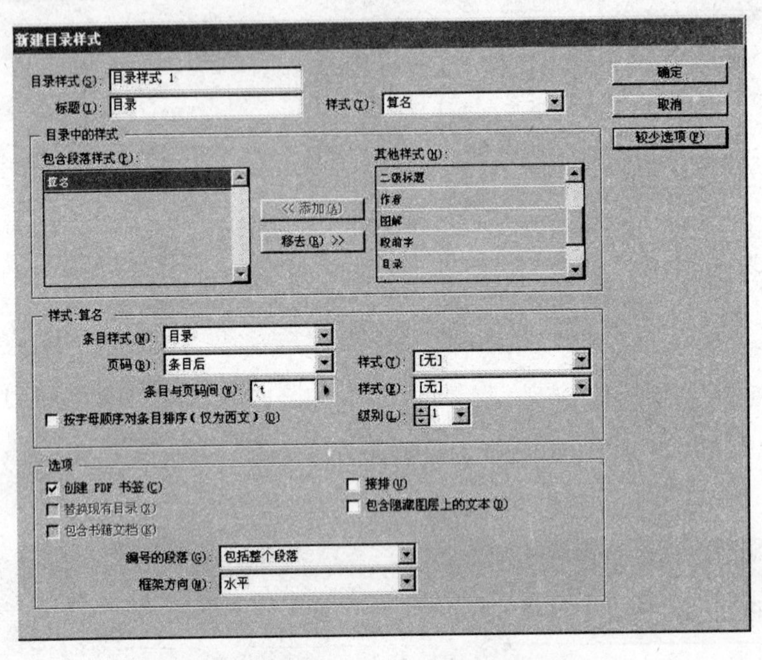

图 13-27 【新建目录样式】对话框的隐藏选项

（6）下面设置目录中的页码样式。在【包含段落样式】列表中选择【篇名】，然后在【页码】下拉列表框中选择【条目后】，在其旁边的【样式】下拉列表框中选择【页码】，如图 13-28 所示。

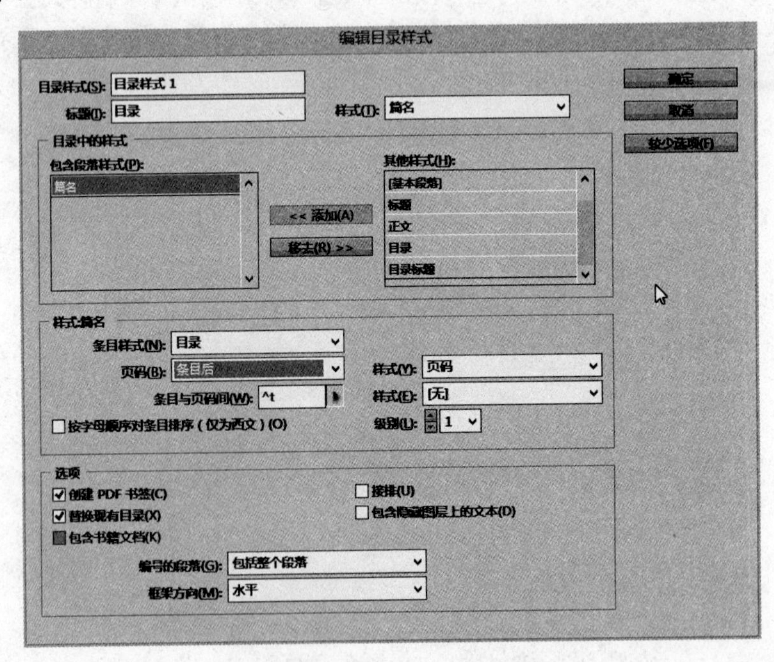

图 13-28 设置目录中的页码样式

（7）单击【确定】按钮，出现【目录样式】对话框，在【样式设置】列表中可看到【新建目录样式】的设置，单击【确定】按钮保存“目录样式 1”，如图 13-29 所示。

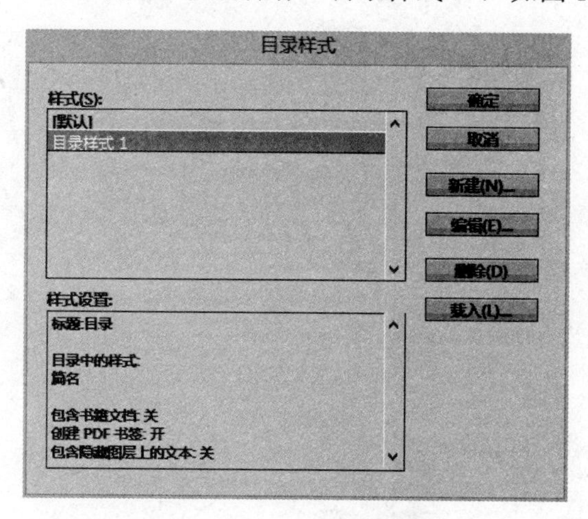

图 13-29　保存目录样式

（8）执行【版面】|【编辑目录样式】命令，弹出【编辑目录样式】对话框，如图 13-30 所示。单击【确定】按钮，当指针变为“ ”时，单击页面处，即完成目录样式的创建，如图 13-31 所示。

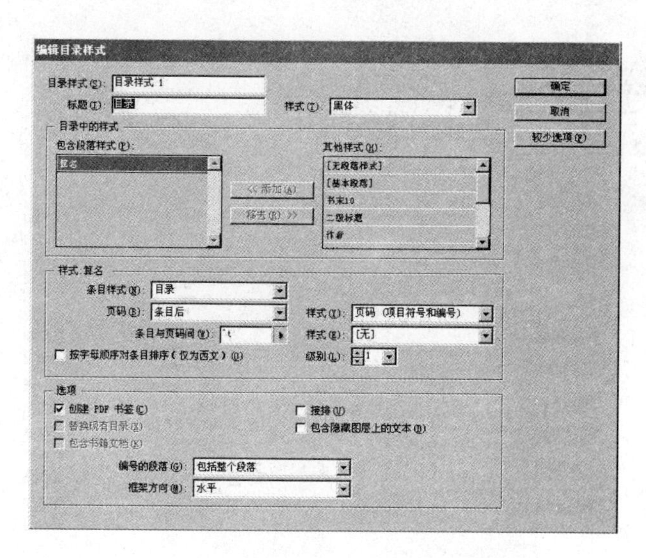

图 13-30 【编辑目录样式】对话框

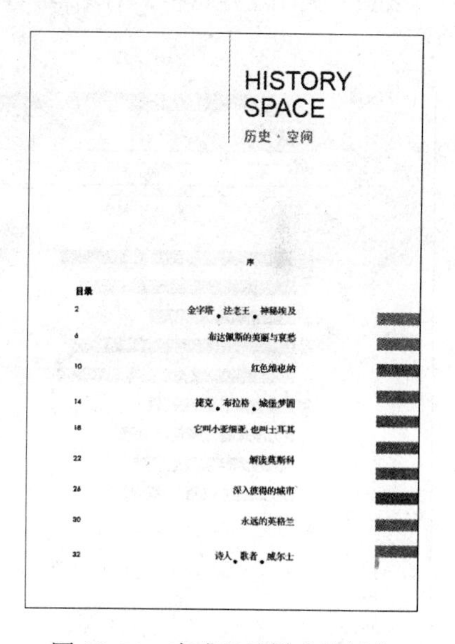

图 13-31　完成目录样式的创建

（9）调整目录。用“文字工具”选择目录中的圆点，在【字符】调板的【基线偏移】数值框中输入“0”，调整完后的效果如图 13-32 所示。

（10）用“文字工具”选择目录中的全部内容，在【字符】调板中设置【字号】为“12 点”，【行距】为“24 点”，效果如图 13-33 所示。

（11）将文字光标插入“目录”标题中，在【段落】调板中设置居中对齐，【段后间距】为“5 毫米”。用文字光标选择各篇名，执行【文字】|【定位符】命令，弹出【定位符】对

话框，选择标尺上的右对齐图标，将其改为左对齐图标，然后再调整页码与篇名的距离，效果如图 13-34 所示。

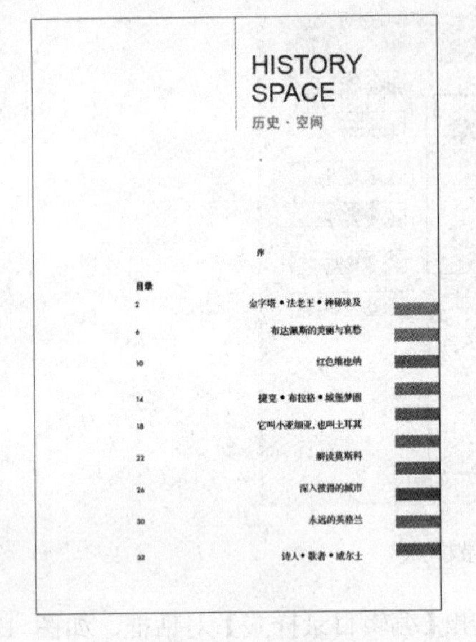

图 13-32　调整目录

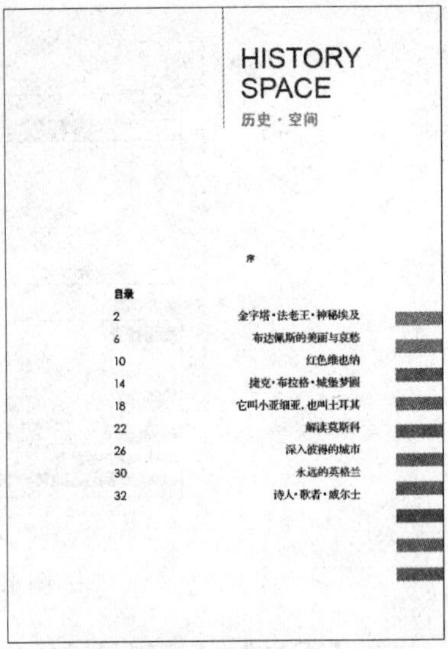

图 13-33　设置目录文字字号与行距的效果

（12）关闭【定位符】对话框，调整目录文本框的大小和位置，最后得到的效果如图 13-35 所示。

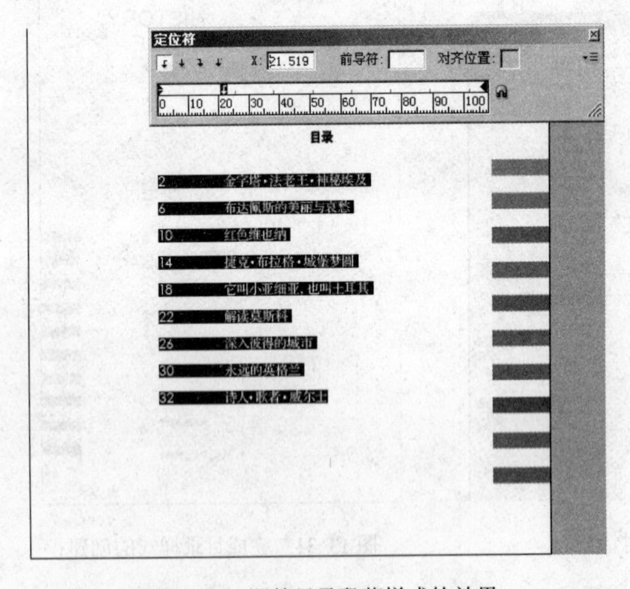

图 13-34　调整目录段落样式的效果

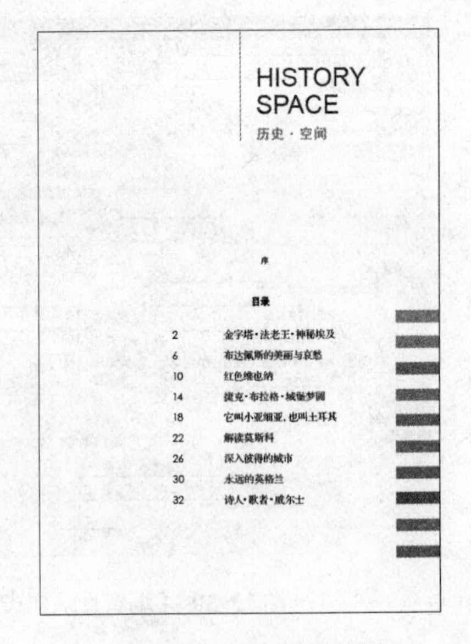

图 13-35　调整后的效果

任务相关知识讲解

1. 文本绕排类型介绍

在【文本绕排】调板中可设置四种绕排方式，它们分别是：沿定界框绕排，如

图 13-36（a）所示；沿对象形状绕排，如图 13-36（b）所示；上下型绕排，如图 13-36（c）所示；下型绕排，如图 13-36（d）所示。

（a）沿定界框绕排

（b）沿对象形状绕排

（c）上下型绕排

（d）下型绕排

图 13-36　四种绕排方式

2．文本绕排的设置

（1）当选择的绕排方式是沿定界框绕排时，执行【窗口】|【文本绕排】命令，弹出【文本绕排】调板，可在【文本绕排】调板的上下左右位移数值框中设置数值，使文本与图形之间间隔一定的距离，如图 13-37 所示。

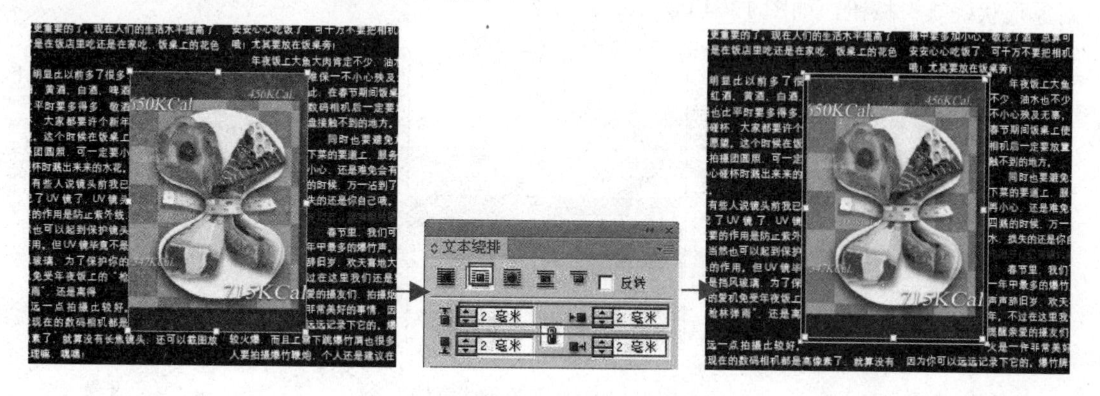

图 13-37　绕排方式是沿定界框绕排

（2）当置入的是一张带路径的图片并选择绕排方式为沿对象形状绕排时，在【文本绕排】调板中，只能在“上位移”数值框中输入数值，如图 13-38 所示。

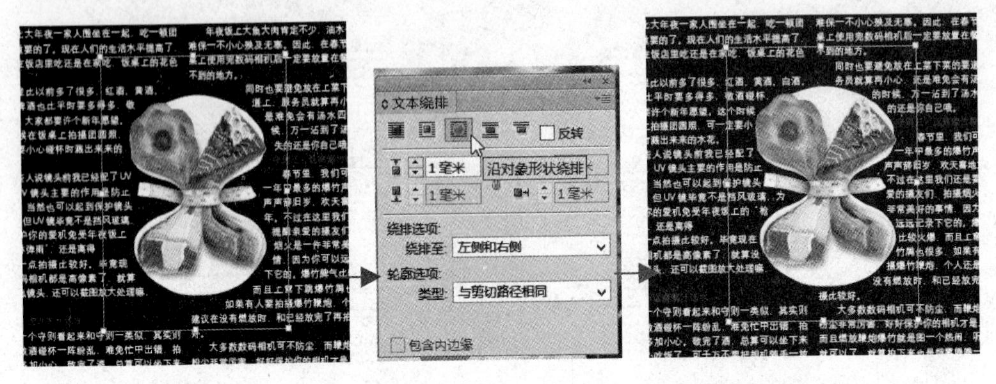

图 13-38　置入一张带路径的图片并选择绕排方式为沿对象形状绕排

3．调整绕排形状

调整完文本绕排的距离后，还可对绕排的形状进行更改。

（1）置入一张带剪切路径的图片，如图 13-39 所示。

图 13-39　置入一张带剪切路径的图片

（2）用“选择工具”选择置入的图片，然后打开【文本绕排】调板，单击调板中的“沿对象形状绕排”按钮，如图 13-40 所示。

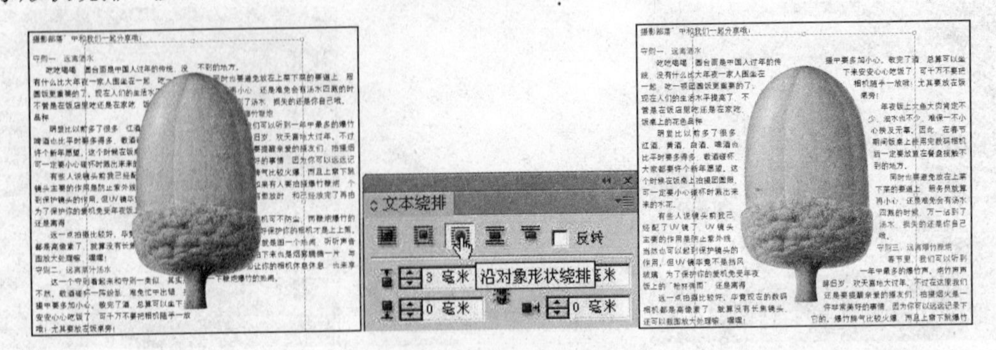

图 13-40　沿对象形状绕排

（3）用“直接选择工具”选中使用了文本绕排的对象，将光标放置在锚点上编辑文本绕排边界，如图 13-41 所示。

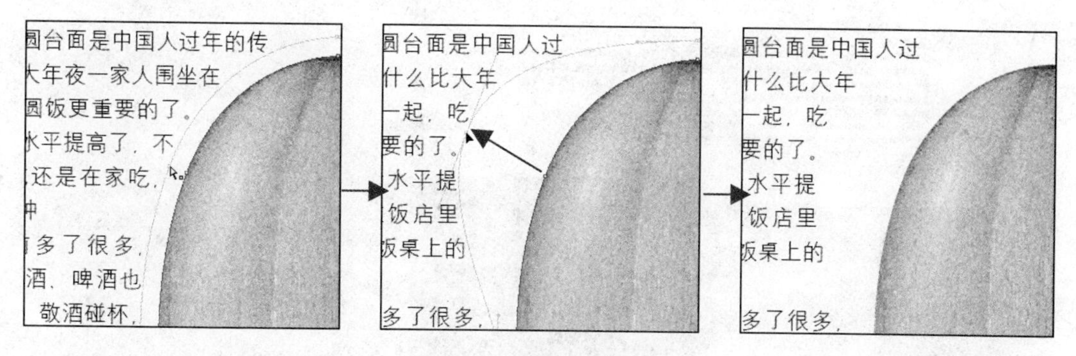

图 13-41　编辑文本绕排边界

4．图层可视性

同学们可以随时隐藏或显示任何图层，隐藏的图层不能编辑，并且不会显示在屏幕上，打印输出时也不显示，可以利用这点隐藏文档中不出现在最终输出的部分，也可以隐藏文档的备用版本，还可以简化文档的显示，从而更方便地编辑文档的其余部分。

（1）图 13-42 所示为页面中的内容都建立在“图层 1”上。

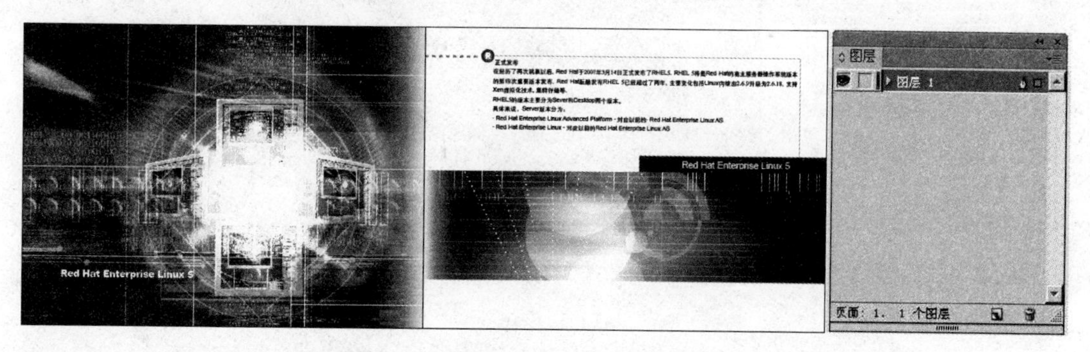

图 13-42　页面中的内容都建立在“图层 1”上

（2）打开【图层】调板，单击“创建新图层”按钮，创建新图层，如图 13-43 所示。

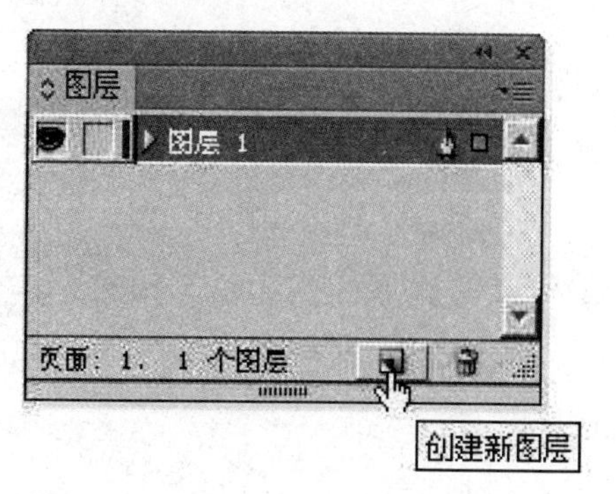

图 13-43　创建新图层

（3）用【选择工具】选择页面 3 上的全部内容，然后在【图层】调板中移动图层列表右侧的彩色点至“图层 2”上，如图 13-44 所示。

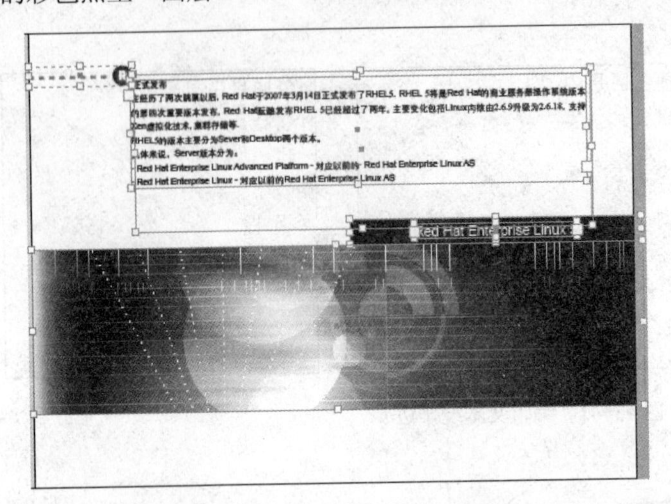

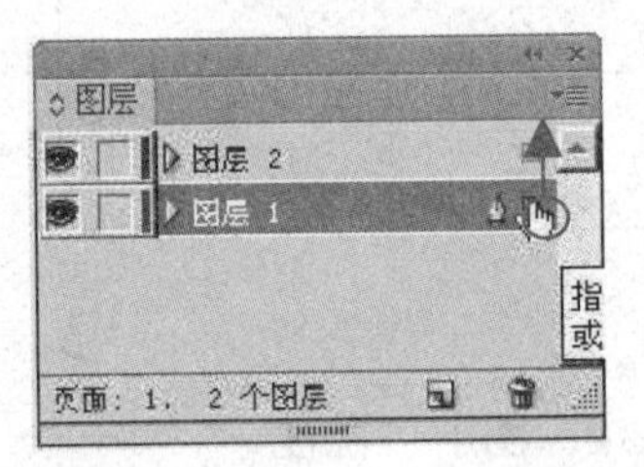

图 13-44 选择页面 3 上的全部内容

（4）在【图层】调板中单击“创建新图层”按钮，新建“图层 3”，如图 13-45 所示。

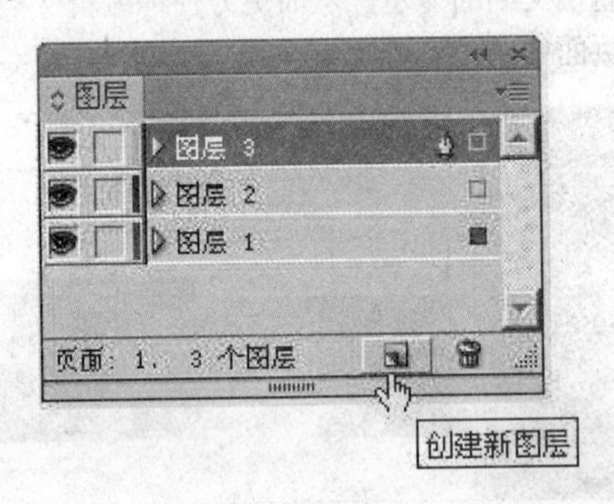

图 13-45 创建新图层

（5）单击“图层 2”的眼睛图标，隐藏“图层 2”，然后在“图层 3”上制作页面 3 的内容，如图 13-46 所示。

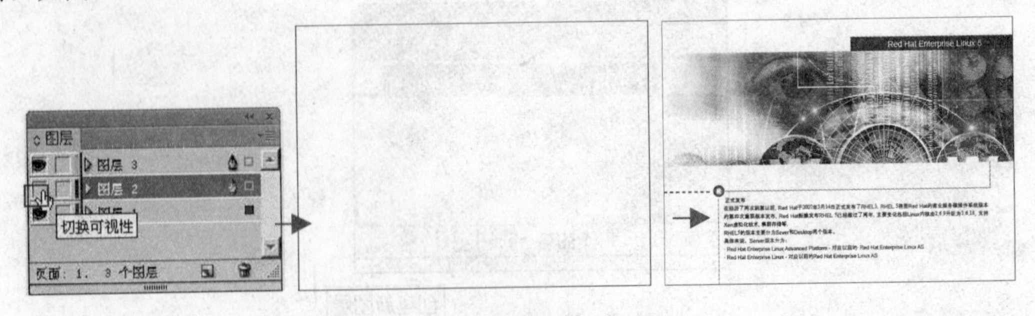

图 13-46 隐藏“图层 2”

（6）将页面 3 上的内容制作完成后，通过单击“图层 2”和“图层 3”的眼睛图标来显示同一文档中的不同版面设计效果，如图 13-47 所示。

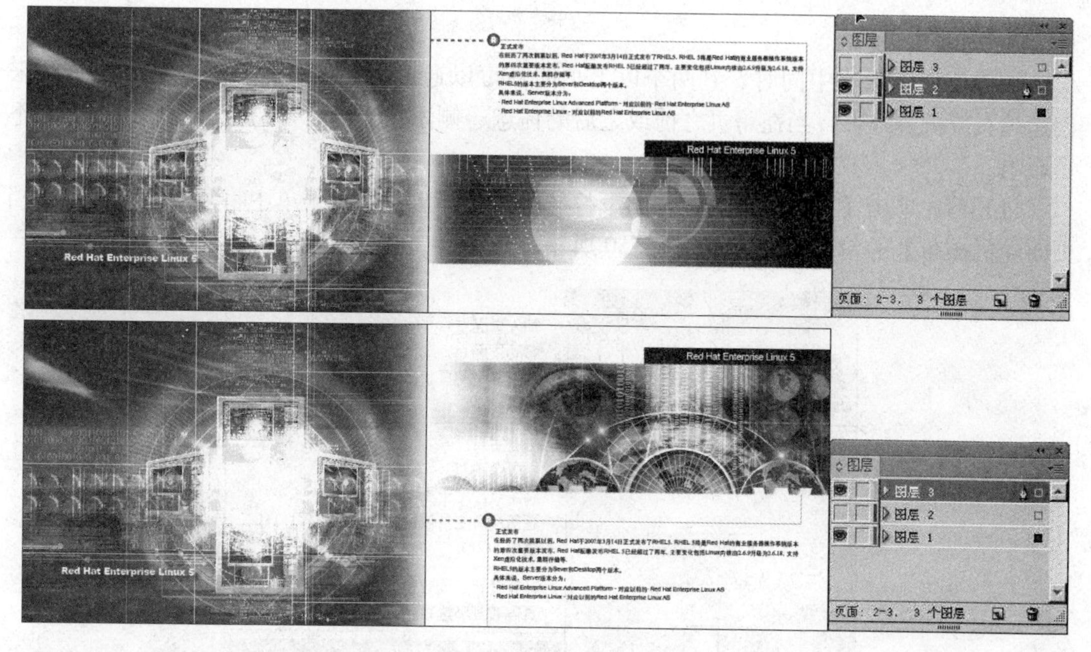

图 13-47　同一文档中的不同版面设计效果

5. 删除图层

在删除图层时要注意，每个图层的内容都是跨整个文档显示在每一页上。在删除图层之前，最好隐藏其他图层，然后转到文档的各页，以确认删除其余对象是安全的。

（1）打开【图层】调板，单击需要删除的图层，然后单击调板右下角的“删除选定图层”按钮，即完成删除图层的操作，如图 13-48 所示。

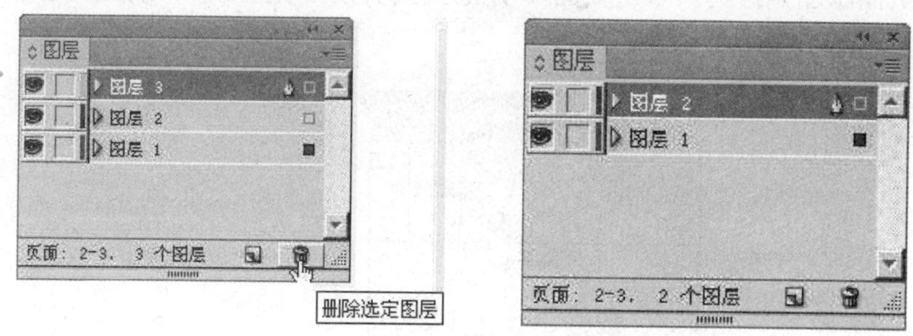

图 13-48　删除选定图层的操作

（2）如果图层上有对象，在单击“删除选定图层”按钮时会弹出【Adobe InDesign】对话框，单击【确定】按钮，即完成删除图层的操作，如图 13-49 所示。

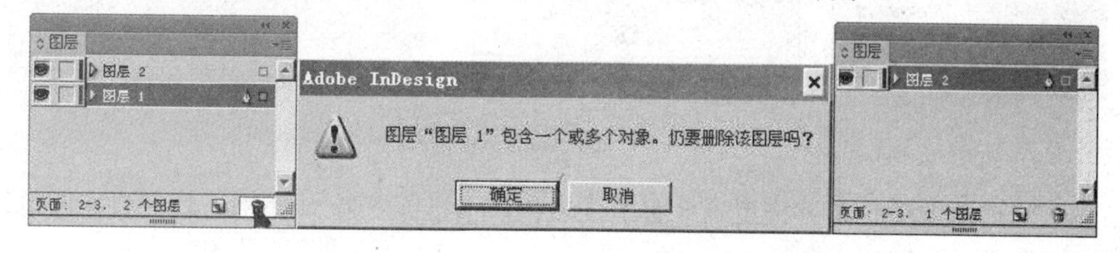

图 13-49　完成删除图层的操作

6．创建折页

如果要使出版物中同时看到两个以上页面，可以通过创建多页跨页并向其添加页面来创建折页或折叠拉页。当在跨页之前或之后的任意一侧添加页面时，跨页中的原始页面将不受影响。

（1）首先单击【页面】调板右侧的下拉按钮，在弹出的下拉菜单中将复选框【允许文档页面随机排布】的勾选去掉，如图 13-50 所示。

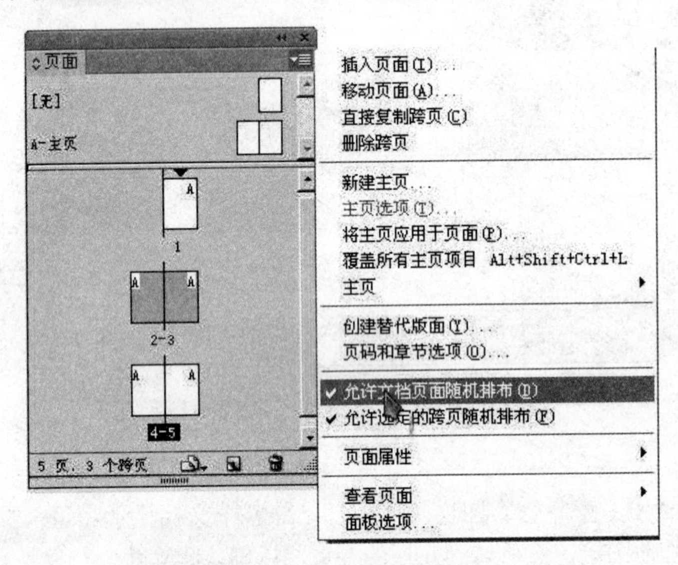

图 13-50 去掉【允许文档页面随机排布】的勾选

（2）将页面添加到跨页。单击页面 4 并拖曳到页面 2 的左侧，当指针变为“⇤”时，松开鼠标即可，如图 13-51 所示。

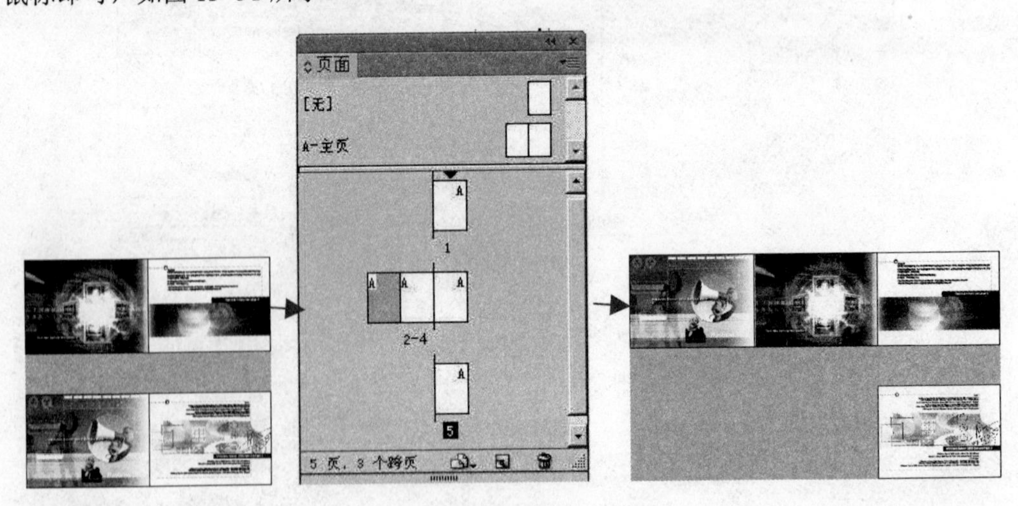

图 13-51 将页面添加到跨页

（3）然后单击页面 5 并拖曳到页面 3 的右侧，当指针变为“⇥”时，松开鼠标即可，如图 13-52 所示。

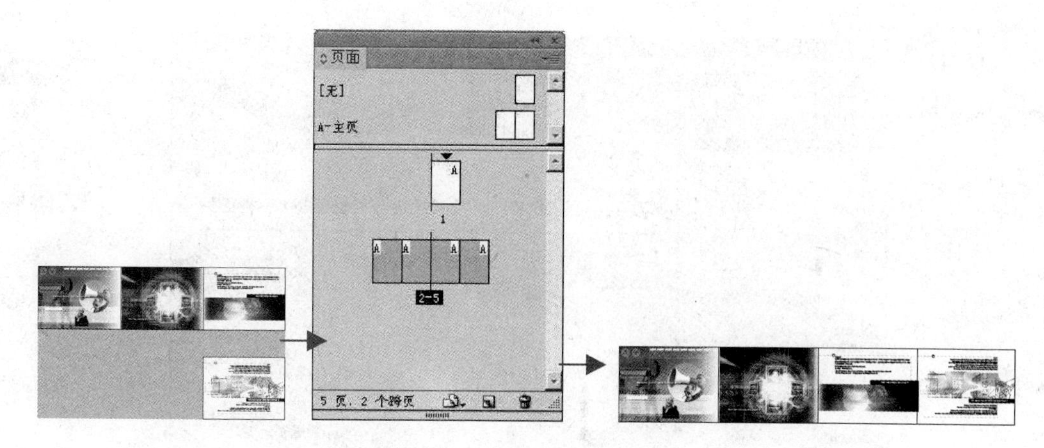

图 13-52　创建折页设置完成

7. 创建具有前导符的目录样式

要在目录中的页码前显示特殊字符，例如，点（...）和线（——），可以设置一个包含制表符前导符的段落样式，然后将它应用于目录中。

（1）执行【文字】|【段落样式】命令，弹出【段落样式】调板，如图 13-53 所示。

（2）在“二级标题”中设置前导符。双击【段落样式】调板中的“二级标题”，弹出【段落样式选项】对话框，如图 13-54 所示。

图 13-53 【段落样式】调板

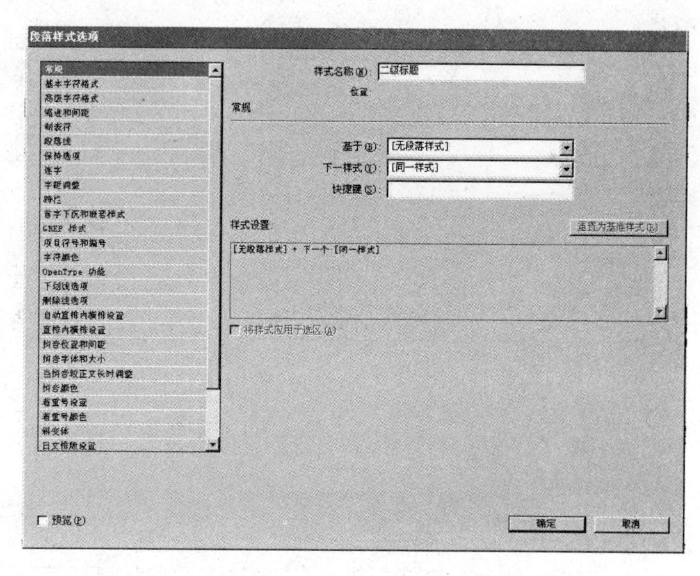

图 13-54 【段落样式选项】对话框

（3）单击【段落样式选项】对话框的【制表符】选项，然后单击“右对齐制表符”按钮，并在定位标尺上单击，在【X】数值框中输入“180 毫米”，使前导符适合栏宽。最后在【前导符】文本框中输入字符“---”，如图 13-55 所示。

（4）单击【确定】按钮，开始创建具有前导符的目录样式。执行【版面】|【目录样式】命令，弹出【目录样式】对话框，单击【新建】按钮后出现【新建目录样式】对话框，如图 13-56 所示。

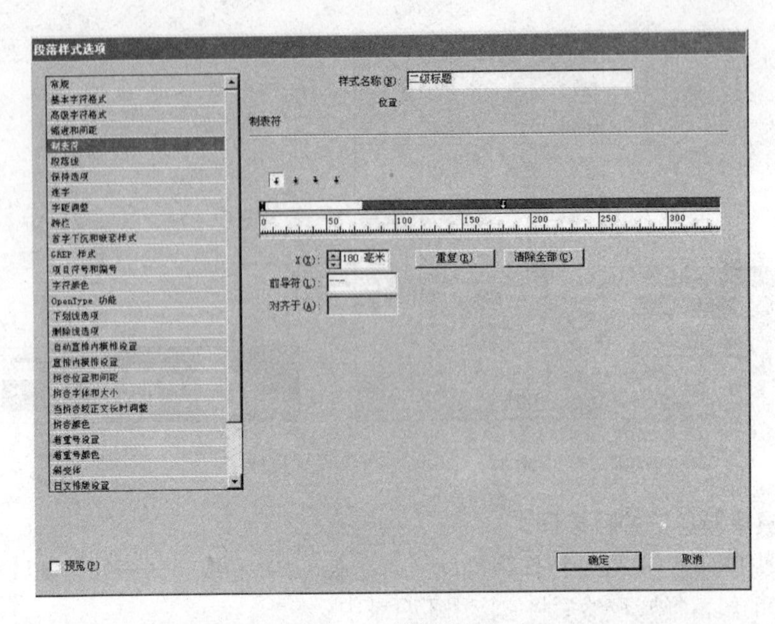

图 13-55 制表符参数

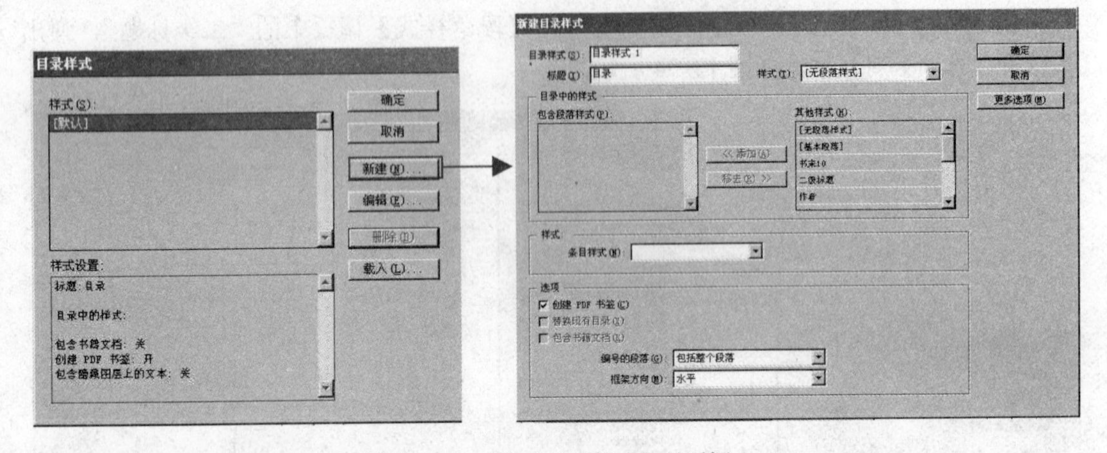

图 13-56 【新建目录样式】对话框

（5）在【标题】旁边的【样式】下拉列表框中选择【目录样式】，如图 13-57 所示。

图 13-57 将标题样式改成目录样式

（6）在【其他样式】列表中选择“一级标题”，然后单击【添加】按钮，将其添加到【包含段落样式】列表中，如图 13-58（a）所示。从【条目样式】下拉列表框中选择【一级标题】，在【页码】下拉列表框中选择“无页码”，如图 13-58（b）所示。

（7）在【其他样式】列表中选择“二级标题”，然后单击【添加】按钮，将其添加到【包含段落样式】列表中，如图 13-59（a）所示。从【条目样式】下拉列表框中选择【二级标题】，在【页码】下拉列表框中选择【条目后】，在【页码】旁的【样式】下拉列表框中选择【目录页码样式】，如图 13-59（b）所示。

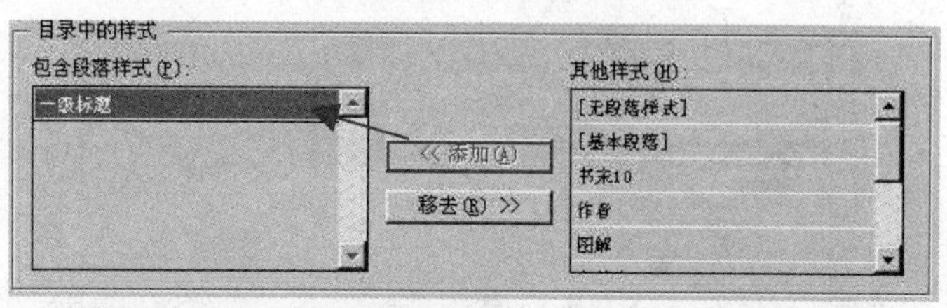

（a）将“一级标题”添加到【包含段落样式】列表中

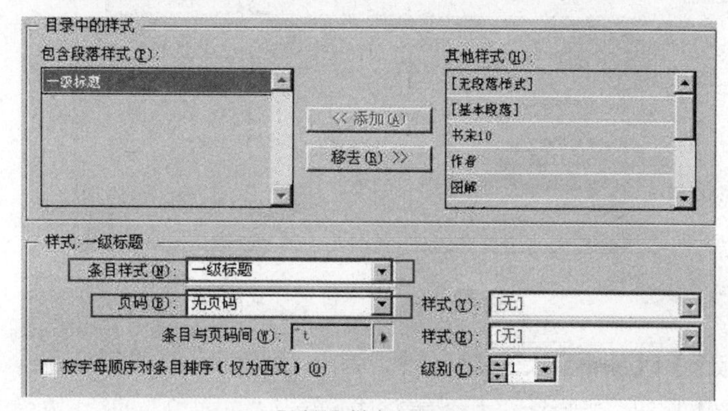

（b）【页码】样式为“无页码”

图 13-58　设置一级标题样式

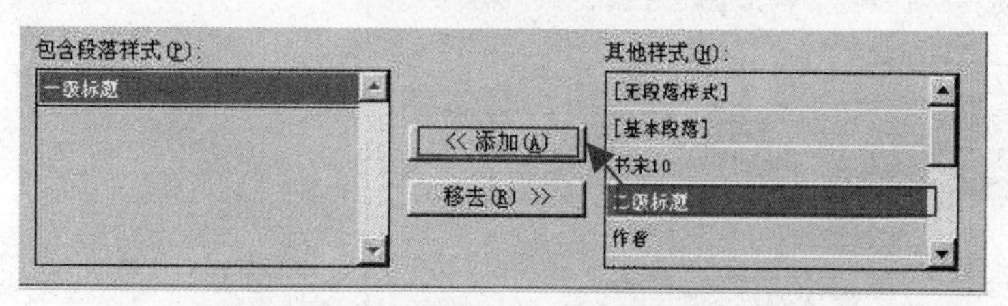

（a）将“二级标题”添加到【包含段落样式】列表中

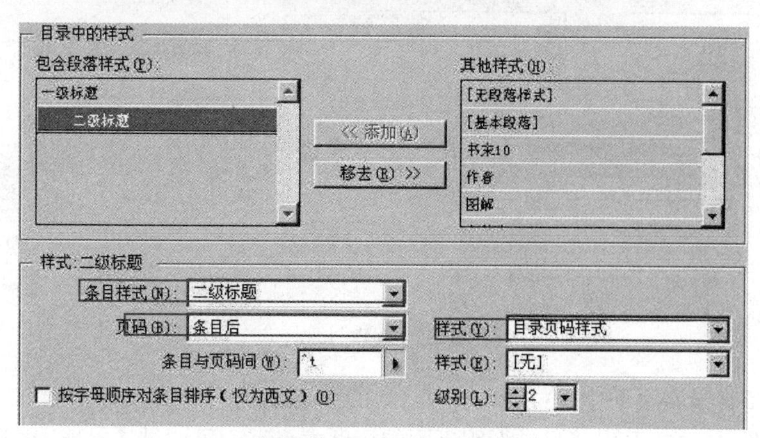

（b）【页码样式】改为“目录页码样式”

图 13-59　设置二级标题样式

（8）目录样式设置完成后，单击【确定】按钮出现【目录样式】对话框，如图 13-60 所示。再单击【确定】按钮保存“目录样式 1”。

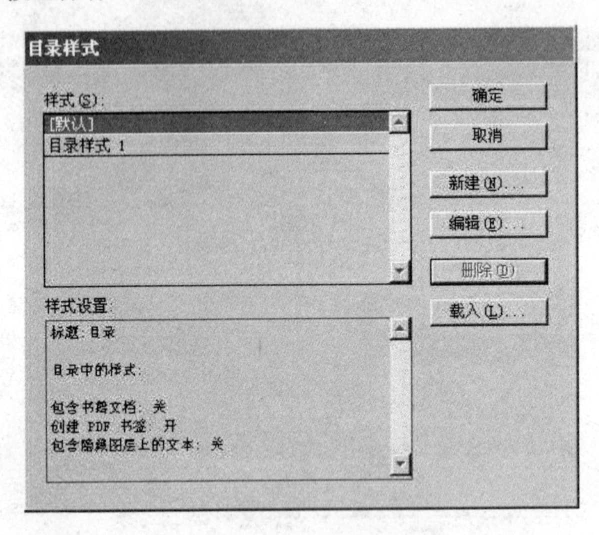

图 13-60　保存目录样式 1

（9）执行【版面】|【编辑目录样式】命令，弹出【编辑目录样式】对话框，如图 13-61（a）所示。单击【确定】按钮，当指针变为“”时，单击“页面 2”的空白处，如图 13-61（b）所示。

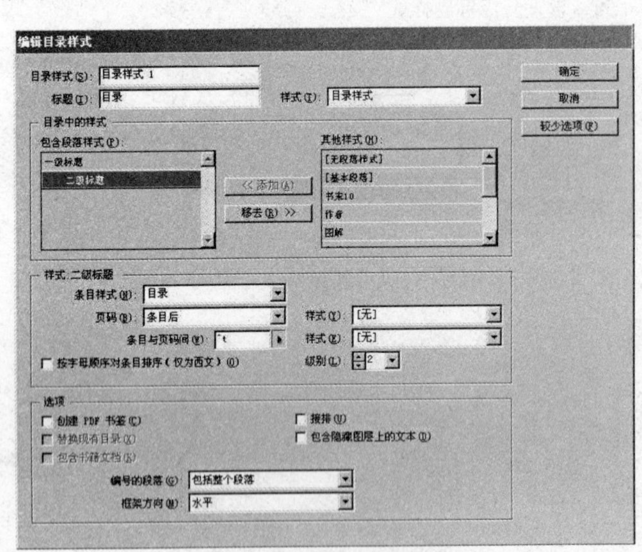

（a）【编辑目录样式】对话框

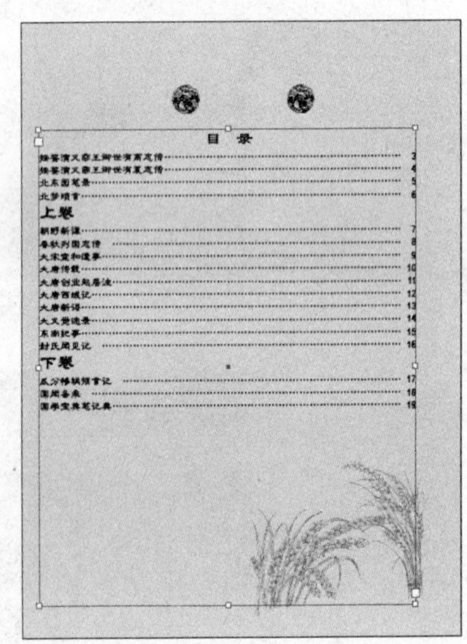

（b）单击“页面 2”的空白处

图 13-61　编辑目录样式

（10）调整目录在页面中的位置，如图 13-62 所示。

（11）从图 13-62 看出“目录”跟下面的标题太靠近，可通过【段前间距】和【段后间距】调整它们之间的距离。用“文字工具”选择“目录”，在【段落】调板的【段后间距】数值框中输入“3 毫米”，得到的效果如图 13-63 所示。

（12）用“文字工具”选择“目录”中的“一级标题”和“二级标题”，然后在【段落】调板的【段前间距】数值框中输入“3 毫米”，得到的效果如图 13-64 所示。

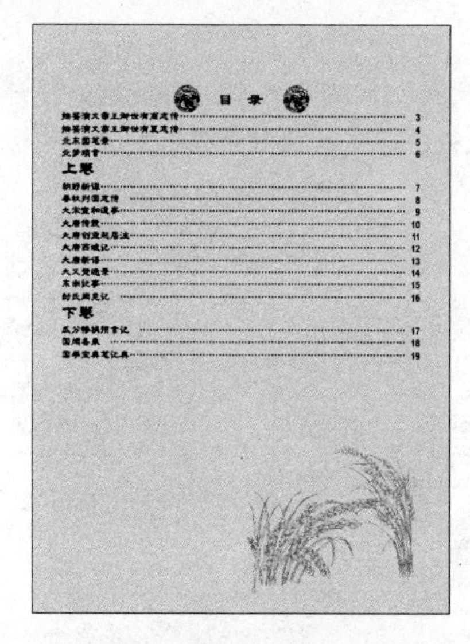

图 13-62　调整目录在页面中的位置

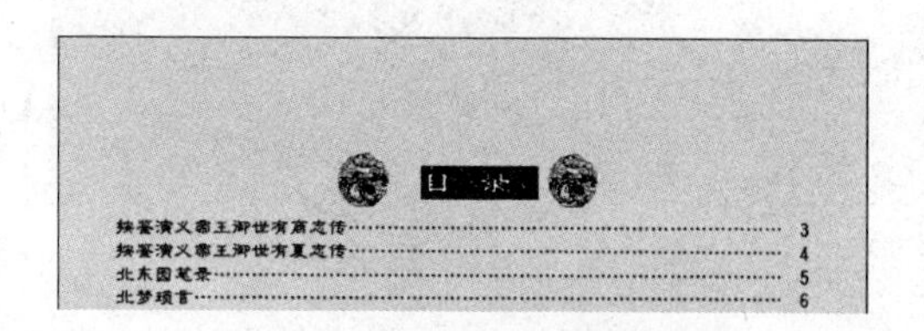

图 13-63　设置目录的段后间距

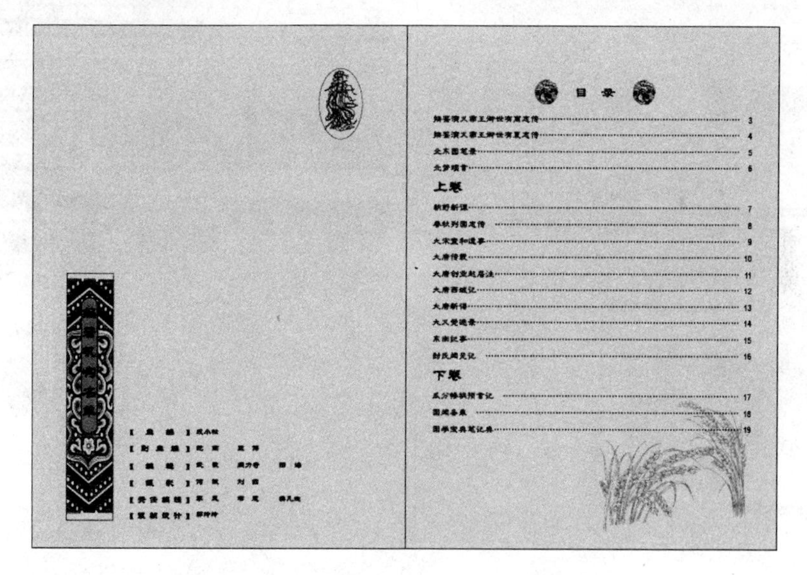

图 13-64　调整一级标题和二级标题的段前间距

任务二　目录的设计制作

任务背景

经过循序渐进的学习，同学们逐渐地把自己的生活画册设计排版完整，从文字的编辑处理，图片的编辑与效果处理，到主页和页码的设置。现在需要同学们完成最后一道工序，就是给画册设计一个目录。

任务要求

本例提供已经排好文字与图片，并且设置页码的文件，同学们需要进行最后的设计工作，就是将每级标题生成目录。可以设计 2～3 个目录设计方案，通过图层来展示不同方案的效果。

任务素材

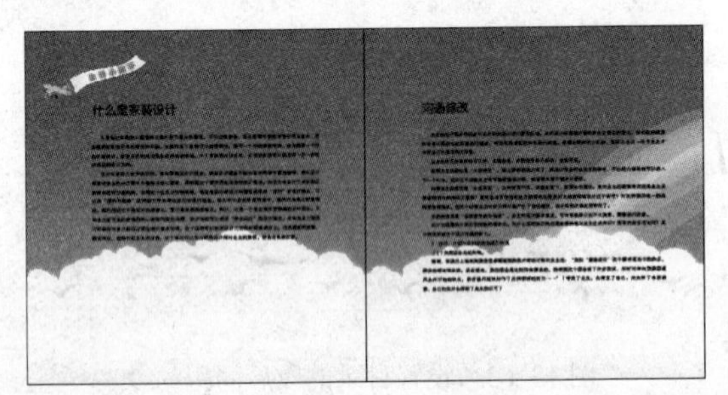

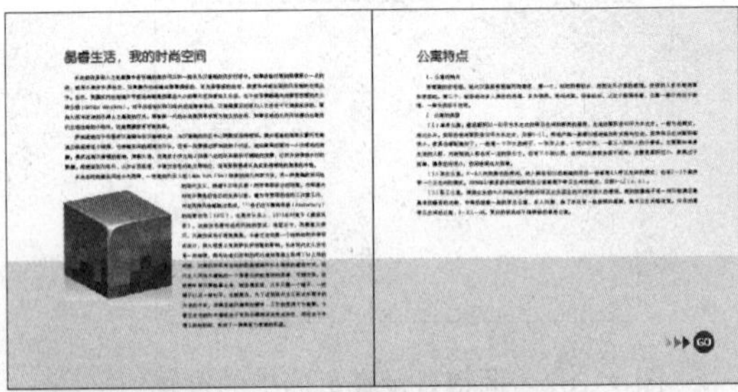

任务分析

1. 在【段落样式】调板中新建和设置目录样式。

2. 在【段落样式】调板中新建和设置目标下的标题样式，如果需要页码前有前导符样子的目录，需要在定位符选项中进行设置。

3. 创建目录下的页码字符样式

4. 创建目录样式，添加各级标题。

5. 生成目录样式。

任务参考效果图

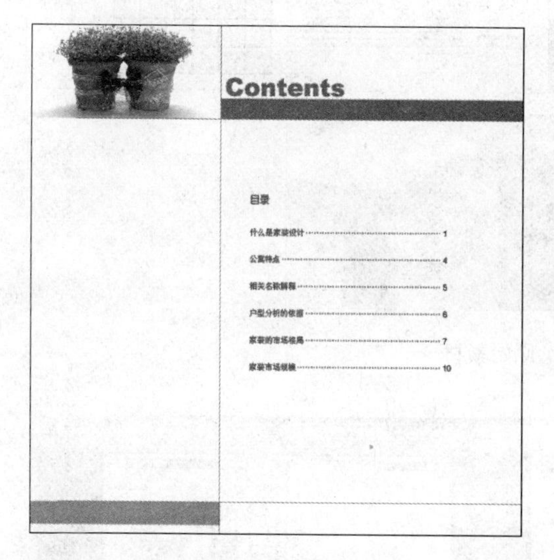

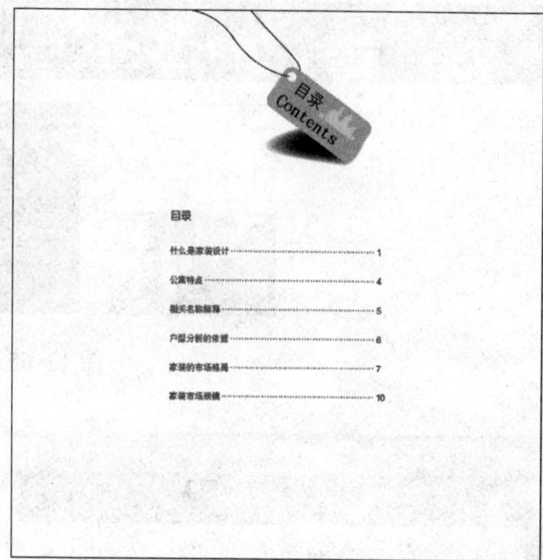

任务三　自学部分

目的

了解如何将制作完成的文件进行字体检查、全面的综合检查，以及输出各种格式的文件，掌握检查问题文件和输出的方法。

学生预习

1. 了解查找问题字体的方法。
2. 了解预检文件的方法。
3. 了解导出 PDF 的选项名称。
4. 了解导出 EPS 的选项名称。
5. 了解导出 JPEG 的选项名称。

学生练习

使用相关素材，练习检查文件的字体、图像链接和颜色模式，将文件导出 PDF 格式、EPS 格式、JPEG 格式和 TXT 格式等操作。图 13-65 所示为原始素材，图 13-66 所示为输出后的效果，可作为同学们练习的参考。

图 13-65　原始素材

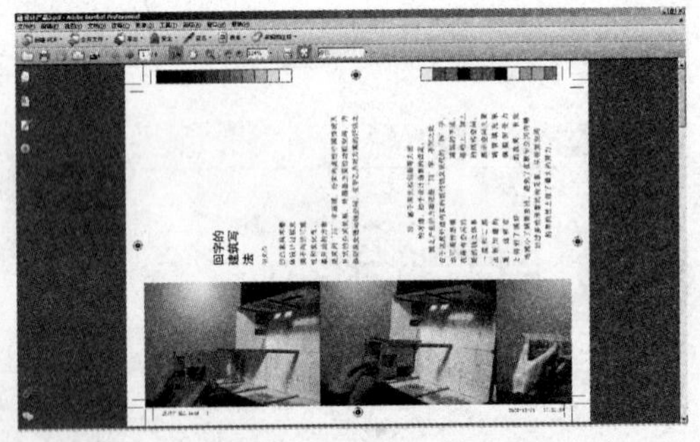

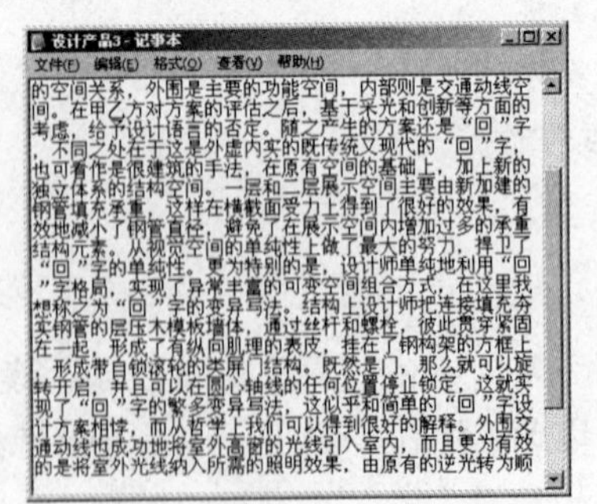

图 13-66　输出后的效果

模块 14　输　　出

能力目标

1. 能够使用查找字体功能更正文件中出现的系统字和缺失字体
2. 能够使用印前检查功能检查并更正不符合印刷要求的地方
3. 能够使用导出功能导出不同格式的预览文件或印刷文件

知识目标

1. 掌握查找字体的操作方法
2. 掌握打包的操作方法
3. 掌握输出 PDF、EPS、JPEG、InDesign 交换格式和 TXT 格式的操作方法
4. 掌握打印的设置方法
5. 了解打样

课时安排

3 课时讲解，1 课时实践

任务一　印刷物的预检与打包

任务背景

制作完成出版物后，通常要进行排版成品的输出。为了在最大程度上防止可能发生的错误，减少不必要的损失，则需要对输出文件的字体、链接图片、颜色等进行一次全面系统的检查，这是非常必要的。现有一本产品宣传册，设计制作已完成，需要进行印刷前的检查。

任务要求

检查字体是否有丢失，图片是否缺少链接，图片是否都符合印刷要求，版面中所用到的颜色是否都是 CMYK。

任务素材

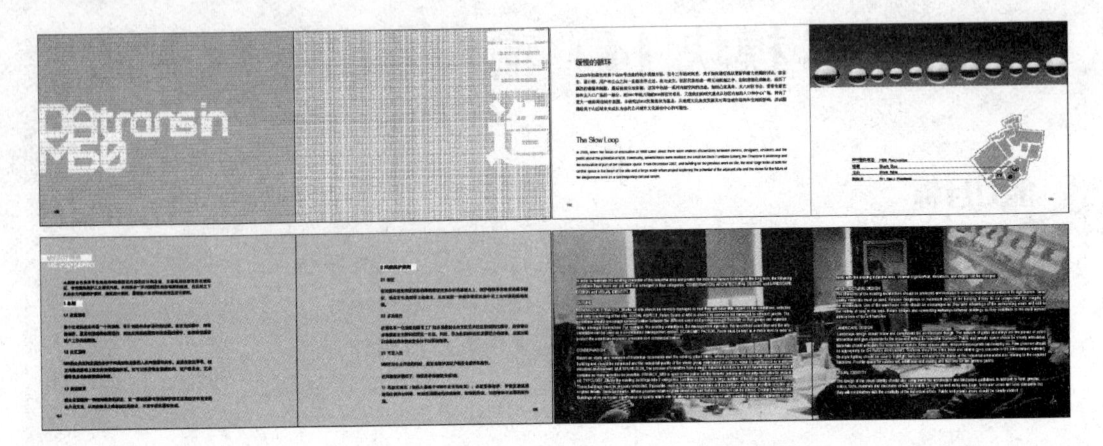

制作步骤分析

1. 通过【查找字体】对话框，检查文件中是否有缺失字体或使用系统字的情况。
2. 将有问题的字体进行替换。
3. 通过【印前检查】对话框对文档品质进行检查。
4. 通过【打包】对话框检查字体、图片和颜色等问题。

参考制作流程

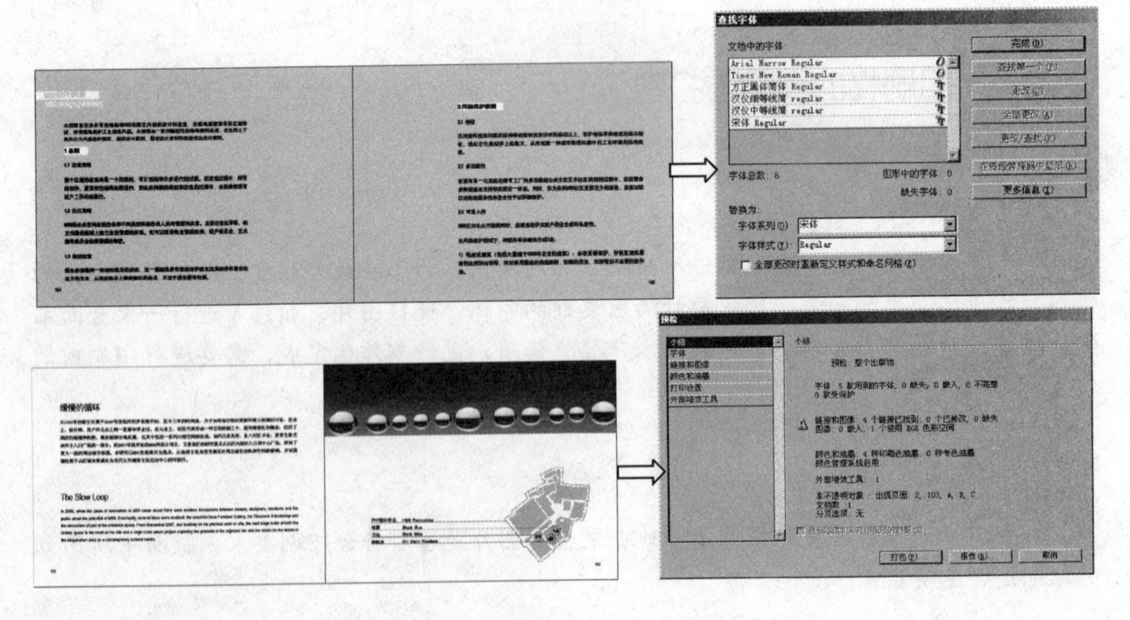

操作步骤详解

1. 检查字体

通过查找字体命令先检查文档中是否有缺失字体或使用系统字的情况。

（1）在素材中选择“模块 14\‘设计产品’文件夹\设计产品.indd”文件，执行【文字】|【查找字体】命令，弹出【查找字体】对话框，如图 14-1 所示。

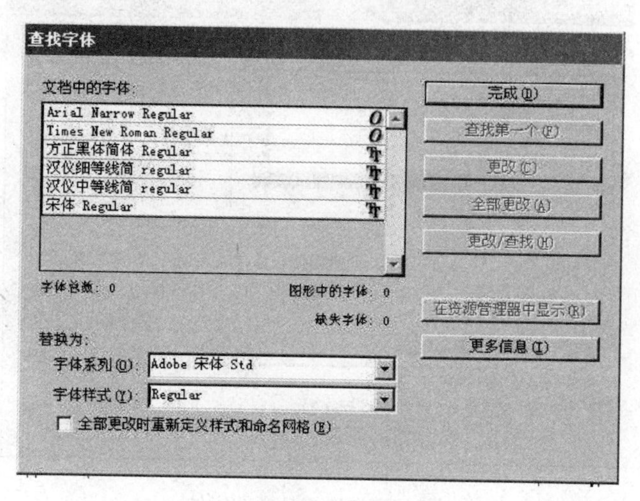

图 14-1　【查找字体】对话框

（2）在【文档中的字体】列表中显示整个文档用到的字体，可看到图 14-1 中有使用系统字体的情况。单击【文档中的字体】列表中的【宋体】，然后单击【查找第一个】按钮，查看文中缺失字体的位置，如图 14-2 所示。

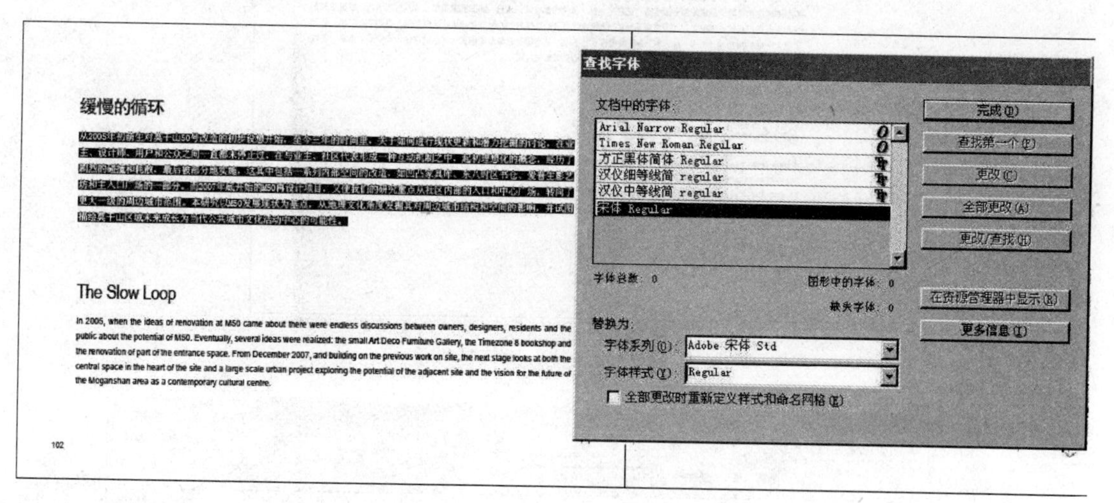

图 14-2　查看文中缺失字体的位置

（3）查找位置之后，在【字体系列】下拉列表框中选择替换的字体，如图 14-3 所示。

（4）单击【全部更改】按钮统一进行替换，得到的效果如图 14-4 所示。

小知识：【查找字体】对话框显示的图标表示字体类型或字体条件，如 Type 1 字体 *a*、导入的图像、TrueType 字体、OpenType 字体 *O* 和缺失字体。

（5）单击【查找字体】对话框的【在资源管理器中显示】按钮，弹出【Fonts】文件夹，如图 14-5 所示。

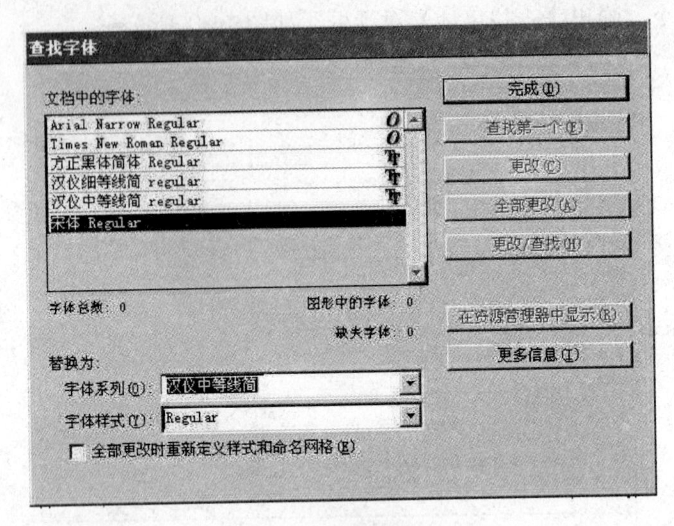

图 14-3　选择替换的字体

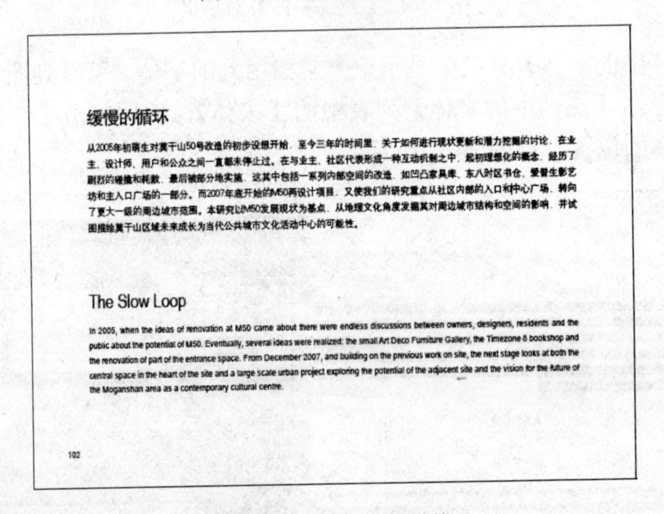

缓慢的循环

从2005年初萌生对莫干山50号改造的初步设想开始，至今三年的时间里，关于如何进行现状更新和潜力挖掘的讨论，在业主、设计师、用户和公众之间一直都未停止过。在与业主、社区代表形成一种互动机制之中，起初理想化的概念，经历了剧烈的碰撞和耗散，最后被部分地实施，这其中包括一系列内部空间的改造，如凹凸家具库、东八时区书仓、爱普生影艺坊和主入口广场的一部分。而2007年底开始的M50再设计项目，又使我们的研究重点从社区内部的入口和中心广场，转向了更大一级的周边城市范围。本研究以M50发展现状为基点，从地理文化角度发掘其对周边城市结构和空间的影响，并试图描绘莫干山区域未来成长为当代公共城市文化活动中心的可能性。

The Slow Loop

In 2005, when the ideas of renovation at M50 came about there were endless discussions between owners, designers, residents and the public about the potential of M50. Eventually, several ideas were realized: the small Art Deco Furniture Gallery, the Timezone 8 bookshop and the renovation of part of the entrance space. From December 2007, and building on the previous work on site, the next stage looks at both the central space in the heart of the site and a large scale urban project exploring the potential of the adjacent site and the vision for the future of the Moganshan area as a contemporary cultural centre.

102

图 14-4　统一进行替换

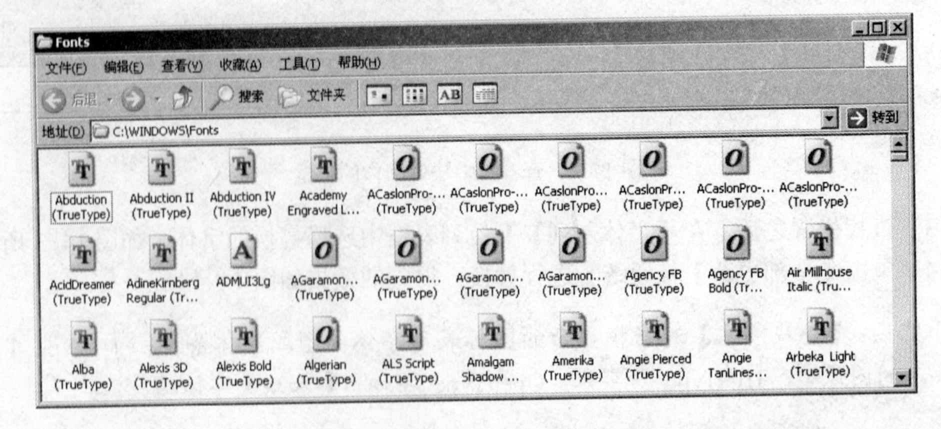

图 14-5　【Fonts】文件夹

【Fonts】文件夹是计算机中存放字体的地方，它位于 C 盘的 WINDOWS 文件夹里，可以从该文件夹里拷贝排版时用到的字体。在出片公司输出打样时，或者在其他计算机里打开文件时，都需要复制字体连同原文件一起带到出片公司，这样才能避免丢失字体。

（6）单击【查找字体】对话框的【更多信息】按钮，则会弹出【信息】扩展菜单，可以查看字体名称、样式、类型、版本、限制、路径、字数统计、样式计数、样式和页面信息，如图 14-6 所示。

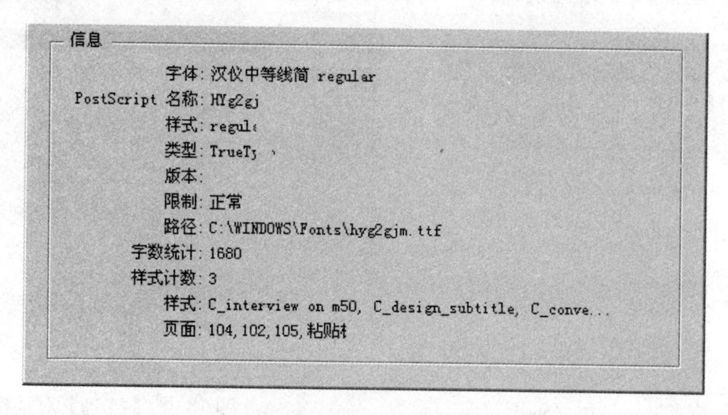

图 14-6 【信息】扩展菜单

2. 印前检查

检查字体完成后，需要进行全面的综合检查，印前检查功能可以在打印文档或将文档提交给服务提供商之前，对此文档进行品质检查。印前检查程序会警告可能影响文档或书籍不能正确成像的问题，如缺失文件或文本溢流。它还提供了有关文档或书籍的帮助信息，如使用的链接、显示字体的第一个页面和打印设置。

（1）在程序左下方状态栏上有一个小圆圈，当文档无错误时，小圆圈显示为绿色。当文档存在错误时，小圆圈显示为红色。用鼠标双击小圆圈，会弹出【印前检查】对话框，如图 14-7 所示，显示文档需要处理的问题。

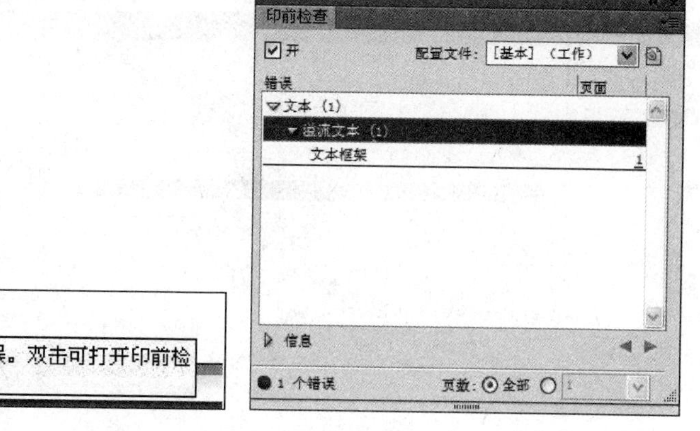

图 14-7　【印前检查】对话框

（2）可以通过【印前检查】对话框检查连接、图形、文本溢流和其他信息，并对提示的问题进行修改，修改完成后【印前检查】对话框将显示无错误，如图如图 14-8 所示。

3. 打包

为了便于文件传递和后期印刷处理，InDesign 提供了打包功能。可以用【打包】命令对输出的文档进行预检，并能将输出文档中所有用到的字体与链接图片复制到指定的文件夹中，还能自定报告的文件夹，此报告（存储为文本文件）包括“打印说明”对话框中的信息，打印文档需要的所有使用的字体、链接和油墨的列表，以及打印设置。

（1）执行【文件】|【打包】命令，会弹出【打包】对话框，如图 14-9 所示。

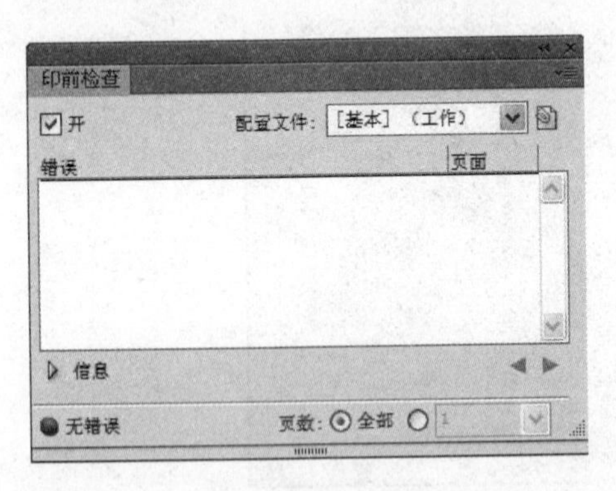

图 14-8 【印前检查】对话框显示无错误

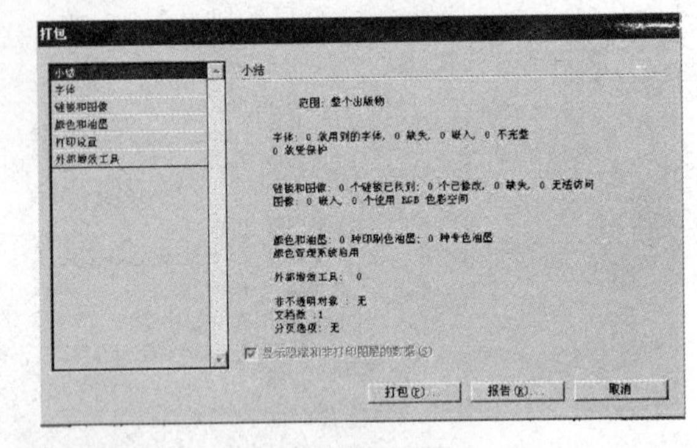

图 14-9 【打包】对话框

（2）使用【打包】对话框中的【小结】面板作为参考，检查字体、链接、图形和其他信息。警告图标表示有问题的区域；【小结】面板还显示文档中任一透明对象的页码，或书籍中具有透明对象的文档数，如图 14-10 所示。

（3）从图 14-10 看出，在链接和图像中出现了警告图标，并从信息中了解到有 1 张图片使用了 RGB 色彩空间，如果出版物是用于印刷将会不能正确成像。单击左边的【链接和图像】选项，以便了解更详细的信息，如图 14-11 所示。

（4）在【链接和图像】列表框中看到使用 RGB 色彩空间的图片在第 103 页，这样就便于同学们的查找。单击【取消】按钮，执行【窗口】|【链接】命令，打开【链接】调板，如图 14-11 所示。

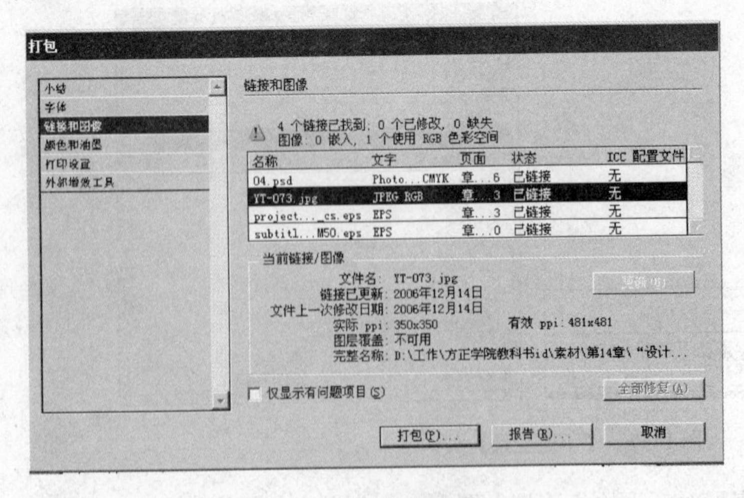

图 14-10 链接和图像参数

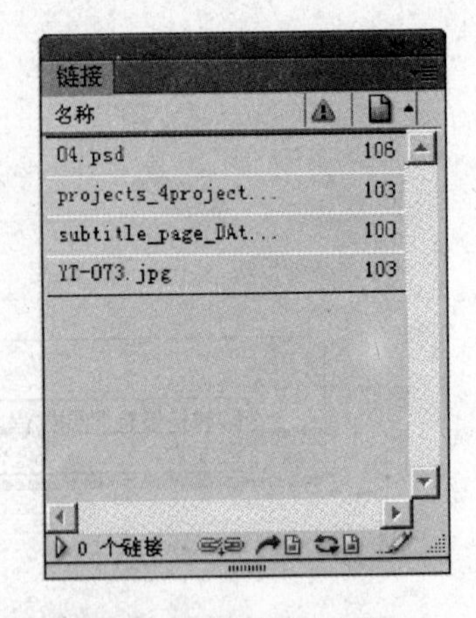

图 14-11 【链接】调板

（5）在【链接】调板中找到第 103 页的图片，然后单击【编辑原稿】按钮，回到图像处理软件中进行处理，如图 14-12 所示。

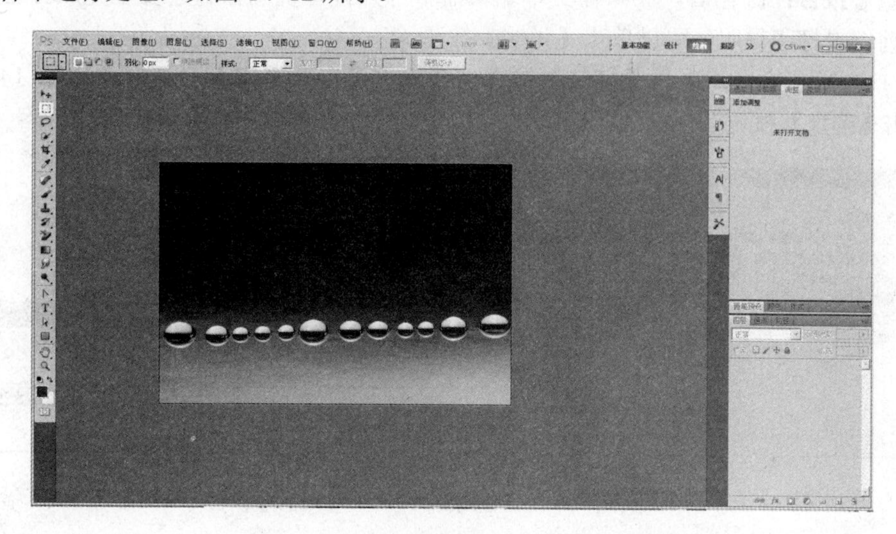

图 14-12　回到图像处理软件中进行处理

（6）通过预检确定文档无误后进行打包输出。

（7）单击【打包】对话框中的打包按钮，会弹出【打印说明】对话框，如图 14-13 所示。

（8）填写完打印说明后，单击【继续】按钮进行下一步【打包出版物】的操作，如图 14-14 所示。

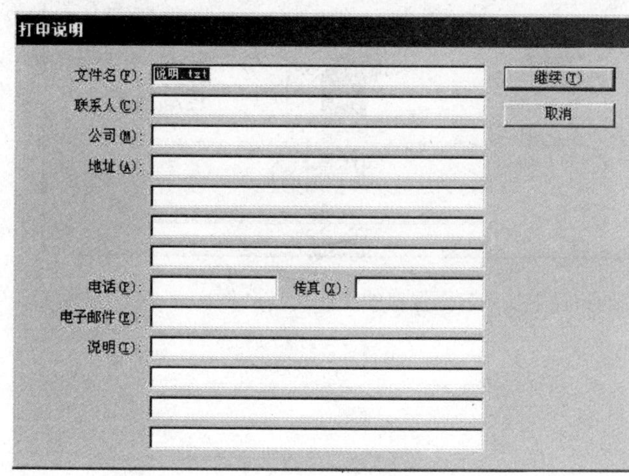

图 14-13　【打印说明】对话框

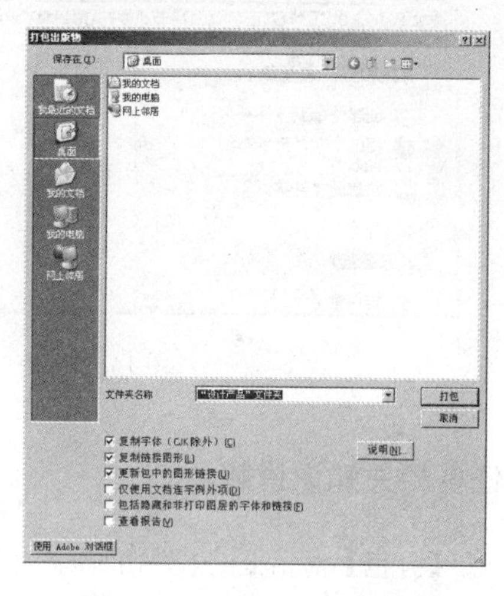

图 14-14　打包出版物的操作

（9）单击【打包】按钮，完成文档的打包输出。

（10）可以根据需要选择下列选项。

- **复制字体（CJK 除外）**：复制所有必需的各款字体文件，而不是整个字体系列。
- **复制链接图形**：复制链接图形文件。链接的文本文件也将被复制。
- **更新包中的图形链接**：将图形链接（不是文本链接）更改为包文件夹的位置。如果要重新链接文本文件，必须手动执行这些操作，并检查文本的格式是否还保持原样。

- **包含隐藏和非打印图层的字体和链接**：打包位于隐藏图层上的对象。
- **查看报告**：打包后，立即在文本编辑器中打开打印说明报告。要在完成打包过程之前编辑打印说明，可以单击【说明】按钮。

（11）选择完毕后，单击【打包】按钮，会弹出【字体警告】对话框，如图 14-15 所示。单击【确定】按钮后，出现【打包文档】进度条，如图 14-16 所示。

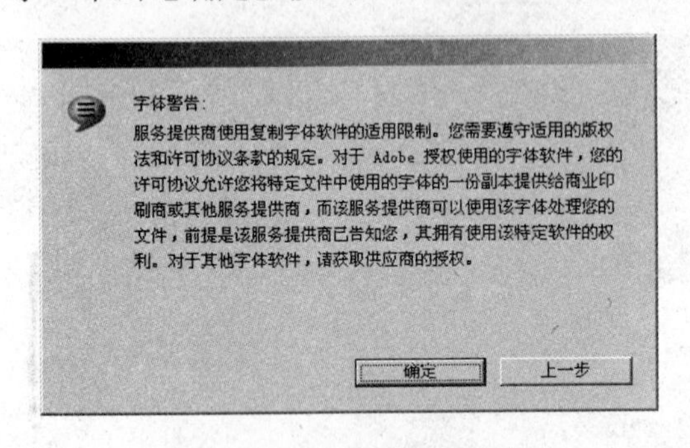

图 14-15 【字体警告】对话框

图 14-16 【打包文档】进度条

（12）当进度条完成后，则会在保存的路径中找到前面保存的文件夹，文件夹中有四个文件，其中包含了字体、图片、打印报告和 indd 文档等信息，如图 14-17 所示。

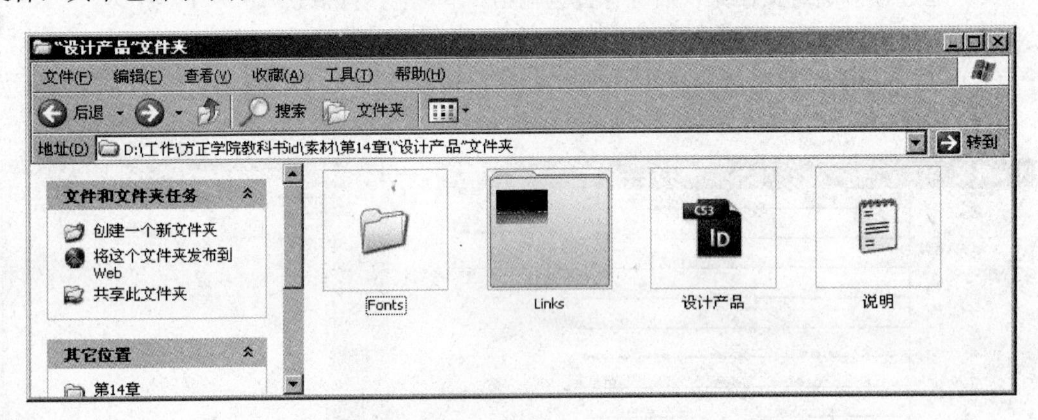

图 14-17 在保存的路径中找到前面保存的文件夹

任务相关知识讲解

【打包】对话框的选项介绍

1）字体

【打包】对话框的“字体”区域将列出文档中使用的所有字体（包括溢流文本或粘贴板上的文本所用的字体、EPS 文件、原生 Adobe Illustrator 文件和置入的 PDF 页面中嵌入的字体），并确定字体是否安装在计算机上及是否可用，如图 14-18 所示。选择【仅显示有问题项目】复选框显示符合以下类别的字体。

- **缺失字体** 列出文档中已使用但当前计算机上未安装的字体。
- **不完整字体** 列出在当前计算机上有屏幕字体但没有对应打印机字体的字体。

- **受保护字体**　列出由于许可证限制无法嵌入 PDF 或 EPS 文件的字体。

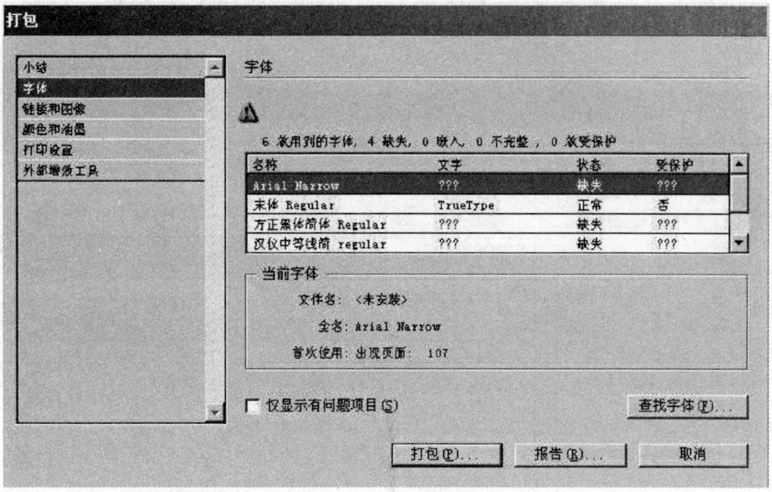

图 14-18 【打包】对话框

2）链接和图像

【打包】对话框的【链接和图像】区域列出文档中使用的所有链接、嵌入图像和置入的 InDesign CS6 文件，包括来自链接的 EPS 图形的 DCS 和 OPI 链接，如图 14-19 所示。嵌入到 EPS 图形中的图像和置入的 InDesign CS6 文件不作为链接包括在预检报告中。预检程序将显示缺失或已过时的链接和任何 RGB 图（这些图像可能不会正确地分色，除非启用颜色管理并正确设置）。

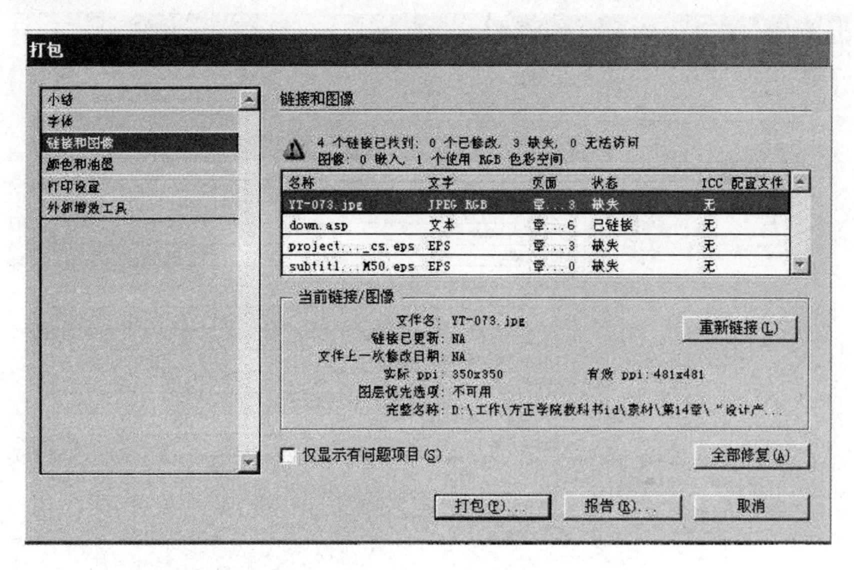

图 14-19　文档中使用链接和图像

注： InDesign CS6 无法检测嵌入到置入的 EPS、Adobe Illustrator、Adobe PDF、FreeHand 文件和置入的 .indd 文件中的 RGB 图像。要获得最佳效果，可以在置入的图形的原始应用程序中验证其颜色数据。

3）颜色和油墨

【打包】对话框的【颜色和油墨】区域列出文档中使用的所有颜色信息，如图 14-20 所示。

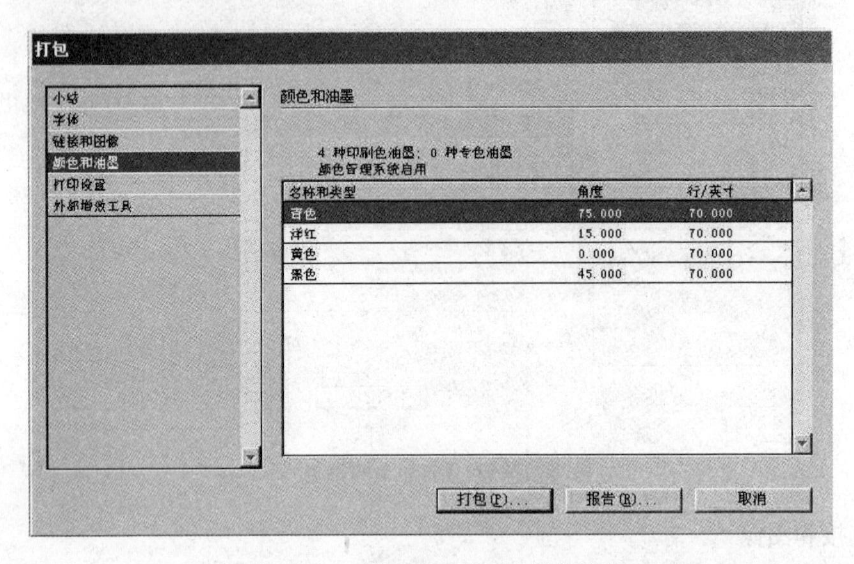

图 14-20　文档中使用的所有颜色信息

4）打印设置

【打包】对话框的【打印设置】区域列出文档中的打印信息，包括份数、页面、校样、拼贴、缩放、页面位置、打印图层、印刷标记和出血等内容，如图 14-21 所示。

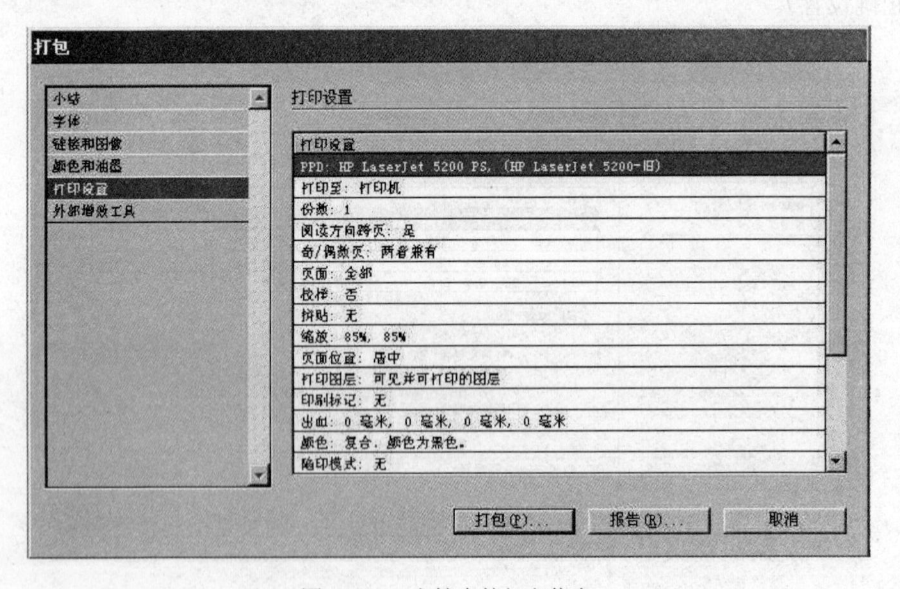

图 14-21　文档中的打印信息

5）外部增效工具

【打包】对话框的【外部增效工具】区域列出文档中的增效工具使用情况，如图 14-22 所示。

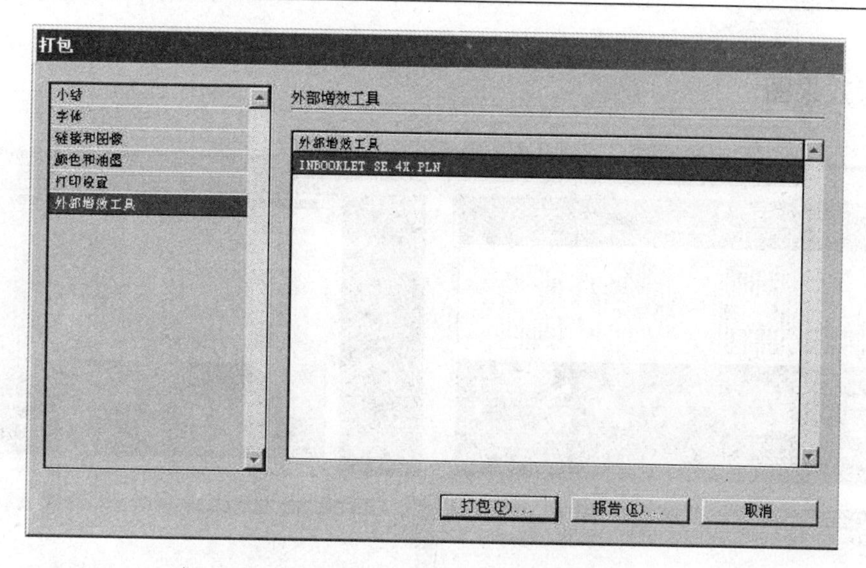

图 14-22　文档中的增效工具使用情况

任务二　印刷物的导出方式

任务背景

一本产品画册已经设计制作完成，现在需要将文件导出为给客户预览的文件和给印刷厂的印刷文件。

任务要求

根据不同情况导出不同格式的文件，如 PDF 格式、EPS 格式、JPEG 格式、indd 格式和 TXT 格式的文件。

任务素材

任务参考效果图

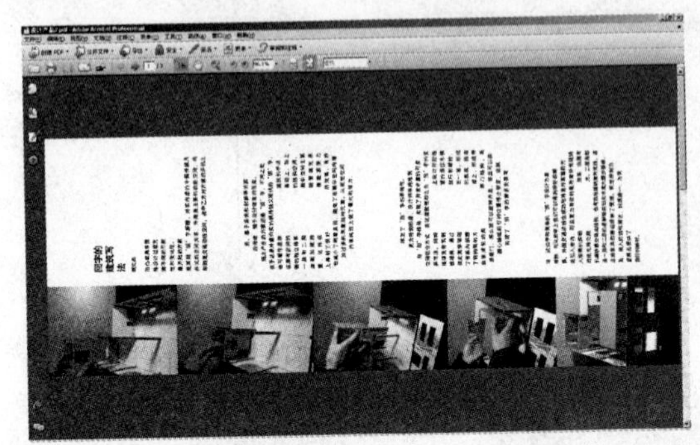

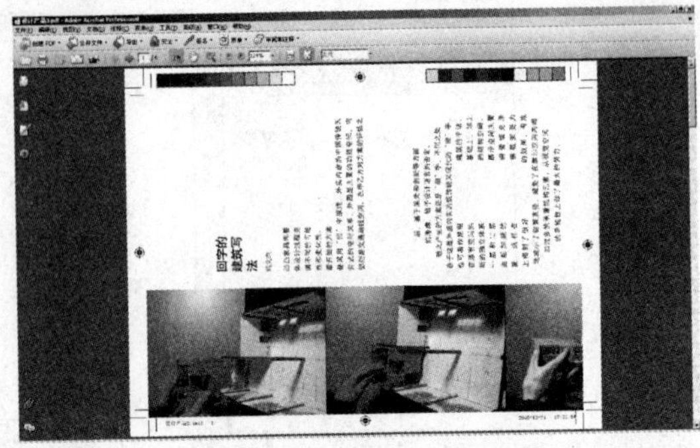

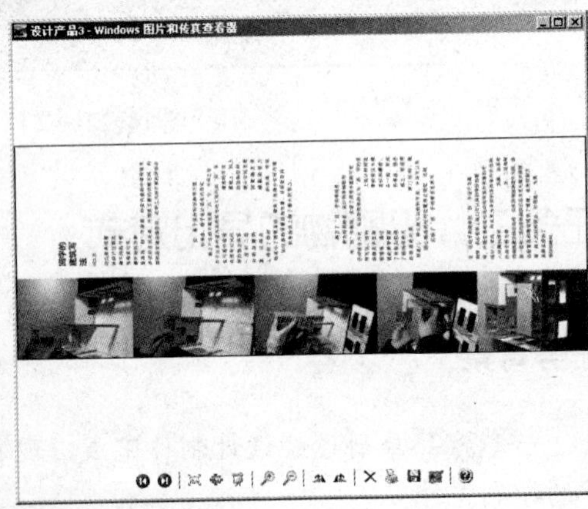

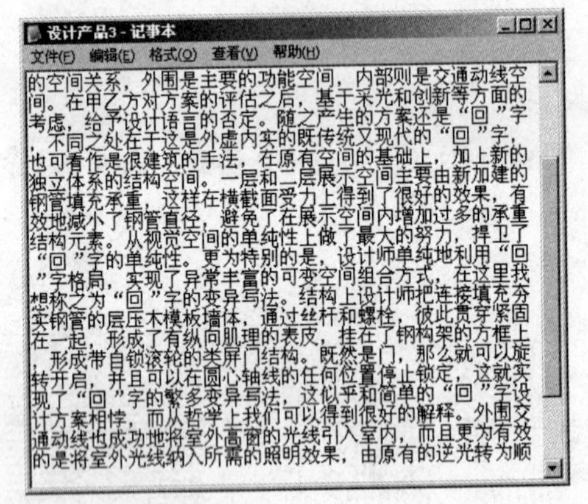

制作步骤分析

1. 输出用于客户查看的PDF文件。
2. 输出用于印刷的PDF文件。
3. 输出EPS格式的文件。
4. 输出JPEG格式的文件。
5. 输出低版本的文件。
6. 输出TXT格式的文件。

参考制作流程

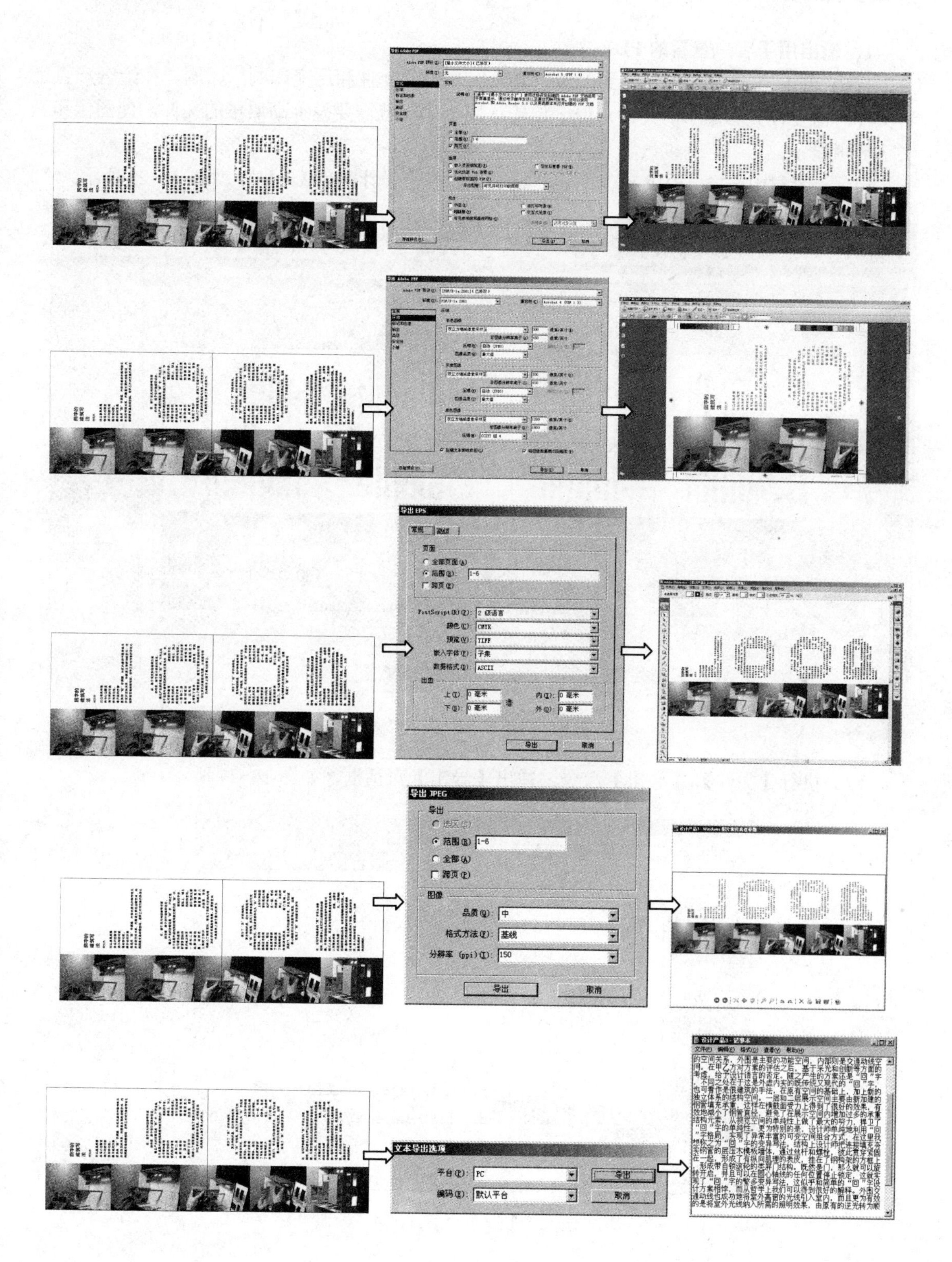
导出 EPS
常规 高级
页面
全部页面(A)
范围(R): 1-6
跨页(S)
PostScript(R)(P): 2 级语言
颜色(C): CMYK
预览(V): TIFF
嵌入字体(F): 子集
数据格式(D): ASCII
出血
上(T): 0 毫米
下(B): 0 毫米
内(I): 0 毫米
外(O): 0 毫米
导出
取消
导出 JPEG
导出
选区(S)
范围(R): 1-6
全部(A)
跨页(P)
图像
品质(Q): 中
格式方法(F): 基线
分辨率 (ppi)(I): 150
导出
取消
文本导出选项
平台(P): PC
编码(E): 默认平台
导出
取消

操作步骤详解

1. 输出用于客户查看的 PDF 文件

导出 PDF 文件时，最常用到的地方是给客户查看文件和送交印刷厂印刷。在给客户查看文件时需要设置容量小的文件，便于传输；用于印刷就需要设置高质量的文件，使图像和文字清晰显示。

（1）在素材中选择“模块 14\‘设计产品 2’文件夹\设计产品 2.indd”，如图 14-23 所示。

图 14-23 设计产品 2 素材

（2）执行【文件】|【导出】命令，弹出【导出】对话框，如图 14-24 所示。

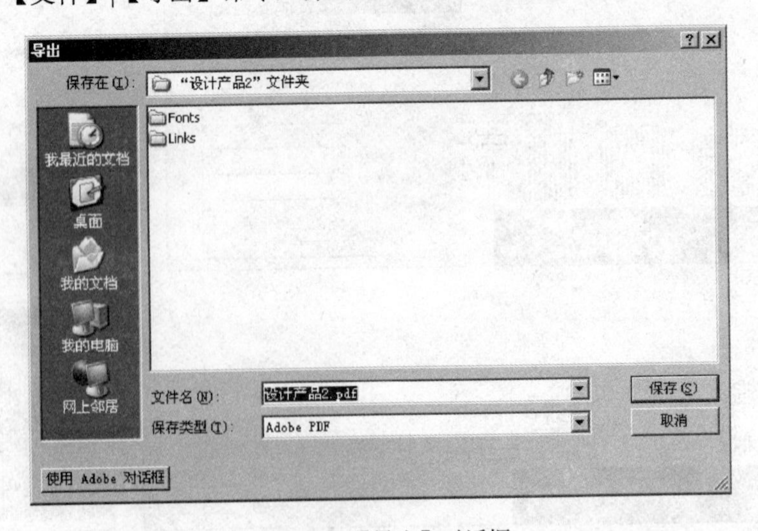

图 14-24 【导出】对话框

（3）保存在指定的路径后，单击【保存】按钮，弹出【导出 Adobe PDF】对话框，如图 14-25（a）所示。在【Adobe PDF 预设】下拉列表框中选择【最小文件大小】，在【页面】选项区中选择【跨页】单选按钮，其他均保持默认设置，如图 14-25（b）所示。

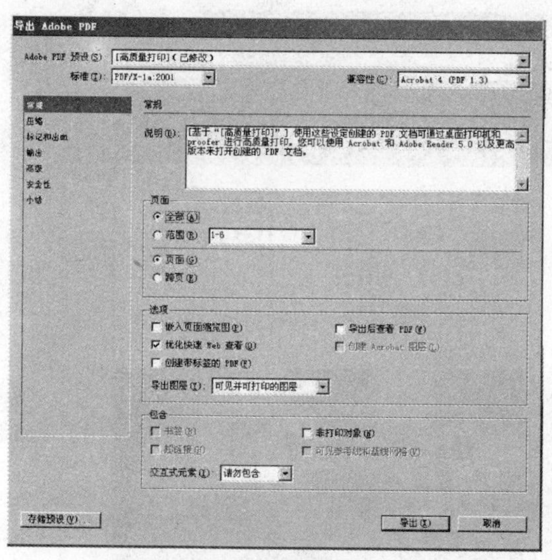

（a）【导出 Adobe PDF】对话框

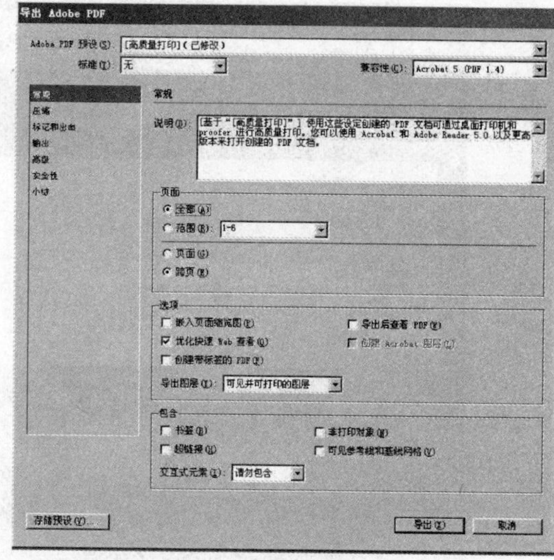

（b）对页面进行设置

图 14-25　导出 PDF 设置

（4）单击左边的【压缩】选项卡，则可看到图像的像素比较低，图像的品质也较差，如图 14-26 所示。剩下的标记和出血、输出、高级和安全性的各选项均保持默认设置即可。

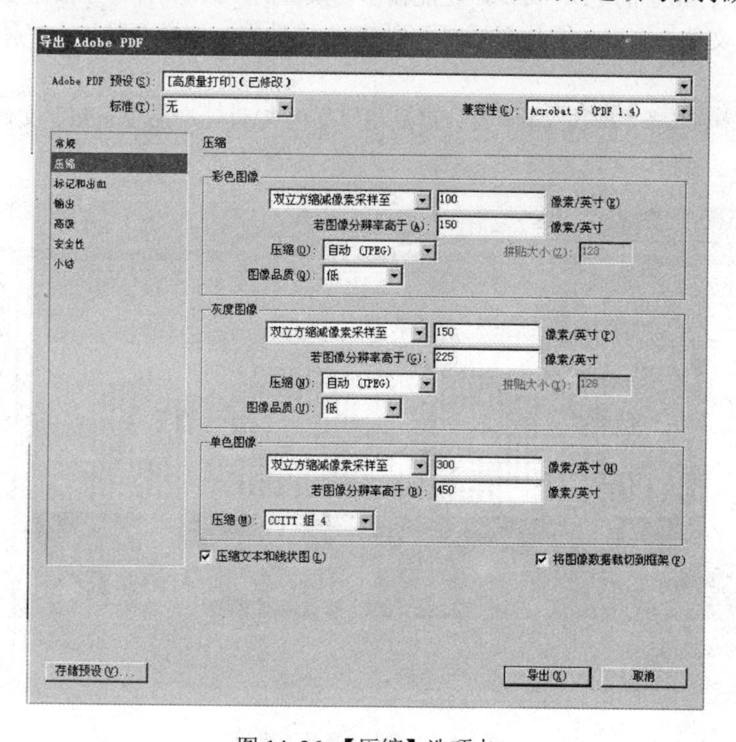

图 14-26　【压缩】选项卡

（5）单击【导出】按钮，则完成输出 PDF 文件的操作。可以在保存的路径中打开 PDF 文件，通过 Adobe Acrobat 或 Adobe Reader 可以打开 PDF 文件，如图 14-27 所示。给客户输出的 PDF 文件特点是文件小，便于网上传送。

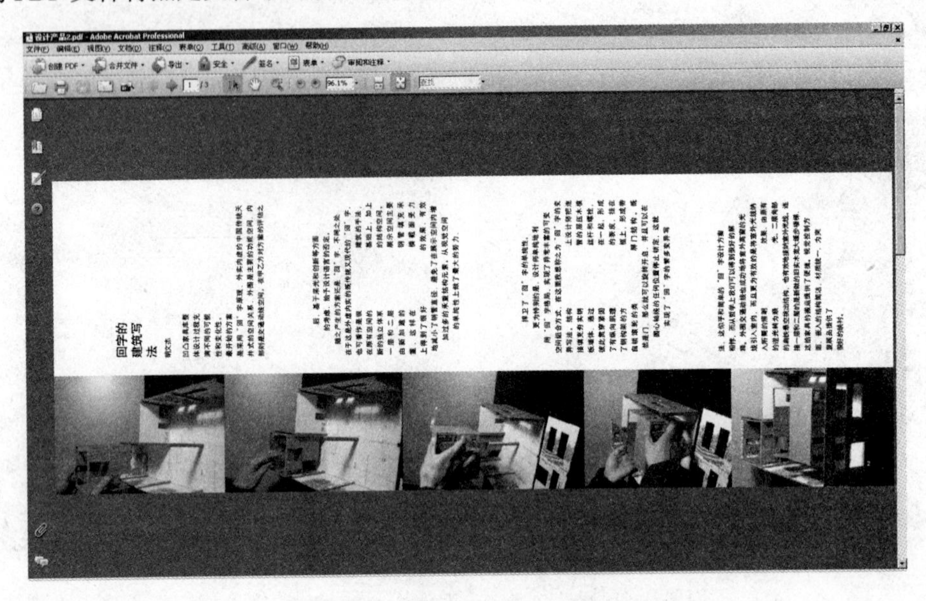

图 14-27　完成输出 PDF 文件的操作

2．输出用于印刷的 PDF 文件

除了输出文件量小的 PDF 文件，还能输出高质量的 PDF 文件，主要用于印刷。输出印刷质量的 PDF 文件，文字与图片都是嵌入到 PDF 文件中，这样可以防止字体缺失和丢失图片的情况发生。

（1）在素材中选择“模块 14\‘设计产品 2’文件夹\设计产品 2.indd”文件，如图 14-28 所示。

图 14-28　设计产品 2 素材

（2）设置透明度拼合预设，使文字输出时自动转为曲线，确保不会丢失字体。透明度拼合的设置需要文件中的每一页都包含透明的元素。打开主页页面，用“矩形工具”在两个页面的中间位置绘制一个矩形，填充纸色，并把不透明度调整为 0，如图 14-29 所示。

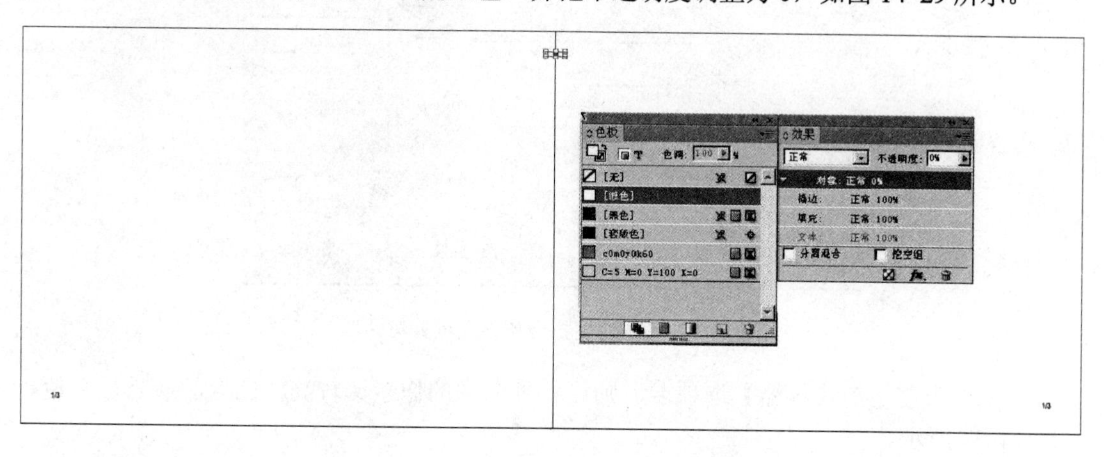

图 14-29 两个页面的中间位置绘制一个矩形

（3）打开【页面】调板，若页码旁都出现小格子图标，则表示页面都有透明的元素，如图 14-30 所示。

（4）执行【编辑】|【透明度拼合预设】命令，弹出【透明度拼合预设】对话框，如图 14-31 所示。单击【新建】按钮，弹出【透明度拼合预设选项】对话框，设置【栅格/矢量平衡】为“100”，【线状图和文本分辨率】为“600”，【渐变和网格分辨率】为“300”，选择【将所有文本转换为轮廓】复选框和【将所有描边转换为轮廓】复选框，如图 14-32 所示。

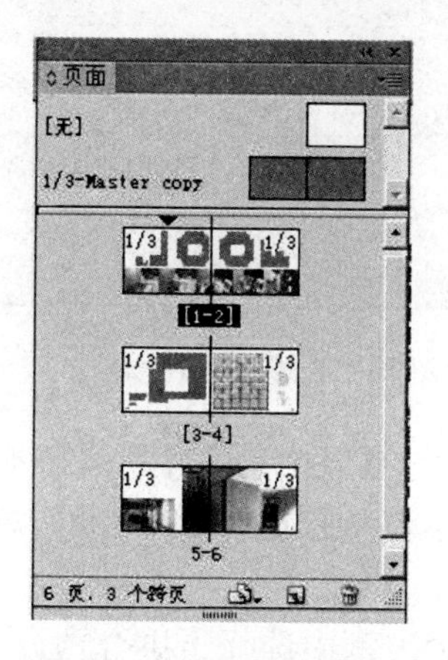

图 14-30 页面都有透明的元素

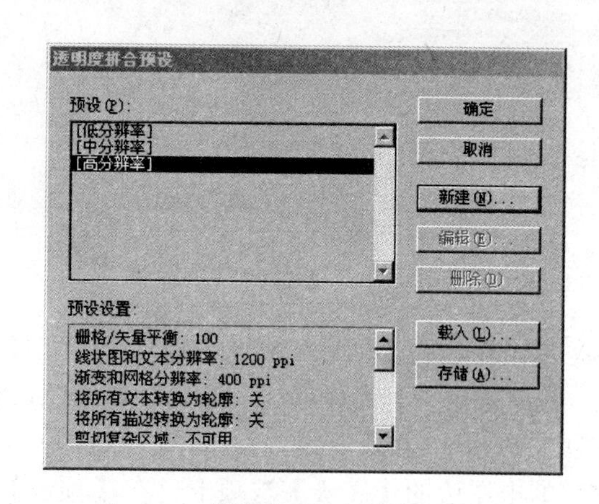

图 14-31 【透明度拼合预设】对话框

（5）单击【透明度拼合预设选项】对话框的【确定】按钮，再单击【透明度拼合预设】对话框的【确定】按钮，完成透明度拼合预设的设置。

（6）执行【文件】|【导出】命令，弹出【导出】对话框，保存在指定的路径后，单击【保存】按钮，弹出【导出 PDF】对话框，在【Adobe PDF 预设】下拉列表框中选择【PDF/X-1a：2001】，在【页面】选项区中取消对【跨页】单选按钮的选择，因为印刷厂需

要拼版。其他均保持默认设置，如图 14-33 所示。

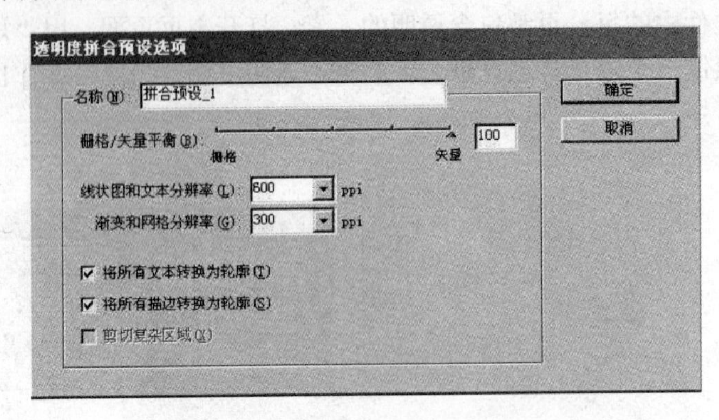

图 14-32 【透明度拼合预设选项】对话框

（7）单击左边的【压缩】选项卡，则可看到图像的像素比较高，图像品质是最大值，如图 14-34 所示。

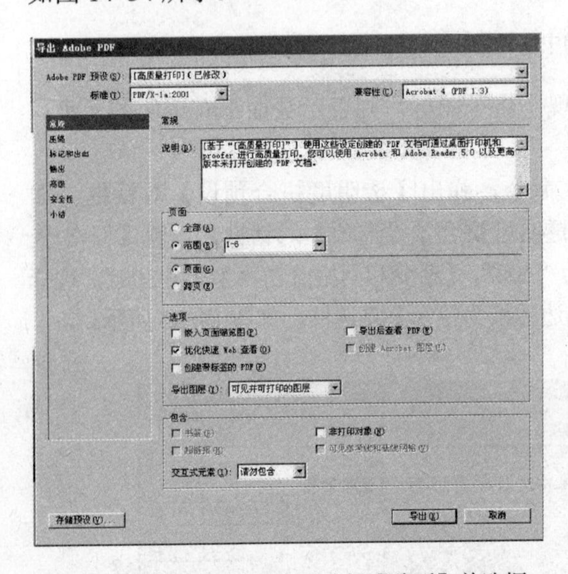

图 14-33 页面复选区中不选择【跨页】单选框

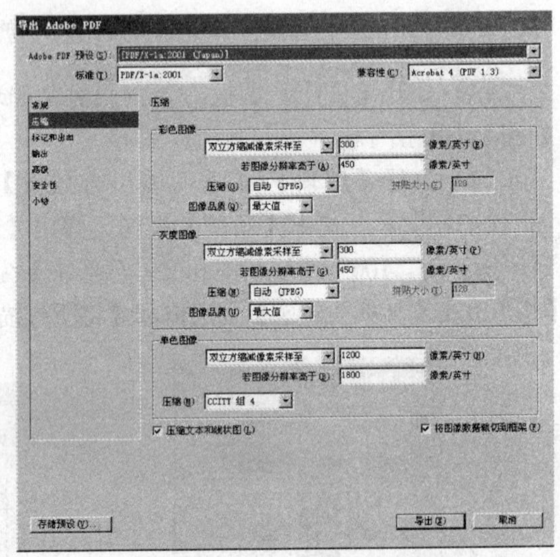

图 14-34 【压缩】选项卡

（8）单击左边的【标记和出血】选项卡，在【标记】选项区中勾选【所有印刷标记】复选框，设置【类型】为“默认”，【位移】为“3 毫米”，然后在【出血和辅助信息区】复选区中勾选【使用文档出血设置】，如图 14-35 所示。

（9）单击左边的【高级】选项卡，在【预设】下拉列表框中选择“拼合预设_1”，如图 14-36 所示。

（10）单击【导出】按钮，则完成输出 PDF 文件的操作。可以在保存的路径中打开 PDF 文件，在步骤（8）中勾选的印刷标记在页面中能看到，这能让印刷厂的师傅一目了然，便于印刷品的套准与裁切，如图 14-37 所示。

3．输出 EPS 格式的文件

使用【导出】命令可将 InDesign CS6 以 EPS 格式导出，然后用 Illsutrator 打开。如果导出多个页面，则每个页面导出为单独的文件。

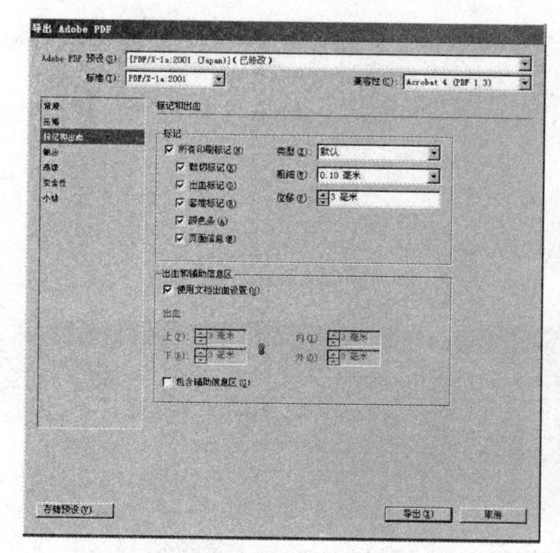

图 14-35 【标记和出血】选项卡

图 14-36 【高级】选项卡

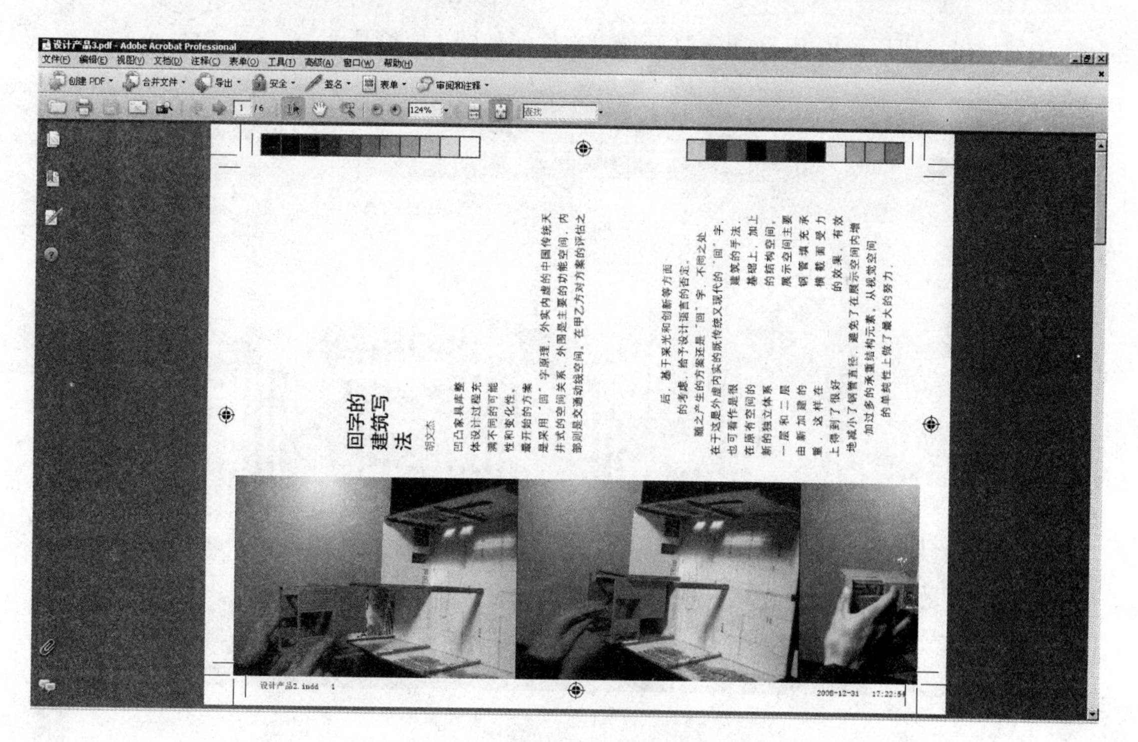

图 14-37 完成输出 PDF 文件的操作

（1）执行【文件】|【导出】命令，在【导出】对话框的【保存类型】下拉列表框中选择【EPS】，单击【保存】按钮，弹出【导出 EPS】对话框，如图 14-38 所示。

（2）在【页面】选项区中选择【全部页面】和【跨页】单选按钮，设置上下内外的出血为“3 毫米”，单击【导出】按钮，弹出【正在导出 EPS】进度条，如图 14-39 所示。

导出 EPS

常规 | 高级

页面
- 全部页面(A)
- 范围(R): 1-6
- 页面(G)
- 跨页(E)

PostScript(R)(P): 2 级语言
颜色(C): CMYK
预览(V): TIFF
嵌入字体(F): 子集
数据格式(D): ASCII

出血
上(T): 0 毫米　内(I): 0 毫米
下(B): 0 毫米　外(O): 0 毫米

导出(X)　取消

图 14-38 【导出 EPS】对话框

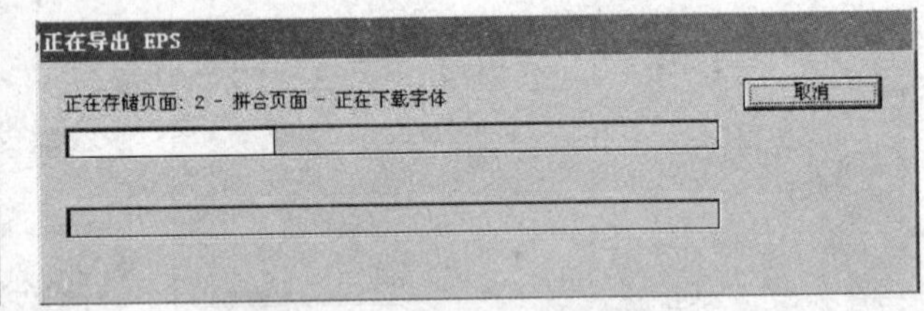

图 14-39 【正在导出 EPS】进度条

（3）导出完成后，用 Illsutrator 打开导出文件，如图 14-40 所示。

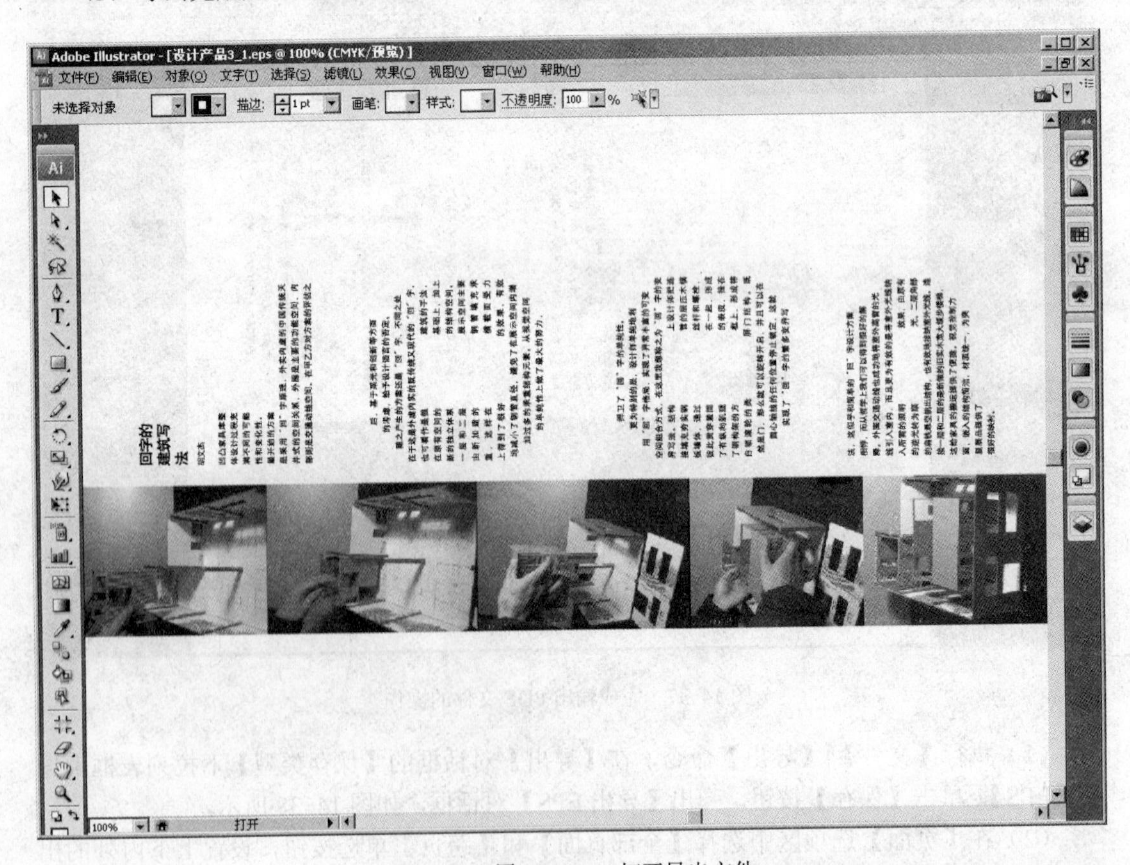

图 14-40 用 Illustrator 打开导出文件

4．输出 JPEG 格式的文件

有许多客户的计算机里可能没有 Adobe Reader、Adobe Acrobat 或 Adobe Illsutrator 等专业软件，但一般都会有 Windows 自带的看图软件。在文件导出时，可以将文件导出为 JPEG 格式，这样就不必担心客户看不到设计效果图了。

（1）执行【文件】|【导出】命令，在【导出】对话框的【保存类型】下拉列表框中选择“JPEG”，单击【保存】按钮，弹出【导出 JPEG】对话框，如图 14-41 所示。

（2）在【导出】选项区选择【全部】和【跨页】单选按钮，在【图像】选项区中设置【品质】为“最大值”，【格式方法】为“连续”，【分辨率（ppi）】为“300”，单击【导出】按钮，导出文件。

（3）用看图软件浏览导出效果，如图 14-42 所示。

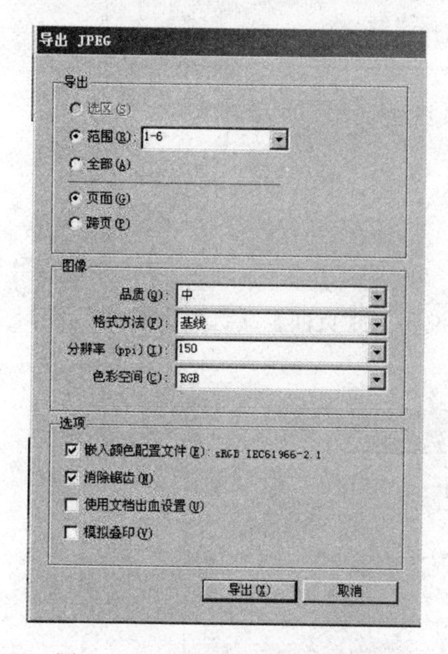

图 14-41 【导出 JPEG】 对话框

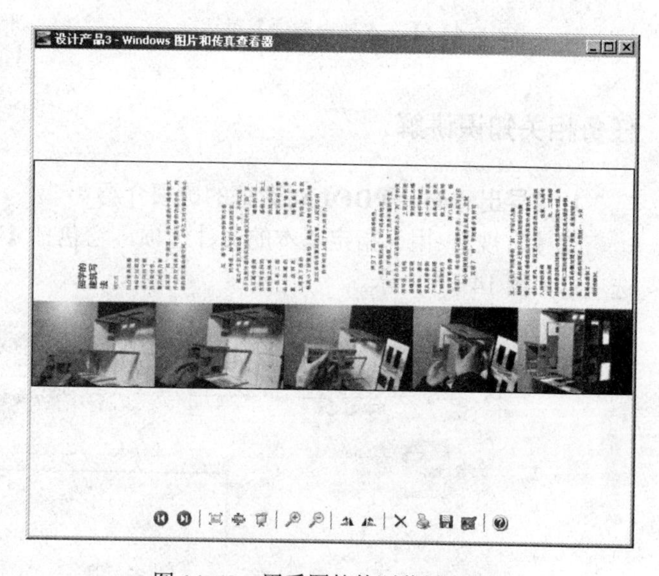

图 14-42　用看图软件浏览导出效果

5．输出低版本格式的文件

InDesign CS6 为向下兼容，InDesign CS6 可打开低版本的 InDesign 软件。但若想用 InDesign CS5 打开 InDesign CS6 文件，可以将 InDesign CS6 文件存为低版本的文件。

执行【文件】|【导出】命令，在【导出】对话框的【保存类型】下拉列表框中选择【InDesign 交换格式】，单击【保存】按钮，则完成导出低版本文件的操作。

6．输出 TXT 格式的文件

设计制作完成后，还需要对文件的文字内容进行校对，如果直接对制作文件进行检查会有诸多不便，因为受到页面元素所影响，干扰视线不能方便地对文字进行修改，那么就需要将文件导出为 TXT 格式。

（1）选择【文字工具】，将文字光标插入文本框中，执行【文件】|【导出】命令，在【导出】对话框的【保存类型】下拉列表框中选择【纯文本】，单击【保存】按钮，弹出【文本导出选项】对话框，如图 14-43 所示。

（2）单击【导出】按钮，完成导出纯文本的操作。打开纯文本文件，查看导出效果，如图 14-44 所示。

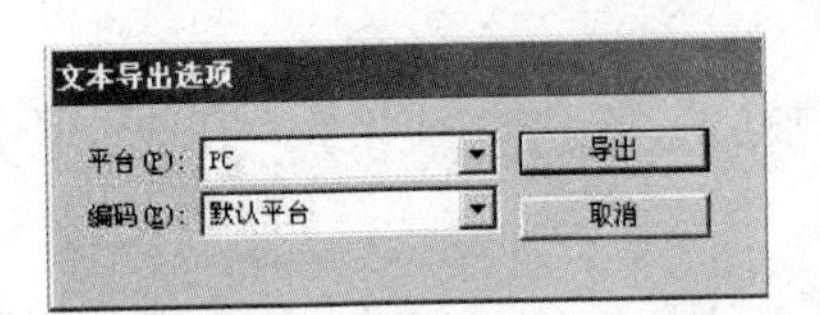

图 14-43 【文本导出选项】对话框

图 14-44 查看导出的纯文本

任务相关知识讲解

1.【导出 Adobe PDF】对话框的选项介绍

①【常规】：用于指定基本的文件选项，它包括【说明】、【页面】、【选项】和【包含】选项，如图 14-45 所示。

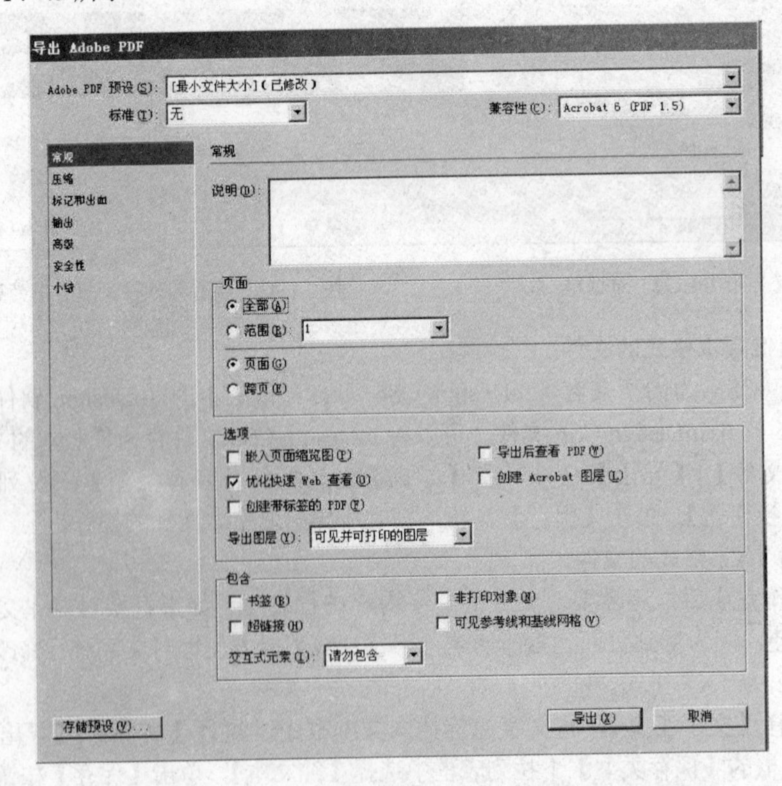

图 14-45 【常规】选项

- 【Adobe PDF 预设】：在【Adobe PDF 预设】下拉列表框中有 6 个选项，分别是【PDF/X-1a：2001】、【PDF/X-3：2002】、【高质量打印】、【印刷质量】、【最小文件大小】和【自定】。选择其中一个选项，其他设置会发生相应的改变，以统一文件的质量及大小。
- 【兼容性】：创建 PDF 文件时，需要决定要使用的 PDF 版本。通过【兼容性】下拉列表框中可选择相关版本。Acrobat 7（1.6）为最新版本，它包括所有最新的功能；如果要创建广泛发布的文档，请考虑选择 Acrobat 6（PDF 1.5）或 Acrobat 5（PDF 1.4），以确保更多用户都可以查看和打印文档；如果要将 PDF 文件提交给印前服务提供商，请选择 Acrobat 4（1.3）或与服务提供商进行协商。
- 【标准】：PDF/X 是图形内容交换的 ISO 标准，它可以消除导致出现打印问题的许多颜色、字体和陷印变量。InDesign CS6 支持 PDF/X-1a:2001 和 PDF/X-1a:2003（对于 CMYK 工作流程），以及 PDF/X-3:2002 和 PDF/X-3:2003（对于颜色管理工作流程）。

②【压缩】：当将文档导出为 Adobe PDF 时，压缩文本和线状图，并对位图图像进行压缩和缩减像素采样，如图 14-46 所示。根据选择【Adobe PDF 预设】的设置，压缩和缩减像素采样可以明显减小 PDF 文件的大小，而不会影响细节和精度。

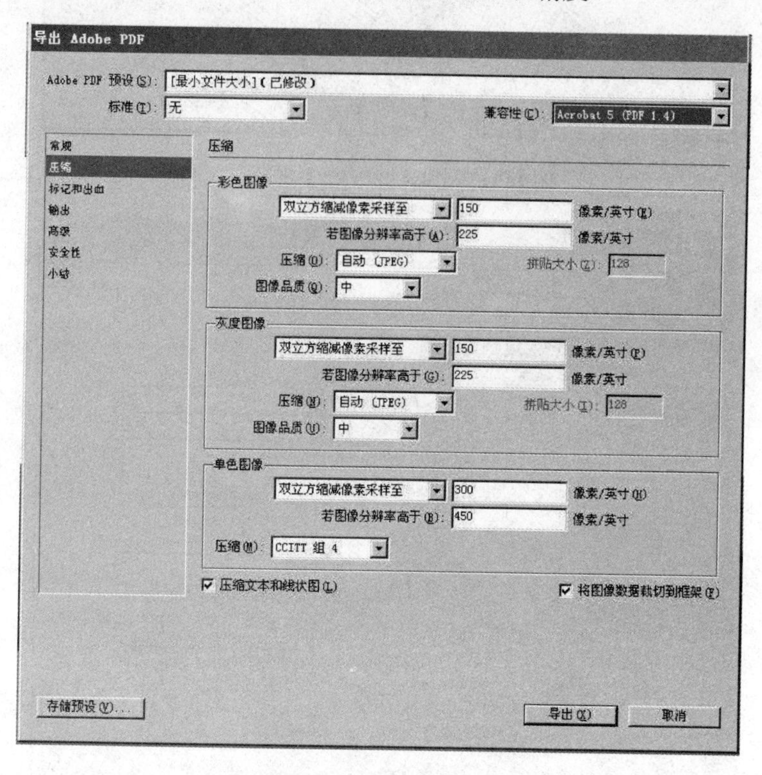

图 14-46 【压缩】选项卡

③【标记和出血】：标记是向文件添加各种印刷标记，包括裁切标记、出血标记、套准标记、颜色条和页面信息；出血是图片位于打印定界框外的或位于裁切标记和裁切标记外的部分。如图 14-47 所示。

④【输出】：在【输出】选项卡中可以根据颜色管理的开关状态、是否使用颜色配置文

件为文档添加标签，以及选择的 PDF 文件标准，如图 14-48 所示。

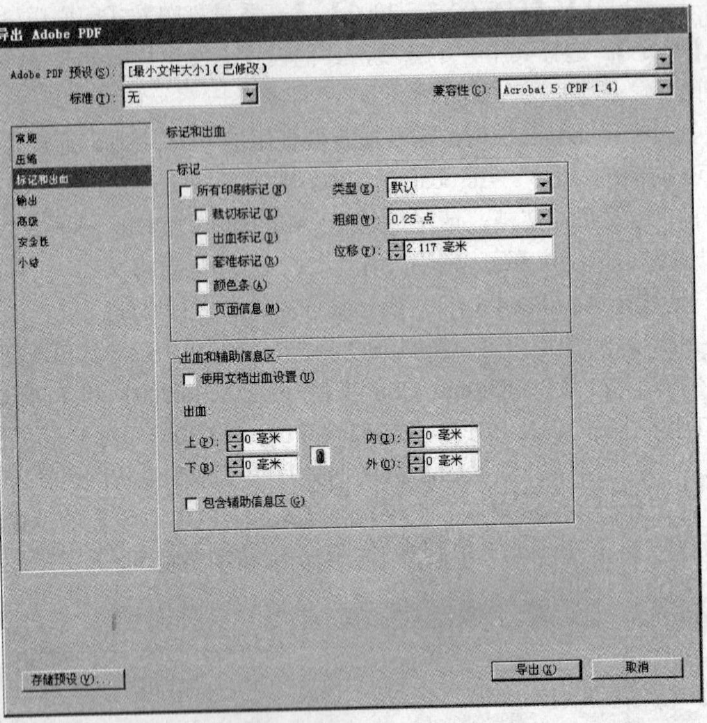

图 14-47 【标记和出血】选项卡

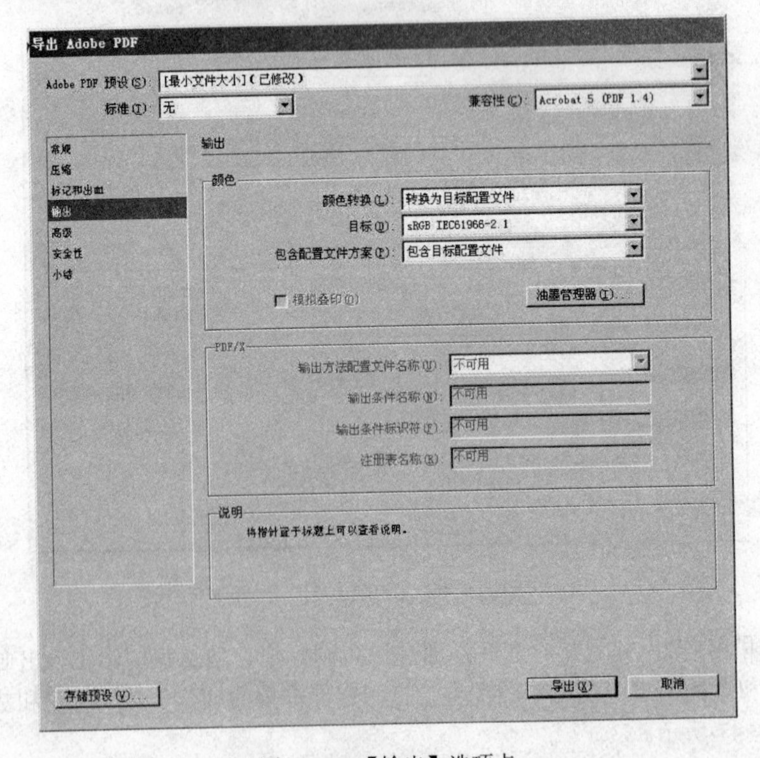

图 14-48 【输出】选项卡

⑤【高级】：在【高级】选项卡中可设置下列选项（如图 14-49 所示）。

- 【子集化字体，若被使用的字符百分比低于】：根据文档中使用的字体字符的数量，设置此临界值以嵌入完整的字体。
- 【OPI】：能够在将图像数据发送到打印机或文件时有选择地忽略不同的导入图形类型，并只保留 OPI 链接（注释）以由 OPI 服务器以后处理。
- 【预设】：如果将“兼容性”设置为“Acrobat 4（PDF 1.3）”，则可以指定预设（或选项的集合）以拼合透明度。

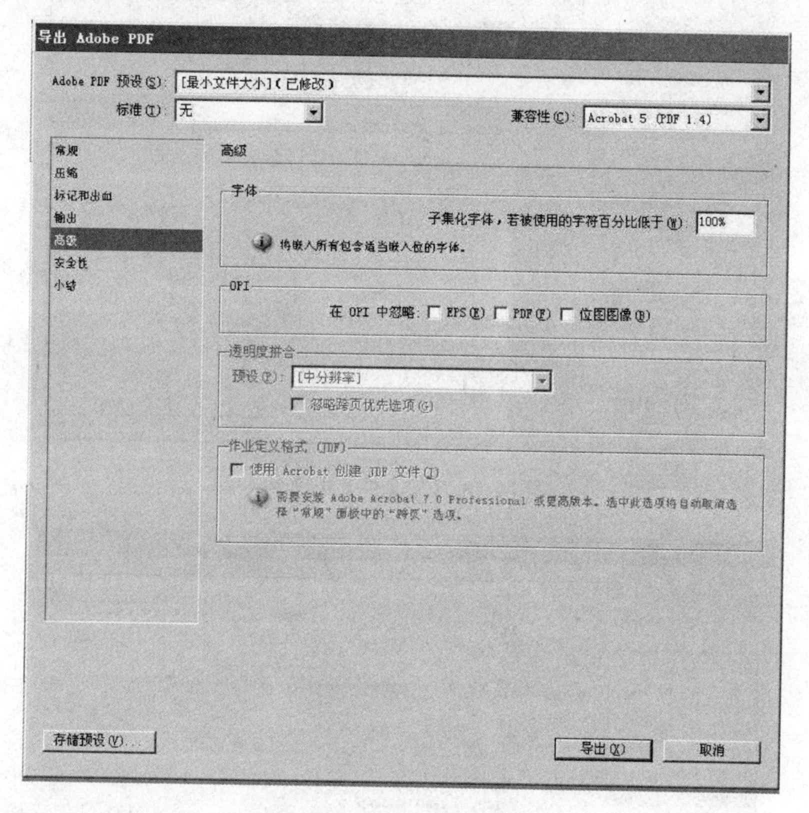

图 14-49 【高级】选项卡

⑥【安全性】：当导出为 Adobe PDF 时，可以添加口令保护和安全性限制，可以限制打开此文件的用户，而且可以限制复制或提取内容、打印文档及执行其他操作的用户，如图 14-50 所示。

⑦【小结】：显示当前 PDF 设置的小结。包括常规、压缩、标记和出血、输出、高级和安全性的设置，如图 14-51 所示。

2.【导出 EPS】对话框的选项介绍（见图 14-52）

- **数据格式**：指定 InDesign CS6 数据从计算机发送到打印机的方式，即作为 ASCII 或二进制数据。
- **PostScript(R)**：指定 PostScript 输出设备中解释器的兼容性级别。对于在 PostScript 级别 2 或更高级别输出设备上打印图形，级别 2 通常会提高打印速度和输出质量。级别 3 提供最佳速度和输出品质，但要求使用 PostScript 级别 3 设备。

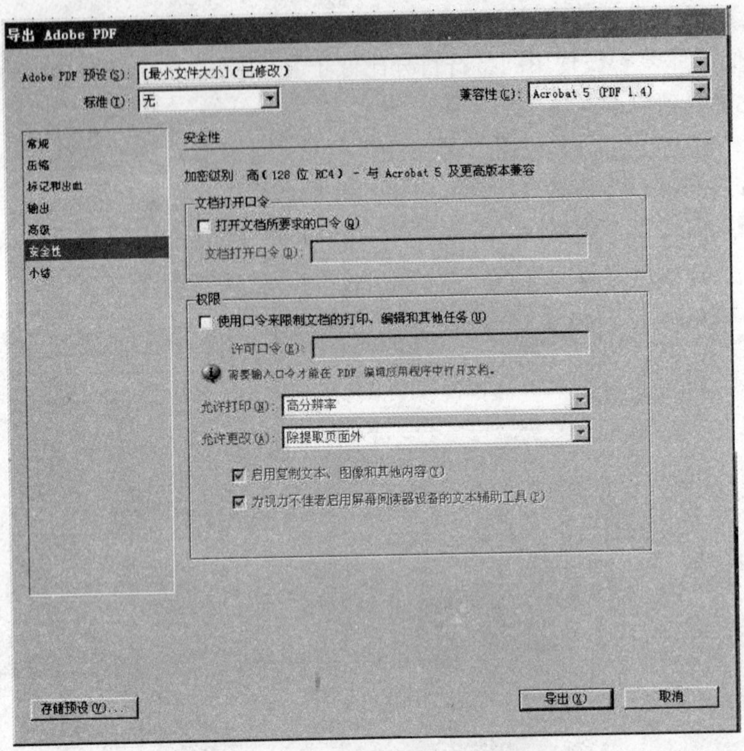

导出 Adobe PDF

Adobe PDF 预设(S): [最小文件大小](已修改)

标准(T): 无　　兼容性(C): Acrobat 5 (PDF 1.4)

常规
压缩
标记和出血
输出
高级
安全性
小结

安全性

加密级别 高(128 位 RC4) - 与 Acrobat 5 及更高版本兼容

文档打开口令

打开文档所要求的口令(Q)

文档打开口令(D):

权限

使用口令来限制文档的打印、编辑和其他任务(U)

许可口令(E):

需要输入口令才能在 PDF 编辑应用程序中打开文档。

允许打印(N): 高分辨率

允许更改(A): 除提取页面外

启用复制文本、图像和其他内容(X)

为视力不佳者启用屏幕阅读器设备的文本辅助工具(F)

存储预设(V)...　导出(X)　取消

图 14-50 【安全性】选项卡

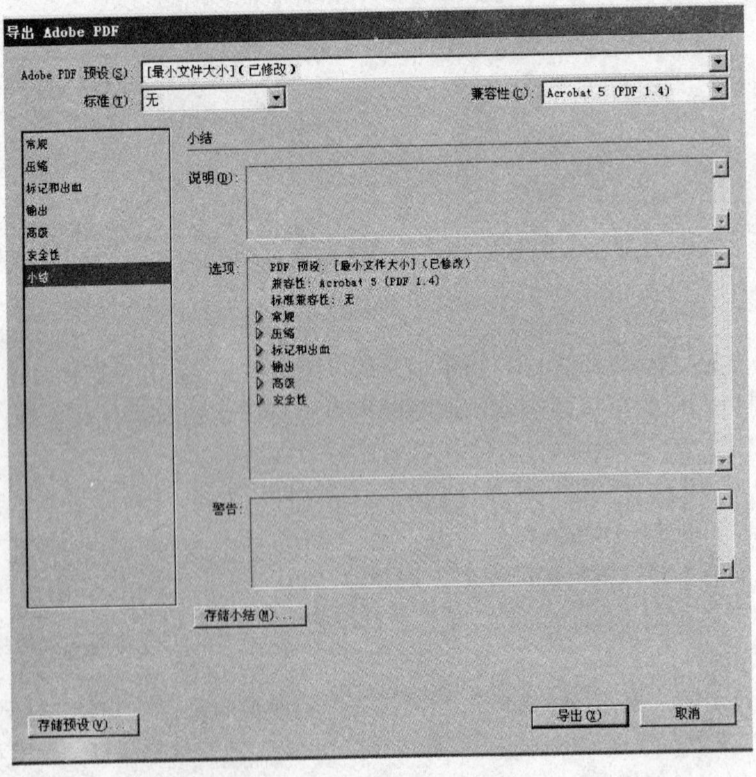

导出 Adobe PDF

Adobe PDF 预设(S): [最小文件大小](已修改)

标准(T): 无　　兼容性(C): Acrobat 5 (PDF 1.4)

常规
压缩
标记和出血
输出
高级
安全性
小结

小结

说明(D):

选项: PDF 预设: [最小文件大小](已修改)
兼容性: Acrobat 5 (PDF 1.4)
标准兼容性: 无
常规
压缩
标记和出血
输出
高级
安全性

警告:

存储小结(M)...

存储预设(V)...　导出(X)　取消

图 14-51 【小结】选项卡

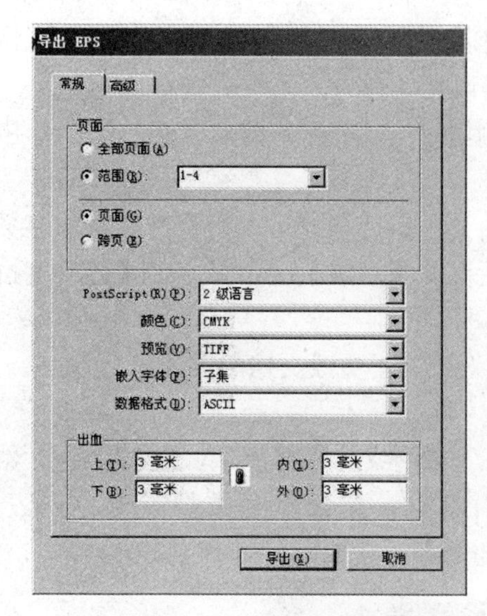

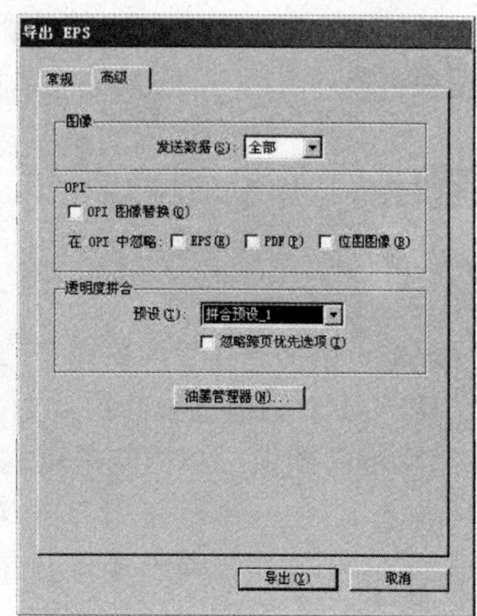

图 14-52 【导出 EPS】对话框

- **嵌入字体**：指定如何在导出的页面中包含使用的字体。
  - **无** 包括对 PostScript 文件中字体的引用，该文件告诉 RIP 或后续处理器应当包括字体的位置。
  - **完整** 在打印作业开始时下载文档所需的所有字体。下载字体中的所有字形和字符，即使不出现在文档中。InDesign CS6 对多于“首选项”对话框中指定的最大字形（字符）数量的字体取子集。
  - **子集** 仅下载文档中使用的字符（字形）。
- **颜色**：指定如何在导出的文件中表示颜色。下面的选项与【打印】对话框中的【颜色】设置相似。
  - **保持不变** 保持每个图像处于其原始的色彩空间。例如，如果文档包含 3 个 RGB 图像和 4 个 CMYK 图像，则生成的 EPS 文件将包含相同的 RGB 和 CMYK 图像。
  - **CMYK** 通过使用青色、洋红、黄色和黑色印刷色油墨的色域表示所有颜色值，创建多个单独的分色文件。
  - **灰度** 将所有颜色值转换为高品质黑白图像。转换对象的灰阶（深浅）表示原始对象的明度。
  - **RGB** 使用红色、绿色和蓝色色彩空间表示所有颜色值。具有 RGB 颜色定义的 EPS 文件更适用于屏幕查看。
- **预览**：确定文件中存储的预览图像的特性。此预览图像在无法直接显示 EPS 图片的应用程序中显示。如果不想创建预览图像，请在【格式】菜单中选择【无】。
- **图像**：指定要包括在导出文件中的置入位图图像中的图像数据量。
  - **全部** 包括导出文件中所有可用的高分辨率图像数据，需要的磁盘空间最大。如果要将文件打印到高分辨率的输出设备上，可选择该选项。
  - **代理** 在导出文件中仅包括置入位图图像的屏幕分辨率版本（72 dpi）。如果要在屏幕上查看生成的 PDF 文件，请同时选择此选项与【OPI 图像替换】选项。

- **在 OPI 中忽略** 在将图像数据发送到打印机或文件时有选择地忽略导入图形，只保留 OPI 链接（注释）以由 OPI 服务器以后处理。
- **OPI 图像替换** 启用 InDesign 可在输出时用高分辨率图形替换低分辨率 EPS 代理的图形。
- **透明度拼合** 选择【预设】菜单中的某一拼合预设可以指定透明对象在导出文件中的显示方式。该选项与【打印】对话框的【高级】区中显示的【透明度拼合】选项相同。
- **油墨管理器** 更正所有与油墨相关的选项而不更改文档的设计。

3.【导出 JPEG】对话框选项介绍

JPEG 使用标准的图像压缩机制来压缩全彩色或灰度图像，以便在屏幕上显示。执行【文件】|【导出】命令，弹出【导出】对话框，在【保存类型】下拉列表框中选择【JPEG】，单击【保存】按钮，弹出【导出 JPEG】对话框，如图 14-53 所示。

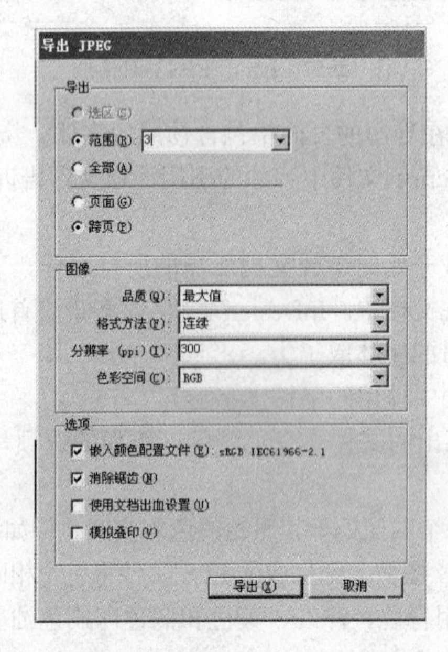

图 14-53 【导出 JPEG】对话框

在【导出】部分中，可以执行下列操作。

- 选择【选区】可导出当前所选对象。
- 选择【范围】并输入要导出页面的页码。使用连字符分隔连续的页码，使用逗号或空格分隔多个页面或范围。
- 选择【全部】可导出文档中的所有页面。
- 选择【跨页】可将跨页中的对页作为单个 JPEG 文件导出。如果取消选择该选项，跨页中的每一页将作为一个单独 JPEG 文件导出。

对于【图像】选项区中的【品质】，可以从下列多个选项中进行选择，以确定文件压缩（较小的文件大小）和图像品质之间的平衡。

- **最大值** 会在导出文件中包括所有可用的高分辨率图像数据，因此需要的磁盘空间最多。如果要将文件在高分辨率输出设备上打印，可选择该选项。

● **低**　只会在导出文件中包括屏幕分辨率版本（72 dpi）的置入位图图像。如果只在屏幕上显示文件，可选择该选项。

● **“中”和“高”**　选择这两个选项包含的图像数据均多于选择“低”时的情形，但它们分别使用不同压缩级别来减小文件大小。

对于“格式方法”，可以选择下列选项。

● **连续**　在 JPEG 图像被下载到 Web 浏览器的过程中，逐渐清晰地显示该图像。

● **基线**　当 JPEG 图像已完全下载后，才显示该图像。

任务三　打印

任务背景

一本产品画册已经设计制作完成，现在需要将制作好的文件通过打印机进行打印，查看总体的效果，以及文字的校对。

任务要求

根据文件版式设置适合的打印设置。

任务素材

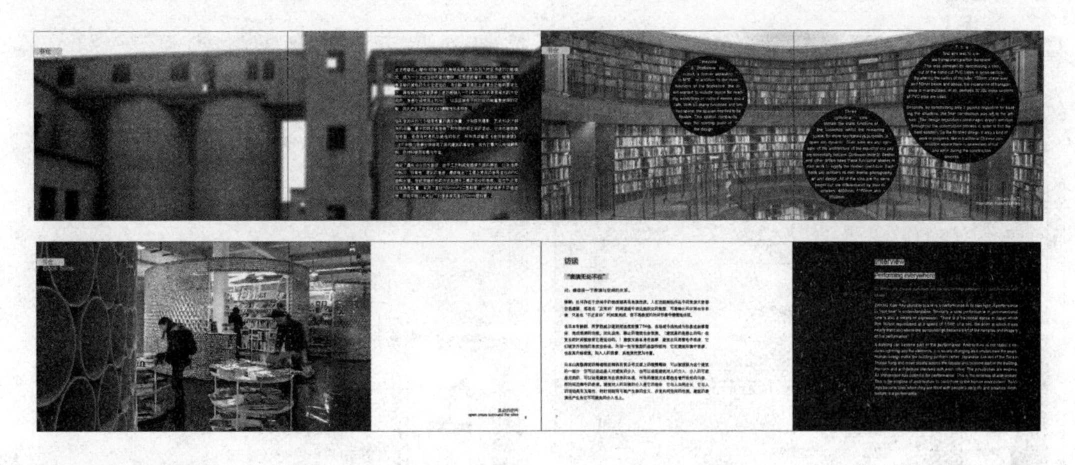

任务参考效果图

制作步骤分析

1. 执行打印命令，打开【打印】对话框。
2. 进行常规设置。
3. 设置页面大小和方向。
4. 设置输出标记和出血。

参考制作流程

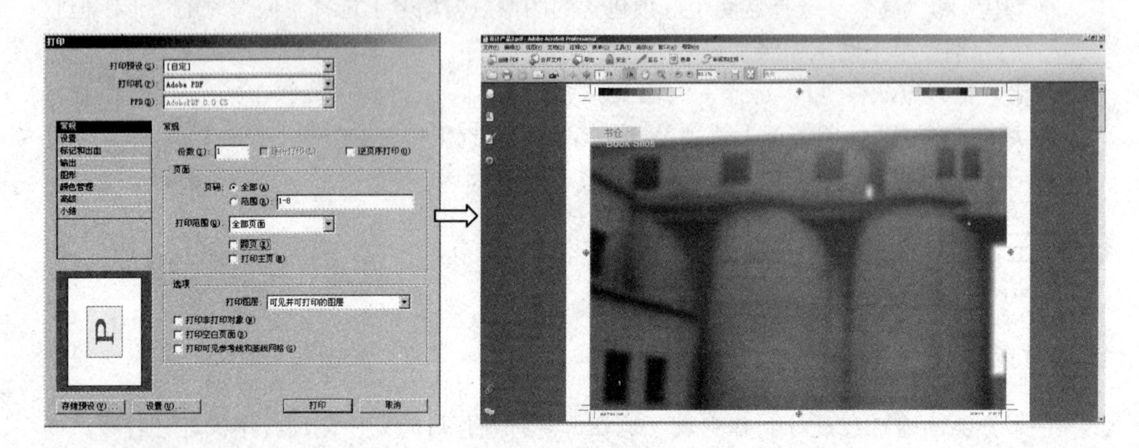

操作步骤详解

（1）在素材中选择“模块 14\‘设计产品 3’文件夹\设计产品 3.indd”文件，执行【文件】|【打印】命令，弹出【打印】对话框，如图 14-54 所示。

（2）在【打印机】下拉列表框中选择使用的打印机，在【常规】选项区中输入要打印的份数，选择是逐份打印页面还是按照逆页序打印这些页面。在【页面】选项区中选择【全部】单选框，不选择【跨页】单选框，如图 14-55 所示。

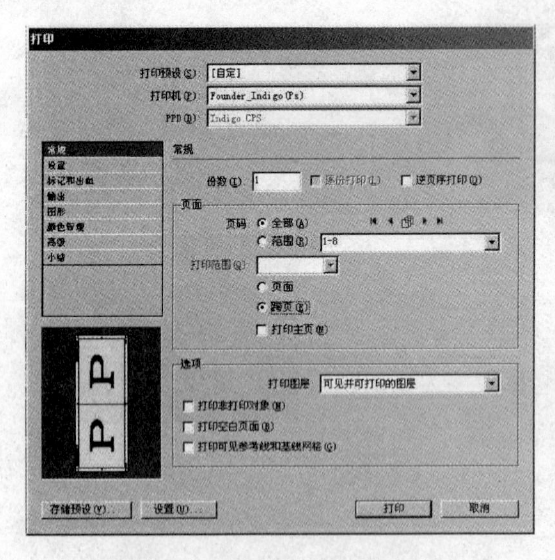

图 14-54 设计产品 3 素材

图 14-55 【打印】对话框

（3）单击左边的【设置】选项卡，设置【纸张大小】为“A4”，【页面方向】为“横向”，在【选项】选项区中选择【缩放以适合纸张】单选按钮，如图 14-56 所示。

（4）单击左边的【标记和出血】选项卡，在【标记】选项区中设置【位移】为“3 毫米”，选择【所有印刷标记】复选框，在【出血和辅助信息区】选项区中选择【使用文档出血设置】复选框，如图 14-57 所示。

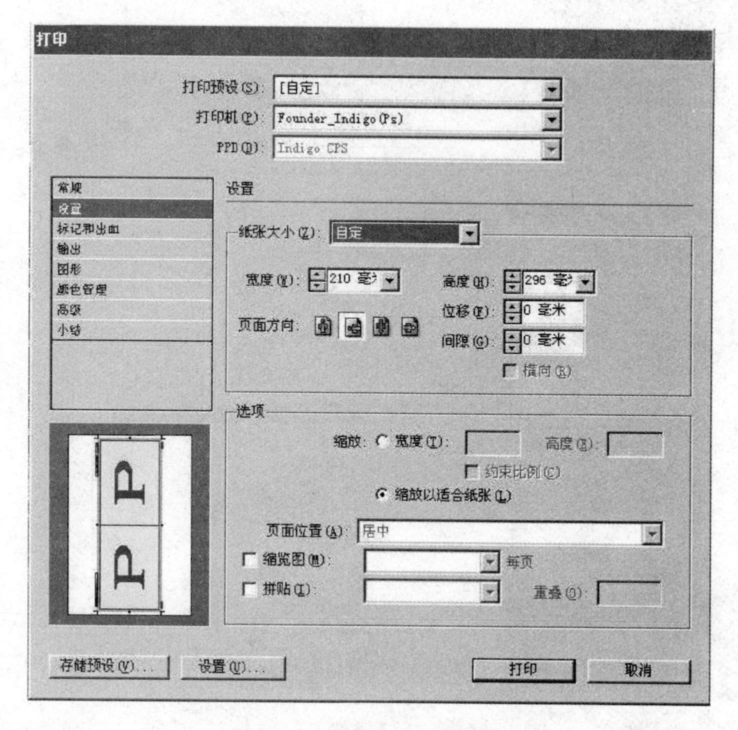

图 14-56　设置选项参数

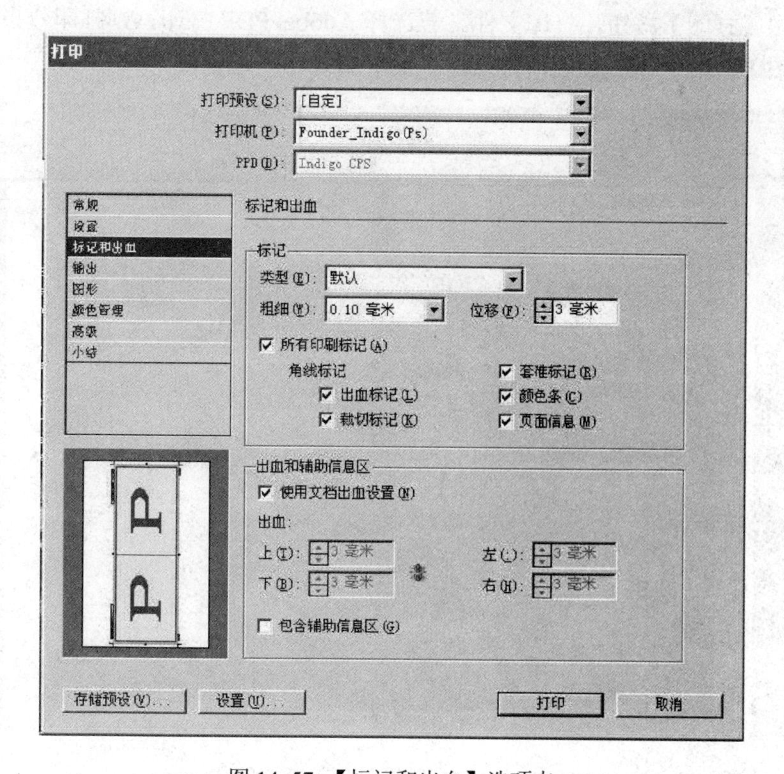

图 14-57 【标记和出血】选项卡

（5）单击左边的【高级】选项卡，在【透明度拼合】选项区中设置【预设】为“高分辨率”，如图14-58所示。

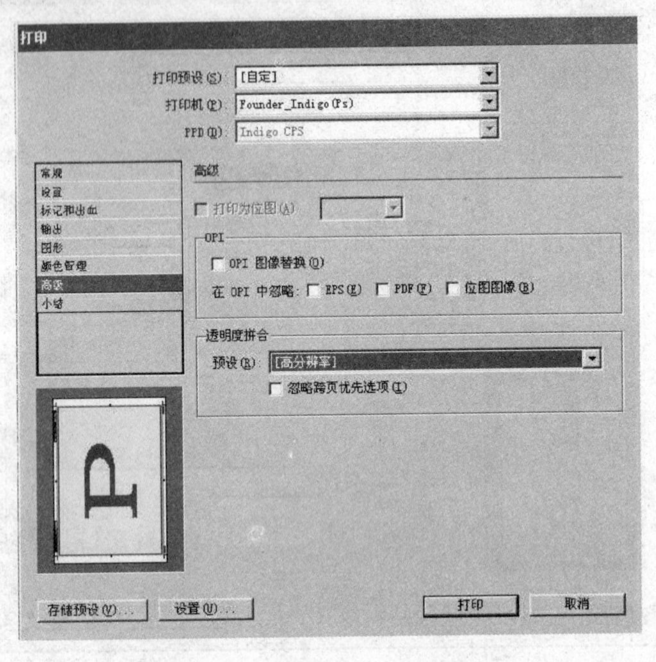

图14-58 【高级】选项卡

（6）单击【打印】按钮，打印文件。若选择Adobe PDF打印，则打印效果为PDF格式的文件，如图14-59所示。若选择物理打印机，则打印出纸稿。

图14-59 打印效果为PDF格式的文件

任务相关知识讲解

1．了解打印

不管是向外部服务提供商提供彩色的文档，还是仅将文档的快速草图发送到喷墨打印机或激光打印机，了解一些基本的打印知识将使打印作业更顺利地进行，并有助于确保最终文档的效果与预期的效果一致。

1）打印类型

打印文件时，InDesign CS6 发送文件到打印设备。文件被直接打印在纸张上或发送到数字印刷机，或者转换为胶片上的正片或负片图像。在后一种情况中，可使用胶片生成印版，以便通过商业印刷机印刷。

2）图像类型

最简单的图像类型（如文本）在一级灰阶中仅使用一种颜色。较复杂的图像在图像内具有变化的色调。这种类型的图像称为连续色调图像，照片是连续色调图像的一个例子。

3）半调

为了产生连续色调的错觉，将会把图像分成一系列网点。这个过程称为半调。改变半调网屏网点的大小和密度，可以在打印的图像上产生灰度变化或连续颜色的视觉错觉。

4）分色

要将包含多种颜色的图片进行商业复制，必须将多种颜色打印在单独的印版上，每个印版包含一种颜色，这个过程称为分色。

5）获取细节

打印图像中的细节取决于分辨率和网频的组合。输出设备的分辨率越高，可使用的网频越精细（越高）。

6）双面打印

单击【打印】对话框中的【打印机】按钮时，可以看到打印机特有的功能（如双面打印）。只有打印机支持双面打印时，该功能才可用。

7）透明对象

如果图片包含具有使用【透明度】调板、【投影】或【羽化】命令添加的透明特性的对象，则将根据拼合预设中选择的设置拼合此透明图片。可以调整打印图片中的栅格化图像和矢量图像的比率。

2．认识印刷标记

打印文档时，需要添加一些标记以帮助打印机在生成样稿时确定纸张裁切的位置、分色胶片对齐的位置、为获取正确校准数据测量胶片的位置，以及网点密度等，如图 14-60 所示。选择任意页面标记选项都将扩展页面边界以适合印刷标记、出血（文本或对象扩展到页面边界外以说明裁切时轻微不准确的部分）或辅助信息区（包含打印机说明或作业签名结束信息的区域，通常位于页面和出血区域以外）。

如果设置裁切标记并要图片包含出血或辅助信息区，需要确保此图片已经向裁切标记外扩展出适当的出血或辅助信息区。还要确保媒体尺寸足够大足以容下页面和任何印刷标记、出血或辅助信息区。如果文档不适合媒体，通过使用【打印】对话框的【设置】选项卡中的【页面位置】选项，可以控制哪些位置的项目将被剪切。

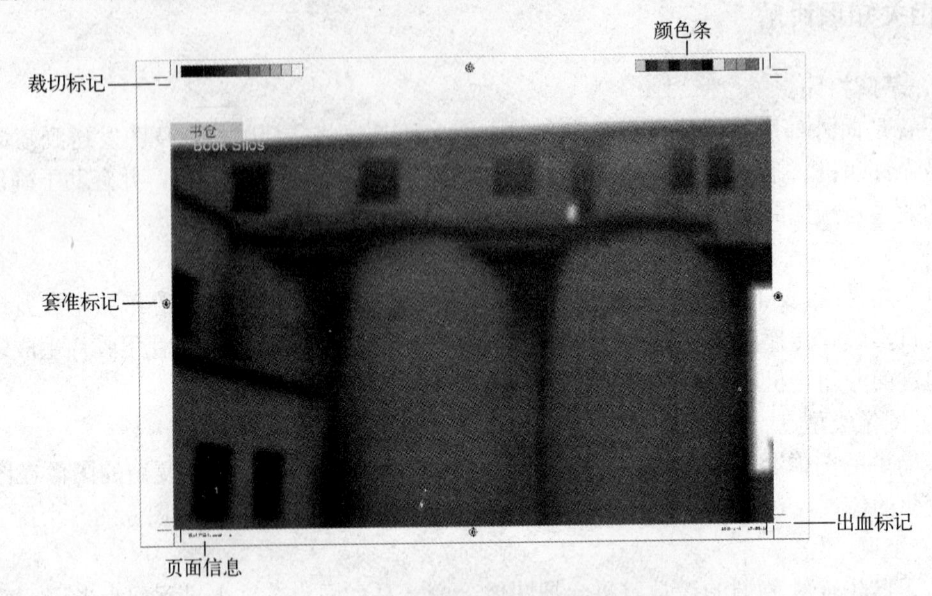

图 14-60 控制哪些位置的项目将被剪切

任务四 打样

本任务因理论性较强，不安排任务背景、任务要求、任务参考效果图等知识结构，而是以问答的形式进行讲解，以方便同学们理解。同时，本任务中提出的问题，也是关于打样的最核心的问题。

1. 什么是打样？

打样就是用简易的印刷方式印出少量的样张。

2. 为什么要打样？

打样是印刷前的最后一个步骤，就是用打样机打出印前样稿，主要检查颜色、尺寸等是否符合完稿要求，如果发现问题，还可以及时进行修改。这样可以避免发生严重的印刷事故。

3. 打样的类型有哪些？各有什么特点？

打样主要分为传统打样和数码打样两种。

传统打样就是在出了菲林片以后，用打样机打出印前样稿。它的特点是：更接近与实际印刷效果，可以打印专色，但成本较高。

数码打样就是直接用电子文件进行打样，无须出菲林片。它的特点是：不经输出分色片、晒版、机械打样等工序，不仅大大缩短印前设计、制作、打样的总周期，节省了大量的原材料，而且还可以避免一旦在传统打样后发现样张错误，重新返工而造成工时和材料的浪费，但数码打样无法真实地表现出专色效果。

4. 检查打样时主要检查哪些问题？

① 尺寸是否正确。

② 出血是否正确。

③ 字体是否正确。

④ 文字是否存在低级错误。

⑤ 图像的清晰度、颜色、层次等是否达到印刷要求。

任务五　输出自己制作的画册文件

任务背景

画册已经设计排版完毕，现在需要将画册输出。

任务要求

本例提供参考素材，根据素材输出 PDF 最小质量和印刷质量文件、输出 EPS 格式文件、输出 JPEG 格式文件和输出 TXT 格式文件。

任务素材

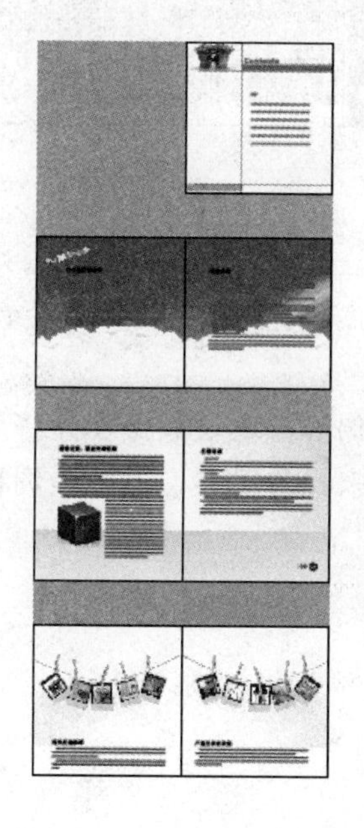

任务分析

1. 将文件输出为最小质量的 PDF 格式，用于客户预览。

2. 将文件输出为印刷质量的 PDF 格式，用于印刷厂印刷。

3. 将文件输出为 EPS 格式。

4. 将文件输出为 JPEG 格式，便于任何计算机浏览文件。

5. 将文件输出为 TXT 格式，便于校对文字内容。输出时，需要在文本中插入文字光标，在导出时才能出现纯文本的保存类型。

任务参考效果图

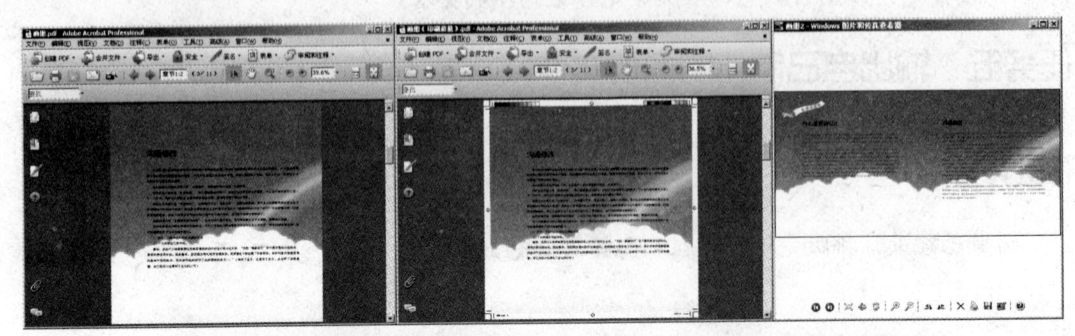

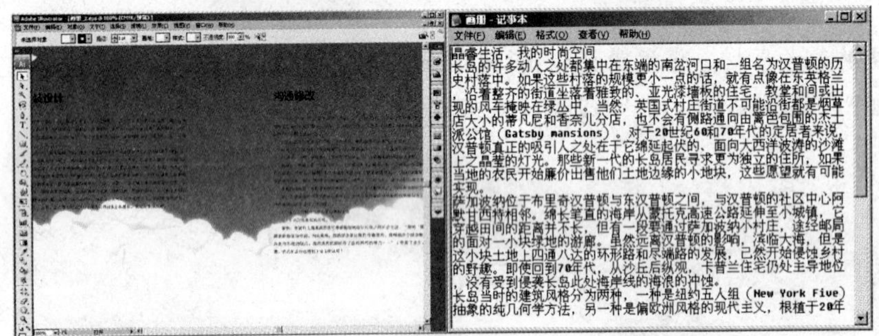

任务六　自学部分

目的

了解快速提高工作效率的方法有哪些，例如，通过数据合并将成千上百个名片或信封由软件自动排入；熟记快捷键，通过快捷键来操作菜单、工具和调板。了解常用的印刷知识，能够处理一般的印刷文件。

学生预习

1. 了解数据源文件和目标文档的创建。
2. 了解数据合并的操作方法。
3. 熟记快捷键。
4. 了解印刷常见名词的解释。
5. 了解常用纸张类型。
6. 了解常见纸张尺寸。

学生练习

使用相关素材，练习数据合并的操作。图 14-61 所示为原始效果，图 14-62 所示为合并后的效果，可作为同学们练习的参考。

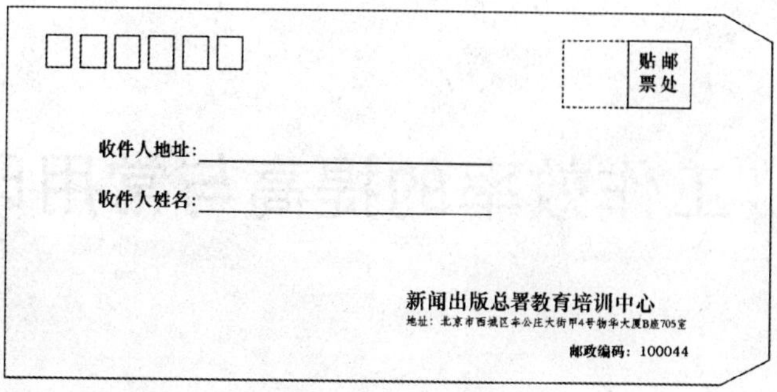

图 14-61　原始效果

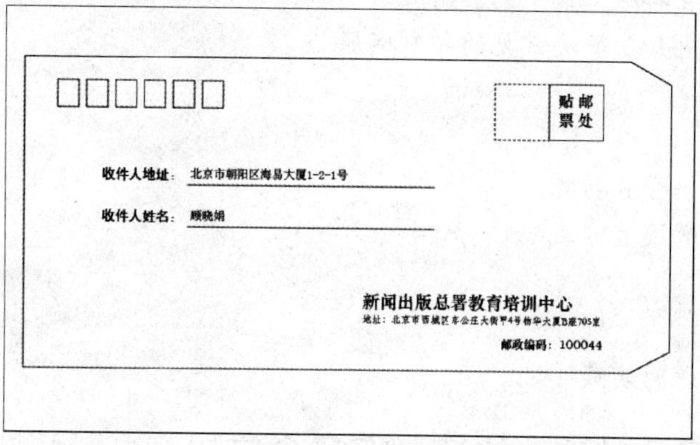

图 14-62　合并后的效果

模块 15　工作效率的提高与常用印刷知识

能力目标

1. 掌握如何用 InDesign CS6 快速完成多个信封的制作
2. 掌握快捷键在排版工作中的应用
3. 灵活应用印刷知识解决常见的印刷问题

知识目标

1. 灵活掌握数据合并功能
2. 掌握快捷键的设置方法

课时安排

3 课时讲解，1 课时实践

任务一　用数据合并功能快速制作多个信封

任务背景

老板提供了一个有上百人的客户数据库，要求设计师立刻为每个客户寄送一份报表，时间非常紧迫，需要将客户的地址、姓名等信息按照邮件要求填写在信封上。

任务要求

用数据合并功能在最短时间内完成上百个信封的制作。

任务素材

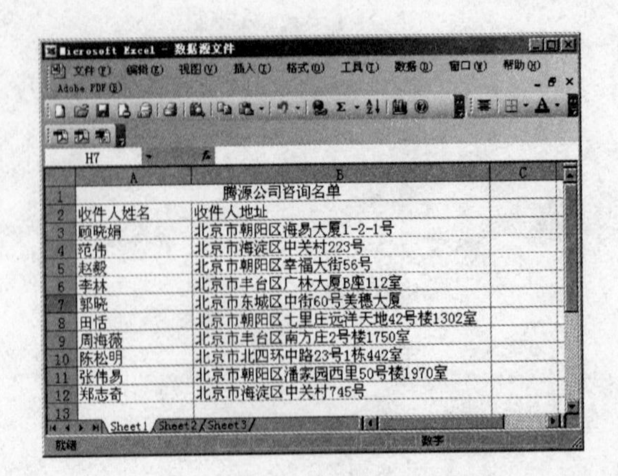

	A	B	C
1	腾源公司咨询名单		
2	收件人姓名	收件人地址	
3	顾晓娟	北京市朝阳区海易大厦1-2-1号	
4	范伟	北京市海淀区中关村223号	
5	赵毅	北京市朝阳区幸福大街56号	
6	李林	北京市丰台区广林大厦B座112室	
7	郭晓	北京市东城区中街60号美穗大厦	
8	田恬	北京市朝阳区七里庄远洋天地42号楼1302室	
9	周海薇	北京市丰台区南方庄2号楼1750室	
10	陈松明	北京市北四环中路23号1栋442室	
11	张伟易	北京市朝阳区潘家园西里50号楼1970室	
12	郑志奇	北京市海淀区中关村745号	
13			

任务参考效果

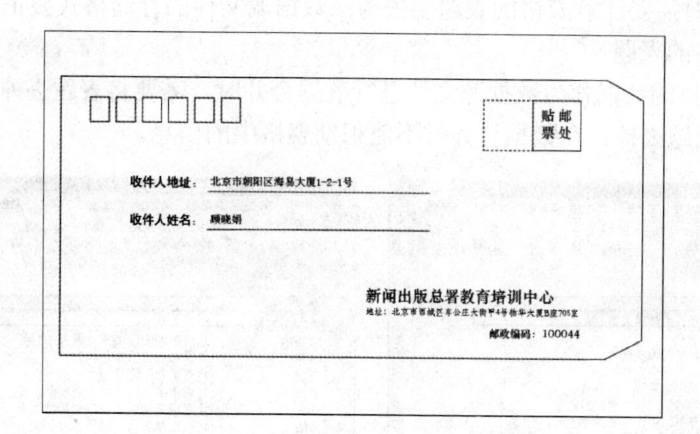

制作步骤分析

1. 创建数据源文件。
2. 创建目标文档。
3. 数据合并。

参考制作流程

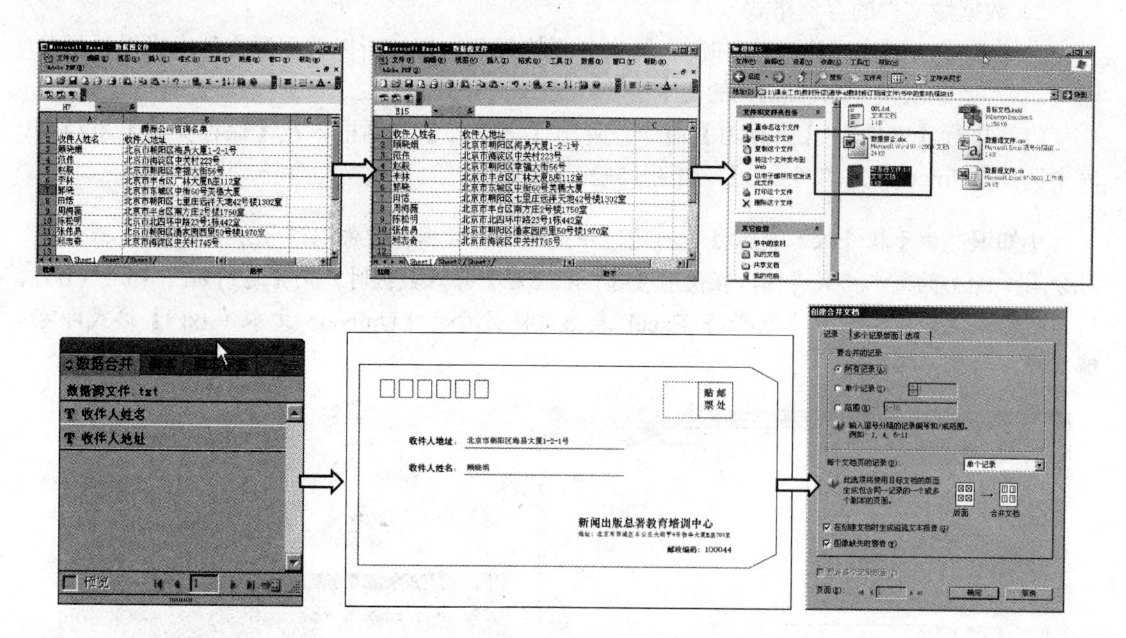

操作步骤详解

提示：由于此功能在 InDesign CS3 中对中文的支持较差，容易发生错误，所以建议用此功能时，请用 InDesign CS2 或更高版本实现，本案例的讲解，将采用最新的 InDesign CS6。

1．创建数据源文件

通常数据由电子表格和数据库应用程序生成，将生成的表格数据称为数据源文件。在创建数据源文件时需要注意表格的表题要去掉；数据源文件的存储格式要正确。

1）去掉表格的表题

将 Excel 表格的数据作为数据源文件进行数据合并时，需要将表题去掉（如图 15-1 所示）。如果不将表题去掉，在数据合并时不能识别表格中的信息。

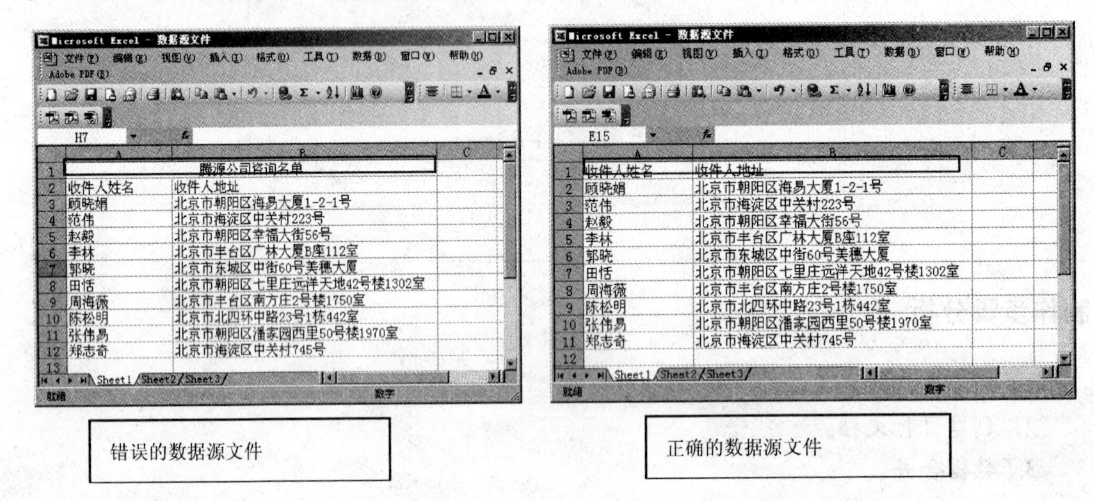

图 15-1　去掉表题

2）数据源文件的存储格式

在 InDesign 中识别用逗号和制表符来分隔的每条数据，所以数据源文件应当以逗号分隔（.csv）或制表符分隔（.txt）的文本格式存储。

（1）执行【文件】|【另存为】命令，弹出【另存为】对话框，在【保存类型】下拉列表中选择【Unicode 文本（.txt)】，如图 15-2（a）所示。

小知识：由于软件版本兼容性等问题，即使选择将数据源文件以逗号分隔（.csv）或制表符分隔（.txt）的文本格式存储，在使用【选择数据源】导入数据时，仍会遇到如图 15-2（b）所示的错误提示，这时可以选择将 Excel 表格文件另存为【Unicode 文本（.txt)】格式即可解决。

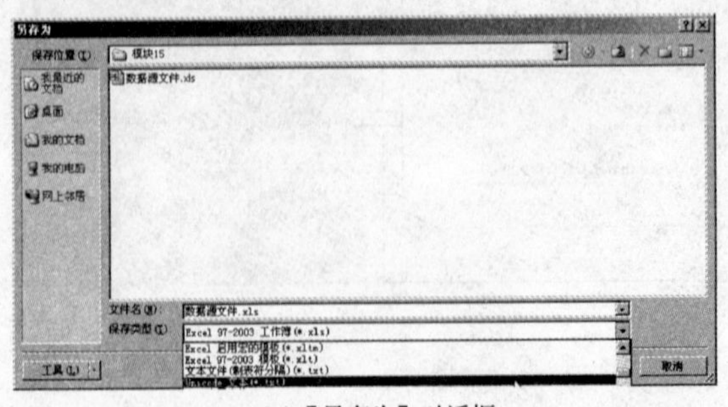

（a）【另存为】对话框

（b）错误提示

图 15-2　Excel 表格另存为 Unicode 文本

（2）单击【保存】按钮，弹出【Microsoft Excel】对话框，如图 15-3（a）所示，单击【确定】按钮，继续单击【是】按钮，如图 15-3（b）所示，即完成存储文件的操作。

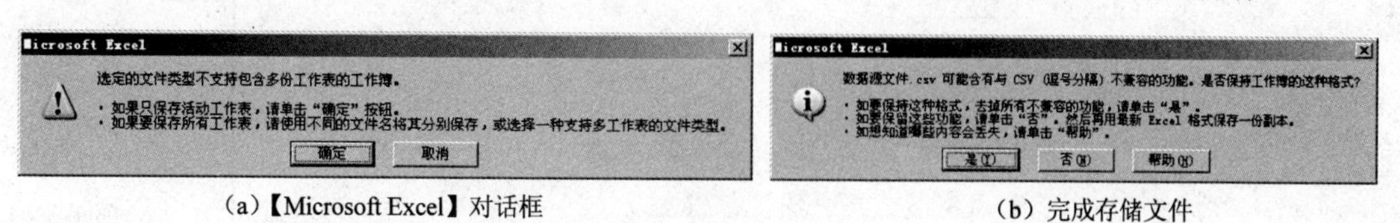

（a）【Microsoft Excel】对话框　　（b）完成存储文件

图 15-3　存储文件

（3）打开存储文件的路径，可看到存储的文件图标与平时存储文件不一样，如图 15-4 所示。

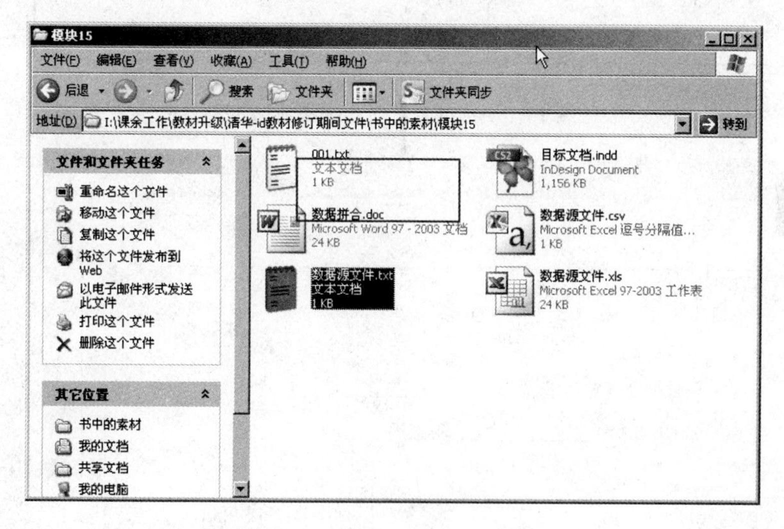

图 15-4　打开存储文件的路径

2．创建目标文档

创建完数据源文件之后，接下来需要建立放置 Excel 表格信息的 indd 文档，称为目标文档。目标文档包含数据的占位符，如要在每张信封上显示人名和地址。可将样板和数据占位符建立在主页或页面上。在建立目标文档时应注意，用于放置数据的文本框要比实际用到的尺寸稍微大些，避免在数据合并时出现溢流文本，如图 15-5 所示。

3．数据合并

将数据源文件和目标文档都创建好之后，下面将表格中的数据合并到文档中，合并数据时，InDesign 将创建一个新文档，数据源中有多少条信息，则该文档中建立的样板信息就会重复多少次。下面以信封为例讲解如何进行数据合并的操作。

（1）在素材中选择“模块 15\目标文档.indd”文件，如图 15-6 所示。

（2）执行【窗口】|【实用程序】|【数据合并】命令，打开【数据合并】调板，如图 15-7 所示。

（3）单击【数据合并】调板右上角的下拉按钮，在弹出的下拉菜单中选择【选择数据源】选项，弹出【选择数据源】对话框，在【查找范围】下拉列表框中选择【模块 15】|【数据源文件（.txt)】，如图 15-8 所示。

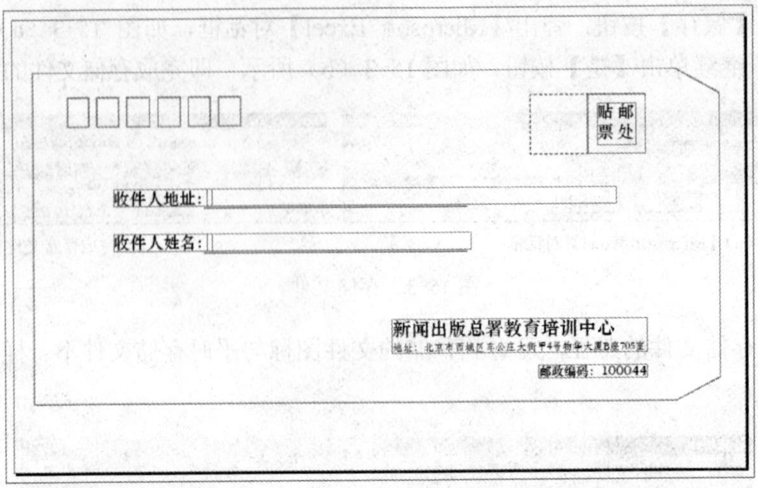

图 15-5　数据合并时出现溢流文本

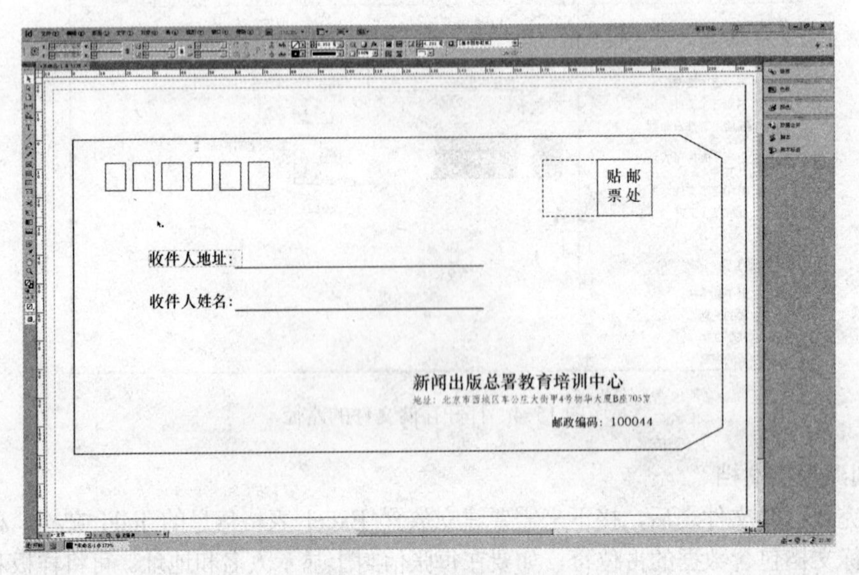

图 15-6　目标文档素材

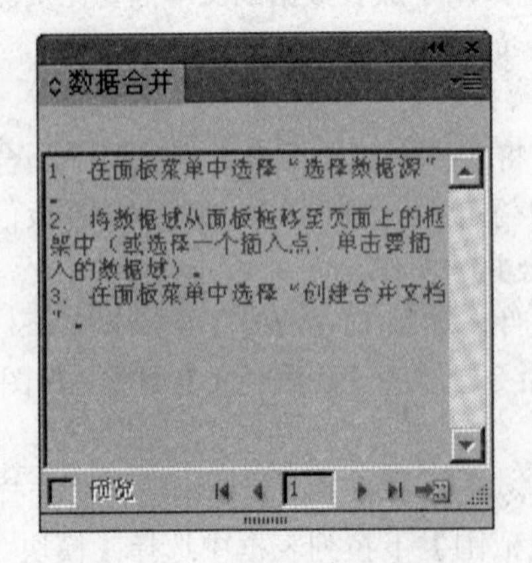

图 15-7 【数据合并】调板

图 15-8 【选择数据源】对话框

小知识：在选择数据源时，要确保数据源文件是关闭的。如在没有关闭数据源文件的情况下选择数据源，则无法将数据源导入到【数据合并】调板中。

（4）单击【打开】按钮，数据源文件中的数据则导入到【数据合并】调板中，如图 15-9 所示。

（5）单击【数据合并】调板中的【收件人地址】，然后拖曳到文档中相应的文本框内，如图 15-10 所示。

图 15-9 【数据合并】调板

图 15-10　拖曳到文档中相应的文本框内

（6）勾选【数据合并】调板左下角的【预览】复选框，可预览数据合并后的效果是否与预期的一致，如图 15-11 所示。

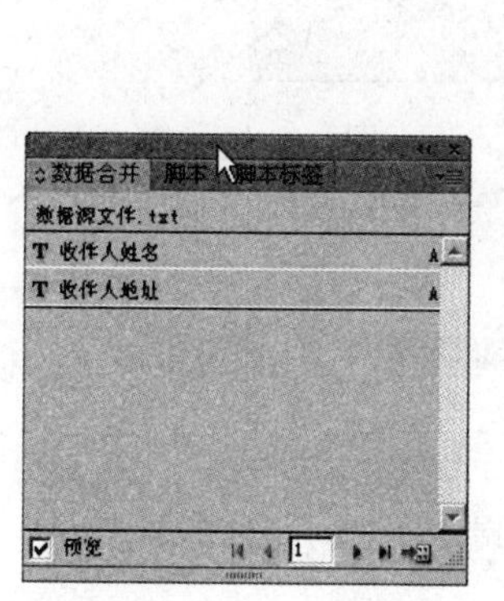

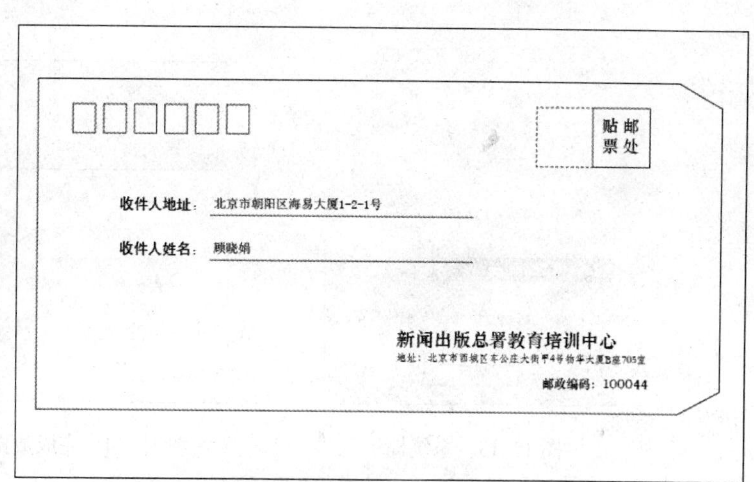

图 15-11　勾选【预览】复选框及效果

（7）单击【数据合并】调板右上角的下拉按钮，在弹出的下拉菜单中选择【创建合并文档】，在弹出的【创建合并文档】对话框中勾选【所有记录】单选按钮，如图 15-12 所示。

（8）单击【确定】按钮后，则开始创建合并文档，在该过程中会弹出对话框提示“合并记录时未生成溢流文本。”，如图 15-13 所示，单击【确定】按钮完成数据合并的操作，如图 15-14 所示。

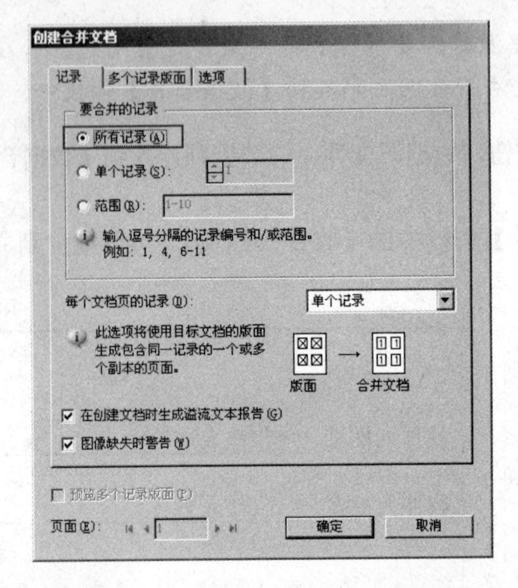

图 15-12 【创建合并文档】对话框

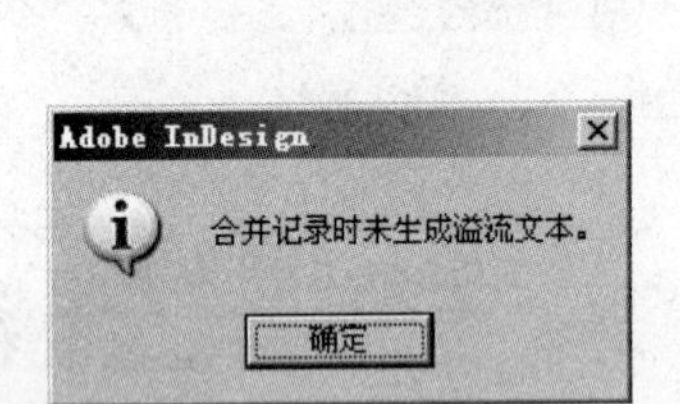

图 15-13 系统提示

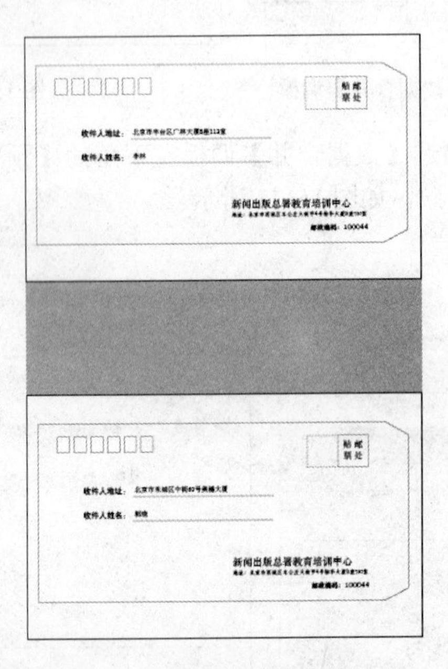

图 15-14 完成数据合并的操作

任务二 应用快捷键提高工作效率

任务背景

使用快捷键能有效提高工作效率。InDesign 提供了多种快捷键，无须使用鼠标即可快速的处理文档。多数键盘快捷键显示在菜单中命令名的旁边，可以对常用的命令创建自己的快捷键，还可以在编辑器中查看并生成所有快捷键的列表。

任务要求

熟练掌握常用快捷键的设置和使用方法。

任务讲解

1. 常用快捷键分类

下面列出常用快捷键分类列表，方便设计师查找和记忆。熟记快捷键能为工作带来极大的方便，建议同学们常使用快捷键操作文档。

1）用于编辑路径的快捷键

“钢笔工具”是常用的绘图工具，下面以绘制一个简单图形为例讲解编辑路径的快捷键。

（1）绘制一条曲线时需要两个控制点才能调整好曲线的形状，按 P 键选择“钢笔工具”，单击页面空白处并按 Alt 键向左上角拖出一条方向线，如图 15-15 所示。

（2）在左侧空白处单击并向下拖出一条方向线，如图 15-16 所示。

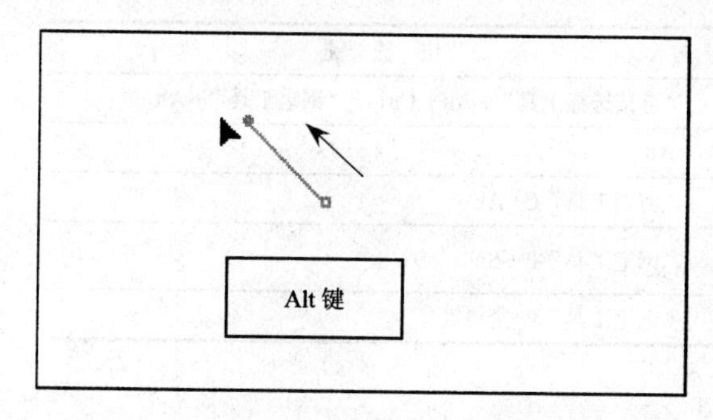

图 15-15　绘制一条方向线

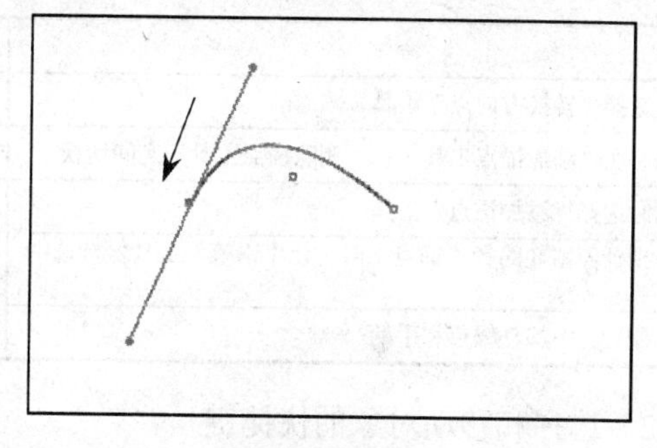

图 15-16　在左侧空白处单击并向下拖出一条方向线

（3）在图 15-16 锚点的下方位置单击一个锚点，如图 15-17 所示。

（4）然后在图 15-17 锚点的左侧位置单击并向上拖出一条方向线，如图 15-18 所示。

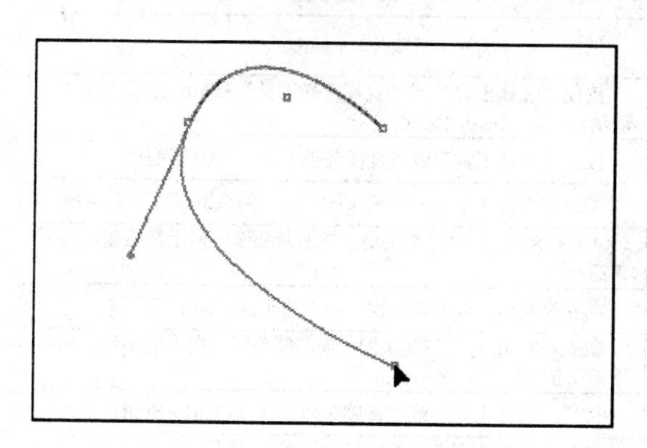

图 15-17　单击一个锚点

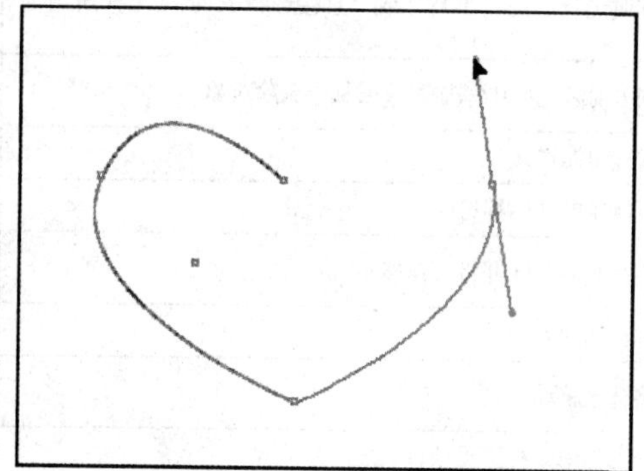

图 15-18　在锚点的左侧位置单击并向上拖出一条方向线

（5）闭合路径时，按住 Alt 键闭合，可以在不移动其他方向线的情况下拖出一条方向线进行曲线调整，如图 15-19 所示。

（6）最后按住 Ctrl 键调整控制点，如图 15-20 所示。

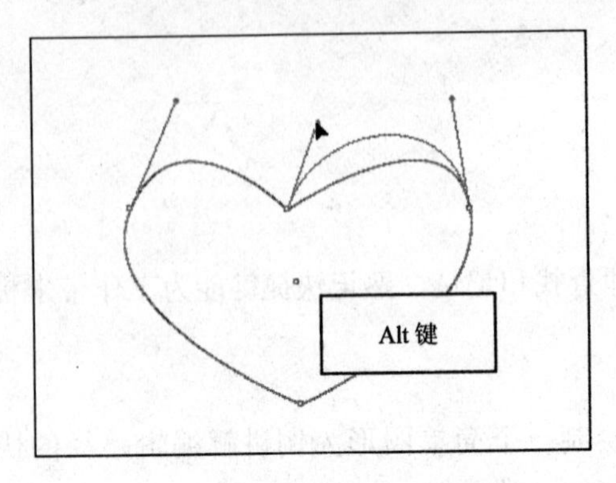

图 15-19　闭合路径并调整曲线

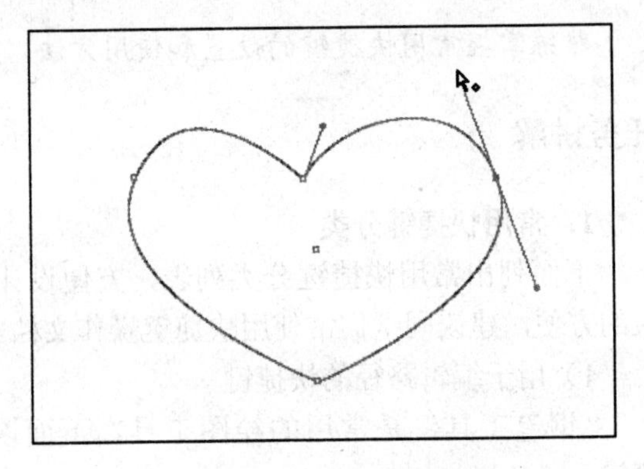

图 15-20　最后按住 Ctrl 键调整控制点

用于编辑路径的快捷键如表 15-1 所示。

表 15-1　编辑路径快捷键

命　令	快 捷 键
时选择“转换方向点”工具	“直接选择工具”+ Alt + Ctrl 或“钢笔工具”+ Alt
临时在“添加锚点工具”和“删除锚点工具”之间切换	Alt
临时选择“添加锚点”工具	“剪刀工具”C+ Alt
当指针停留在路径或锚点上时，让“钢笔”工具保持选中状态	“钢笔工具”P + Shift
绘制过程中移动锚点和手柄	“钢笔工具”P+空格键

2）选择和移动对象的快捷键

选择和移动对象的快捷键如表 15-2 所示。

表 15-2　选择和移动对象的快捷键

命　令	快 捷 键
临时选择“选择工具”或“直接选择工具”（上次所用工具）	任何工具（选择工具除外）+ Ctrl
向多对象选区中添加对象或从中删除对象	按住“选择工具”或“直接选择工具”+Shift 键单击（要取消选择，请单击中心点）
直接复制选区	按住“选择工具”或“直接选择工具”+ Alt 键拖动
直接复制并偏移选区	Alt +向左箭头键、向右箭头键、向上箭头键或向下箭头键
直接复制选区并将其偏移 10 倍	Alt + Shift + 向左箭头键、向右箭头键、向上箭头键、向下箭头键
移动选区	向左箭头键、向右箭头键、向上箭头键、向下箭头键
将选区移动 1/10	Ctrl + Shift + 向左箭头键、向右箭头键、向上箭头键、向下箭头键
从文档中选择主页项目页面	按住“选择工具”或“直接选择工具”+ Ctrl + Shift，单击
选择后一个或前一个对象	按住“选择工具”+ Ctrl 单击，或者按住“选择工具”+ Alt + Ctrl 单击
在文章中选择下一个或上一个框架	Alt + Ctrl + Page Down/Page Up
在文章中选择第一个或最后一个框架	Shift + Alt + Ctrl + Page Down/Page Up

3）变换对象的快捷键

变换对象的快捷键如表 15-3 所示。

表 15-3　变换对象的快捷键

命　令	快 捷 键
减小大小 / 减小 1%	Ctrl +,
减小大小 / 减小 5%	Ctrl + Alt +,
增加大小 / 增加 1%	Ctrl +.
增加大小 / 增加 5%	Ctrl + Alt +.
调整框架和内容的大小	按住“选择”工具 + Ctrl 键拖动
按比例调整框架和内容的大小	“选择工具” + Shift 键
约束比例	按住“椭圆工具”、“多边形工具”或“矩形工具” + Shift 键拖动
将图像从“高品质显示”切换为“快速显示”	Shift + Esc

4）表格的快捷键

表格的快捷键如表 15-4 所示。

表 15-4　表格的快捷键

命　令	快 捷 键
拖动时插入或删除行或列	首先拖动行或列边框，然后在拖动时按住 Alt 键
在不更改表大小的情况下调整行或列的大小	按住 Shift 键并拖动行或列的内边框
按比例调整行或列的大小	按住 Shift 键拖动表的右边框或下边框
移至下一个/上一个单元格	Tab/Shift + Tab
移至列中的第一个/最后一个单元格	Alt + Page Up/Page Down
移至行中的第一个/最后一个单元格	Alt + Home/End
移至框架中的第一行/最后一行	Page Up/Page Down
上移/下移一个单元格	向上箭头键/向下箭头键
左移/右移一个单元格	向左箭头键/向右箭头键
选择当前单元格上/下方的单元格	Shift + 向上箭头键/向下箭头键
选择当前单元格右/左方的单元格	Shift + 向右箭头键/向左箭头键
下一列的起始行	Enter（数字键盘）
下一框架的起始行	Shift + Enter（数字键盘）
在文本选区和单元格选区之间切换	Esc

5）处理文字的快捷键

处理文字的快捷键如表 15-5 所示。

表 15-5　处理文字的快捷键

命　令	快 捷 键
粗体	Shift + Ctrl + B
斜体	Shift + Ctrl + I

续表

<table>
<tr><th>命　令</th><th>快 捷 键</th></tr>
<tr><td>正常</td><td>Shift + Ctrl + Y</td></tr>
<tr><td>下划线</td><td>Shift + Ctrl + U</td></tr>
<tr><td>删除线</td><td>Shift + Ctrl + /</td></tr>
<tr><td>左对齐、右对齐或居中</td><td>Shift + Ctrl + L、R 或 C</td></tr>
<tr><td>全部两端对齐</td><td>Shift + Ctrl + F（所有行）或 J（除最后一行外的所有行）</td></tr>
<tr><td>加或减小点大小</td><td>Shift + Ctrl + | 或 <</td></tr>
<tr><td>将点大小增加或减小五倍</td><td>Shift + Ctrl + Alt + | 或 <</td></tr>
<tr><td>增加或减小行距（横排文本）</td><td>Alt + 向上箭头键/向下箭头键</td></tr>
<tr><td>增加或减小行距（直排文本）</td><td>Alt + 向右箭头键/向左箭头键</td></tr>
<tr><td>将行距增加或减小五倍（横排文本）</td><td>Alt + Ctrl + 向上箭头键/向下箭头键</td></tr>
<tr><td>将行距增加或减小五倍（直排文本）</td><td>Alt + Ctrl + 向右箭头键/向左箭头键</td></tr>
<tr><td>自动行距</td><td>Shift + Alt + Ctrl + A</td></tr>
<tr><td>增加或减小字偶间距和字符间距（横排文本）</td><td>Alt + 向左箭头键/向右箭头键</td></tr>
<tr><td>增加或减小字偶间距和字符间距（直排文本）</td><td>Alt + 向上箭头键/向下箭头键</td></tr>
<tr><td>将字偶间距和字符间距增加或减小五倍（横排文本）</td><td>Alt + Ctrl + 向左箭头键/向右箭头键</td></tr>
<tr><td>将字偶间距和字符间距增加或减小五倍（直排文本）</td><td>Alt + Ctrl + 向上箭头键/向下箭头键</td></tr>
<tr><td>清除所有手动字偶间距调整，将字符间距重置为 0</td><td>Alt + Ctrl + Q</td></tr>
<tr><td>增加或减小基线偏移（横排文本）</td><td>Shift + Alt + 向上箭头键/向下箭头键</td></tr>
<tr><td>增加或减小基线偏移（直排文本）</td><td>Shift + Alt + 向右箭头键/向左箭头键</td></tr>
<tr><td>将基线偏移增加或减小五倍（横排文本）</td><td>Shift + Alt + Ctrl + 向上箭头键/向下箭头键</td></tr>
<tr><td>将基线偏移增加或减小五倍（直排文本）</td><td>Shift + Alt + Ctrl + 向右箭头键/向左箭头键</td></tr>
<tr><td>重排所有文章</td><td>Alt + Ctrl + /</td></tr>
<tr><td>插入当前页码</td><td>Alt + Ctrl + N</td></tr>
</table>

2．操作快捷键方法

InDesign 把快捷键分为工具箱快捷键和菜单快捷键两种。

1）工具箱快捷键

InDesign 把最常用的工具都放置在工具箱中，把鼠标放在工具箱按钮上停留几秒会显示工具箱快捷键（如图 15-21 所示），熟记这些快捷键会减少鼠标在工具箱和文档窗口间来回移动的次数，提高工作效率。

2）菜单快捷键

菜单也是在设计工作中经常使用到的命令，使用菜单命令的快捷键也能提高工作效率。

（1）按住 Alt 键+菜单快捷键，如图 15-22 所示。

（2）在弹出的下拉菜单中，再按需要执行命令的快捷键，如图 15-23 所示。

3．定义快捷键

InDesign 的菜单命令有些没有设置快捷键，对于经常使用的命令无法快速使用。这时，可以通过执行【编辑】|【键盘快捷键】命令，在弹出的【键盘快捷键】对话框中进行设置，如图 15-24 所示。

下面讲解定义快捷键的操作步骤如下。

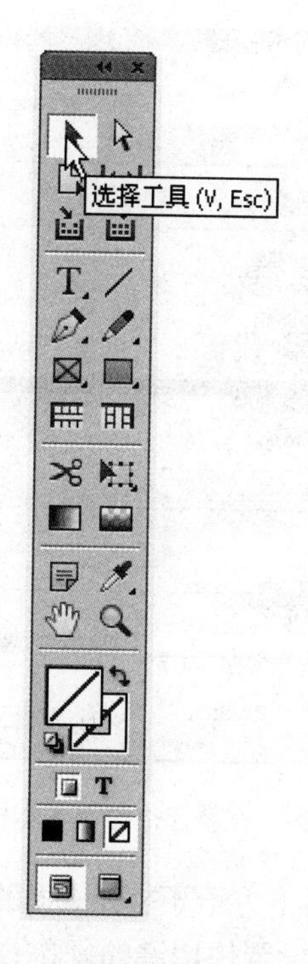

图 15-21　工具箱快捷键

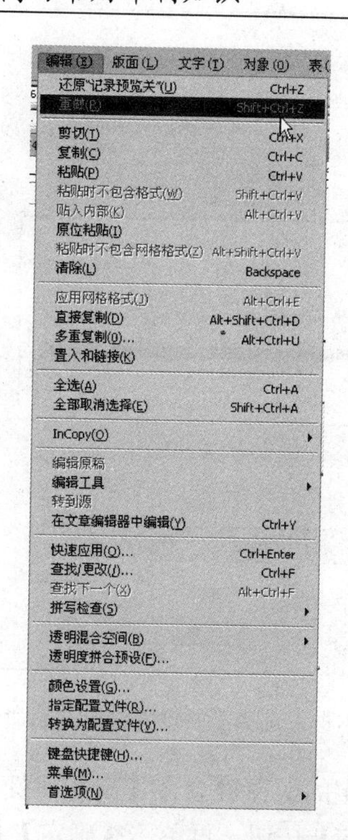

图 15-22　按住 Alt 键+菜单快捷键

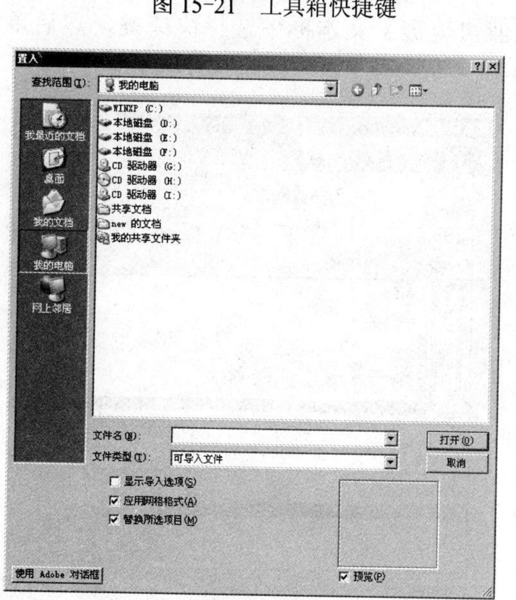

图 15-23　按住需要执行命令的快捷键

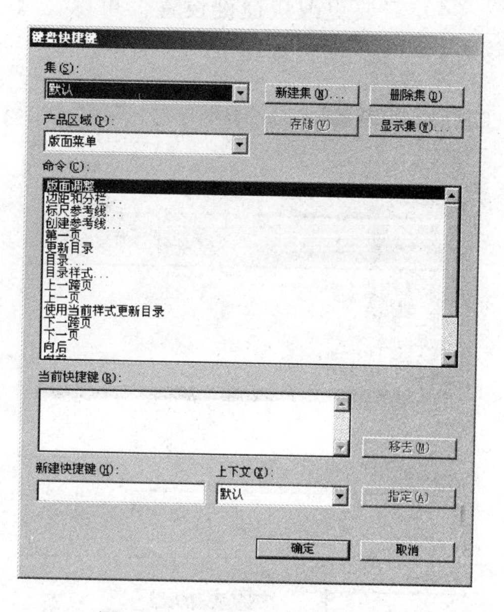

图 15-24 【键盘快捷键】对话框

（1）在【命令】文本框中选择需要设置快捷键的命令。如果该命令当前没有设置快捷键，则在【当前快捷键】文本框中无显示，如图 15-25 所示。

（2）此时可以在【新建快捷键】文本框中设置快捷键，在键盘上按设置按键即可。如果设置的快捷键与某个命令重复，则会在【新建快捷键】文本框的下方给予提示，如图 15-26 所示。

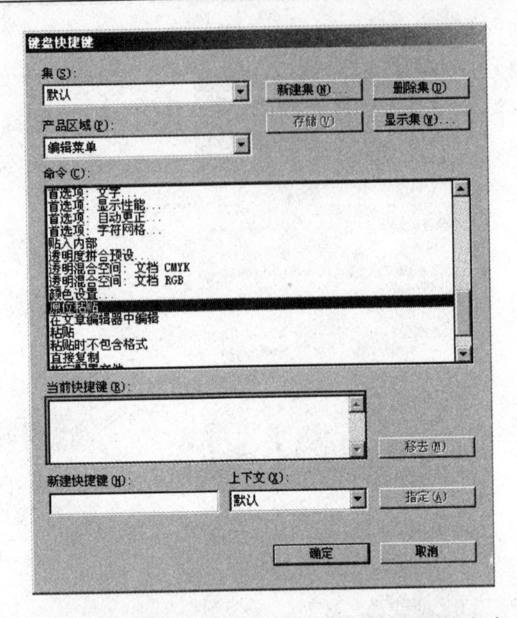

图 15-25 文本框中选择需要设置快捷键的命令

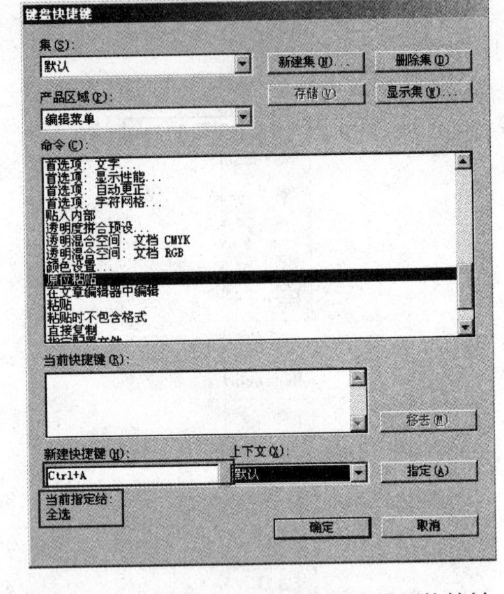

图 15-26 在新建快捷键文本框中设置快捷键

（3）未指定的快捷键会在【新建快捷键】文本框的下方给予提示，如图 15-27 所示。然后单击【指定】按钮，再单击【确定】按钮，则完成设置快捷键的操作。

（4）需要更改快捷键设置，可以在【当前快捷键】文本框中选择快捷键，然后单击【移去】按钮即可，如图 15-28 所示。

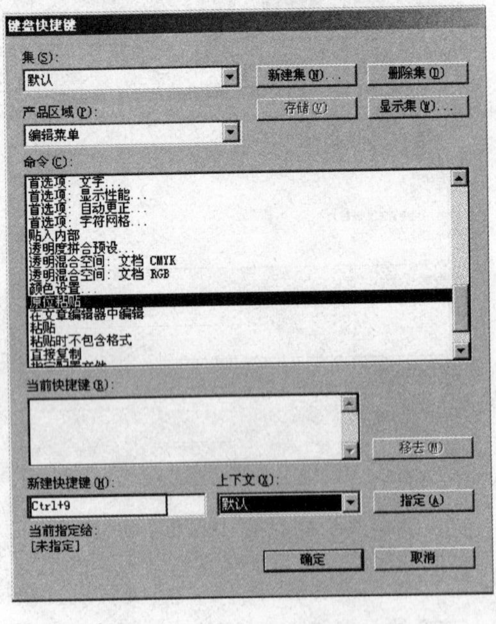

图 15-27 未指定的快捷键

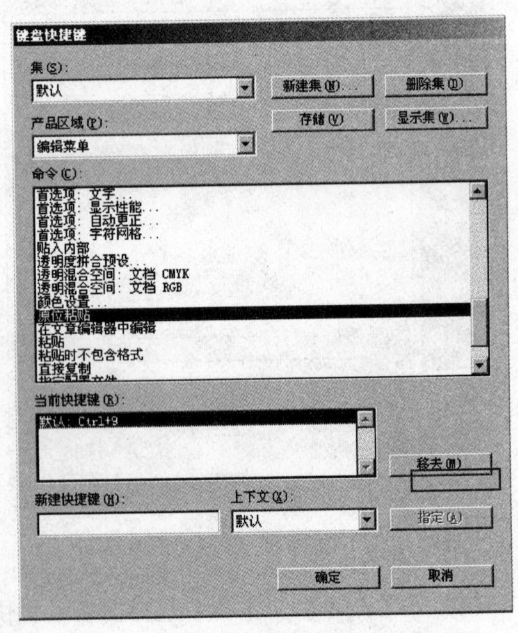

图 15-28 移去快捷键

（5）单击【显示集】按钮可看到 InDesign 菜单中全部快捷键命令，如图 15-29 所示。“无定义”表示该命令没有设置快捷键。

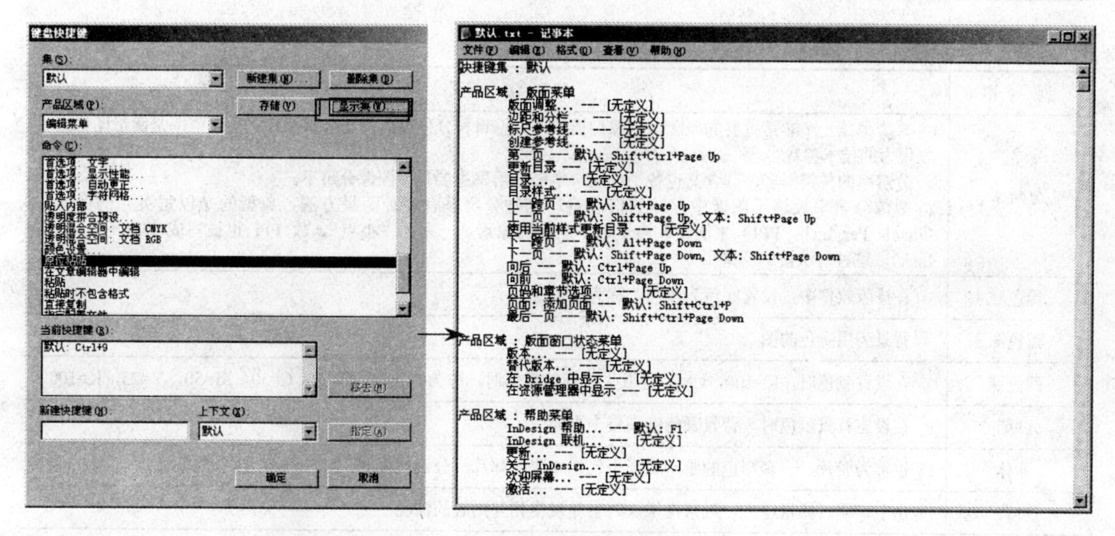

图 15-29　菜单中全部快捷键命令

任务三　常用印刷知识

任务背景

掌握常用的印刷知识是解决印刷问题的先决条件。同学们应当熟练掌握本任务所提到的常用印刷知识，如出血、样式、分辨率等。

任务要求

熟练掌握常用印刷知识

任务讲解

（1）印刷部分常用名词解释如表 15-6 所示。

表 15-6　常用印刷名词解释

词　语	含　义
出血	印刷品设计制作和印刷过程中的一个特有名词，即制作时需要保留，但最终成品要被裁切掉的部分，称为出血
成品尺寸	指最终印刷完毕（或装订完毕），裁切后的尺寸大小，也称为净尺寸
主页	如果一个出版物中许多页面都有相同的元素（如页眉和页脚等），要是逐一插入这些元素到每一页中将非常麻烦。使用主页可以将主页上的元素快速显示到其所应用的所有页面上
样式	将字体、字号、行距、制表符和缩排等组合在一起，使它能最快且最容易地改变文本的格式
预检	打印文档或将文档提交给客户之前，可以对此文档进行品质检查，预检是此过程的行业标准术语。 预检程序会警告可能影响文档或书籍不能正确成像的问题，如缺失文件或字体。 它还提供了有关文档或书籍的帮助信息，如使用的链接、显示字体的第一个页面和打印设置

续表

词　语	含　义
分辨率	分辨率是一个非常重要的概念，图像扫描输入、编辑和分色输出都与分辨率有关。分辨率是衡量图像细节表现力的技术参数。 分辨率的种类很多，其含义也各不相同。本书分辨率主要是指图像分辨率。 图像分辨率表达了图像中存储的信息量。这种分辨率有多种衡量方法，典型的是以每英寸的像素数（Pixels Per Inch，PPI）来衡量。由于数字图像的像素是一系列“小点”，故 PPI 也被写成 DPI（Dots Per Inch），这种写法被广泛采用
黑色底	在排版软件中，设置底色为黑色，称为黑色底
黑色图	背景为黑颜色的图
四色黑	在设置颜色时，K=100，CMY 也取大于 0 的数值时，称为四色黑。例如，C=30，M=50，Y=25，K=100
满铺	在设定背景颜色时，背景颜色铺满整个页面
菲林	也称为胶片。一套彩色的胶印版至少包括 4 张菲林片，分别代表 C、M、Y、K 四个颜色
过背	由于印刷时墨量过大，纸张在堆放时容易发生相互蹭脏的情况
丝网印刷	也称孔版印刷，是使用誊写版、镂空版、丝网版等印版的印刷方式，大多采用直接印刷。丝网印刷的成品，印刷油墨特别浓厚，有隆起的效果，用放大镜观察时，隐约可见有规律的网纹
网点	网点是印刷工艺中表现图像阶调与颜色的最基本单元，印刷品中所有连续调和半色调图像都是通过网点来表现的
数码打样	指以数字出版印刷系统为基础，在出版印刷生产过程中按照出版印刷生产标准与规范处理好页面图文信息，直接输出彩色样稿的新型打样技术
拼版	拼版是在印刷前，将各单独的页面拼接成符合印刷机大小、符合装订要求的一个较大的印版
电分	电分即电子分色。在传统意义上，利用电子分色机将图像分为 C、M、Y、K 独立的四色，通常称为电分
像素	像素是组成点阵图像的基本元素，也是点阵图像构成的最小单位，像素越多，图像呈现越细腻、自然，但图像空间也会越大
中性灰	RGB 等值会产生灰色，这个灰色称为中性灰（不包括黑白两色）
灰平衡	与中性灰的概念相似，理论的 CMY 等值产生灰色或黑色，但由于油墨的纯度因素，CMY 按不同比例混合才能产生灰色，这称为灰平衡
抠像	很多人称抠像为去背，就是去除背景的意思
专色	专色是指一种预先混合好的特定彩色油墨（或称特殊的预混油墨）。可用来替代或补充印刷色（CMYK）油墨，如明亮的橙色、绿色、荧光色、金属金银色油墨等，或者可以是烫金版、凹凸版等，还可以作为局部光油版等。它不是靠 CMYK 四色混合出来的，每种专色在付印时要求专用的印版（可以简单理解为一付专色胶片、印刷时为专色单独晒版），专色意味着准确的颜色
陷印	也称为补漏白，是一种专业的印刷技术，用来弥补色版之间因套印不准引起的缺陷
裁切线	印在纸张周边用于指示裁切部位的线条
套印	两色以上印刷时，各分色版图文能达到和保持位置准确的套合
套印不准	在套色印刷过程中，印迹重叠的误差
糊版	由于印版图文部分溢墨，造成承印物上的印迹不清晰，属胶印印品故障
P（page）	指印刷品的页数，与尺寸无关
单色	指 CMYK 四种印刷颜色中的其中一种颜色
UV	紫外线固化油墨是在紫外线（Ultraviolet）光波的照射下发生交联反应，能够瞬间由液态变为固态的油墨，故又称“UV”油墨
PS 版	“PS 版”是英文“Presensitized Plate”的缩写，中文意思是预涂感光版，PS 版分为“光聚合型”和“光分解型”两种。光聚合型用阴图原版晒版，图文部分的重氮感光膜见光硬化，留在版上，非图文部分的重氮感光膜见不到光，不硬化，被显影液溶解除去。光分解型用阳图原版晒版，非图文部分的重氮化合物见光分解，被显影液溶解除去，留在版上的仍然是没有见光的重氮化合物

（2）印刷后期工艺部分常用名词解释如表 15-7 所示。

表 15-7　印刷后期工艺部分常用名词解释

词　语	含　义
覆膜	以透明（半透明）塑料薄膜通过热压覆贴到印刷品表面，起保护及增加光泽的作用，一般有光（亮）膜和哑膜
上光	也称过油或称上光油，在印刷品表面涂上（或喷、印）一层无色透明涂料，干后起保护及增加印刷品光泽的作用，这一加工过程称为上光。一般书籍封面、插图、挂历、商标装璜等印刷品的表面要进行上光处理
烫金	以金属箔或颜料箔，通过热压，转移到印刷品或其他物品表面上的加工工艺，称为烫箔，俗称烫金，其目的是增进装饰效果
凹凸版	将印刷品的局部做凸出纸面或凹陷的感觉，通常称击凸、压凹，都要制作凹凸模
锯口	在与书背的垂直方向用锯片在书背上锯切成一定深度、宽度和间隔的沟槽，以利于胶粘剂对书页粘联
折缝线	印刷书页在折页加工时的折叠线
铣背	用铣刀或锯刀将书心后背铣开或铣成沟槽状，便于胶液渗透的一道工序
刀花	切口出现凹凸不平的刀痕
岗线	手工分本后，书背纸宽于书心厚度的部分。或者包本后，封皮在书背与封面或封底的连接处凸起呈楞线
白页	因印刷事故，使书页的一面或两面未印上印迹
折页	将印张按照页码顺序折叠成书刊开本大小书帖的工作流程
配页	将书帖或多张散印书页按照页码的顺序配集成书的工作过程
勒口	平装书的封面前口边大于书心前口边宽约 20～30 mm，再将封面沿书心前口切边向里折齐的一种装帧形式
压痕	利用钢线，通过压印，在纸片上压出痕迹或留下拱弯的槽痕
环衬	连接书心和封皮的衬纸
毛本	三面未切光的书心
光本	三面切光的书心
平锁	将配好的书帖逐帖以线串订成书心，且纱线在各书帖间排列成行的锁线方式
交叉锁	将配好的书帖逐帖以线串订成书心，且纱线在各书帖间相互错开的锁线方式
包角	在书封壳的前口两角上包一层皮革或织品
书槽	又称书沟或沟槽，指精装书套合后，封面和封底与书脊连接部分压进去的沟槽
针距	锁线订（或缝纫订）中，同一书帖（或同一订口）上相邻两个针位的距离
针数	锁线订（或缝纫订）中，书册订缝的针眼数
假脊	精装的一种。书心没有起脊，但通过对书壳的特殊装饰加工，使整本书的外观像起脊的精装书
包边	书壳表面材料的四边沿书壳纸板边回折并包粘在纸板的部分
烫金口	在书籍、簿册、卡片的切口上，用金色材料和特制工具滚烫着色的工艺

（3）印后加工常用术语解释如表 15-8 所示。

表 15-8　印后加工常用术语解释

词　语	含　义
书帖	将印张按号码排列顺序，折成一叠多张页
订口	指书刊应订联部分的位置
前口	也称口子，指与订口折缝边相对的阅读翻阅边
天头	书刊正文最上面一行字到书页上边沿处的空白
地脚	书刊正文最下面一行字到书页下边沿处的空白
书背	也称后背，指书帖配册后需粘联（或订联）的平齐部分。精装书背有圆和方背之分

续表

词　语	含　义
扉页	衬纸下面印有书名，出版者名，作者名的单张页。有些书刊将衬纸和扉页印在一起装订（即筒子页）称为扉衬页
开本	开本是书刊装订成册的幅面
封皮	也称封面、外封、皮子、书封等（精装称书壳），封皮是包在书心外面的，有保护书心和装饰书籍的作用
破口	书心裁切后书页的切口出现破损
粘口	书帖粘联零散书页时在书帖上涂胶的部分。通常以最后一折的折缝线为基准线，按一定的宽度在书帖边涂胶
小页	书帖中小于裁切尺寸的书页
缩帖	其任意一边缩进书心中的书帖
插页	书刊中由于图表版面的安排，需在书心内插入的一张或多张页
套帖	将一个书帖按页码的顺序依次套在另一个书帖的面（或里面），成为一本书刊的书心，再将封面套在书心最外面的一种配页方法
护封	套在封面或书封壳外的包封纸，常用于讲究的书籍和经典著作
热熔胶	加热熔融施胶，在室温下迅速固化的粘胶剂
冷胶	施胶时不需加热的粘胶剂
书腰	也称中腰。封一和封四所夹的中间位置
中径	指书封壳内的封二和封三两块纸板之间的距离
中缝	指中径纸板与书壳纸板之间的两个空隙
圆背	精装的一种，书背制作成一定弧度的圆弧面
方背	精装的一种，书背平直且与封面封底垂直
堵头布	贴在精装书心背脊天头与地脚两端的特制物
筒子纸	粘成筒状的牛皮衬纸。分别与书心的书背和书壳粘联，以加固大开本、厚本精装书的书背

常用纸张类型

1．涂布纸（表面有无机涂层、平滑度较高的纸）

1）铜版纸

铜版纸是高档彩色印刷最常用的纸张，大多数画册、海报、宣传单、书刊封面都是用铜版纸印刷的。单面涂布的铜版纸俗称“单铜”，可印刷日历、招贴画、手提袋、纸盒等单面印刷品，双面涂布的铜版纸俗称“双铜”，可印刷书刊画册。涂层反光较强的铜版纸俗称“光铜”，涂层反光较弱的铜版纸俗称“哑粉”，根据需要选用。铜版纸还有一些特殊品种，如粒面铜版纸和布纹铜版纸，它们有用模具压出来的肌理，看起来很像特种纸。

2）玻璃卡纸

玻璃卡纸又称“高光泽铜版纸”、“铸涂纸”，表面有镜面般的光泽，用于印刷高级美术图片、彩色广告、挂历、商标、贺卡、请柬、精致工艺品包装袋等。

3）单面涂布白纸板

在白纸板上单面涂布无机涂料所得的纸，比白纸板更光洁，比铜版纸更厚实，用于纸盒。

2．非涂布纸（表面没有无机涂层、平滑度较低的纸）

1）新闻纸

新闻纸主要用于印刷报纸，抗张强度大，能适应高速轮转印刷的拉力。吸墨性强，可促使油墨快速干燥，但也影响了图像质量，小的网点印不出来，中成网点会产生较多的扩散，大网点则容易糊版。

2）胶版纸

胶版纸常用于印刷书刊内页，比新闻纸平滑，网点的大小和色泽保持得好一些。

3）凸版纸

凸版纸主要用于印刷普通书籍、杂志、讲义、参考资料、试卷等，其特性与新闻纸接近。

4）胶印书刊纸

胶印书刊纸是为满足高速轮转印刷而出现的取代凸版纸的品种，其抗拉伸强度较高，多用于印刷期刊、中小学教材和教辅。

5）牛皮纸

牛皮纸的纸面呈黄褐色，质地坚韧，但颜色不匀，表面粗糙，主要用于包装、卷宗、档案袋、信封、砂纸的基纸。

6）条纹牛皮纸

条纹牛皮纸是由牛皮纸衍化而来的带有条纹的包装用纸。

7）白牛皮纸

白牛皮纸又称“鸡皮纸”，质地近似牛皮纸，但比较薄，比较白，而且纸质均匀，表面光洁，可以像在铜版纸上那样印刷精美的彩色图文，主要用于小包装。

8）铝箔纸

铝箔纸是由原纸和铝箔压合而成的纸，防潮性好，有银光闪闪的装饰效果，用于糖果饼干、药品、需要保鲜的食品、礼品等的包装，以及香烟盒的内衬。

9）白卡纸

白卡纸是一种很厚的、表面经过压光的白纸，用于名片、证书、请柬、书封、日历、明信片等。

10）米卡纸

米卡纸是一种有象牙色泽的厚纸，比白卡纸薄一些，用于印刷高级菜单、宣传画片、精装书的环衬。

3．特种纸（有特殊纹理或质感的纸）

1）合成纸

合成纸是具有纸的外观和印刷适性的高分子材料，可用于制作耐水的印刷品和“撕不烂”的儿童画册。

2）硫酸纸

硫酸纸是经硫酸处理后变得半透明的纸，常用于书籍、画册的衬纸，能够透过它看见扉页上的图文。

3）玻璃纸

玻璃纸是由纤维素磺酸盐形成的薄膜，透明，但不透气、水、油，常用于礼品、医药、香烟、食品、化妆品、精密仪表的外包装。

4）花式纸

花式纸是有花岗岩纹、大理石纹、斑纹、彩岩纹、云纹、龙纹、布纹等纹理的装饰用纸。

5）压纹纸

压纹纸是用模具压出纹理的纸，有布纹、斜布纹、直条纹、雅莲网、橘子皮纹、直网纹、针网纹、蛋皮纹、麻袋纹、格子纹、皮革纹、头皮纹、麻布纹、齿轮条纹等多种纹理。

6）斑点纸

斑点纸是在回收的纸浆里加入适量杂质生产出来的特种纸，有羊皮纹、石纹、雪花纹、花瓣纹等纹理。

7）金属花纹纸

金属花纹纸是有金属质感的特种纸。

8）彩纸

彩纸是在普通纸或其他特种纸上均匀地染色而成的。

9）珠光纸

珠光纸表面有珍珠般的光泽，其色彩随视角而变，印普通的四色油墨后产生珠光油墨的效果。

常见纸张尺寸

① 常规开本

在国内印刷用纸中，最常用的开本有以下两种尺寸。

正度：全张尺寸为 787 mm×1 092 mm，相应的开数叫“正度 X 开”或“正 X 开”，如正度 16 开（185 mm×260 mm），该尺寸常用于书刊印刷。

大度：全张尺寸为 889 mm×1 194 mm，相应的开数叫“大度 X 开”或“大 X 开”，如大度 16 开（210 mm×285 mm），常用于企业宣传册、宣传单页。

② 其他常用开本

其他常用开本尺寸如表 15-9 所示。

表 15-9 常用开本尺寸 mm

	正 度	大 度
全张	787×1 092	889×1 194
对开	520×740	570×840
4 开	370×520	420×570
8 开	260×370	285×420
16 开	185×260	210×285
32 开	130×185	142×220
64 开	92×130	110×142

③ 常用纸的全张尺寸

铜版纸：889 mm×1 194 mm、880 mm×1 230 mm、787 mm×1 092 mm。

玻璃卡纸：880 mm×1 230 mm、850 mm×1 680 mm、787 mm×1 092 mm。

新闻纸：787 mm×1 092 mm、781 mm×1 092 mm。

胶版纸：787 mm×1 092 mm、850 mm×1 168 mm、880 mm×1 230 mm、889 mm×1 194 mm。

信封纸：780 mm×1 092 mm、880 mm×1 230 mm。

白卡纸：787 mm×1 092 mm、880 mm×1 230 mm。

复印纸：841 mm×1 189 mm、1 000 mm×1 414 mm。

铸涂白纸板：880 mm×1 230 mm、787 mm×1 092 mm。

米卡纸：880 mm×1 230 mm、930 mm×645 mm、787 mm×1 092 mm。

④ 常见开纸方法

最常见的开纸方法如图 15-30 所示，其他异形开纸方法如图 15-31 所示。

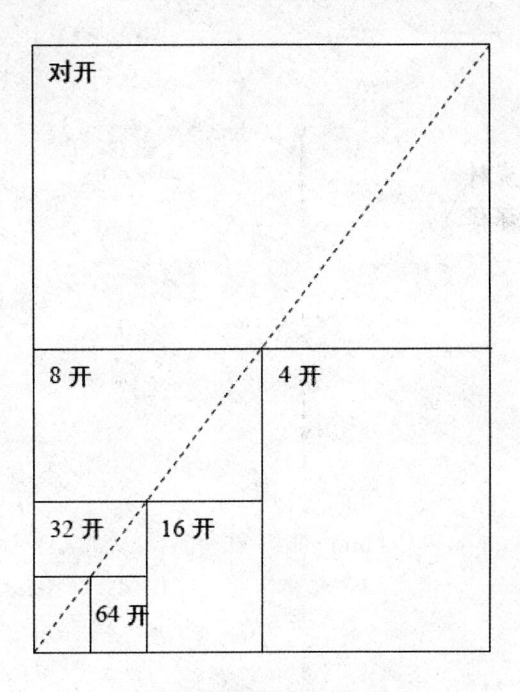

图 15-30　最常见的开纸方法

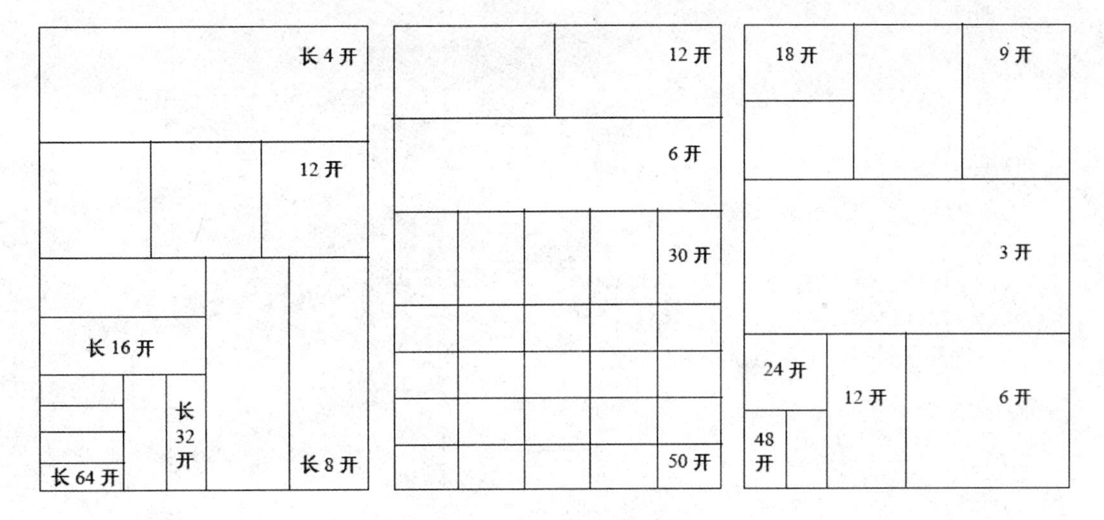

图 15-31　其他异形开纸方法

任务四　自学部分

目标

了解从整理文字素材和图片素材到设计版式，排入图文，编辑图文，最后输出文件的整个设计制作流程。

学生预习

1. 收集个人简历的资料。
2. 复习之前学过的课程。

模块 16　综 合 案 例

能力目标

1. 能够挑选符合印刷要求的图片
2. 能够灵活运用【字符】调板和【段落】调板调整字体
3. 能够运用“选择工具”和适合选项调整图片大小
4. 能够按照设计要求创建并调整目录

知识目标

1. 掌握文字属性的基本设置
2. 掌握图片的调整方法
3. 掌握目录的创建方法
4. 掌握表格的处理方法
5. 掌握文件检查和输出的方法

课时安排

2 课时讲解，2 课时实践

任务一　个人简历的设计制作

任务背景

面对即将毕业准备走向工作岗位的同学们，需要有一份能吸引公司目光的简历。在简历中展示自己对应聘工作的理解、对专业的了解，以及自己的优秀作品，为面试创造机会及增加录取的几率，必须使个人简历兼备简洁、有序、有个性且不失重点等特色，不可繁琐冗杂。

任务要求

个人简历的内容包括校园生活、个人作品展示、个人专业介绍、个人对 InDesign 和 Photoshop 的认识、对实践案例的分析和个人简历。可以从中挑选 2～3 个内容放在个人简历中。成品尺寸为 210 mm×285 mm，设计封面和封底，排版 14 页内文。

任务素材

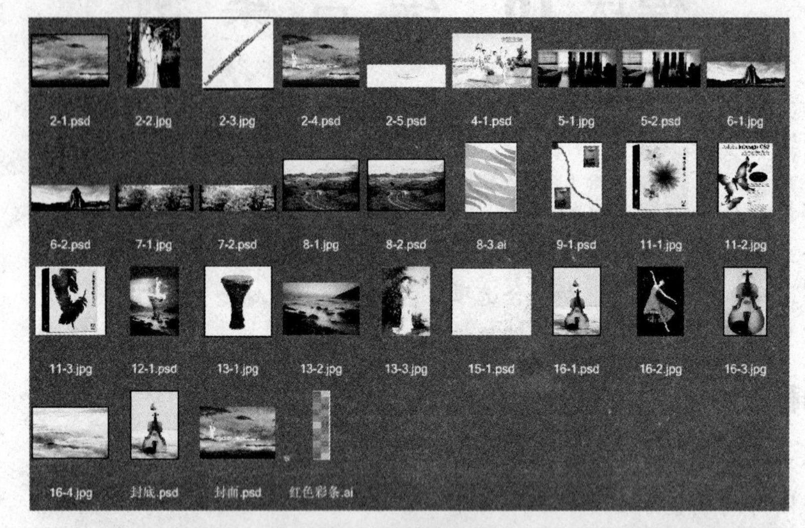

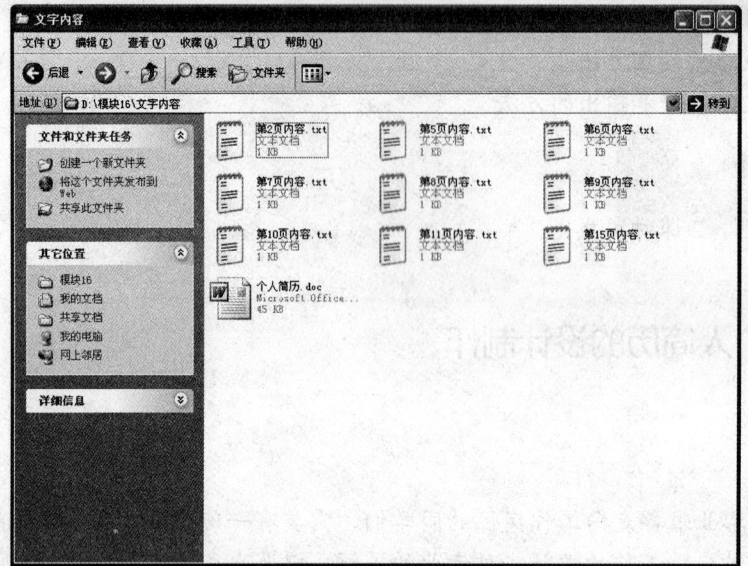

任务参考效果图

制作步骤分析

1. 新建文件。
2. 在每个页面置入相应的文字和图片。
3. 在页面2中设置文字的字体字号，并创建样式，然后应用到每个页面中。
4. 调整图片大小，使图片适合版面需求。
5. 运用基本绘图工具为页面添加装饰图形。
6. 设置目录样式。
7. 检查和输出文件。

操作步骤详解

1. 新建文件

（1）执行【文件】|【新建】|【文档】命令，在弹出的【新建文档】对话框中设置【页数】为“16”，【宽度】为“210毫米”，【高度】为“297毫米”，如图16-1所示。

（2）单击【边距和分栏】按钮，在【新建边距和分栏】对话框中设置上下内外的边距为“0 毫米”，如图 16-2 所示。

（3）单击【确定】按钮，完成新建文件的操作。

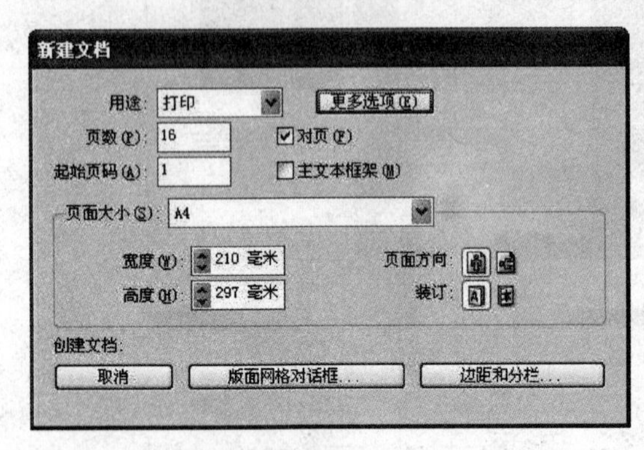

图 16-1 【新建文档】对话框

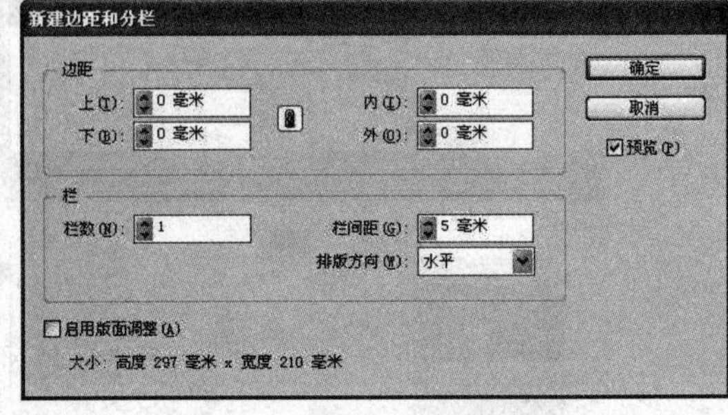

图 16-2 【新建边距和分栏】对话框

2．置入和摆放图文

（1）执行【文件】|【置入】命令，弹出【置入】对话框。在【查找范围】下拉列表框中选择“模块 16\文字内容\第 2 页内容.txt”文件，如图 16-3 所示。

（2）单击【打开】按钮，将内容置入在页面 2 中，如图 16-4 所示。

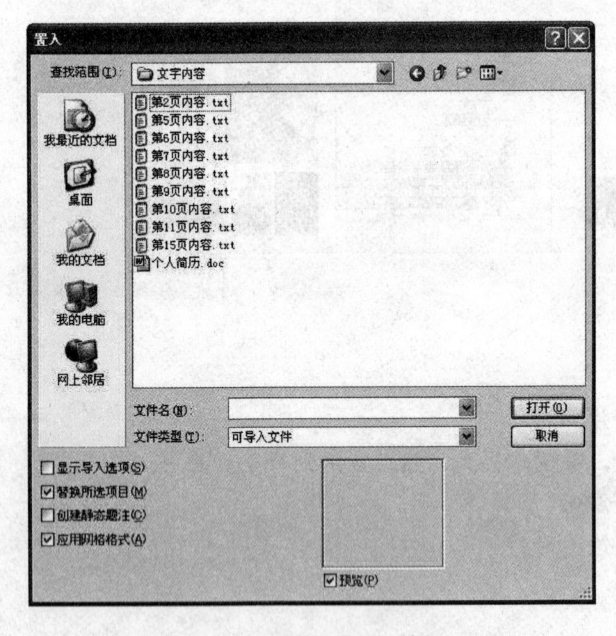

图 16-3 【置入】对话框

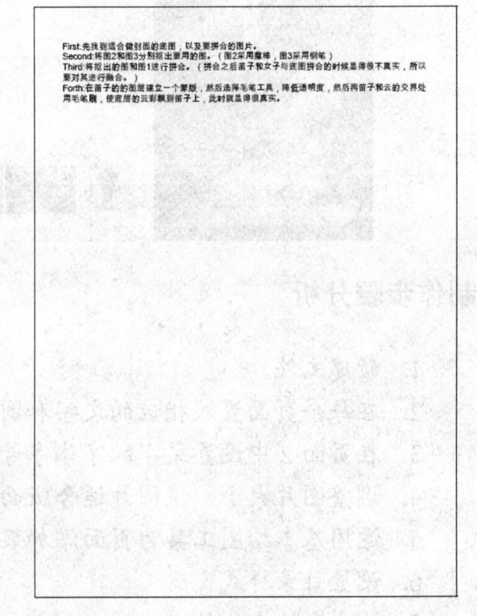

图 16-4 将文件置入到页面

（3）按照“文字内容”文件夹里的素材名称分别置入到相应的页面上，将“个人简历 doc”文件置入到页面 14 中。

（4）执行【文件】|【置入】命令，弹出【置入】对话框。在【查找范围】下拉列表框中选择“模块 16\图片\2-1.psd”文件，单击【打开】按钮，置入到页面 2 中，调整图片大小，如图 16-5 所示。

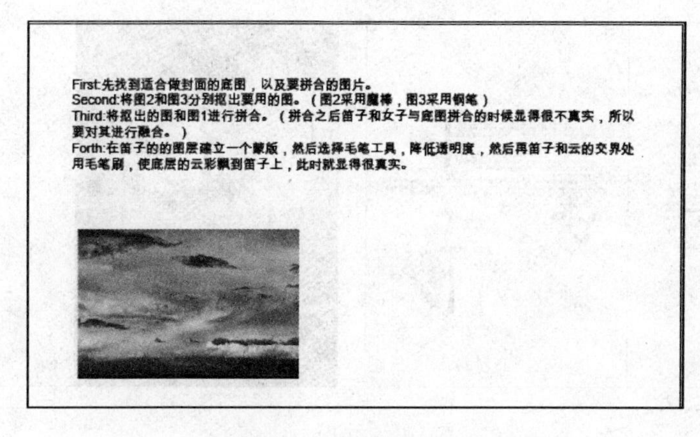

图 16-5　调整图片大小

（5）按照“图片”文件夹里的素材名称分别置入到相应的页面上，如 2-1、2-2、2-3 都是页面 2 的图，前一个数字为页码，后一个数字为图号。将置入的图片调整为适合摆放的大小，图片摆放顺序可参照图 16-6 所示。

3．编辑图文

（1）编辑页面 2。用“文字工具”选择页面 2 的文字内容，在【字符】调板中设置【字体】为“方正书宋简体”，【字号】为“9.5 点”，【行距】为“14 点”，得到的效果如图 16-7 所示。

图 16-6　图片摆放顺序

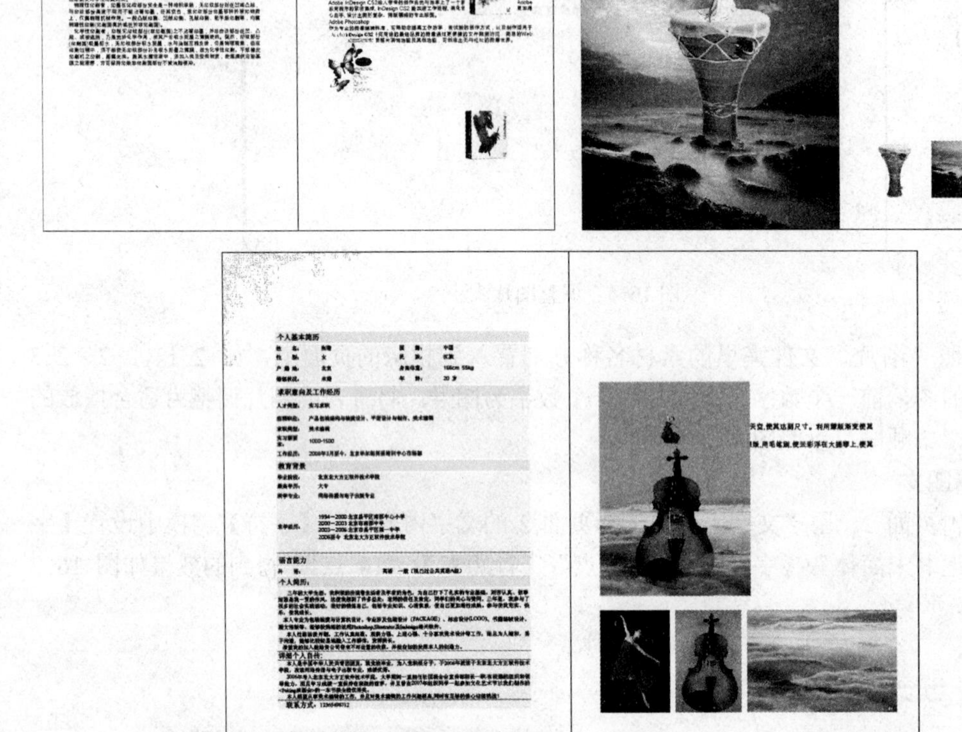

图 16-6 图片摆放顺序（续）

First：先找到适合做封面的底图，以及要拼合的图片。

Second：将图2和图3分别抠出要用的图。（图2采用魔棒，图3采用钢笔）

Third：将抠出的图和图1进行拼合。（拼合之后笛子和女子与底图拼合的时候显得很不真实，所以要对其进行融合。）

Forth：在笛子的的图层建立一个蒙版，然后选择毛笔工具，降低透明度，然后再笛子和云的交界处用毛笔刷，使底层的云彩飘到笛子上，此时就显得很真实。

图 16-7 编辑页面 2 的字体与行距

（2）用“文字工具”绘制一个文本框，然后输入“封面的制作方法”，在【字符】调板中设置【字体】为“方正中等线简体”，【字号】为“18 点”，在【段落线】对话框中设置段落线，【粗细】为【6 点】，【颜色】为“C=15，M=100，Y=100，K=0”，【宽度】为“文本”，如图 16-8 所示。

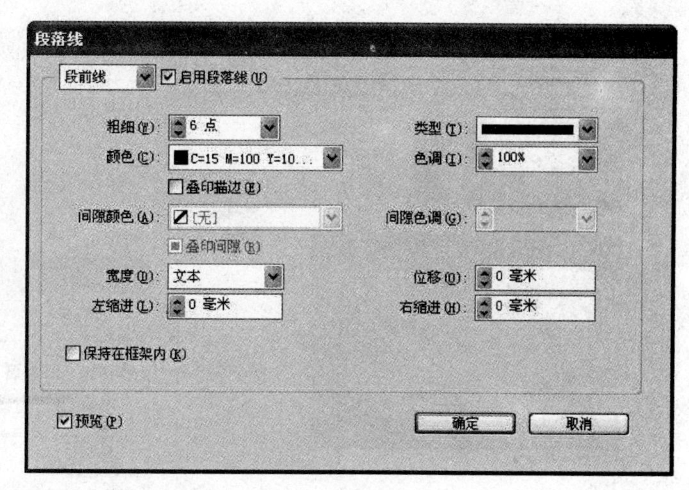

图 16-8　【字符】调板和【段落线】对话框

（3）得到的效果如图 16-9 所示。

图 16-9　字体设置完成的效果

（4）分别在图“2-1、2-2、2-3、2-4”的下方输入“图 1”、“图 2”、“图 3”和“封面的最终效果”，设置【字体】为“方正细等线简体”，【字号】为“8 点”，得到的效果如图 16-10 所示。

（5）用“选择工具”选择图“2-3”，设置描边【粗细】为“3 毫米”，【对齐描边】为“描边居内”，描边颜色色值为“C=15，M=5，Y=5，K=0”，如图 16-11 所示。

（6）得到的效果如图 16-12 所示。

（7）设置段落样式。选择红色底的标题字，在【段落样式】调板中单击【创建新样式】按钮，新建段落样式 1，双击段落样式 1，在【段落样式选项】对话框中设置【样式名称】为“标题”，单击【确定】按钮。选择步骤内容设置段落样式，样式名称为“步骤”。选择图注设置段落样式，样式名称为“图注”，如图 16-13 所示。

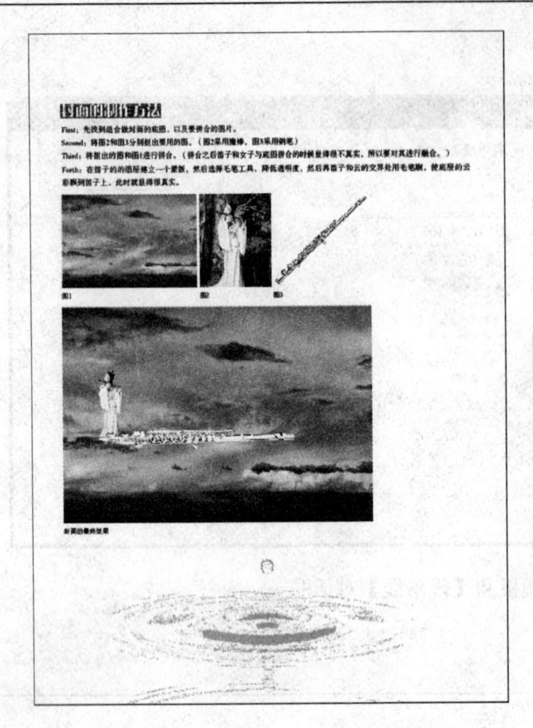

图 16-10 设置字体和字号

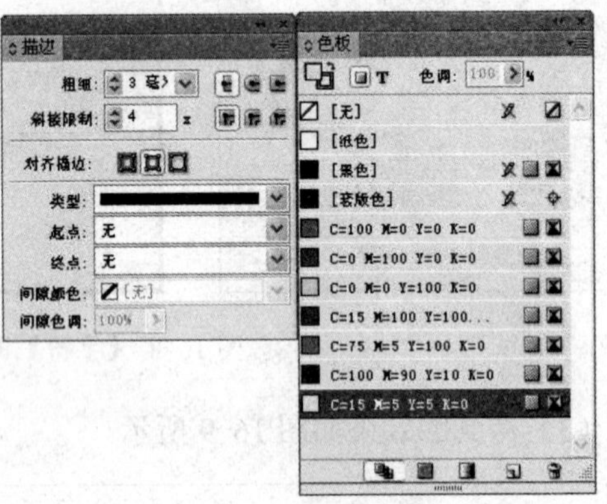

图 16-11 描边参数、色板参数

图 16-12 页面 2 设置完成

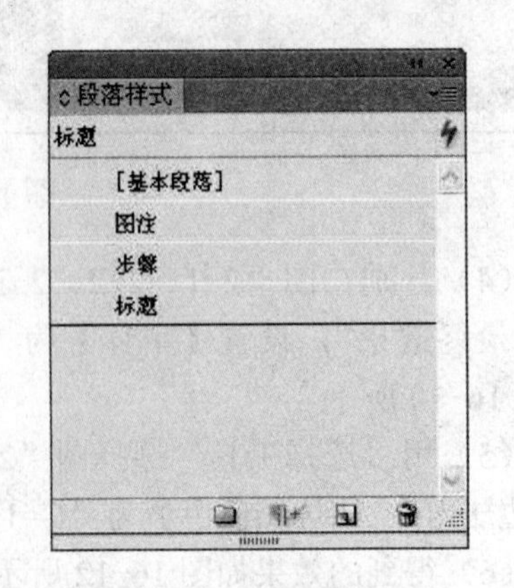

图 16-13 设置段落样式

（8）编辑页面 4-5。将页面 5 的文字应用样式，并按照图 16-14 所示摆放文字内容。

（9）在图“5-1”的右侧输入“原图”，图“5-2”的左侧输入“改后效果图”，并应用图注样式，如图 16-15 所示。

图 16-14　将页面 5 的文字应用样式

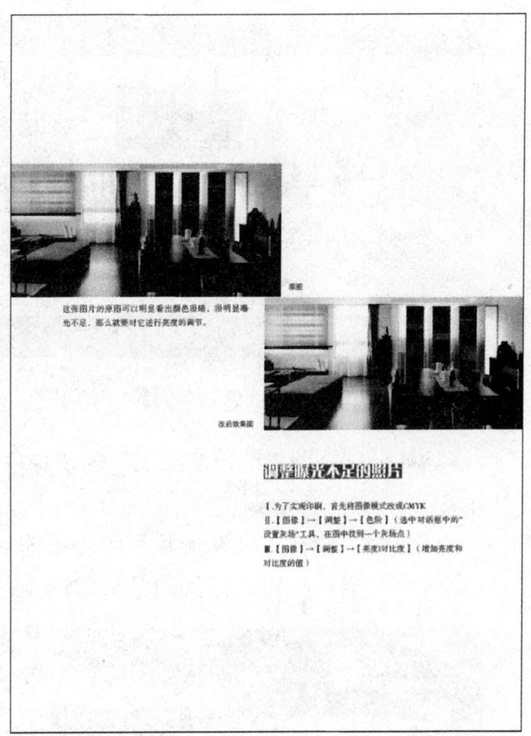

图 16-15　应用图注样式

（10）置入图“红色彩条.ai”，单击控制调板上的“顺时针旋转 90°”按钮，将图像进行旋转，然后放置在页面上方。用“选择工具”调整图像的显示部分，得到的效果如图 16-16 所示。

（11）按住 Alt+Shift 键，垂直向下复制红色彩条，如图 16-17 所示。

（12）用“矩形工具”绘制与红色彩条同等宽度的矩形，并填充颜色色值为 C=15，M=100，Y=100，K=0。按住 Alt+Shift 键，垂直向下复制红色矩形，得到的效果如图 16-18 所示。

图 16-16　置入红色彩条

图 16-17　垂直向下复制红色彩条

（13）编辑页面 6-7。将页面 6-7 的文字内容应用步骤样式。在页面 6 中输入“晨景变夕阳”，在页面 7 中输入“秋景变夏景”，并应用标题样式，得到的效果如图 16-19 所示。

图 16-18 绘制与红色彩条同等宽度的矩形

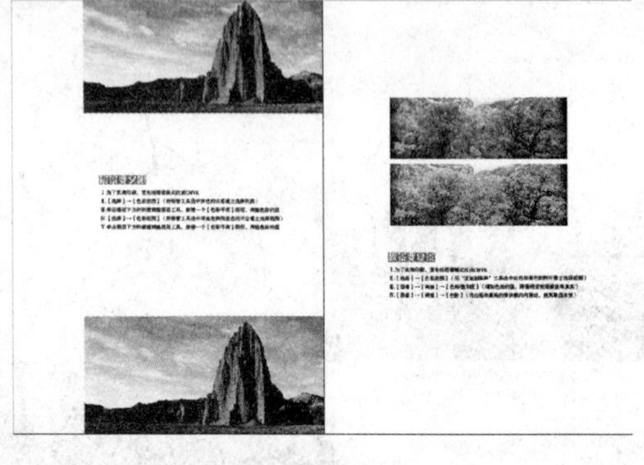

图 16-19 将页面 6-7 的文字内容应用步骤样式

（14）分别将图“红色彩条.ai”和“绿色彩条.ai”置入到页面 6 和页面 7 中，如图 16-20 所示。

（15）用“选择工具”调整红色彩条的显示部分，如图 16-21 所示。单击控制调板上的“内容适合框架”按钮，得到的效果如图 16-22 所示。

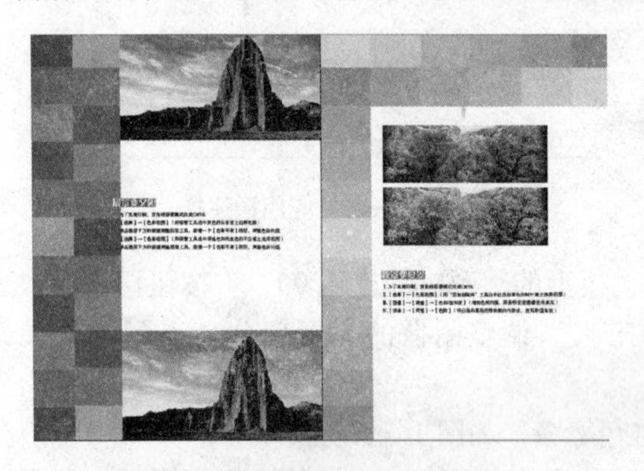

图 16-20 将图置入 6-7 页面中

图 16-21 调整红色彩条的显示部分

（16）在图“6-1”的右下方输入“原图”，在图“6-2”的左上方输入“改后效果图”，在图“7-1”的右侧下方输入“原图”，在图“7-2”的左下方输入“改后效果图”，并应用图注样式，得到的效果如图 16-23 所示。

图 16-22 页面 6-7 设置完成

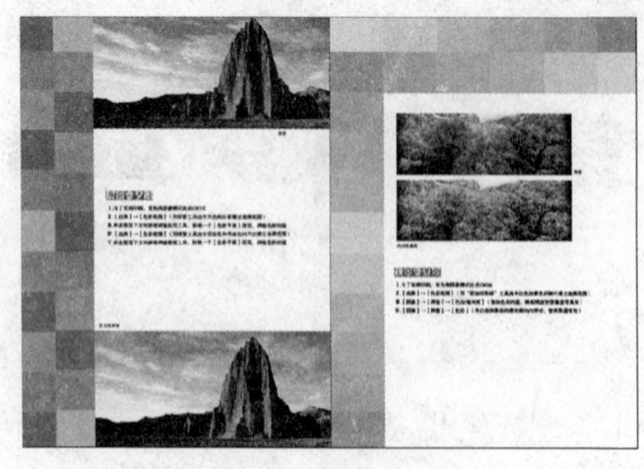

图 16-23 改后效果图

（17）编辑页面 8-9。按住 Ctrl+Shift+[键，把图片置于文字的下方。将文字内容应用步骤样式摆放文字的位置。在页面 8 中输入“雨后彩虹”，并应用标题样式，如图 16-24 所示。

（18）为图“8-1”和图“8-2”设置白色描边效果，【粗细】为“2 毫米”，如图 16-25 所示。

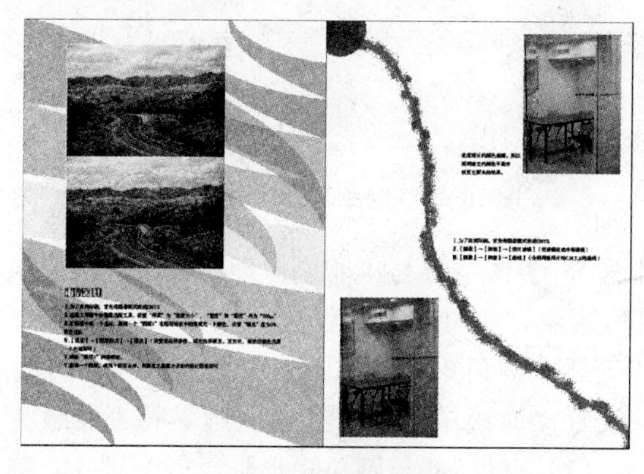

图 16-24 编辑页面 8-9

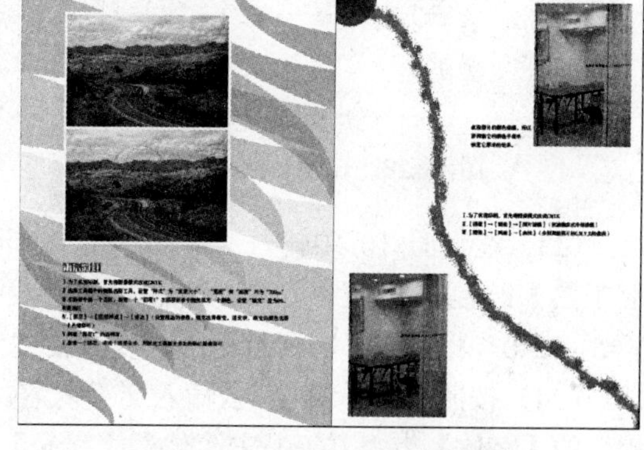

图 16-25 设置白色描边效果

（19）在图“8-1”的右侧下方输入“原图”，在图“8-2”左下方输入“改后效果图”，在页面 9 上方图的左侧输入“改后效果图”，在下方图的右侧输入“原图”，并应用步骤样式，得到的效果如图 16-26 所示。

（20）编辑页面 10-11。按照图 16-27 所示摆放文字的位置。

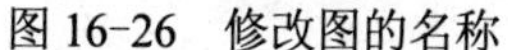

图 16-26 修改图的名称

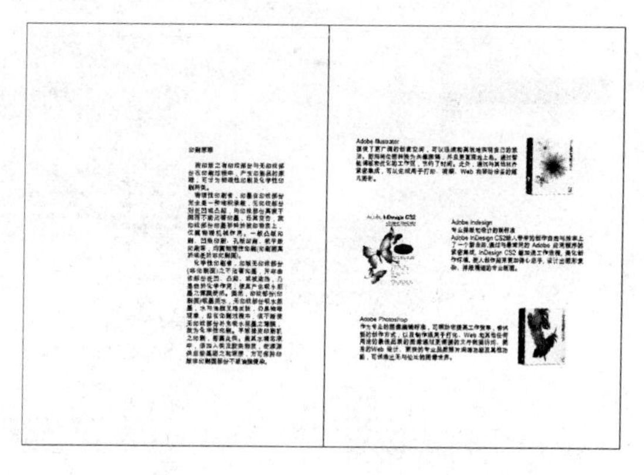

图 16-27 摆放文字的位置

（21）设置“印刷原理”的【字体】为“方正大黑简体”，【字号】为“16 点”。设置“Adobe Illustrator”、“Adobe InDesign”和“Adobe Photoshop”的【字体】为“Arial”，【字号】为“16 点”。将这些标题下的正文设置【字体】为“方正中等线简体”，【字号】为“10 点”，【行距】为“16 点”，得到的效果如图 16-28 所示。

（22）在页面 10 中输入“我对印刷的认识”，在页面 11 中输入“我对软件的认识”，并应用标题样式。按照图 16-29 所示，用【矩形工具】和【直线工具】绘制装饰页面的图形，并填充颜色色值为“C=15，M=100，Y=100，K=0”，效果如图 16-29 所示。

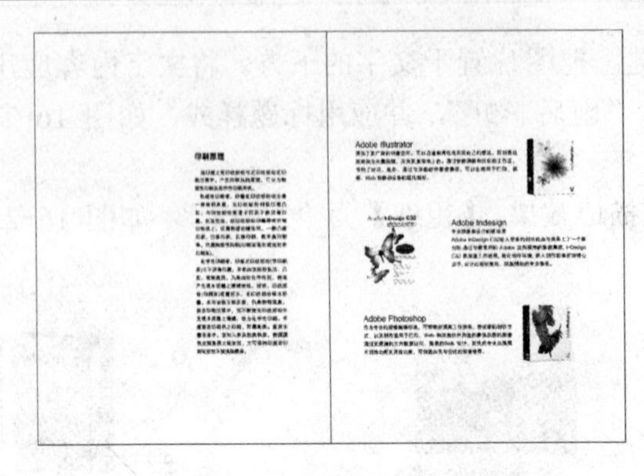

图 16-28　设置字体、行距

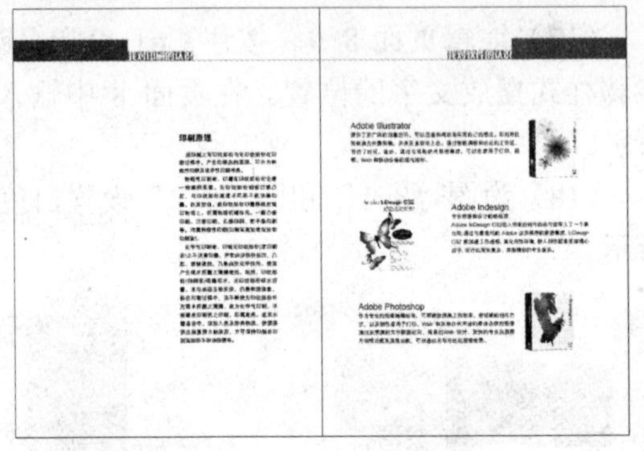

图 16-29　绘制装饰页面的图形

（23）在页面 10 中输入“印刷产生工艺流程”，字体字号与“印刷原理”相同。用【矩形工具】绘制一个矩形，然后将其设置为圆角矩形，并填充颜色色值为 C=15，M=5，Y=5，K=0。将绘制好的圆角矩形，复制粘贴为若干个圆角矩形，如图 16-30 所示。

（24）按照图 16-31 所示输入文字内容。设置“原稿录入”、“印前流程”和“制版流程”的【字体】为“方正书宋简体”，【字号】为“14 点”，并与圆角矩形垂直居中对齐。剩余的文字设置【字体】为“方正中等线简体”，【字号】为“10 点”，并与圆角矩形水平垂直居中对齐。

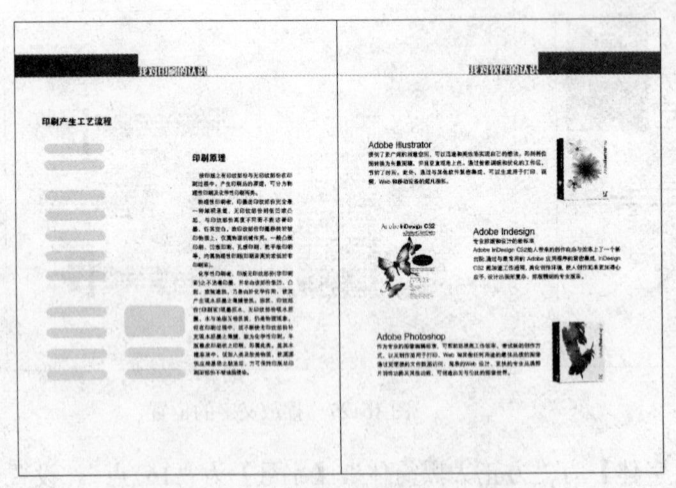

图 16-30　复制粘贴为若干个圆角矩形

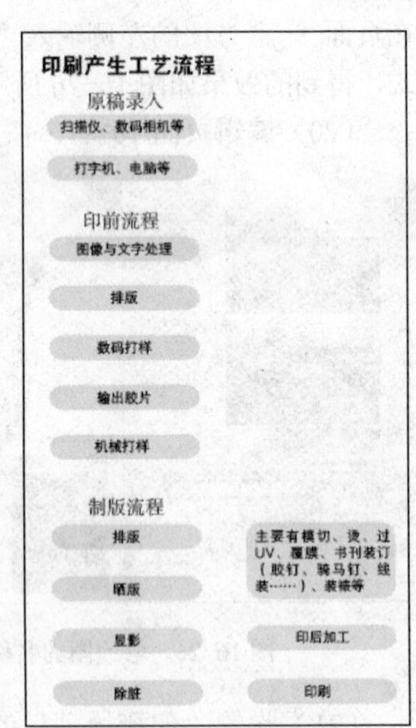

图 16-31　输入文字内容

（25）编辑页面 12-13。选择图“13-1”，设置描边【粗细】为“3 毫米”，【对齐描边】为“描边居内”，描边颜色色值为 C=15，M=5，Y=5，K=0，得到的效果如图 16-32 所示。

（26）在页面 13 中输入“无论节奏是快，是慢，是悲伤还是甜蜜，都记录着我们曾经的悲喜，迷惘和执着……”，设置【字体】为“方正楷体简体”，【字号】为“12 点”，如图 16-33 所示。

图 16-32　编辑页面 12-13

图 16-33　输入文字并设置字体与字号

（27）编辑页面 14-15。将置入的 Word 表格所带的 RGB 颜色改为 CMYK 颜色，打开【色板】调板，双击颜色“Word_R228_G235_B242”，在【色板选项】对话框中设置【颜色模式】为“CMYK”，颜色色值为 C=10，M=5，Y=0，K=0，选择【以颜色值命名】复选框，如图 16-34 所示。

（28）单击【确定】按钮。将“Word_R238_G244_B249”颜色改为 C=10，M=5，Y=5，K=0，将“Word_R244_G247_B250”颜色改为 C=5，M=0，Y=0，K=0，得到的效果如图 16-35 所示。

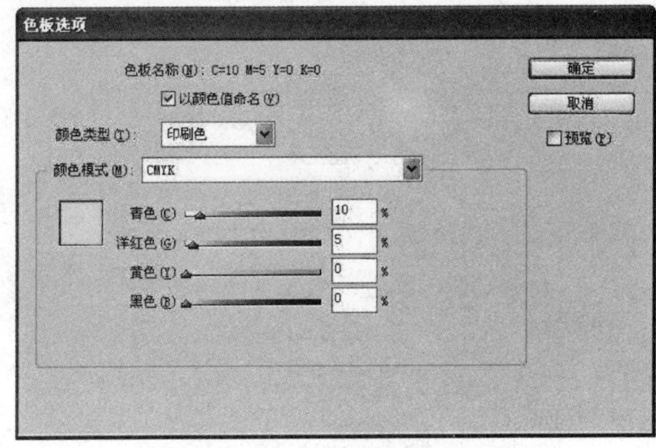

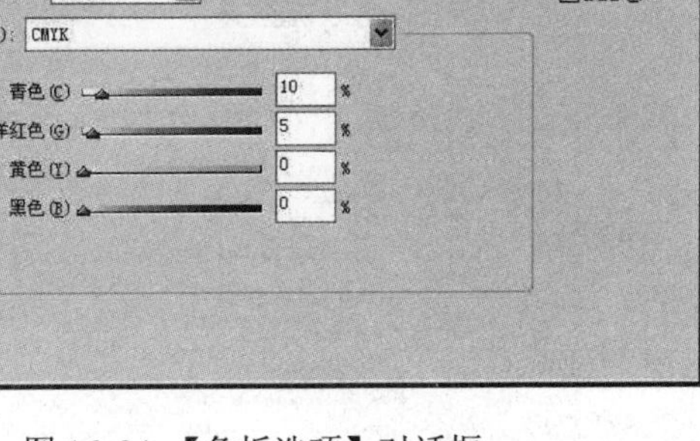

图 16-34 【色板选项】对话框

图 16-35　页面 14-15 设置完成

（29）设置表格文字属性。设置“个人基本简历”、“求职意向及工作经历”、“教育背景”、“语言能力”、“个人简历”、“详细个人自传”和“联系方式”的【字体】为“方正书宋简体”，【字号】为“12 点”。在每个标题下的内容【字体】为“方正细等线简体”，【字号】为“8 点”，得到的效果如图 16-36 所示。

（30）用“文字工具”选择“个人基本简历”下的表格，执行【表】|【单元格选项】|【文本】命令，在【单元格选项】对话框的【单元格内边距】的复选区中设置【上】为“1 毫米”，【下】为“1 毫米”，【左】为“3 毫米”，【右】为“3 毫米”，单击【确定】按钮。分别将其他标题下的内容做相同设置。得到的效果如图 16-37 所示。

（31）用【矩形工具】绘制一个矩形，并填充色调为“20%”的黑色，置于最下方作为背景图，如图 16-38 所示。

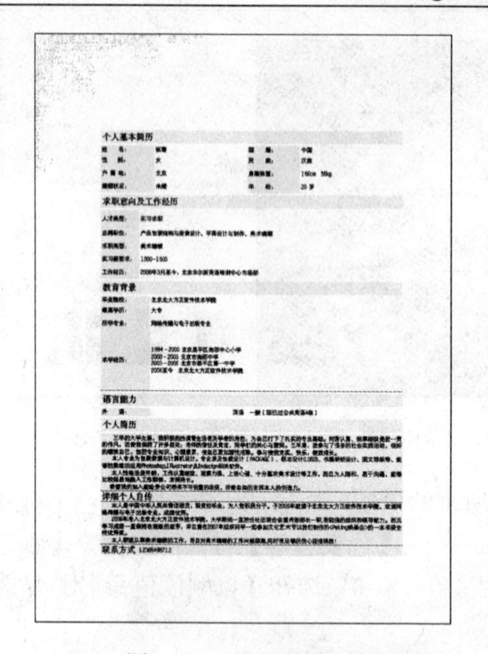

图 16-36 设置表格文字属性

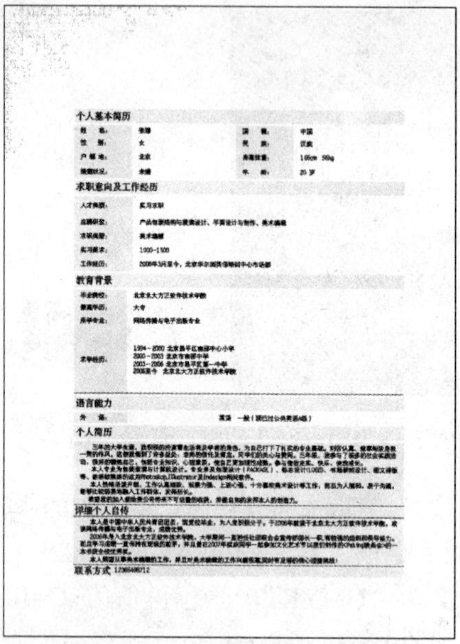

图 16-37 个人简历设置完成

（32）在页面 14 中输入“求职简历”，并应用标题样式。选择图“15-1”，复制粘贴在页面的右下角，单击控制调板上的“水平翻转”按钮和“垂直翻转”按钮，改变图片的方向，如图 16-39 所示。

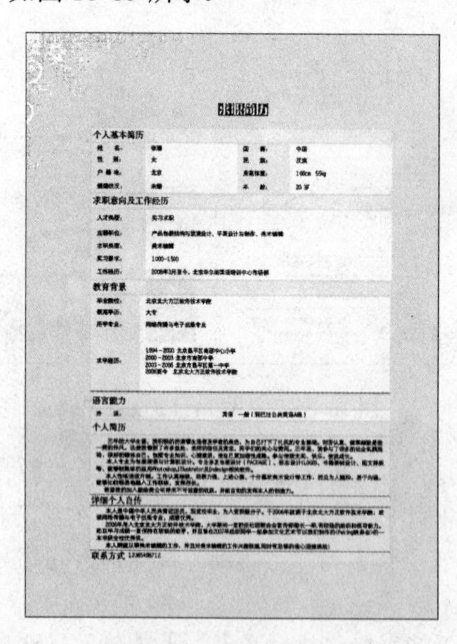

图 16-38 绘制一个矩形

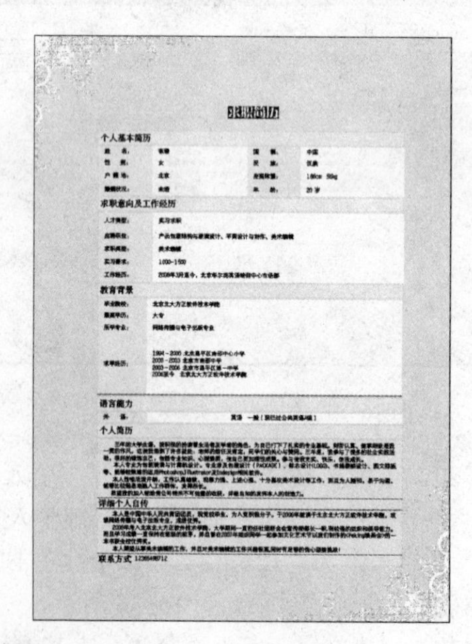

图 16-39 应用标题样式

（33）在页面 15 中输入“封底制作方法”，并应用标题样式，将内容应用步骤样式，得到的效果如图 16-40 所示。

（34）分别在图“15-2”、“15-3”和“15-4”中输入“图 1”、“图 2”和“图 3”，并应用图注样式，如图 16-41 所示。

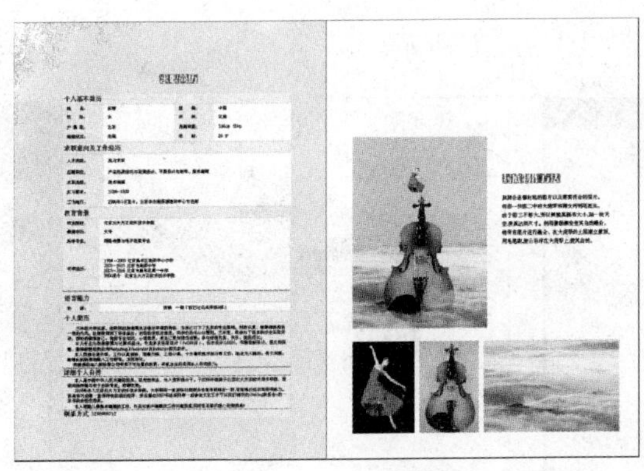

图 16-40　应用步骤样式

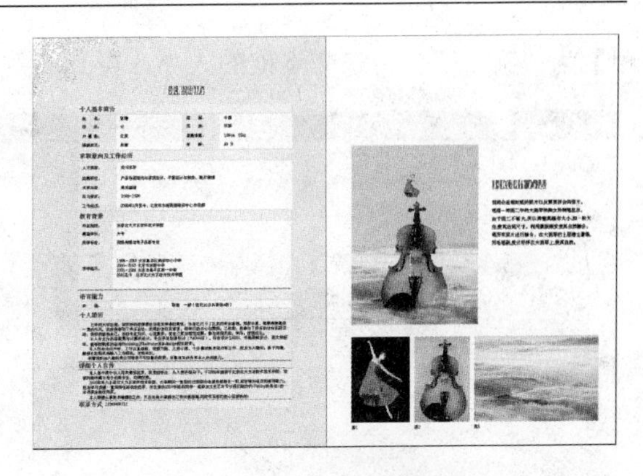

图 16-41　应用图注样式

4．制作目录

（1）在【段落样式】调板中，新建一个“目录”样式，在【基本字符格式】中设置【字体系列】为“微软雅黑”，【大小】为“24 点”，【行距】为“18 点”。在【缩进和间距】中设置【段后距】为“5 毫米”，如图 16-42 所示。单击【确定】按钮。

（2）在【段落样式】调板中，新建一个“目录-标题”样式，在【基本字符格式】中设置【字体系列】为“方正黑体_GBK”，【大小】为“18 点”，【行距】为“18 点”，如图 16-43 所示。单击【确定】按钮。

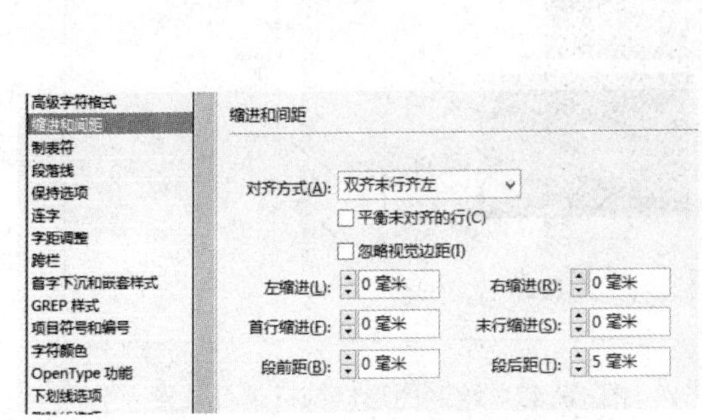

图 16-42　设置“目录”的段落样式

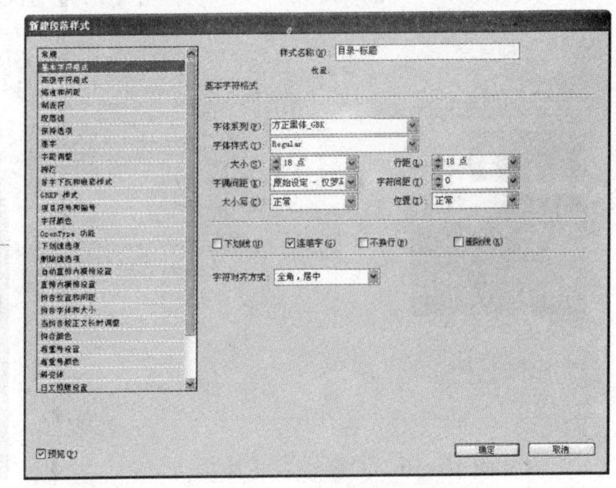

图 16-43　新建一个目录样式——标题样式

（3）执行【版面】|【目录样式】命令，弹出【目录样式】对话框，单击【新建】按钮，弹出【新建目录样式】对话框，在【标题】旁的【样式】下拉列表框中选择【目录标题】，在【其他样式】下拉列表中选择【标题】，单击【添加】按钮。在【条目样式】下拉列表框中选择【目录-标题】，在【页码】下拉列表框中选择【无页码】，如图 16-44 所示。

（4）单击【确定】按钮，返回【目录样式】对话框，再单击【确定】按钮，则完成目录样式的设置。

（5）执行【版面】|【目录】命令，弹出【目录】对话框，单击【确定】按钮。将加载着文字的指针单击页面 3，如图 16-45 所示。

（6）调整目录的行距。用“文字工具”选择目录内容，在【字符】调板中设置【行距】为“30 点”，调整文本框的大小，得到的效果如图 16-46 所示。

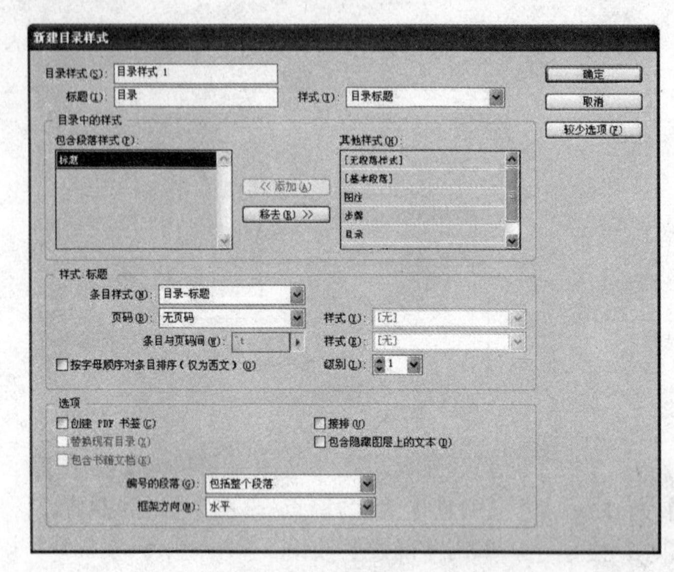

图 16-44 【新建目录样式】对话框

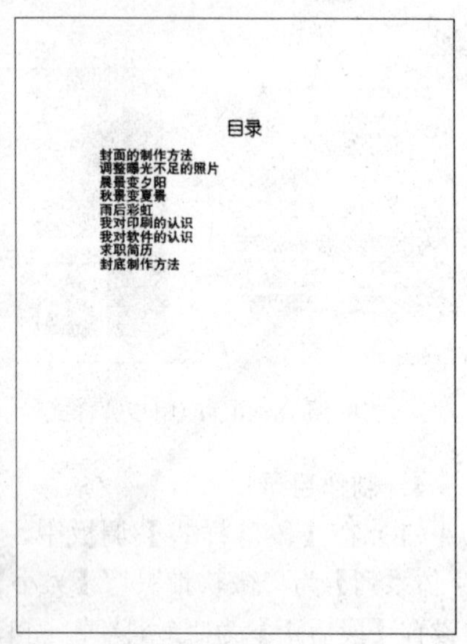

图 16-45 目录样式设置完成

（7）用【矩形工具】和【椭圆形工具】绘制一些图形修饰目录页，填充颜色色值为 C=60，M=0，Y=100，K=0，效果如图 16-47 所示。

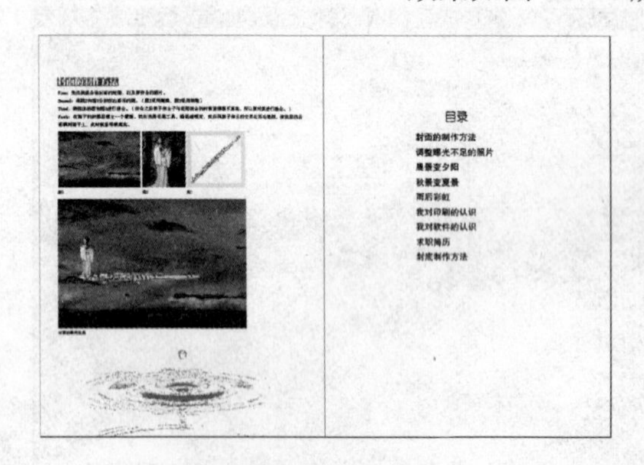

图 16-46 调整目录的行距

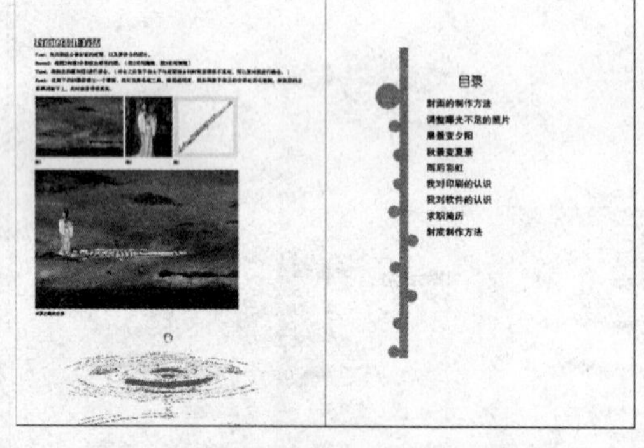

图 16-47 绘制图形修饰目录页效果

5．设计封面封底

在 Photoshop 课程中已经讲解了制作封面封底效果的方法，此处不再进行操作方法的讲解。

（1）在页面 1 中置入“封面.psd”，单击控制调板上的“逆时针旋转 90°”按钮，调整图片大小以适合页面，效果如图 16-48 所示。

（2）在封面中输入“北京北大方正软件技术学院”，设置【字体系列】为“方正黄草简体”，【字号】为“34 点”，颜色为纸色，效果如图 16-49 所示。

（3）输入“乐观是一首激昂优美的进行曲，时刻鼓舞着你向事业的大路勇敢前进。”、“北京北大方正软件技术学院”、“网络传播与电子出版专业”、“张珊”。设置【字体系列】为“方正书宋简体”，【字号】为“12 点”，颜色为纸色。“乐观是一首激昂优美的进行曲，时刻鼓舞着你向事业的大路勇敢前进。”的排版方向为“垂直”，单击控制调板上的“逆时针旋转 90°”按钮，得到的效果如图 16-50 所示。

图 16-48　置入封面.psd

图 16-49　输入文字

（4）在页面 16 中置入“封底.psd”，如图 16-51 所示。

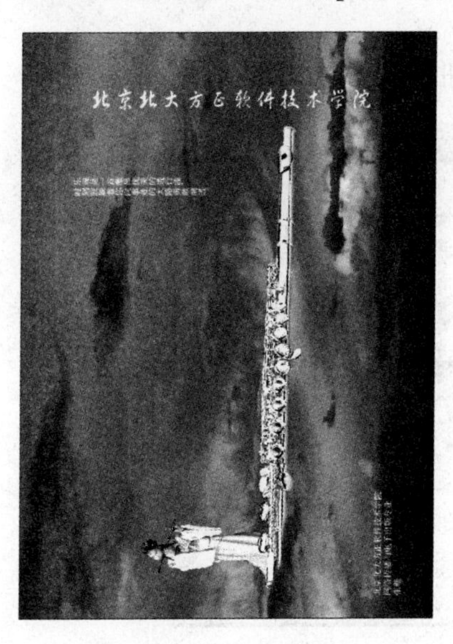

图 16-50　输入文字

图 16-51　置入封底.psd

（5）在封底中输入“舞动旋律 舞动我们的人生”，设置【字体系列】为“方正黑体简体”，【字号】为“12 点”，【字符间距调整】为“460”，排版方向为“垂直”，字体颜色为纸色，效果如图 16-52 所示。

6．检查制作文件

（1）执行【文字】|【查找字体】命令，弹出【查找字体】对话框。在【文档中的字

体】下拉列表中查看是否有系统字体和缺失字体，若有此字体，则单击【查找第一个】按钮，查看哪些地方用到此字体，如图 16-53 所示。

图 16-52 输入文字

查找字体
文档中的字体:
方正黄草简体 Regular
方正楷体简体 Regular
方正书宋_GBK Regular
方正书宋简体 Regular
方正细等线简体 Regular
方正中等线简体 Regular
方正准圆简体 Regular
宋体 Regular
字体总数: 1
图形中的字体: 0
缺失字体: 0
替换为:
字体系列(M): 黑体
字体样式(Y): Regular
全部更改时重新定义样式和命名网格(E)
完成(D)
查找第一个(F)
更改(C)
全部更改(A)
更改/查找(H)
在资源管理器中显示(R)
更多信息(I)

图 16-53 【查找字体】对话框

（2）在【字体系列】下拉列表中选择替换的字体，然后单击【全部更改】按钮，如图 16-54 所示。

（3）查找替换字体完成后，单击【完成】按钮。

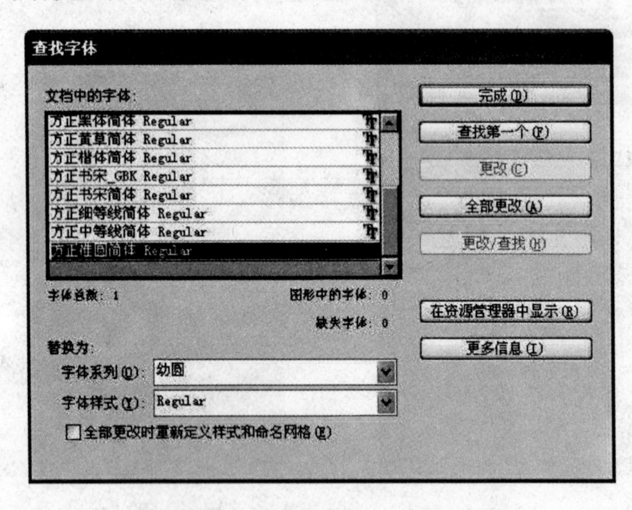

图 16-54 选择替换的字体进行修改

7. 输出文件

（1）执行【文件】|【导出】命令，弹出【导出】对话框，指定保存路径和文件名称，保存类型选择【Adobe PDF】打印，单击【保存】按钮，弹出【导出 Adobe PDF】对话框，设置【Adobe PDF 预设】为“印刷质量”，【标准】为“PDF/X-1a：2001”，选择【全部】单选按钮和【跨页】单选按钮，如图 16-55 所示。

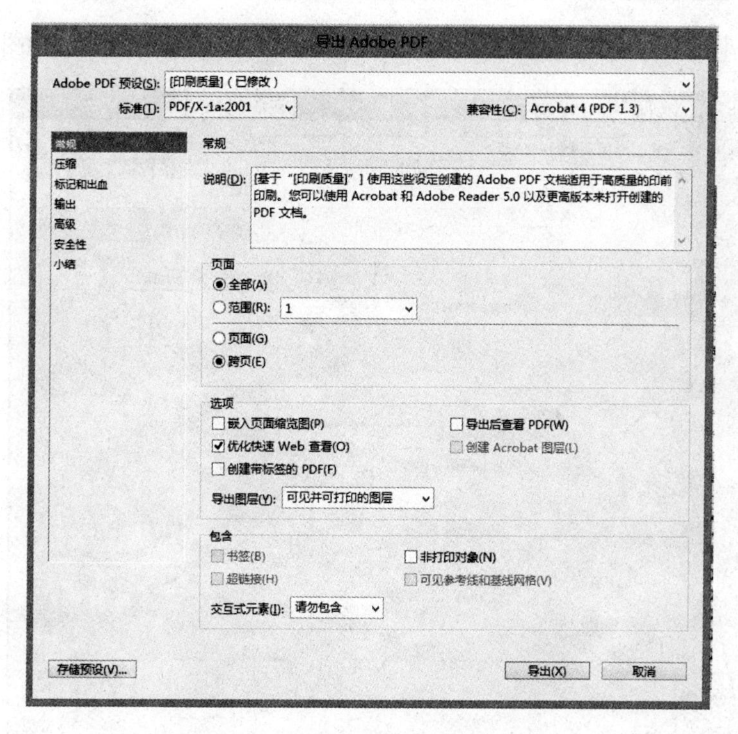

图 16-55 【导出 Adobe PDF】对话框

（2）单击【标记和出血】选项卡，选择【所有印刷标记】复选框，设置【类型】为“默认”，【位移】为“3 毫米”，选择【使用文档出血设置】复选框，如图 16-56 所示。

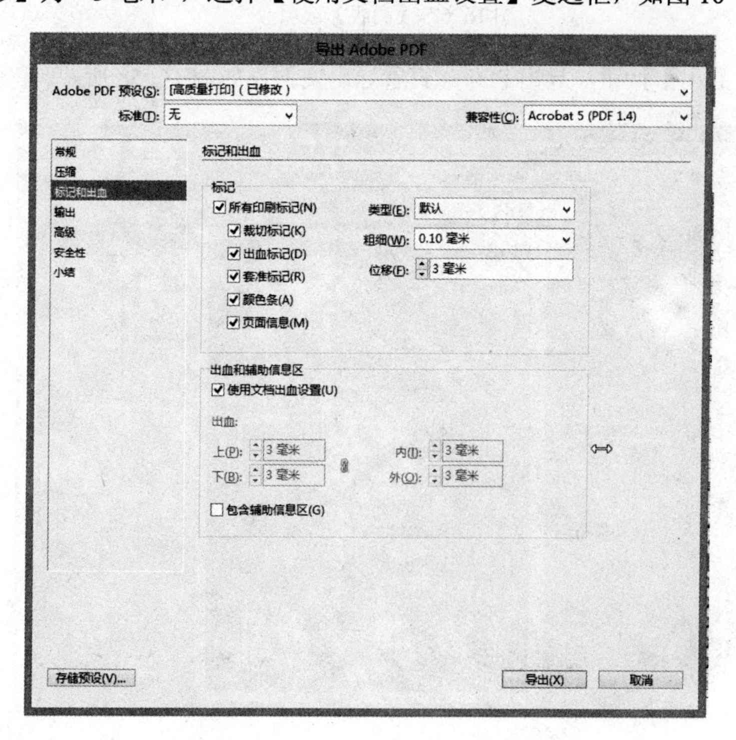

图 16-56 【标记和出血】选项卡

（3）单击【高级】选项卡，在【预设】下拉列表框中选择【高分辨率】，如图 16-57 所示。

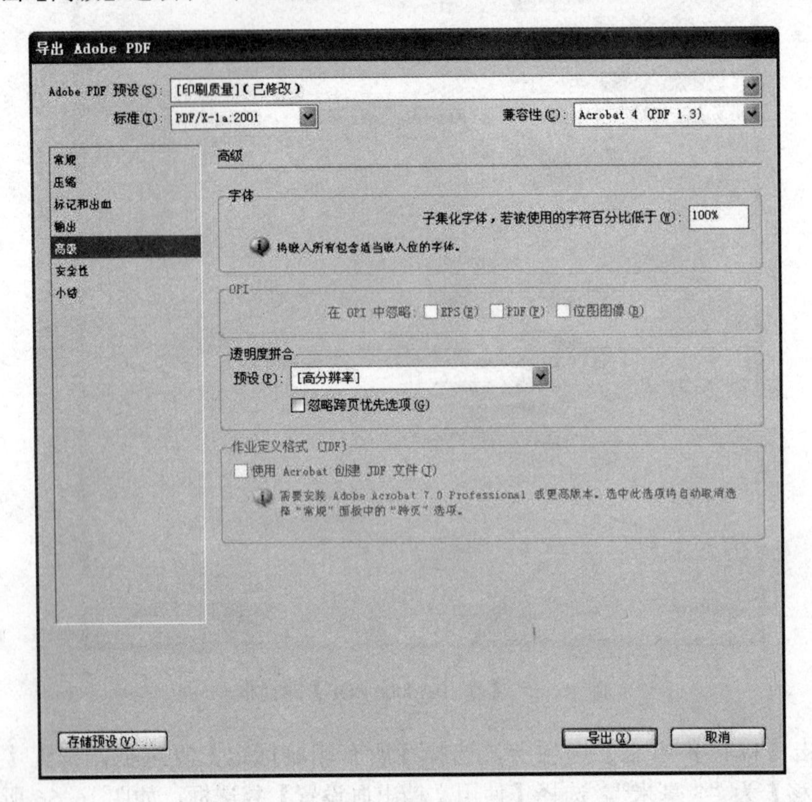

图 16-57 【高级】选项卡

（4）单击【导出】按钮，导出 PDF。查看导出文件，如图 16-58 所示。

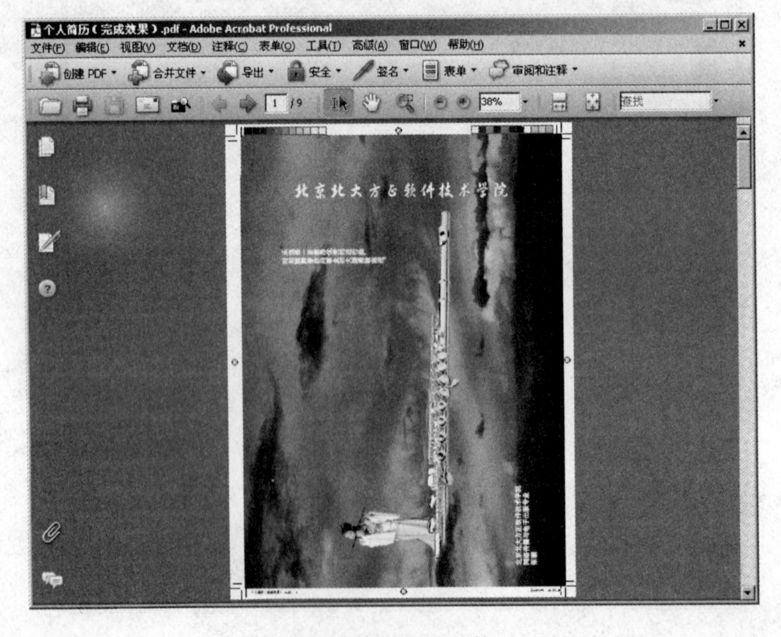

图 16-58 导出文件

任务二 设计制作个人的求职简历

任务背景

通过上两节课的学习，现在动手设计排版自己的求职简历。

任务要求

从校园生活、个人作品展示、个人专业介绍、个人对 InDesign 和 Photoshop 的认识、对实践案例的分析和个人简历中挑选 2 ~ 3 个内容放在求职简历中。成品尺寸为 210 mm×285 mm，设计封面和封底，排版 14 页内文。

任务素材

任务分析

1. 收集文字和图片资料。
2. 在 Photoshop 中设计封面封底效果。
3. 新建文件。
4. 在每个页面置入相应的文字和图片。
5. 设置文字的字体字号，并创建样式，然后应用到每个页面中。
6. 调整图片大小，使图片适合版面需求。
7. 运用基本绘图工具为页面添加装饰图形。

8. 设置目录样式。
9. 检查和输出文件。

任务参考效果图

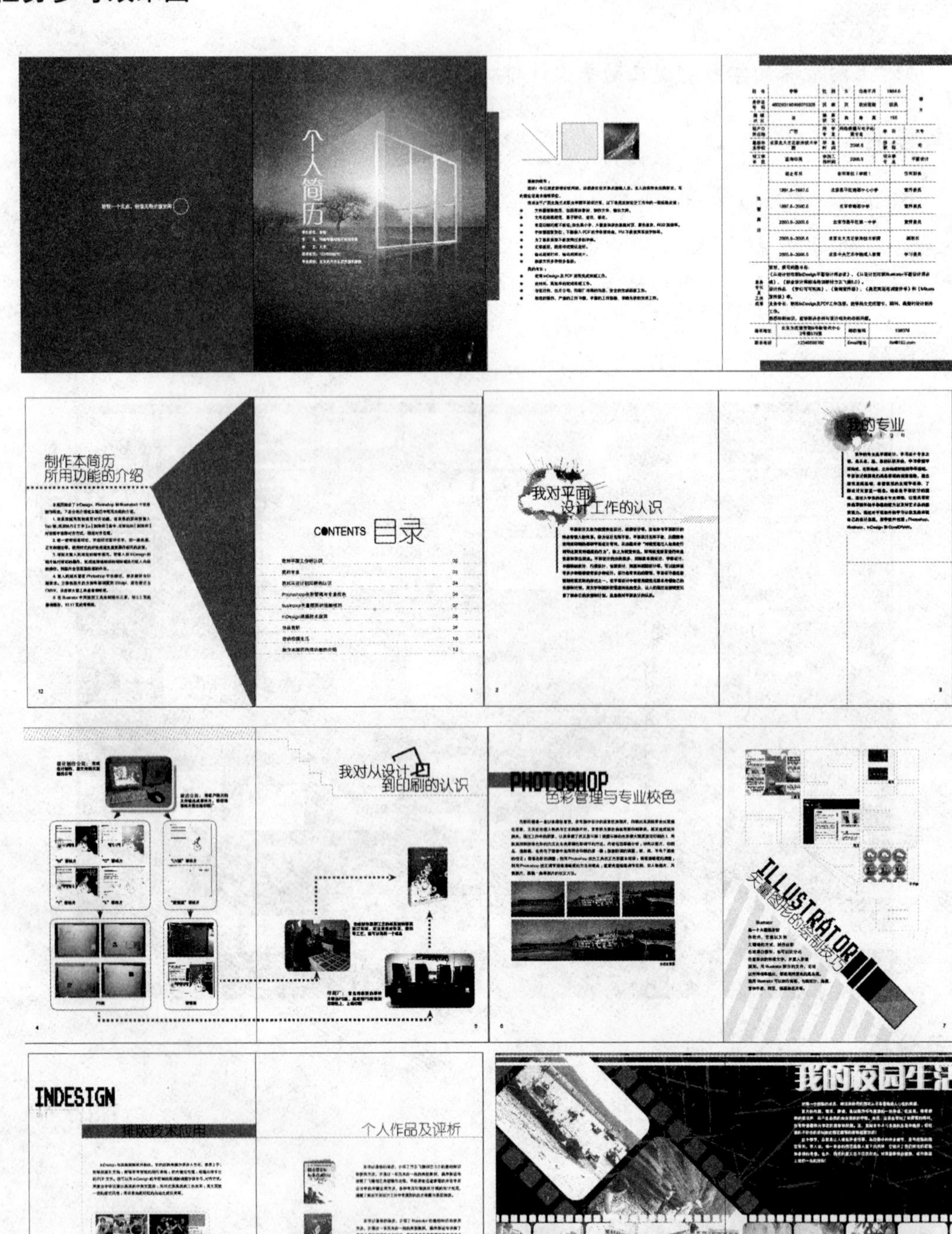